农业标准化导论

李 鑫　刘光哲　著

科学出版社
北京

内 容 简 介

本书较系统地阐述了我国农业标准化基本理论与方法，总结了作者二十多年的研究成果，是我国农业标准化学科的第一部专著。全书分为十五章，从标准化学科开始，深入到农业标准化学科的结构、原理与方法，剖析了农业标准的本质及其研制所具备的条件，再到农业标准的应用与农业标准化的保障、农产品质量安全以及认证认可的标准支持，架构出较为完整的农业标准化学科理论体系。同时阐述了政府、企业与农户的标准化方法，以及农业社会化服务标准化，阐述了农业标准化的效果评价方法，对农产品品牌建设、地理标准志认定及农产品国际贸易标准化也做了论述，最后推介了国际农业标准化组织。

本书可作为我国高等院校农业标准化教材，适用于大农类、综合类标准化专业及各涉农专业，还可作为相关管理人员、研究院所专业人员、农业推广人员、农场工作人员等的培训教材和自学参考书。

图书在版编目（CIP）数据

农业标准化导论 / 李鑫，刘光哲著. —北京：科学出版社，2016.3
ISBN 978-7-03-047311-0

I. ①农… Ⅱ. ①李… ②刘… Ⅲ. ①农业–标准化–研究 Ⅳ. ①S-65

中国版本图书馆 CIP 数据核字(2016)第 026741 号

责任编辑：王海光 / 责任校对：张怡君
责任印制：徐晓晨 / 封面设计：北京铭轩堂广告设计有限公司

科学出版社 出版
北京东黄城根北街 16 号
邮政编码：100717
http://www.sciencep.com

北京厚诚则铭印刷科技有限公司 印刷
科学出版社发行　各地新华书店经销

*

2016 年 3 月第 一 版　开本：787×1092　1/16
2018 年 1 月第二次印刷　印张：31
字数：720 000

定价：168.00 元
(如有印装质量问题，我社负责调换)

前　言

　　人类的成功，取决于其能够复制前辈的成果，在重复的基础上进行二次创作[1]；人类的一切活动，几乎都是在完全地重复之中沿着时空的轴线向前推进；人类的创新，也只能从大量重复之中悟其理，明其因，成其新；人类为了自身的更多需求，不断地追求着自己的目标，在重复中加载更高意识，驱动行为的升级，产生新的芽点，诞生新的不同。在人类进步中，创新与重复相比，若用出现的频率统计，创新永远是极少的那个部分，是统计学中的小概率事件；在社会发展中，重复与创新相比，又存在着必然的因果关系。

　　因此，重复，是人类前进和社会运动的永恒行为，是社会进步的基本环节，是人类生活必需的部分，是创新发生的基础条件。没有重复，就没有前进，更没有创新。

　　我们每一个人，无论他是以日计时，还是以代记数，无论在任何时空，任何状态，都在进行着大量重复性的劳动。下一代人延脉着上一代人的多种做法，被视为继承；这一个人在模仿着那一个人的行为，被说成是学习；某一种行为被一群人接受，被视为传播。一个人，活了100岁，每天按时用早餐，一生就要重复早餐100×365次；一群人，在早餐时间中进食早餐，就有1顿×1群的重复早餐出现；一个集团，虽然表面上看那么多人在做着不同的工作，但将其今天与明天对应相比，仍在严格的重复中推进着工作；若将这一集团与另一个集团比较，却有那么多的相似和惊人的重复！科学研究中，照样存在着数不清的重复。例如，PCR方法（polymerase chain reaction，即聚合酶链反应，用于扩增特定的DNA片段，可看作生物体外的DNA复制），自从Kary Mullis于1985年发明以来，已经成为分子生物学研究的基本技术方法，从事分子生物学技术研究的人员，必然应用这种方法。显然，有n位人员，每人采用1次PCR方法，就有PCR的n次重复；1人使用m次，则PCR方法就需要重复$(n-1) \times m_1 + (n-2) \times m_2 + \cdots + 1 \times m_n$次。在经济社会中，交易是最为普遍的关键环节，只有通过交易，才能实现经济中的流通、增长和发展。我们无论从宏观的角度还是微观的视野进行观察，交易仍然是一直在重复着它自有的规则，永不停息地进行着每一个环节的活动，无论是一笔大的交易买卖还是只购买一支铅笔的交易，过程的关键一点不但不能少，而且是那样的雷同。交易，在无休止地重复着，经济也在无休止地发展中。

　　一个国家，一个团体，虽然其水平、方向乃至社会性质可能完全不同，但其内部的运作又那样的相似，环节的过程也是在大量重复中进行的。在经济社会中，任何一个组织、企业都要追求自己的利益最大化，他们都离不开以最简的方式来满足最大的欲望、行为与利益，以索取集团外的、经过大量重复与优化而成的精华、经验和利润。社会是在重复中成长，人人均在重复的劳动中生活，进而，由于生物的差异性和人类的进步性

---

[1] 科学网电子杂志：Maxime Derex. 研究称大团体易形成复杂文化. http://paper.sciencenet.cn/htmlpaper/ 20131125-15191787731045.shtm[2013-12-29]

本质，必然产生创造。诚然，创造和创新，量与质是极小的。但创新更是在严格要求的重复中诞生的。因此，社会发展对这种重复的要求就必然有了时代的同步与要求，重复随之必然要适应社会发展阶段性需求，也就是说，重复的质量在时间中是不断提高的。

重复，绝不是简单的过程复制，因为重复是在富有意识的人的手中行进，从而决定了重复的有利与相异。一般来说，每重复一次，操纵或者推动重复的主体必然就有新的收获，产生重复的正果；而当重复出现在一个群体之中时，每一次重复，就显现出一种规模，自带着规模效益，必然表现出放大作用。另外，任何重复，差异的表现是绝对的。从一个主体的多次重复看，每次重复所得正果是不同的，是单主体或者时序重复的差异，而群体的一次重复所产生的差异，更是显而易见的现象，这种重复暂时可称之横向重复。差异会导致结果的不一，若不进行管理，有时会产生混乱，这就是"失之毫厘、差之千里"的道理，这对一个国家、一个团体或者是某个经济集团来说，若在目标实现过程中发生，便意味着风险的无形加大，可能会进入不可预测的状态，任之发展，其结果是十分不利甚至可怕的。如何消除这种差异上潜在的风险，以保障发展、持续正能和提高效益，从而增速发展，是标准学理论与方法所关注并施展能力解决的问题。

通俗地讲，哪里有重复，哪里必然就有标准化。

重复的有利与相异，正是标准化的增益与防御。重复发生在一切领域，标准学理论与方法就出现在一切领域，正所谓无处不有标准，此乃标准化出现的根本，标准学发展的理由。标准学能够从任何重复中探索和发现、提纯与优化、获得与固定其结构关键和过程关键，从而得出最佳的新重复途径与方法；标准学能够对复杂事物通过梳理、优化、协调和统一而简化成为易于操作的简约之式，从而达到投入少、过程简和效益高的核心目的。如今，工业标准化中的模块化、电子领域中的集成件就是典型的标准化例证。也因为有了如此高度标准化的水平，才使工业领域突飞猛进，不断产生人们需要的一切物品。

这里的"最佳"，是"最优"的次级量化尺度。由于重复和重复中的差异，无论是时序的还是空间的，对任何一个因子作用下的重复，对多次重复的过程，用统计法描述时，必然有"最差"和"最优"的两个限定，数学上称为分布上的两极。在理想化的正态分布中，处在 50%左右的重复效果往往是绝大多数，但为了发展与带动，需要根据实际情况确定一个最佳的水平，提供人们使用，鼓励不断提高自我操作的能力与水平。一般而言，这个最佳至少应当落在分布中的 60%～85%，再高就有难度了。当我们锁定"投入最少、过程最简、效果最好"的终极目标时，就需要从这种差异中探索和提取"最佳"的具体程序，形成公认的准则，规范相应重复的过程，实现效益最大化的目标。显然，这是标准化的内在思想。如果强调"最优"，不顾实际，应用标准化的理论与方法衡量，则是不可取的。理由是，以"最优"为模，提供使用，会使多数人无法操作，甚至产生畏惧心理乃至行动对抗，进而无法实现经济圈中的整体效应，还可能造成总体目标的负效化。

因此，在重复事件中，通过研究，根据当时的实际情况，发现"最佳"程序，推行使用，既让参与重复的大多数人容易掌握与执行，又能从中增强参与者的信心，在重复中逐渐提高他们的能力，进而实现"投入最少、过程最简、效果最好"的目标。

这个最佳程序，就是标准。有了标准，并加以应用和落实，就是"化"了。

人类社会运动的一切过程，都是由简单到复杂，由低级到高级的发展。随着社会发展进入高级阶段，人类认知能力的提高，需要大量高度文明的支持时，一切事物的内质都表现出那样复杂，那样神奇。复杂，给人类带来负担，给人们在生活中的应用和自我解放带来困难。越复杂，人的管控负担就越重，人就越不能解放自己。这与人类发展的目标是相悖的。如何解决这个问题？答案是寻找与人类发展目标相一致的方法，即标准化的问题。这就要应用简化手段，即对复杂的事物进行简单化。简化是一种升级的过程，简化是对事物看得更清楚、更透彻、更有操作性，每简化一步，就对复杂系统的认知深化了一步，也就有了更强的优化管控能力，使复杂系统为人类服务进升到另一个高阶系统。有了简化，就不怕复杂了。这一点，系统科学早就给了我们理论依据，随之，标准化理论又给了我们方法工具。因此，简化使标准内和标准外在联系上变得便利和有效，使标准体系在管控中以层级水平出现，自成模块状态的表达，完成了即使系统再复杂，也能够使其简单化。

由以上分析可见，标准化是解放人类自身于复杂事物、悠闲生活与高质量生活的有效工具。标准化的质，就是对重复的事物进行简化、优化、统一和协调。标准化不但能够完成这些任务，也能够在集团利益分割的情况下，形成竞争动力。因为，标准化能够顺应一个国家、一个集团的利益诉求，通过整理和规范任何领域、过程和方法，将集团利益诉求的愿望最大化，以实现全方位利益的升值与膨胀。标准化的工具被应用到一个国家、一个集团中，由于发展的不平衡，构成了利益集团之间的壁垒屏障。标准化推进社会最终走向大同，统一步调，简化生活，优化人生，协调关系。

农业标准化，是标准化领域最复杂的事业。因为，生物多样性的复杂、生境变化的复杂、可持续发展的复杂和经济市场纷繁交织的复杂全部集中在这里，构成了农业的本来格局和真正面目。我国农业长期远离市场、小农经济、经验推动，与现代农业发展的要求相差甚远，当农业必须走标准化道路时，所面临的问题和难度就自然可测了。历史延续的中国农业，对于什么标准之类的东西前所未闻，文化中早就缺失这一重要因素。因此，实施农业标准化，实现"三农"标准化，是极其不易的大事件。相反，全面改革和快速发展的国内外形势，根本不允许我们按部就班，小脚走路。必须以跨越方式，寻找突破口，实现最快发展目标。这在作者看来，解决的主要途径有三：一是迅速建立人才培养体系，在各级各类不同的院校设立农业标准化专业，并将其与市场和可持续发展紧密联系；二是认真挖掘中国农业历史中优秀的经验，研制和出台真正可用的标准并尽快形成标准体系；三是建立由政府规定的标准化推动与过程质量监管体系，落实农业标准化活动。我国农业标准化的大量示范工作已经基本完成了部分任务，但在人才培养方面仍然没有突破，这是一个悲哀不济的问题。这需要教育系统更加解放思想，与时俱进，迅速而大胆地设定相关专业以供各级各类学校建设人才培养平台。

众所周知，制约我国现代化发展的硬性缺憾就是落后的农业，推动农业现代化，实质就是推进国家现代化。没有农业标准化，就没有农业现代化，就没有食品安全保障。所以，农业标准化必须上档次，要水平。本书的一个非常重要的思想，就是对农业标准化做一个较为系统的阐述，为解决中国现代化中的障碍提供帮助。

我们深知，随着时间的推移，人类社会所积累的技术、技能及知识都远远超过任何单一个体所能到达的范围，这些财富的积累和应用，已经不是过去的物化移动，而是符号和信息的移动，是数据的移动了，这与实物的移动有着根本上无法比拟的意义。人类已经进入了大数据时代、更为复杂的时期了。其中，复杂的文化传统在更大、更友善的团体中保持更长时间且更快得到改进，组织文化积累的强度取决于组织的大小及其与社会团体间的关联互动。同时，在生产需要精心设计的工具和复杂物件时，社会团体往往比聪明个体完成得更好；更大群体的优势在于参与者可以参照其他个体，将所学加入到自己的知识结构中去，从而得到更好的成果。如此种种，标准化在其中的基本功能，仍然是简化、优化、统一和协调，是以最佳的种种程序形成密集的网络体系，支撑这一社会复杂系统保持更良好的态势和更灵敏的机制运行。

李鑫　刘志哲

2015 年 9 月于杨凌

目　　录

前言

绪论 1

第一章　概述 5
　　第一节　标准化 5
　　第二节　农业标准化 14
　　第三节　农业标准学 27

第二章　农业标准化原理 34
　　第一节　标准化原理概述 34
　　第二节　农业标准化基本原理 37
　　第三节　农业标准化方法原理 45
　　第四节　农业标准化管理原理 49
　　第五节　农业标准化原理的应用 51

第三章　农业标准及其质量 55
　　第一节　农业标准及其形态 55
　　第二节　农业标准与科技关系 61
　　第三节　农业标准的分类 68
　　第四节　农业标准的质量 78

第四章　农业标准的研制 86
　　第一节　农业标准的产生 86
　　第二节　农业标准的研制与修订 92
　　第三节　农业标准的采用 112
　　第四节　农业标准的质量判断 116

第五章　农业标准体系 127
　　第一节　农业标准体系概念与特征 127
　　第二节　农业标准体系结构 132
　　第三节　农业标准体系建设 135
　　第四节　农业标准体系表及作用 139
　　第五节　农业标准综合体 143

第六章　农业标准的应用 ··· 147
第一节　农业标准应用的条件 ··· 147
第二节　农业标准应用的一般程序 ··· 153
第三节　良好农业标准实践 ··· 170
第四节　农业标准化落实 ··· 185

第七章　农业社会化服务标准化 ··· 195
第一节　农业社会化服务 ··· 195
第二节　农业社会化服务标准化 ··· 204
第三节　农业社会化服务标准化方法 ······································· 213
第四节　案例——面向农户的生产服务标准化模式 ··························· 217

第八章　农业标准化保障 ··· 225
第一节　农业标准化软环境保障 ··· 225
第二节　财物保障与渠道畅通 ··· 228
第三节　农业标准化人才保障 ··· 235
第四节　过程监管 ··· 243

第九章　农产品质量安全 ··· 252
第一节　质量与安全 ··· 252
第二节　农产品质量安全 ··· 259
第三节　农产品质量安全管理 ··· 266
第四节　溯源体系与建设 ··· 279

第十章　认证认可 ··· 290
第一节　认证认可及其作用 ··· 290
第二节　认证认可的职能与实现方法 ······································· 294
第三节　认证认可的程序 ··· 303

第十一章　政府、企业与农户标准化 ····································· 321
第一节　市场化发展与政府作用 ··· 321
第二节　农业标准化之政府驱动 ··· 328
第三节　企业带动型农业标准化 ··· 337
第四节　合作社与家庭农场标准化 ··· 342

第十二章　农业标准化效果评价 ··· 349
第一节　效果评价基本理论 ··· 349
第二节　农业标准化效果评价 ··· 358
第三节　农业标准化效果评价案例 ··· 366

第四节	综合效果评价	387
第十三章	**"三品"及品牌建设**	**391**
第一节	农业的"三品"	391
第二节	农产品品牌	409
第三节	农产品品牌建设	416
第十四章	**农业标准化与农产品国际贸易**	**421**
第一节	贸易壁垒	421
第二节	新贸易壁垒	425
第三节	防止技术壁垒的有关协定	432
第四节	农产品贸易壁垒中的标准化方法与研究	436
第十五章	**国际农业标准化组织**	**444**
第一节	国际农业标准化组织	444
第二节	国际主要标准化组织和机构情况	449
附录 1	**国家级农业标准化示范县（农场）建设操作手册**	**456**
附录 2	**农业标准化案例分析**	**472**
致谢		**485**

绪　　论

农业是以土和水为基本生产资料，以太阳能为基本能源，以植物、动物和微生物等为生产对象，以保障国家策略、市场需求和可持续发展为生产目标，通过劳动，生产所需物质的事业[1]；现代农业则是为满足市场需要、生态安全与可持续发展要求，集成、优化和利用现代一切有用工具及文化以促进农业取得最佳运行秩序和最大效益的业态。当今农业发展，已经不是过去单纯的基础农业模样，而是包含了人们常说的一、二、三产业的多项内容，成为了复合型产业体系的发展。农业与其他行业相比，具有自身独特的一面。一是民生的依赖性，即任何国家或团体，只有将农业置之发展战略的制高点，才能稳定生存和发展；二是永久的灰色性，是指农业系统的复杂性将伴随着人类的探索，永远也不会完全白化（彻底弄个明白）；三是规律的单向固有性，即生命和有机过程的运动规律总是在诞生、盛发、成熟、灭亡中更替，绝不以人的意志为转移；四是强大的包容性，即任何科技、人文和社会发展的成果均能够在农业中落脚和发挥作用[2]。

农业标准化是研究农业最佳运行和最大产出效益的科学，是农业标准学的理论源头。农业标准化是个过程，是指在农业中，为获得最佳秩序与效果，通过集成农业科技成果与经验，研制标准并落实体系标准的过程。农业标准化以农业科学和技术成果，以及农业经验的集成优化和应用为依据。体系标准是那些针对有界农业范围，研制和使用以产生系统效益的标准综合体。为了使农业过程处于最佳运行状态而满足生产者、市场和可持续发展要求，只有走农业标准化的道路。现代农业，描述的是一个状态，是以市场化和现代化为基础的农业发展状态，是把信息化、机械化、自动化、智能化、规模化等现代科学技术和理念融入农业的发展过程，并用相关规制、规范、规定、规程等标准化的技术与方法搭建起来的符合现代生活要求的系统高效状态。十分明显，农业标准化是农业现代化的神，而农业现代化则是农业标准化的形。所以，"没有农业标准化，就没有农业现代化，就没有食品安全"[3]是我国农业发展的实质。根据我国农业发展和国家发展现状与国际地位形势，党的十七届三中全会上进一步提出了"没有农业现代化就没有国家现代化"[4]，更加强调了农业标准化在国家发展中的重要地位。农业现代化，就是要改造传统农业到现代水平，是对农业发展阶段的一个目标定位，是顶层设计的表达。那么，如何实现农业现代化，就成为全民族在农业系统以不同层次和格局的准确定位而具体的落实问题了。实现农业现代化，首先是意识理念的现代化，再就是行为操作的符合性，至于硬性条件的保障，则因意识与行为的正确驱动而跟进就是了。

---

[1] 商务印书馆辞书研究中心. 新华词典（2001年修订版）. 北京：商务印书馆，2001：725
[2] 李鑫，薛发龙. 农业标准化理论与实践. 北京：中国计量出版社，2005：25-26
[3] 中国广播网：胡锦涛在中共中央政治局第41次集体学习会时讲话. 2007. http://www.cnr.cn/newspaper/news/200704/t20070425_504451739.html [2015-08-05]
[4] 人民网理论版：严书翰. 没有农业现代化就没有国家现代化. http://theory.people.com.cn/GB/40557/49139/49143/4240799.html[2015-08-09]

农业标准化是一门横断学科,是支撑现代农业的骨架和推动新时期农业发展的神经系统,在我国具有深远的历史意义和现实作用。农业标准化学科的特性决定了它与现有一切农业学科之间均具有直接的联系,但现设农科类中,任何一门学科都无法将农业标准化学科完全展示,只有在其学科下设置本学科内的标准化内容。这是标准化学科下的各学科和各学科下的标准化的专业关系。农业标准化学科以系统科学原理为基础,是我国现代发展中的全新学科,是完全综合性的知识体系。通过农业标准化对农业的推动,将促使国人对农业和现代知识体系的理解有一个新的角度与高度。同时,农业标准化又是科学与技术范畴的东西,这是因为,农业标准化是在集成农业科学成果、技术成果,包括农业经验在内的新科学平台上,通过管理科学和技术科学来优化成型的可重复的过程,并遵从相关规律的应用过程。由此,农业标准学的诞生就成为必然,这是人类认识自然、改造自然的需要,是人们从另一个角度应用规律的表现,是培养人才的超前意识的体现。关于农业标准学,在本书第一章第三节有专门的论述。因此,要实质性地发展现代农业并使其永久处于不断丰富和完善的状态,仅仅停留在现有的农业标准化水平是不行的,是无法加强该学科发展的原动力和能量释放的。只有不断加强农业标准学的研究,探索农业标准化的规律,建立起系统完善的农业标准学理论体系,才能真正推动农业标准化发展,真正培养起能够立于农业发展顶层的、具有分析设计和推动的人才队伍,使农业标准化不但真正成为现代农业发展的支撑骨架和神经系统,而且理论的传承也有了历史的保障。

我国加入世界贸易组织(简称世贸组织,WTO),才使人们真正认识到了农业标准化在农业走向集约化、面对市场化、推进现代化和必须与国际接轨过程中的重要地位与作用。我国农业标准化大发展是近十年的事情,要让全民充分地认识到它的作用,仍然需要一些时间。国家对此早已开始行动,如2003年的国务院第97号文件专门就农业标准化发展若干问题做了指示;2007年7月23日的中央政治局的第41次学习会是农业标准化专题。这充分说明了农业标准化在国家农业发展和国家总体发展中的紧迫性。2013年年底,习近平总书记在中央农村工作会议上强调:"用最严谨的标准、最严格的监管、最严厉的处罚、最严肃的问责,确保广大人民群众'舌尖上的安全'。"由此足见标准和标准化的重要。然而,我国虽以农耕文化闻名中外,在农业标准化方面的历史的轨迹却几乎空白,这也致使我国在WTO平台处于十分不利的地位。人们对内难以跟上新时期农业发展的要求,对外由于标准和标准化落后导致壁垒问题严重。农业标准化的滞后,使中国农业在以户为基础、小农经济的模式下运行了几千年,导致了"三农"极其落后的现今局面。目前,在经济全球一体化、农业发展必须与世界接轨的背景下,国内农业生产处于无标状态,外部又处处有壁垒的阻拦,再加上不断产生的贸易纠纷和不断曝光的食品质量安全问题,使我国农业领域的改革迫在眉睫。近十年间,我国农业标准化工作经历着深刻的转变。标准化内涵由制修订标准为主向标准的制修订与实施并重转变,标准内容由技术标准为主向技术与管理标准并重转变,标准实施重点由生产环节向生产流通全过程转变,标准化目标由提高农产品产量、保障消费安全为主向"高产、优质、高效、生态、安全"转变。全面加快农业标准化的实施步伐,已经成为新时期调整产业结构、转变增长方式、保障消费安全、增强竞争能力的重要措施。

在力推农业标准化战略的同时,人们更应该深刻地认识到我国农业标准化目前存在的问题。一是农业标准化理论不健全,专业人才队伍缺失,"半路出家"的标准化队伍,发展的后劲显然不足;二是对农业标准化的认识存在偏差,简单视其为制定标准和应用标准;三是在农业过程中,仍然空谈农业技术,把因人而异的农业技术推广和相对稳定与统一的农业标准化的关系混淆甚至对立;四是应用农业标准的主动性很差,在农业生产中,经验和传统操作仍然占据上风;五是符合国情的农业标准化模式与方法亟待出炉。这需要大思维与联合舰队式的混编力量(智库)来完成。

本书的目的在于理顺农业标准化学科的知识体系,给读者展现较为系统的农业标准化理论体系及客观的方法视野,也为建立我国农业标准学基本体系打下基础,促进我国农业标准化事业尽快走上科学、系统的快速发展之路。学习农业标准化知识,意识理念首先要跳出传统,立于农业系统的顶层,依据系统科学原理,重新审视农业过程及架构关键体系,运用农业标准化知识研究农业的全方位,建立真正的农业标准化下的现代农业体系。在具体操作方面,应用管理科学、农业科学、市场经济学、生态学等学科知识进行标准的纵横应用,关键把控。

本书共15章,从概述到基本理论,再由理论到体系分类,最后进行了相关延伸,展示出较为完整的农业标准化理论的体系架构。第一章简述了标准化、农业标准化到农业标准学的基本概念与关系;第二章阐述了农业标准化原理与方法;第三章从农业标准及其形态、农业标准与科技的关系、农业标准分类及其质量展示等方面论述了农业标准;第四章重点讨论了农业标准的研制,从产生、研制、采用到修订,给予了理由和程序的充分讨论,并对标准的质量判断给出了方法尺度;第五章阐述了农业标准体系与建设,也论述了农业标准综合体;第六章从条件、一般程序和案例方面讨论了农业标准的应用及农业标准化的发展阶段;第七章围绕农业社会化服务,讨论了标准化方法;第八章阐述了农业标准化的保障,涉及环境、财物与通道、人才、过程监管等内容;第九章就农产品质量、安全与管理、计量、溯源与建立等问题进行了阐述;第十章阐述了认证认可的职能与实现方法及品牌认证的标准程序;第十一章阐述了政府、企业及农户的农业标准化职能;第十二章是农业标准化效果评价内容;第十三章就农产品品牌与质量等级进行了专门论述;第十四章讨论了农业标准化与国际贸易及其壁垒的关系;第十五章介绍了主要标准化组织。农业复杂,农业标准化亦同,在理论体系处于成长完善之时,进行上述分类与理论阐述安排,可能也不尽科学。

本书仍然是在抛砖引玉,可作为教材或者教学参考,也可供广大研究人员、基层宣贯人员学习参考。作为教材或者教学参考,要求读者系统学习,以便形成完整的知识体系。其中,绪论和第一~五章作为基本知识需要认真研读,以后各章则可根据各人工作性质的不同而有选择地阅至读。在学习方法上,理论与实践相结合,从实际中观察和体会标准规定出的状态和过程;课堂与实验相互结合,农业标准化不是软科学,存在大量实验内容,需要理论学习和实验的互应。研读过程中,始终围绕着:"重复—标准—效益—壁垒;最佳状态是农业标准化追求的永续状态"循环思考,领会其意。运用标准化手段,使任一农业过程达到投入最少、操作最简、产出最好、销售最快的效果,同时能够迅速且有效地处理矛盾(因为任何时空,矛盾的产生是必然的)并建立坚实的壁垒(为了集团利益,壁垒保护设置也是必然的)。一句话,农业标准化要求在系统最佳平衡中产生最大效益——这就是农业标准化强调"协商一致"的根源,而"协商一致"又是农业标准化不可能时时、事事站在科技发展尖端的根源。

　　社会发展靠经济，全球经济一体化；经济提升靠标准，得标准者得天下！人们要学会不但应用现有农业学科学知识看农业标准化，更应当用农业标准化知识看农科。农业复杂，农业科学分科繁杂，但我国农业科学知识与大经济圈和市场不接轨，单一化与细分法已经与现代发展不相符了。拥有系统思维与复合知识的人才太少了，农业发展的方向与命运不在单一学科下，而是在完全复合的体系中。

第一章 概　　述

讨论农业的标准化问题，需要对其基础知识——标准化有初步了解。明确标准化学科的架构与主要理论观点，对理解农业标准化和其在科学体系中所处的位置及功能具有重要作用。因此，本章以标准化为起点，从标准化基本定义、功能作用、学科体系介入，进而延伸到农业标准学的领域，整体展示标准化学科的内部结构，以及该学科与外部联系的主要节点，建立相对完整的标准化知识体系，为全面学习和理解农业标准化知识奠定基础。

第一节　标　准　化

俗话说"没有规矩，不成方圆"[1]，这句古语很好地表达了秩序的重要性。众所周知，秩序是保障运行的灵魂，有着不可替代的作用。缺乏明确的秩序规制，没有明确的秩序落实，社会就必然处于混乱状态，任何效益也就无从谈起。标准化，就是要求对过程和状态通过标准规定，做出一系列秩序规制和为落实这种规制所产生的管理规制，并且贯彻和培育出最佳过程与状态，最终到达最大效益这一目标。随着社会进步及人们生活水平的提高，标准化在社会的各个方面，越来越显著地呈现出其重要的作用和地位。

另外，无论在哪个方面，不管是时序的还是空间的，人们的工作总是在进行着某种重复，创新也是在不断重复的基础上产生的，所以，有重复就必然要求有最佳，进而才能获得最好效果。

一、标准化与标准

1. 标准的根源

在人类社会实践中，大量工作是在过程周期中进行的，这就意味着重复是必然的。特别是在重复中积累财富、发现新质，并对发现再经重复摸索，推动新的创造，从而循环式上升。实际上，重复是社会实践的基本过程，重复是再发现和再提升的前提。因此，重复是简单到复杂、低级向高级的基本历程。这是深刻的重复，而不是一般的重复。同时，随着技术的进步和人们生活水平的提高，社会需求不断刺激着人们对需求的膨胀和质量要求的提升，其本质上也导致了人类社会实践越来越走向多元化、复杂化和抽象化。相反，人们的幸福欲望却要求能够有简单的生活过程。还有，在经济社会中，所涉及的利益各方，更期望自己的利益既处于最大化，又不要明显伤害到利益对方，以便于利益的长远化并获得边际利益的最大化，进而可使得整体利益最大。显然，这是一个复杂问

---

[1] 中国古曲网：本句源于《孟子》的《离娄章句（上）》中"不以规矩，不能成方圆"。http://book.guqu.net/mengzi/3889.html[2015-06-17]

题求简化的高阶方程题。实质上,各方对效益和利益的诉求是全方位和全过程的,即不但出现在简单过程中,还要求出现在复杂的系统中;不仅追求出现在系统内,更需要出现在复杂的系统间。这就导致了在社会的方方面面,大量的效益追求以满足最大化效益欲望,大量重复以实现利益的满足,进而大量的"简化"期望和行为以图减少运行的成本。从物化层面上,不但要求系统内要以良好的结构使其具有效益最大的潜力,还要求系统间具有良好的对接和传输以便产生实际的最大化边际效应;从非物质层面上看,能够良好保障物化层面运行的各方规制与规制内部、规制之间的协调性、平稳性和互惠性,同时达到一种佳优的符合性境界,从而促使任何系统内、系统间乃至整体达到最佳的持续运行和保持状态。

十分明显,社会运行的这种特点,需要的是系统优化,整体协调,效益最大,在运筹和管理中,对一切因素都用联系的、简化的和统一的思想贯穿起来,尽力达到各方满意。那么,系统的"精"和系统的"优"就成为了现代生活所追求的方向,也成为了发展的必然方式。要达到这种运作与管理的境界,只有以"协调、优化、简化和统一"的方式,应用系统科学(system science)理论模式加以操纵才行。而操纵的抓手和平衡的利器,就是标准化问题。只有标准化,才能满足上述需求。

2. 标准化(standardization)

什么是标准化?这里给出它的定义。在 GB/T 20000.1—2002《标准化工作指南 第 1 部分:标准化和相关活动的通用词汇》中,对标准化的定义为:为在一定的范围内获得最佳秩序,对实际的或潜在的问题制定共同的和重复使用的规则的活动。它包括制定、发布及实施标准的过程。

该定义还提出,标准化的重要意义是改进产品、过程和服务的适用性,防止贸易壁垒,促进技术合作。

实质上,标准化是为获得最大利益,集成、优化一切有用措施与工具,对重复事物和概念通过制定、发布和实施标准,进而产生最佳秩序的过程。

3. 标准(standard)

从标准化的定义看出,为达到利益最大化的目的,标准化的核心是在制定标准和使用标准。那么,标准的定义就十分重要。这里引用 GB/T 20000.1—2002《标准化工作指南 第 1 部分:标准化和相关活动的通用词汇》中对标准的定义:为了在一定范围内获得最佳秩序,经协商一致制定并由公认机构批准,共同使用的和重复使用的一种规范性文件。标准宜以科学、技术的综合成果为基础,以促进最佳的共同效益为目的。

国际标准化组织(ISO)的标准化原理委员会(STACO)以"指南"的形式给"标准"的定义为:标准是由一个公认的机构制定和批准的文件。它对活动或活动的结果规定了规则、导则或特殊值,可共同和反复使用,以实现在预定领域内获得最佳秩序的效果。

实质上,标准就是对重复性事物和概念所做的统一规定,它以科学、技术成果和实践经验的总结为基础,经协商一致,由公认机构批准,以特定形式发布,作为共同遵守的准则和依据。

4. 标准的属性

标准是一种产品，最终都表现为由其核心内容加上物质载体所构成的实物形体，如作为标准载体的一本书、一张光盘、实物标准、标准符号、具体标准等。这些实物形态独立存在，可被多人重复使用，也可被有偿或者无偿转让。因此，标准是有价值和使用价值的。标准是对标准对象的抽象，是将具体的过程或者秩序经过提炼、优化和重新组合，按照使用之能够产生最低成本、最简过程和最大收益的过程要求，形成新的、在一定范围内普遍适用的"抽象品"。显然，这种"抽象品"的诞生是需要人力、时间和财力的投入才能达到的。换言之，标准是客观存在的，但标准形成需要有物质的投入。

标准既是抽象的，也是具体的。说到抽象，"凡事都要讲个规矩"和大量的符号规定，都是标准抽象的表达；若说具体，则每一项实在的标准都是它的例证。

标准的原意为目的，也就是标靶。其后，由于标靶本身的特性，衍生出一个"如何与其他事物区别的规则"的意思。将"用来判定技术或成果好不好的根据"泛化，就得到了"用来判定是不是某一事物的根据"。技术意义上的标准就是一种以文件形式发布的统一协定，其中包含可以用来为某一范围内的活动及其结果制定规则、导则或特性定义的技术规范或者其他精确准则，其目的是确保原料、生产过程、产品和服务能够符合需要。标准往往对应该严肃对待的方面（如机器和工具的安全、可靠性和效率，玩具，医学设备）有深远影响[1]。

从哲学上讲，标准是客观事物所具有某种意义的一种参照物，标准化即研制标准+使用标准。作为一种比较的标本，作为一种区分其他事物的中介，它本身的构成必须是一分为二的、相互对立的两个部分。例如，0℃采自冰水混合物的温度，它是区分正摄氏度与负摄氏度的标准。作为标准的客观事物之所以能够作为标准的根据，也在于其自身构成的一分为二[2]。标准的强制性和推荐性属性，就是这种思想的表达。在这里，以"质量安全"为分界点，向两极分开（图1-1）。在强制性方向上，有技术法规、法规、法律乃至宪法，是对行为的负向性进行的程度制约，负向性越大，相应的规制就越宽泛，表现的是范围（画圈式）制约，违背后的制裁力度也就越大。推荐性方向，即正向性，程度越高，线性水平就越高，表现的质量水平也越高，带来的效益（至少潜在效益）就越好。在正向性上，从过程来看，目前主要有良好农业规范（GAP）、良好加工制作规范（GMP）和危害分析的临界控制点（HACCP）三类，从产品来看，有无公害、绿色和有机三大类；从标准重要性来看，实现三类产品的生产过程，就有核心标准、关键标准、配套标准和辅助标准之分。总体看来，标准越趋向强制性方向，越显示其抽象性，更加关乎安全性；标准越趋向推荐性方向，越显示其具体性，也越关系到质量的级别。因此，对标准家族成员的理解，不能是一般泛泛的，更应当与"得标准者得天下"的深层含义和经济发展需求相联系。关于标准家族的主要成员，可用圈和线加以形象化的解读，如图1-2所示。在农业标准中，由于系统的复杂性、灰色性和多因素即时动态性等特点，进行标准化约定时往往趋向于误差大容忍方向，如农业中的技术标准多以"规范"、"规程"和"指南"出现，很少在具体标准上加用"标准"二字的。

---

[1] 百度百科：标准. http://baike.baidu.com/view/8079.htm[2013-05-22]

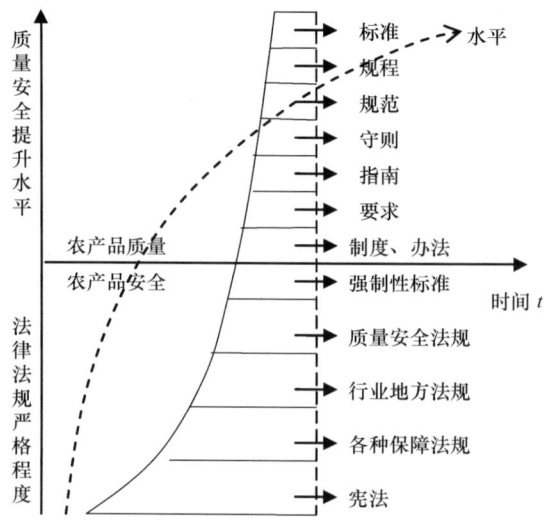

图 1-1　各标准的层次与关系发展图

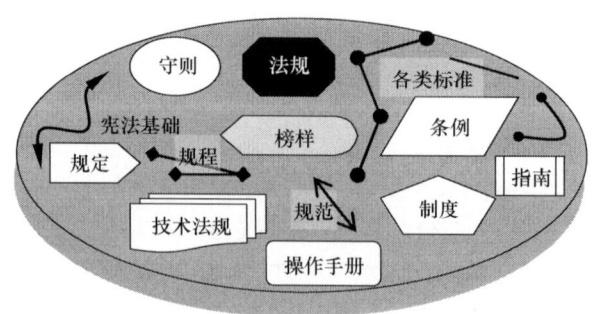

图 1-2　标准的内容与种类示意图

标准是科学、技术和经验的总结。在开放的复杂巨系统理论视角下，科技创新体系将标准化作为面向未来的科技创新体系的重要支撑，标准化是技术创新体系、知识社会环境推动社会发展的重要轴心。早在 20 世纪 70 年代，钱学森就提出要加强标准、标准化工作及科学研究，以应对现代化、国际化的发展环境。通过标准、标准化工作和相关技术政策的实施，可以整合与引导社会资源，激活科技要素，推动自主创新与开放创新，加速技术积累、科技进步、成果推广、创新扩散、产业升级，以及经济、社会、环境的全面、协调、可持续发展。

5. 标准化的学科定位

2010 年，教育部公布了高等学校获准设置招生的本科专业名单，已经正式将标准化以"标准化工程"（专业代码：110110S）的名称列入大学本科专业培养体系管理学（management science）名下。这是我国第一次正式在高等教育本科专业目录中出现了标准化专业。由此，也顺理成章地产生了标准化学院等教育机构。该专业从 2011 年起，已经开始招生。这标志着我国标准化人才培养步入了正轨，进入了高等教育领域。

实际上，这还不够。标准化学科是一个在系统科学支撑下的全横断学科，综合性极强，系统性突出，其与现设各类具体的专业学科均有着直接关系，但现设的任何学科却不能包括这一学科的内容。如果将标准化学科与现设的学科在关系上进行讨论时，只能将其描述为标准化学科下的各专业与专业下的标准化。对于前者，指的是标准化学科理论指导下的专业理论与方法学；对于后者，则是在现设各专业理论指导下的标准化方法应用。

标准化学科特别适用于对复杂系统从应用角度进行简化探索，以对关键点进行控制和管理。标准化学科，按照内容与范围，是分不出"软科学"与"硬科学"的，要从实际需求和必要的科技手段应用上，看系统某一部分需要什么、应用什么，无论哪些管理操作的方法，只是在适用与实用上来取舍其必要性，直到运行的系统处于最佳状态。以目前人们对学科发展的软和硬、文和理等类型的分类法来理解，是不能体现标准化学科的真正面目的，也是没有办法确定标准化学科地位的。

6. 复杂农业的标准简化

由于农业是一个复杂的巨系统，一方面具有整体的有机性，另一方面存在着内部的层化现象和多样性，再加上时序变化的宏观有序性与微观过程的多变性，使得人们面对标准化知识和理念与农业对应并作为推进的驱动时，便出现了巨大的困难。困难的根本，就是这两个复杂体系的科学耦合。耦合的核心，是人们怎样看待自己所面对的真实农业。

人们看农业，必须要从以下角度出发：农业，是以太阳能为基本能源、以土和水为基本的生产资料、以生物为生产对象，通过劳动所从事的一项劳动事业；农业是能够容纳各个行业的浑圆大业。只有当人们跳出传统农业的视觉圈子，回头审视农业整体时，才能够发现，复杂的农业系统，不过是有机和无机的区分，不过是生命体或有机体在一定环境条件下的自身运动的基础上，经过人的干预向着新作用力方向有度的偏转。所以，从过程看农业，就包括了产前、产中、产后和消费（主要是市场）；从循环看农业，就是一个周期的效益对下一个周期的影响，主要包括了直观的经济效益和对持续发展的作用；从标准化看农业，对农业的内部，就要随时发现和提升如何使投入最少、过程最简和结果最好的方法与操作，对农业的外部，则要做到交易最简、壁垒最好和摩擦最少。

复杂又具备大量重复的事物，成为了标准简化的重中之重。因此，复杂农业应用标准简化，不但成为农业提升的有力支点，也为农业研究开拓了新视野，更为农业走向现代化奠定了坚实基础。用标准化规制我国农业，关乎国家大局，关乎农业发展命运。所以，站在国家层面，在新时期审视和推动农业，不能只盯着种植、养殖和加工等层面，而要从宏观农业、经济生态农业，甚至全球农业角度进行标准的简化。

二、标准化的功能与作用

1. 标准化的功能

标准化的实质是要通过制定、发布和实施标准，达到特定范围的统一，其目的是要获得最佳秩序和最大效益，简而言之，标准化是制定标准和应用标准的过程。这其中的最大学问就在于制定的标准是否符合实际，应用标准的过程是否具有充分的保障。无论哪一个，均具有较强的结构性和系统严密性。而这些特性，必然表现出不凡的功能性。

标准化的功能，主要表现在以下方面。

（1）标准化的实施始终围绕着获取最大利益这一核心，最终结果是实现多方利益最大化。

（2）围绕着能够重复进行的事物，研究和探索能够进行重复的最简的方法与途径。

（3）在有限资源约束下，标准化会产生投入最少、过程最简、效果最好、效益最高、解决矛盾最快、建立壁垒最厚的系统最佳业绩。

（4）标准化会将一个有界系统的运行组织培养成为低成本、高效率的最佳系统。

（5）标准化的结构表明，其对科技创新能力和水平的迅速提升具有直接的支撑功能。

2. 标准化的特性

作为一门独立的学科体系，标准化也具有其基本特性。总结起来，认为主要有以下几方面。

（1）**抽象性** 标准化的抽象性主要表现有三：一是标准化学科的横断性，必然产生抽象性，即它不像以纵向"深入"为主要特征的传统学科分类，而是纵横共进，协同发展；二是标准在大量具体成果基础上进行的集成、超集成和优化并形成程式化的产品，是抽象的结果和抽象的表达；三是标准化过程容纳了多方面因素，围绕着协调、优化和统一的原则，进行着最佳秩序，更显得抽象。

（2）**系统性** 由于标准化在追求最大利益，又要在最佳状态下运行，那么，不求系统性，就不可能产生最佳效益，最大利益也就无法保障。只有以系统科学为依据，以系统思想为决策，以系统操作为手段，以系统运行为保障，才能够真正实现标准化，在形式上建立有序，在内容上取得最佳。基于标准化的系统性，从学科设置和发展角度看，又显示出其独立性的一面，即标准化不但以自己独立的面孔对社会产生作用，还将所有学科串联在一起。标准化与所有学科有着直接关系，而其他所有学科不可能包纳标准化学科。

（3）**约束性** 标准化所要求的一切行为，是不可以随便改动的。一旦进入标准化过程，就必须严格执行标准程序，否则被视为违规甚至违法。标准化的约束性是不同的，有强制约束，也有自觉约束；有范围约束，更有线性约束。标准化的约束性必须通过标准过程，逐渐地渗透到人们的无意识行为中去。例如，在十字路口遇到红灯，就是不加思考的停步与等候，而不必思考是等还是闯。但标准化绝不是僵板的推动器，标准化有标准化的发展规定。

（4）**科学性** 标准化与科学和技术成为当今世界稳定发展的三大要素。在一个循环内，科学是基础，技术是工具，标准是手段，相互支撑，互为依托；而从周期看，标准是前提，技术是手段，科学是支撑，互相包涵，共轭发展。从促进社会和经济发展看，三者合一、攻无不克，在实际中三者则是紧密结合、不可分割的。因此，有说法，"得标准者得天下"已成为世界经济竞争的法则。实质上，无论面对科学研究、技术发明，还是经济提升、壁垒保护，站在前列的就是标准和标准化，而没有强大且先进的科学技术，标准和标准化的支撑显然是不能持久的。

（5）**经济性** 经济社会发展过程中孕育、产生和发展标准化，标准化始终首先为经济发展而服务，标准化在发展中以经济为中心并延伸发展到非经济领域，如生态安全性和可持续发展。但当人们透过这种现象来挖掘本质时仍然发现，标准化为经济可持续发展营造和建立了更大的有利空间。

3. 标准化的作用

全国金融标准化技术委员会对标准化的作用归纳为以下4条[1]。

（1）标准化是现代化大生产的必要条件　现代化大生产有以先进的科学技术为基础和生产的高度社会化两个显著特点，前者表现为品种、质量、效率和效益，后者表现为过细的社会分工，两者都离不开标准化。质量管理体系实际是标准化体系，认证是对标准化实施程度的认证，所以称为合格评定。标准是国民经济和社会发展的重要技术支撑，是企业组织生产和经营的依据及手段，事关企业的生存与发展。高标准才有高质量，正如日本著名质量管理专家石川馨教授在总结日本质量管理经验时所说："没有标准化的进步，就没有质量的成功。"

（2）标准化是科学管理的基础　现代生产讲的是效率，效率的内涵是效益。1798年，美国人艾利·惠特尼在制造武器中，运用标准化原理成批制造可以互换的武器零部件，为大规模生产开辟了新路。1911年，科学管理之父泰勒又用标准化的方法制定了"标准时间"和"动作研究"，证明标准化可以大规模提高劳动生产率。所以，在企业管理中，无论是生产、经营，还是核算、分配，都需要规范化、程序化、科学化，都离不开标准化。现代企业实行自动化、信息化管理的前提也是标准化。

（3）标准化是促进科技转化生产力的平台　科学技术是生产力，但是在科学技术没有走出实验室之前，它只在科学技术领域产生影响和作用，是潜在的生产力，不是现实的生产力，只有通过技术标准提供的统一平台，才能使科学技术迅速快捷地过渡到生产领域，向现实的生产力转化，从而产生应有的经济效益和社会效益。

（4）标准化是推动贸易发展的桥梁和纽带　当前世界已经被高度发达的信息和贸易联成一体，贸易全球化、市场一体化的趋势不可阻挡，而真正能够在各个国家及各个地区之间起到联结作用的桥梁和纽带就是技术标准，只有全球按照同一标准组织生产和贸易，市场行为才能够在更大的范围和更广阔的领域发挥应有的作用，人类创造的物质财富和精神财富才有可能在全世界范围内为人类所共享。标准不但为世界一体化的市场开辟了道路，也同样为进入这样的市场设置了门槛。随着贸易自由化在全球的推进，标准已成为产品和服务走向国际市场的"通行证"。

总之，标准决定着市场的控制权，标准是市场竞争的制高点。谁的技术成为标准，谁制定的标准为世界所认同，谁就会获得巨大的市场和经济利益。通过标准与专利的融合，实现专利标准化、标准垄断化，可以最大限度地获取市场份额和垄断利润，故有"二流企业卖产品，一流企业卖专利，超一流企业卖标准"之说。

三、标准化的学科体系

标准化这门学问，在人们的生活中，无处不有，无时不在。因为，人们的一切思维

---

[1] CFSTC：标准化的作用. http://www.cfstc.org/publish/main/20/bzhjczs/20120217190402808911084/index.html

与行为，无时不在以最简、最快和最有效为目标而追寻与发展，标准化学问就是满足这种需求而诞生和发展的，标准化时刻伴随在人们的周围。

1. 标准化的学科内涵

标准化不同于人们目前所闻的科学技术，标准化与科学技术之间形成了时空严格的互撑关系，并且随着人类发展水平的提高，标准化愈加显示其强大的力量。从科学的角度看，标准化是一门新型横断学科，该学科基于系统科学原理，在日益增长的需求之中发展，着眼于任何体系、任何过程和任何状态的"更加精细"和"如何最佳"的实现，从而获取最大利益的产出；该学科对事物的看法，不同于以往科学分类的视角——主要是纵向深度探索，而是向着"最大效益"目标，实现过程"最佳"，以综合和系统的手段，应用各种有效工具，切入到事物发展的内部，对事物运动的重复部分进行集成性规制、简化和优化，直至实现整体的简化、优化、协调和统一。同时，标准化着眼未来，从发展的周期间和长期性角度来平衡事物的当前与今后，考量事物的发展与趋势，以求各方面均可接受的最佳和最有效。标准化依托于现代所有学科，又独立于现存一切学科，标准化既包涵了大量管理科学的成分，又具备了大量技术科学的要素，标准化还需要大量社会科学的内容。在现代社会发展中，标准化与科学和技术之间建立起了对等的坚固三角关系，在前进的道路上协同提升，缺一不可。标准化是任何个人、团体和国家取得最大效益、共存发展的唯一抓手。任何将标准化归属于软科学或者自然科学等的论断，均是不全面、不系统的。对于标准、技术与科学的互撑关系，以及为社会发展的力量贡献，从标量角度，可表示为图1-3所示的结构。

2. 标准化的学科分类

从整个社会发展看，标准化像社会体系中的经络系统，弥散于社会的各个角落，无时不在发挥着应有的作用；标准化又像社会巨人的骨骼体系，支撑起社会发展的一切结构，实现着各个层面所需要的重要功能。以推动社会发展和经济提升为主线，从学科分类的视角观察标准化，应当有农业/生物标准化、工业标准化、社会服务标准化和监督管理标

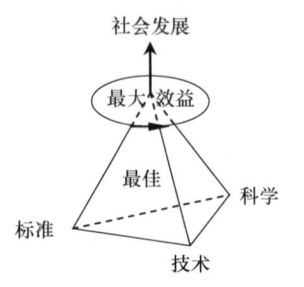

图1-3 标准、技术与科学的互撑关系

准化四大门类。

1）农业/生物标准化

围绕着生物和有机过程，以太阳能为主要能源、以土和水为主要生产资料的经济事业发展中的标准化，当属于农业标准化领域的事业。其包括了属于本领域的规律探索、组织体系、产业过程，以及为之服务的各种标准化需要。这种标准化，完全依赖于农业特性和社会需求的协调与平衡而进行，内含了大量不可控和不可逆因子，关系复杂，处于灰色地带，难度大。

人类自然属性的标准化，在相当大的程度上也属于此类，但在许多方面有所不同。例如，关注的健康水平是最严格的，进行知识和文化的教育是其他类所没有的，关注的

社会作用是一切生物类对社会贡献不能相比的，等等。

2）工业标准化

工业标准化，是以大机器、自动化、流水线操作为主要特征的经济事业发展所需的标准化，包括了围绕这一系统所进行的研究、组织、管理和推动生产发展的各种体系与附属要求标准化。工业标准化的生产资料、生产对象和产业过程多为非生命体，可计算性强，可操控性程度高，相比于农业时，几乎是一个白化系统，技术性突出，复杂程度要低得多。

3）社会服务标准化

这是在特定区域、统一标准（货币尺度）下，依托社会平台，对大量多样性需求商品在流通中结束分配为主要特征的社会经济活动标准化。社会服务标准化，以经济为纽带，以满足社会需求分配为目的，以均衡、有序和促进发展为目标，实现和提升社会运行水平。社会服务标准化包括了以社会服务为核心的研究、管理、实施和评价等方面的标准化。这种标准化，过程变数多，具有跳跃性，产生于交易和消费过程，运动于社会交流之中。

4）监督管理标准化

任何体系和过程，由于运动的绝对性，在期望到达目标的过程中，必然存在着乱象和无序风险的随时侵入与产生，事先的预测与概率的估计及相关措施的事先就绪，还有设计目标与过程运行中的贴近度等，均需要在最低成本、最简过程和最大效益条件下得到保障，围绕该范围所进行的一切工作，包括探索、组织、落实和评价等，均属于监督管理标准化。这种标准化的主要特点是法规性强，强制性明显，预防性突出，反应迅速，不让带有灾害性的事件发生。

实质上，人们明显能够看得出来，基于整体的复杂性，标准化的分类是多种多样的。抽象一点讲，由于人类社会的多维性，只要给予不同视角的前提规定，就有相关的标准化分类出现。以上四类，是顶层横向分类，在其之下，纵横分类仍然继续，会出现 1, 2, ⋯, n 个层级。本书就农业标准化的分类研究，在第三章第三节会展开。

3. 标准化类别关系

将标准化学科分为四类，各类之间的关系应当是明确的。从各类对社会发展的重要性和战略意义来看，农业/生物标准化是基础，工业标准化是动力，社会服务标准化是保障，监督管理标准化是保险。基于农业的复杂性、灰色性和强大的包容性，除农业标准化外，其他标准化均可以在农业标准化中发挥自己的重要作用。四类标准化体系，成为标准化学科的顶梁柱；农业、工业和社会服务标准化组成了标准化的硬性架构，监督管理标准化成为这种硬性架构安全和持续的直接保护。这四类关系可用图 1-4 直观地表达出来。

在人才培养系统，教育部很早就将标准化设在工程专业门下；在 2000 年，又将其列入管理学领域中的工程学序列，设立了"标准化工程"专业（110110S），对标准化

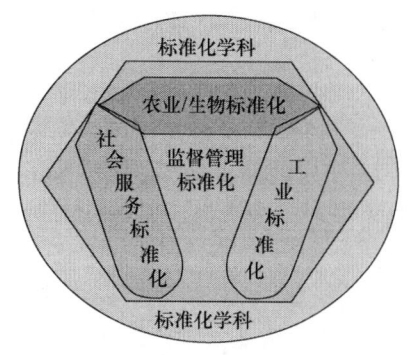

图 1-4 标准化学科二级分类及其关系示意图

的学科地位认可进行了提升,这是一个显著的进步。我国已经有了"标准化工程"专业,基本学制4年,隶属于标准化学院,毕业后授予管理学学士学位。实质上,这种设置,还不能真正地反映标准化学科的内涵与地位。因为,随着发展水平的提高,人们可以充分地看到,标准化学科具有其明显的宏观特殊性,即广泛性和横向联系性。"标准化无处不在"这句话,就是对标准化特点的直接表达。从社会结构的宏观到微观进行层次化剖析时,人们不难看出,在顶层,从长远的战略眼光分析,标准化属于决策和规划中重大成分,例如,"没有农业标准化,就没有农业现代化"这一战略方向性和指示,从决策层面上就表达了农业现代化的重大地位和作用,从而使相应的决策规划上就明白发展农业应当抓什么。到战术层面上,标准化明显成为管理科学、技术科学和实验科学发展和提升的支持混成体,也就是说,是软、硬科学,或者是自然科学与社会科学的有机结合体,无论在规划设计还是宏观管理方面,都必须对思想和理念进行落实时,以标准化原理和方法为准绳。到了操作层面上,其成为标准化落地的唯一平台,变成了完全的硬化技术和艺术的操作类,刚性内容占据绝对优势,也是具体标准表达的最终显示,此时的管理内容显得个体化,在操作者身上,也就是说管理被弱化到几乎难以表达。

"得标准者得天下",已成为世界经济竞争的法则,标准和标准化在各国经济发展中日益突显其作用。我国很多出口商品因未达到对方标准而被退货甚至销毁,然而我国很多政府机构、管理层面、企业单位仍没有正确建立起标准化的意识理念,普遍缺乏标准化知识,错误地认为标准化属于软科学类,是管理科学的内容,标准制定就是写写画画,拿个文字程序出来,再去照搬着用一下。其实这完全误解、误导和误用了标准化。当然,目前标准化人才队伍奇缺也是导致这些问题发生的一个根本性问题。

第二节 农业标准化

一、农业标准化及其特点

1. 农业标准化(agro-standardization)

已经明确,农业标准化是标准化学科的一个分支,那么,农业标准化就是为获得最大利益、保护环境和满足可持续发展要求,通过研制和集成标准,形成协调、统一的整体并落实到农业过程的活动。

这一概念的目的有三个,即在获得最大利益的同时,要保护环境和满足可持续发展,这是一个长远发展、协调一致的思想,与标准化定义中的利益有所区别。这是因为,农业标准化有一个显著的特征,即利用自然物质(如太阳能、矿物质、CO_2等)通过自然力进行的集成、优化和简化,以实现最佳生产与保障及再次最佳生产与保障,其结果为,要求在满足人类社会需要的同时，还要对环境的现在和未来负责，也就是说，在强调获取最大利益的同时，必须考虑并实现生态体系的可持续发展。工业标准化、社会服务标准化等在这方面只仅仅能够起到维护与助力的作用，而没有直接支撑和承担发展功能的能力。

2. 标准化与农业标准化的区别

论及标准化与农业标准化的区别，简单地说，前者是关于人类社会发展中标准化问题总的概括，后者则是标准化问题在农业领域中的应用与探索。换言之，农业标准化是标准化学科中的一个重要分支，是标准化的基础部分，隶属于标准化二级学科。从本质上看，在标准化学科的四大类中，农业标准化不但是基础类，而且是最特殊的一个门类，它的直接作用对象是生物，是与环境有着密切关系的有机体，是绝大多数不能短时间移动的核心能量源——植物。

进一步的区分，就要从农业特性、农业标准化概念和特点等方面加以识别了，相关信息可从本节以下各项中挖掘。

3. 农业标准化与工业标准化的区别

需要注意的是，我国目前标准化理论体系的建立，多以工业标准化为依托，或者在多数方面，误将工业标准化视为标准化学科的理论而传播，这是不全面的。工业标准化理论，不是标准化理论，代表不了标准化学科的理论、方法和发展。工业标准化学科与农业标准化学科之间有较大的区别，其最主要的差别体现在以下几个方面。

1）标准化受体的特殊性

农业标准化的主要对象是生命体和有机体，其中最核心的生命能量供给源——植物，是最重要的受体。

2）系统的灰与白

农业标准化始终在灰色系统中进行，以探索、发现和集成的方法提升标准化水平，而工业标准化则始终在白化系统之上，通过发明、创造和集成的方法开展标准化。

3）经验的地位

由于农业系统的复杂性和灰色性，导致农业经验在标准化中有重要的地位和作用，制定标准时要基于农业经验，应用标准时也要用到农业经验，这在工业标准中是不允许的。

4）环境的约束

农业标准化必须考虑标准化对象的具体环境适宜性，包括从微观到宏观的环境结合。例如，一个果子，套袋与否，直接影响了其内在品质的高低；在同一座山上的农田，阴坡和阳坡就有明显差别，等等。

5）制标方法差异

制定农业标准，要在标准化理论指导下，对本标准相关的所有资料和信息进行精细研究，反复探索，还要应用经验，集成难度很大，要求系统最佳则更需要下大工夫，是一个严肃认真的研制过程，而工业标准制定，是在大量实验数据基础上，通过筛选、优化和组合式集成过程，非常透明地说理和论证中产生的。

4. 农业标准化的特点

讨论农业标准化的特点，就与农业的特点有了直接关系。

1）农业的特点

描述农业的特点，可能有多个出发点，如组织管理角度、自然规律反映、社会经济特色等，各有理由。这里综合概括，以经济为基础、管理为重点、可持续发展为目标，总结如下特点。

（1）生命有机的依赖性　农业的对象是生物及其有机体，环境调控下的生物系统发育持续性、对不可控因子的依赖性和可控性操作下的限制性决定了过程的特殊性，特别是生命和有机过程的不可逆性特点。发展农业，首先要遵从生物、有机体的运行规律，不能揠苗助长，否则欲速则不达；其次，应根据环境的综合因子与生产对象的特性作用，进行有度的系统调节，推动发展的高效和速效。

（2）农业过程的灰色性　农业是一个复杂的巨系统，人类发展中，无论何时，人们所面对的农业，永远是一个灰色系统，没有达到完全明白的阶段。无论是已经走过的农业道路，还是即将开拓的农业坦途，对农业的探索，就是对这一灰色系统的不断摸索。科学的发展，最多随着时间的推移，能够使这一系统的灰度消减，但不可能完全白化。所以，实施农业标准化，过程质量点的不确定性、农产/商品质量上的多层性和标准操作上的变弹性等，都是其中的重要特点，也是因其灰色过程所致。

（3）自然再生与经济再生产的混融性　农业的使命不但在于夯实人类发展的食物基础，而且在现代社会中也承担了经济增长的重要角色。因为，农业过程也是人类生产关系、劳动力及其劳动产品等经济现象的再生产过程。农业的自然再生与经济再生产的密切联系，在总量紧缺时，甚至会成为集团、国家之间的政治利器，导致致命性后果。

我国农业的特点，从历史的角度看，"精耕细作"堪称一绝，小户经营形成文化。在面向现代发展时，应当充分地挖掘前者优良之内核，更快地摒弃后者的不足。

2）农业标准化特点

从农业的特点可以体会到，农业标准化与标准化、特别是与工业标准化，在特点方面应当有明显不同。综合剖析，农业标准化有如下特点。

（1）遵从生命有机规律性　农业的生命、有机过程一旦被启动，就由着生命体、有机体自身以运行的固有规律（遗传规定），对环境进行感知和调节适应，内外通道的信息传递、平衡和应用由自身完成而且十分复杂，人们只能以改变外部环境因素而间接调整生命体、有机体的运行过程和发展速度，在过程内没有任何机会使其长期停止或者使某个环节退回重来，即不可逆性。也因为这种特殊性，生命体和有机体的良好发育，又与相适应的环境密切地联系在一起，形成了生态选择上的不可分割体。如果为了加速而超越了其固有的规律，就会产生相反的结果。

（2）标准化过程的宽容性　农业与工业的重要区别之一，是两大系统的产生和介入的方向性。农业系统是人类在自然基础上所从事的基本劳动过程，是对已有系统的介入，介入的是人们需要探索和了解、再为我所用的生态生产系统；工业系统是人类通过技术发明和工具使用所创造出的提高生活条件的白化系统，它不是竖立在人们面前、需要探索和进入的灰色系统，它是由人类创造、在再发明和再创造的基础上提升人类发展能力的基本平台，不需要介入，只需要增厚。因此，工业标准化中的标准是不能有误差的，是精度极高的量化代表，落实标准的过程也具有极高精度，而农业标准化，到了具体的标准时，不是工业中的"标准"概念，而是以"规程"（code）、"规范"（specification）、"要求"（demand）、"准则"（norm）、"制度"（regime）、"指南"（guide）等明显容许一定范围内误差的概念出现的，这在标准化上就表现出了相当大的宽容性。

（3）标准化管理上的特殊性　出于生命体和有机体发育的特殊性及其与环境之间的多样联系等原因，农业标准化与工业标准化相比在管理方面必将受到更多未知因素的限制。农业标准化管理，必须以系统科学原理和思想为前提，着眼于当前和发展，真正地系统运筹和思考管理方案，同时需要有市场经济学知识，更需要有农业标准学理论，还要有生态气候学和环境保护学常识，否则管理的思路和方法就会落伍。在农业标准化落实管理方面，要注重内容的发展、配套形式的跟进，不能只讲形式、轻视内容。在农业转型时期（由传统农业向现代农业转变），由于对农业标准化理解的不深和对现代农业认识的不到位，容易出现只顾形式、不管内容的虚现代。例如，现代农业园区、多功能农业庄园、农业综合开发、设施农业等现代概念下的农业发展，标准化的管理介入和如何发挥作用，迄今是一个需要探究的重要课题。农业标准化管理上的另一个特殊性，在于对农业标准化过程进行时刻研究和记录，提纯经验和做法，凝练因素和数据，以便对标准的精度和系统性进行迅速提高。当然，农业标准化管理与工业标准化的明显不同之处，是其管理过程的严格性低。而这种低精度的特点，正需要过程的认真观测和记录，为下一循环奠定更优的铺垫。

5. 农业标准化的复杂性

农业标准化，不同于其他领域的标准化的一个重要特点就是其高度的复杂性。这是因为，农业本身是一个复杂的巨系统。这种复杂性，体现在多个方面。

（1）产品的复杂性　任意一个品种的作物在发育的任一过程或时期，都具有产品的特征。例如，一粒黄豆，可以是种子，也可以是产品，且当给予适当环境条件时，活跃的生命过程的任何一点，均可以不同用途而成为产品，从而使黄豆系列产品产生。横向观察人们一般认为的农产品，从种子到产品，在产前、产中、产后、贮运、加工至消费，无不以十分丰富的品类展示在人们面前。农业标准化如何破解这种复杂，走向自己的简化，实现最大效益目标，就显得复杂了许多。

（2）生产的复杂性　在生产中，不同品种有不同的生产和环境要求，不同生理期又有其相应的特殊要求，上升到不同的种，还有更大的需求差别。那么，在千万个种类的需求面前，要求产生的条件满足和管理安排，必然是一个极复杂的体系性工作，这也是农业的硬件建设易，而内在管理难的关键所在。如此，现代农业园区的玻璃房子好盖，户内和种养安排与对应的管理科学性才是核心。农业标准化在这种复杂境遇中，用简化的通则和目前多为规程和规范的标准，做到优化和统一，以便出现更高的效率和明显的效果来降低复杂性。

(3) 重复的复杂性　表现在两个方面，一是由于农业过程中的影响因子很多、因子间的互作复杂，在重复时，后一个也总是不能与前一个完全相同；二是持续周期的复杂性。农业过程绝不是一个简单的生产过程，而是生命体和有机体与环境、市场等各方有机结合的全过程，牵涉"生命过程—环境条件—管理操作—经济满足—生态持续"这五个关键平衡与永续利用的大问题，一个周期对下一个周期乃至更长时期的作用与影响，必须在周期间和周期中加以决策与应用。农业标准化，要把这种复杂性，通过学科自身的优势，探索简化和协调，实现多度平衡和统一。

(4) 商品化复杂性　农产品实质上不同于商品，而现代农业的一个最显著特征，就是农产品的商品化生产加工与消费。由于农产品在历史上与商品在属性上是完全不同的两个东西（从形式和内容上看，后者容易纳入前者，但前者完全不可属于后者），农产品的商品属性是存在的，而商品的农产品属性则是非常有限的。因此，形式上看，农产品变商品并不复杂，但当运用现代经营平台时，传统的农业经营思想与做法在农产品商品化经营中的标准化应用，以及标准化下的农产品商品的出现方式与姿态、产品质量安全保障等问题就显得复杂了。

(5) 消费的复杂性　现代消费中，要求各种农产品四季都有供应，实质是给农产品的产后贮运、加工和供给提出了更高要求。要满足这种社会需求且保证高效和高利润，就只能用标准化的手段与方法完成。这一领域的标准化，又与社会服务标准化相联系，是处于农业边缘又关乎于农业活力的标准化问题，成为农业生命体、有机体作为产品/商品的有效延期保持与社会人群关联平衡的综合社会性标准化，使另一种随机性介入——消费者的思维与行为的影响产生，复杂了农业标准化延伸的空间。

从以上五点可以感知，农业复杂，农业标准化自然就复杂了。然而，标准化学科发展的目标，就是将复杂事物简单化并高效化，以获得最大效益。显而易见，这种复杂是相对的。通过对农业复杂性及农业标准化复杂性认识来改变人们的农业思维，探索本质，以便获得规律的系统性，充分地理解和应用农业标准化知识，改造思想，规范行为，促进农业发展，推动社会进步。

二、当代学科与农业标准化

当代科学发展，用"突飞猛进"来形容一点也不过分。20世纪中叶以来，先后有原子能释放与控制、人造地球卫星的成功发射、DNA成功重组，以及微处理器大量生产、个人微机与互联网普及、无线通讯的广泛使用等几个重大标志，使人类从地球到空间，由自然到生命乃至大脑领域的紧密联系与急速拓展成为现实，显示了科学技术成为支撑和引领经济社会发展的主要力量；学科交叉、融合和技术集成，给重大创新和新技术革命带来了无限生机。科技发展实现工具的改良与升级，内在驱动要通过更有效的方法与手段。凡此，都必须在标准化的作用下向前推进。否则，再好的技术或者发明创造，都难以产生当前条件下的理想效果。

1. 学科的分类地位

前已述及，农业标准化属于标准化学科下的二级单元，而标准化学科在整个学科分类中的地位，需要加以明确。

首先，根据《中华人民共和国学科分类与代码国家标准》（GB/T 13745—2009）[1]，将标准化学科列入"工程与技术科学基础科学"（学科代码 410）一级学科下的"标准化科学技术"（学科代码 410.50），为二级学科，那么，农业标准化学科就成为该学科体系下的三级学科，并且隶属于"工程与技术科学"门类中，这显然与"农业科学"的门类划分是不相接的。其次，标准化学科与系统科学联系十分紧密，而系统科学在 GB/T 13745—2009 中被划入"自然科学"门类下的"信息科学与系统科学"（学科代码 120）一级学科中，与标准化没有关系。再次，学界多数认为标准化是管理科学的内容，而 GB/T 13745—2009 中将"管理学"（学科代码 630）与标准化的上级 410 学科并列，同属于"工程与技术科学"门类中，成为独立的一级学科。之后，教育部于 2010 年的本科专业名单中，以"标准化工程"（专业代码：110110S）为名称培养人才，并列入"管理学"领域中的"工程学"序列。最后，GB/T 13745—2009 中的"医药科学"及"人文与社会科学"两大门类，也需要标准化学科的支持和推动，因为，"标准化无处不有"。综上所述，标准化学科的归属仍然需要商榷。

人们把标准化科学定位于新型的横断学科，与系统科学联系紧密，它是一门管理学科，更是一门技术学科，同时还具有一定的艺术特性。因此，标准化学科是一门综合性极强、学科融合度极高的学科类型。标准化学科在我国学科分类中，目前应当在"工程与技术科学"门类中独立为一级学科，与"信息科学与系统科学"并列。只有这样，才能置标准化于正确位置，发挥其利器作用，充分为国家经济建设服务。相信在不久的将来，标准化学科会跻身于科学分类的关键门类之中，直接服务于所有的科学门类。而农业标准化应属于标准化学科下的基础学科，其在农业领域也就能够发挥其应有的作用了。

2. 农业标准化与现代农业

由于农业标准化的运动体是种多层次、多元化和多向量的灰色性复杂系统，围绕农业标准化的目的与目标，只能在阶层化的基础上，实现每一个层面上的最大利益，同时在整体层面上显示最佳的利益。这是一种深层利益力量的驱动。所以，以最简的方式、最小的投入和最大的回报为目标而运作的农业过程就是农业标准化运作机制。

人们将农业标准化与现代农业联系在一起，实质是内容与形式的关系。概念上讲，现代农业不同于传统农业，效率和效益属性最为突出，这与农业标准化实施的目标一致。所以，将农业标准化与农业现代化联系在一起，是农业标准化的真正用武之地，反之，现代农业如果没有标准化的支撑，必然是一个徒有虚名的空概念而已。根据我国经济发展阶段及国家总体实力要素的构成，完全可以推出："没有农业的现代化，就没有国家的现代化。"这也是国家领导人高瞻远瞩、看得更为深透的地方。运作农业标准化，实质是推动国家现代化。

3. 农业标准化的系统科学性

农业标准化是以农业科学为依据，以农业技术为基础，以农业标准为准绳，以市场

---

[1] 中华人民共和国国家标准 学科分类与代码. 北京：中国标准出版社，2009

需要为目标,应用系统科学理论、管理学理论和生态经济学(eco-economics)理论,集成农业经验,规范农业过程,实现农业的生态友好和可持续发展,通过不断地采纳、补充制定、修订和完善农业标准及其体系,规划、指导和落实农业标准体系,从而获得农业最大收益。农业标准化是一种对内全面提升农业过程质量水平、实现农业过程以"简化、优化、协调和统一"的方式加速农产品产出与运转效率、对外建立强大壁垒保护、拓宽农产品出手途径、迅速实现农产品交易的强大利器。农业标准化对保障农产品质量安全、实现农产品的低成本和高效益交易、维护多方利益、获取最大化利润有着直接的和最佳化的实现支撑。理解和实现农业标准化,必须具备系统科学思想、管理学体系、生态经济学知识和农业标准化原理方法。农业标准化学科的发展,是在多学科知识体系的支持和不断完善、发展与自成学科发展应用的过程中,不断成长和进步的,其具有强大的系统科学性。

像系统科学那样,先有三论[信息论(Theory Communication)、控制论(Cybernetics)和系统论(Systems Theory)],再一起成长,历经60多年,如今自成体系;像管理学那样,在近代社会化大生产条件下和自然科学与社会科学日益发展的基础上形成;像生态经济学那样,由生态学和经济学两大学科高度融合而成为一新型学科。农业标准化正在兴起、成长和发展。农业标准化,关注农业整体,着眼于理论的继承和创新,落脚在实施及其效果的评价,构成农业标准化学科的横断性和系统性,发源于现代社会需要下的多学科综合与系统性提升。

4. 农业标准化在科技进步中的地位

科学技术迅猛发展所形成的重大标志性成果,对农业科学和技术的发展起到了直接的推动作用。农业科学和技术成果的社会应用过程,又不可避免地涉及高效和低成本,因此,农业标准化顺理成章地被纳入和应用。因为只有农业标准化才能够以最佳状态实现和满足这种效果。农业标准化成为农业科技进步中的必备部分和结伴运行体。关于三者的互依关系,将在第三章第二节中详述。在农业科技进步中,农业标准化扮演了过程支撑和承上启下的关键作用。要论过程支撑,说的是任何农业科技成果在应用时,必须以标准及其体系的面目出现,才能够完全符合农业经济发展愿望所要求的状态,落到实处;若谈承上启下,即在任意一个农业科技发展的升级中,周期间的联系,必然以上一轮成果的标准化应用与实践过程中,产生和提出了大量改进问题及新的实践需求,使农业科技受到刺激而探索升级,特别是这种探索,又必须以现有的标准平台、标准方法和体系为基础,探索和发展新的技术与方法。

当然,农业科学技术对社会科学技术的促进作用也是重大的。在这种促进中,始终伴随着的标准化的具体支撑和结果提升。例如,杂交优势的发现、利用和思想原理的广泛应用,是农业科学的功绩。加快农业科技进步,健全农业推广体系,强化农业科研成果的推广应用,是现代农业发展的必然选择。但这些都是在大概念下对事物进行的描述。如何落实,凭借什么工具与平台,才能够以理想状态实现,是一直以来无法逾越的屏障。"三农""最后一公里"问题的持续存在,症结之一是没有认识到、也没有认知农业标准化在农业推广中的核心作用。农业标准化作为现代农业的重要标志,是以工业化理念推动农业发展的直接工具,是应用现代理念和方法改造传统农业的最佳捷径,对于促进科技进步、转变传统思维、提高农业综合生产能力、提升农产品市场化水平有着直接的推动作用。

我国今后的发展，必以资源、环境和十几亿人口为基点，思考、决策和集成一切因素为之服务。要保证国家经济平稳发展之需求，就一定要在农业与现代服务方面下工夫。但就农业，我国人口众多，土地资源有限，南北气候差异很大，农业发展的现状必须改变，农业发展必须另辟蹊径。其中，重要的是抓住当代信息技术和生物技术，有效转换相应成果服务农业，从而推进农业技术革命，提高农业应用水平，建立良好的环境保护机制，使所有资源由消耗型向节约型转变。如何推动和提高？怎样使革命成果落地生根？唯有农业标准化，才能承担这一历史使命！

三、当代农业类型与农业标准化

农业发展过程中，出现了许多名词和概念，令人眼花缭乱，有时无所适从。农业标准化的出现与推行，更增加了这类概念的丰富度。那么，今后农业的发展出路在于标准化，在标准化农业下，那些农业名词和概念应当怎样摆放，在这里做一些简单的梳理。

1. 常见的农业类型

以目前存在的农业类型看，常见的就有30多种。具体有现代农业、有机农业、无机农业、绿色农业、白色农业、无公害农业、精准农业、订单农业、生态农业、信息农业、持续农业、立体农业、设施农业、都市农业、传统农业、垂直农业、干旱农业、灌溉农业、湿地农业、绿洲农业、休闲农业、旅游农业、观光农业、特色农业、高效农业、基塘农业、免耕农业、外向型（国际）农业、太空农业、多功能农业、预售农业、标准化农业，等等。

其中，最具有感染力和通则性的是现代农业和标准化农业，并在这两个概念下，要永久推进的事业，就是农业现代化和农业标准化。预售农业，是作者所提出的概念，指的是对尚未生产出来的农产品事先通过竞拍出售并在既定时间提供农产商品的农业经营类型。

2. 农业的分类

由于农业的复杂性，使农业分类变得有些困难，也因不同的目的，使分类的结果产生多样化。这里，归纳为十大类别的分法，仅供参考。

（1）按生产对象分：种植业、养殖业、林业、渔业和副业。

（2）按经营类型分：农业、林业、牧业、渔业和副业。

（3）按发展时期分：现代农业、近代农业、古代农业和原始农业。

（4）按农业水平分：自动控制农业、设施农业、精准农业、高效农业和粗放农业。

（5）按水量丰缺分：旱地农业、灌溉农业、湿地农业、基塘农业、水田农业和海洋（蓝色）农业。

（6）按景观特点分：立体农业、彩色农业、特色农业、绿洲农业、垂直农业和太空农业。

（7）按服务功能分：休闲农业、观光农业、都市农业、旅游农业和多功能农业。

（8）按发展特征分：持续农业、生态农业、绿色农业、免耕农业、白色农业、石油农业、无机农业和自然农业。

（9）按产品档次分：有机农业、绿色农业和无公害农业。

（10）按市场化水平分：预售农业、外向型（国际）农业、信息农业、订单农业、传统农业。

还有，按照产业发展周期的时间顺序，可以将农业过程分为产前、产中和产后3个阶段。基于这种分法，再考虑特定环境的适应性，从管理角度来决策和实施农业标准化，比较有利。

在上述分类下，还可以再细分多层，一直到形成农业分类体系的全部内容。

可以看出，各个类型中的内容，都存在着交叉性。这也是复杂性的表现。实质上，要详细区分农业的类型，是不容易的。

3. 农业类型与标准化关系

应用标准化的尺度，衡量或者与上述十大农业类型进行比较，人们不难看出，除了标准化农业这一概念突出强调的是农业的标准化外，其余似乎与标准化都没有明显的关系。

其实不然。因为，真正辨识事物发展规律的是在于透过事物的现象能够看到事物的本质。从农业的10大类、30多个类型的总体状态看，无非是从农业的业态表现（如第一、第二、第六和第七类）、特色类型（第五、第八和第十类）、发展水平（第三、第十类）及农产品质量层次（第九类）这四个方面表达农业的。再深化一步，无论哪种类型或者方面，追溯其字面意思表达的背后，即产生和发展过程，无一不存在着大量的规则因子和重复工作，遵从着标准化的思想理念和方法步骤进行，从而持续支撑与运行这种状态的规律发生与目的的实现。反过来，这些概念或者名词，全部是根据农业状态的某个方面的特点而得名，都是对农业存在形式的一种表达，并没有对相关内容的实现方式和内部动态的保持给出有用的描述。

常言道，能说会道，更要会做。一个概念（在这里就是农业类型）的产生，是对概念相关的具体事物的抽象化和高度总结，而要使概念能够维持，并持续具有生命的本质，就要看概念下所包含内容的科学性、时代性和有效性。那么，在这些农业类型的概念下，靠什么才能够真正科学地充实概念的内容、延续概念的生命？也就是说，在概念要落到实处的时候，实施所用的工具、行动的方式与运行途径的程序等，就成为支撑的实质内容。显然，诸多农业类型的内部，支撑这些类型的内核，实质上是各种标准及其体系的落实，亦即农业标准化是真正满足这种需求的抓手。

可见，农业类型是概念、是形式，农业类型所携带的内容与发展，则是农业科学、农业技术和农业经验支持下的农业标准化作为内核而推进的。农业标准化及其结果才是真正的内容。这是一个不争的事实。

四、我国农业标准化发展

我国有着悠久的农业发展历史，形成了独具特色的农耕文化，现今仍以农业大国著称。然而,自给自足的小农经济格局使我国的农业发展之路长期远离市场,使农业这一基础性大产业十分分散,经营中的个人悟性和小片经验构成了农业进步的主要动力,乃至在新中国成立后的强大农业推广体系中,迄今仍以技术推广为主要扩散内容,难以形成以市场需求为战略方向,以经济运行为主要原则的真正标准化推动方式。

历史上没有人提及农业标准化,主要是因为个体分散经营的格局中,并不能产生农业标准化的动力。新中国成立后,虽有职能部门的呼吁,但一直未成气候,主要是因为对农业标准化的认识不到位,以及非市场化农业对标准化没有需求的动力。要真正将农业标准化理解到位,恐怕至少还要一段时间。不管怎样,农业标准化一直为农业发挥着自己应有作用。

很多人提出疑问,"过去没有标准化,农业不也照样发展么?"那么,农业标准化在我国实施层面上到底是什么时候开始的?它又是以怎样的姿态在历史和现实中展示给社会的?明确这些问题的答案,将对农业标准化推进有很大帮助。

1. 发展历程

大量史料从一个侧面证明,农业标准化的起源最早,但发展最晚。从人类开始使用工具起,就有了农业标准化的萌芽。例如,用来穿孔的工具,至少一头尖削,可轻松达到目的;用来砍割的工具,做成片状带刃;用于击落果实的工具,只有卵圆形最容易击中目标,等等。这些形状,在使用中横向传播,模仿制造。这就是原始农业标准化的体现。在很长的历史时期中,农业标准化主要是以经验和比较的方式,在人们劳动生活中发挥作用。直至秦始皇统治时期,标准化产生了一次大的飞跃。"车同轨,书同文"[1],统一度量衡,成为国家强盛的重要法宝。由于大量工具被统一型号,大大增加了部件的可替代性,保证了应用上的统一性,容易成规模化,同时主体不易崩塌,局部容易修复,整体持续高效,构成了强大的内在支撑体系总格局。随着农业发展和人类需求的多样,分工不断细化,行业不断分出,农业标准化的灵魂随之扩散,形成了相应的标准化方法。

历史上的农业标准化,一直处于隐埋状态,但其持续存在,并在农业过程中默默地发挥着作用。造成这种现象重要的原因是,农业在高度分散状态下运行,且缺失了市场化的动力。农业标准化一直以经验形式,在农业中传播、扩散和推动农业发展。

新中国成立后,逐渐建立了农场,如兵团、农垦两大系统,农产品被大量囤积和调拨,而非市场化运行,但就内部劳动的统一问题、简化和协调等问题,不能不产生一些规则和制度,顶层的管理标准化需求也在不断显现。尽管如此,农业标准化仍未出现社会的需求。农业标准化只限定在标准制定层面,在从事这方面工作的人群中以模糊的需求萌芽起步。进入 21 世纪,中国与世界完全接轨,农业标准化才有了社会需求,也才有了史无前例的发展。

有人对我国农业标准化发展划分为 3 个阶段,即起步阶段(1949~1984 年)、开拓阶段(1985~1998 年)和新发展阶段(1999 年至今)。

起步阶段花费了 35 年,是一个漫长时段。此期中,国务院《工农业产品和工程建设技术标准管理办法》于 1962 年出台;国家科委在北京召开了"农业标准化工作会议"(1964

---

[1] 《礼记·中庸》第二十八章

年），1978 年当时的农林部在科学技术局设立了标准处；在具体标准制定方面，主要针对农业上常用的检测方法和种子要求，共计颁布国家农业标准 57 项，行业标准 256 项。

进入开拓阶段，发展速度明显提升。1985 年和 1991 年，分别召开了"全国农业标准化工作会议"，并在第二次会议上发布了《农业标准化管理办法》；1995 年，《农业标准化示范区管理办法》（试行）出炉，为我国农业标准化推行奠定了制度基础，也为中国特色型农业标准化升级搭建了良好的总结平台。这一时期，明确的农业标准化法则，加快了标准化的落实和具体标准的制定。截至 1998 年年底，共有国家农业标准 1056 项，行业标准 1600 项，地方标准 6179 项。国家对农业标准化的认识仍然放重点于具体标准的制定方面。

1999 年后，我国加入世界贸易组织（WTO）的谈判进入实质性阶段，与 WTO 多年的信息互动交流，产生了农业必须走标准化道路的强烈信号。当年，农业部和财政部启动"农业行业标准制（修）订专项计划"，大大推动了农业标准的制定工作。2000 年，人们被告知将成为 WTO 正式成员国。世界要大同，中国经济发展将与世界经济融为一体。那么，WTO 的规则——标准，就必须要遵守了。加入 WTO，有好有坏，是一把双刃剑。就农业而言，长期的分户经营、小农经济、极其分散和远离市场的种种行为，与 WTO 下的大规模标准化要求格格不入。我国农业面临着空前的挑战。2001 年，我国成为 WTO 的正式成员国，并享受了为期 5 年的最惠国待遇。同年，农业部启动实施"无公害食品行动计划"，以期从农产品基础安全性保障方面开始大规模的标准化行动；2003 年，国务院第 97 号文件及 2004～2013 年的中央一号文件，都对农业标准化做了安排；2005 年，农业部提出把农业标准化作为农业和农村经济工作的一个主攻方向；2006 年，《农产品质量安全法》出台。特别是，2006 年将要结束时，WTO 平台上的中国不能安宁了，5 年最惠国待遇要结束了，发达国家怎么能甘心让中国发展和崛起！以标准为利剑的贸易壁垒，几乎一夜之间构成，农业标准化必须要从质的水平上彻底改变中国的农业状态。面对严峻的国际形势，以胡锦涛同志为总书记的党中央，于 2007 年 4 月 23 日，在政治局第 41 次全体学习会上，专门研讨了农业标准化问题，发出了"没有农业标准化，就没有农业现代化，就没有食品安全保障"的伟大号令。至此，中国农业标准化因国际形势变化而变，因国家发展而立，因社会需求而进，农业标准化被真正嵌入全国人民的心中了。2008 年起，关于农业标准化的实施，被列入国家财政的专门预算项。农业标准化成为国家发展的大事情，农业标准化不仅仅是制定标准，更重要的是系统策划、落实标准，走全面多样的农业标准化道路。据不完全统计，截至 2014 年年底，我国已有各类标准 32 426 项，其中国家农业标准 3463 项，行业标准 4800 项；地方标准 27 619 项，其中地方农业标准 16 612 项。

2. 发展的认识观

结合我国农业发展的悠久历史，纵观我国农业标准化运行的轨迹，比较当前农业标准化推进中的各种需求，特别是国人对农业及农业标准化在文化层面上所形成的习惯性看法，不难看出，中国农业标准化发展，必然要与旧的农业传统、习惯性农业意识，以及现代农业科技成果的社会化转移之间有一番复合性的较量。

农业标准化到底是什么？农业标准化究竟能干什么？是推行农业科技还是农业标准

化？它们的关系又是什么？不进行农业标准化的农业就不能发展了么？"我国农业几千年了，没有标准化不照样解决了这么多人的吃饭问题么？""我看实施农业标准化与不实施没多大的差别啊！""为啥政府非得推动不可？"等等，诸多疑问至今仍在困扰着人们。甚至，迄今仍然没有弄清楚农业科技与农业标准化的关系，基层多年来推广农业科技，如今又冒出个农业标准化来，怎么落实啊？有人已将农业科技和农业标准化对立起来，认为是一对矛盾，又从中不得不寻找到其统一性加以推广。这是一个不小的认识观问题。

农业标准化在中国，已经不单单是技术问题和经济问题，还涉及了意识形态领域，牵涉了农业的方方面面，并且社会学、心理学、管理学和行为学等也明显地介入了。

在国民心中，一直以来，认为农业不可能标准化的。因为农业靠天吃饭，变数太多，不可能用既定的规则去框定。意识决定行为，所以，提到农业标准化，绝大多数人首先从心理上是排斥的，行为方面更难以去探究。这是农业标准化在中国历史上，包括改革开放后不可能大发展的真正原因。思想问题没有解决，行为即使产生，也没有动力。

世贸规则等外部压力成为了人们实施农业标准化的直接推力。WTO平台是一个全球化的经济运行大舞台，规则是一切事务的根本，农产品贸易更是在规则的约束下快速运转，没有标准化的农业则寸步难行。为了应对世贸组织的策略，更为了国家发展和根基的稳定，农业标准化成为中国农业的必由之路。

世界上的一切事情，尤其是农业领域，只要认识明确，思想通了，就解决了推动与落实的一大半儿问题。

2007年4月，党中央"没有农业标准化，就没有农业现代化，就没有食品安全保障"伟大号令发出，才从根本上瓦解了国人固执的"农业根本不可能标准化"的意识思维，大家开始重新调整和认识农业标准化问题了。到2009年，质疑的风向标完全转变，全国统一到了解决"农业标准化到底该怎样做"问题的方向上来了。在中国，尽管农业标准化一直在暗暗地起着自己应有的作用，但能够进入全民心中，赢得一片真正属于自己的位置，就从这里开始了。

2014年3月，习近平指出："标准决定质量，有什么样的标准就会有什么样的质量，只有高标准才有高质量。"2015年3月，国务院颁布了《深化标准化工作改革方案》（国发[2015]13号），并且建立了相关的协调机制，标志着我国标准化工作进入了划时代的历史时期，农业标准化工作无论是理论还是实践都将会有一个巨大的发展。

经过考证和总结我国农业发展史及标准化的实践和认识历程，结合人才培养及推动农业发展的理论形成，作者得出了如图1-5所示的变化过程。

农业标准化水平的高低，直接受两大基本因素的影响。一是对农业标准化的认知水平，即认识观。二是该界域的社会发展水平，即物质基础。前者是人类特有的一种功能，也是人类客观认知和对待事物的领先保证，后者则是人类认识和探索事物真理的实际平台。在这里，国人对农业标准化的认知和应用，在当今发生着天翻地覆的变化。因为，农耕文化积累了近万年，农业标准化一直被忽略，在21世纪开始的短暂10余年历史中，要大上和狠推农业标准化，就出现了极大的认识反差，甚至要冲击农业文化，可不是一件小事情。

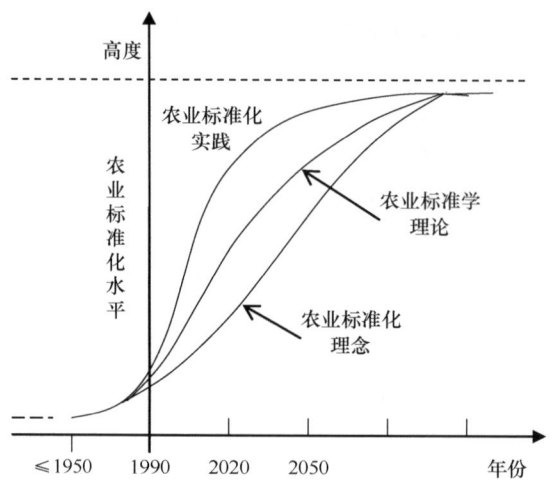

图 1-5　农业标准化年代发展的理论、理念形成趋势

国人对农业标准化的认识，仍然需要提高。中国农业标准化，目前只能说是从形上被人们接受和认识，而从神（质）的方面，认识还差得很远。因为，农业标准化的理论尚在建立之中，真正科学意义下的农业标准化实践才刚刚开始，农业标准化学科才开始走向现代平台，农业标准化人才培养任重而道远。同时，农业标准化是一门复杂的横断新学科，内部的复杂性和周边的联系性，需要从长期的理论学习与实践认识中反复体验获得。特别是，近万年小农经济运行的积累，已经形成了明确的非农业标准化意识之文化，要改变这种文化，并使人们的思想理念完全进入现代农业氛围，像发达国家那样，形成自觉的农业标准化意识和行为，仍然是一段十分艰难的历史过程。

3. 现代农业的标准化需求

现代农业和农业标准化，形式上可理解为同一个问题的不同方面，实质上是农业的状态与实现过程在现代水平上的表达。

现代农业指的是农业的一种状态，要求农业格局中诸要素状态水平与其来源地水平在现代水平下同步，要素间的联系符合现代系统科学发展要求，参与其中的思想理念同步于农业与现代生活水准。现代农业强调农业的形体，是农业发展同步于现代社会发展水平状态的概念描述，而农业现代化则是为实现这种形体状态，从宏观上给予的决策性描述，多在意识和宏观决策中起作用，进入落实过程时的具体措施要求，则需要另外解决。

农业标准化是实现和推动农业现代化、架构现代农业状态的实质工具。从农业发展和到达现代水平的过程看，农业标准化始终如一地发挥着为最佳追求提供落实与支撑的实体推动功能作用。从现代化水平的任何一个角度看，农业标准化成为这种架构体系中的骨架系统和神经系统，构成了现代农业格局中的实质内容。显而易见，现代农业以农业标准化为依靠，农业标准化的高水平发挥和表现则以现代农业为平台。当然，农业标准化可以根据农业发展的水平，进行相应水平下的标准化输出，从而加速农业的快速发展，而现代农业，就只能以现代水平的尺度，表现其发展水平，否则就不是现代农业了。

在现代水平的约束下，现代农业与农业标准化，完全是唇齿相依的关系，农业不能走向现代水平，农业标准化也就没有地位了。这一点上，国家层面的认识极为明确。因此，"没有农业标准化，就没有农业现代化，就没有食品安全保障""没有农业现代化，就没有国家现代化"。显然，农业标准化与国家现代化是息息相关的。

第三节　农业标准学

已经明确，农业标准化是一门高度综合的新型横断学科，推进农业标准化，从宏观到微观，由抽象到具体，都要有一套行之有效的措施与方法。在宏观层面上，应用农业标准化知识，能够做出有长远和现实意义的战略决策，以示方向始终是明确的，例如，"没有农业标准化，就没有农业现代化"。在中观水平上，要有战术架构的完整设计与可靠落实，表明农业标准化的现在与未来是真实的和可靠的。到操作层面时，管理的水平和操作到位的能力均要与标准化要求的水平相适应，使农业标准化落地有声，提起有质。那么，这一组合严密、系统性要求很高的立体经济运行实体，势必需要高深理论指导和大量有知识水平的人才队伍的操控推进。这里，人才队伍成为关键，人才培养的高深理论成为基础。

纵观农业标准化发展，结合我国特色与农业特点，农业现代化迫在眉睫，农业标准学理论需要脱颖而出。回首农业发展，我们有农业标准化从实践到理论的长期积淀，更有万年农耕文化演替中所积累的大量经验，因此，提出和发展农业标准学，已经是时候了。

一、农业标准学概念与内涵

1. 农业标准学

给农业标准学下定义是一件十分严肃的事情，迄今尚未见到。面对新的学科发展，社会需求摆在面前，不能一直空缺。为此，结合多年理论研究和积累，先给出如下定义。

农业标准学（agristandardology）是研究农业标准化规律与运动机理、揭示农业标准化特性和价值功能，以及本质属性的科学，其以探索农业标准化的运行模式、指导农业标准化发展为核心。

从这个定义中可以看出，农业标准学注重于规律和机理的探索，挖掘农业标准化的特性、属性和价值功能，从而构建农业标准化运行模式，指导农业社会中的标准化应用。

农业标准学的内容丰富，在学科中的横断特性显著，理论的系统复杂性更高。

2. 农业标准学的内涵

第一，农业标准化学科属于横断新型学科，其所涉及的领域成为农业全部。无论是传统的学科分类，还是现代归类方式，对于人类农业社会实践的方方面面，没有在哪一个方面不涉及标准问题。因此，"标准化无处不有"的事实，在农业领域照样存在。

第二，哪里有农业标准化，哪里就有农业标准学。因为，农业标准学研究的是农业标准化运动机理的科学，与农业标准化相依而存。

第三，围绕农业发展，涉及大量其他领域，领域间的顺畅交流必须用标准，标准的结构和运动机理，靠农业标准学。在农业经营中，大量资料和工具在农业之外。例如，机械制造、化工、生物工程及数理化等，它们不属于农业，与农业的良好接轨，只能依赖接口标准。

第四，农业标准学不但研究农业标准化的运动机理，还要探索保障这种运动的条件机制。例如，质量安全的保障机制、溯源体系的运行机制、认证认可有效机制、风险评估的高效机制、监督管理的反馈机制、操作管理者的自觉机制、市场动力的应用机制，等等。

第五，农业标准学作为一门科学，具有完整的科学体系，在依托农业标准化运行的同时，已经具备了自身运行的能力，能够独立于其他学科来发展自己的学科空间，有了自己的学科关键与研究内容。

3. 农业标准学的作用

农业标准学的提出，具有以下方面的作用和意义。

其一，提出和发展农业标准学，标志着农业标准化实践在成熟的同时，需要更高理论的支持，进而发展该学科，为农业社会发展的标准化实践提供强有力的理论支撑和目标预测。

其二，农业标准学的提出，是对农业标准化实践的理论升级，是为农业社会实践从理论层面上进行应有的理论总结，从而形成农业标准学的科学理论体系，便于传承学习，培养人才，为农业发展和社会进步发挥更大的作用。

其三，农业标准学给人们认识农业、探索自然赋予了另一个视角，可成为人们思维和行为寻求最优与最佳的行事方式的思想指南及工作指导，引导人们进行农业标准化的思考、决策和运作。

其四，农业标准学可为研究农产品国际贸易壁垒问题提供技术和理论工具。

其五，农业标准学为科技成果的延伸、放大而产生实际效益提供思维与方法上的理论指导，更能够为新的科学发现和技术发明提供良好的创新平台。

二、农业标准学与农业标准化的关系

从专业水平上讲，农业标准学与农业标准化有本质的不同。按照学科理论水平的层次分，农业标准学是在探索农业标准化的运行规律与模式，属于体系理论和原理本质探索的科学范畴，以研究农业标准化的运动机理为核心。而农业标准化则是技术和管理类相融合的技术体系，是直接面对实践应用和工程实施的应用理论与实际操作方法。从农业标准化到农业标准学，是标准化学科思想理论与应用实践的区别。农业标准化和农业标准学是相互支持、互为依托的两个体系。

农业标准一方面在科学上是门类的概念，作为在标准学门下一门子学科，与农业科学、技术科学等一样，又分为多个子学科，如农业标准化、农产品质量安全、风险分析与风险评估、溯源体系、认证认可、监督管理等。农业标准化不但有具体所指（如在应用层面上的作用），还可理解为一般的社会概念（如农业要走标准化的道路）。正如标准和标准化的概念，有抽象的一面，有具体的一面，也有一般意义的表述。

三、农业标准学要素

农业标准学独立于其他农业学科，又服务于农业学科，是一门专门探索农业标准化规律、机理、模式及价值功能与本质属性的科学，其要素涉及内部支撑要素及周缘支持要素两个方面。

1. 内部支撑要素

核心之一是农业标准。农业标准实质反映的是对客观事物规律的认识、发现和集成。它既涉及标准内部结构科学性，也涉及标准体系的结构科学性。它是否与农业科技发展水平相同步、是否凝结了先进的农业经验、是否反映了适用性和实用性的程序体系，以及潜在的和现实的效益都是农业标准研究的重要内容。

核心之二是农业标准化。在一定范围，从事农业实践，农业标准化目的的明确性和目标实现的有效性，农业标准化过程的标准化符合性，农业标准及其体系、作用主体与生产资料、环境条件与实施工具、人才质量与结构搭配、时空目标与实现步骤等要达到系统化水平上的协调、统一和简化，从而保证农业标准化过程始终运行在高效层面上。

2. 周缘支持要素

首先是市场方向。在经济社会中，面向市场发展农业，市场的动态、需求和发展方向是农业标准化成功的前提。已经过去的市场轨迹是农业标准学要关注的历史，将要到来的市场发展又是农业标准学探索的关键。农业标准学，始终要研究市场动力在农业标准化中的应用机制。

其次为监管体系。在农业标准化过程中，大量存在着与理想目标相悖的因素，包括风险因素，这就需要通过监督管理来避免。复杂农业的标准化监督管理，必然形成一个庞大的监管体系。农业标准化监管体系的任务分为两个方面：一是质量安全的保障监管，包括了全方位的认证认可及其有效落实机制，监管队伍落实监管任务的有效性等；二是风险回避机制，为了提高安全等级，防止意外事件发生，需要对重大、关键性环节的非安全性问题建立事先的风险评估机制，同时需要建立监督管理的顺畅反馈机制。这些过程，都需要大量机制研究和规律发掘，成为农业标准学不可或缺的探索内容。

再次是质量保障。关键在于标准质量的保障。农业标准化，关键在标准；标准质量过关，成功基本在握。因为经过标准化过程，其环节就会有标准约束。对于标准的质量如何保障，在第三章中将详细给出。农业标准学要研究农业标准的源头质量规律和保障标准质量的保障机制。

最后是放心支持。由于农业标准化的最终结果是获取最大利益，这种利益来自于社会。因此，推出农业标准化的成果，必须使社会放心，消费者认可。否则，一切努力都是徒劳的。农业标准学要探索社会放心的现实理由和潜在理由，研究消费者认可的心理倾向和需求欲望，为农业标准化顺利发展提供理论依据。这里涉及了农业标准化中的溯源体系运行机制和操作管理者的展示机制。

四、农业标准学专业门类

作为农业标准化理论体系的组成部分，农业标准学可成为一门学问，总结农业标准化发展规律、机制等方面的知识并使其理论化和系统化；农业标准学也可作为一门课程，从宏观角度概括介绍农业标准学知识体系与研究进展，为培养农业标准化人才服务。为满足社会发展需要，作为学科门类，可对农业标准学进行专业化分工，形成相关理论体系，培养高级人才，农业标准学的学科下大体可分为以下 10 个专业门类。

1. 农业标准与质量专业

研究农业标准的结构、标准间的联系、标准质量的评价方法、特定范围内标准体系的构建与优化水平测定，掌握农业标准质量的评价方法，提出农业标准质量的改进意见和措施方法，能够有效组织和搭配农业标准制定队伍，建立农业标准质量保障的长效机制。

2. 农业标准化专业

以制定和应用农业标准为核心，探索保障农业标准制定队伍的可靠性和能力水平的方法，发掘农业标准制定人员与其所制定标准之间的责任机制，掌握进行一定范围内农业标准化规划的方法，能够制定特定范围内的农业标准落实的实施方案。

3. 农产品质量安全专业

研究保障农产品质量安全的方法，并深入研究使其形成标准，具备掌握国家、行业、地方，以及经济团体在农产品质量安全和相关标准关系方面的益、害识别能力，了解保障农产品质量安全的重要指标和关键参数的测定标准，能够对相关参数动手测定。

4. 农产品标准化溯源体系与建设专业

研究农业不同范围溯源体系的结构与运行模式，能够根据农产品特点遵循并应用相关标准建立农产品溯源体系平台，具备溯源体系平台的管理和运行能力，能够掌握农业过程在溯源平台上显示的透明程度，有能力通过建设与运行溯源平台，做到保护生产者和消费者的利益。

5. 农产品认证认可与品牌建设专业

探索在一定范围内标准的规制及标准认证认可后的持续一致性的保障方法与机制，研究认证认可的支持检查与落实制度，了解认证标志的使用与管理，能够应用相关标准、法规开展认证标志的保护和管理服务工作。

6. 农业标准化风险与评估专业

探索农业标准化中风险存在的区域、种类和等级，研究特定范围内影响农业标准化的风险概率，了解风险成因与风险回避的基本原理。要求学生能够进行潜在风险评估，具备风险发现和避险方案制定的能力。

7. 农业标准化监管专业

研究农业标准化与国家农业战略的对应关系，发掘农业标准化对国家农业政策的推动关键点，学习基于国家安全条件下的农业发展法规，训练农业执法和农产品质量安全监管的管理和操作能力，具备农业监管的基本素质，具备对特定区域农业标准化系统的监管能力。

8. 农产品贮运与营销标准化专业

探索农产品在现代运行水平上的市场化、标准化高效规律，研究农产品贮藏、集散中标准化方法，能够用标准化理论架构农产品交易中的物流、信息流和资金流的正确布局，具备营销管理标准化和消费信息反馈处理的能力。

9. 农业标准化信息工程专业

研究农业标准化中一切信息的利用方法和标准，探索信息应用标准化对农业标准化推动的机制与途径，掌握信息服务农业标准化的基本要领和关键，能利用信息技术进行农业标准应用系统开发及推广，具备农业标准化中信息标准融合与应用的基本方法。

10. WTO/TBT 专业

研究 WTO 平台中农业领域的贸易政策和农产品贸易过程中各相关国家的政策变化原因与趋势，掌握技术性贸易壁垒（technical barriers to trade，TBT）变化动态与事件处理的因果关系，汇集 WTO/TBT 信息，发掘变动的内涵，具备能够针对性提出对应策略的能力。

五、农业标准学结构

知道了农业标准学的要素与专业门类，建立和构架农业标准学的学科结构就不难了。

1. 农业标准学架构

多年研究与实践表明，农业标准学的基本结构应当是以农业标准的产生及其在系统中的精确地位与联系为核心，通过标准应用，在实践运动和科学推理中，研究、探索和发展农业标准学基本规律与机理，在市场和科技成果的引导下，与保障体系一起，形成农业标准学的总系统。其形式可用图 1-6 表示。

之所以用箭的形式来描述农业标准学的系统结构，是因为科学技术发展到今天，已经从西方的求证体系中走出来，进入新的系统发展水平中，这将又一次应用国学中的逻辑推演、不分文理、明暗（物质）结合的探索与发现，由此而诞生的农业标准学，与现存学科均有着直接的关系，但没有哪一个学科能够包罗农业标准学。显然，农业标准学将是发展速度极快的学科体系。农业标准学将指导和推动其他农业学科体系发展。农业标准学，一方面具有独立的理论与方法体系，是其他学科体系的策划体与总装台；另

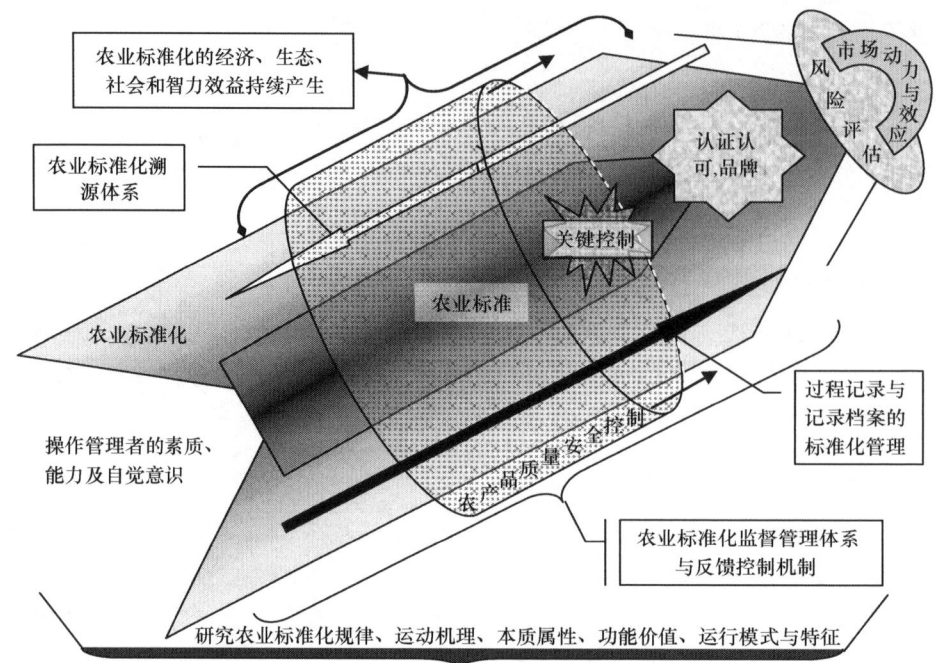

图 1-6　农业标准学总系统示意图

一方面，农业标准学又是现存各学科在经济需求的实践中，能够使各学科落地有声、产生最佳效果和最大效益的直接的方法与工具。这就是标准化下的学科体系与科学发展中的标准化工作，在经济社会发展形成的真实一体化的标准化工作。

2. 一级主干科目

（1）公共基础：语言课，思想课，道德建设课，发展动态讲座等。

（2）标准化基础：标准学，系统科学，经济管理学，农产品营销与管理，农业生态学，基础生物学，农业标准学，农业社会化服务与标准化等。

（3）专业基础：农业标准化，农业推广学，农业过程关键分析，农业检测检验方法，农业监管与质量安全，风险分析与评估，农产品物流标准化，农业工程与管理，农产品贸易与壁垒，认证认可与品牌建设，溯源与农业标准化信息应用，农产品贸易与争端等。

对于专业辅修与选修课程，要根据专业设置、培养方向和人才级别，以及社会需要的变化进行综合分析设定。

3. 相关专业设置

从农业标准化学科的基础依托和面对社会人才需求的培养要求出发，进行系统分析和逻辑归纳，给出学科的专业和方向，如表 1-1 所示。

设置农业标准化本、硕、博人才培养的研究与实验需要两个层面的考虑，一是实验室，支持本科学生实验实习；二是研究室，支持硕、博士研究生的科研攻关。本科实验室，至少有两类，即农业标准化实验室和检测与质量安全实验室；用于硕、博士研究生

表 1-1　农业标准化学科专业与方向一览表

序号	专业（本科）	方向（硕士、博士培养）
1	农业生产标准化	①农业投入品与管理标准化；②生产过程标准化；③有害性管理标准化
2	存贮与加工标准化	①植物类收获与存贮；②动物屠宰与加工
3	农业服务标准化	①农业服务标准化；②服务管理标准化
4	农村人居环境标准化	①农村规划设计与建筑标准化；②村落布局标准化
5	村社公共服务标准化	①服务资源配置标准化；②服务方式标准化；③服务效果与评价
6	农村生态文明标准化	①可持续发展与良性循环；②农田生态标准化
7	安全监管标准化	①过程关键点与控制；②过程监管方法与标准
8	溯源与信息标准化	①溯源安全与维护标准化；②传感数据处理标准化
9	检验检测标准化	①检测方法标准化；②检验分析与评价；③计量与质量评估
10	品牌建设与维护标准化	①品牌创建与维护；②产品编码与规范
11	农产品贸易标准化	①农产品贸易标准化；②WTO/TBT壁垒标准化
12	农产品物流标准化	①农产品分类包装标准化；②农产品物流设计标准化
13	多功能农业标准化	①休闲农业标准化；②旅游农业标准化；③设施农业标准化
14	景观农业标准化	①生态农业标准化；②景观园林标准化；③林地农业标准化

注：①学科专业的设计以求全面，实际建设可选其重点立项，以求循序渐进；②本科只分专业，硕士和博士培养才分方向；③具体落实时，可综合评判，选择与合并相结合

及其国家农业标准化研究的平台，由农业标准化研究所支撑，设有 4 个基本研究室：即标准化理论研究室，质量安全研究室，风险与效果评价研究室，WTO/TBT 研究室。

第二章 农业标准化原理

原理,是指自然科学和社会科学中具有普遍意义的基本规律,是在大量观察、探索和实践的基础上,经过归纳、概括而得出的核心模块。它既能指导实践,又必须经受实践的检验。农业标准化原理,是在标准化原理的基础上,根据农业领域的标准化特点与规律提炼成的基本理论模块,是农业标准学的理论基础与体系核心。本章主要阐述农业标准化原理[1]。

第一节 标准化原理概述

从第一章内容可知,标准化学科由工业标准化、农业/生物标准化、社会服务标准化和其他标准化所组成。本书的重点在于农业标准化学科的系统阐述,在原理部分,自然而然地要涉及标准化原理了。本节对标准化学科的原理给予简述。

一、标准化与标准学

1. 认知

在我国,人们对标准化,特别是农业标准化的认知,是有生疏的历史轨迹的。当今社会经济发展,标准化成为"得天下"之经典,与文化之中缺乏市场发育元素的国人理念相比,要认知其内在力量还是需要时日的。

对一门学科而言,要发育与兴起,是应社会发展、人类需要而产生的。标准化学科,迄今在我国许多人的思想上还没有实实在在地接受,并使其在自己的思想上成为一门独立的学科体系而存在,他们认为标准化是一种工具或者方法,没有什么技术含量,就谈不上齐名于科学技术的行列而独立以成学科体系,更谈不上进入高等院校以成其专门而独立的人才培养体系了。这也难怪,一是我国历史性的市场化积淀不够,对标准化认识的深度与广度有限,即使全球性的"得标准者得天下"这一经典警句的存在,也不能对于学科体系中的标准化发展的认可给予立刻的认识转变;二是传统中的分散和小农思想仍在无形地影响着每个人,特别是对知识体系的理解仍然限于近二百年来的三步求证之中,需要认识上的翻身,不是一蹴而就的事情;三是标准化学科的理论发展还不十分圆满,特别是结合本国实际的特色标准化理论尚在成长之中,更需要快速扶持与成熟。所以,要看到发展形势下的标准化潜力与未来发展的作用,仍然需要一个过程。

---

[1] 本章参照了李鑫多篇研究论文及其出版的《农业标准化理论与实践》(2005年,中国计量出版社)和(2011年,中国农业出版社)两本著作相关章节,并结合新的研究成果撰写

2. 标准化

就标准化而言，定义早已经十分明确，并表明这是一门学科。因为，它既是一门研究人类实践中那个可重复部分的最佳程序并加以固定和应用的学科，又是为便利人类活动而规定出通用部分的"标准件"以达到随时替换、补充和技术延伸简洁与最大方便的学科，更是为了各方利益集团的利润最大化而提供保护措施与手段以成坚实的壁垒体系的坚强核心。所以，这是一门反映现代理念、现代思维和现代方法的横断学科，将成为传统学科设置与重组的先行动力，也是现代经济发展、促进人类生活更加简化与健康向上的最好途径。

3. 标准学

标准学，应当是研究标准化理论、标准化方法、揭示标准化本质与发展途径的科学，是标准化实践升级到理论层面、用于分析与解剖人类劳动实践中那些相通、相融、同功取代与设计架构等这些宏体系的系统科学分支，是将复杂事物和规律与延伸方法进行新系统集成、再集成和超集成的理论向导与方法指南，更是为了标准化人才的培养搭建起来的具有系统逻辑的科学体系。标准学是工业标准化、农业标准化、服务标准化和其他标准化的理论指导，是工业标准学、农业标准学、服务标准学和其他标准学的理论基础，是一切标准化学科发展的理论依据。标准学与系统科学具有异曲同工的功能，前者注重于应用，后者则剖析着规律，都是对本质的探索、应用的延伸和效用提升的工具，两者成为了科学与技术的主要落地根据。

二、标准化原理的发展

1. 标准化是行业标准化的集成

人类生活、生产和交往中为什么会出现标准化？总结起来，无非有这么几个原因，一是对世界的认知中需要信息和工具的互通与应用，特别是需要集体的活动和劳动，那么，确认标准元素并加以应用，是一切行为得以高效的有效工具，从而给表达与应用、传递和使用等创造了极大的方便；二是标准促成了标准件、通用件的产生，大大方便了行业内和行业间的劳动过程，使互换和维修十分简化，提高了实际工作效率，进一步促进了人们应用标准的欲望与行为；三是随着对世界的探索和规律的认识，与最为简便的途径和最有效的工具作为再探索的同时，更加需要对越来越复杂的事物进行简化和同功替代，从而简化操作、解放自身，使人类在更加幸福和简单的高级氛围之中进行生活；四是经济利益的诉求，使标准与标准化有了延伸的更多功能，如为保护集团利益而建立强大的壁垒，用标准引领行业经济等。

2. 标准化源于生活及劳动

标准化，首先源于人类生活，再是分工的不断细化，出现在包括农业在内的各业之中，后因经济的产生与发展，成为经济社会的源动工具。工业化发展，使经济效益比任何领域都显著地凸显出来，标准化也随之成为工业发展中的强劲支持。所以，工业标准化迄今是一切标准化发展最快、最有代表性的标准化门类。但是，工业标准化只是行业标准化，还不能成为一般标准化。一般标准化是一切行业标准化的最高理论总结和概括，就像哲学是一切自然科学的高度概括和总结一样。工业标准化不可能达到高度概括和抽象出来，也不能代表一般标准化的理论、方法和途径，然而工业标准化发育快，水平高，为其他标准化经历了尝试，开拓了道路，积累了大量经验，为一般标准化的理论成型和发展给予了大量经验，成为一般标准化理论发展不可轻视的重要依据。诚然，农业、服务业等其他行业的发展虽然比不上工业那样强劲，但仍然在发展着。

由此可见，标准化的原理是存在的和高度抽象的，需要我们进行深入的研究和发现，并进行高度的概括和总结，以成真正的标准化学科理论核心。

3. 标准化原理的探索

早在20世纪30年代，就有研究者涉入标准化原理，主要以活动描述为多。1952年，国际标准化组织（ISO）成立了标准化原理委员会（ACO），这不能不说是一个创举。这种行为必然引发一些国家对标准化原理研究的兴趣。例如，1958年日本在该国的规格学会内就成立了标准化原理委员会，同期，一些国家在中等专业学校中就开设了相关课程。我国于2007年也成立了全国标准化原理与方法标准化技术委员会，为标准化原理的研究搭建了平台。

从原理研究的著作方面，较有影响力的是T. R. R.桑德斯和松浦四郎于1972年分别出版的《标准化的目的与原理》和《工业标准化原理》两部著作。

英国标准化专家桑德斯从标准化的目的、作用和方法上提出七项原理，其主体思想是，标准化的本质是有意识地努力达到简化，以减少目前和预防以后的复杂性；标准化是经济和社会活动，需要所有相关者的协作来推动，所以标准制定必须建立在协调一致的基础上；实施标准时，会有为了多数利益而牺牲少数利益的情况；制定标准是选择和固定对象并在一个时期固定不变，因此，需要我们慎重选择对象和时机加以确定；标准复审只在规定时间内进行，必要时可进行修改；制定产品标准尽量进行测定与数量化，并进行严格抽样计算；标准是否作为强制性实施要根据实际情况出发。

松浦四郎在其书中提出了19项原理，主要思想有，标准化本质上是一种简化，不但简化目前的复杂性，还预防未来不必要的复杂性；标准化是一种社会活动，是各有关方面推动和协调的事情，是社会自觉努力的结果；标准化是克服过去习惯的一种运动；互换性的东西不仅适用于物质，也适用于抽象概念或思想；制定的标准需要保持固定，必要时进行修改；制定标准应以全体同意为基础，等等。

后来还有其他有关著作与文章，不再一一列举。1950年后，系统论、控制论和信息论等的传播与应用，为标准化工作者提供了更多理论依据和方法用于探索标准化原理与方法。20世纪70年代末开始，我国标准化理论研究活跃起来，钱学森强调了系统学科在标准化中的应用；陈文祥的《标准化原理与方法》，从重复利用效应、经验积累规律和熵增加原理相续结合角度论述了简化原理是标准化的基本原理；1982年中国人民大学出版社出版的《标准化概论》一书提出了"简化、统一、协调和最优化"4项原理；2010年李春田《标准化概论》（第五版）中提出了系统效应、结构优化、有序和反馈控制4项原理。

这些原理，均是在工业标准化的前提下提出和发展的。随着科学技术的发展，人们对生物、社会的认识越来越明确的情况下，进行普适性的标准化研究，也就是说，具备一般标准化理论的原理研究，需要在此基础上更上一个台阶。

三、标准化原理

标准化原理，是标准化学科中最为一般的理论概括，反映标准化理论的本质，成为标准化学科发展的基础和依赖。因此，结合多年研究积累，总结各家研究观点，提出以下标准化原理。

1. 标准化基本原理

（1）重复最佳原理　标准化是对重复事件中的最佳程序进行确认并加以应用的过程。只要存在重复，就要通过协商认定其中的最佳程序，确定其成为标准而用之。

（2）简化优化原理　简化复杂性，同功替代，并在特定范围内加以优化，使整体成为最大期望输出结果的良好结构与运动体。

（3）协调统一原理　无论宏观层面还是微观层面，不管是标准制定还是标准应用，协调总是体现在每项具体的标准内、标准间和标准外乃至标准体系与体系之间的实际应用过程中，统一是标准能够取得最大效应的基本保障，也是标准和标准化做到协调的基础。

（4）关键控制原理　处理复杂事物时，抓取关键点，简化过程，分层次、分时间、分能力逐步进行控制处理，直至实现目标。

2. 标准化管理原理

本书采用李春田的4项管理原理，即"系统效应原理"、"结构优化原理"、"有序原理"和"反馈控制原理"，具体内容可见本章第四节，也可参考李春田编著的《标准化概论》（第五版）。

3. 标准化原理的发展

标准化原理是标准学的核心内容，仍在发展之中。由于标准学理论还在探索之中，标准化实践除了工业标准化探索丰富之外，其他领域的标准化工作还需要进一步的实践和摸索。因此，当前工作的重点，一方面积极研究和发展标准化理论，另一方面更应当促进农业标准化、服务标准化等其他标准化领域的实践与探索工作，加紧以明确的理论指导进行探索和总结，尽快形成相关领域的、能够经得起检验和推敲的标准化理论，进而推进标准化学科理论发展，提升成型标准学理论体系。

标准化事业正在蓬勃发展，标准学理论更需要庞大的学者队伍进行持续不断的努力探索和奋斗。

第二节　农业标准化基本原理

农业标准化是标准化学科中的一个分支。农业标准化的基本原理，通常是指农业标准化具有普遍意义的基本规律，它将对认识、理解和推进农业标准化实践起指导作用。

根据农业系统过程与特点,结合农业社会发展需要,在标准化理论与思想的约束下,经多年研究与总结,提出以下基本原理(图2-1)。

图 2-1　寻找规律和原理

一、约定重复原理

1. 基本内容

确定农业可重复环节与过程,研究过程关键并确定其最佳程序以成标准约定。

2. 含义理解

由于农业永远是一个复杂的灰色巨系统,虽然生产、生活与社会中不断出现的是宏观上的重复,但当在标准化范围内,加以各类标准规制和标准的约定而落实时,全面的标准化规制,在农业领域是绝对不可能实现的。农业标准化,只能是对那些可重复的、有关键作用的和对生产生活有重要意义的环节与过程,加以标准的规定和标准化过程的落实。对于那些有重复,而又变化较大的过程,就应用较为粗放的标准约定,如规则、方法、章程等约束;对于没有太多差异的约定,如种子质量、产品形状等,则以种子标准、产品标准等严格的标准规制约定。农业标准化是有边界的,绝不是泛标准化的;农业标准化是在农业标准学理论与方法的指导下进行的一项科学管理技术操作事业。所以,约定重复原理就是对农业标准化最基本的时空界域确定的原理。

二、顺应生长原理

1. 基本内容

在期望目标与符合农业实际的任何重复操作中,推进该过程必须顺从有机体发展规律并使其从标准角度加以确定和推动。

2. 含义理解

由于农业系统是一个复杂的巨系统,农业过程是以生命和有机运动为基础的不可逆过程,在农业任何时空中,均以生命和有机体为基本成分组成了复杂的灰色系统,且这些生命有机体及其与环境之间总是遵循着特定的过程因果运行规律的。只有顺从这些有机运动规律，才能达到最终目的，取得最佳效果。生命和有机体一旦进入某个运动过程，就会在自身规律的约束和对环境的反应调整中前进，除此之外的作用力，只能让这种运动的进程在一定程度的范围内波动，如放慢或者加速，否则运动的方向就会逆转，或者成为别的生物的生活基础。所以，农业标准化既是对这一过程的客观反映和规则定制，也必须顺从这种运动的规律本质，其结果更成为标准升级的依据。

该原理反映了农业领域标准化的特殊性。在工业过程中，生产进程是随着操作者（无论是人还是自动化系统）的动作或行为过程而精确推进的，管理过程可根据产业需要而完全人为较大幅度调整。而且工业过程无论在哪一个环节，一旦过程操作停止了，该产品本身的目标进程也就停了下来，农业则仍然保持着自身的运动（图2-2）。

图 2-2　顺应草莓和苹果生长过程的标准化会得到正果

三、环境依赖原理

1. 基本内容

环境的质量决定农业过程及产品质量，生物的内在质量水平及其与环境互作的系统水平取决于生物的发育是否存在于最佳环境之中。

2. 含义理解

该原理表明，农业过程对环境的依赖性较大。工业生产围绕着利润最大化目标，考虑环境的依据是原料、能源及产品去向与运输的便利性等问题。而农业在确定了核心生产目标后，必须要在适合其发展发育的特定生态环境中才能取得理想结果。否则，即便能够利用先进技术进行环境模拟，所得产品其品质和风味也难以与原生态产品的性状相比。例如，即使有优良的水稻品种，环境条件变化也导致最终产品质量的变化（图2-3）。

农业标准化如果不遵从这一规律,就无法实现其质的飞跃。环境依赖,是农业标准化实际中的系统要求,一方面要考虑宏观环境、中观环境和微观环境的系统架构与合理搭配,另一方面也要对软环境和硬环境做出符合规则的有机安排。

图 2-3　干旱导致粮食绝收

四、时滞效应原理

1. 基本内容

农业标准化的任何措施的结果与效果表达之间总存在着明显的时滞现象,亦即应用某项农业措施的效果往往不能在短时间内表现出来。

2. 含义理解

农业标准化过程必须考虑这一时差特点,以便在快速经济社会中赢得主动。农业标准化,与工业标准化在结果表达上明显不同。农业标准的一个措施采取,效果表达可能在几天、十几天甚至更长时间;标准在工业中的应用结果表达几乎是同时的。所以,农业标准化中,措施与结果总是有一个明显的时间滞后差,且效果表现是逐渐显现和模糊过渡,要清楚地感受到变化,在连续中难以看到,多表现在时间间隔后的断面上;作用结果的消失亦是渐消去的过程,很少表现出即时效应。即使进行生物器官的机械分离,如采收、剪除、移栽等,效果的即时化表现也只是片面的,真正的效果表达仍然是渐进的(图 2-4)。

农业标准化这种时滞现象,在农业过程中是永恒的,是由农业过程的复杂性与生物特点导致的。这就要求我们在农业标准化中要有超前计划的意识与行为。

五、因子限制原理

1. 基本内容

农业过程内总存在着可控或者不可控的限制因子,确定这些限制因子并加以管理,使其达到非限制水平。

图 2-4 苹果树修剪的效果要在来年秋季才能观察出来

2. 含义理解

农业标准化的秩序经常会因某一因子水平过低（多属于此类）或者过高而导致过程不能达到最佳水平，并且这种因子往往处于微量状态，限制力强。例如，果树授粉不良，后续的任何技术措施都没办法保证果品达到质与量的最佳。即使目前还不能调节控制的限制因子，只要明确了它的时空存在和作用原因，解决只是迟早的事了。

这种因子限制不光出现在我们对作用对象所需源的供给方面，同时也出现在作用主体的整体性与系统性方面。该原理表明，要使农业过程真正取得最佳秩序，在制定标准方案之前及应用过程中，始终要分析过程历史的不足，注意和观察当前过程的变化，捕捉任何不利于最佳程度保持的因子并分析是否是限制因子，进而采取恰当的调整措施。

限制因子可以是具体的技术限制，如微量元素过多或过少。也可以是一种思想方式或理念不足，如农业经济中制度限制或意识限制。因此，在农业过程中，往往既定的标准采用方案，不可能完全一成不变。这就要求实施标准化的推动者，必须根据具体过程加以理性分析，与时俱进地恰当调节，排除过程限制因子，保证秩序不因限制因子而降低效率。该原理还从深层次告知我们，农业标准之间存在着预先有机联系与相互嵌套的机制，进而反射出特定范围内的农业标准体系的科学性和系统性问题。

六、过程多路原理

1. 基本内容

由于农业的复杂性，要达到标准化某一既定目标，实现的途径具有非唯一性。

2. 含义理解

既然农业是复杂系统，具有多维网络结构，那么任何一个因果关系间的通道就不只是一条的。显然，这利于我们选择理想的标准化路径。在确定了明确的目标和约束条件时，"因→果"通道的标准化要求，就有了"最佳"条件下的唯一性。

该原理表达了实施农业标准化的过程具有相对的灵活性（系统内影响因子的复杂性和生物生活的多样性表现）。正如日常生活中，我们从一个地方到另一个地方存在多种路径选择或交通方式选择，但一旦确定是"最省时"或"最舒适"或"最利于观赏"等条件后，我们的"最佳路径"就唯一确定了。

该原理向我们揭示了，农业标准化在不同层次上的既定要求精度不同。因此，在农业标准研制、农业标准化方案制定、采标类型的确定乃至标准应用方面，都应当采取精确的量级，强调在"秩序最佳"和"效果最佳"这两个目标约束下的具体灵活。其实，这种灵活性，已经在标准中体现或包含。例如，农业技术标准，多以"规范"、"规程"的面目出现，就反映出这一原理的侧面。

七、系统补偿原理

1. 基本内容

农业标准化应促使和利用生物对逆境应激的反应所带来的量与质的自增益变化。

2. 含义理解

生物具有能够通过对环境突变有害因素的自适应调节和通过生物体内的生理生化机制的调动与修补，从而产生质与量及抗性提高的自增益现象。农业系统也因农业文化与农业自然过程的有机结合，在运行过程中出现系统效应水平上的涌现，即"1+1>2"的现象。这种现象在相当大的程度上填补了人们所期望的生产过程至少不走向负向的愿望。在农业标准化中，充分注意和利用这一特点，对发挥农业标准化效能十分有利，可得到事半功倍的效果。任何农业系统都拥有结构的整体性与复杂性，系统内各因子不能达到或者各因子作用简单叠加所不能具备的功能，在系统水平上往往较容易实现。在农业这一复杂的巨系统中，任何一个子系统均有系统的特质，那么新质的涌现就成为必然。农业新质涌现始终存在着结果的瞬时变化，其外征表现为过程振荡。在此情形下，农业标准化的最佳管理就是动态管理，在既定标准方案中及时吸收和采纳新的或者应急标准以补充方案的形式来进行系统优化，使作用结果最终不受影响的同时，以增加其新质或者新量。例如，在生物的生长发育过程中，受到某种因子的"破坏"性作用，如人为修剪、扭枝、打尖，或者一定程度的病虫为害、自然有害性因素的轻度袭击（如冰雹、干旱、风灾）时，其生长势不但不会损害，反而会更加强盛有力，生物学产量会比没有受伤的情况下更高。这就是生物补偿现象。在农业社会中，因某种社会关系的不和谐，且持续存在时，就会成为积累性错误而对该系统产生不易察觉的持续副作用，直至系统瓦解。农业系统的多元性和复杂性，使农业系统在运行过程中存在着自身的固有规律作用，当某一局部出现问题而对系统有害时，另一个系统可能加强作用而弥补这种不足，这就有了同功替代的作用。这种现象的本质，是由系统运行机制所产生的。农业系统具有自我修复功能，自我修补任务的执行，是需要时间的，也是不断调动和刺激农业系统内相应组织强化修补工作的过程，从启动到完成，要花费几天到十几天，甚至几十年的时间。这一过程，伴随出现了另外两种结果，一是受损刺激，给体系一个自卫系统启动和全力工作的信号；二是修补过程完成后，修补系统又有一个滞后渐眠的过程。这两种情况，使修补系统在完成任务之后，由于原有刺激的持续，新增修补物质比原损失的生物量明显增长，而引发了结果量的宏观增加和抗逆性的进一步提高。在农业标准化过程中，应当足够重视这一点。这种补损增益的调节，实际在生物农业中随处可见。在农业标准化过程中，只要充分考虑和应用这一现象，就能使农业标准化的实施更有科学意义。

八、关键控制原理

1. 基本内容

始终把握农业标准化中的关键点以标准规制并实施控制，使过程简化、整体最佳。

2. 含义理解

农业任何一个方面都具有系统的复杂性，那么操作这种复杂性系统的运行，只能通过关键点控制，才符合标准化的基本原理思想。该原理告诉我们，实施农业标准化，应当随时注意抓取过程关键环节、关键点并加以管理与控制。控制住了关键点，也就控制住了过程全局（图 2-5）。日常提出提高工作效率的要求，实际上就是在强调关键控制。

图 2-5　抓住关键点能才能解决问题

关键控制原理不但针对一个农业过程而言的，也针对任何一个农业有界系统的。当置入农业周期时就明显是反馈控制为主了。而强调关键控制，能表达这一目的的核心，到反馈控制，就可以借用"系统自然力"的功能来实现。关键控制原理多强调管理和操作。这就有了一般意上的工作效率概念了，在这里多表现为控制操作的工作效率。所谓控制工作效率，是指控制方法如果能够以最低的费用或其他代价来探查和阐明实际偏离或可能偏离计划的偏差及其原因，那么它就是有效的。对控制效率的要求既然是控制系统的一个限定因素，自然就在很大程度上决定了农业管理人员只能在他们认为是重要的问题上选择一些关键因素来进行控制了。选择关键控制点的能力是农业标准化管理工作者应具有的基本能力，能否进行有效的控制，在很大程度上就取决于这种能力的高低。复杂的农业过程，时刻都有大量影响因子的作用，而依据作用过程的历史和新的技术成果，对特定过程进行评估，得出不同层次上的过程控制关键点，得到控制关键点系统，就得到了此过程的控制纲领，也就能够自如地控制该系统了。另外，计划评审技术就是一种在有着多种平行作业的复杂的管理活动网络中，寻找关键活动和关键线路的方法。这是一种强有力的系统工程方法，它的成功运用确保了像美国北极星导弹研制工程和阿波罗登月工程等大型工程项目的如期甚至提前完成。效果评价是当代社会很重要的一个学科方法，应用广泛。而效果评价的结果是否科学、真实和有效，关键就在于评价时抽提的评价指标是否最具有代表性。这种代表性的评价指标的产生，就是关键控制原理的应用。

九、结果多样原理

1. 基本内容

生物多样性与农业复杂性导致农业中即使再精确的标准化过程，其结果表达也总是多样的。

2. 含义理解

农业过程的基本对象是生物，生物的多样性来自于内部遗传基因的多样性和对环境适应的多样性；从事农业操作的主体是人和机器，人的思维和行为的多样性与农业多样性的密切交融，结果仍然是多样性的。所以，农业结果的多样性是必然的。相对而言，农业标准化的目的之一，是要对农业多样性结果从过程做到尽最大可能的统一性约束，即追求过程和结果的确定性。

该原理也引出了农业过程结果上的质量多层现象和精细水平的不确定现象。也就是说，即使完全相同的农业标准化过程，其结果产品的质量也表现出多层现象。同时，农业标准化中的每一点，由不同操作所致的结果是不确定的，确定性只表现在某一置信区间上。本原理导出质量多层现象和结果的不确定性，正是生物多样性和生物对环境反应，以及操作者（人也是生物）的综合作用的表现。农业过程是复杂的，生物本身的生命过程，有既定过程、诱导过程、补偿过程、自调节过程，生物与生物环境构成生态氛围，在宏观规律确定下的微观变数更多，生物对环境多因子的各种应激反应和反应后的重新调节等，是一个极其复杂的动态系统，是 n 维动态空间中的动态平衡。所以，任何一个外来的措施对过程的施加，都会引起系统内多个因素的不同贡献量在不同时间上的调整，反映在可视状态时，我们的直接感觉就是对措施的无法精确量化。其实，就我们采取的措施本身而言，在多次重复的条件下，措施的效果是落在一个区间的，而不能完全地像算术题那样，会出现一个确定的结果，并且每次都是相同的。实质上，在生物和农业系统发育的任何一个时间点上，我们为此所努力的操作，即便是再标准的做法，也只能围绕着某个理论值，或者期望的目标点振荡显现，表现出明显的区间性和区间内模糊性。这实质就是统计学中均值与真值的关系在农业标准化操作中的表现。此时，农业标准化过程的实质，就是来确定这一中心点（真值）位置的规则过程，而在实施这一标准的过程中，我们又会发现与标准的预期结果总是在标准要求的点上波动，这就是不确定性的表现，而这种不确定性正好反映了客观的一面，并非是标准化的不成功。实质上，农业过程根本不像工业过程那样清晰和单一，二者完全属于不同的情形。因此，在农业标准化中，从技术标准和工作标准方面，试图以绝对的量化指标，卡定整个操作过程，反而就没有了标准。这也是农业标准化的"统一有度"和"微观灵活"的集中表现。所以，站在某一个有限范围，就会有农业标准化结果模糊性的特点。农业标准实施结果的模糊性指的是在同样条件下，按相同标准操作后，所获得的结果绝非工业标准化那样精细到肉眼觉察不出差异，而是具有较明显的相异性。这种差异表现在任何时空之中。

第三节 农业标准化方法原理

农业标准化，必须贯穿在具体的方法中，然而要达到农业标准化的目的和目标，方法本身必须要遵循一个规则，称为方法原理，从而保证农业标准化实施的效果。

一、简化原理

1. 基本内容

具有同种功能的标准化对象，当多样性的发展规模超出了必要的范围时，即消除其中多余的、可替换的和低功能的环节，保持其构成的精炼、合理，使总体功能最佳。

简化是在一定范围内缩减对象（事物）的类型数目，使之在既定时间内足以满足一般需要的标准化形式。简化是对农业过程中不必要的复杂和混乱的事物进行合理（有度、有根据）的缩减和统一的方法。

2. 含义解读

在农业领域，多样化是最丰富、最复杂的，而且常常在不停地变化过程中。在农业产业领域，由于社会需要的不断增加，加上各种科学、技术的思想原理的不断应用及竞争的日益激烈，使得农业领域中，从自然到人为、从生产到市场、从一般到奇特，都表现出相当的复杂性和多样性。这些能够表现出社会生产力的发展水平，但也造成多方面的重复、多余，甚至无用和低功能等情况出现，这显然是对农业有限资源的一种浪费，成为农业生产力发展中的负向部分，甚至产生破坏作用，这是人们所不愿看到的。而且农业领域中由于其特有的复杂性，有些浪费是非常隐蔽的，损失却是很大的。例如，应用化学农药防治病虫，由于使用者对农药的两面性认识不足，更对生态环境系统平衡、生态多样性和可持续发展几乎没有多少理解，只看到喷药可以杀死一片田里的虫，因此多次、重复用药，造成残留超标、环境污染，生态平衡遭到破坏，生物多样性向不利于人类生存的方向逆转等。这一例子足以说明，在农业领域，多余的重复及其带来的副作用的危害有时是惊人的。

简化，是对农业过程及其产品类型进行有意识又符合客观实际的自我控制的一种有效形式。农业过程十分复杂，生物自我适应及人为操作的多样性在每一个过程均得以体现，但其中总有一种或少数几种方法是最简单、最有效的手段。只有通过简化、选择最有效方法、优化方法、剔除效率不高甚至偏低的方法，才能以便捷的方式实现过程目的。

简化一般是事后进行的，是事物的多样化已经越出了必要的规模以后，才对其进行简化。简化是有条件的，它是在一定时间、空间范围内进行，其结果应能满足一般需要。然而，简化并不是消极的"治乱"措施，它不仅能简化目前的复杂性，而且能预防将来产生不必要的复杂性。简化也不是一般的限制多样化。通过简化，消除了低功能和不必要的类型，使生产系统的结构更加精炼、合理。这就不仅可以提高生产系统的功能，而且为新的必要类型的出现，为多样化的合理发展扫清障碍。因此，简化是为事物（尤其是生产系统）的发展创造外部条件。商品生产和竞争是多样化失控的重要原因，只要商品生产存在、竞争存在，社会产品的类型就有盲目膨胀的可能，简化这种自我调节、自我控制的手段就是不可少的。

简化能够体现在农业过程的每个环节。就生产过程来说，从各种基础资料、必要原料及生产中的各种措施，产品的收获、归属、贮运及市场过程等都可作为简化对象。至于在管理业务活动中，可以作为对象的事物也很多，如语言（包括计算机语言）、文字、符号、图形、编码、程序、方法等，都可通过简化防止不必要的重复，提高工作效率。

二、统一原理

1. 基本内容

一定时期，一定条件下，对农业标准化对象的形式、功能或其他技术特性确定的一致性，应与被取代的事物功能等效。统一是农业标准化的基本形式，是人类从事农业标准化的开始。统一的目的是确立一致性。在统一化过程中要恰当把握统一的时机，经统一确立的一致性仅适用于一定时期。统一的前提是等效，把同类对象归并统一后，被确立的"一致性"与被取代的事物之间，必须具有功能上的等效，即从众多农业标准化对象中选择一种而淘汰其余的，但选择对象所具备的功能至少应涵盖被淘汰对象所具备的功能。

2. 含义解读

从农业现代标准化的角度来说，统一化的实质是使对象的形式、功能（效用）或其他技术特性具有一致性，并把这种一致性通过农业标准确定下来。因此，统一化的概念同简化的概念是有区别的，前者着眼于取得一致性，即从个性提炼共性者；后者肯定某些个性的同时并存，故着眼于精炼。简化过程中往往保存若干合理的品种，简化的目的并非简化为只有一种。在实际工作中，两种形式往往交叉并用，甚至难以分辨清楚，但它们毕竟是两个出发点完全不同的概念。

统一化的目的是消除由于不必要的过程多样化而造成的混乱，为农业生产的正常活动建立共同遵循的秩序。由于生产的日益社会化，各生产过程和环节之间的联系日益复杂，特别是国际交往日益扩大的情况下，需要统一的对象越来越多，统一的范围也越来越广。

统一化可分为两大类。

（1）绝对的统一，它不允许有什么灵活性，如各种编码、代号、标志、名称、单位、运动方向（最适生境趋向、农业顺应性操作程序、开关的旋转方向、交通规则）等。

（2）相对的统一，它的出发点或总趋势是统一，但统一中还有一定的灵活性，可根据情况区别对待。如产品的质量标准便是对该产品的质量所做的统一规定，但质量指标却允许有一定灵活性（如分级规定、指标上下限、公差范围等）。

统一化是农业标准化活动中常用的一种形式。运用这种形式要切实遵守适时原则和适度原则。所谓适时，就是要把握好统一的时机，过早统一，有可能将尚不完善、不稳定、不成熟的类型以标准的形式固定下来，不利于技术的发展和更优秀类型的出现；过迟统一，当低效能的类型大量出现并已形成局面，这时统一，不仅困难而且要付出较大的经济代价。所谓适度，就是要在充分研究的基础上，经过认真分析，明确哪些该绝对统一，哪些该相对统一，哪些要有一定的灵活性，正确确定统一到什么程度（水平）。过高要求，会脱离农业生产实际和技术的可能，在执行中会造成不必要的损失；过低要求，不利于促进农业生产和技术水平的提高，不能更好满足用户的需要，不利于市场竞争。这都要求在进行统一化过程中要通过各种方式，掌握必要的信息，进行全面的技术经济分析，必要时还要做出若干方案进行论证、优选。

当然农业过程中还有一些事情不能进行统一的现象，如不同纬度或不同生态条件下的同一种作物播种时间，就无法统一；同一作物的种植密度在适宜生境中的不同区域也无法统一。但这并不能证明统一化原理不能通用。遇到这类问题，顺其特点，可寻找另外相统一之处，如在此所述的前一种情况，在时间无法统一的情况下，可用物候法，寻找某个指示植物，以该植物的发育阶段达到统一的规定。上例中的后一种情形，可通过对国土资源的调查分析归类，结合作物特性做出区域性统一规定。

三、协调原理

1. 基本内容

依据系统科学原理，协调农业标准、农业标准化各相对独立系统的内外因素到平稳和谐、最优发展水平。

针对农业标准系统中，协调农业标准内部各要素相关关系，协调一个标准系统中各相关标准间的相互关系，以农业标准为接口协调各部门、各环境之间的相互技术相关关系，解决各有关方连接和配合的科学性和合理性，使农业标准在一定时期保持相对平衡和稳定。

2. 含义解读

农业标准系统的功能有赖于每个标准本身的功能，以及每个相关标准之间相互协调和有机联系来保证。为使农业标准系统有效地发挥功能，必须使农业标准系统在相互因素的连接上保持一致性，使农业标准内部因素与外部约束条件相适应，从而为农业标准系统的稳定创造最佳条件。

协调原理在如下方面可得到应用。

（1）农业标准内部系统之间的协调　在农业系统过程中，结合市场需要的预测，如产量的高低，市场所需产品的色、形、大小和时期，制定全程生产计划，应用多项标准，并要做到生产的每一个环节与系统的协调及环节之间的衔接性良好，达到整体功能最佳。

（2）相关农业标准之间的协调　例如，出产的苹果，其与生产过程中的肥、水、病虫防治、栽培管理及采收、质检、贮运等均有关系，涉及了多个标准，这在时序上的生产过程中，标准之间的协调显得十分重要。一般情况下，我们应当从最终产品的质量要求出发，对各个环节或要素给予必要的规定，从而保证整个相关标准的标准系统之间的整体功能最佳。

（3）农业标准系统之间的协调　农业生产过程不是孤立的，涉及了多个方面，如交通、农业机械、化肥、水利、电力、教育、信息、管理等系统，这些标准系统之间的良好协调，会大大促进农业标准系统的高效实施。又如，集装箱运输标准化就涉及公路运输系统、铁路运输系统、内海运输系统、空运系统的标准化，集装箱尺寸和质量等参数受这些大系统的制约，要求协调一致，才能发挥集装箱运输的优势功能。

四、优化原理

1. 基本内容

按照特定的目标，在一定的限制条件下，对农业标准系统的构成及其相互关系进行选择、设计或调整，使之达到最理想的效果。

2. 含义解读

农业标准化的最终目的是要取得最佳效益。农业标准化活动的结果能否达到这个目标，取决于一系列工作的质量。在农业标准化活动中应始终贯穿着"最优"思想。但在农业标准化的初级阶段制定标准时，往往凭借标准起草和审批人员的局部经验进行决策，常常不做方案论证，即使论证，方法也比较粗略。因而，被确定的方案常常不是最优的，尤其不易做到总体最优。这就影响到农业标准化整体效果的发挥。随着生产和科学技术的迅速发展，农业标准化活动涉及的系统也日益复杂和庞大。标准化方案的最优化问题更加突出、更加重要了。因此，适应于这种客观的需要，我们提出了优化原理，即按照特定的目标，在一定的限制条件下，对标准系统的构成因素及其相互关系进行选择、设计或调整，使之达到最理想的效果。

农业标准化的这些原理都不是孤立存在、单一起作用的，它们互相之间不仅有着密切联系，而且在实际应用过程中又是互相渗透、互相依存的，它们结成一个整体，综合反映了农业标准化活动的规律性。

常用的"优化"方法有如下几种。

（1）优选法　农业过程的每一个环节，由于受影响因素的多样性和生物自身的适应性和补偿性，使得从操作管理的角度都会出现多种方案，到底采用哪种方案最好，就要采用优选法进行方案筛选和评价。具体的做法可由相关专家与有经验的农民在分析了各种方案之后做出选优决定。这一过程一般不经过计算或赋值，通过问题树讨论方式可以确定。

（2）加权系数法　对不同的方法进行综合比较，还可以根据一定的要求和重点，用指标的不同加权系数来控制和影响农业相关方面标准制定、实施具体工作的方向，以达到期望的效果。

以 U_1、U_2、U_3、……、U_n 表示各项指标期望值；以 X_1、X_2、X_3、……、X_n 表示各项指标实际值；以 $\dfrac{U_i}{X_i}$ 表示各项单项指标与期望值的比率（相对值）。

令 M_i 表示各项指标的加权系数。系数大小视该项指标的重要程度而定。评价公式为

$$U_x = \sum_{i=1}^{n} M_i \frac{X_i}{U_i}$$

式中，U_x 值越大，综合效果越好。

（3）费用效果分析法　主要内容是：①在费用限额内，选择经济效果最大的方案；②选择经济效果超过某一最低限度，而费用最省的方案；③选择效果与费用比为最大的方案。

（4）成本价格分析法　进行农业生产，实现产品的某项技术指标，必须付出一定的费用，技术指标越高，付出的费用越大，产品出售时则优质优价。因此，产品的技术指标与产品的成本与价格有直接关系。利用指标的成本曲线与价格曲线比较可选最佳指标。

（5）经济阈值分析法　农业过程中，出现另一类生物作用，对农业过程及其产品造成不利甚至破坏作用，即常说的病、虫、草、鼠害。在这一类有害生物的标准化管理中，衡量"最优"过程的一个有效方法就是用经济阈值来确定。

在确定了生产水平、产品价格、防治费用、防治效果，以及社会接受能力的情况下，确定经济允许损失水平 L：

$$L = \frac{C}{Y \cdot P \cdot E} \times 100$$

式中，C——防治费用；Y——单位面积产量；P——产品价格；E——防治效果。

第四节　农业标准化管理原理

一、系统效应原理

1. 基本内容

农业标准系统的效应不是直接地从每个标准本身得到的，而是从组成该系统的互相协同的标准集合中得到的，并且这个效应超过了农业标准个体效应的总和。这条原理是我们对农业标准系统进行管理的理论基础。

2. 由系统效应原理导出的工作原则

（1）无论是国家农业标准化还是农场标准化，要想收到实效，必须建立农业标准系统。

（2）建立农业标准系统必须有一定数量的农业标准，但并不意味着标准越多越好，关键是农业标准之间要互相关联、互相协调、互相适应。

（3）研制每一项农业标准时，都必须搞清楚该标准在农业标准系统中所处的位置和所起的作用，以及该标准与其他标准在农业标准体系中的恰当位置与功能关系，从系统

对它的要求出发,才能制定出有利于农业系统整体效能发挥的标准,最后形成的农业标准系统才能产生较好的系统效应。

二、结构优化原理

1. 基本内容

农业标准系统的结构应按照结构与功能关系,调整处理农业标准系统的阶层秩序、时间序列、数量比例及它们的合理组合。

农业标准系统的结构不同,其效应也会不同,只有经过优化的农业系统结构才能产生系统效应。

2. 由结构优化原理导出的工作原则

(1)在一定范围内,当农业标准的数量已经达到一定高度时,标准化工作的重点即应转向对农业系统结构的研究和调整上,要注意防止那种片面追求数量而忽视结构化的倾向,这种倾向会削弱农业标准的系统效应,降低农业标准化效果。

(2)为使农业标准系统发挥较好的效应,不能仅仅停留在提高单个标准素质方面,应该在保证一定素质的基础上致力于改进整个农业标准系统的结构。

(3)当农业标准系统过于臃肿,功能降低时,可采用精简结构要素的办法,减少标准系统中不必要的要素和某些不必要的结构,其结果不仅不会削弱系统功能,还可提高系统功能,这可看成是"简化"的理论依据。

三、有序发展原理

1. 基本内容

只有及时淘汰农业标准系统中落后的、低功能的和无用的要素,或向系统中补充对系统发展有带动作用的新要素,才能使农业标准系统由较低有序状态向较高有序状态转化,推动农业标准系统的发展。

2. 由有序发展原理导出的工作原则

(1)要及时制定能带动整个农业系统水平提高的先进农业标准。

(2)要特别注意及时清除那些功能差、互相矛盾和已经不起作用的农业标准。随着农业标准绝对数的增加,这个问题会越来越突出,如果忽视了农业标准系统的新陈代谢,农业标准化活动可能陷入事倍功半的局面。

四、反馈控制原理

1. 基本内容

农业标准系统演化、发展及保持结构稳定性和环境适应性的内在机制是反馈控制。

2. 由反馈控制原理导出的工作原则

（1）农业标准系统需要管理者主动地进行调节，顺应农业标准化科学发展的规律，才能使该系统处于稳态。没有人为干预或控制是不可能自动地达到稳态的（因为它是人造系统），而干预、控制都要以信息反馈为前提。

（2）农业标准化管理部门的信息管理系统是否灵敏、健全，利用信息进行控制的各种技术、行政的措施是否有效，对能否实现有效干预关系极大。

（3）农业标准系统的反馈信息要通过农业标准贯彻的实践才能得到，如果农业标准管理部门不用相当多的精力注意标准贯彻，不能及时得到标准在过程中同环境之间适应状况的信息，不能及时对失调状况加以控制，农业标准系统便可能逐渐瘫痪，直至瓦解。

（4）为使农业标准系统与环境相适应，除了及时修订已经落后了的农业标准，制定适合环境要求的高水平农业标准之外，还应尽可能使农业标准具有一定的弹性。

第五节 农业标准化原理的应用

农业标准化原理，是农业标准化学科的核心内容，是农业标准学的基本思想，是指导农业标准化研究、农业标准化实践的一切过程的基本理论，是实现农业标准化的总指南。所以，对于农业标准化原理的应用正确与否，直接关系到农业标准化能否顺利进行，直到取得理想的结果。

一、农业标准化原理之间的关系

1. 三大原理的根本思想

农业标准化基本原理反映农业标准化学科的普遍、本质和一般规律，是农业标准化的理论基础和思想方法，它确立了农业标准化运行的内部架构与思想体系。方法原理是引导规定农业标准制定及实施过程更为科学有效的指导原理。原理本身既是方法又是目标。例如，简化原理是把操作步骤由烦琐向简单转化的方法，也是最终必须达到的目标。系统管理原理是以调整标准结构、形成体系与系统运行中的系统整体水平上的管理指导原理。系统管理原理是管理理念和方法的统一。

2. 三大原理之间的关系

三大原理互相联系、相互支持、互相影响。基本原理是基础，方法原理是导向，管理原理是手段，均表现出系统之上的效能整体。方法原理要考虑基本原理思想，也要遵循管理原理的系统化思想（图 2-6）。

二、在农业标准化宏观指导中的应用

1. 应用基本原理定位指导思想

众所周知，农业是一个巨大系统，其内部结构十分复杂。进行农业标准化，就是要

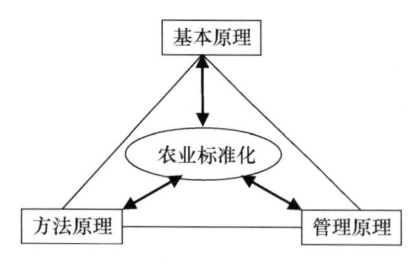

图 2-6 农业标准化中三大原理之间的关系

使农业巨大系统中方方面面的管理、操作在促进农业发展、提高生产效率、获得最大利益的前提下进行。虽然，由于农业系统的复杂性和目前人类对这一系统中的许多方面还了解得十分有限，但是，人类已经明确地知道了它的复杂性和整体性。所以，在进行农业标准化时，首先要依照农业标准化基本原理，在头脑意识中，有一个宏观大农业的整体概念，做到心中有数。其次，要知道自己在这个整体系统中的位置和应当承担的角色和任务。例如，我们在组织和进行果园有害生物管理标准化生产过程时，需要不同层次的人员加入，有策划者、有制定方案者、有具体实施的管理者，更有具体的操作者。对于具体操作者来说，如果不能首先了解到果园生态系统的宏观运行整体和这一生态系统与农业中甚至与我们生活的环境之间的某些大体的联系时，他的操作就会陷入盲目性。如果不知道自己的具体位置和应当承担的任务和义务，他的操作就会出现很大程度上的盲动性。从而对他的生活环境，乃至对较大范围的农业系统造成干扰。具体讲，以果园使用化学农药为例，一位果农，如果不了解上述的要求，只希望自己果园的病虫为害不要发生。那么，他就会千方百计，寻找所谓"最毒的化学农药"，产生"着魔般地"喷施农药的盲动行为。这样做的结果，不但要面对自己果品上市因潜在农药残留而可能被否定的威胁，而且会因过量的农药对自己及生活环境造成严重危害，更严重的是对整体农业环境的持续发展产生了负面影响。

另外，果园之外更大的生态系统如果没有改善，单单一两个果园进行病虫害综合管理，只能解决一时的问题，因为病虫害不是一个静态的生存生物，而是处于动态的生态环境之中。所以，从大系统视角或系统化视角实施农业标准化，是农业标准化最基本的原理思想。

2. 应用系统管理原理指导过程控制

任何一个农业标准化的过程，都是一个复杂的、运动在动态水平上的过程，同时还是一个受许多不可控制因子和有限控制因子的随机作用的过程，这些，在农业标准化基本原理中，已经论述得非常清楚了。那么，在管理水平上，必须要应用系统理论和过程控制理论进行农业标准化的过程管理，使得局部操作最优的同时，在整体水平上也达到最优，从而实现农业标准化的真正目标。这就是农业标准化系统管理原理的思想，在农业标准化中的应用和最终要达到的目的。

3. 应用方法原理掌握具体操作中的度

如果说农业标准化的基本原理，是农业标准化科学的思想基础和行动指南，农业标准化的系统管理原理是农业标准化基本原理在农业标准化实施过程中的宏观指导和规则限定的话，那么，农业标准化的方法原理，就是农业标准化过程得以实现的有力工具。

由于农业标准化过程的复杂性和变弹性，使操作的每一步，都有自己的伸缩范围。那么，在这一个可变范围内，操作的走向是高升还是趋低，就要依据农业标准化的方法原理，结合当时情形的综合判断，来加以适当确定。所以，农业标准化的方法原理，教给了我们在农业标准进程中的操作尺度。这是一个非常重要的度，我们应当深刻领会，灵活应用。

当然，无论是基本原理、系统原理还是方法原理，既反映了农业标准化的要求，也受到人们自身知识、技术和理论水平影响。对原理本身的应用，也会受到使用者知识、文化、技术及所处环境的影响。例如，简化原理本身，只说明方法的方向是从简，检验指标的本身就是一定时期需求、知识、技术和环境条件的反映。

三、在农业操作过程中的应用

1. 优化农业标准选择格局

虽然，已经出台的农业标准，可能个个都是客观真理的反映，各自体系也十分科学。但不能认为，拿它来用，就一定能实现农业标准化某一过程的高效和最大利益化。这是因为，任何一个农业过程，从严格意义上讲，应用的标准不是一个或者两个，而是多个的组合与同时的作用。从数量方面讲，直接将存在着次序组合的问题。要从标准的横向关系方面看，还有一个相互配合、内部互作的问题。我们在考虑环境中的不可控因素的影响时，还有一个在动态水平上调动各标准的主次和每一个被用标准的使用强度问题。

所以，进行农业标准的应用，推动某一农业过程，对于被选农业标准的应用格局，仍要进行一番研究和布局，做到使其在农业过程的标准化的进程中持续最优。

2. 适时调整标准的主次位置

对于正在进行的农业标准化过程，随时调整应用标准的主次位置，是保证农业标准化性能、持续性处在良好状态的最好方法。适时调整农业标准主次位置的依据是，一个农业过程需要多个农业标准，而过程的进行又受到可控因素和不可控因素的影响，为了平衡这种动态，尽量消除某些不可控因子带来的不利因素，必须在标准的执行中对所用农业标准加以应用程度的调整，也就是主次的调整。要做到这一点，操作者的知识和经验是极其重要的。知识成为操作者对当时情形综合判断的强有力后盾，而经验则是对判断、结论给予正确判定的最佳参考。所以，进行农业标准化，培养有知识、有实践经验的劳动者是至关重要的。这在一定意义上讲，也是保证农业标准化能否长期、持续高效益运行的关键。

3. 及时把握过程控制点

农业标准化是一个系统过程，是一个从原料到生产再到产品的具有较长周期性的生产过程。农业标准化的基本原理的整体思想对这种情形已经进行明确的表达。为了保证最终产品的质量，生产过程的每一个环节都是不能忽视的。同时，就在这一过程中，可能会有多处是在当时环境条件的共同作用下变幅很小又十分敏感地影响产品的质量的点，这就是与产品质量息息相关的关键点。对这些点进行及时、适度、严格的控制，就会在相当大的程度上保证最终产品质量不会出现大的问题。我们把这种点称为农业标准化过程中的质量关键控制点，也就是农业标准化过程中最为重要的部分。应用农业标准化原理，及时把握这些点，适时加以科学有效的控制，使其满足农业标准化进程中的要求，对于农产品最终质量的保证极为有用，也可以说是农业标准化成功的关键所在。

四、在农业标准化效果评价中的应用

1. 寻找客观依据

效果评价是农业标准化过程中的重要环节。一个农业标准化过程，当进行到需要进行效果评价时，它衡量的理论依据就是农业标准化的原理体系。对农业标准化运行的效果评价的客观依据，也要根据农业标准化原理进行寻找和判定。所以，一个农业标准化过程与否科学，就看这一过程是否一直遵循农业标准化原理体系，并根据当时客观实际进行灵活有效的操作和质量关键控制，直至是否取得了最大社会效益。

2. 把握过程内涵

农业标准化过程，是有形过程和无形过程的并行过程，如何把握农业标准化过程的内涵和本质，只有运用农业标准化原理体系理论和思想方法，从现象到本质加以剖析，结合农业标准化过程的实践经验，把握内在实质。

3. 评价公正有效

无论对于怎样的农业标准化过程进行评价，只要起初就有了一个正确的理论指导和思想体系，并且能够随时听取和接受不同方面的意见和建议，评价的公正有效性就不难体现。这个正确的理论指导和思想体系，正是农业标准化原理体系所提供的和具体的应用。

第三章 农业标准及其质量

农业标准化,标准是关键。没有农业标准,农业标准化就无从着手。在了解了农业标准化的概况、学习了农业标准化原理之后,认知农业标准,就成为农业标准化的基本环节了。我们需要明确农业标准与农业科学和技术的关系,以消除目前所产生的一些歧义;需要讨论农业标准的质量及其保障方法,以便能够鉴别标准的真伪。因此,本章将围绕农业标准的结构、质量及其保障等方面进行阐述。

第一节 农业标准及其形态

由于农业的复杂性,农业标准化中的种类标准也存在着明显的复杂性。我们从具体农业标准及其形态来看农业标准的形态时,结果就相对简单一些,其有形性更显得突出;如果从大农业角度出发,叙述和表达农业标准的形态时,就进入一个完全立体性、多空间、多动态和多维时空中。下面从几方面加以叙述。

一、农业标准的概念

从技术层面看,标准是对活动及其结果规定共同和重复使用的规则、导则等特性文件;从经济层面看,标准是不同利益集团协调所形成的合约(产物);从社会层面看,标准是获取市场秩序、规范社会行为的约定。对于农业标准的理解,需要从不同的角度加以全方位辨识。

1. 农业标准的概念

农业标准,是标准在农业领域的专业化表现,是标准一般概念的行业特化。要知道什么是农业标准,必须以标准的概念为基础。在第一章中,我们已经明确了标准的概念,即为了在一定范围内获得最佳秩序,经协商一致制定并由公认机构批准颁布,共同使用的和重复使用的一种规范性文件。

农业标准,就是为在一定范围获得最佳秩序,集成农业科学、技术成果与经验,对农业重复性事物和概念做出最佳的统一规定,经协商一致发布应用的规范性文件。

2. 农业标准概念的理解

从概念看出,农业标准是一种规范性文件。这里的"文件",不能只理解为一般意义的文件,而是比一般性文件内容更丰富、更泛化的信息,白纸黑字的文件形式只是其中的一种,还有实物文件和符号文件。例如,以数据状态存贮在一个U盘、一片光碟上,或者某些特定的概念等,只要能够成为人们共同遵守的准则和依据者,都属于这种文件。

农业标准的目的是为获得最佳秩序,目标是为获得最大利益奠定基础。农业标准不但要集成农业科学成果和技术成果,还要集成农业经验;它要做的是,对于任何农业可重复的过程,不管有多小,或者有多大,都要做出最佳的统一规定,以便使其在重复时产生最好的效果。

3. 农业标准的依据

农业标准是应农业发展的需要而产生的,农业标准产生的依据,除农业科学成果、农业技术成果和农业经验外,还有农业发展水平与区域环境中农业资源的支持能力。例如,在人力资源中,从事农业标准化工作的人群,其总体的市场经济意识与合作经营的水平因素,都需要在标准研制颁布时考虑。这一点在第四章有具体论述。

二、农业标准的存在形式

以标准存在的形式看,农业标准主要有:文字标准、符号标准、实物标准和信息标准四种。

1. 文字标准

这类标准最为常见,是以各种书面语言出现、用文字记载而表达的标准形式。这类标准主要描述较为抽象且相对复杂的规则过程和规定程序,并能够直截了当地叙述清楚。这类标准的不足在于,必须通过学习和领会过程,明确标准的内容、联系相关标准的系统后,方可正确使用。

2. 符号标准

为对行为规定做到简单、明确和易懂,对许多行为片断或者点式空间以十分简单的图形、符号或者信息表达出来,达到规范某些行为目的,这就是符号标准。这类标准在生活中随处可见,最常见的是道路边上的各种交通提示符号和卡通画,还有广泛使用的各种条码。这类标准多由字符的缩写、卡通简图来表达。符号标准是对有用符号做出标准规定的标准,是以标准符号来表达的;应用于实际中的各种符号就是标准符号,其源于符号标准。

3. 实物标准

这是实体化的标准,以实物化的模型、母板或者具体实物的状态存在出现,也称实物标样。实物标准主要展示的是目标标准的形态,具有一目了然的功能和长期保存的价值。国家标准馆中就收藏了各国纺织物、木材、标准图谱、X 射线照片等近百件实物标准[1]。烟草行业对烟叶收购的质量标准,就以实体标准标样的叶片为对照进行的,根据叶片的部位特征、成熟度、油分、厚度、叶片结构、色泽(颜色、光泽)、叶片产地、杂色与残分等技术条件来定级的,仅颜色一项,就有金黄、橘黄、正黄、淡黄、深黄、红黄、黄带青、青黄、黄多青少、青多黄少等 11 种之分。制定农业标准时,在必要情况下,需考虑建立和制作实物标准。实物标准的制作和审定,一般与文字标准同时进行。实物

---

[1] 国家标准文献共享服务平台. http://www.cssn.net.cn/t_gczy/swbz/[2014-10-2]

标准又分为基本实物标准和仿制实物标准，二者具有同等效力。对仿制实物标准有争议时，以基本实物标准为准。

相比于文字标准和符号标准，实物标准有些特殊，需要占据明显的空间，保存条件也有特殊要求。因此，国家对实物标准管理就出台了具体的管理办法[1]。

4. 信息标准

信息标准是以当代信息概念的形式存在的。这种标准必须依附在某个载体之中，在向人们展示时必须借助于复杂的设备平台。例如，光盘、U 盘、硬盘和网盘等保存的农业标准。这些标准可通过网络、蓝牙等方式传播，通过终端显示。这种标准形式规定了现代社会中实现标准传播和应用的最便捷方式。

三、标准的形态结构

农业标准，无论其存在的形式有何不同，都有基本的统一形态结构。农业标准的形态结构可以从两个大的方面体现，一是标准的内部形态结构，二是标准的外部形态结构。

1. 农业标准的内部形态结构

农业标准的内部形态结构，表达出了明确的目的性、严格的程序性、精密的关系性、规定的最佳性。

一项合格的农业标准，从内部结构看，程序上的每项规定，都是为本标准的目标服务的，都是集中在唯一的目的性方面，形成一个层次分明、逻辑清晰的顺序整体，同时也表达出了严格的程序性特点来。更进一步观察，这一合格标准在细致性结构上，始终遵从着"简化、协调、统一和优化"的标准化原则，贯穿着农业标准化基本原理思想，表现出精密的层间关系性和语序表达的关系性，使标准从头到尾对到达目标的顺序规定，完全符合经济学观点和可持续发展原则。

2. 农业标准的外部形态结构

农业标准的外部形态，表现的是一个标准单体的形态结构。这种结构，必须具备明确的有界性、精密的互嵌性、良好的组合性和系统的关键性。

每项农业标准的外部形态表现是独立的，但这种独立是相对的。因为单项农业标准具有独立性，才能够研制、发布和自成体系，即形态独立。而其真正的联系，则体现在大量无形之中，实际上具备了严密的标准间联系性。这是由农业的系统性及其系统层次性所决定的。单项农业标准，只对自身设定目标的有限范围有效，边界分明，目的性强。而农业实际中的任何过程与操作，都是一个系统或者系统组分，是多因素组成的体系，用一项标准是不可能承担系统所有任务的。这就要求，农业过程的科学标准化，必然是多标准结合，形成标准体系来实现。那么，标准间的配合与结构搭建就显得十分重要了。其中重要的是，标准本体的外部形态结构与相邻标准之间的无缝接合要恰当和可靠。我们以二维平面示意接合，如图 3-1 所示。

---

[1] 百度百科：国家实物标准暂行管理办法. http://baike.baidu.com/view/9701920.htm[2014-10-2]

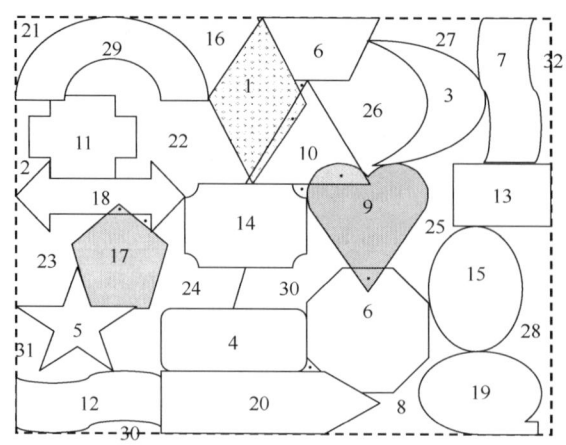

图 3-1 农业标准体系中的标准联系

该二维体系中,有三处间隙,四处重叠。标准 1、9、10 和标准 17、18 及标准 6、9 之间分别部分重叠,标准 1、6、10 和标准 9、10、14 及标准 17、18 之间形成了空隙;标准 22、24 的边界最复杂

在一个农业系统中,针对每一个操作的亚系统,都需要 n 项标准的参与。假设图 3-1 就是某个农业亚系统所需要的标准体系,那么,标准间的组合与运行的配合,以及标准的外部结构关系均影响农业亚系统的高质量完成。

3. 农业标准间的无缝接合

在农业标准体系(n 维空间)中,标准间在形态结构上的组合,表现出三种情形。一是相邻标准的良好接合,二是标准间部分重叠,三是相互接合出现间隙。除良好的接合外,后两种都不是标准体系建设中所希望出现的。对于标准间的部分重叠,就意味着有限资源的浪费,即是说,标准在研制和出台以前,对标准本体的设计和建设就有不科学之处,至少没有注意标准本体与邻近标准的衔接连贯性,这类标准,在贯穿过程中又会发生相互间配合的摩擦,增加了消耗有限资源的机会,出现不应该有的多余协调。面对出现的接合间隙问题,在标准体系落实时,则会发生过程结构或者局部结构上的漏洞或者空档,进而可能导致程序的断续、质量空缺甚至安全隐患发生,致使标准化系统不能稳定。

所以,农业标准结构的内部严密性、系统性、最佳性及其外部的互联性、精确性和无缝接合性,均是标准质量和标准形成体系的质量是否良好的基本保障因素。另外,结构决定功能。每项农业标准,如果有了符合标准化要求的良好内外结构,无论何时何地,这项标准在使用过程或者定制组合过程中,都是安全的和高效的。诚然,农业标准化的全程和整体架构也就有了高质量的保障和良好的运行基础了。

农业标准的外形结构和标准间的无缝接合,在农业标准体系建设中十分重要,直接关系到特定的农业标准体系的质量水平和精度高低。关于这一点,在第四章第四节和第五章第三节中有专门阐述。

四、农业标准的功能作用

农业标准的实质性功能作用,是从标准内结构和标准间结构及标准在特定要求下所形成的独立体系结构来体现的。

1. 标准内的功能作用

标准是标准化家族中最基本的单元实体，是标准化体系的细胞。作为一项合格标准，严格地规定了该标准所要完成使命的那一部分程序动作，具备了严密而简化的标准形体结构，标准的功能体现于潜在最佳性，应用之必然产生出理想的结果来。将这一标准放之特定要求下的标准体系中时，无论在结构的镶嵌协调上，还是在整体功能体现上，都不应当出现明显的差错。从这个角度看，在一定程度上，一项具体标准就有了通用性和多功能性。这是因为，农业标准的功能作用就是要对复杂农业系统中某个小段或者关键点做出符合标准化理论要求的最佳规定，由于这一节点与周围的联系本身就是多路的，任何一路的需求到达该节点并请求与之接轨时，就能顺畅通达，本标准的通用和多功能自然得以体现。具体到大的标准化管理方面，在农业过程中，任何一个用于质量控制的标准，只要有需求通过此点，就很自然地与此标准达成共识而被应用，其中可能包括了质量控制方面、技术方面、管理方面、检测方面等，从标准内部体现出应用的成本少、过程简、效果好的特性来。

2. 标准间的功能作用

这里强调的是标准之间的结构合理性和科学性结合所导致的功能性反应。这是系统效应原理在标准体系中的反映。在任何农业标准体系中，都有多个具体的标准参与，形成了事先要求和规定的标准架构，即为特定的农业标准体系。在这种体系中，最有功能价值的，或者最能够要求其具备和表现出来的，就是功能架构。标准间能够形成良好的接合，并以简单的方式，通过组合配置，能够形成人们需要的标准体系，则标准之间的功能体现就变得十分简单了，农业标准化发展从其内部的质上，就完全达到了更高的理想状态。在这种情况下，现代农业发展的任何一个方面，就会产生简单的标准化需求过程，就会根据不同的农业需要，制定相应的农业标准体系，提供特定的功能集团落实。至此，农业标准化就到了自我超脱的境界了。这也是农业标准化，甚至任何标准学所要探索和努力的目标。

3. 功能兼容与互换作用

农业具有很高的复杂性，面对农业的标准化工作仍在起步之中，农业标准在数量和质量等方面还不能满足现代农业的发展需要；农业的复杂性，从另外一个方面看，又为我们提供了相似替代的大好机会。因此，从标准功能作用的角度，进行兼容和互换替代作用的探索，对于加快农业标准化推进是一个良好通道，不能不用这一特点为农业标准化服务。迄今为止，我国农业标准体系建设仍然没有成型，大量空缺亟待填补。一个需要的标准体系，就是一个独立的结构系统，利用已经有的农业标准体系，弥补亟待需要的农业标准化空白，在稍做修改和调整后，功能损失不很大的情况下，在发展的初级阶段，应当允许使用。这就体现了农业需求上的兼容性，农业标准体系上的兼容弥补性。

我国农业发展很不平衡，农垦和兵团的农业集约化水平和机械化水平明显优于农户经营，发达地区农业的发展实力及其标准化水平明显好于不发达地区，农业大县的标准化能力明显高于非农业大县,等等。面对这种不平衡态势,在推行国家农业标准化时,除了重点培养、示范带动以外,必须全面推动,不能因发展不平衡而偏废任何一户。这时,农业标准体系的同功替代特点,就成为我们利用的最好切入点,即根据发展区域的特定农业范围需要,搜索先进区域相似农业标准体系,降低关键控制水平,直接修改采纳使用,使本区域农业过程先被纳入农业标准体系的管控之中,通过实践摸索,提高标准应用水平。类似的,对于全国农业标准化示范区域的先进农业标准体系,不断引进、修改,替代自己区域内相对落后的农业标准体系,以捷径方式提高农业标准化推进水平。农业标准功能兼容与互换替代,还体现在农业标准体系中的协调性和平稳性、农业标准与当前水平下体系的协调性、超前性标准与当前的兼容性、高质量标准与一般性标准及体系的兼容等方面。

五、农业标准的内容体现

无论哪一类农业标准,不管形态怎样表现,其内容的表达都是一致的。农业标准的内容主要有以下3个方面的体现。

1. 内容的形式

农业标准内容的表现形式,都应当是对确定程序的一种最优化表达。农业标准内容的表现,首先要满足农业标准制定的格式要求,如标准的命名、书写形式、字行距要求、主要层次结构(前言、正文、附录)等。其次,标准的正文及附录内容中,没有与标准条款相关的"为什么"之类的所谓道理表达,只有"是什么"、"做什么"和"怎么做"的干脆利落而直白的动作程序规定。这种形式,满足农业标准化四项原则,杜绝不必要的复杂和麻烦。

有人说:"标准这东西不讲理。"这是完全正确的。因为,就标准内容的表达看,其中没有一句是讲道理的语言,只是在围绕着"做"而表现出的无可替代的一种程序。但透过现象看本质,标准的背后不但讲理,而且必须将其说透。每项标准,在其诞生时,始终以理推演,严密逻辑,凭借实际能力定位程序水平与发展阶段。在标准研制过程中,从标准起草到成为标准草稿,由讨论稿、征求意见稿、修改稿、审查稿,再到报批稿的产生,无时不在综合、优化、集成、简化和协调着各种有用的因素,包括成果和经验的应用,使标准的每个条款、每一段落和每项子程序都能够经得起道理的考验和逻辑的推理。可见,标准在出台以前,时刻进行着讲理的活动,特别在其征求意见的3～6个月中,以最大时空范围与社会进行讲理,随时吸收道理的回馈。同时,标准还以其《标准研制说明》作为标准本体的道理说明,强制性地捆绑在一起,将关键点和关键参数进行表白,以理服人。一句话,任何标准,只要出台,其内容的表现形式就是怎么做,没有为什么。反过来讲,任何标准,在其出台以前,始终以最为充分的说理空间,留给人们开展讲道理活动,道理讲透了,逻辑摆顺,标准就出台了。

2. 内容的实质

农业标准内容的实质,是反映一个有限过程或者有限空间中可重复操作展示的小体系，标准反映出的这种体系，必须满足农业标准化原理和原则的基本准则，整体所涉及的诸多内容及实现这些内容的过程操作的度，在现有综合资源的配置下，系统水平上会显示出不多不少、不高不低，即达到全方位的"最佳"状态。这就是标准所追求的目标，是标准内容的实质。为了体现这一实质，标准内容在外在实质的表现方面，就成为对自己所确定程序的最佳展示了。

因此，任何农业标准的修订，不能是随意的。虽然在标准应用中发展某些条款落后了，不是最佳了，甚至悖逆了，同时有新的最好方法可以替代了，也不能随便篡改，拿来就用。标准的修改，必须通过修改标准的标准程序进行，即提出建议，报批准许，方可修改。只有这样，才能保证农业标准化的秩序性和至少宏观层面上的最大效益性，才能保证过程的责任明确无损性，才能实现农业标准化内容的真正表达。

3. 内容的目的

合格农业标准，是拿合格标准内容与程序的科学表达来体现的。这种体现是不容易的，也是极为严肃的。因此，出台一项标准，实质是很困难的过程，是多因子处理、平衡协调和往复推敲的过程，的确需要千锤百炼。相应的，研制每一项标准所应用的知识支持，远不止一个知识门类就能满足的。真正合格标准内容的目的，不但要实现本标准内及标准所规定的过程到最佳，还要负责标准两头的持续性及周围的无缝接合，更要从长远发达的努力方向上有所建树和贡献。

第二节 农业标准与科技关系

一、农业标准、农业科学和农业技术

新中国成立60多年来，作为农业发展的主要动力——农业科技及其推广，已经深入人心，家喻户晓，与近万年传承下来的小农经济亲密融合，给予了我国农业发展前所未有的帮助、推动与提升。进入21世纪，我们加入了WTO，要求农业面向市场，与国际接轨，走规模化、集约化和市场化的现代农业发展道路。这明显与传统农业不同。走现代农业发展道路，必须先行农业标准化之路，已经成为战略层面的共识，需要顶层设计的落实。然而，迄今让人纠结的是，农业标准化与农业科技推广是什么关系？在农业应用中应当怎样排布？为此，这里就农业标准、农业科学和农业技术这三大门类的异同进行剖析。

提起"科学"、"技术"两个词汇，人们可能在崇拜中会加带一些神秘，而对于"标准"，大多数人认为自己没有足够的资历提出并使之得以广泛知晓。其实，标准，是以内涵形式出现的对经济发展的直接作用，其发展历史比"科学"和"技术"要早得多（参见第一章农业标准化发展史部分），其功能也不在它们之下，制定的难度及所需的制定者的资质也不在它们之上。重要的是，将这三个概念引入农业中时，人们就有些辨识不清其位次和功能了，因而，目前在推动农业标准化时，总有一种说不清的困扰。我们先从各自的定位谈起[1]。

---

[1] 李鑫，李晓媛，崔野韩，等. 农业科学、农业技术和农业标准关系. 西北农林科技大学学报（社会科学版），2012，12（6）：20-25，43

1. 农业科学

论农业科学（agriculture science），先得搞清什么是科学。当我们将这个词语放置于概念的解释时，会突然发现，很难解释清楚。追溯"科学"的来源，仅仅向前推百年左右。一百年前，东方人对西方的学问只有所了解，发现当时的西方学问，是以分类的形式，一科一科地记载和描述，为表明与国学的不同，就将一科一科的西方学问名曰为"科学"了，此后的时期中，"科学"的概念，由对一个"分科的学问"的简称，演变成为学术追求的最高目标，这样的演变使其抽象化、也形象化了。近百年来，"科学"一词成为了现代生活中最具魅力的语句。可见，东西方文化的发展与我国发展哲学思想在初期确实是不同的。"科学"作为对西方文化区别于东方文化的一种表达，已经是过去时了。当今的科学，是"对各种事实和现象进行观察、分类、归纳、演绎、分析、推理、计算和实验，从而发现规律，并对各种定量规律予以验证和公式化的知识体系[1]。"特别是，比照科学发展的趋势，从20世纪末出现学科交叉，再到文理交融，直至系统科学思想的形成和应用，把原有的西方分科学问和不断细化的程序给颠倒过来，从另一个角度又彻底地融会起来了，显示了"通才之学"的精深性与超前性。看得出来，当今科学发展的大势是两极趋势，即沿袭西方发展的精细化分科向更窄、更深的领域探索，和趋向于国学发展的大同融会，向更宽、更广的宏观领域发掘。同时两者在不断地走向联合、共促。国学，不是征服和控制的知识，而是一种人和自然相协调、"天人合一"的知识体系。通过天人合一，揭示了人和自然的内在联系。这样一种体悟，跟传统的西方科学是很不相同的[2]。当然，西方这种细化分科的知识体系，对当时科学的发展确实起到了十分有益的推动作用，对人类在前期认识自然相当有用。不过如今国学这种深厚和前瞻性似乎有了用武之地了。

"科学"虽然没有定义却可以自我完善。究竟什么是科学，直接地说，是给不出一个确切的定义的，只能从人类整体文化中加以理解。因为科学是一个历史的概念。尼采说，历史性的东西是给不出定义的，因为定义一给就死了。当然，科学寻求的是对自然现象从逻辑上最简单的描述，科学与人类对未知世界的其他一些认知方式之间有着最本质的差异，这种差异，就在于他们对待未知及对待自身的方式是迥然不同的。由于追寻着客观，科学就具备了自我纠错的能力。科学的自我纠错、自我完善的能力是许多其他认知方式所不具有的。科学肯定也会犯错。这是因为，我们的各种知识体系是有局限的，需要一种能够客观理性地对待自身局限性的认知方式，科学就具有这种素质。我们通过科学方法所获得的知识，远比通过其他认知方式所得到的东西更客观、更接近正确，同时也更有希望达到正确。

通过对科学的解释，再来理解农业科学的含义，就不那么复杂了。农业科学，就是在农业领域所从事的科学工作。农业科学与其他科学有着本质的不同，关键的区别在于农业科学是对生命及其规律、生命与环境关系本质的探索。实质上，随着人类文明的进步，我们能够明显觉察出来，农业科学与其他科学的分科边界越来越不清楚，交叉的界域也越来越宽广了。农业科学的包容性和吸收能力，是其他科学所不能及的。

---

[1] 中国大百科全书总编委会. 中国大百科全书（精华版）. 北京：中国大百科全书出版社，2006：2181
[2] 吴国盛. 什么是科学. http://www.sina.com.cn[2007-07-01]

2. 农业技术

阐述农业技术（agriculture technology），自然先要明确技术的内涵。关于技术，与科学的概念一样，很难简单地表达清楚，可以说，无论何种文化对技术的描述，这都是个难懂的词[1]。这里引用《中国大百科全书》（精华版）中的释义："人类为了满足社会需要而依靠自然规律及自然界的物质、能量和信息，来创造、控制、应用和改进人工自然系统的活动手段和方法。[2]"事实上，技术是一个很难给出全面而确切定义的概念[3]。它可以指具体的工具，也可以包含更广泛的架构，如系统、组织方法和技巧。技术是知识进化的主体，是科学发现的结果向生产和社会领域物化应用的手段，它链接了自然本质与人类需求，使人类的目标得以实现，有社会形塑或形塑社会的功能。技术是驱动变化变革的自发性动力。技术是形成社会生产力的组成部分，称为劳动被实现时的那种社会关系的指数，是构成每个特定社会结构的物质基础[4]。技术被视为包含了社会、政治、历史及经济等多成分元素的组成，不论这些元素有形还是无形，均在共同发生着作用。技术产生是面向社会的几乎全面的一种改造能力。技术是一种展现，是劳动手段的意识和与之伴随的工具体系，是经过特定训练的人所具有的特有能力，技术的存在，取决于人们的需要，并通过一定的规定和约束来满足其需要。早期人类创造及使用技术是为了解决其基本需求，现在的技术则是为了满足人们更广泛的需求和欲望，而且需要一个巨大的社会结构来支撑和运行。

农业技术，就是在农业领域中应用和需求的技术。农业技术要比农业以外的其他技术更加复杂和多样。这是因为，农业技术是以生命、生物和生物与环境关系为根据，以相应的发明工具和方法为依托所应用和开展的技术活动。由于生命的复杂性和生物的多样性，必然使农业技术拥有显著不同于其他技术的结构和内容。农业技术同时也是一个历史的概念，农业技术的形式和内容，照样只有在理解了技术的基础上才会明白，农业技术在应用时，意识形态领域的作用有时是至关重要的。

3. 农业标准

"标准是对重复性事物和概念所做的统一规定。它以科学、技术和实践经验的综合成果为基础，经有关方面协商一致，由主管机构批准，以特定形式发布，作为共同遵守的准则和依据。[5]"这是标准的公共定义。标准大体包括了文本标准、实物标准和符号标准文件。农业标准又分为技术标准、管理标准、工作标准和环境标准[6]。

经验是标准产生和标准应用过程中误差的最好程度补充。对于标准的定义里涉及了"实践经验"，不能不有个交代。经验是人们在同客观事物直接接触的过程中，通过感觉器官获得的关于客观事物的现象和外部联系的认识。经验是在社会实践中产生的，是

---

[1] 维基百科：技术. http://zh.wikipedia.org/wiki/技术[2009-02-14]
[2] 中国大百科全书总编委会. 中国大百科全书（精华版）. 北京：中国大百科全书出版社，2006：1857
[3] 姜振寰. 技术哲学概论. 北京：人民出版社，2009：42
[4] 邹删刚. 技术与技术哲学. 北京：知识出版社，1987：15
[5] 中华人民共和国国家标准：GB 3935.1—1983
[6] 李鑫. 农业标准化理论与实践. 北京：中国农业出版社，2010：73

客观事物在我们头脑中的反映,是认识的开端[1]。经验是尚未对实践结果进行理论上的客观总结或者还不具备这种解释的工具的客观规律的反映。在农业实践中,经验的作用往往不亚于农业科学和农业技术的作用,它不但在农业标准的制定中不可或缺,而且在应用标准时也发挥着很大作用,甚至这种作用有时会成为关键性的。这正像管理学中的案例应用,有时最能够解决实际问题一样。经验在农业中有这种作用的原因在于,农业系统是一个复杂的灰色系统,农业过程是一个多因子作用的复杂过程,对那些未知因子或者已知因子间相互作用的未知结果目前还不能掌握,从科学和技术层面上也就无法符合性地描述和显现,只能像社会科学中的案例的应用,当然,这还不完全等同于案例。这些直观性的认识和操作的积累,就会形成积累者对相同或者相关事物在推动时的潜在作用力,从而增加其成功的判断力和推动机会,以减少因未知所造成的损失。由于标准所追求的核心是对规定过程以最佳状态(投入最少,过程最简,效果最好)表达出来,因此,标准不但要求在制定时注意吸收实践经验,在应用中也留有应用经验的空间,即与"标准"相比较的"规程"、"规范"所包含的明显差异值,就需要"经验"加以补充。这种空间的大小,与该目标领域科学技术的发展水平一般呈反比,即空间越小,说明其科技水平越高。在农业、管理和社会服务等复杂性高、随机性大的领域,这种情形普遍存在。

标准,实质是一个有界的、可供重复应用的且能够体现最大效益并达到理想目标的确定程序或可复制体系。实现这个理想目标的有力保障,就是最佳秩序。所以,农业标准,就是具有能够保证在特定范围取得最佳农业效果的能力,在农业领域应用的有关标准。农业标准是农业标准化的结果和前提。说其为结果,是因为制定农业标准的过程,就是农业标准化的一个阶段,也可称为前期阶段,是农业标准化的基本工作,该过程的结果即是农业标准。说其为前提,是因为农业标准化的另一个过程就是对农业标准的应用,即农业标准化的落实过程。如果没有农业标准,这个标准化过程就成无本之木、无源之水了。制定农业标准,就是对农业中某一能够固定下来的、可以重复进行的过程,应用农业标准化原理和"简化、优化、统一、协调"的原则进行搜集、归纳、优化、集成和超集成,得到最佳规定的程序;应用农业标准,就是落实农业标准及其体系,实现农业过程最大效益。

可见,农业标准的定义应当是:"为在一定范围获得最佳秩序,集成相关科技成果与经验,经协商一致,制定出共同遵守和重复使用、并经公认机构批准发布的规则或特征性文件。"

农业标准是农业标准化的产物之一,但只是一种可供重复使用的工具或者程序,是农业标准化完整过程的基础部分。农业标准是农业标准化的潜在生产力,是农业科技成果得以量化应用的唯一手段。要使农业标准释放其能量,变为农业的实际效益,就必须将农业标准应用到农业实践中去。

二、标准—科学—技术的农业关系

1. 农技推广是粗放的农业标准化

有一种观点,认为我国农业发展水平的提高主要靠农业科技的进步,从全球角度看,

---

[1] 中国大百科全书总编委会. 中国大百科全书(精华版). 北京:中国大百科全书出版社,2006:2033

这一观点是成立的，但从发展实业的实际看，就有些不完整了。

农业发展的结果是以实体效益表现出来的。例如，产量、品质、投入成本挽回损失和取得的收益等，农业发展的过程是靠工具和知识的优化组合应用来推动的，农业发展的内涵（从支撑农业发展的工具背后甚至上升到文化层面上）是科学技术的进步。实质上，能够支撑农业发展过程、实现农业实体效益的真正操手，是农业标准化。也许有人会问："农业标准化是当今的事，实现农业的实体效益怎么能是标准化呢？"这个问题的答案是肯定的。过去没有农业标准化的概念，没有人提出农业标准化，并不等于这一客观存在没有起到自己应该起的作用。历史上，农业标准化一直在为农业服务，一直在不被人们注意的条件下，默默无闻地发挥着一种内力，推动着农业的运行，农业标准化以更加依赖经验的、粗糙的标准化方式，在人们的无意识中将农业推向前进。历史中的农业标准化，是一种典型的朴素农业标准化，经验和其携带着的技术，又融入到新的经验中的做法，一直占据着统治地位。同时，历史中，由于农业缺少了市场经济这一杠杆作用，整体的效益需求和简化劳动追求均处于空缺状态，农业标准化迟迟不能浮出水面，农业标准化的理论和科学体系建设也就没有了。

过去，我国农业远离市场，分户经营，无需规模要求，更没有以产品交易下的经济效益为目的，农户生产经营不计成本，农产品主要保障自给自足。在这种情形下，每项农业技术只作为一种有限的、被限定在农业产生范围的、带有一些新意的程序轮廓或者雏形，推向了农村，传授给农民，不能精确应用。这与分户经营、小农经济是相匹配的，与发展时代是相吻合的。

回首以往农业，体会其中的机制，我们不难发现，任何一项被推出的农业技术，无论是新的还是旧的，它的推广过程实质就是标准化在无形中被应用的有力证据。

农业推广人员，接到一项农业技术，要将其推向农业一线时，首先自己琢磨其理，再将技术设计推行顺序，而后根据自己以往经验和推广对象的综合实际，调整修改推出过程。接下来，便加入了"先宣传、再培训、跟示范、上推广"的一般程式中去。为便利推广，先将其设为一种次序，再进行无意中的规则化推广。显然，这是一种内涵式的标准化过程（推广者不知道自己应用了标准化方法），也是粗糙的、朴素的标准化方法。这种方法，不计成本，没有太多的优化简化方法，更没有明确的标准理论指导。该过程由农技推广人员完成，也是这些人员完成推广工作的第一步。可见，技术推广，将技术用经验在有意识无意识中转换成一种程序推出，并且反复使用，就成为长期以来我国农技推广队伍的基本程式，也成为老一代推广人员用以向后来人传递的唯一资本，甚至构成了我国农技推广文化的一部分。长此下来，农业推广的惯性也产生了，新的农业技术到来时，有经验的推广人员便自动地应用程式开展工作。标准化思想的应用，不是从来没有人想起过，而是在习惯中被完全的忽略（无限重复的应用，变成无意识行为）了。因此，我国农技推广工作，实质上不是真正的技术推广，而是实质上的朴素标准化过程。所以，农业技术是不能被推广的，只能作为一项技术存在；农业技术要应用于实践中去，只能走标准化这条路。传统的农业技术推广，实质就是农业标准原基通过朴素标准化走向应用的初级过程。

2. 农业标准化的直接生产力作用

现代农业，由市场领路，效益为先，可持续发展更需关注。发展现代农业是一个综合性的课题，是系统科学理论支持下的高水平农业。农业科学和农业技术必不可少，农业标准更是凸显了其打先锋的威力。只有农业标准在出台之前吸收了适宜的农业科技成果，集成了成功的农业经验，进行了严格程序上的系统而全面的优化、简化、协调和统一的锻造，才能以最佳状态表现在方方面面。同时，也只有应用农业标准，才能够符合现代农业发展的宗旨，才具备了降低成本、简化过程、协调一切因素、统一排布格局、优化整体系统、使利益各方达到共赢、使动作整体效益最大的宏效果。

可见，农业标准是农业科技能量释放的直接生产力。农业科学的侧重域是农业知识和学问的获得，挖掘的是农业自然规律和本质属性，重点在于探索和发现农业系统的质——是什么？为什么？农业技术则是应用农业科学的知识学问，围绕着人类的需要，运用已经掌握了的技能，在显现化相关学问与智力的综合结果，从思维到行为，由具体到抽象地进行着各种发明和创造，以便产生更多的、能够使手臂延伸的工具、方法和技巧；农业标准，是对农业科技成果及农业经验的高度集成和优化，并在明确目标要求下，经过最佳秩序和最佳过程的规划和梳理，产生使用之可释放最大效益能量的简化性生产力程序，成为科学、特别是技术能量物化释放的最好载体和工具，是农业科技成果落地、推动农业发展的最佳转换器和催化剂。一项农业科学成果，是自然规律、农业本质的某一点显现，是对客观存在的一点展示；农业技术成果，是新工具的诞生，是潜在生产力的组成部分，是新技术的形体显示，直接应用农业技术，是不计成本、过程复杂、应用甚至无果的行为方式；农业标准，是使潜在的技术生产力以最佳方式成功落实的程序规定，是农业技术工具功能组合、构成系统释放的最佳支撑体，是农业发展过程动力矢量的直线表现，是一种直接的生产力，是农业技术向应用递进的前端部分，其应用的科学性、有效性和先进性远远高于农业技术的释放。

3. 农科、农技和农标间因果共依

在农业周期中，农业科学、技术和标准的关系，表现出直接的共依关系和因果关系。说到共依，是指在一个层面上看，技术中有标准，标准中含科学，科学中带标准；论及因果，农业科学、农业技术在各自领域中发展时，每前进一步，其过程无不是原来科技成果结合相关经验所成的标准支持的。农业技术成为农业标准的直接支撑依据，农业科学不但支撑着农业标准，也支撑着农业技术，而农业标准又直接支撑农业科学和农业技术的进步。在这种三角互联、往复循环中，三方面均不可缺，三角互用，表现为直观的相互依存、互为支持的有机联系。对此关系，可展示为图 3-2 过程。

三、科技创新与农业标准化

1. 农业标准化成就了农业科技创新

农业科技创新是在农业标准化的平台上产生的。

任何一项农业科研项目，其过程无不直接地应用着相关标准，在标准规定的平台上向前探索、推理和发现，使成果有了可重复验证的根据，直至揭示新的事物本质和运行规律；任何一项农业技术，在发明和创造的过程中，无不以更加严密的标准及其体系支撑，在集成与升华的基础上，发明出更加先进的技术工具与方式；任何一项农业标准的

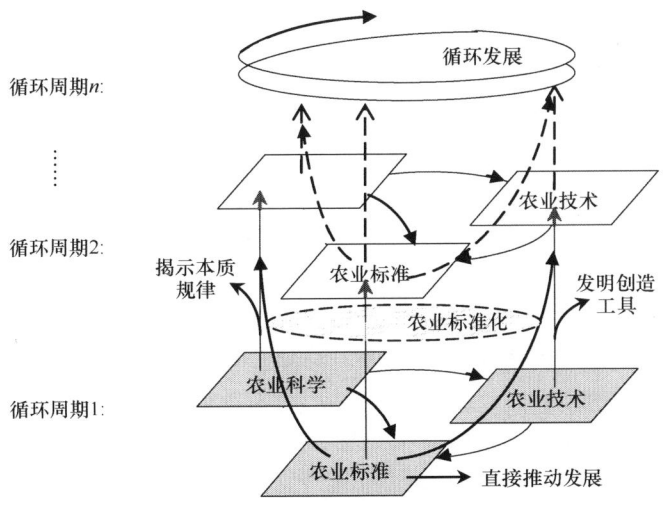

图 3-2 农业科学、技术和标准关系图

产生，无不依托大量农业科技成果和经验，形成最佳的实用程式提供社会应用和科技发展。因此，层出不穷的农业科技成果支撑了农业标准的持续更新和先进性，不断出现新的农业标准为农业科技提升、科技成果的再产生提供了基础平台。与此同时，使大量成果以低成本、高效率方式落地而产生最大效益，从而构成农业发展和社会进步的直接推进动力。农业科学发掘农业过程的"质"，农业技术支撑农业过程的"形"，农业标准强化农业过程的"神"。农业技术以农业科学发展为本源，农业标准以农业技术和科学成果为根据，农业科学的发展又要以农业标准为手段，并以农业技术和科技成果为基础。从推动农业发展的社会需要角度，农业标准的需求被列为第一，因为它是直接生产力；农业技术和农业科学是需求的第二、三位，是发展的"幕后"力量，是通过标准容纳和升华得以应用而给力的。其从客观到需求的顺序如图 3-3 所示。特别是，农业标准对农业经验的重视和吸收，与农业科技成果融合，形成了最佳过程，产生了直接推动力，对农业的推动完全优于农业科技对农业发展的作用，更显示出农业标准质的全面性、系统性与先进性。显然，农业科学、农业技术和农业标准，在满足人类需求方面，是倒序排位的。

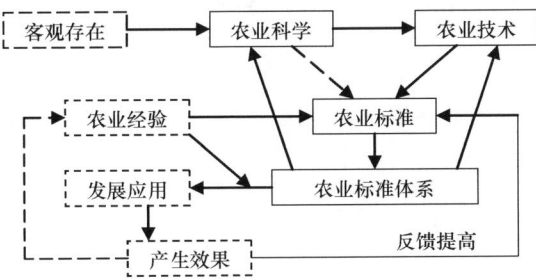

图 3-3 农业科学技术与标准应用顺次关系

2. 科技创新是标准化的内动力

现代农业，不可推行农业技术，只能力求农业标准落地。前已述及，农业技术用于农业过程，只能是一种标准原基，不符合现代农业要求。从生产力角度看，农业技术只能是农业标准的后盾，作为一种潜在生产力出现。农业科技不断创新，农业标准化不缺前进的动力。农业标准化是农业标准这一生产力发挥作用的直接过程，也是农业技术的能量得以科学释放的唯一途径，更是农业科学、农业技术和农业发展真正升级的直接支撑和给力部分。所以，现代农业，必须是以标准为核心支撑的农业。任何农业技术，在一定范围不能转换成标准被应用，就不能以最高水平发挥其应有的作用和价值。因此，"没有农业标准化，就没有农业现代化"的论断是十分英明的。

在人类社会实践中，任何因需求所建成的有界体系/系统，在其结构与功能及其发展过程中，标准化始终充当该系统的运动骨架与神经系统角色，是系统能够以最佳状态落地和发展的基石。科学技术是一个宏观概念，属于顶层意识的理解部分，科学技术是什么，则要以具体的成果其至大量组装来体现，而这些成果的有形化、可展示及可用来推动某个需要的部位时，就必须以可操作、可重复、可落地，以及简单、高效、低成本的面目展现在我们面前。这种展示，唯有依靠相关的标准及其体系才能表达出来。例如，要建造一个现代化果园，就果树品种与树形而言，事先确定了的每个关键，都必须以对应的标准及其体系来规定，再落实。科学技术的再发展及其再一轮的升级——农业科技创新，必须在标准化实践的过程中，求得新问题，激发出需求来，从而刺激科学技术的再成长。农业标准化在农业系统发展过程中也是如此往复的。

3. 标准化与科技创新同进共勉

农业标准化以农业科学技术和实践经验为基础，运用简化、统一、协调、优化的原理，把科研成果和先进技术转化为标准，在农业生产和管理中加以实施应用，实现从产地环境、投入品、生产过程、农产品到商品的全过程控制，从技术和管理两个层面上，持续和系统地提高农业产业的素质及水平。农业科技创新，是在以往农业科学、技术和实践经验的基础上所实现的突破与质变，甚至是对以往结果的扬弃和否定。通常情形下，质变源于量变的不断积累，长期的农业发展探索和大量经验的积累，以及逐渐形成的通用规范约束，使得技术和管理在应用和思维中产生无限往复，新的突破就必然发生。由此看出，农业标准化搭建了理想的优化平台，成就了农业运行的最佳状态，恰恰为农业科技创新准备了充要条件，成为技术创新的基础平台。

农业标准的"制定—应用—修订"的循环过程，正是对技术和经验的"创新—传播—再创新"的过程。由于有了农业标准化这个平台，农业科技创新才有了真正的立足基础及产生突破的原动力。农业标准化与农业科技创新之间的这种互惠关系，是农业科技进步的内源动力。

在农业发展过程中，人们为了满足自身的需要，由农业科学、农业技术和农业标准三位一体所组成的提升体系，是不可分割的有机整体，是农业快速发展的真正核心。

第三节 农业标准的分类

面向市场的农业，消费者对它的要求正在提高，农业内更希望通过市场提高自身的价值和效益。农业综合效益的提高，要靠标准应用实现。农业的复杂多变，使得农业标准纷繁多样，甚至有些眼花瞭乱。为了学习的方便，为了应用的得心，更为了知识传递和扩散的高效，对复杂的农业标准，必须进行科学分类，合理归整，形成科学系统。

一、农业标准的大类

农业标准是农业标准学的基础和核心，是标准化落地的首要因素，学习农业标准化，首先要弄清楚农业标准。按照农业系统的宏观结构，农业标准的分类，可大体上分为基础标准、接口标准、过程标准和产品/商品标准。

1. 基础标准

农业过程的发生，需要大量基础性标准作为推动的基本条件。具有广泛的适用范围或包含一个特定领域的通用条款的农业标准均属于基础标准。其包括以下6个方面：①需要全行业共同遵守的技术通则类，如"农业标准审定规范"，"农业标准制修订工作有关规定和要求"，"农业标准化管理办法"等；②能够达到准确、简化统一的通用技术语言类，如术语、符号、代码、代号、制图规则等；③需要保证农业不同部分、组织结构甚至某些零部件互换和农产品间的互贯互通，简化要素或者种类，改善性能等的结构要素和互换互连类标准，如表面质量要求、标准尺寸、公差配合等；④参数系列类如优先系数、种养与机械间的尺寸配合系列、农产品参数、种子发芽率、形态系列型谱等，这类标准对于合理确定产品品种规格，做到以最少品类满足农业多方面需要，以及规划多产品发展方向，加强各类产品尺寸参数间的协调等具有重要作用；⑤对保证农业过程工具、产品适应性和工作寿命，以及人身和设备安全具有重要作用的环境适应性、可靠性、安全性类标准；⑥对各有关方法的优化、严密化和统一化等具有重要作用的通用方法类标准，如试验、分析、抽样、统计、计算、测定等。

2. 接口标准

接口标准，承担着农业系统外到农业系统内、农业系统内各亚系统间的顺畅衔接、优化运行、逐级浑然一体化的标准化要素联系和链接任务。根据农业标准化基本原理，任何农业过程都是多通道和多系统层次的，系统间的纵横链接也不是单一的，那么，在农业标准化中，要想获得系统整体满足标准化要求，获得最佳协调结果，从而产生最大利益，接口标准就起到了重要作用。这类标准，是任何特定农业系统的边界与相邻系统进行协和接口、畅通彼此、相得益彰及系统增效涌现的关键标准。从宏观上，表现突出的接口标准有各类农资产品标准的农业应用标准，是从农业系统外输入到农业系统内的接口标准；农产品标准到农产品消费商品标准，是农业系统内产品标准向农业系统外商品标准转化的接口标准；综合农业系统中的种、养、加三大类之间紧密相连，顺畅互通的链接标准也是接口标准；生态种植系统的种、养、沼及种植系统内植物种间的多种混合种植亚系统间和养殖系统的各动物种养殖亚系统之间的标准对接与传递等系统都是接口标准的功能作用，还有，在任何农业系统推动中，无论系统是大还是小，都会涉及管理标准、技术标准、工作标准/操作标准及环境标准，这些标准类群之间的相互协调、默契配合和整体优化，照样存在着大量接口标准，使它们之间能够平滑过渡与浑然协和，直至达成真正一体化（多系统归一）的浑圆系统。

3. 过程标准

从农业的产前、产中和产后三大阶段看，主要过程和复杂过程是在产中阶段。这是一个过程动态性最强、过程因子变化最大、不可控因子出现最多的过程。农业的过程标准，主要就服务和管理于这一个方面，其中管理标准中最为重要的是质量安全标准。因此，农业的过程标准，是使复杂多变的农业过程进入简化、优化、协调、统一和尽量有序的约束规制，也是农业标准中表现复杂、出台困难和质量保障难度较高的一类标准。大量的农业工艺标准，如技术规程、技术规范、关键控制标准、操作指南等，均属于此类标准。

4. 产品/商品标准

产品标准，就是对生产出的产品在规格、属性、功能和使用方法等方面所做的特质与消费指导性规定，这类标准首先从信息角度能够传递给使用者一个直观明了的产品整体信息，其次为选择者提供消费引导正确途径以便进行科学消费。产品标准在农业领域，包括了两种含义，即农产品标准和农产品商品标准。有史以来，农产品多以非商品状态进入消费，即使当今农业面向市场的大力推动中，还没有明显摆脱传统农业经营的影子，仍然在实物和货币的对冲中经营，真正现代的经营方式还在摸索着前进。因此，在农产品这个概念上，其商品性的无意识反应迄今十分淡漠，国人心目中的农产品与商品间的联系并不大，这就有必要强调一下农产品及其商品间的联系了。

严格地讲，在农业领域，农产品标准不等于农产品商品标准。农产品标准，主要针对农业产生的结果——农产品产出的实际，所规定的产品分等、分级的形态指标（长宽高、形正与不正等）、物态指标（固态还是液态）、生理指标（成熟期和成熟度规定）和主要营养成分（如 VC 含量等）指标等，与农产品商品标准所不同的关键区别是，商品性农产品标准研制的依据是市场要求和满足这种要求的农产品特性对接，在取意的方向上完全相反。农产品标准和农产品商品标准间要通过接口标准的应用才能达成一致。此处，接口标准有时是明确出现的，有时会在隐蔽中发挥作用。一般而言，市场消费要求度越高，这一接口标准出现的概率越高，直至出现并且有精确对接的接口要求。

产品标准是对农业生产结果的定型和输出，产品标准又是农产品商品标准产生的物质基础；农产品商品标准是对农产品走向市场的直接引导体，农产品商品标准是反映和集成市场对农产品消费需要的直接承载体。两大标准间，通过严格的接口标准，实现农产品的精确输出和消费。

二、农业标准的层次

农业标准的层次划分，迄今没有十分明确的结论。这里只做简要的讨论。

1. 对标准层次性的理解

对于标准的层次理解，若要完全到位，往往比较困难。多数情况下，人们很容易从高到低地进行层次划分的理解,并且对这种层次理解,再冠以"高就是贵、低就是贱"的心理意念。例如,已经看到的标准层次划分,将国家标准、行业标准、地方标准和企业标准称为我国四级标准。这样,就给人们产生一种错觉,国家标准是最高级的,企业标准是最低级的,从而导致了一些无意义的争执和发生了一些不必要的错误。例如,有一个企业,以当地某一个特色性生物为生产对象,通过标准化过程,使企业发展蒸蒸日上,我们考察此企业,看到了内部的企业标准体系齐全,过程控制严格到位。其中一个关键性标准——企业主要生产对象的生产工艺标准却是地方标准,我们不由得发问有关人员为何如此,企业老总反而兴致勃勃地告诉我们,这是一年多以前他们企业的一项标准升级成的地方标准,并且目前已经经过同意,可望上升为国家标准。对此,是错是对,难以几句话表白。从企业利益角度和地方经济发展的角度,面对具有明显地方特色的生物产品,这种做法不但十分错误(使企业和地方失去了特质生物产品的特有性),而会混乱市场秩序(为地方特质性生物产品的假冒化开了绿灯),甚至丢失地方特色和包括文化遗产在内的历史性积累资源。但从特色性、新经济增长点拓展和整体经济发展推动方面来看,至少在一个短期内,这种做法无疑对产生这种生物产品的区域同类经济的发展、尽快形成规模的推动是有好处的。然而要将其变成国家标准,令人费解的同时又能够理解——盲目地认为国家标准是最高级的。

对于标准层次的正确理解,不应当加入"高低、贵贱"的分层意念,而应当从包括性、精准性和水平性层次方面观察体会。包括性,就是大范围包括了小范围;精准性,就是针对规范事物的精确度进行层次划分,系统组成上的层次符合性,使整体在不同层次上表现出配合性和协调性,达到一体,完成范围整体功能体现的状态表现;水平性,主要体现的是标准的科学性水平,应当体现标准的质量层次性、适用层次性和先进层次性。客观地说,除了标准的科学性水平层次性外,各种标准之间,不应当存在高低层次之分,更不能以国家、地方和企业的所谓由高到低的层次来套,而只能从包括性、精准性和科学性水平上来理解其层次性。

2. 农业标准层次的划分

根据上述对农业标准层次性的理解,农业标准应当从以下 3 个方面划分其层次性。

(1) 精度层次性 开展农业标准化,综合考虑一切因素,进行全方位整合优化,目标就是要取得最大利益。为了最大利益,需要对特定系统全方位进行精密的标准化规制和标准化运行。因此,实现这种全方位的优良规定和简化运行,必然就有系统宏观层面到微观过程的架构性和层次性分工、协作及使系统效益最大释放的过程出现,其中所用诸标准,在各自所辖结点上的精细度,必然是差异化组合的。这样,才能够真正做到环环镶嵌、处处有序,整体格局合成一个力量体系,标准化的层层落实目标最终得以实现。可见,从这个角度,农业标准的精度层次性就表现在结构层次性和发展层次性两个方面了。

从结构层次性上看,无论是标准所处的时空结构,还是具体标准内结构精细度要求上,当在企业标准的精度为最高时,精度层次作为国家标准便为最粗的了。显然,我们可以这样理解,一项标准所管辖的范围越大,它的规定就越不能精细。这种标准,要求所抓的是宏观关键点。

从农业标准的发展层次性上比较，一是标准本身的发展水平层次性，二是标准应用范围的经济发展水平的层次性。由于标准要求与实际使用的水平相接近（但必须高于当时发展水平），而不是绝对意义上的最先进，所以，一项标准，即使在本适用区域内的水平是最先进的（其中精度质量衡量的尺度对水平表现至关重要），但当放之同类、经济发展水平高的区域时，可能就不先进了，在其精细度的约束上自然也就下降了许多。我国东西部的经济差异性导致各方面标准的这类情况，表现得是相当突出的。

（2）客观层次性　农业标准的客观层次性表现，即科学先进性。任何农业标准，总以先进的科学和技术成果为先导，通过集成先进的农业经验，优化一切有用因素，包括结合实际的适用性等因素，最终产生了一个简化成果产品，这种产品在客观层次上，首先应当表现在科学先进性、结构先进性和适用先进性上。有了这三个先进性的表现，就有了标准层次的比较区分，也就把标准的质量层次性以刚性手段从客观的角度划分出来了。这也是评价农业标准质量的最重要尺度，并且这种尺度可以横向比较，消除标准质量比较上的差异性。这一点，在农业标准的质量评价指标中，是考虑的重要方面。

（3）范围层次性　范围层次性，是以标准应用的范围大小，对应标准的层次高低。例如，一项标准应用在全球，就比只应用在一个国家的层次要高一些。我们以国际化组织、区域组织、国家等不同地理和经济范围考虑，划定范围界限，理解农业标准的层次，就容易明白和掌握了。例如，ISO（International Standard Organized）发布的标准，适合于在全球范围内推行使用，应当是适用性最广泛的标准类型，ISO 认可的国际行业组织所颁布的标准，既代表了国际性，又为某个行业做出了行业通用的标准，可认为是国际标准，也可认为是国际行业领域标准，如国际羊毛局（International Wool Secretariat）所发布的有关羊毛方面的标准。从这个意义上，农业标准就被划分为国际标准、区域联盟标准、国家标准、行业标准、地方标准和企业标准 6 个层次，我们以图 3-4 形象地表示它们之间的从属关系。

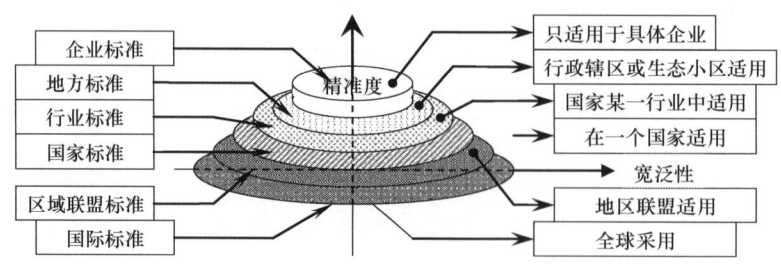

图 3-4　六类农业标准的精准度与宽泛性关系

3. 农业标准的执行层次性

大量农业标准，在执行层面上，具有优先层次性。表现最为突出的有以下几个特征。

（1）法规层次性　任何国家或者集团，尽管将发展经济列为首位，但在危及国家安全、涉及公民人身安全的难题时，其他任务均要向保障安全的任务与措施让路的。实施农业标准化，也是这样的道理。在农业标准化中，除实施者必须遵守国家或者集团所有法律制度（实质就是用于规定范围的强制性标准）外，强制性标准（用于在小范围内、被严格规定的条带式必须遵守的规则）就是无条件需要执行的，保障了上述要求，推荐性标准才能考虑执行。任何单位或者个人，都不能违背这一标准执行的层次性，即先国家法律，再强制性标准，后使用推荐性标准。

（2）关键层次性　在任何特定的农业系统中，由于系统组织的多元素、多结构、多样性的生物有机特性，使系统中的各要素，无论面对整体而言，还是处于局部位置，均有主次之分，关键次序之分的。实施农业标准化，尽管标准体系在手，也要看实施环境、现有资源和支持实施力度的大小等因素，以此来确定实施的先后次序和轻重缓急。因此，在标准的具体应用中，必然出现层次化推进现象，一般而言，分为三层，即在资源紧缺、又不能不推动实施的情况下，就对整个系统进行诊断把脉，寻找系统要素中那些核心关键点，能够对系统整体的宏观架构起到相对稳定支撑作用的关键标准，予以贯穿落实；倘若资源有限，不能以完全理想状态推动农业标准化进程，那就将眼光置于能够落实系统中的关键标准体系上面，也就是能够满足系统关键点标准（包括核心关键点标准，或者是系统核心两级标准）的层面上进行，在实际工作中，农业标准化推进，多在这个层面上出现；第三个状态就是，一切资源能够满足系统状态以最佳体系推进，农业标准的应用基本满足理论要求上的规定，系统的核心关键点标准、关键点标准、主要标准及辅助性标准均可以按照事先的设定应用，这是农业标准化最理想的状态，但这一实际中往往难以真正实现，往往会在无形资源方面受到限制。

（3）同功替代层次性　农业标准化是在农业系统中进行的，系统本身就是个多层次、多架构和多通道运行体系，如果对系统进行拆分剖析，从原理构造上，就会将系统以功能模块化形式分离。在这种情况下，系统中的模块间，从微观上看，以相异性表现居多，当上升其层次性（从更宏观角度）后并相互间比较时，就表现出结构上的相似性和功能上的趋同性。利用这种现象，实施农业标准化，在某些条件不能满足时，系统中的局部又要求不是精密的情况下，就可以采取部分标准甚至标准体系的同功替代，以弥补标准实力的不足，或者在不影响大局的前提下，同功替代以满足相对粗放的标准化落实。同功替代还可以发生在标准体系的转换使用方面，当执行的农业系统在既定方针下所应用的农业标准体系，发现系统外有一个与本系统某一标准体系具有同功作用，且比该系统更先进，那么就使用外来标准体系替代原定标准体系。如果此时不是外移内用，而是采取了在使用中修正本标准体系，或者是两个体系混合使用，都是不符合标准化要求的，做法甚至是错误的。

（4）非常规期的层次性　农业标准化是在农业运动系统上进行的，是推动农业综合发展的直接工具手段，是保障农业安全、高效、低成本运行的得力抓手，虽然农业系统的任何一个特定范围（亚系统）因其本身的复杂性而有良好的稳定基础，有时也会碰到一些突发性、甚至灾难性的问题的。例如，局部农业遭到了冰雹、水灾、风灾等自然因素的袭击，那么正常的农业标准化过程受到冲击或者是毁灭性的打击，之后的农业，照样要以标准化要求的规则推动，但此时的标准化，就成为应急标准化，而不是按部就班的标准化了。这个时候，农业标准的执行分层就成为非常规的应急标准优先，非常规应急标准中的关键标准绝对优先，常规标准以其职能和作用辅助配合，直至挽救农业系统恢复到正常状态时，这种层次性再被倒过来。

三、农业标准的分类

农业标准的分类主要涉及农业标准两个方面的信息，一是标准种类，二是对标准进行分类。根据种类之间的关系，进行标准分类；根据分类的逻辑，确定新的标准种类。这对农业标准学理论发展和预测标准趋势具有帮助作用。

1. 农业标准种类

我们从静态和现状的角度，观察农业标准的种类，对照农业分群类型，领悟复杂农业系统标准化的分型与联系，有助于科学研制标准、正确应用农业标准和准确评价标准。

农业标准的种类相当丰富，目前还不能确定其具体的种类数目。仅仅按照农业的类型，就可能出现30个以上的农业标准大类（参见第一章第二节），甚至需要构成标准体系，如果按照生物及其有机过程从产生流程的角度看，可分为简单的五大类，即产前标准、产中标准、产后标准、商品标准和消费标准；介入社会经济发展的管束体系时，又有国际标准、区域标准、国家标准、行业标准、地方标准和企业标准6类之别；就某个农业过程看，要推动和发展这一程序时，则需要管理标准（对标准化领域中需要协调统一的管理事项所制定的标准）、技术标准（基础标准、产品标准、工艺标准、检测试验方法标准及安全、卫生、环保标准等）、工作/操作标准（对工作的责任、权利、范围、质量要求、程序、效果、检查方法、考核办法所制定的标准）和环境标准的共同参与；站在农业标准化的学科领域观察，农业标准的类型就有基础标准、方法标准、管理标准、质量标准、产品标准、接口标准等。

因此，农业标准种类的多少，与农业标准分类的目的与参照系有着直接的关系。

无论怎样的分法，所产生的各标准大类，仍然可向具体层面上细分下去，形成多层次、多个亚系统，直至到达每个具体的农业标准项。例如，基础标准可再分为名词术语、符号、代号、概念、公差与配合等标准；产前标准又包括了各种需要的工业产品农资标准（农/兽药标准、肥/饲料标准、种子标准、农机具使用标准等）、土壤标准、水质标准、生产管理计划指南等；技术标准方面还可分为不同的技术标准、技术规程、技术规范、检测标准、检验标准、参数标准、操作指南、技术要求，等等。

将农业标准的种类进行大体归纳，组成具有一定联系性的农业标准各类联系简略图，如图3-5所示。

由图3-5可以看出，无论怎样的分类方式，任何农业标准及其体系作用在农业过程中，总的目标和方向是不会变的，均为了农业走向市场、实现农业现代化服务。

2. 农业标准分类

基于农业系统的特质与规律，根据农业标准化理论与方法，探索农业标准的类群联系与顺次关系，研究农业标准的分类方式和各类关系，形成农业标准分类体系图形，对建立农业标准展示体系和应用制度的过程机制十分有用，进而形成良好的系统农业标准化发展的生动格局。

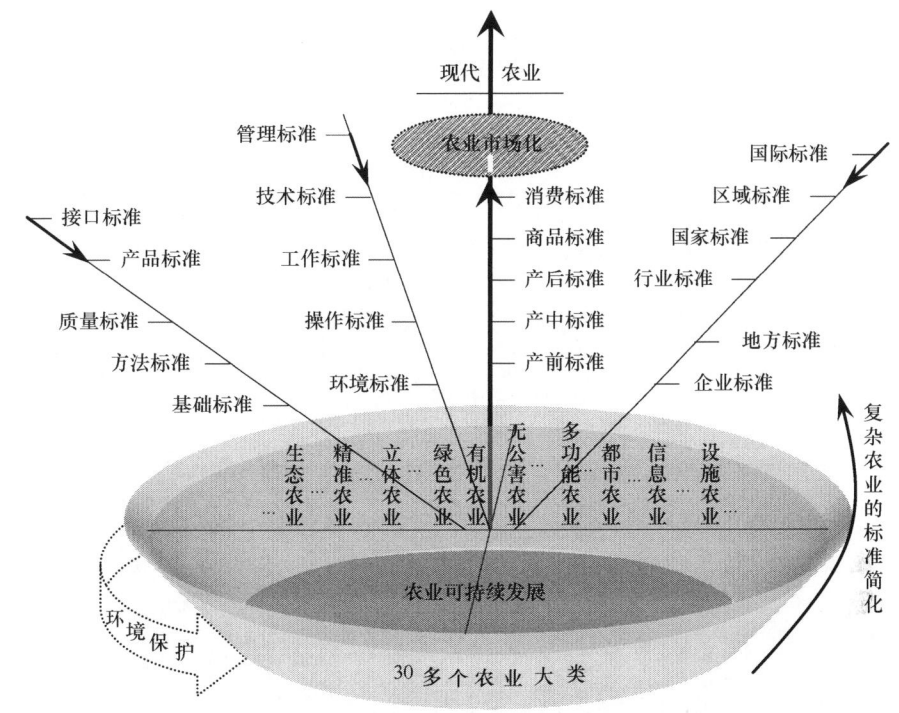

图 3-5 农业标准大类及相互关系

农业标准的分类,也因为农业的复杂性和多样性,会遇到很多困难,需要专门的探索研究解决。农业标准的分类,一般可从两个方面考虑,即农业体系中的标准静态性分类(对事物状态的最佳规定)和动态性分类(对思维和行为做出的最佳规定),比较高级的分类体系,应当是将两者结合起来的。

1)农业标准分类体系

本书应用了李鑫的分类体系[1],并结合多年实践验证和探索,学习了农业部市场与经济信息司《农业标准体系建设规划(2004～2010)》中分类等机构颁布的相关体系,认为农业标准的分类,应当围绕着农业标准的类群及其相互关系进行研究和理顺关系。因此,提出了如图 3-6 所示的 4 层次分类体系表。

从图 3-6 可以明确地看出,在 4 层次农业标准分类体系中,第一类共有 6 个方面,从基础标准开始,到管理、技术、工作、环境和接口标准,展示了农业标准总类中关键要素;在分类的第二层次中,对第一类的 6 大关键要素进行以细分,形成了 24 个标准亚类,由于受篇幅限制,不再向下细分。接下来的分类,到第三层次,也应当到了各类下工作和操作的层次上了;从这一层次进行再分类时,就到了具体的标准层面上了。

2)农业标准分类代码

按照标准适用的范围大小,我国有四大类农业标准,标准代码分别表现如下。

---

[1] 张建新,李鑫,张灵光,等. 农业标准体系范围与建设思考. 中国标准化,2004,(2):53-56,58

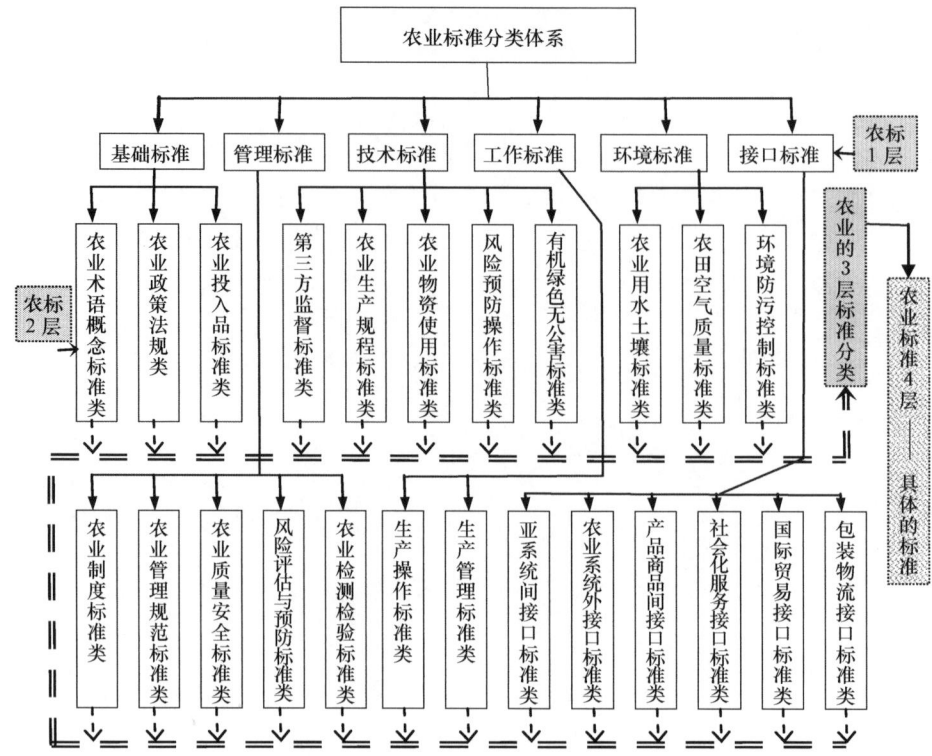

图 3-6 农业标准 4 层次分类体系图

（1）国家农业标准，代表符号：GB。

（2）行业标准（与农业类有关的），代表符号比较复杂。这里列出相关的多数符号：农业 NY，林业 LY，烟草 YC，土地 TD，水利 SL，水产 SC，海洋 HY，气象 QX，劳动 LD，稀土 XB，物资 WB，包装 BB，商业 SB，商品检验 SN，外贸 WM，供销合作 GH，旅游 LB，环保 HJ 等。

（3）地方标准，代表符号为 DB。具体到各地，则给予相应的数字编码，如表 3-1 所示。

表 3-1 我国地方标准代码中的地方编码表

行政区域	标准代码	行政区域	标准代码	行政区域	标准代码
北京市	110000	安徽省	340000	贵州省	520000
天津市	120000	福建省	350000	云南省	530000
河北省	130000	江西省	360000	西藏自治区	540000
山西省	140000	山东省	370000	陕西省	610000
内蒙古自治区	150000	河南省	410000	甘肃省	620000
辽宁省	210000	湖北省	420000	青海省	630000
吉林省	220000	湖南省	430000	宁夏回族自治区	640000
黑龙江省	230000	广东省	440000	新疆维吾尔自治区	650000
上海市	310000	广西壮族自治区	450000	台湾省	710000
江苏省	320000	海南省	460000		
浙江省	330000	四川省	510000		

注：根据国家质检总局网、百度网等有关资料整理

（4）企业标准，代表符号规定为 QB。具体的企业标准代码，与企业代号有关系统的机构代码相联系。

3. 农业标准的类型表现

标准的类型复杂，从不同的角度或者不同的目的出发，就可以有不同的分类方法。对于农业标准，依据以下主要方面，可分为五大类型。具体介绍如下。

（1）按农业标准化的对象区分　大体可分为技术标准、管理标准、工作标准和环境标准四大类。技术标准，突出了技术领域变相为标准的内容，或者对技术方法和程序进行规定的标准类型。管理标准，则指从管理层面上做出规定的一类标准。工作标准，是指对工作过程所做的程序规定的标准类型，还包括了工作责任、权利、范围、质量要求、程序、效果、检查方法、考核办法等内容，有时也称操作标准。环境标准，指的是针对于特定的农业过程，需要保障其过程环境时所提出的标准类型，如针对于某些生产类型或者级别，有机，绿色等，需要对环境中的水、土、气及有害物质等因素做出具体的规定。环境标准更多地还要考虑可持续发展。

（2）按照农业标准的属性区分　有推荐性标准和强制性标准之分。这两类标准的主要区别在于，涉及以下方面内容的标准属于强制性标准范围：有关国家安全的技术要求，保障人体健康、人身、财产安全的要求，农产品及农产品生产、贮运和使用中的安全、卫生、环境保护等技术要求，农业工程建设的质量、安全、卫生、环境保护及国家需要控制的工程建设的其他要求，污染物排放限值和环境质量要求，保护动植物生命安全和健康的要求，防止欺骗、保护消费者利益的要求，维护国家经济秩序的重要产品的技术要求，以及明确指出是法律、行政法规、执行条例等内容；除此之外的其他标准，都是推荐性标准。推荐性标准在其代号表现中有"/T"字样，强制性标准代号中则没有。例如，推荐性国家标准的代号是 GB/T，而强制性标准代号只有 GB 字样。当然也有一些例外。所有颁布的法律、法规都是强制性标准系列的产品，但它们又不同于明确指出是标准且为强制性标准的主要区别在于，法律、法规是限定人的行为范围，即行为不跨出其规定的"圈子"时就是符合规定的，而标准则主要是一种"线式"规定，指定的是一种最佳路线、程序和过程的状态。

（3）按照农业标准的适用地域区分　按照农业标准适用的范围大小排序，就有国际标准、区域标准、国家标准、行业标准、地方标准和企业标准六个类型。国际标准以 ISO 颁布和认可的标准为代表，适用于全球性特指的领域；区域标准则指国际上局部联盟经济圈中所形成的只适用于某个区域性的标准；国家标准，在一个国家中适用的标准；行业标准则适用于某一行业使用的标准，如农业的行业标准，工业的行业标准等；地方标准是指在省市区等某个小的辖区内所产生的适用标准；企业标准就是企业自身发展需要所制定的标准。无论哪类标准，都需要相关领域必须形成协调整体，不能有相互的抵触与矛盾的地方；另外，标准没有级别之分，只有适用范围之别。因此，在一个国家中，我们不能说国家标准是最高的。另外，按照上述次序，每一项后类标准必须是在其前类标准基础上形成的，否则必然出现矛盾。这也是企业标准精度最高的原因之一。

（4）按农业过程标准应用程序区分　可以分为基础标准、工艺标准、产品标准、检测标准、包装运输标准、接口标准等。基础标准是指在一定范围内作为其他标准的基础并具有广泛指导意义的标准，如术语标准，生产资料标准等；工艺标准就是生产及管理过程中的标准规定，包括了工作标准；产品标准很明确，不做赘述；检测标准就是生产过程中的关键点把控的一系列检测检验标准，是质量保障的生命线，特别强调安全卫生与环境保护；包装运输标准是指对农产品的包装符合性规定和运输要求之类的标准；接口标准，基于农业的复杂性，在产业体系内存在大量的接口科学性，更重要的是在农业与其他行业之间存在着大量接口对称问题，由此所产生的大量标准，以达到双方对接时的协调性和融洽性。

（5）按照农产品进入流通的过程状态区分 可分为农产品生产标准、产品标准和商品标准。农产品只有进入交易过程才具有商品属性，从事农产品交易时，实质是农产品从属于商品标准的约束。那么，这三类标准之间就反映出了接口问题和关系问题。从农产品产出的程序看，农产品的商品标准应当是结果，产品标准是保障，生产标准是基础；但在经济社会中，农产品的产品标准必须服从商品标准的要求，生产标准必须以产品标准要求为准绳进行生产；反过来，农产品的商品标准应当根据农产品标准的实际进行适当靠近，从而影响和协商一致性到生产标准的产生和执行。

第四节　农业标准的质量

现代农业标准化的大厦构建，是否能够实现持久、牢靠、高效和发展无忧，最为核心的因素保障就是农业标准的质量。从理论上讲，农业标准的应用可以实现效益最佳，但从实践来看，农业标准的应用或农业标准化的实施并没有达到预期的效果。人们往往会质疑农业标准。这实际上就是农业标准质量问题。本节就这一问题，从以下几个方面加以阐述。

一、影响农业标准质量的条件

影响农业标准质量的条件虽然比较多，归纳起来，无非以下三个方面。其中，在发展的初级阶段，刚性条件与弹性条件最为重要，尤以弹性条件突出，到了发展的中级阶段，两个条件平衡制约，到了发展的高级阶段时，系统条件就成为越来越突出的基本条件了。

1. 刚性条件

影响农业标准质量的刚性条件，主要由几个客观因素所决定：①农业技术成果的科学性、代表性和成熟度；②农业科学成果的真实性和适用性；③需要纳入农业标准的农业经验的先进性和有效性。

支持农业标准的科技因素，在标准制定中并不追求最新，而是应用那些符合农业发展实际的、能够对经济发展带来当下明显效果的最新成果。那些在一定意义上具有所谓超前性的、不能应用于实际或者在应用时还受到某些因素限制的成果，就不适用于在农业标准中采用。这就是农业科技成果在标准中采用的成熟度、代表性和适用性，至于其科学性和真实性，更是农业标准采纳前需要判定的、用以保证标准质量不出问题的关键了。对于农业经验的提纯、凝练和采优，在我国不乏原料的存在。因为有厚重的万年农业发展史的积累。关键是要在成熟经验的现代化和先进经验的有效化方面下工夫研究，以便充分而有利地结合入农业标准中，提升标准的质量和应用便利性。

2. 弹性条件

影响农业标准质量的弹性条件，主要有两个方面，一是人为主观因素的影响，另一个是研制标准时所成立的标准研制小组（队伍）结构的合理性与系统效应性。

任何标准，都是对标准约束的小段系统进行可操作实现的最优化、最简化和最佳协调作用后的成果体现，要反映出这种效果作用，制定标准的人员和组成该标准制定队伍的系统性与水平层次，就成为标准水平反映的前提条件，成为标准质量档次呈现的始终关键了。所以，研制标准的每个成员和标准研制队伍（小组）的标准化知识水平，每个成员的标准化意识理念的时代符合性，个人和团队能够对适合具体标准的科技成果及成果与经验的标准符合性结合，研制队伍对必须应用于标准本体的各相关因素的选优和系统组合能力等，都是明显的影响因子，需要从严、从高加以考核、审查和评判，不是随便的人员拼凑。非常遗憾的是，我国农业标准化才刚刚开始，农业标准化人才队伍还处在空白阶段，国家需要和社会舆论将其推到了时代热度上，从氛围上创造了为之吸引的时空条件，使有些人一夜之间竟然变成了农业标准化专家，再加上当今的态势是，农业必须要以非常的速度实施标准化，多因综合，就导致了"矮子里边挑将军"的现实需求。然而万分担心的是，这样的标准质量会受到致命影响。更为可怕的是，如此一来，把本来严肃而复杂的实体事件，就变成了简单而虚拟的操作，认为标准制定就是几个人在一起写写画画的事情。其结果，标准制定没有科技含量了，也失去了本身应有的威严和体面，被认为是一般性的劳动和低档次的技术组合。这是一悲哀的现象。正由于此，迄今我国农业领域所产生的大量标准，在质量方面受到严重影响，内容无法保障，参数随意可变，程序无法与传统技术区别，实际应用时更是无法对接。

3. 系统条件

影响农业标准质量的系统条件，大体上有两个方面，即标准本体与其周围联系（相关环境条件）之间的隐性作用（由于复杂性带来的许多不可知因素及不显现因素），以及符合农业综合水平发展现状的一般技术的标准需求解析和提纯应用的质量水平。

对于具体的农业标准与其周围联系中所产生的不易被察觉的一些影响质量的因素的克服，是需要时间的，需要参与者及社会整体的农业标准化的学科知识与经验的积累，从而逐渐在农业标准化学科体系发展过程中和人们相关认知水平的提高中，不断增加观察和透析农业体系、农业标准系统的能力。而在农业综合发展水平的标准采用方面，表现出相对复杂的分析和评估问题，这也需要大量综合知识与认知水平的协调统一。然而，为了每项农业标准的质量保障和推动农业经济发展的快速有效，前期的采纳评价和为此付出更多的成本是值得的，关键是进行综合评价的切入角度和具体的评估方法，成为一个需要静心探索的主要难题，需要在具体工作中进行具体的分析和积累。

二、农业标准质量的保障

从影响农业标准质量的条件解析中已经知道,对标准质量产生不利影响的主要因素有农业技术成果的科学性、代表性、成熟度和适用性,标准应用的农业经验的先进性和有效性,以及从事标准化活动的个人思维理念与制标队伍的标准化水平,还有标准本体与其周围联系方面的一些隐性不利作用等。那么要保障标准的质量无损,除去标准制定者这个核心因素(这部分在标准制定部分详述)外,还需要从以下方面考虑。

1. 集成质量

标准是对标准约定的那个特定范围重复操作的最佳程式表达,这种最佳,是对相关的多因素进行了事先的择录、简化、优化、平衡、协调和统一之后,在能够实现标准化所要求达到的目标条件下,被确定出来的。这是一种难度很高的集成甚至超集成的结果显示,是在应用了适用的农业科技成果和经验,结合当下时空诸因素的各种作用协和中产生的。那么,保障这种过程的科学性和最优性,就保障了农业标准在锻造层面上的状态和过程质量。从这里,我们能够真切地感觉到,研制农业标准,不是一个简单的过程,是要具备扎实的、多学科理论功底及宏观和微观审视事物规律、抓到事物本质的系统性行为。特别是,具有深度的集成知识与方法,就是一个复杂的基础条件。

2. 实践检验

从标准质量在集成知识方面的期望就能看得出,我们希望所产出的标准,应当是对该标准约定的特定范围的重复性操作的真理性反映。这就是我们研究和制定标准所要追求的无限目标。在实际中,虽然制定的标准与这一目标总存在着差异,但要求以不断进取而缩小这种差别则是标准化科学永远探索的前进动力。在我们制定和颁布了标准之后,及时准确地应用标准于实际,不但实现了标准出台的目的,也是检验标准质量、提升标准质量水平的最好基础过程。因此,将实践作为检验真理的唯一标准,应用到标准质量的保障上来,是最科学不过的。只有实践的检验,才是标准质量是否过关的真正检验。这一方法永远是有效的。通过标准的应用,有意地观察总结其成功之处和不足的地方,为新一轮标准修订积累直接的证据资料,是长期保障标准质量的最好方式。

3. 阶段升级

虽然每项农业标准在颁布使用过程中不允许随意改动,但在发展过程中,周期性的变动是完全鼓励的。为了长期保障农业标准质量,从时序角度出发,就要顺应时代的发展要求,迎合科技进步的水准,及时吸纳适用、实用的先进科技成果和农业经验,充实农业标准内容的先进性,提高农业标准质量的时代水平,这是生产力发展的要求。保障的反应速度也不能迟缓,这也是标准质量保障的与时俱进的具体体现。尤其在当今,我国农业正处在大转型、大蜕变的快速时期,传统农业向现代农业迈进,小农经济朝市场拉动变轨,其中的农业标准不能落伍拖后腿,标准的时代质量更不容轻视。对已经颁布的农业标准,可能因时间的推移,出现了某些时序的质量问题,这就需要适时申请修改和升级,进行质量的时间符合性检验和推进性质量水平的提高。

三、应用质量的标准表达

高质量的农业标准是标准化工作成功的基础,而要使高质量的农业标准真正发挥出高质量的性能来,还需要农业标准应用中的质量的高标准表达才能体现,这是农业标准在应用中质量释放和效果表达的基本条件。同时,高质量的农业标准在相关的农业标准体系中的高质量表达,又需要在新条件下,从系统整体平衡和最优的角度来表现自己的最佳质量贡献。

1. 应用过程质量的标准表达

就单项标准而言,在具体的农业应用中,既要发挥标准本体的优势,也要根据当时农业过程的关键需要,为农业标准的落实创造良好的环境条件,以便标准能够最大限度地释放其所在的效益能量。例如,小麦机械收获时间与方法标准,在标准规定区域,根据小麦布局与成熟规律,事先安排布局收获机械的功率和数量,实现理论与实际调配上的最优化,小麦收获就成为该地最简单高效的操作了。这是农业标准与工业标准在应用上所不同的一个突出方面,也就是说,根据农业标准应用的当时环境中多因素变化的实际,即时对农业标准的应用过程,在有限范围,以最佳效果释放和最大效益表现为原则,做适当的微调,以便标准质量得以高质量的表达。

农业标准应用质量的标准表达的另一个方面,是指农业标准在符合性阶段中,标准所表现出的实用性、适用性和优良性。有时候,会出现这样一种情况,某些标准,就单体而言,质量优良,没有问题,但将其与实际应用时,可能出现"换水土"的情形,与实际情况之间发生了较明显的不配套,从而大大影响其质量的高效释放。这时也需要根据使用区域的实际需要,进行适当调整,使之符合于使用环境的要求,发挥其应有的优良品质的一面来。

2. 标准体系中的标准质量表达

再好的标准,在复杂体系中,也只是一个部件(关键组织、要素或者细胞)。农业系统中的标准质量并不是由系统内每项标准的优良性来决定的,是基于系统自身的特质性需求,使系统内每个标准要素所进行的协调与互作,进而产生系统效率不但在要素效率的加合之上,还有系统效益涌现的产生,从而使系统表现出更大的效率。这也称为系统效应。所有存在于标准体系中的标准和运动在农业系统的单项标准,其质量的基本首先来源于标准本身的质量,其次来源于标准体系中单项标准的合作与协调,还来源于农业标准体系在特定农业系统中应用时的系统协调性和共振性。

3. 标龄控制的标准质量表达

无论哪一类标准,为适应发展,不断更新,均被限定了标准龄的。农业标准服役,在有效标龄时间内,没有质量问题,应当属于高质量类型的标准,因为这种标准至少在规定的有效标龄期内,圆满承载了自身应有的质量使命,完成了标准规定的质量动作。相反,有些标准,在有效标龄期限内往往出现实施质量达不到要求的情形,甚至出现短命标准(正有效龄期内就被认定为不可用标准而弃之)。这是不应该出现的。也有一些标准，有效服役期到，自身的质量仍然过得硬而可继续服役使用。这是我们所希望的标准质量。在这种情况下，标准的规定，对这类标准照旧要进行修订，纳入到再审核的序列中。所以，再好的标准，为了保障其质量优良和环境的适宜，必须到期进行修订认定，维护其更长、更有说服力的生命过程。

四、标准质量评价

关于农业标准的质量评价，目前还是一个空白，急需要加强这方面的工作。实质上，这是一项非常基础的工作，应当建立一整套的评价指标与方法，以便保障颁布的标准具备应有的质量水平。这一工作的另一个重要意义还在于，能够引导标准研制和颁布工作向正确的道路前进，杜绝假冒伪劣的标准泛滥，增强人们应用标准和逐渐依赖标准规范行为、推动各项工作的信心。

1. 评价指标

一项标准是否合格，是否具备高质量水准，就需要用评价的指标进行衡量。由于此类工作尚未启动，积累空白，从目前社会需要和发展方向上又不能没有，在这里先从理论和多年工作的经验总结中提出一些评判指标，提供参考应用。

（1）标准参数科学性与适用性　标准参数指标，是标准中的硬化指标，是标准质量的核心组成部分。评价标准中所用的参数质量，可采取追溯参数源的科学性，再评判参数在标准本体中应用适宜性，以及参数与本标准在特定范围应用时的实用性。

由于标准是对特定范围的某些功能进行的最优化规定，应用定量化的一些参数是必需的，这在质量标准和检测标准中最常见。对于这些参数的质量水平评价，必须有明确的表达和严密的科学逻辑说明。这种表达的重要来源，就是标准研制过程中产生的《标准研制说明》，这是标准研制小组的重要产品之一，在标准颁布前，这个产品比任何一份其他相关产品都重要。《标准研制说明》的核心，就是对相关标准的研制理由、关键内容、参数确认及其重要变化进行科学说理、回答为什么的；《标准研制说明》由标准研制小组负责，对于其中的一切参数及表达，应当负起科学和应用两方面的责任。这样也就落实了标准质量溯源的体系建设。同时，在标准应用或者进行标准质量评价时，若对标准中某些参数有异议，可以追溯《标准研制说明》，核查相关参数，确认方法是否真实可靠，必要时按照说明程序进行验证。如此，农业标准的参数科学性问题自然得到解决了，剩下的标准参数的适用性和实用性问题，可根据当时标准应用范围的实际，综合农业各方面发展水平，进行标准参数的应用适合性实践检验和理论评判。

（2）标准结构合理性　结构决定功能，标准结构的合理性，是衡量标准质量高低的另一个重要因素。结构影响质量，表现在几个方面，一是标准需要规范对象的特质，与标准本身所表达出的结构吻合程度；二是标准形式结构与标准规定之间是否存在差距；三是标准研制过程严格遵守标准研制标准的程度。第一个方面的表现，在当今标准中往往反映较多。例如，有机标准和无公害标准之间，在同种生产对象中，除了强调化学合成品是使用还是不使用之外，其他在操作的技术规程方面几乎无差别，典型的表现是，常常忽略生产操作上环境清洁的保持、不卫生行为的回避方式及其空间提供的必要设施、生产程序上的安全性和环节链上的衔接有机性、生产环境中包括生产者在内的福利保障性等问题。再有是标准形式结构，有些在研制前就没有弄明白自己要研制的标准对象与其他标准对象的关系。例如，标准、规程、规范、要求、规定等所使用的范围和程度水平，在研制中就在整体结构上进入了略为糊涂的境地，导致了标准中各条款的结构表达及标准整体的结构表达与标准规定的结构程序要求之间出现差异。最后一个方面，是标准研制的管理方面问题，包括了标准研制团队组建的科学管理和组成的标准研制团队在研制过程中的管理符合性。农业标准研制，除过应符合 GB/T1.1 的要求外，还要针对所研制标准的范围特质和实际需要水平，融合进行。评价标准结构的合理性，主要针对以上三个方面的第一个影响因素进行，这就需要农业标准化专家和面对评价的标准所规定的范围内具备相当丰富的农业经验的实践一线人员参与，提出具体指标，应用背靠打分法进行评价。其余两个方面进行核查问卷即可。

（3）标准适用性及先进性　标准的适用性，最好的评价方式是使用，通过使用者反映标准的适用性。一项较好适用性的标准就有可能产生较好的社会效益，提高工作效率，降低成本，增强产品的市场竞争力，促进新技术的发展，规范管理，便利消费者，提高生产水平。标准发布实施以后，应该产生较好的社会和经济效益，对保证我国市场经济的发展起到很好的促进作用。具有较好适用性的强制性标准发布后，会对保障国家安全、防止欺诈、保护人体健康和人身财产安全、保护动植物的生命和健康、保护环境等起到很好的作用。具有较好适用性的推荐性标准发布后会对技术语言的相互了解及技术性能的规范化起到保证作用，从而促进贸易的发展[1]。

标准的先进性评价，除了实践检验外，还需要与发展趋势和大环境态势比较，需要做一些理论评价的探讨。这类评价多以类聚法进行，采取定性为主的综合评价。标准的技术内容的水平决定了标准的水平，所指定标准的水平目前以"国际先进"、"国际一般"、"国内先进"来评价。

（4）标准质量可追溯评价　主要是对研制标准的队伍质量进行追溯式评价，以便更系统地反映标准质量水平，促进标准研制队伍质量的提升。高质量的标准研制队伍，必然会生产出高质量的标准来。

关于标准研制队伍的质量水平，在第四章中有专门的论述。

2. 评价方法

农业标准质量评价的方法是比较复杂的，因标准不同，可能有不同的方法。这是基于农业的复杂性导致了农业标准的复杂性。在这里，从总体水平上，做一般性的介绍。一些具体的评价方法，可参看本书第四章的第四节部分。

（1）直接验证法　包括对标准数据的追溯验证和重复测定，对标准在颁布前交付部分操作管理者进行实践的验证。这种方法简便、直观，多被采用。

（2）系统溯源法　是指对标准的研制队伍质量、研制过程、使用反应、标准的先进性等进行发生过程的环节质量可靠性的链接性进行溯源式考察、分析和评判。

（3）综合评判法　就具体标准的整体结构、使用反映和发展方向上的适合度等总体

---

[1] 中国质检网：如何评价标准的质量. http://www.cqn.com.cn/news/zjpd/zjbk/zjyw/bzgl/370087.html

印象进行专家打分而平均的方法进行。

3. 评价效果

对标准的评价，要给出结论。结论要对标准给予等级的评判，评价结果要反映出标准的优点、不足和改进方向；评价队伍要进行评价过程的记录整理，拿出评价的总结材料，提出评价方法的改进意见，提交管理部门处理。

4. 农业标准的数—质转换[1]

任何一项农业标准，从诞生之日起，均要接受实践的检验和对客观度的反映测量，需要不断地修正和协调，不断提高内涵质量，以符合标准的要求。有的标准，可能因不能反映客观实际而被剔除。这是因为，人们在不断地研究和探索，不断改进生产手段，对过程内涵不断有新的发现，对农业过程的宏观体系在不断地逼近真理性调整。

当人们对农业过程了解处在灰色阶段，又不能不以标准化方式提高生产效率的时候，农业标准的数量升级就突显出来。此期，每一项标准代表了农业过程中的某一个点或一个段。在农业标准的量化发展期，也可能因某种因素，出现一些低精度标准、重复标准甚至无用标准，这一时期的标准，协调性和相互联系性可能很低，甚至矛盾重重，经不起农业系统过程的应用检验。

要解决这些问题，靠标准本身或者标准制定者是无法做到的。有效的方法是建立标准质量认定的第三方机构，完成农业标准的客观度评价。农业标准质量认定第三方机构必须具备以下条件。

a. 不参与农业标准的制（修）定直接过程。

b. 有农业过程研究和执行农业标准后出现问题的解决能力。

c. 有监督农业标准执行和执行后的效果评价能力。

d. 提出农业标准综合体框架体系，规范后续农业标准的有序、协调和统一。

e. 有时可依照法律，具备一定强制执行的措施能力。

通过第三方机构的有力督导与评判，来促进农业标准的数量化向质型的迅速转变及其体系的完善和健全。

农业标准的数量化发展是农业标准综合体形成的必经阶段，也是农业标准由无序向正规方向转变的基本步骤。农业标准的量化阶段可长可短，其主要取决于当时的科学技术水平和市场拖动能力，特别是对农业过程的规律白化性的了解速度，也在于对农业标准的应用普及程度。

对农业过程的透析是标准量纲的基础，农业标准的应用效益又是标准质量的直接反映。明确农业过程规律，又是项目分解，形成多个标准基础的条件，也是使标准能够统一于一个体系中的背景和原因，是农业标准体系向质的高度发展的前提。可见，一个质型农业标准综合体的产生，与农业研究水平和实践经验的总结及农业标准的实际应用有直接关系。

我国农业历史悠久，农业文化底蕴很深，现代农业研究也日新月异，农业科技成果

---

[1] 李鑫，袁锋，刘光哲，等. 农业标准综合体结构研究. 西北农林科技大学学报（社会科学版），2003，3（6）：9-12

层出不穷。不足在于，以往对农业标准化问题，没有及时或较早地利用标准化理论和眼光审视、总结并提出用以直接规范农业过程的标准，而是将标准化的操作隐藏于农业过程之中，在暗中发挥作用，从而导致了农业标准化的研究和农业标准的实施相对落后，并长期以来得不到因农业标准的应用而产生的效益刺激和鼓励，进而妨碍了农业产业进程。就农业标准学科而言，尽管生产过程包含了农业标准化的内容，但因标准化这门学科的独立性，因不能明确化而使人们失去在这一领域中的思维和观察力的锻炼机会，当标准需要"浮出水面"时却一时难以辨认其真正面目。

我国加入 WTO 后，将农业标准化提到了议事日程，并显现出其紧迫性。对外贸易的事实表明，实现农业标准化迫在眉睫。近些年来，国家为此已经投入了较大的财力和物力，并不断关注着农业标准化的进程。那么质型农业标准体系就不应当姗姗来迟，而应当尽快地建成。

用以消除标准间的内耗，促进农业标准尽快走向田园、加工车间，促进农业经济效益增长，实现符合国际市场认可的农业生产过程，成为农业科学工作者刻不容缓的研究课题。

由上可见，我国农业标准的质型转变工作已经到了非进行不可的地步。我们已经有几千条农业标准作铺垫，有大量农业科研成果和悠久的农耕经验、农业文化底蕴作后盾，更有从来未有过的农业标准化研究和实施的社会大环境，不能再失此良机了。真正农业标准体系建设研究、标准质量评价、标准的农业实践检验等工作全面发展的春天已经到来。

第四章 农业标准的研制

农业标准，是特殊的农业生产资料，是农业标准化的基础部分和标准化落地的起因，农业标准的产生过程，标定了农业标准的质量、性格、文化和特质等方面的信息，注定了农业标准的联系性、科学性、先进性和适用性等命运，农业标准的产生是一个非常严肃而又高尚的过程。经过研制而产生的高质量、最佳态的农业标准，无论在其生命延续、品格体现和构成体系等方面，均有良好的综合实力。本章专门就农业标准的研制、修订及质量判断做以阐述。

第一节 农业标准的产生

农业标准的产生，是社会需求所致，农业标准产生的质量保障，则与研制标准的人群直接相关。本节从农业标准的产生依据、过程和研制标准的队伍要求方面进行论述。

一、农业标准产生的依据

农业标准产生的依据，就是社会需求，国家需要和集团利益需要。

从历史演化的过程看，农业标准产生，是人们从谋生过程的劳动重复中，逐渐觉悟，反复总结，树立的一个更有利于重复、教导更多人操作以取得最大结果的标杆或模板。在现代社会中，系统复杂性和专业精细化，对标准的需求更胜，因此就有了"得标准者得天下"的说法。总结起来，新时期的农业标准产生依据，不外乎表现在以下3个主要方面。

1. 农业生产与市场的需求

现代社会进步和现代农业发展，以经济杠杆为主要动力，兼顾环境安全和可持续发展，在更加复杂的农业系统中不断求取更大范围、更高水平和更多收获的农业效益，过程的重复成为前进的基本力量，科技创新成为增收的主要通道。那么，一方面降本减投，另一方面获取高利，两头的目的如何兼顾而达到，只有标准与标准化成为系统平衡解决这一重大问题的最好工具。因此，标准不但要产生，要升级，更是数量上要能够保障农业与市场过程的良好运转。

具体地说，农业十分复杂，我们投入的操作期盼简单，这是标准化的事情；农业发展不光是经济效益的事情，更是可持续发展的能量基础，多方兼顾，生态平衡，是长期任务中的要务，要落实这些战略，达到真正平衡，也是标准化的工作；现代市场，集团运作，专业化分工越来越强，物流、信息流和资金流各走一方又随时呼应，人、钱、物互不见面，整体运动体现着大流量、大规模和高速度的交易特征，在快捷、方便的基础上求质、求精和求不变，这一切环节中，一切过程中，用传统的农业方式经营，是根本无法想象、无法着手的,只有通过标准约定、全面落实标准化方法与手段,才能完全保障这庞大的系统有序、过程平稳和结果良好。所以,没有标准化,现代农业,无论是生产还是市场,就是一个完全的瘫痪者。

2. 新成果社会化应用的需求

为了推动农业发展和社会进步,农业科技的发展不断进行,先进农业经验的不断总结及其与历史经验的结合出新,以及与农业相关的其他产业领域的创新活动活跃发展,围绕农业的综合科技创新成为永恒的主题,从而导致了各种新成果、新经验层出不穷。

农业和社会经济发展急需要这样的新成果与新经验。而新成果和新经验的应用,却不是简单地拿来,而要体现严格讲究的现代价值——应用低成本、过程最简单和结果体现高效可持续。显然,这是农业标准学的科学理论要求,是农业标准化操作的目的。因此,在新成果、新经验与实际应用之间,只有通过农业标准化的转换和介入,才能够真正表达出新成果的科学意义与应用效果,才能使农业乃至相关过程收到理想结果。

农业新成果、新经验为农业标准的更新和再产生提供了内源动力,农业标准化给予了农业发展直接的发展推手和方法工具,农业标准化实践及其学科探索又为新成果出现和新经验的积累提供了直接的和新一轮的生成土壤,这一相互体系(成果—标准—实践—新成果)构成了社会发展中的直接加速度,使社会发展的周期越来越短,频率越来越高,速度越来越快。同时,基于标准化的特性使然,能将新成果和新经验的横向传播速度和扩散广泛度提高到其他方法达不到的水平,在新成果和新经验的社会满足度方面发挥出了应有的成果价值。所以,只有通过农业标准化过程,才能真正将新成果和新经验的潜在生产力变成直接生产力,释放出最大的劳动正能量,产生出最理想的结果与成效,形成新一轮增长的强动力。

3. 农业发展需要标准化支持

在第一章中已经述及,科学是对规律的发现和探索,技术是对工具的改造和提升,标准则是推动经济发展、提升科技水平、建立良好秩序、获取最好效果的平台工具。随着科学和经济的发展,标准化从过去依附于行业具体过程的状态中逐渐独立出来,在形成自有理论体系和发展规律的同时,支持和发展科技能力的提升,成为一门独立学科;标准化从内含到显现,由依托到推动,构成了具有自循环能力的动力体系,与科学和技术构成密不可分的三角锥(图1-3)式的稳态发展趋势,从而能够在现有平台基础上,对农业领域的未来发展产生一定程度上的分析和预测能力,从而组织和操纵产业过程就更加有的放矢地向前推进了。从上述两个方面也已经明确得出这一结论,农业发展只有走农业标准化道路,才是现代农业发展的真正健康之路,才是面向未来的真正出路。

二、农业标准产生的过程

需求是标准产生的根源,满足需求成为产生的过程。

每项农业标准的产生,依赖于具体的社会需求;农业标准产生的过程,则要经过多个阶段。一般而言,阶段性包括:因某个具体需要而提出申请,得到审批再行研制,制定时要分清类型,建立研制队伍(研制队伍构成是保障标准质量的最关键因素)四个大的方面。实质上,到了标准产生的具体层面上,就与宏观起因和具体原因相关系了。从宏观角度看,农业标准的产生,先要确定一个中心,再逐步伸展开来。例如,有些以质量安全为核心,从制定质量控制标准研制开始;有些则响应市场需求,从产品标准开始,延伸到生产工艺方面的标准;有些围绕认证认可的需要,按照认证程序要求制定,并且逐渐拓展全局;有些则面对农业过程,不依赖于某个具体因素,从抓过程关键点起,以制定关键标准控制农业过程整体;有些却根据农业具体运行的需要,打补丁式提出具体标准并予以制定;等等。

一般来说,农业标准产生的过程,分客观过程和社会过程两个方面。

1. 农业标准产生的客观过程

农业标准产生和应用的需求度,与农业发展水平呈直接的正相关。农业发展的市场化程度越高,农产品扩散使用的面儿越大,农业过程的集约化水平越高,农业标准产生的土壤就越丰厚,社会客观需求的欲望就越迫切。

(1)重复的优化和横向扩散之需求　由于大量重复性工作的存在,如无限往复的繁殖、收种、施肥、灌水、饲喂、加工、病虫管理、购买农资、出售产品等,以及围绕着农业过程的大量物资、产品的横向扩散和传递,再加上现代分工的专业化、严格性和精确性,使得在这复杂农业系统中要完成复杂工作的同时,必须尽量简化和高效化,那么,对等传递的统一尺度和任何过程的最简化规定及协调使用,就成为保障复杂体系简化和有序运行的关键。这就十分明确,只有通过农业标准,才能简单地完成这一重复中的最优化和扩散中的最高效,这是农业标准的本质属性所决定的。

(2)社会体系管理的需求与顺应　无论是农业系统内还是系统外,时间过程的规律重复和横向联系上的能量扩散,还需要相关的社会管理体系——人的科学化参与,才能构成农业的完整体系,才能实现规律重复上的目标。显然,围绕着农业中重复的优化和横向扩散,管理和推动者队伍的大量工作,也存在大量的重复与学习,要完成这种重复与学习,照旧需要标准化规定和标准的约束,同样必须在顺应农业过程规律的基础上进行管理操作层面上的简化与统一。当这二者被统一到标准规定的要求下时,才是真正地实现人类目标的有效系统。

(3)网罗农业与统领社会　上述两种状态及其结合的客观需求,不光存在于农业过程。实际上,当我们站在农业的顶层,横观各业发展及至由此所构成的整个社会时,更加宏观的重复与扩散仍然突显无疑。只要有时序重复,有扩散重复,就必然需要效益最大化的约束,实现这种效益最大的唯一途径,就是在系统水平上用标准搭建系统的约束体系以贯穿。所以,标准网罗农业、统领社会,才是整体高效与可持续的核心。因此,对于"标准无处不有"、"得标准者得天下"之类的描述就不难理解其深层含意了。

2. 农业标准产生的社会过程

这里主要从我们自己的需求角度考虑。客观地说,人在本质上属于"好吃,懒做,自私,还要追求高地位"的家伙。为了满足这种欲望,人类借助于发达的智慧,不断创造和发展各种工具与方法,以便解放自己。这种解放运动会永恒地进行下去。关键是,在进行解放的过程中，尽量想法子实现过程的最简和高效，即不但解放自己在过程中尽量少劳动的同时，还能够从过程中获取最大量的成果。标准和标准化就自然而然地出现和介入了，因为这是标准化科学发展本质的体现。我们可以将这种情形视为是个体水平上的展现。

从群体角度来看，农业生产过程中，没有哪一个人能够完成自己所需要的一切产品的，只有通过互通有无才能实现。那么，在群体运动过程中，无论是交易过程的行为完成，还是思维满足的事先判断，均需要公认的某个尺度的产生，这样，一方面可促进过程的快速与高效，另一方面可保障一旦出现矛盾时能够快速和有效解决。例如，经济社会中的"良心失去"和"信誉危机"现象背后的真正原因，是没有公认有效的刚性标准约束（我们在这方面的历史轨迹中靠的是弹性尺度和道德底线的约束，在经济社会中必然是不适用的了）。在现代农业发展中，一个不争的事实就是，农产品质量认证。应当说，认证源于消费需求，需求的实现则是市场，对市场的满足要追溯到农业过程，农业过程又与环境条件不能分开，环境资源的水平（综合能力）规定了农业过程和产品的档次，这都是客观约束或者恩赐，要发挥出这种客观能力，还需要主观或者社会方面的助力，也就是直逼目标的操作能力。即使说，这些过程均良好实现，面对社会需求的公众告知，是任何非公认者均无法实现的。显然，通过公认机构的认证，就可十分简单地解决公认的最后关隘了。

这里，认证凭什么？当然还是要凭标准。所以，对上述过程进行以下过程的简化表示：市场需要→环境条件→资源水平→操作能力→确定认证级别（三品一标）→准备认证。

3. 农业标准产生的具体过程

在客观和社会需求的促生下，农业标准必然是要产生的。具体农业标准的产生，就落实到具体的标准事项中去了，就成为具体标准的研制和颁布问题了。需要关注和正确对待的是，一项真正的农业标准产生，不是一件容易的事情。而是在确信某个环节必需的条件下，需要做严肃、认真的大量细致取材和筛选工作，需要进行系统性的研究和反复的优化、集成和简化工作，使所产生的标准在实际使用中确实能够表现使该过程能达到最佳且对确定范围有显著增效。否则，"得标准者得天下"的说法就毫无根据了，想做成一流企业也就无法实现了（因为一流企业做标准，二流企业卖专利……）。

一项真正的农业标准的产生，首先需要明确具体的目标，设定目标规定下的范围，论证这种范围和目标在相应整体中的重要性，即是否是关键性环节，如果是，则进入标准研制所规定的制定程序，继续进一步的研制工作。特别注意的是，具体的农业标准，在颁布之前，应当有实际试用的验证证据，应当有使用的水平规定及其科学依据。

让人担忧的是，研制农业标准的实际情形并不乐观。农业标准化的国家需求和社会需要，在冲击了人们传统观念的同时，引出了一阵很不冷静的燥热和肤浅的做法，即由不承认农业能够标准化到争先恐后地表白自己也是农业标准化人才，由没有农业标准学知识到自认为很懂得农业标准化专业并极力阐述所谓农业标准化就是管理学内容、是软科学内容、能写出农业标准等的轻行与浮识，扰乱农业标准化的正常发展。错误的认识驱动，导致了更错误的行为结果。肤浅的认知使一部分人正在犯不应当犯的错误——热情地、高速地写着农业标准。农业标准化,在一些方面,从标准研制环节上就开始出现了偏向甚至错位,农业标准有数无质的现象已经流露。由此导致实际中农业标准的出现很是容易,一夜之间可有无数,农业标准化专家更是一夜成群了。特别值得警惕的是,我们过去没有农业标准化人才培养的基础,我们的知识观仍然正在形成中,如今几乎一夜之间就冒出无数农业标准化专家,很不正常。农业标准化是科学,专家是科学的人化代表。这么多的农业标准化专家是从哪里来的,需要谨慎对待。当今社会,是科学技术主宰社会发展的时代,遵从规律、按科学要求办事是我们行事的根本。农业标准化专家不真时,推行农业标准化,是容易误大事的。农业第一线的声音是,我们不会农业标准化,农业标准不能用,这是事实上的反差,值得思考。

三、农业标准研制队伍的建设

高科技发展时代和高度文明社会的显著特征是高速和高效,这种特征的背后则是全程严密的标准规定与体系严格的标准约束,否则,系统便极易崩溃。农业标准化,就是要使农业与现代社会同步,应用高科技手段推动农业为高度文明社会做出新的贡献。显然,农业自身必然要成为时代和文明的高端符合者,农业标准就成为这一系统高速、高效和稳定运行的核心保障者。农业标准,就是我们为农业更好地服务我们所研制生产的一种基本而又特殊的生产资料。这种生产资料的质量,取决于生产这种生产资料的人——农业标准研制队伍的质量与结构,这是农业标准化质量保障的原基部分。

1. 研制人员的资质认定

农业标准的研制,是对具体标准相关的所有资料和信息在标准化理论指导下的精细化集成和整体升华的再探索过程,所应用的知识必须有事先的系统化,需要打破某些学科领域来应用,如文理知识的融合。这是一个比较艰难的研制过程,不像工业标准制定那样,只通过对既定过程的论证,组装最优参数和过程到体系最佳。特别是,农业标准研制中要应用农业经验,有时要在朦胧中求真谛,而工业标准制定中,绝不能用经验,否则就是不真。

由此可见,农业标准的研制,关键在于研制标准的队伍质量。研制农业标准的队伍质量主要体现在两个方面,一是人员的质量,二是队伍结构的质量。保证这两个质量要达到某一高度,是一个复合的和复杂的课题,即涉及专业水平、管理能力,还有从系统科学的角度进行评估的问题,同时,不但要看组建队伍的管理层是否具有伯乐识马的能力,还要看研制队伍中所有成员是否具备综合技能、团队精神从而发挥系统效应的潜质。这里,对两个方面的资质条件做出初步规定。

(1) 个人资格认定 认定一个专业人员是否具备了参与农业标准研制的能力,在确认其道德行为端正、具有团队合作意识的前提下,应当同时具备以下条件。

a. 具备相关领域专业知识,并应用此知识的实践活动超过 5 年。

b. 具备农业标准学知识,至少经过农业标准化专业培训的学习期在 10 天以上。

c. 了解农业过程及农业文化,直接参与或者事先参与农业标准的研制期在 3 年以上。

d. 直接参与使用过相关农业标准,并实践过自己研制的农业标准。

e. 持有专业职称证者，除生产第一线的操作者外，需有本科以上学历。

（2）研制小组结构要求　标准研制小组的集体能力是保证标准质量的结构要素，应当满足以下条件。

a. 每项标准的研制小组成员应在 7 人以上，小组人员总数必须为奇数。

b. 研制小组应由 50%以上专业人员、30%以上管理人员和 15%以上的操作使用者（具备丰富的农业经验）组成，专业和管理人员的选定，根据标准内容确定并考虑人员覆盖的全面性。

c. 标准研制小组有组长 1 名，副组长 2 名，其余为成员。

d. 标准质量由研制小组负责，标准一旦颁布，其质量责任人为研制小组，其中组长责任 20%，副组长各 15%，全体组员 50%。

e. 标准修订，仍然由原标准研制小组负责或者至少保留原组人员多于 70%。

总体来看，研制成员综合素质的达标，不是短期能够实现的，因为这是具备高素质、高技能知识水平的队伍培养问题，我们此前没有这方面的专业化培养平台，连作答人才培养的专门经验和积累都没有，不可能一蹴而就。但是，目标必须清楚地设定，方向必须明确地规定。就目前而言，从研制队伍的资质认定开始，逐步建立起推向高质量的农业标准研制队伍的动力机制，保障农业标准化尽快达到高质量运行的新台阶。

2. 研制队伍的科学管理

偌大的中国，农业一直是基础，标准化成为农业现代化的根本抓手，那么，农业标准的质量与数量及相关的标准体系，就成为这一根本抓手中的核心因素和推动内因了。为了保障这一核心因素具备高质量、高素质和高潜力，农业标准研制队伍，就必须是长期稳定、持续活跃和专业性强的专门队伍。只有这样，才能保证标准研制的质量水平是持续走高的，对具体的修订才能达到精雕细琢的高精度，才能保证由标准所成的每个体系的科学严密性，进而保证农业标准的质与型的统一，个与群的协调，农业标准化的基础是持续稳固牢靠和标准化过程持续升级向前。

国家标准化管理委员会致力于标准化技术委员会的建设和管理，力图加强和夯实标准化的基础扎实性。这是一个非常好的开端和做法。从标准制定和修订队伍的宏观架构建设方面，已经搭建了良好的架子，需要继续强化和细化，其核心还是研制队伍的质量与架构建设。

加强农业标准研制队伍管理，首先要为有真正研制能力的人员开辟汇聚和工作的通道。我国农业标准化学科建设刚刚开始，没有历史上的工作沉淀，在紧急的社会需求面前，只有利用人口众多的可选余地，制定应急时期的选才政策，实施"开科考试"，吸纳有识之士和有才之人，填补这一历史性不足。然而，实际的情况则十分缺乏管理，一窝蜂现象严重，在国家需求时，一夜之间能蹦出一大批"农业标准化专家"，使该领域工作有些混乱。其次，应当建立研制队伍与制定标准相捆绑的管理制度，即谁生和娃谁负责，用标准的实际使用综合效果和社会评价舆论来反馈研制小组的质量水平，从而制止研制的随意性，剔除那些滥竽充数者，纯洁研制队伍。当前的状态很不乐观。由于不懂得农业标准化的真正科学思想和理论体系，误将农业标准化理解为制定标准、再用标准的极浅显过程，制定出了大量不符合农业标准化理论和实际要求的标准，其结果不但没有推动农业标准化正直的发展,反而给社会造成了"农业标准化就是制定一些'无法使用甚至没有意义'的标准出来、没有多少知识含量"的亵渎态势,这对于我国从传统农业走向现代农业、选择和加强道路的正确走向带来极大危害。

3. 持续发展的动力培养

农业标准化,伴随农业发展到永远,农业标准研制队伍自然也是一种永远性的存在。那么,持续发展的动力培养和推动机制的建设就必须产生了。农业标准研制队伍的发展和水平的提高,是国家的持续任务,也是标准研制队伍的永续动力建设。

首先是新鲜血液的培养——大学农业标准化人才的专业培养必须形成。遗憾的是,迄今还未有明显行动,反射出人才培养高层的认识提升能力需要加强。

其次是新鲜血液源的充分创造。这不但要求有农业标准化专业的大学硕、博培养体系产生以培养大量相关的知识人才,还要建立理论和实践有机相连的能力培养体系,从而弥补我国教育体系长期存在的很多缺陷。要求教育系统迅速建立人才培养的专业体系,做好持续供给群。

再次是加强农业标准研制队伍的管理体系建设。在一定程度上,我国农业标准研制队伍迄今不能纯正发展和有明显水平提升的问题之一是我们对标准研制队伍的管理体系建设跟不上,我们的各级管理部门对农业标准化理论和思想理解得不透彻所致,在这一领域照样存在着人才缺乏的不足。

最后,需要建设促进和推动人才队伍发展的激励机制,用政策和经济杠杆,加速高质量标准研制队伍的迅速形成。

从以上三个方面看出,农业标准研制队伍的建设,无论是队伍内部的建设,还是对队伍的管理建设,以及从长远发展的队伍管理体系建设,都归结到一个核心问题上来了,即农业标准化学科发展的人才,成为队伍建设能否成功和持续运行的最根本问题。

第二节 农业标准的研制与修订

在具备了基础条件之后,农业标准这一核心产品成果就要逐一出台了,即通过应用标准学理论与方法,使新农业标准诞生和旧农业标准更新。农业标准的产生,非一般标准化所提及的那样简单,"制定"是远远不能表达其意的。农业标准的诞生,基于农业的特质,是一个更为复杂过程,在于对复杂农业的内质复杂性和外在运动的多元联系性,以及农业具有的再生性、基础性和经济性的大量、多元和多层的推导与简化的过程,需要对复杂过程及其相关的知识、经验进行更为深刻的研究、探索、架构和验证分析,是任何其他标准化所不具备的。因此,就其产生过程看,恰当地表达,应当是"研制"。农业标准更能够体现"得标准者得天下"的论断。本节要论述的农业标准是关于农业标准的研制与修订。

一、农业标准的研制原则

农业标准的研制与修订,是农业标准化的基础工作,其技术性、管理性、政策性和经济性很强，还要体现标准本体与其周边标准的无缝联系性。一项科学、实用、反映前瞻性的农业标准，对促进农业发展、增加农业收入会起到很好的促进作用。因此，研制和修订农业标准，必须密切结合标准覆盖的农业范围特点，符合相关发展政策，面向经济发展需要，进行严密有序的研究探索。

1. 政策性原则

（1）严格遵从国家有关政策与法令　农业标准是农业操作的依据，关乎国家基础发展的稳固与行业发展的计划性，在研制中必须与国家发展规划、政策法令等保持一致，要根据不同时期的战略需要，迎合国家发展的需求，从而反映标准化的自然属性与社会属性的本质功能与作用。例如，研制要遵守我国国家标准 1.1～1.5 的具体规定。

（2）学习和掌握地方政策规定　农业与环境联系密切，农业与从事农业的具体单位情况相联系，无论是地方，还是一个企业集团，只要从事农业，就必然需要农业标准，而研制这些农业标准，又必须与本地区、本单位进行实际联系。其中，最为密切的就是相关的政策规定。

（3）关注国外动向并时刻吸收营养　关注发达国家农业动向，关注国际标准化组织的农业动向，关注国际经济财团和国外地区组织的农业发展动向，时刻研究和吸收农业标准化的新做法，经常性收集农业标准新信息，积累自身标准研制的新素材，以为我用。

2. 技术性原则

（1）狠抓过程关键研制标准　由于农业是一个复杂的灰色巨系统，标准化要想面面俱到，是根本行不通的。由于系统的层次性与复杂性，其中的关键点也有了重要性上的层次性，再加上农业的补贴性和多少年积弱结果的影响，我们实施农业标准化，研制具体的农业标准，在一个相当长的时期内都必须紧紧抓住关键点展开工作，而不能眉毛胡子一把抓。因此，研制农业标准，就要根据实际的财力、能力和应用水平，先围绕核心关键点研制标准。只有面对实际，综合分析，总览整体架构，紧盯系统关键，抓其关键而研制标准，形成标准体系，才能提纲挈领、疏密有度、逐步升级且快速推进，是农业标准研制的重要技术原则。

（2）体现适用、实用与发展　每项农业标准，应当是规定着自身所覆盖的那个过程或范围的最实际、先进，还具备潜在高效性的一个最佳程序。那么，在研制时，适用、实用和代表着发展趋势的因素就必须内含其中。因此，标准对应用区域的适宜性体现、农情和技术水平的体现，以及应用的能力与综合实力的支撑等，均要考虑。还应当明确本标准在自身所在的最近系统中的位置与主要功能作用。单项标准产出时必须与其周围联系是融洽的、同一的，而不是单一超高型。这一原则是标准的实际性和未来性体现，不能放松。

（3）体现集成与超集成思想　标准所囊括的内容、标准的结构和标准所要达到的目的等必须是完整和可靠的，又是高度集成的。农业标准的研制，大体是将农业科学成果、农业技术成果和农业经验进行综合、分析、简化、优化直至集成、再集成的组装方式成形的[1]，其集成的水平正体现了标准化的水平。那么，在农业标准研制中，一方面在标

---

[1] 李鑫，李晓媛，崔野韩，等. 农业科学、农业技术与农业标准及其关系. 西北农林科技大学学报（社会学科版）. 2012，12（6）：20-25

准所涉及的体系上进行宏观上现行的和发展的时空集成，另一方面在标准内也要进行严密的因素分析、排序和留存得当，根据发展水平，能集成时则集成，可升级时要提升。并且，在集成水平较高时，必须进行模块化表现。

（4）采用国际、国外先进标准　无论何时何地，当实际需要标准时，应当首先考虑和运作的是搜索和分析相关信息，弄清楚是否有现成标准可供参考。若有之，则拿来进行符合性和适用性修改，没有时方可考虑新标准的研制。《农业标准化管理办法》[1]中指出：制定农业标准，应当以风险评估和科学证据为基础。鼓励参考国际食品法典委员会（CAC）、世界动物卫生组织（OIE）、国际植物保护公约组织（IPPC）、国际标准化组织（ISO）等国际组织的标准和国外先进标准制定农业标准。分析研究国际标准和国外先进标准，以最快速度、不同程度地转化为我们可用的标准并加以推行。在采用这类标准时，要根据国际市场变化，结合我国实情，认真对比分析，实际验证使用。对国际和国外农业标准中的不同类型标准，应当根据实际，区别对待，采取等同采用和修改采用两种方式。在标准研制中，凡是已有国际标准（包括制定中的标准），应以其为基础来研制我国农业标准；对国际标准中的安全卫生、环境保护的标准，应根据国际市场和我国进出口贸易及经济技术合作的需要优先采用；采用国际标准和国外先进农产品标准，应同时采用相关配套的标准（如检验方法等）；贸易需要的标准应先行采用。

3. 经济性原则

（1）标准应用内在效益明显　研制出来的标准，在应用中表现出明显的"最佳"特征，即优化了投入，简化了过程，提高了效率，标准与其相邻标准间的合作性良好，形成的标准体系平稳有序，彼此配合有力。

（2）对农业可持续发展有利　研制的标准及其体系，必须符合我国的自然环境条件、农业资源情况和农村经济条件及经济技术管理水平，对持续发展具有稳定的良好作用。

（3）具有应对壁垒的良好作用　壁垒问题在集团之间持续存在，从国家利益出发，必须构建坚固的壁垒体系。真正的标准，就是构建这种壁垒的基本要素，更是削弱对方壁垒的坚韧利器。我国加入 WTO 后，参与国际贸易竞争日趋激烈，各国间互设壁垒不断加强。一个好的标准，既要利于国内产品的出口，又要合理限制国外产品的进口。这就要求我们在研制农业标准时，有针对性地渗入符合国内外贸易形势的壁垒性标准，从而保护我国农产品贸易的经济利益最大化。

总之，农业标准研制，是将事实上复杂的某一过程应用简化和优化的手段进行简单表达的过程，涉及的因子很多，必须对这些因子进行时空和发展趋势上的估计、比较和取舍。参与研制的人员，必须是真正的全才，属于综合才人类型，具有全能考虑和解决问题能力的人。

二、农业标准研制的一般程序

农业标准研制的起因一般有两种，一是标准主管机构根据总体形势和需要提出拟研制的标准名称，发布社会，征集研制；另一种情况是相关单位或者个人根据农业的某一

---

[1] 国家标准化管理委员会网：http://www.sac.gov.cn/zwgk/flfg/gnflfg/201012/t20101210_56213.htm

实际需要,提出标准研制题目,向主管部门申请批准后的研制。

1. 程序内容

国家标准制定程序,划分为 9 个阶段[1]:①预阶段(即提出问题和给出解决问题的思路阶段);②立项阶段;③起草阶段;④征求意见阶段;⑤审查阶段;⑥批准阶段;⑦出版阶段;⑧复审阶段;⑨废止阶段。这明显是从管理角度给出了标准制定管理流程上的走向表述,是制定标准的宏观管理程序,对标准内容并没有做出规定。为确保农业标准的研制质量,协调和集成各方面的力量,根据农业特点和农业标准化的特点,研制农业标准的一般程序应当分为工作程序、技术程序和管理程序 3 个方面,主要工作内容列入表 4-1。

表 4-1 农业标准研制过程的三方工作程序

步骤	工作程序	技术程序	管理程序
1	成立计划编制小组	确定标准名称	依据要求发布标准研制指南
2	上报项目计划书	分工采集信息,编制项目计划	收集、分类并及时审批计划书
3	组建标准研制小组	认真研讨,填好计划任务书	签订标准研制项目任务书
4	签订项目计划任务书	分工协作,进入标准研制过程	监管研制过程并为研制服务
5	制定标准研制工作方案	组装配套,形成标准雏形结构	标准审查和信息反馈
6	强化研制过程的组织管理	积极修改,产生标准征求意见稿	批准、出版和颁布
7	推动标准征求意见稿	处理意见,定制标准送审稿	持续管理:按照要求复审
8	上报与回收标准送审稿	再次修改,形成标准批稿	审查是否废止
9	上交标准报批稿	做好维护,长期升级	—
10	持续关注与维护	—	—
备注	标准研制小组负责人落实	落实并持续负责本标准质量升级	由管理机构落实

WTO 要求标准制定至少应有 5 个阶段[2]:Ⅰ.已经决定制定一项标准,但技术工作还未开始;Ⅱ.技术工作已经开始,但还未征求意见;Ⅲ.已经开始征求意见,但还未完成;Ⅳ.征求意见完结,但标准还未开始实施;Ⅴ.标准实施开始。

提出项目计划,实际是围绕着具体的标准名称,对项目进行充分地可行性认证和整体规划过程,这一过程就要从理论上完全符合农业标准研制的五项原则。

2. 工作程序

第 1 步:组建计划撰写小组

依据农业标准研制人员资质与组织成员结构要求,对照具体标准内容方向,选择标准研制人员,组成研制小组,明确组内组织结构,进入项目计划书的研究编制程序。

第 2 步:上报项目计划书

根据指南要求,对项目计划任务书签字盖章齐全,及时上报研制标准的项目计划书。

第 3 步:组建标准研制小组

上报项目计划书后,立即商讨组成标准研制小组,准备接受标准研制的进一步工作。

---

[1] 中国质检新闻网:标准制定程序. http://www.cqn.com.cn/news/zjpd/bztd/80308.html
[2] 道客巴巴:冶金标准制定程序及质量要求. http://www.doc88.com/p-737493666771.html

第 4 步：签订项目计划任务书

接到获批通知，组织标准研制小组，认真研究标准编写大纲，填写好项目计划任务书，并及时上下沟通，完成签订。

第 5 步：制定标准研制工作方案

根据标准内容的工作量和难易程度，结合标准研制小组各成员的专业优势和工作能力，经过协商讨论，确定任务范畴和内容，落实到具体的人头上。

第 6 步：加强研制过程的组织管理

按照既定方针，协调组织推动，扣好每一个环节，使研制工作顺利进行。

第 7 步：推动标准征求意见稿进程

按照国家对标准征求意见稿的标准规定，通过适当途径散播和回收意见结果。

第 8 步：上报与回收标准送审稿

标准研制小组将标准草案送审稿报送到标准主管机构请求审查，并回收审查反馈意见。

第 9 步：修改送审稿与上交标准报批稿

上报根据审查结论修改过的标准草案报批稿全部材料。

第 10 步：持续关注与维护

关注并搜集与本标准相关的信息资料，保持研制小组的联系机制，准备标准件升级修订。

3. 技术程序

第 1 步：分工采集信息，编制项目计划

以标准研制小组为体系，以成员个体为单位，明确分工，进行相关信息采集、分析组织，依照既定计划模板，编制标准研制计划书。项目计划书的一般内容有：拟研制标准的名称、国内外概况及目的意义、标准性质与关键内容、技术路线与技术关键等，可按照公认机构颁布的项目计划书，制定具体的项目计划。

第 2 步：认真研讨，写好计划任务书

依据计划书内容，由标准研制小组认真研讨，填写计划任务书。要求抓住关键，安排好时段，逻辑清晰地研制出高质量的标准撰写大纲，组成具有法律效力的任务说明。

第 3 步：分工协作，进入标准研制过程

根据标准研制中每一个人的具体分工，进入标准内容分块研制的基础阶段。要求深入到具有代表性的地区生产第一线和科研、使用、流通环节进行调查研究，收集资料，技术攻关，逻辑推演，解析集成，撰写并完成标准草案讨论稿。

第 4 步：组装配套，形成标准雏形结构

小组研讨、逻辑推断、组装配套、验证与技术修改，由标准研制的基础阶段转入标准内容的系统化研究阶段，产生标准讨论稿。特别对于标准中涉及的有关参数数据，必要时一定要经过试验验证和测算。

第 5 步：积极修改，产生标准征求意见稿

在研讨、组装、调整、修饰的基础上，关注结构性、适用性和先进性，通过组内协商，提出标准征求意见稿，并产生征求意见稿后续工作相关的表格和说明。

第 6 步：处理意见，定制标准送审稿

在广泛征求意见后，将反馈意见整理分析，确定取舍，最后形成标准草案送审稿。其中包括了标准编制说明、意见汇总处理表和其他有关支持资料。

第 7 步：遵照结论修改，形成标准草案报批稿

按照审查意见，对标准草案送审稿进行修改，形成标准草案报批稿。材料包括了标准研制说明、意见汇总处理表和其他有关资料。

第 8 步：做好维护，长期升级

长期关注本标准的技术进步信息，注意平时的搜集整理，为标准修订做好准备。

4. 管理程序

第 1 步：依据有关要求发布标准研制指南

农业标准管理机构（行政主管部门或者专业技术委员会）根据规划安排和农业需要，公布相关的标准研制计划。不同范围的标准计划，由相应的管理机构下达，如国家标准和行业标准的计划分别经国家标准化管理机构批准下达，农业地方标准经各地标准化管理机构批准下达，企业标准由企业标准管理机构下达。

第 2 步：收集、分类并及时审批计划书

按照事先安排，上级行政主管部门收集、分类项目计划书，通过相关专业技术委员会对项目计划书进行论证评审，并及时公布审查结果。项目论证的内容包括了标准名称，制修订标准的目的、内容、国内外现状、现有工作基础和工作条件、存在的问题及提出的解决办法、有关方面对项目的意见、项目所需的技术力量和参加单位、经费预算和项目进度安排等方面。

第 3 步：签订标准研制项目任务书

当科学论证通过后，上级行政主管部门或者专业技术委员会与标准研制小组（或者小组负责人所在单位）之间需要填写项目计划任务书，确立法律层面上的契约关系，确保研制工作的系统质量。

第 4 步：监管研制过程并做好服务工作

任务书签订之后，对标准研制小组的研制进程，按照研制任务书安排，加以关注，及时解决管理方面存在的一些问题，保证研制顺利进行。

第 5 步：标准审定和信息反馈

对上交的标准审查稿进行及时的审理和技术检查工作。《农业标准审定规范》（NY/T 656—2002）规定了农业标准的送审、审定、报批过程中主要的审查内容：技术内容应科学、合理、完整；编写格式应符合 GB/T 1.1 的编写要求；文字、术语、符号、计量单位应符合相关标准的规定；与有关的法律法规、标准应协调一致；对标准中有争议问题的协调处理应适当、可行；采用国际标准的程度应恰当。同时，也确定了在标准审定中基本原则。例如，坚持科学性、先进性、适用性和经济性的有机统一；与现行法律法规、规章、标准（包括国际标准）、贸易政策相衔接，等等，均需要考虑。

标准审定，分函审和会审两种形式。重要的农产品、种子标准应采取会审形式。重大的、复杂的标准，需要先经过初审，再进行正式审查。

审查开始前，相关单位提出并成立审查小组，小组至少由 7 人组成，该小组必须是相关代表，代表性强，覆盖面广，专业性、原则性、合作性及前瞻性等均要有较高的水平；无论是审查还是被审查一方，均要严格按规定的程序和要求进行准备。

审查过程中，要充分发扬民主，征求科研、生产、经营和使用等方面的意见。

审查内容主要包括：标准研制工作是否按标准计划和标准项目任务书要求完成，资料是否符合要求，主要技术问题是否基本解决，有关方面意见是否基本一致，等等。

审查结束后，函审的要形成函审结论，会审的要形成会议纪要。要十分明确地提出逐条审查意见，需要修改的要求等，得出明确的审查结果，及时反馈标准研制小组。

对于审查结果，要求标准研制小组积极研究消化，并按审查意见修改标准草案送审稿，进而形成标准草案报批稿，包括已经经过全部修改的标准终稿、标准研制说明、标准修改意见汇总处理表，以及其他有关的技术支持材料。

第6步：批准、出版、颁布与管理

标准草案报批稿在经过上级主管机构最后审定后，呈报相关主管部门，进行批准、编号、出版、发布、实施。不同范围标准，有不同审批部门，按照事先立项的确定程序进行申报、审批和颁布。企业标准，由农事企业或主管部门审批和编号，发布，并报当地标准管理部门备案。

颁布的农业标准，由标准管理机构实施管理和推动应用；标准研制小组负责标准质量。

总体上看，我国农业标准涉及的部门较多，对农业标准实行统一管理，分工协作的原则。研制农业标准，应当由相关专业技术委员会进行。另外，进行标准研制，从一开始，就必须做好全部过程的详细记录，一方面为标准研制过程可能出现的某些问题溯源提供证据，更重要的为撰写出科学的标准研制说明奠定量化基础。因为，标准的一切道理和参数证据，均由标准研制说明提供，而不是标准本身。

三、不同类型农业标准的研制

由第一章第二节内容和第三章的图3-5标准划分，确定不同类型农业标准的研制，似乎仍然存在一定的困难。但当我们跳出农业某个领域的视角限制，从环境制约下的生物过程审视时，这个问题就变得相对简单了。

本着农业标准化的核心目标——以最小投入、最简过程，换取最大收益来研制农业标准，首先需要考虑的是整体系统的结构和结构的层次，包括在这种结构层次上的关键点组成；其次是围绕着结构关键点和过程关键点所进行的符合标准化思想和原理的标准规定；再下来才是具体的标准研制和标准体系的建设。也就是说，每项农业标准都是组成某个农业系统的结点要素，只要明确了自身在体系中的位置与功能，该标准的结构与逻辑关系就自然地会表达出相应的表现功能来，标准的质量也就顺理成章不会偏离主旨。因此，不同类型农业标准的研制，在遵守共同的研制程序前提下，可以从以下方面思考。

1. 农业基础标准研制

农业基础标准的研制，要求从全面的基础性和一般性角度，分析、提纯和优化出开展其他农业标准化活动时的最基本的标准规定。这就需要从多个特殊性中抽提推理，再整合成普遍性。这种普遍性必须符合农业标准化的思想原理，从农业系统的顶层延伸到农业系统的基层，在长期过程积累的基础上寻找出共性，规定出最简的和通用的表达规则。农业基础标准，按照技术通则类、技术语言类、符号代码类、互换模块类、系列参数类、安全基础类、通用方法类等进行探索和研制，对有些数据、信息还需要反复地测试、验证和评估才能确定。这类标准的主要特点是既具有普适性，又具有抽象性，研制过程相对困难，必须要有深度、广度和前瞻性的多维知识支持，才能够做好。

2. 农业工艺标准研制

农业工艺标准，就是规定推动农业过程的标准，主要强调围绕生产过程的工艺流程。这类标准，有技术标准、管理标准、工作标准（也可称操作标准）、环节检测检验标准等。研制这类标准的程序与方法，基本在农业领域普及了，相对于农业基础标准的研制，抽象性不是很突出的，主要体现某一过程在时间序列上的关键点的把握与联系，能够使过程关键点和过程表达贯穿农业标准化原理、体现农业标准化原则、次序上无间断且不错乱，就基本到位了。农业工艺标准中的工作标准和环节检测检验标准类更要求过程关键点的突出落实，精度相对更加严格一些。以工作标准为例，弄清其含意，以便于确切地研制。

在农业中，工作标准有两层含意，一是指一个训练有素的人员，以其正常的努力程度和正常的技能（非超常发挥），应用事先设定好的方法程序（如技术标准），完成一定工组所需的时间，这种情形也称为时间标准。可见，时间标准的研制，要在统计学理论指导下进行，首先必须寻找一个能够反映大多数人正常工作能力的标准，这种标准的建立，必须观察若干个人，在一定的时间内完成一定数量的产品或者重复一定次数的农业过程，通过计算得出标准时间。另一层含意是指，在特定管理标准、技术标准和时间标准的约束下，针对农业特定范围或者过程，研制产生的具备完全操作约束力的过程规制，也称操作标准。农业工作标准的最大特点是，对农业操作过程，在已知能力和正常速度下，规定出符合农业标准化要求的具体工艺过程程序。所以，这类标准的研制，要更具体、更有操作性。

3. 质量安全控制标准研制

在质量安全控制方面，人们关注更多的是农产品的质量安全问题。那么，保障农产品的质量安全，需要抓几个不同层面上和过程中的关键才能实现。从不同层面看，一是社会层面上的质量安全，由消费产品的总体质量安全因素与社会消费评价舆论构成，直接影响消费的导向和生产信度甚至政府的公信力。另外是社会供给团体层面上的质量安全，主要涉及的是具体的生产部门和供给部门，如生产型企业、农业专业合作社和服务供给型企业（超市、饭店）等，这类利益团体的产品质量安全保障受到经济利益的直接作用，也受到团体内发展目标的影响，而更多的作用是前者，保障这类团体的产品质量安全，与第三方监督（社会监督机构）和政府有关措施的落实有着直接的关系。从农业过程看，农产品质量安全保障，是由生产过程和管理过程及其相互结合的过程质量安全保障关键点完成的，这也是农产品质量安全保障的核心部位，因此，便有"质量是生产出来的"说法。无论哪个方面的质量安全保障，我们都能够看得出来，除去眼光远大、以质量为真正生存目标的利益团体在自身发展过程中能够严把质量关外，质量安全的保障必须由社会第三方监督和政府的参与才能实现，特别是在经济面向市场发展初期，由于政府的公信力和管理运作的实际能力，在这方面参与深度和影响力要更大一些。因此，保障农产品质量安全，是以政府行为重、技术行为轻、结果行为主、过程行为次的状态出现的，即重视对结果的检测，注重于强制手段的执行。对于第三方监督的作用，只能随着发展，在培养其监督能力的基础上进行加强，逐渐地由社会第三方监督机构担当主角，政府机构保障其实施的法律有效地位性。当然，进入此期的政府，要从法律角度，以为民服务的责任和使命，对这些机构进行程序合法性、执行公正公平性和落实质量保障性等方面实施管理监督。由上可见，无论哪个层面或过程，质量安全是与保障人体健康、社会安静和可持续发展息息相关的大事情。所以，与保障质量安全相关的控制标准研制，自然有着不同的特性——法规性和严肃性，进一步涉及过程的逻辑性和公正性。这就要求我们进行质量安全控制标准的研制，不能只将眼光放在结果上，更多的应当注意农业过程的质量安全成因、过程风险的规避和如何控制才能保障质量安全的技术与管理关键析出及联系探索方面，在此基础上提出一项项具体的控制标准来。

4. 农产品/商品标准研制

农产品/商品标准的研制，相比于其他标准，就简单了一些，主要是对农产品/商品的性质、性状、形状、用途和注意事项等进行最佳表述。这类标准主要有两个用途，一个是面对生产者的使用和规定，要求农产品/商品生产者所生产出来的产品必须符合这一标准，这类标准甚至会延伸到将包装标准包括在内；另一个是面对社会（如销售者和消费者）的农产品/商品规定，告诉社会成员本产品的形式、内容、性能、使用程序及注意事项等信息。这类标准的研制，主要难点在于两个方面，一是要研究清楚确定的农产品/商品综合的质，也就是其神，从而实现表达其形的最佳，二是把握标准内容表达的度，即从其制造的工艺过程和性能表述的程度上，到什么程度最好，不能因说明其原因而将工艺过程牵涉进来，不能因说其好而将制造关键提出来。所以，虽然研制相对简单，却存在着一定的风险，搞不好会将不该出现的信息暴露出来，或者会误导使用者。

5. 农业接口标准研制

基于农业的复杂性，也基于涉农利益团体的复杂性，使得农业接口标准的研制复杂了一些。但农业接口标准都是发生和应用于两个系统的接触界面之间，所以，从另一个方面理解，农业接口标准就是贯通农业系统中各亚系统的纽带和桥梁。那么，对于农业接口标准的研制，无非就需要关注两方面的平衡和无障碍通行。在实际中，往往存在着利益双方的平衡和需求问题，表现在标准的非同一性，甚至微小的壁垒味道。这是此类标准研制人员需要高度关注的关键点之一，无论在具体的标准研制过程，还是进行标准宣贯的教育培训也好，均需要充当最佳调节人的角色，始终透露出协调一致和平衡共赢的文化来。由于农业长期以来的分散性和零碎性，农业接口标准没有显示其应有的地位，迄今的农业经营，因受到历史性地位的影响，就外来接口而言，仍然多处于服从的地位。例如，农业的机械化和信息化等问题，多以农业服从那些行业的产品规定，而没有提出以自身特点和发展需要而生的综合要求，向这些行业领域发出符合农业现代化发展要求的信息标准甚至具体需求的标准要求，使其满足农业发展的需要。以苹果为例，假如我们采用了组织培养法，在统一后期管理标准约束下，培育出了五年生、质量统一的大苗子，对其栽培管理的生物学特性等方面技术已经搞清楚（目前应当是清楚的），形成了大田栽培管理标准，其中的机械使用，就被从功能和形态上规定下来了，那么，农机制造商应当提供此园所需要的机械从而满足生产。但现在还不是且不能以此思路和理念运行，而是零时拼凑，大概合用就行了。

现代农业发展，一个重要变化是将小农经济整合成为大农经济、市场型农业经济，接口标准会越来越显示出其重要的地位。

6. 标准分类研制的另类思考

我们面对农业，研究的是关于农业标准化问题，首先需要掌握的是农业过程的客观规律性，其次根据这种规律性，研究和产生某种手段，帮助这种客观规律性以最大利好性服务人类社会，同时要顾及社会需量、市场规律及可持续发展等近期和长远的发展目标的约束。因此，农业标准化在遵从标准化原则、农业标准化原理和方法等核心思想（即农业标准化的宗旨）的前提下，由于农业的行业特殊性及其复杂性，农业标准的研制依然处于灵活多样性之中（万变不离其宗）。因此，进行农业标准研制，一个十分重要的思想是，将错综复杂的农业体系梳理，把不同层次的农业系统归类，以所有过程关键点为中心，在特定范围内链接，用实际资源与发展水平承载，形成符合农业标准化理论与实践要求的、农业系统之上的效益性规定新体系，从而对这种新体系从标准化角度下定义，给尺度，锁过程，出标准。因此，标准将被落实到每一个具体的项上（指单项标准），而标准的产生则源于每个特定体系的要求之中（即制定标准时必须明确该标准处于哪个特定体系及在该体系中的地位与角色）。具体标准，不是随便想出来的。从关系上讲，涉及单一标准与多标准的联系，标准体系与体系范围的确定，特定范围不同阶段的标准划分与落实，行业中更细行业内和行业间的标准联系，乃至标准综合体系的整体水平定位与相互间联系，等等。有些内容会在后面详细论述。就目前而言，国人已经认识到了农业标准化对传统农业向现代农业转变中的重大决定作用，但要真正实施起来，却因两个困扰而徘徊，一是农业标准化理论的完整性和人才的缺失性，二是思想意识很难快速回转到现代层面上来。例如，农业亚行业类型（农、林、牧、副、渔；以种植业为例，分粮、棉、油、果、药、杂）与农业标准分类的结合，农业技术（长期以来的推广，仅其概念已经完全深入人心）与农业标准在农业一线中的应用，至今使大多数人的思想和行为中有着理不清头绪和心中不能明白的矛盾。这些均需要我们从农业标准研制的时候，有意区分、引导和给出答案。

四、农业标准研制的快速程序

1. 快速程序的特殊性

农业标准研制，采用快速程序，是在某些特殊要求下进行的。快速程序的最大特点是快，而快则容易失质，所以，一般情况下不采用这种程序。该程序的采用，从宏观上讲，是为了适应某一个时期或者某个区域的快速发展而采取的快速跟进方式。从微观上看，则有两种情形，一是通过信息交换，发现了外来标准质量比自己的明显高且非常适用于本范围应用时，对这种到手的标准采用快速程序修订，转换为自己的使用标准，这在高技术领域中表现得较为强烈一些；二是为应对某项事件，在事件来临之前，为最大限度地保障国家利益不受损失所采用的应急措施。快速程序的实质，是对重要事件进行利益保护上的快速反应。

2. 快速、正常程序之别

快速程序，是在正常制定程序的基础上，省略了"起草阶段"和"征求意见阶段"，程序上简化了两步。快速程序适用于已有成熟标准草案的项目，如等同采用、等效采用、修改采用国际标准或国外先进标准的标准制修订内容，可直接由立项阶段进入征求意见阶段（省略起草阶段），对现有国家标准的修订或者我国其他各级标准的转化项目，可直接由立项阶段进入审查阶段（省略起草阶段和征求意见阶段）。

3. 启用快速程序的要求

凡申请采用快速程序的国家标准、行业标准、地方标准等制修订项目，在立项阶段均要经过更加严格的审查，特别是该项目作为征求意见稿或送审稿使用的标准草案是否成熟，要进行专门的评估。此外，对于采用快速程序的国家标准制修订项目，除允许省略的阶段外，其他阶段不能简化，以确保标准编制质量[1]。

4. 快速程序的国家规定

这里引用国家技术监督局（现为国家质量监督检验检疫总局）发布的快速程序管理办法说明。

采用快速程序制定国家标准的管理规定[2]

发布机构：国家技术监督局；发布日期：1998.01.08；生效日期：1998.01.08

第一条　为了缩短标准制定周期，以适应企业对市场经济快速反应的需要，规范采用快速程序制定国家标准的工作，特制定本规定。

第二条　快速程序（代号：FTP）是在正常标准制定程序（程序类别代号：A）的基础上省略起草阶段（程序类别代号：B）或省略起草阶段和征求意见阶段（程序类别代号：C）的简化程序（见 GB/T 16733《国家标准制定程序的阶段划分及代码》）。

第三条　符合下列情况之一的项目，可申请采用快速程序：

（一）等同采用或等效采用国际标准制定国家标准的项目，可采用 B 程序（项目类别代号：1）；

（二）等同采用或等效采用国外先进标准制定国家标准的项目，可采用 B 程序（项目类别代号：2）；

（三）现行国家标准的修订项目，可采用 C 程序（或 B 程序）（项目类别代号：3）；

---

[1] 新浪财经：什么是标准制定快速程序. http://finance.sina.com.cn/roll/20080414/07282144160.shtml[2014-10-07]

[2] 中国电力企业联合会网：采用快速程序制定国家标准的管理规定. http://www.cec.org.cn/biaozhunhua/zhengcefaguizhidu/2011-01-24/39337.html[2014-10-07]

（四）现行其他标准转化为国家标准的项目，可采用 B 程序（项目类别代号：4）。

第四条 采用快速程序的项目，按《国家标准管理办法》的有关规定和 GB/T 16733 的要求进行管理。

第五条 采用快速程序的项目，应在《国家标准项目任务书》的备注栏内说明理由并注明快速程序代码。

快速程序代码由快速程序代号、程序类别代号和项目类别代号三部分组成：

FTP

快速程序代号??

×??

程序类别代号（B、C）

×

项目类别代号（1、2、3、4）

第六条 在执行《国家标准制、修订项目计划》过程中，如需由快速程序转为正常程序，或由正常程序转为快速程序时，应按要求填写《国家标准计划项目调整申请表》（见《国家标准管理办法》附件 3），并按《国家标准管理办法》中有关计划项目调整的规定办理。

第七条 采用快速程序制定行业标准、地方标准时，可参照本规定执行。

第八条 本规定由国家技术监督局负责解释。

第九条 本规定自发布之日起施行。

五、农业标准研制案例

（一）品种标准研制方法

1. 品种的概念及品种标准的重要性

（1）什么是品种　品种指的是起源于共同祖先的一群个体，自交或近亲繁殖若干代后获得的某些遗传性状相当一致的后代[1]。

品种是生物资源中被人类驯化和提升后的为农业服务的最宝贵种质资源，是农业生产中最基本的生产资料。一个优良品种的推广应用，会带来巨大的经济、社会效益。

品种均起源于野生生物，是人类在一定的生态和经济条件下，根据自己需要而创造的具有一定特点，适应一定自然条件和栽培/繁殖管理条件的生物群体。

（2）品种标准　育种技术的进步和农业现代化的发展，使优良品种的选育效率越来越高，产生的新品种五花八门，一方面不断满足市场的多元化要求的需要，另一方面为品种的推广普及和快速高效利用提出了更高的要求。为了更好地发挥品种的作用，形成农业生产良好、简单的品种利用态势，对品种的特征特性给以准确的描述和定义，就显得至关重要，因此，品种标准就显得十分重要。品种标准是规定和描述品种特征特性的主要载体和手段，真正好的品种一旦有了自己的标准，在经济市场中的应用就如虎添翼，对充分发挥品种资源的生产潜力就具有难以估量的作用。

---

[1] 夏征农. 农业科学大辞海. 上海：上海辞书出版社，2008：118

2. 品种标准的一般结构

首先，品种标准是一项标准，其形式上必须符合国标 1.1 对标准规定的一切要求。其次，品种标准的表达核心，是对其所描述品种的特征特性进行简捷明了的叙述，语言必须符合标准语言的表达。最后，品种标准的展现形式，就是一项能够表达明白品种特征特性的标准，其基本内容包括：品种来源、品种特征、品种特性、产量表现/生物性能（动物）、评定分级标准及其评定方法（动物）、栽培/饲养技术要点、其他。至于封面、首页等内容，必须具备。必要时可能有附录甚至附加说明。

由于不同类型生物品种具有不同特点，在研制品种标准时，不宜套用同一模式，要根据各生物种特点、各品种特性和应用的目标需要，采用不同程序表达。

3. 品种标准研制

限于篇幅及品种标准的大量出现，读者可根据自己工作需要，上网查阅相关的品种标准，认真阅读，体会其基本表达方法，展示的基本核心，以及标准整体结构的简明性和透彻性，并加以评判。

（二）农产品标准研制

虽然农产品变异很大（生物多样性），生产过程影响因素众多，生产层次复杂多变，但作为商品上市的消费要求，却不因为其参差不齐而甘心情愿地给出高价。研制农产品标准，就是根据具体产品的特质、特性进行标准规定，从而使生产出来并在上市前遵从这种标准以得到相应的归类分级，进而成为市场需要的、能够给出高价的农产品商品。有了这样的标准，有了这种农产品商品，市场交易、农民增收等理想的发展目标就容易实现。

农产品标准，是对农产品的结构、规格、性能、质量和检验方法所做的技术规定，是农产品生产、检验、验收、使用、维护和洽谈贸易的技术依据。其中，包括了产品质量标准。

这里以产品质量标准的研制为例，讨论农产品标准的研制编写。

1. 影响农产品质量的因素

农产品质量的影响因素较多，最重要的因素有品种因素、自然环境因素及人为因素。人为因素又可分为种植/养殖管理过程因素、产品收获安全因素及保存与运输中的诸多因素等。

（1）品种本身的影响　品种是影响产品质量的基本因素，因为品种的特质性决定了其产品的特质。这是生物的遗传特性决定的。例如，小麦品种是不是强筋型、是否适合做面包、出粉率的多少等，均与品种有直接关系；水果皮的薄厚、果面什么颜色、成熟期长短等均决定于品种；我国大豆品种因含油量和蛋白质含量不如美国同类产品，作为生产豆油的原料选择必然大受排挤；动物的皮毛是否有花斑、是瘦肉型还是肥肉型、是长腿的还是短腿的等，也由品种决定。

（2）自然环境的影响　不同的生活环境，不仅会影响生物产品数量，也会影响生物产品质量。海拔、环境温湿度、水土类型等均影响着农产品的质量。例如，在我国，苹果生长在黄土高原，其品质自然就好；许多中药材适宜生长在阴湿的微环境中；水牛只能在水量丰富的南方地区生活；等等。不良的环境条件，会影响农产品的感官和内在质量，使营养成分改变。例如，在干旱或盐碱地带，作物的蛋白质含量增高，而淀粉、脂肪的合成降低，反之在湿润年份或者成熟期土壤含水量高的条件下，蛋白质含量降低，淀粉积累增多；成熟期雨水过多则养分积累受阻，不仅会影响籽粒饱满度，而且会使果皮和灰分所占比例增加；土壤中肥料的种类与含量，对蛋白质的形成影响亦很大。

（3）人为条件的影响　人为条件是目前我国农业发展中引起不良结果的重要因素，主要是因为从事农业的人群知识水平与技术含量太低。例如，乱用化肥、农药，不符合标准规定的种植业技术措施，以及采收、加工、贮藏包装和运输等过程粗制滥造，都会影响农产品质量。严重者出现群体危害事件。素以"园艺之舟"而闻名于世界的我国水果类产品，就因许多人为因素，在国际贸易中失去应有的竞争力。

综上可见，无论是从外贸出口还是从内销的要求来看，加强产品质量标准化管理，都是至关重要的，特别是在新技术革命浪潮的冲击和国内外消费市场竞争的压力下，要想立于不败之地必须制定产品质量标准。

2. 农产品质量标准研制

虽然以上列出了影响农产品质量的因素，在农产品质量标准研制时，需要考虑并提出相关的生产要求，而在农产品标准表现中，基本不出现这些内容。因为，农产品质量标准是对农产品本身质量的表达和规定，是对农产品这个事实的描述和展示，以便使其作为商品供应，对使用者有一个放心的交代和审视的尺度。

所以，农产品质量标准研制中，与农产品生产者及其商标密切关联，更需要考虑使用者的要求。但标准的核心内容不变——特定农产品的质量是不变化的。

农产品质量标准的编制，必须符合有关标准编制的标准要求。有关农产品质量标准编制的具体程序，可参阅图 4-1。

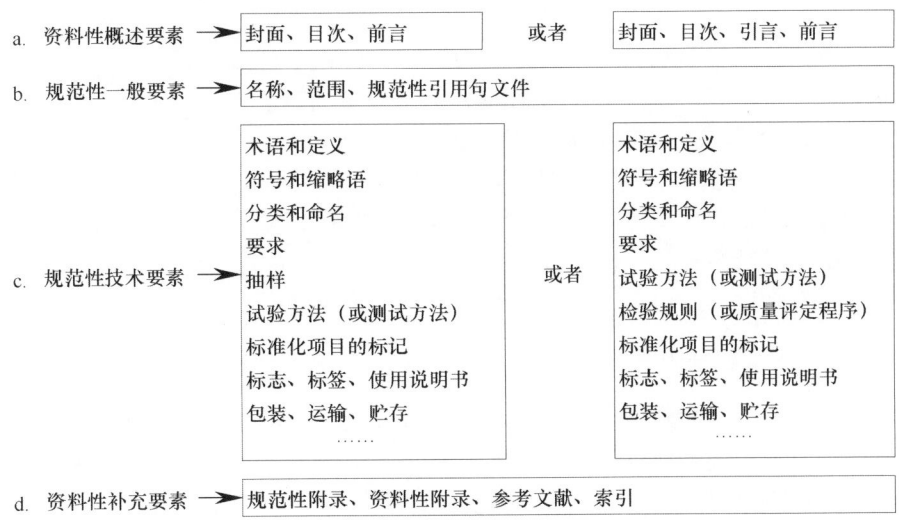

图 4-1　农产品质量标准编制的程序

具体的研制编写，可参阅已经颁布的有关农产品质量标准，进行学习体会。

3. 贸易型农产品标准特点

符合贸易型的农产品标准，具有以下几个特点。

（1）符合用户要求　贸易型农产品标准，把农产品的使用性能和用户的要求放在首位。同一产品，可根据不同国别、消费水平、生活习惯等需要，研制或者灵活采用不同类型的标准。可见，贸易型农产品标准相对多变，覆盖面较大，产品规格较多，使用性能或体现产品特性的指标规定比较宽松，并应当划分不同档次，从而适应市场的变化。

（2）表达简捷及重点突出　贸易型农产品标准，要求标准体的内容简洁可行，突出重点。主要以满足用户的要求与可用性为重点，展开相关的指标罗列，特别是农产品质量性能与关键指标，对涉及的检验方法与测试关键，只提出具体的方法精度，并引用通用标准，不列入细致的设施条件。某些内容，可留待合同中去进一步补充。这也是一种策略。

（3）顺时应变勤修订　贸易型农产品标准的更新速度快，是因为市场需要变化快。因此，从事贸易的相关单位，可随市场信息的变化和订货者需求的变化及时修订标准，维护贸易利益。需要注意的是，贸易型农产品标准不与工艺相关联。这有利于打破只有工艺成熟、生产稳定才能制定标准的局面，有利于贯彻"积极采用国际标准"的方针。

（4）注重外观与包装　贸易型农产品标准，是双方在交易中彼此能够认可，尽力维护自身利益的标准，因而标准要与国际惯例一致，便于供外商选用，这是非强制性的标准。正因为如此，贸易型农产品标准要注重产品外观和包装要求，在内在质量保证的前提下，"货卖一张皮"应当得到充分的体现甚至发挥到极致才对。质量好而形不好的商品，是卖不上好价钱的。国际市场上客户对产品的外观和包装都十分重视。因此，贸易型农产品标准，不仅要对产品本身质量做出明确的规定，而且要对产品的外观和包装做出明确的要求。

（三）栽培/养殖技术规程研制

农业生产，种植与养殖是关键部分，简称种养。由于其过程复杂，参与因子多变，应用"标准"术语规定，显得过于严格而且是无法实现的，故用了"规范"、"规程"（后者比前者的精准尺度相对更严格一些）来体现标准的约束，也就是说，规范、规程也是标准的一种体现。另外，种养过程以技术特征最为突出，相应地，"技术规范"、"技术规程"的标准状态就出现最多。在种植与养殖过程中，实现标准化操作与管理，无论对生产内还是生产后的产品交换，均能够实现最佳的效益目标，其本质的原理没有区别。这里以种植业生产技术规程为例，展开讨论。

1. 种植业生产技术规程内容

在农业中，种植业的作用对象是作物，作物又有不同的植物种和大量的品种，以标准规定的种植业生产技术规程，其内容实际上是因作物种类不同、品种不同及种植方式不同，操作和管理的程序要求也不同。这里提出通则性的技术规程内容。

（1）经济技术指标　一般有：产品质量指标，单位（面积、株等）目标产量，产量构成因素、成本、能耗等定量指标。

(2) 品种与搭配　　选择适宜种植的良种，其质量等级明确符合国家种子标准要求，购得种子所随带的种子标准为官方备案标准，并且有专门供种机构对种子质量负责。同时，根据品种特性，应当明确提出主栽品种与搭配品种的比例及其种植上的空间布局。

(3) 选地与施肥　　在综合考虑种植目标与品种特性的基础上，对种植地做出关键性的规定，如地势，土壤的质地、肥力、酸碱度（pH），地下水位高低，灌排水及产品运输条件等内容。提出土壤配肥与肥料搭配比例，基肥与追肥使用要求等。

(4) 水源与设施　　作为种植的保障基础，考虑水源、作业机械等相关设施的水平与调用可能性，并做出相应规定。

(5) 生产与管理　　从下种开始到收获，始终围绕着生产目标，对作物的生长、生产和收获的需要进行服务。其中，分为明显三个阶段，即苗期、生产期和收获期。以下分别从这三个方面提出要求。

除了技术上的要求外，管理贯穿全部，而且延伸到两头的更广范围。

a. 苗期与管理主要有以下过程。

苗地：整地/做床、施肥（肥料种类及配比，施期、施量、施法）。

播种：播种质量要求、种子处理、播种时间、方法、密度、播量等。

灌水：水源、水量、灌水方法、灌水时间等。

管理：光照、温度、湿度调控，苗相观察，水肥纠正。

b. 定植与管理主要有以下过程。

起苗：时间、方法、壮苗检验标准、包装运输技术要求、注意事项等。

定植：验收技术规则、定植时间、指标、方法、定植深浅、密度、补苗方法等。

管理：肥水管理（追肥灌水时间、次数、方法、肥料种类及配比、施肥量、灌水定额）、农艺管理（间苗、打杈、整形、疏花疏果、套袋）、机械操作管理等。

c. 有害防御管理主要有以下几种措施。

病虫：虫害、病害、草害、鼠害等管理指标，预测预报关键方法，针对性的管理方法；药剂类型、施期、施法、施量、注意事项等。

灾害：水害、旱害、冻害、肥害、药害等的类型、症状、发生条件、时期、预测、诊断方法、防御时期、措施等。

农药：安全使用与保障方法，贮藏、残留物处理等。

d. 收获与贮藏主要有以下注意事项。

收获或贮藏的时间、指标、方法（人工、机械及其具体方法）及其注意事项等。

农艺设备使用与保养保管等。

此外，还有简单的加工、相关的设施、人员的要求，以及生产发展可持续性的一系列措施等，均包括其中，在这里罗列完全是不可能的，只有在具体研制标准时，确定其核心，突出其重点，保障其外围，获得一个较完整而系列化的标准及其支持体系。总之，任何一个农艺过程，不可能由一项标准满足，而是多个标准的组合形成的标准体系。

2. 种植业生产技术规程体系表

种植业生产是一个品种繁多、特性多样、环境多变、技术措施因同时空而变化的开放式个体经营系统。因此，开展种植业生产标准活动，一方面要因种、因时、因地制宜，另一方面根据标准化理论抽提过程关键并加以规定而制约。

种植业生产体系，是个时空多变、经常变化的动态结构，进行标准体系建设，首要考虑的是建立体系的高度（层次性）和具体性。例如，要建立一个国家的、一个省区或者一个县域的种植业生产标准体系，所考虑的关键因素和有关要素就不相同了，技术标准体系的内容也就不同了。首先，层次越高，越抓关键作物；区域越具体，越会向具体作物靠近；其次，就要注意具体的生产目标与作物特性等因素了。无论哪种情形，整体协调一致，是从事种植业生产技术规程化活动和设计其体系表的首要原则。

无论哪种作物，都有一个生命群体，在其生长发育全过程，必须按其自身规律进行，从萌芽、生长、开花、结实到生命周期完成，再进入下一个周期。在其生长发育的每一阶段，自身与环境之间的作用不断相互适应，向前推进。任何一个阶段发育的好坏，都会影响下一个阶段甚至全局（产品数量、质量）。因此，在设计这一标准体系时，必须遵守农业的特点与农业标准化基本原理，运用系统工程思想来处理和分析问题。

同时，由于农业的复杂性，应用标准化理论规范这一过程，必须体现"统一、简化、协调、优选"的标准化原则，从而显示和发挥农业标准化的真正威力。要考虑现有基础、水平和条件，与长远发展需要相结合，充分体现国家有关的技术和经济政策，根据国家资源特点和自然条件、技术发展方向、生产发展规模及环境保护、培肥地力、水土保持等要求，进行全面平衡，使总体获得最佳效果。因此，设计种植业生产标准体系表，是一项复杂、细致且科学性、技术性、经济性、政策性很强的工作。

种植业生产技术标准体系，是在有限范围内建立的，具体的建设原理与方法，应当按照第五章第三节内容及上述的技术标准研制部分的关键点综合进行。关键是要弄清体系的内在联系，表现出明确的层次性与关系性，用标准规定体系架构中纵横结构上的关键点及其有机联系，使体系在实际应用中不要出现漏洞、重叠甚至打架现象。

体系表的横向结构反映种植业生产技术标准体系领域内各种技术措施、各环节之间内在联系与展开；层次结构和领域结构是互相衔接、互相渗透的有机总体，上一层次横向结构是对下一层次结构的抽象，对下一层次结构起主导和控制作用；下一层次的横向结构则是对上一层次横向结构的具体化，起着补充完善的作用。种植业生产标准化对象十分广泛，因而其生产技术规程，体系表的横向结构内容也非常丰富、广泛，领域结构内容将根据不同作物、不同栽培技术而增补。层次结构也必然随之发生与其水平相应的变化。因此，整个规程体系表内部结构是动态的协调。

由于种植业生产的实际需要和它与其他系统的密切关系，种植业生产技术规程体系表中的内容，自然地外延向养殖、环境卫生、农机/具及材料、仪器、设备等所相关的其他系统和领域，并起着相辅相成、互相制约、互相促进和协调发展的作用。

六、农业标准的修订与注意事项

1. 农业标准修订的理由

农业标准修订的目的，是检查标准是否仍然具有农业标准要求的特质性，即先进性、科学性、适用性和实用性。研制、颁布的农业标准，不可能一劳永逸，随着时间的推移和社会的发展，农业标准必然会出现不适宜的地方，即自然老化现象，这就需要及时地进行修改、调整和适应性搭配。

2. 农业标准修订的要求

农业标准的修订，不是随便进行的。虽然农业标准在修订时，比研制要容易得多，只是修补或者调整等小的动作，但修订的程序不符合标准要求，被视为是违犯标准纪律，甚至是不合法的。农业标准修订的程序，必须执行农业标准研制的程序过程。

农业标准修订，有两层意思，一是对已经颁布使用标准的修订，即在规定标龄（自标准实施之日起，至标准复审重新确认、修订或废止的时间，称为标龄。国家标准 5 年，行业和地方标准 3 年，企业标准 2 年）到期时，应当组织审查，评估其是否开展正规化的修订工作，这也可以视为对农业标准的定期保养；对于农业标准在应用中发现了不适宜情况，或者本身出现了一些技术缺陷的，必须进行修订。二是对研制中的农业标准修订，是指经过复审后，发现标准的主要技术内容需要做较大调整修改后，才能适应当前农业生产和使用的需要，以及符合农业科学技术发展需要时，则作为修订项目进行。可以看出，无论哪一种情形，其目的大体相同，那就是标准本身不适合使用时就要修改。

3. 农业标准修订后的编号

修订后的农业标准，其编号中的顺序号不变，只改年号为重新修订发布时的年号即可。

4. 农业标准研制与修订中应注意的问题

农业标准的研制与修订，要注意以下几个关键性的问题。

1）宏观上与生态平衡、环境保护和资源利用结合

我国地域辽阔，南北跨越了 50 个纬度，东西横贯了 62 个经度，地理地貌和气象条件均十分复杂，南北纵贯了赤道带、热带、亚热带、暖温带、中温带和寒温带等 6 个温度带，东西向显现出三级宏观不同的海拔阶梯，从而使自东南到西北，构成自然的湿润、半湿润、半干旱和干旱等 4 个雨量不同的生态区，山地占国土总面积的 66%。在这样一个大背景下，我国农业自然条件和资源可谓微观上千变万化，宏观上又相对稳定，呈规律分布。另外，基于多种原因，在这样一个自然板块上，形成了不同的农业社会经济条件、生产技术水平和劳动者素质，农业发展区域性被综合地规制下来，形成了强烈的地域性和水平性，进而产生了农业的自然区划、部门区划、技术区划和综合区划四大类别。发展农业，因地制宜成为世人的共识，发挥各区的农业优势，扬长避短，实现资源的永续利用和农业的可持续发展，成为我们从事农业的永恒使命，推动农业标准化，研制农业标准，不能不考虑和随时应用这一使命的精髓思想来引导。关注生态平衡、环境保护和农业资源的科学综合利用，是我们农业标准化人的重大历史责任。

2）充分考虑农业特点与区域特点

关于农业的特点，在本书第一章的第二节中已有论述，概括为对生命有机的依赖性、

农业过程的灰色性和自然再生与经济再生产的混融性，同时我国农业在历史上以高度分散、远离市场和凭借经验与技术结合的手段，从小农经济文化的积累中，在资源紧缺的土地上打造出了"精耕细作"的农耕杰作，该结果在面向现代发展时，为农业的标准化从行为上奠定了许多可用的深层经验食粮，但在意识理念上却产生了严重的大农发展的思维障碍。

再具体一点，农业就具有生产周期长、影响因子多、过程稳定性差和可预见性不高等特点，研制或修订农业标准，要充分考虑这些特点，尤其要重视生物性、区域性、季节性和连续性等特点。

（1）农业的生物特性与有机特性　生物体的最大特点在于其生物性和有机性，它是遵循着生命规律、结构复杂的开放系统，涉及分子、组织、器官、个体、群体和群落等不同的层次水平及其与环境之间复杂的关系，有种内、种间、群内、群间及与环境之间的种种动态关系。这些特点决定了农业生产的其他特性，如周期性、波动性、复杂性、不可逆性和难控制性等，也决定了生产过程的不确定性和最终产品的变异性。这就要求在制修订农业标准时，既要有标准的严格性，又要有一定的变化范围和幅度。农业技术标准中出现大量的"规范"和"规程"就是这个原因。

（2）生产的季节性与纬度高度位移性　自然气候的周期性变化所出现的节气规律反映在农业中成为季节性变化，这种变化随着纬度的变化和海拔的升高，又产生了季节时差上的位移，我们称这种位移为季节的纬度高度位移性。农业只有遵从和充分地利用这一自然规律，才能达到系统内外充分的和不断的良好物质和能量的交换的目的，并在依赖环境条件中生产高质量的农产品且实现可持续发展。环境条件的变化会使农业生产发生相应的变化，动植物季节性的变化是需要在农业标准研制中充分考虑的。虽然设施农业在部分农业生产上实现了"反季节"，但其前提要模仿自然、满足生物的生长发育条件。这种情况的结果是，投入成本增高，再从市场索回经济效益，实质上依然体现了季节性的要求，本质并未改变，且"反季节"的结果往往只有降低对质量的要求为代价。因此，研制农业标准，挖掘农产品综合标准化对象及其相关要素时，应在指标确认、参数标定和适用范围上反映季节特点。

（3）农业的区域性与连续性　对农业区域性理解有两种，一是生态区域性，二是行政区域性，这里强调的是前者。就大的范围来说，全国共划分为 10 个一级区和 31 个二级区，各区都有其适宜的农业经营特色，形成相对稳定的比较优势。例如，北方以旱作为主，南方则以水田为多；东北盛产大豆和玉米，西北则以棉花、瓜果和甜菜著称；等等。对同一农业生物种来说，在不同的区域往往有不同的表现和特点，以鸭子为例，陆养旱鸭，池塘水鸭，不同生态区域还有地方特色的鸭种。这就构成了区域农业特色成分，是农业经济社会中挖掘和利用的特色基础，也是我国农业标准体系中设有地方标准的原因之一。另外，农业的连续性不能不在标准研制中加以体现。由于农业自然资源是可以重复使用和连续使用的，它的有机源主要来自于植物的光合作用，无机源产生于土壤和水系的合作，从而构成了人与自然连接过程中的关键开放系统，并且从任何一个小小过程也能够体现出来。我们用标准规定农业，以标准化推动农业发展，就必须要考虑这一系统的永续利用和自我修复，否则就产生退化和衰竭，进而产生混乱。

3）科学集成农业过程、市场需求和经济发展要求

农业的自然属性就是一个复杂的系统，经济发展的社会需求加入到农业系统，使其更加复杂，而标准化的主要职责是将复杂过程尽量简化和优化以实现推动者的最高利益，那么，研制农业标准和应用农业标准，就是实现这种目的的基础和核心，对于农业过程、市场需求和经济发展的阶段要求等主要因素，在研制农业标准时也要充分地考虑和应用进去的。研制农业标准，集成这些因素，首先要明确拟研制标准所存在的系统位置，从而定位其周边的联系性；其次是确认拟研制标准的类型和性质，至少分清是技术类、管理类、工作类还是环境类标准，从而确定在标准研制中所处的正确切入角度；最后是将农业过程、市场导向和阶段性经济发展要求考虑，定位计划研制标准的水平位置和引领程度。要完成这一任务，就要在标准研制的队伍组成方面下工夫，理顺当前生产水平、技术条件与采用新技术发展生产力的关系，使参研人员必须具备这样的知识和理念基础。

就我国标准化而言，无论是理论还是实践，在工业方面应用最好，时间最长。那么，在形成标准化理论和体系时，几乎用工业标准化理论替代了标准化理论与体系。进而，在农业领域开展农业标准化、面向现代农业发展时，工业标准化的理念和风格又被很自然地带到农业领域，导致农业领域的标准化，在许多方面产生了无端的疑惑和不解。还有，长期以来，我国标准化工作围绕着国内市场展开，现有的众多标准带有计划经济体制的浓厚色彩，以生产型标准居多，在农业中推行标准化时，也是技术规范占了优势。从而导致了标准内容不全，体系结构不合理，以生产水平的考虑和约束为突出特点，不考虑市场和消费的需求变化，标准使用周期长、更新速度慢，造成标准体系的虚弱，缺乏内部强化机制，致使相当多的过程、产品难以实质性提升和抗衡国外产品形势。生产型标准必须转为贸易型标准。最后，我们已经明确地意识到，各国间互设贸易壁垒愈演愈烈，好的标准在建立壁垒和消除壁垒两个方面的作用巨大，那么在研制农业标准时，如何利于自身的经济发展又能够建立强大的壁垒体系，就成为现代农业标准研制中考虑的重要内容了，特别在农产品标准和内部生产工艺等方面与贸易及贸易质量的提升直接相关的标准类的研制方面，需要狠下工夫才能做到。农业标准的研制与修订，还要与国际惯例、贸易技术壁垒协定、检验检疫的实际情况，以及国民生活水平提高的状况紧密联系。

4）从区域能力和资源约束的实际性中研制和修订

我们已经知晓，研制农业标准，要考虑区域性，这是中观农业范围的空间约束。更为具体一些，就是农业的区域能力和资源约束，对农业标准研制的影响。

农业的区域能力包括的范围比较广，有自然资源方面的，社会资源方面的，理念和意识方面的，也有空间大区中的区域性方面的，其主要展示的是一个区域文化、区域特点和区域综合实力。就自然资源而言，能否对这种资源的能力尽量发挥利用出来，又与开发的技术能力和社会能力相联系；在理念和意识方面，即使再充足的其他资源具备了，思想的落后和意识的顽固，照样会禁锢综合资源的有效和充分利用，我国东中西经济发展不平衡的一个重要因素是思想意识的解放程度问题。凡此等等，均需要在农业标准研制和修订中考虑进来。至于资源约束对农业标准研制的作用力，是明显可见的，有时可

能因某一个因子的最低限制性，使农业标准研制不得不考虑，有时会因区域中的资源整体的有限性，在研制标准中不得不从当前和长远角度做更精细的打算。总之，从实际出发，权衡自身的优势与限制性，从眼前到未来，统筹安排，超前准备，稳中求快，平滑提速，是根据区域能力和资源约束的实际情况中研制和修订农业标准化的基本考虑因素之一。

第三节 农业标准的采用

农业标准的采用，是指一个农业利益集团在围绕自身农业发展需要中采纳集团之外的先进标准服务自身的过程。在这种概念下，农业标准的采纳应当包括两个方面的内容，即国外采标和国内农业标准的采用。农业标准的产生，除了因需要而进行直接的研制外，对现成标准的直接采用和经过修改采用，都比研制要显著节省成本，明显节约时间。因此，遵从农业标准化思想原理和方法原则，在农业标准的研究和生产建设中，搜集相关信息，采用或者经过修改后采用，是农业标准化前期工作中不可缺少的重要的组成部分，也非常符合农业标准化的简化和最佳的本意。本节就农业标准的采纳事宜进行讨论。

一、采用国外标准

采用国外标准，也称国外采标，是采用国际标准和国外先进标准的简称，是指将国际标准或国外先进标准的内容，经过分析研究，不同程度地转化为我国标准并贯彻实施的过程。我国标准采用国际标准或国外先进标准的程度，分为等同采用、等效采用和非等效采用3种。

1. 等同采标

等同采标是指与国际标准在技术内容和文本结构上相同，或者与国际标准在技术内容上相同，只存在少量编辑性修改。国家规定的采标程度代号为 IDT（identical）。对于国际采标的编号，我国在等同采标，采用了双编号的标准规定，如 GB ×××××—××××/ISO ×××××：××××[国家标准的代号、国家标准发布的顺序号和国家标准发布的年号（发布年份）]。

2. 修改采标

修改采标是指与国际标准之间存在技术性差异，并清楚地标明这些差异及解释其产生的原因，允许包含编辑性修改。这种采标的程度代号规定为 MOD（modified）。

修改采标不包括只保留国际标准中少量或者不重要的条款的情况。修改采标时，我国标准与国际标准在文本结构上是对应的，只有在不影响与国际标准的内容和文本结构进行比较的情况下才允许改变文本结构。

修改采标的标准，只使用我国自己的标准编号。

3. 非等效采标

非等效采标是指与相应国际标准在技术内容和文本结构上不同，它们之间的差异没有被清楚地标明，以及在我国标准中只保留了少量或者不重要的国际标准条款的情况。非等效采标的标准，规定代号为 NEQ（not equivalent）。

非等效采标，实质上不属于采用国际标准的范围标准，它只表明我国标准与相应国际标准有着对应的关系。

4. 采标说明

凡采用了国际标准的标准，在编制说明中，要求详细地说明采用该标准的目的、意义，标准的水平，以及我国标准与被采用标准之间的主要差异及其原因等问题。

二、采标原则

采标是解决标准短缺、提高标准水平、迅速建立标准体系的重要途径，但不是无原则的采标。

1. 采标一般原则

采标的一般遵守原则如下。

（1）要符合国家有关法律、法规规定，保障国家安全、人体健康及人身与财产的安全，保护动植物的生命健康与环境发展，做到技术先进、经济合理、安全可靠。

（2）凡已有国际标准（包括即将制定完成的国际标准），应当以其为基础制定国家标准，否则就积极采用国外先进标准。

（3）对于国际标准中的安全标准、卫生标准、环境保护标准和贸易需要的标准，应当先行采用，并与相关标准相协调。

（4）采标应当与国家的农业技术引进、技术改造、新产品开发相结合。要优先引进有利于农产品质量和性能达到国际标准和国外先进标准的技术设备和文件；优先以采标方式进行国家农业技术改造和新产品开发。

2. 我国农业采标的标准要求

2001 年 12 月 4 日，中华人民共和国国家质量监督检验检疫总局修订发布了《采用国际标准管理办法》[1]，为我国采标明确了法律依据和工作方向。

能够通过采标建设我们自己的标准，是全方位的。例如，从类型上就包括了国家标准、行业标准、地方标准和企业标准，从范围上有管理标准、工作标准、技术标准（含产品标准）、操作标准、环境标准等。没有通过采标研制的标准只是国家标准这一说。

我国农业采标的方针应当是，积极采用，区别对待。这就需要理智地、认真地研究和分析采标目标和为我使用到最佳状态的方法途径，不可随便乱采而影响自身体系，增加成本。特别要考虑先进标准的当地适用性和实用性，尤其不能只追求先进而脱离使用范围内农业的实际情况，使采标成为"未来"使者。采标的结果要与新研制和修订的农业标准混成整体并具有先进性和带动性，与农业和市场的实际需要紧密地结合起来，要坚持：①密切结合国情、利于促进生产力发展；②完善标准体系、促进水平提高、尽快

---

[1] 百度百科：采用国际标准管理办法. http://baike.baidu.com/view/907081.htm[2014-10-07]

达到世界先进水平；③关注国际需要、区别标准内容、合理采标活动、构建科学系统三项原则要求。

3. 采标来源

从国外采标，不是随意的。由于标准本身除了其先进性外，还要具备公认性和影响力，那么国外采标的源，就必须考虑和选择。按照惯例，我们主要选择以下 3 个方面。

（1）国际标准化组织　国际标准化组织研制和认可的国际标准。国际标准是指国际标准化组织（ISO）、国际电工委员会（IEC）和国际电信联盟（ITU）制定的标准，以及国际标准化组织确认并公布的其他国际组织制定的标准。

目前国际标准化组织确认的其他国际组织共有 39 个，与农业关系密切的就有 28 个之多，分别为：国际计量局（BIPM），食品法典委员会（CAC），时空系统咨询委员会（CCSDS），国际建筑研究实验与文献委员会（CIB），国际照明委员会（CIE），国际内燃机会议（CIMAC），国际信息与文献联合会（FID），国际原子能机构（IAEA），国际谷类加工食品科学技术协会（ICC），国际排灌研究委员会（ICID），国际辐射防护委员会（ICRP），国际制酪业联合会（IDF），万维网工程特别工作组（IETF），国际有机农业运动联合会（IFOAM），国际劳工组织（ILO），国际海底组织（IMO），国际种子检验协会（ISTA），国际理论与应用化学联合会（IUPAC），国际毛纺组织（IWTO），国际动物流行病学局（OIE），国际葡萄与葡萄酒局（OIV），贸易信息交流促进委员会（TarFIX），经营交易和运输程序与实施促进中心（UN/CEFACT），联合国教育、科学及文化组织（UNESCO），国际海关组织（WCO），国际卫生组织（WHO），世界知识产权组织（WIPO），世界气象组织（WMO）。

国际标准在世界范围内统一使用。

（2）有影响的国标标准　有影响的国际标准，多以体系形式，由 ISO 颁布。ISO 致力于全球化发展事业，力促各个集团利益保护下的壁垒解除，研制和委托生产了大量国际标准，同时建立了多项认证体系。影响最大、与农业关系密切的主要有两类。

ISO9000 认证系列，是适用于各行业的质量标准类，与质量框架关系密切，它包括了 ISO9000 质量认证、ISO9001 管理认证、ISO9002 安全认证、ISO9003 食品认证、ISO9004 机械认证、ISO9005 汽车安全认证和 ISO9006 升降机认证，共 7 个方面。

ISO20000 标准体系，着重于通过"IT 服务标准化"来管理 IT 问题，在 IT 服务提供商和政府及企业的 IT 部门应用较多，与 IT 服务流程相关，对 IT 系统变更的风险进行管理，还关注财务、信息安全。其标准体系主要有 ISO20000[有 13 个管理流程，控制 IT 服务的整体风险（无论是内部还是外部），提高 IT 的整体服务水平]、ISO20001（强调客户的需求及其实现，将 IT 服务的预算和核算引入 IT 服务管理，将财务管理和服务管理有机地结合起来，促进 IT 服务的改进和提高）和 ISO20002（描述 IT 服务管理流程质量标准，推荐服务管理者采用一致的术语和统一的方法进行服务管理，为审核人员提供指南）。

（3）国外先进标准　国外先进标准，包括：未经 ISO 确认并公布的其他国际组织的标准；区域性组织的标准；发达国家的国家标准；国际上有权威的团体标准；国外企业标准中的先进标准。我国在农业上，近十多年来，在这方面表现突出的是对 GAP、GMP、

HACCP体系的采用，对农业生产和农产品加工起到了直接简便、高效的推动作用。

各国争相采标，欲望越来越高。这是由于国际贸易广泛开展，产品在国际市场上的竞争越来越激烈，要求产品具有高的质量，好的性能，还要具有广泛的通用性、互换性；这就要求标准在各国间统一起来，按照国际上统一的标准生产，如果标准不一致，就会给国际贸易带来障碍，因此世界各国都积极采用国际标准。

三、国内采用

众所周知，农业受到地域的限制，更有生态环境的要求，均与地理位置息息相关。我国是世界人口大国，也是面积大国，地理条件上，从东到西，由南向北，除了海拔高低差异外，还有热带到寒带的横跨伸展，更有文化风俗的不同。这样一种复合条件，全面实施农业标准化，自然不能千篇一律地照抄，而要根据实际情况分类推进。因此，完善农业标准，建立科学的农业标准体系，不仅要鼓励采标，还要明白从国内不同区域收集农业标准信息，实现农业标准的广泛和大量借鉴式的采用。

1. 国内农业标准采用范围

国内农业标准的采用，包括了一个利益集团之外的任何可以采集到的农业标准。从空间看，全国所有能够收集到的农业先进标准，都是可采用范围的标准。从行业看，不同行业的标准，对农业领域几乎至少都有参考价值，这是由农业广袤的包容性所决定的，特别是农业领域的接口标准，将农业与其相关的甚至是间接相关的不同行业都联系在一起了。然而，困难主要有两个，一是能否系统地掌握国内对自己区域农业标准发展有益的农业标准，二是怎样从大量农业标准中筛选具有针对性的标准作为自己的采用标准。只有企业标准，由于其操作性极强、精确度极高又极具先进性的表达特点，有些还是企业的内控秘密标准，在采用时需严格遵守有关标准（如保密制度、企业的标准管理规定等），必须经过研制标准的企业的同意，不能私自采用。即使制标企业同意采用，也要为制标企业承担保守秘密的职责。其余标准，如国家标准、行业标准、地方标准，均可以自由采用。

2. 农业标准采用的个性处理

我国地域辽阔，农业变化较大，不同地域有不同的农业特点，主要在生物种类、发育时期和小区模式方面有明显的不同，在操作管理方面的差异，与区域经济发展水平和某些农耕习惯有一定的联系，有些模式或者特点与信仰和文化有联系。然而，无论哪种情况，从农业标准化工作的操作、管理和计划决策等层面上看时，均有其共性，而不是个性的限制。这就是我们能够大量采用农业标准的客观依据。例如，从生物种类的不同上看，均要走生产资料[繁殖体（种、苗、仔等）、肥/饲料、水等]、种养管理、病虫防治、产品收获、贮运、加工、销售等程序性过程，农业标准化在其中的程序功能就完全以共性方式体现并发挥作用；从生物在不同地域的发育时期看，与气候的周期性变化直接相关，在具体层面上就成为时间差的修正问题了，农业标准化工作只需要进行一些结合本地实际的量化条件调整。但在土、肥、水的要求及小区域生态特殊性上，由于到了更为具体的个性处理层面上，是体现农业区域特色的因素，从农业标准化角度，就需要对采用标准的修正更加具体化，甚至需要结合当地特色的具体标准研制了。这是共性中个性问题的处理了，是具体的农业关键标准的功能体现部分了。

3. 农业标准采用的适宜性

采用农业标准比研制农业标准合算得多，符合农业标准化的最低成本思想；采用农业标准更要适合使用农业标准范围的农业实际和需要；采用农业标准还要有适当的先进性和与本地农业标准形成良好的互补性。所以，采用农业标准，照样会有等同采用和修改采用的情况。一般而言，在农业有限范围内，农业标准覆盖的范围越大，等同采用的概率就越高，农业标准规定的程序越加具体，修改采用的概率就越增高。采用农业标准是为了在实用的基础上减少成本，而不是为减少成本才采用的。因此，采用农业标准的根本目的是通过快捷、实用和低廉的过程实现先进、适用和实用，绝不能只图便宜和简单而废了采用农业标准的质。

第四节 农业标准的质量判断

在第三章第四节中对农业标准的质量及其评价做了概要性的论述，目的是使农业标准在研制前，就对标准质量要素和保障质量的要求有所理解，本节在质量论述的基础上，对已经研制出台的标准质量及其评价方法做较为细致的表达，以便于使读者明确，对于到手的农业标准如何进行质量方面的保障判断。

一、农业标准质量判断的一般原则

农业标准质量判断的一般原则，包括了法理性、规范性、完整性、指导有效性和技术先进性。

1. 法理性

任何农业标准，必须在其适用范围内是合法的，其中包括强制性标准乃至宏观管理方法的直接法规性标准。第一章已经述及，法规性标准多以规定范围为主，技术性标准则以规定线路为主，无论哪一类，均以符合法律要求为第一守则。同时，各标准间的联系性和相互补充性，也应当属于合法性范畴。往往在发展初期，由于缺乏系统的研究积累和认真的科学推理，使产生的标准在不同领域、不同层面甚至不同方面，从整体角度使用和比较时，会出现相悖甚至反对现象。要尽量避免这类情况的发生。评价农业标准的过程，也涉及遵循法律法规要求，如评价中的徇私舞弊和随意改变评价流程，都是不合法的。

2. 规范性

农业标准化本身就是一个完整而严密的标准系统，农业标准是这一系统中的一个组成部分，农业标准的研制出台，必须遵守标准制定的标准规则，包括标准中的文字表达方式、格式及语气的信息传递等，均要按照既定要求的流程进行，不可随意改变。因为这种流程是按照标准化原理进行过无数次凝练后所产生的最佳流程。

3. 完整性

完整性主要强调的是每项具体标准对于自己所规定和表达的范围或者过程体现既要完整，又能够突出其中的关键点，繁简得当而不失完整的系统展现；当本标准作为某一标准体系成员时也应当在系统中以要素身份出现时使标准体系在该关键点上体现完整性。相应地，评价其质量时的考虑也要有完整性的指标和全面的评价方法。

4. 指导有效性

大量农业标准是贯彻者的行动指南，到严格的操作流程标准时，在农业上相对少见，这是农业的复杂性使然。那么，农业标准的指导性如何？及时有效性如何，也是我们评价和考量标准质量的重要方面。及时性还反映在经济、社会和市场的变化过程中，实际需求某些标准时，这类标准能否具备了自身的前瞻性而及时表现出来。

5. 科技先进性

科技先进性农业标准是否先进的根本体现，也是农业标准较为难以掌握的一个因素。因为真正科技先进性的农业标准，不一定是采取了尖端农业科技的标准，而该标准是否与当时农业需要、农业发展水平相吻合，使用之能够对特定农业过程发生明显推动作用的标准水平。这正如行事讲求一个合拍一样，个体在整体中不合拍（频率相容）时，再好的规则，也会被整体淘汰出局。农业标准的科技先进性应当从两方面考量，一是本标准的与适用范围的整体水平一致性，二是本标准在实际使用过程中的法定修订频率性。虽然标准不可随意改动，但也不能超期服役，必要时可能提前修订。

二、农业标准质量判断的多维视角

农业标准质量的判断，也是一个系统工程，根据标准在农业系统中所处的位置、区域、层次、性质、职能等，有不同的衡量判断水准。一般地，不管从哪个角度切入判断，距离被判断的标准本体越近者，判断的指标就越具体，对本标准的质量要求水平也就越严，判断包括的范围越大，对本标准质量的要求就偏向于它的联系性、协调性和系统功能性。因此，农业标准质量的判断，具有多维视角性。标准质量评估的最终目的，是为了判断一项标准的实际效用。

1. 评价因素思考

对农业标准的质量评价，需要针对所制修订的标准进行多维角度的评价，包括对标准本身、标准的实施、标准的制约因素，以及标准的四维效应（经济、生态、社会效益和应用者能力提升）。从纵向看，要考虑标准研制实施前与标准颁布实施后的综合评价。针对标准本身，对拟评价的内容将包括标准的法理性、完整性、创新性、先进性，以及研制队伍的素质等方面；针对于标准的使用，主要从标准的可操作性、针对性、适用性及使用人员对标准的熟悉程度来评判；针对标准的制约因素，主要通过标准的技术因素、标准的适用范围（地域、习惯）来考量；针对标准的经济、生态和社会效应，更多地从标准在实际使用后，用相关数据证明，可考虑消费者的反应态度、标准普及的促进、标准后的收益、成本、销售量、环境、贸易量的变化来评估；标准应用对使用者能力的提升，可从一个时期的知识和能力的增长量进行评价。

2. 综合判定法

农业标准质量的判断，除了遵守上述五个一般性原则外，还需要考虑本章中农业标准研制和修订应注意的问题中所列的四个方面是否满足。显然，考虑这些因素，都是标准所处的宏观位置合理性和标准研制前后的背景符合性等方面的约束进行的质量判断，这是必需的，也是从基础方面进行的综合判断。这种类型的判断法，主要采用设定指标，如是否符合法理性、完整性、规范性、先进性、有效性要求，是否很好地考虑到了生态平衡、环境保护、资源利用、农业特点、区域特点、市场需求和经济发展要求等，采用专家系统方法，由行内专业人员以定性综合评价的方式选择回答或者给予评分，再进行统计，得出量化结论。

3. 分类评价法

这种评价方法相对具体一些，是根据不同类型的农业标准进行的，例如，农业基础标准、工艺标准、过程质量控制标准、产品标准等。其主要特点是，质量判断的目的性更强，目标性更明，以标准的功能为衡量的主要指标，剖析标准的结构科学性、水平适用性、内容先进性和应用实用性。这种方法也适宜于对专业性较强的行业标准质量评价，例如，某一农业标准化专业技术委员会颁布的农业标准的质量总体评价。多数情况下，这种判断，是以某类标准群为对象进行的。

4. 理论检验法

对于一项具体的农业标准，进行质量判断，可分为标准的颁布前、颁布后实际使用前和使用后三个主要阶段。标准的颁布前阶段，对质量评价，集中在标准的研制或修订中的审定阶段，是理论检验的最具体、最集中的阶段，质量的把关者，是标准审定专家组，质量的反映对象是标准本体和标准研制队伍结构；标准颁布后、实际使用前的质量评价，是衡量标准在一定时期、一定系统范围中的平衡性与有效性方面的质量的理论检验，这种检验，主要从标准本体质量及其与周围联系性方面的综合质量表现，其结果可反映标准研制队伍其标准审定队伍的综合水平，有标准质量保障溯源方面的作用。这两类方法的质量判断，主要是通过设定指标体系来进行的（具体指标看本节中第三项下的3），这是农业标准质量判断和评价的重点。用这种方法可以给出农业标准质量划定等级，可研制颁布标准质量评价的等级划分标准，从而作为农业标准审定和质量定位的主要依据。标准使用后的质量评价，是通过实践检验的。

5. 实践检验法

实践是检验真理的唯一标准，说的是，任何理论的东西，在能够经得起实践的考验时，才是完整的理论表达，才是对客观事物的真正反映。因为理论来自于实践，又高于实践，而理论被用来指导实践时，理论的高度概括性和共性的表现（并非对实际中的 n

维之全面反映），会使其面对局部的实际时，对个性特点的弱化或忽略，造成一点不适应（即不切合实际）。只有将这种理论在需用的范围内加以试用、修饰后才能够使理论真正结合实际。农业标准质量，在研制过程中曾经要求实践的检验环节，理应对实际的指导作用不应当再出现多的问题，但由于农业领域的复杂性，特别是在农业标准化理论知识普遍缺乏的情况下，即使通过了研制、审定和论证，也可能存在着实际上的缺陷性。所以，只有通过实际应用，让用户评价标准的适用性和实用性，才能够真正完成农业标准的质量评价。

三、农业标准质量评价指标

根据农业标准产生的目的、用途及标准应用后应当产生的效果，进行系统分析影响农业标准质量的各种因素，我们就不难得出农业标准质量进行评价的指标体系。

1. 影响农业标准质量的关键

围绕农业标准质量，回首农业标准产生的因果与过程，放眼农业标准应用的具体目标，可以看出，影响农业标准质量的关键环节，是农业标准研制队伍的综合能力与水平。这支队伍的能力与水平，已经在前面进行了较详细的讨论。而要保证农业标准质量到达一个高的水平，仍然是标准研制队伍对需要研制的具体农业标准的作用和能力的事先准确判断与综合分析后的恰当表达。从这一点讲，具体农业标准在研制到审查颁布过程中，《标准研制说明》就成为标准质量表达的重要后台依据，是农业标准审定者进行要求和审阅的重要环节。最后一点，就是农业标准的实用性和应用有效性，也就是说，通过实践过程，检验农业标准的最后质量有效性和水平性。

2. 农业标准质量评价的指标

基于上述三个关键环节，我们就可以提出农业标准质量评价的一些具体指标了。其中，第一个环节往往是农业标准化中的最前期工作，是要在标准研制前和颁布前关注的质量影响指标，属于农业标准研制队伍的管理问题，有一定的小范围特点和行业深度。因此，对农业标准质量评价的指标考虑，就应当分为两个部分，即农业标准颁布前质量评价指标和颁布后质量评价指标。

1）颁布前农业标准质量评价指标

农业标准在颁布前的质量评价指标设定，只能对研制队伍人员的水平和队伍整体能力进行评价，而评价这些因素的硬性参数只有一个，那就是参与研制标准的人员资格认定和队伍结构搭配。这是比较容易做到的，但形式上的做到，也不能确定就能够拿出来高质量的标准。可见这是一个复杂而难于操作的问题。农业标准颁布前的质量评价指标，应当放在标准研制小组对标准研制的结果上进行，即对标准审核过程中的质量评价指标设定并进行评价。因此，应当有以下具体指标。

（1）目标符合性 指的是，评价具体的农业标准研制前所提出的方案的结构、逻辑与锁定的标准目标之间的符合性程度。目标符合性也包括了研制标准必须在国家和地方规定的法律基础上进行。

（2）结构合理性　包含两个层次，一是评价具体农业标准研制队伍人员组织结构组成的合理性，如各方面人员是否都有，理论与实践层面的参与者是否具备代表性，等等；二是标准本身的结构合理性，如标准设定的起始、过程和终止点是否清楚，标准内容的程序上是否流畅实用，标准所涉及的农业过程关键点是否在标准中有明确表达和突出。

（3）资料完整性　包括两个方面，一是标准研制的支持材料是否完整，各种资料（如标准研制中的相关数据、参数来源、征求意见与处理结果等方面的原始资料）是否齐全，资料内的直观逻辑性感受如何；二是标准研制说明内容的系统性和逻辑性判断，特别是标准中涉及的相关参数（无论是定性的还是定量的）来源、验证和最终确认等过程是否有完全的说理性。要引起注意的是，农业标准的研制说明往往比标准本体更为重要，因为它是保证标准质量的结果依据。

（4）说理科学性　主要指标准研制后所提供的《标准研制说明》的内容与标准本体的对应说理明确性、可信性和科学性。农业标准本体和对应的标准研制说明，是一对不可分割的呼应关系，前者只表明如何这样做，而后者则表达的是为什么这样做。所以，研制明理性在农业标准审定过程中是最为关键的评价指标内容，需要对说明中的所有内容与标准本体的具体条款进行对应审核，确保质量。

实质上，如果将具体农业标准的质量与对应的农业标准研制队伍捆绑在一起，由这些人员对他们研制的农业标准使用承担一定的质量责任，那么，我们的农业标准质量就会自然地和持续地提高。

2）颁布后农业标准质量评价指标

农业标准颁布后，就到了社会层面，进入使用阶段，交予实践检验的具体过程。此期的质量评价指标，应当包括以下方面。

（1）先进性　衡量一项具体的农业标准先进性水平，必须先确定参照系，因为农业发展不平衡，使不同区域有不同的实际情况。所以，农业标准的先进性，应当以该项农业标准在其应用范围内的先进性表现来衡量，而不是无范围的先进性。先进性程度的衡量，就是用本标准规定的具体农业过程与当时实际的农业过程水平比较，比较的水平差异，应当掌握在既具有明显的先进性，又在实际应用时不存在大的困难；既在当时具备明显的先进性，又在今后发展的两三年内也不落后。

（2）实用性　先进性确定后，就要看实用性如何。具体农业标准的实用性，可从标准的实际应用过程和结果判断，主要有标准使用者的区域采标率和应用者反应水平，以及通过前两种情形的分析后进行的自觉采纳趋势的推理结果进行综合判定。

（3）系统性　这一指标的判定，主要从具体标准在较大时空位置上的资格方面进行。例如，与有效范围内同类标准比较，有无重复性及重复的程度，与相邻标准成员间是否成为无缝接合体，是否在具体的标准体系中承担了关键标准的角色，标龄是否在有效范围。

3. 标准质量评价指标体系

根据上述评价指标的确定，我们可以进一步得出农业标准质量评价的指标体系，产生三级评价指标的体系表，如表 4-2 所示。

表 4-2 农业标准质量评价指标体系

时期	维度与权重	指标与权重	得分	测定方法与级别
颁布前	目标符合性（0.2）	标准必要性（0.2）		非常必要、必要、不必要
		名称精确性（0.2）		精确、准确、到位、修改
		内容与目标一致性（0.3）		一致、不一致
		关键点突出水平（0.3）		突出、一般、不突出
	结构合理性（0.3）	制标人员资质水平（0.4）		高:中:低=3:4:3，政:专:操作=2:3:5 为优，其次有良、次、差
		制标队伍组成科学性（0.4）		合理、一般、不合理及理由
		队伍关键人物代表性（0.2）		管理、专业和操作层面人员分别至少有 2 人被公认具有代表性为优，缺其一为良，其次为一般
	资料完整性（0.2）	"研制说明"质量水平（0.5）		审查"研制说明"的内容、结构、参数验证和解释的科学严谨性，分为：优、良、一般
		基础资料完整性（0.5）		用于标准研制的基本资料的完整性和丰富性；评判分为：优、良和一般
	说理科学性（研制说明与标准的对应解释）（0.3）	明确性（0.3）		从研制说明整体评判支持和阐述标准的明确程度；分为很明确、明确、一般
		可信性（0.4）		主要评判与标准相关的参数提出的依据可靠性、验证的可信性；可靠、可信、不可信
		科学性（0.3）		评判标准与研制说明的逻辑关系、过程关键控制点是不明确和有效；分程度高、可信、不科学
颁布后	先进性（0.3）	地方先进性（0.7）		以省级政府辖区为界，衡量标准的地方先进性；分为先进、一般、落伍
		国内先进性（0.3）		比较标准在国内同行业中的先进性；分为先进、一般、落伍
	实用性（0.4）	采标率（0.3）		应当使用本标准的人数与实际使用标准人数的百分比；分为优、良、中、差
		应用者评价（0.5）		通过应用者群的民意测验说明；分为优、良、差、无用
		应用趋势判断（0.2）		分析标准今后应用的可能性程度；分为高、一般、差
	系统性（0.3）	作用关键性（0.3）		分析标准规定范围在特定农业范围内的关键性程度；分为十分关键、关键、一般、没必要
		接合良好性（0.4）		主要审查标准与其相邻标准（体系内）的接合重叠或者无缝结合性水平；分为良好、一般、有漏洞
		标龄符合性（0.3）		按照法定标龄衡量实际标龄；符合为合格，超期 2 年内为一般，其余为不合格

特别提醒的是，每一项农业标准诞生，都是一个严肃而不容易的生产过程，其产品——标准，对农业某个过程的作用是完全不能低估的。其中，研制标准队伍的结构合理性是保证标准质量和标准上档次的前提条件，标准走向社会的质量把关的关键却在于对研制标准进行审定时的相关资料的审查，特别是对标准研制说明的审查至关重要，要求标准研

制说明的科学性更高,各项资料内容严谨、有说服力,资料间的内容逻辑性强,协调,统一,无矛盾。然而,在我们的工作实际中,恰好忽略了这两个特别关键的地方,把标准研制当成写写画画,把标准审定做成了句子修改。这种情况不能再持续下去了。

四、农业标准质量评价算法

确定了质量的衡量指标体系,就有了质量评价的基本依据。根据农业标准质量评价的指标性质和每一项指标获取支持数据的类型,就可以确定相应的数据获取方法和数据信息的提取途径。农业标准质量评价的量化算法,是挖掘获得数据、表现数据内在关系、表达各指标内和指标间关系的基本手段。这里只简单介绍几种常用的方法,不做详细介绍。因为根据目前我国农业标准化发展水平,仍然在推广和服务水平上,其重点在于人们的自觉接受和应用领域,还没有上升到有一定的数据积累,社会大量的需求产生,需要更深层次地挖掘有关信息以便于回答更高的需求。

1. 专家系统法

该算法应用了专家系统。专家系统是一种利用计算机工具,模拟人类专家解决某个领域问题的方法,通过事先编写出来的计算机程序系统,进行问题的自动推理和提出解决方案的系统。专家系统的依据是某个领域大量的专家知识与经验,模拟专家对问题的判断、选择与决策过程,从大量过去事例的小点案例到多层次的系统推演,达到特定领域问题的解决。专家系统是一个具有大量的专门知识与经验的计算机程序系统,它应用人工智能与计算机技术,推理和判断事件过程,给出那些需要人类专家处理的复杂问题的解决结果。

目前,在农业标准质量评价方面的专门专家系统算法还没有产生,但基于我国历史文化的特点,真正的专家判断和推演农业标准的质量水平,是中国科学技术发展中的一个亮点。

2. 分级加权法

分级加权法的基本原理是,列举出进行标准质量评价时所需要的重要因素,再按其重要程度分别赋予权重值,对每一个因素再分成几个级别,分别打分。而后,将它们的分值和权重值的积进行加和,就得到了质量评价方案的总成绩。采用同样的方法,对每一项农业标准进行这样的评价打分,就可以用分值的高低来比较和衡量具体农业标准的质量优劣来。我们对表 4-2 中的指标稍加变化,改置成表 4-3 的形式并进行相应的赋值处理,就可以用分级加权法评价每项具体的农业标准质量了。

表 4-3 分级加权法测定农业标准质量计算表

质量约束的重要因素	权重值	分级(可根据实际情况分 3 到多级)					积与和
		优(>90)	良(89~80)	中(79~65)	差(64~40)	废(39~0)	
合计							

如果对某个农业标准体系进行综合质量评价时，还可用点数加权法。点数加权法的原理是，对体系中的多标准，按照农业标准质量评价的不同级别要素排列，并确定这些要素在标准质量评价过程中所应占的比重。然后将各个要素划分为重要程度或难易度不一的几个等级，各等级赋予不同的点数。在评价某一个农业标准体系的质量时，确定其包含的各个要素在该要素的全体系等级序列中应处于哪一个等级。属于哪一个等级便可以得到这一要素所属的这一等级的点数。而后，将所有要素的点数加和起来，就得到了这一标准体系中某一标准应得的点数。反复进行，对所有标准的点数都计算出来之后，按点数大小排序，得分最高者即为标准在本体系中的价值为最大者，那么级别最高的，标准的核心地位就越体现出来。

3. 人工神经网络法

我们模仿着生物的神经网络处理问题的方法，来解决一些实际问题，称为"人工神经网络"（ANN）法。例如，我们的大脑处理问题，就是这样的。生物的基本神经元包含有神经键、体细胞、轴突及树突。神经键负责神经元之间的连接，这种连接，是在一个非常小的空隙中，由生物电信号，从一个神经元跳转到另一个神经元，再到神经体细胞中进行处理，处理的结果又传递给轴突，轴突再将这些信号分发给树突，树突带着这些信号又交给其他的神经键，从而完成了一个周期，再继续下一个循环。

在人工神经网络法中，每个神经元（指标）有特定数量的输入，也有各自的临界值，我们会为其设定权重，神经元会计算出权重合计值。当权重合计值大于临界值时，神经元就会输出1，反之则输出0。这个输出，再传递给与该神经元连接的其他神经元，继续剩余的计算。可见，在这一系统中，神经元的权重及临界值的确定，成为关键。

农业标准质量及标准化效果评价，只要解决了系统中的要素（神经元）及其关系，人工神经网络法就可使用了。至于输入与输出的结果对应，可采取"训练"方法完成。训练一般分为监管型和非监管型，监管方式的训练，实质就是解决：特定的输入应该做出怎样的输出。通过反复调整权重值，直至数据被正确地分析出来。非监管方式，是对输出的结果进行评估而反复调整。

网络一般包括有输入层、隐蔽层及输出层多个层（神经元），输入层负责接收输入及分发到隐蔽层，隐蔽层负责所需的计算及输出结果给输出层，此时就看到了结果。

人工神经网络法，有太多的因素需要考虑，是复杂系统的显性化过程，难度大。例如，需要考虑训练的算法、体系结构、每层的神经元个数及层数和数据的表现方式等。这方面工作需要有专门的软件支撑。

4. 模式识别法

模式识别（pattern recognition）也称模式分类，是对表征事物或者现象的各种形式的信息进行处理和分析，从而实现对事物或者现象的描述、辨认、分类和解释的过程。模式识别分为抽象和具体的两种形式，即思想、意识、议论等的概念识别和具体的事物识别；从处理问题的性质和解决问题的方法等角度，又分为有监督式识别（supervised classification）和无监督识别（unsupervised classification）。这决定于各实验样本所属的类别，是否预先已知。模式识别与统计学、心理学、语言学、计算机科学、生物学、控制论等有关系。它与人工智能、图像处理的研究有交叉关系。模式识别的具体方法有决策理论法和结构法。

（1）决策理论法　即将识别的对象先数字化，再处理。在数字化环节之后，要进行预处理，除去混入的一些干扰信息；再抽取特征值，也就是，选定一种度量，来消减一般的变形或失真。特征抽取过程，是将输入模式从对象空间映射到特征空间。这时，模式可用特征空间中的一个点或一个特征矢量表示。这种映射不仅压缩了信息量，而且易于分类。特征抽取尚无通用的理论指导，只能通过分析具体识别对象决定选取何种特征。特征抽取要组建鉴别函数，由特征矢量计算出相应于各类别的鉴别函数值，通过鉴别函数值的比较实行分类。

（2）结构法　一种语言学方法，是把一个模式描述为较简单的子模式的组合，再分解子模式为更简单的子模式的组合，从而获得树形结构描述。底层的最简单的子模式，称为模式基元。选取基元，相当于决策理论法中的特征抽取。所选的基元，要能对模式提供一个紧凑的结构关系反映，易于用非结构法抽取。显然，基元本身不应该含有重要的结构信息。

统计模式识别（statistic pattern recognition）也适用。其原理是，有相似性的样本（标准类）在模式空间（标准体系）中互相接近，并形成集团，那么，根据模式所测得的特征向量 $Xi=(xi_1,xi_2,\cdots,xi_d)$ T（$i=1,2,\cdots,N$），将一个给定的模式归入 C 个类($\omega_1,\omega_2,\cdots,\omega_c$)中，然后根据模式之间的距离函数，来判别分类。其中，T 表示转置，N 为样本点数，d 为样本特征数。具体的方法有判别函数法、近邻分类法、非线性映射法、特征分析法、主因子分析法等。

5. 模糊评判法

模糊评判法，是利用模糊数学工具进行农业标准质量评估的一种计算方法。其基本过程是：将评价目标——农业标准或者农业标准体系，看成由多种因素组成的模糊集合（称为因素集 u），再设定这些因素所能选取的评价等级组成评语的模糊集合（称为评判集 v），分别求出各单一因素对各个评价等级的归属程度（称为模糊矩阵），然后根据各个因素在评价目标中的权重分配，通过计算（称为模糊矩阵合成），求出评价的定量解值。

模糊综合评判法，也是农业标准质量评估的一个方法，包括了设置评价指标，指标权重的确定，建立指标评价集，单个指标给分，再通过矩阵计算，进行评价。具体流程可参图 4-2。

（1）数学模型的建立步骤　分为以下 5 个过程。

a. 因素判别集：根据表 4-1 指标，组建表征农业标准质量的指标构成集合（评价指标体系）。N 为指标数，第 i 个指标。

b. 选择评价集：确定每个指标评价的等级集合，若有 m 个等级，则评价等级有 j 个。

c. 单指标评价：为每个评价指标的评价语给出等级隶属度。

在 n 个指标、m 个等级下，可得到一个 $n\times m$ 阶隶属度矩阵（R）。其中各 ij 指第 i 个指标隶属于第 j 个等级的程度。

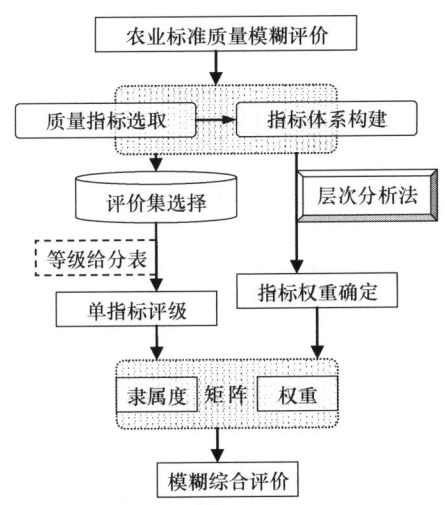

图 4-2　农业标准质量的模糊综合评判法流程

d. 架构权重集：根据各指标重要性，确定权重值，从而得到权重矩阵（W 向量）。由于农业标准质量评价往往出现多层次的指标体系，可用层次分析法，确定各个指标的权重。

e. 综合评价：运算权重矩阵与隶属度矩阵 $W \times R$ 即得综合评判结果向量。在比较常用的算式中，根据标准的特点选择模型。对于合成结果可进行归一化，并按最大隶属度原则确定评价对象所属的等级。

（2）权重的层次分析法确定　层次分析法（AHP）用来确定权重，是通过经验判断来衡量各指标间的相对重要程度，合理地给出各层对上一层的权数，利用权数求出各指标对决策方案的重要程度。其步骤一般有 3 个：建立层次结构模型，构造判断矩阵，进行一致性检验。这是一种定性与定量相结合的决策分析方法。

层次结构，从上到下，依次为最高层（决策的目的、要解决的问题），最低层（决策时的备选方案），中间层（考虑的因素、决策的准则）。对于相邻的两层，高层为目标层，低层为因素层。

判断矩阵，是以上一级的某一要素 A 作为评价准则，对本级的要素进行两两比较，确定矩阵元素，排列如表 4-4 所示。

表 4-4　层次分析法中相对 A 层的判断矩阵

A	B_1	B_2	...	B_j	...	B_n
B_1	b_{11}	b_{12}		b_{1j}		b_{1n}
B_2	b_{21}	b_{22}		b_{2j}		b_{2n}
B_3	b_{31}	b_{32}		b_{3j}		b_{3n}
...		...		...		...
B_n	b_{n1}	b_{n2}		b_{nj}		b_{nn}

判断矩阵 B 中的元素 b_{ij}，是依据评价准则 A，要素 B_i 对 B_j 的相对重要性，一般有

$$b_{ij} > 0, b_{ji} = \frac{1}{b_{ij}}$$

b_{ij} 是根据资料数据、专家意见和评价主体的经验经过反复研究后确定,通常评判标准有 1～9 个标准尺度,见表 4-5。

表 4-5 判别矩阵中的标准尺度

尺度	A 层的 B_i 相对于 B_j 重要度	b_{ij} 值	尺度	A 层的 B_i 相对于 B_j 重要度	b_{ij} 值	尺度	A 层的 B_i 相对于 B_j 重要度	b_{ij} 值
1	极重要	9	4	稍重要	3	7	次要	1/5
2	很重要	7	5	同样重要	1	8	次要很多	1/7
3	重要	5	6	稍次要	1/3	9	极为次要	1/9

确定了判断矩阵,就要权重的计算。首先,求出判断矩阵的最大特征值,再按式 4-1 求出对应的特征向量 W:

$$BW=\lambda_{\max}W \qquad (4-1)$$

式中,W 的分量（$W_1, W_2, \cdots, W_n$）就是对应于 n 个要素的相对重要度,即权重系数。在标准尺度的基础上将判断矩阵每一列归一化:

$$\overline{b}_{ij}=b_{ij}/\sum_{k=1}^{n}b_{ij}(i=1,2,\cdots,n) \qquad (4-2)$$

对按列归一化的判断矩阵,再按行求和:

$$\overline{W}_i=\sum_{j=1}^{n}\overline{b}_{ij}(i=1,2,\cdots,n) \qquad (4-3)$$

将向量 $\overline{W}=[\overline{W}_1,\overline{W}_2,\cdots,\overline{W}_n]^T$ 归一化:

$$W_i=\overline{W}_i/\sum_{i=1}^{n}\overline{W}_i(i=1,2,\cdots,n) \qquad (4-4)$$

则 $W=[W_1,W_2,\cdots,W_n]^T$ 即为所求的特征向量。再根据式 4-1 计算得出最大特征值:

$$\lambda_{\max}=\sum_{i=1}^{n}\frac{(BW)_i}{nW_i} \qquad (4-5)$$

得出最大特征值及权重值后,就对层次模型进行一致性检验,定义一致性指标 CI 为

$$\mathrm{CI}=\frac{\lambda_{\max}-n}{n-1} \qquad (4-6)$$

一般而言,若 CI≤0.10,则判断矩阵具有一致性,据此计算结果可以接受。显然,随着 n 的增加,判断误差也会增加。因此,在判断一致性时,应考虑 n 的影响。使用随机性一致性比值 CR=CI/RI（RI 为平均随机一致性指标）,判断更为准确。表 4-6 给出了部分样本判断矩阵计算的平均随机一致性指标检验值。

表 4-6 RI 系数表

阶数	3	4	5	6	7	8	9	10	11
RI	0.58	0.90	1.12	1.24	1.32	1.41	1.45	1.49	1.52

当 CR<0.10 时,判断矩阵具有令人满意的一致性;当 CR≥0.10 时,需要调整判断矩阵,直到满意为止。

第五章 农业标准体系

在农业系统中，为了各方面效益的最大化（包括对集团利益的最大维护），从各个角落探索以最小的投入、最简的过程和最大回报为目的的操作管理程序的应用，是在农业标准研制颁布基础上的又一个系统过程，是将农业标准作为系统要素，进行科学搭配组装，形成新的体系单元，成为目标性的子系统规范，从而规定特定的农业子系统，以便实现子系统内的最佳效果，再产生系统之上的最大"涌现"（系统效应所生的其他效益）。众所周知，浩瀚的大海源于潺潺溪流，任何再复杂的系统，都是由子系统构成的，即系统的显著层次性和结构性特点。农业标准和农业标准体系也是这个关系特点。正由于这种特点，人们进行复杂系统的操控，总是将其分解，拆散，逐一消化后再从简到难地优化、组装和集成能够驾驭该系统的措施与方法，从而达到管理系统的目的。应用农业标准操控农业系统，也必然要走这样的道路。那么，从农业系统中最基本的微系统开始，研制为管理该系统所需要的农业标准，实质就是在组装与目标微系统相关的一切农业标准到能够管理微系统的体系状态，这就是最小的农业标准体系。

第一节 农业标准体系概念与特征

在明确农业标准体系概念之前，有关体系的基础知识需要交代。这涉及系统及其特征的概念。

一、体系与系统

1. 关于体系

所谓体系（system），是指由若干相关事物相互联系、相互制约而构成的科学完整的整体。而系统（systematic），则是由一些相互联系、相互制约的若干组成部分结合而成，具有特定功能的一个有机整体。

体系，是偏向于对系统状态的描述，以静态为主，多从空间状态上表达系统的现状与存在形式，是系统一个截面的反映；而系统不但表达了体系的状态，还表现了体系的空间、时间和关系变化等多个方面的动态过程。

2. 关于系统

系统具有明显的层次性和结构性。一个系统，相对于较高一级的系统时，是一个要素或者子系统，而该要素通常又是较低一级的系统。系统最基本的特征是其整体性；系统的功能是各组成要素在孤立状态时所没有的；系统具有结构和功能在涨落作用下的稳定性，具有随环境变化而改变其结构和功能的适应性和历时性。

3. 系统的功能

系统的功能性十分明显，这是由系统的严密结构所决定的。系统的功能是指系统与外部环境相互联系和相互作用中表现出来的性质、能力和功能。实际中，系统总是以特定结构出现的。对某一具体对象的研究，既离不开对其物性的描述，也离不开对其系统性的表达。系统科学研究将所有实体作为整体对象的特征，如整体与部分、结构与功能、稳定与演化等。要弄清农业结构，建立科学的农业标准体系，不理解系统是不行的，不掌握系统科学是无法理解和建设农业标准体系的。

二、农业系统与农业标准体系

1. 农业系统

农业系统（agricultural system）是利用土、水、太阳能从事生物再生产和经济再生产过程的整体结构与功能表达的过程。农业系统是一个复杂的巨系统，它构成了多层次的大生产子系统。

（1）农业类型与要素　农业系统一般分布在一定的地域范围内，形成不同结合形式和不同等级的生产类型，表现为某种农业经营制度，并形成农业区域。对农业类型的划分，大体上都是根据土地性质、气候、劳动力、资金、风险、经营方式和生产水平等因素进行的。农业系统的分布范围既可大到全世界，也可小到一个农场单位或一种农业耕作制度。波兰地理学家 J.科斯特罗维茨基于 1982 年把世界农业系统分为 6 个一级类型：①传统的粗放农业；②传统的集约化农业；③市场农业；④社会主义农业；⑤高度专业化牲畜饲养业；⑥大庄园式农业。下分 20 个二级类型和 100 多个三级类型。

作者对农业系统研究，认为围绕农业，为了解决衣、食、住、行的基本问题和满足各种不同需要，人类积极参与，加入农业系统中的方方面面，在投入、获取的同时，想方设法使过程结果产出更多，从而演变出了由自然系统到人工系统链上的形形色色，亦出现了越来越多的行业划分及新的结合。例如，将农业与社会分工结合，突出专业领域特点，就出现了农业（狭义）、林业、畜牧业、渔业、贮运和加工业；以生产资料的源和量为特征而出现的朴素农业、石油农业、有机农业、绿色农业和无公害农业；从环保与可持续发展角度出发就产生了生态农业、都市农业和多功能农业；从农业措施各分量及其结合增效性量化掌握度上划分，有精确农业和模糊农业。因水资源的丰缺和人为解决的程度分为旱地农业、雨养农业和灌溉农业；以技术的综合利用为核心，摆脱自然力的约束，人工可调控下生成设施农业；将信息技术应用于农业，以市场带动为目标，就出现了信息农业，等等[1]。

（2）农业系统的分类　由于农业系统复杂，分类的方式就很多。这里举出三种方式，即按照农业过程系统分类、农业行业衍生过程的系统分类和集成式农业系统分类，其分类图式如图 5-1 所示。

应用农业标准化理论约束农业系统，可得出农业标准化下的农业系统分类图（图 5-2）。

---

[1] 李鑫，袁锋. 标准化中农业系统的分类研究. 中国标准化，2003，（11）：58-61

第五章 农业标准体系

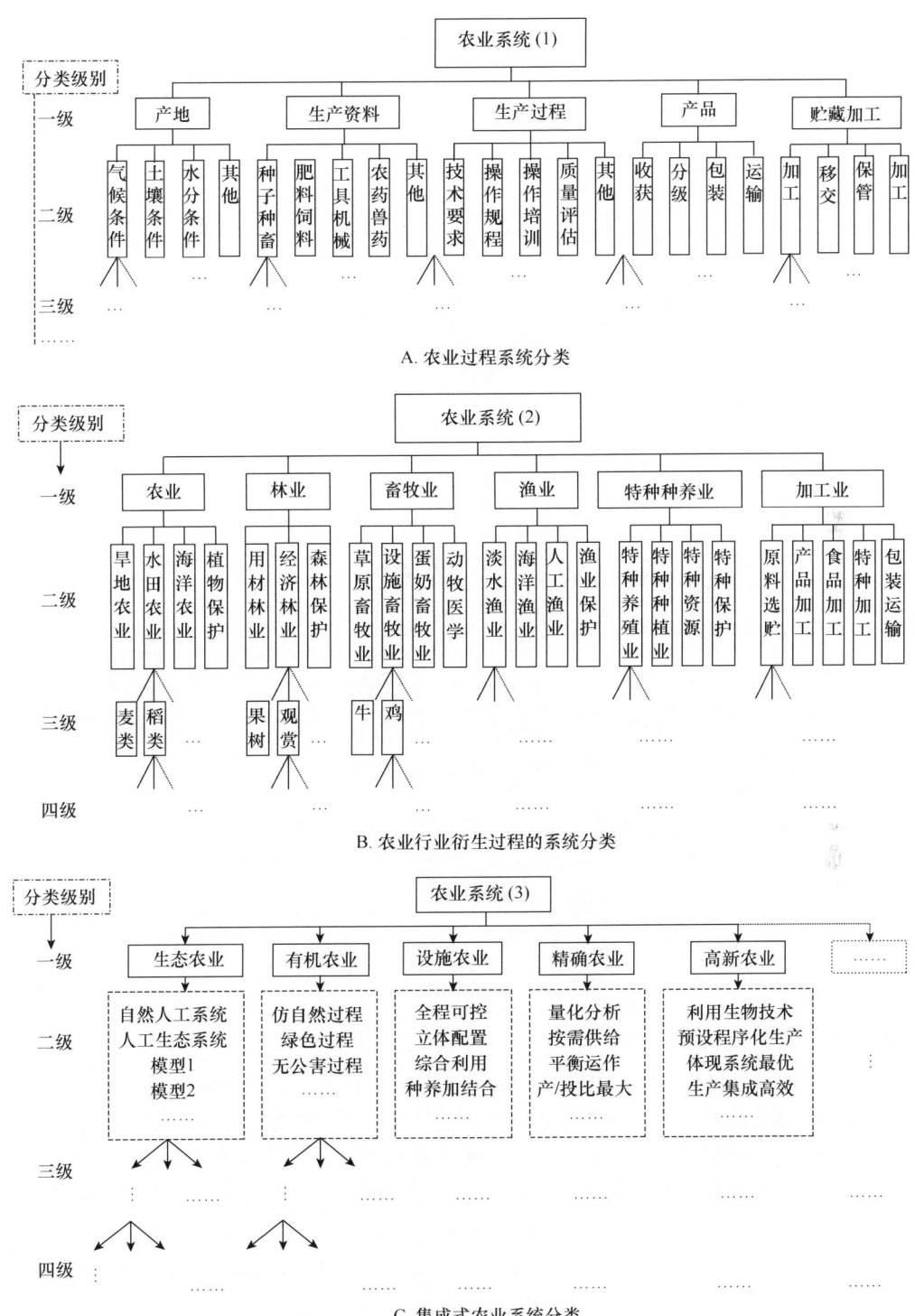

图 5-1 农业系统三个不同分类体系示意图[1]

---

[1] 李鑫，袁锋. 标准化中农业系统的分类研究. 中国标准化，2003，(11): 58-61

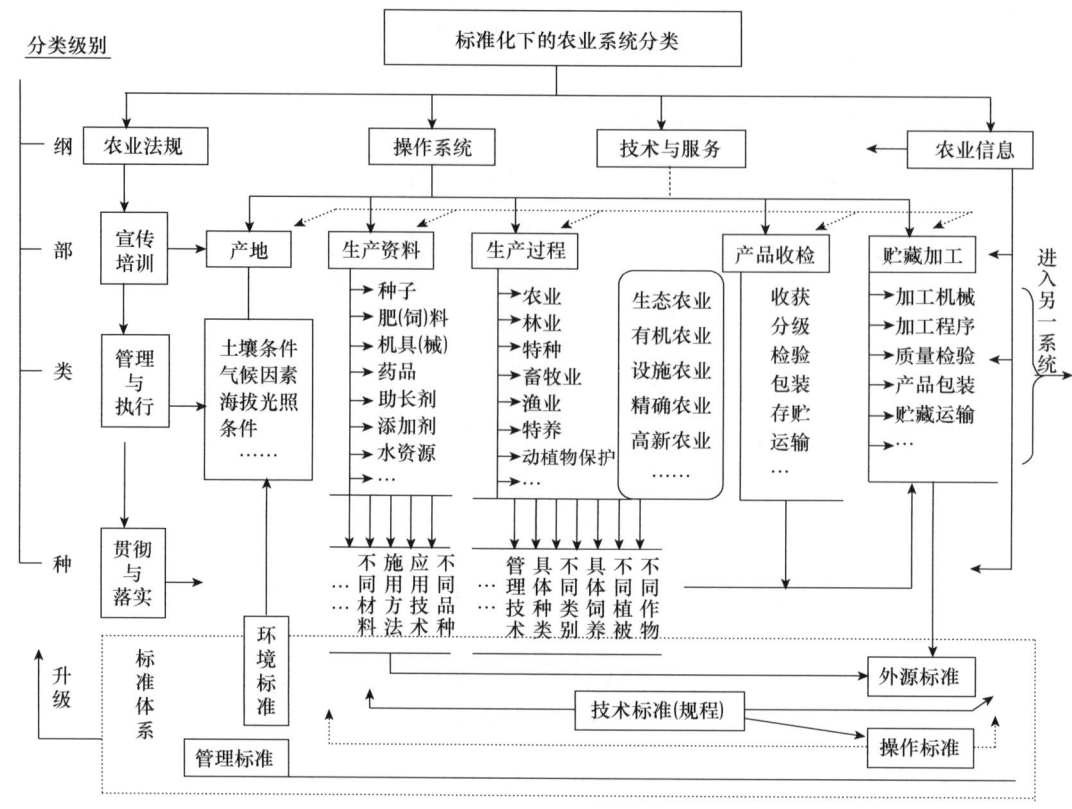

图 5-2　标准化下的农业系统分类[1]

农业系统的结构与功能是有形体与无形体的有机结合，表现出强烈的复杂性和拓展性。农业标准也应当是一个"不可商量"的执行程序，其本质已经对规定过程做客观反映，并且能够操作再现。而应用中，任何一个时段，却需要多个标准的合作实现，同时各标准的贡献率无时不在变化。这就涉及了标准间的硬性关系与弹性处理。而这种关系与处理的基础，必须是标准间原有的相辅相成和协调有序。要做到这一点，对农业系统的认识有序和有序分类就成为前提。

2. 农业标准体系

农业标准体系（agricultural standard system）是特定的农业范围内的所有农业标准，按照其内在的联系，所构成的科学有机的整体。从形式上看，恰如拼图玩具，每一项标准就像一小块拼图成分，所有拼图小块拼合到位，就建成了拼图的目标整体，这相当于农业标准体系的形态。要想得到美丽的拼图整体图案，就需要寻找每个小拼图上的图形和边缘形状的对应联系，将能够对应接合的拼块逐步拼合，直至达到目的。这实质就是简化了的用农业标准建立农业标准体系的过程。从内容上看，农业标准体系中的各项标准之间，因其固有的关系和多方位联系，使每项标准就位于各自应有的空间，形成 n 维空间上的必然联结体系，从而构成了能够满足对应农业体系需要的农业标准体系。图 3-3 示意的是二维平面上的标准体系，其中有重叠与缝隙，将其置于 n 维空间，就成了真实的农业标准体系。

---

[1] 李鑫，袁锋. 标准化中农业系统的分类研究. 中国标准化，2003，（11）：58-61

人的参与和技术的应用，把农业的联系性和相关性大大拓展，与诸多其他领域发生了直接或间接的必然联系。当今科学技术的两大制高点，即生物技术（biotech）和高新技术（high-tech）均与农业有着密切关系[1]。

3. 农业系统与标准体系

农业系统与农业标准体系之间有着完全对应的依存关系。农业系统是一种客观存在，有着自身运动的规律，人们在开发和利于农业系统，有整体体系的开发利用，也有局部利益的应用开发，或者是某一项目标的满足利用。不论哪种目的，开发利用的过程必须在标准的规定之中进行，才是最为科学有效的。农业标准体系，是根据对应于农业系统实际，结合开发利用的具体目标，来设定拟达到目标的特定的过程关键，构成能够以最佳方法到达目标的关键架构，从而利用标准的约定，落实实现的方法，最终获得事先设定的目标产物。所以，农业系统是基础，农业标准体系是决策，农业标准是要素。无论什么样的目标，在实现时必须首先要有适合的农业系统，其次是结合目标的要求，在适宜的农业系统中寻找和设定相应的结构，确定过程与体系关键，架构能够以最佳状态表达的标准体系。农业标准体系是对应农业系统的最佳化管理与操作的静态规定表达；应用农业标准体系，是将实质上的农业动态过程——农业系统进行显性化的落地。

三、农业标准体系特征

当今农业发展，已经不是过去的"基础"理解，而是我们常说的一、二、三产业相融合的状态了，成为复合性很强的立体多功能产业了。那么，推动这种产业发展的农业标准体系，从其对所处环境的贡献作用看，必然就有了多面性，即自然性、经济性、政治性和文化性等。从农业标准体系所涉及的标准内容看，就要对农业体制与政策、农业与农村经济结构、农业科技水平、农业资源条件、农产品供求、农业的社会化程度、农业文化及农业综合效益等方面均要有综合的反映与体现。从农业标准体系的内在结构与功能发挥看，农业标准体系的特征，又有目标性、集成性、整体性、模块性、层次性的一面。

1. 农业标准体系的环境特征

（1）自然性　农业依赖于自然条件，农业标准体系的自然依赖性也成为必然。

（2）经济性　农业发展的主要目标之一是经济性，农业标准体系是为获得最大利益产生的，经济性是明显的。

（3）政治性　在集团利益有区别的经济社会发展的今天，永固的农业基础地位使农业标准体系必然要考虑为集团政治服务的。

（4）文化性　文化是个体和群体综合素养的外在表面，农业标准体系产生和应用离不开具备相同文化层次的人群，农业标准体系不依从当时文化的准则也是不可能行得通的。

2. 农业标准体系的体系特征

（1）目标性　农业标准体系，就是在一个共同目标的约束下，由多个相关标准进行

---

[1] 李鑫，袁锋，刘光哲. 标准化中农业系统定界问题的商榷. 中国标准化，2003，（9）：11-13

逻辑组合形成的，其结果具备了潜在的系统涌现功能。

（2）集成性和整体性　单项标准本就是一个系统，多项标准的逻辑性集成，构成了新的单一整体，从而能够发挥出个体无法发挥出的更大作用。

（3）模块性和层次性　也可视为可分解性。作为规定和推动一个特定农业系统在最佳水平上运动的农业标准体系，具备了模块性和层次性，体系作用及其灵活性就会更大。为保证农业标准体系的有效性和更大层次上的标准化原理体现，农业标准体系间和体系内由多元可分解的亚体系组成，从而使应用和维护变得简化。

第二节　农业标准体系结构

农业标准体系的结构，由以下三个方面组成。

一、结构组成

农业标准体系结构中，包含各种满足该体系功能的农业标准。在核心内容组织上，从大的方面，必须有技术标准、管理标准、工作标准、操作标准和环境标准；从形式表现上，则有标准体系结构图、标准体系表，以及研制的相关说明。这些内容的具体关系与做法，随后叙述。图 5-3 展示了农业标准体系结构的组成成分。

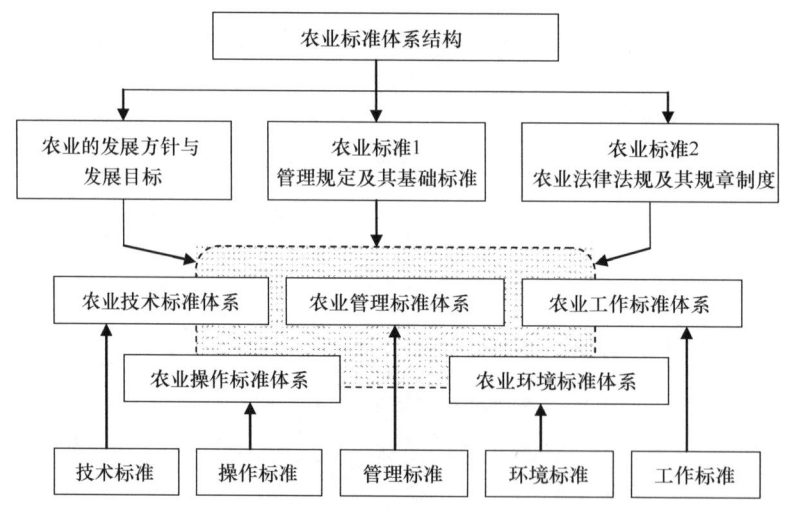

图 5-3　国家农业标准体系结构图

二、结构层次

农业标准体系结构的层次性是十分明显的，图 5-3 就直接表达出来了。其不但层次分明，层间接连顺畅，而且各层以模块组成，构成了纵横层次化、模块化的整体体系。图 5-4 对农业标准体系结构的层次性进行了较为细致的表达。

农业标准体系的层次结构是表达农业标准化对象内部上级与下级、共性与个性等关系的良好的表达形式。层次结构类似树形结构，上节点层次所定的标准相比于下节点层次产生的标准，更能够反映农业标准化对象的抽象性、具体性及其共性。层级结构的深度，体现了对农业标准化对象的管理精度；标准层次结构的完备性，标志着农业标准体系的灵活性，是农业标准体系适应农业多样性的一个重要表现。

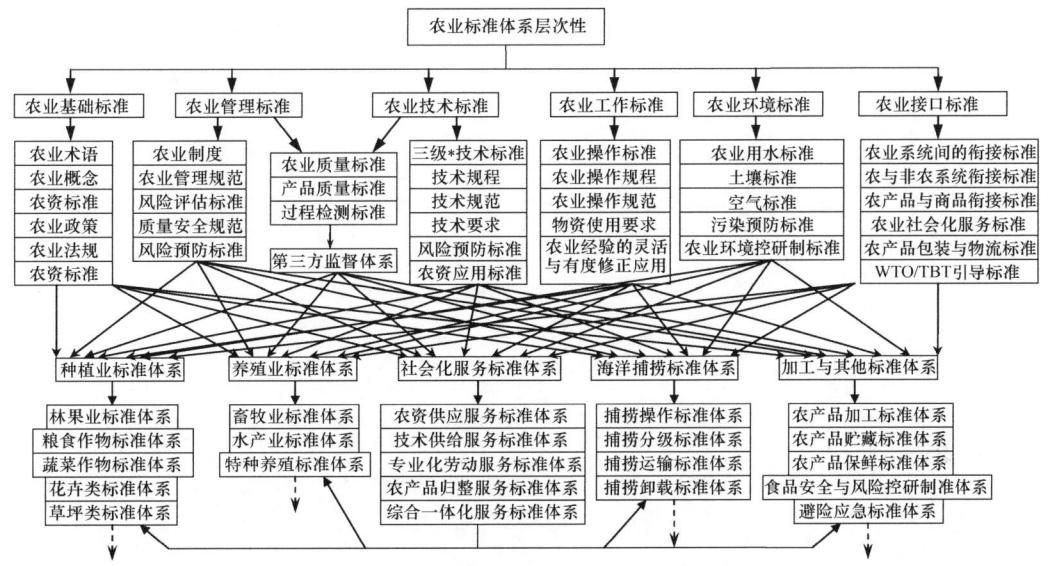

图 5-4 农业标准体系层次的多级划分
*图中指有机、绿色和无公害

农业部市场与经济信息司在《农业标准体系建设规划（2004-2010）》中，对农业标准体系有一个结构层次的表述，具体如图 5-5 所示。

三、程序结构

1. 程序结构的内容

农业标准体系的程序结构也称线性结构，是指各标准按照过程的内在联系和顺序关系进行结合的形式。程序结构主要体现了农业标准化对象在活动流程中的时间性。例如，产前标准应用、产中标准应用及产后标准应用，或者有基础标准、工艺标准、质量控制标准、产品标准及包装加工等标准应用的基本流程和次序，均由若干个阶段，分前后次序，相继完成。

2. 案例

以农业企业标准体系建设为例，可见农业标准体系的程序性结构的一个缩影。参照国家标准《企业标准体系 技术标准体系》（GB/T 15497—2003）、《企业标准体系 管理标准和工作标准体系》（GB/T 15498—2003）、《企业标准体系 评价与改进》（GB/T 19273—2003）及《企业标准体系表编制指南》（GB/T 13017—2008）进行编制，以技术标准体系为例，就出现如图 5-6 所示的企业标准体系序列结构。

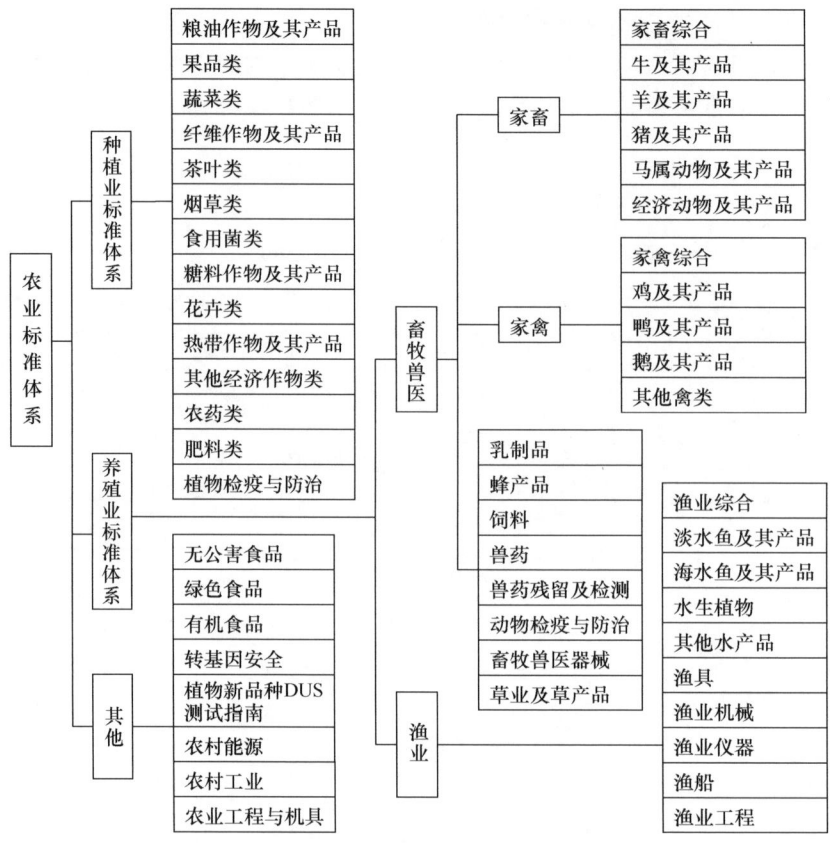

图 5-5　我国农业标准体系的另一种分法

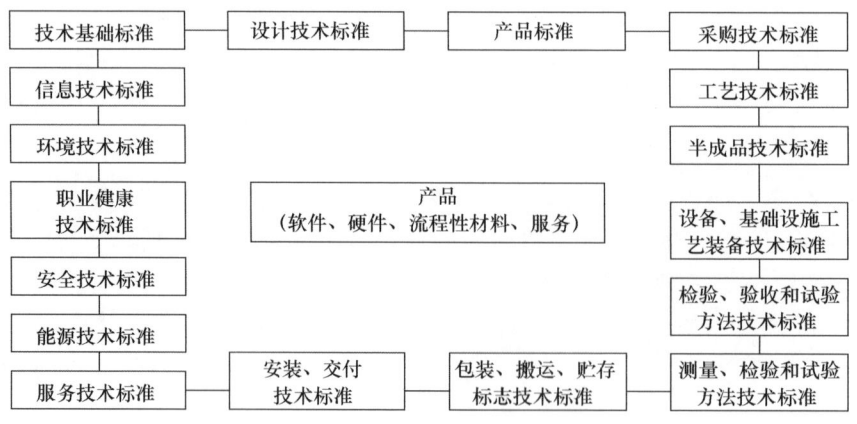

图 5-6　企业技术标准体系的序列结构

3. 企业标准体系

企业标准体系（enterprise standard system）是企业内部相关的标准按照其联系构成的有机整体[1]。企业标准体系，以技术标准为主体，包括管理标准和工作标准。企业技

---

[1] GB/T 15496 2003. 企业标准体系　要求

术标准主要包括了技术基础标准、设计技术标准、产品标准、采购技术标准、工艺标准、工装标准、原材料及半成品标准、能源和公用设施技术标准、信息技术标准、设备技术标准、零部件和元器件标准、包装和贮运标准、检验和试验方法标准、安全技术标准、职业卫生和环境保护标准等；企业管理标准主要有管理基础标准、营销管理标准、设计和开发管理标准、采购管理标准、生产管理标准、设备管理标准、产品验证管理标准、不合格品及纠正措施管理标准、人员管理标准、安全管理标准、环境保护和卫生管理标准、能源管理标准和质量成本管理标准等；企业工作标准主要为中层以上管理人员通用工作标准、一般管理人员通用工作标准和操作人员通用工作标准等。

第三节 农业标准体系建设

根据农业标准化的学科基本理论和原理方法，遵从农业过程的基本特点，农业标准体系建设，应当遵从一个原则，两个主要途径[1]。

一、农业标准体系建设的原则

农业标准体系建设，要以适应经济全球化，全面建设小康社会和现代农业发展的需要为前提，以提高农产品质量安全水平为核心，以实现农业增效、农民增收和农产品竞争力增强为目标，借鉴国外成功的农业经验，建立健全一套既符合我国国情、又符合国际惯例的农业标准体系。农业标准体系建设的一般原则应当如下。

1. 坚持政府推动、市场引导的原则

基于农业的公益性特点，农业标准体系建设，在相当程度上需要政府参与。因为，虽然我们已经走向市场经济方向，农业标准体系建设不只是经济发展需要，或者纯粹围绕经济要求的东西，它有大量公益性的要求甚至纯粹公益性的体系存在。所以，研究和建设农业标准体系，就需要坚持政府推动、市场引导的原则。重视政府在农业标准体系建设中的推动地位，充分发挥政府权威力量，从基础的和重大的方面积极建立农业标准体系。与此同时，市场的引导作用不可小视，由涉农企业、行业组织、庄园、家庭农场、种植大户等因市场要求而直接参与农业标准体系建设，完美农业标准体系的层级结构的同时，获得因农业标准体系的建设和应用而带来的经济收益。

2. 坚持突出重点、尽量简化原则

一项农业标准体系，需要许多项具体的农业标准装配，农业标准体系的质量与具体的标准质量有关，也与标准组织的科学性有关，更与体系内吸纳标准的数量——事先确定的质量关键控制质量等级有关。无论是哪一个类型的农业标准，体系中的重点必须突出，也就是说，标准体系中的关键点必须保证，在此前提下，所采用的标准应当越少越好，而不是越多越好。同时，从时间角度，所纳入的农业标准，必须按照轻重缓急，有所区别地加以制定、修订和容纳。如果从安全性考虑，首先要优先制定和修订农业安全

---

[1] 李鑫，袁锋. 农业标准体系结构研究初探. 世界标准化与质量管理，2003，(9)：23-25

标准及安全标准子体系的建设；其次是以农业资源环境保护与利用为基础的可持续标准体系的建设；再次是农产品质量标准及其标准子体系的建设。

3. 坚持同步略高、平稳升级原则

农业标准体系是用来推动特定农业过程的，而特定的农业过程水平往往是不相统一的。农业过程水平的高低受到多种因素的影响，如经济发展水平、知识掌握程度、农业文化约束等，在研制和建设农业标准体系时，就要综合考虑这些因素的作用，使所建立的农业标准体系，从水平角度，略高于这些因素的提供条件，以便于在使用时能够尽快上手，加速推动。我们一定要防止一个极端的情况产生，即不顾实际，好高骛远，一味追求所谓高水平，而忘记了农业发展的现实需要，使研制和建立的农业标准体系与现实脱离，与需求无缘。还要防止形式主义漫延，只走形式，不求需要，把做样子当作主要工作任务，使研制和建立起的农业标准体系没有实用性。对于已经建立的农业标准体系，要根据经济发展和农业需要的实际，经常关注新的成果和收集先进的经验，随时启动农业标准体系修订程序，使其不断得到升级和更新。

4. 坚持具体与战略结合的原则

无论哪一类农业标准体系，对特定的农业范围来说，都存在着发展的战略功能。因此，在制定农业标准体系建设的规划、管理和应用农业标准体系时，都要有战略层面的发展式考虑。从国家层面上，农业标准体系建设、标准制修订，首先要以保障农产品质量安全、增强农产品市场竞争力为重点；同时随着科技发展和生产贸易需要，加以及时的修订，以确保标准的科学性、先进性和适用性；还要在充分尊重我国国情、农情的前提下，加大我国对国外标准的采用力度，特别是食品法典委员会（CAC）等国际组织的标准的采用力度，加强国际间农业标准化的技术及人员交流，提高我国农业标准化的国际化水平。

二、清晰农业过程的标准体系产生

这类农业标准体系产生的前提，是实现标准体系的特定农业范围中各种控制指标与运作程序的控制关键都是清晰的和明确的，没有灰色的因素出现和模糊成分存在。而且，被该体系纳入的所有标准，所规定的过程或者范围也是明白的，不存在任何模糊的部分，能够对客观性反映很到位。所以，在体系编制前，对具体标准的规定透明度与客观性，就用翔实可靠的科学资料来支持，以表达重复过程的数据科学是硬性的和量化的，并且全方位反映某个农业过程的始终。根据这些数据，再考虑该过程的某些特性，如异域性、时差性、前置性等，做出科学的划分，形成基于整体联系中相对独立的分解体（条块），再以分解条块，形成相应标准，而后构成特定农业过程的标准体系。

这种农业标准体系，形式上表现为一条一条标准，实质是建立在既定的联系和系统基础之上的一个整体。同时，由于事先的系统性考虑与设计，各标准间的不协调甚至碰撞成分更少，标准间的联结性表现出整体优势；这种标准体系是依据系统科学思想进行的科学拆分和组装的产物，即便在应用的过程中，随着技术的改进和新经验的累积而需要修订时，也不容易从体系的根基上产生问题，具有稳定性和持续性。

三、灰色农业过程的标准体系产生

标准及标准化是建立在自然科学实验和实践经验的总结和升华之上，形成于管理学和社会学之间，实施在法律与规定之中的综合性学科。农业标准及农业标准化，除了符合上述特性之外，还要反映和顺应生物生长发育这一特殊的规律，它比工业标准的制定及其标准化的实现要复杂得多。以往的农业标准中之所以产生像"技术规范"这样的词眼，且此类标准数量远远多于工业标准，就是因这种双重复杂性所致。从这一特点出发，制定农业标准，完成某项农业过程的标准体系，要求农业过程的完全白化条件，显然是做不到的。灰色系统理论告诉我们，在具备因果关系的条件下，其过程规律有时可不予理睬（当然这与科技发展水平有关）而不会较大程度地影响结果的产生。据此，即便对某些农业过程认识的并不到位，农业标准体系亦可建立。我们可用另一种途径完成，即当人们对需要研制的某一农业过程了解不甚清楚，取得的资料和经验只在片段的层次上时，可采取两种方式制定标准。

1. 直接产生标准

对已经研究透彻，直接资料翔实充足，完全可重复的某一农业过程阶段，直接制定标准，并要积极研究探索，弄清另一些模糊片段，尽快制定新片段标准。这就逐步建立起初级农业标准体系，再通过不断地完善和修订，直至达到理想水平的标准综合体。

这种农业标准体系产生的方法，是一种具有摸索性质，尚缺乏系统性的方法。但是系统思想仍然贯穿始终。其不足在于：标准间具有明显数量关系，标准内存在不相协调的隐患，并随着标准体系的逐渐建立，标准化过程中的矛盾会越来越多。但好处在于，对某一农业过程的科学探索，与标准化管理可同步进行。如果把握得好，可使这二者之间产生相互促进作用，从而大大缩短"自由生产"到标准化进程的时间距离，实现某种意义上的跨越式发展。

2. 过程技术规范

由于农业过程的复杂性，多处过程表现一种"灰箱"状态。长期以来，国人对农业过程探索多以观察取证和单因子实验方法得到资料，并且很难与生物的"持续"生命过程相同步，更何况还有每一个阶段上的外来多因子作用。而生物体对诸多外来因子的感应却表现出高度综合的现象与典型的时滞性，这样，就使人们手中的信息很难满足制定量化标准的标准需要。但这些"灰箱"却能够表现出"输入"一个原因，产生对应相似结果的因果关系。所以，人们便将此现象用一种"宏观调控"的方法，形成某种"全程性"操作规定，这就是技术规范。虽然这种技术规范精度不高，结果却落在一定可信区间（而非目标点值），它能够在允许的误差范围内，体现标准功能，并实现标准化的初级阶段。因而，在农业标准中就将其纳入标准范畴。

将上述过程的农业标准体系演化至近白色系统的产生，用流程表示，如图5-7[1]所示。

---

[1] 李鑫，袁锋. 农业标准体系结构研究初探. 世界标准化与质量管理，2003，(11)：23-25，30

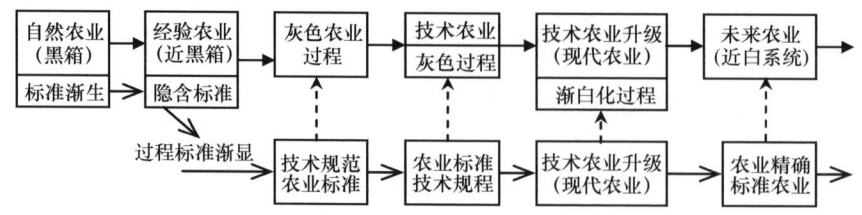

图 5-7 农业标准体系与农业发展过程演进示意图

显然,严格意义上讲,以技术规范面目出现的农业标准,不是高精度标准,而是农业标准家族中的一般精度水平,是一种准标准,逐渐将被一条条精确的农业标准所替代,使过程的模糊性变得越来越清晰。实质上,一个农业过程中的技术规范就是该过程的农业标准综合雏形。

我国农业标准体系的建立和推进在近几年来突飞猛进,农业标准的产生如雨后春笋,显现出十分活跃的形势。以国家农业部为代表,制定了农业行业标准 5000 多项,覆盖着农业的方方面面。其研制的主要手段,从农业标准产生和发展的过程来看,主要运用了第二类研制规则,并且目前发展正处在数量上升阶段。

四、农业标准体系的建设模式

农业是一个巨系统,农业过程是很复杂的,一个农业过程一般需要数个甚至数十个标准支持。在这些标准群中,至少需要应有的技术标准,需要为完成这一过程而设计或约定某些目标、方法及组织形式的管理标准,还要有任务、职责和每一步操作、直至达到理想结果的工作标准,农业环境标准更是必不可少。这些标准,一起在围绕着一个共同的进程,构成了农业标准体系。这种体系的内在运动,是向综合化、系统化方向发展的,其要求将系统论原理和系统工程方法应用进来,探索和掌握发展的真正内核。这样,随着涉及范围的逐渐扩大和层次的不断提高,一个真正农业标准的宏观系统(大综合体)便建立起来,农业标准的系统理论和实践同时得到了相互辉映[1]。

单从农业生产对象看,从技术标准体系角度进行建设的模式,可按照不同生物生产过程及其特点进行归位,形成能够反映"生物个性"的实施标准,横向成为各自体系,纵向则贯穿为农业体系标准内容。具体如表 5-1 所示[2]。

表 5-1 中的 a_{ij}, b_{ij}, c_{ij}, d_{ij}, e_{ij}, …代表一种(类)农业生物在农业过程中不同方面的要求标准,如 a_i 可以代表环境标准,b_j 可以代表某种生物的种子标准中的某项,等等;i 为不同生物种,j 为同一种生物的某个阶段中的标准分项。a 则成为某一类(如动物或植物或园艺作物)环境标准综合体;δ_λ 自然成为农业标准综合体,δ_x 则成为不同种(类型)生物的标准综合体(x——粮、油、棉…)。

这里,生物类型的划分所涉及的适合于农业标准体系的分类问题,另当别论。

以上模式,使每一个具体标准出台时,既反映应有的客观事实,又符合农业标准体系要求,这无论对标准的管理、分类,还是监督、实施均处在清晰可辨、游刃有余的主动地位。

---

[1] 刘光哲,等. 农业标准综合体结构研究. 西北农林科技大学学报(社会科学版),2003,3(6):9-12
[2] 宋西德,李鑫,杨继涛,等. 农业标准系统与标准化体系框架研究. 西北农林科技大学学报(社会科学版),2004,4(4):14-18

第五章 农业标准体系

表 5-1 农业标准体系的元素组成及其关系

标准体系	生物类型										标准体系公式
	粮	油	棉	果	林	蔬	⋯	畜	禽	渔 ⋯	
a_{ij}	$a_粮$	$a_油$	$a_棉$	$a_果$	$a_林$	$a_蔬$	⋯	$a_畜$	$a_禽$	$a_渔$	$a_粮+a_油+a_棉+\cdots=a$
b_{ij}	$b_粮$	$b_油$	$b_棉$	$b_果$	$b_林$	$b_蔬$	⋯	$b_畜$	$b_禽$	$b_渔$	$a_粮+b_油+b_棉+\cdots=b$
c_{ij}	$c_粮$	$c_油$	$c_棉$	$c_果$	$c_林$	$c_蔬$	⋯	$c_畜$	$c_禽$	$c_渔$	⋯
d_{ij}	$d_粮$	$d_油$	$d_棉$	$d_果$	$d_林$	$d_蔬$	⋯	$d_畜$	$d_禽$	$d_渔$	⋯
e_{ij}	$e_粮$	$e_油$	$e_棉$	$e_果$	$e_林$	$e_蔬$	⋯	$e_畜$	$e_禽$	$e_渔$	⋯
⋮	⋮	⋮	⋮	⋮	⋮	⋮		⋮	⋮	⋮	$\delta_\lambda=\delta_粮+\delta_油+\delta_棉+\cdots$
⋮	⋮	⋮	⋮	⋮	⋮	⋮		⋮	⋮	⋮	$\delta_粮=a_粮+b_粮+c_粮+\cdots$
δ_λ	$\delta_粮$	$\delta_油$	$\delta_棉$	$\delta_果$	$\delta_林$	$\delta_蔬$	⋯	$\delta_畜$	$\delta_禽$	$\delta_渔$	

这里,以园艺作物的生产管理过程标准需要为例,构造一个园艺作物生产管理的标准体结构系,具体如表 5-2 所示。

表 5-2 园艺作物生产管理标准体系关系[1]

生产过程中的管理标准	园艺植物上的有害生物管理分项标准			园艺标准体系
	苹果,梨,⋯	白菜,黄瓜,⋯	月季,芍药,⋯	
B_1				$b_B=\bigcap\limits_{i=1}b_i$
B_2		b_{ij}	b_B	$b_{plant}=\bigcap\limits_{j=1}b_j$
B_3				
⋮				$B_{hosticulture}=\bigcap\limits_{j=1}B_j$
$B_{horticulture}$		b_{plant}		

表 5-2 中,B_1、B_2⋯代表园艺作物生产中不同方面的管理标准,b_{ij} 是指第 i 种管理措施标准在第 j 中园艺作物上的特有措施方法标准;$b_{i1}+b_{i2}+\cdots+b_{ij}+\cdots=b_B$,即第 i 种管理措施在园艺作物上的管理标准综合体;$b_{1j}+b_{2j}+\cdots+b_{ij}+\cdots=b_{plant}$ 为第 j 种园艺作物上的生产管理标准综合体。$B_{horticulture}$ 则为园艺植物生产管理的标准综合体。

遵循这一模式规律,规划和制定园艺生产过程管理标准,不但使每一标准预先存在于一个宏观整体之中,而且能够考虑到不同园艺植物上同一生产管理措施的特殊性标准约束,从而整体构成了该体系的具有有机联系的大标准综合体。

其他方面的农业标准综合体结构,亦可按此原理类推而就。

在园艺作物生产管理标准体系的建立中,完全具备了农业标准体系结构的基本特性,展示了农业标准体系的特有结构和秩序性,其系统是科学的。

第四节 农业标准体系表及作用

农业标准体系表,就是将农业标准体系包括的全部标准,按照一定联系方式,分层

---

[1] 刘光哲,等. 农业标准综合体结构研究. 西北农林科技大学学报(社会科学版),2003,3(6):9-12

分类排列，以图表表达的具体形式。可见，农业标准体系表的基本元素是农业标准。农业标准体系是一种包括农业现有标准和今后一个时期内应当研制满足发展要求的标准在内的全面蓝图，农业标准体系表就是这种蓝图的直观表述。

一、农业标准体系表的组成

一项成熟的农业标准体系，有四大组成部分：农业标准体系结构图、农业标准明细表、农业标准汇总表及农业标准体系研制说明。

1. 农业标准体系结构图

农业标准体系结构图，是表达农业标准体系中模块化部分的层次和关系的。例如，体系的结构层次是什么，有多少，层次间的关系是什么，等等，均以模块化的部分显示，用关系连线连接，构成一幅逻辑关系流程图。

2. 农业标准明细表

在农业标准体系结构图的基础上，用农业标准明细表清楚地显示出农业标准体系中包含的所有标准的基本而详细的信息，使我们从该表内容上就能够一目了然地看出特定农业标准体系中的标准种类、特点和核心，同时看出已有标准的多少，还需要急切研制的标准有多少，从而为进一步的工作提供充分的参考信息。

3. 农业标准汇总表

农业标准汇总表，是从另一个角度，更宏观一点，对农业标准体系中的所有标准信息进行统计，反映农业标准体系的标准构成、数量、水平和状态情况，为决策农业标准体系建设的理论和实践工作提供决策信息。

4. 农业标准体系研制说明

要表明一个农业标准体系的来龙去脉、目的意义及其作用要领，仅仅靠上述的一图两表，还是不够的。这就需要对其结构图和明细表及统计表的重要内容进行进一步的阐明，对其中某些重大关系进行描述，对应用的注意事项和体系的最终意图等都进行详细的阐明。

二、农业标准体系表的研制

农业标准体系表的研制，首先要遵从国家"标准体系表编制原则和要求"（GB/T 13016—2009）中对标准体系表编制的有关标准规定，其次结合具体研制的农业标准体系所规定的农业范围特点，确定好方向和目标，再开展具体的研制过程。

1. 农业标准体系结构图

本章的图 5-2、图 5-3、图 5-4 和图 5-5 就是农业标准体系整体结构的不同方式表达结构图。基本上分结构组成图和结构层次图两种形式。另外，还有不同的大类层次，如一个国家、一个行业、一个地方乃至一户农家的体系结构图,还可以从质量、安全、生产、管理等不同角度提出和完成体系结构图。例如,农业部市场与经济信息司《农业标准体系建设规划(2004-2010)》方案中,按照农业标准涉及的领域提出了如图 5-8 所示的体系结构图。

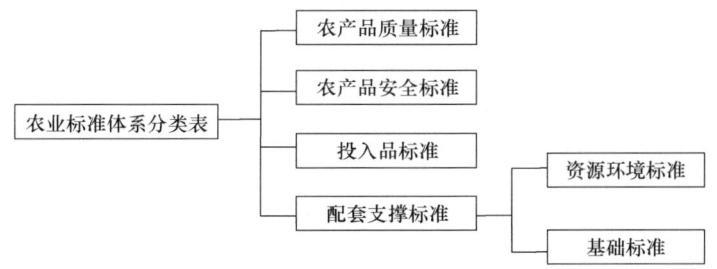

图 5-8 农业标准体系按所涉及领域分类的结构图

2. 农业标准体系明细表

在农业标准体系结构图的基础上,研制农业标准体系表,对表中涉及的农业标准按照表 5-3 的要求内容进行统计和填写,从而形成农业标准体系明细表。

表 5-3 ×××××农业标准体系明细表

代码	标准号	标准名称	国际标准号	国际标准名称	与国际标准一致性程度	适用体系					实施日期	备注
						质量标准	工艺标准	环境标准	健康标准	产品标准		

3. 农业标准体系汇总表

进一步,对农业标准体系中的所有标准进行类型与数量及性质方面的统计,完成如表 5-4 所示的信息需求。汇总表可有不同形式,如可按照各个子体系的不同要素,分别进行统计汇总;同时,对于采标和待收集等情况,也可以列入表中。

表 5-4 ×××××农业标准体系汇总表

项目	国标		行标		地标		企标		合计
	总数	强制	总数	强制	总数	强制	已有	待定	

4. 农业标准体系研制说明

上述 3 项内容,都是对农业标准体系的形态进行说明,还缺乏对标准体系的内在联系和目的等方面的深层阐述。因此，研制出的农业标准体系，必须从内部联系等方面加以说明。农业标准体系研制说明的内容具体包括：①编制体系表的依据及要达到的目标；②与国家标准规定的差异及原因；③与农业实际生产、服务的符合性；④结合标准体系汇总表（统计表），分析现有的农业标准与国际、国外及国内、行业标准之间的差距，表明存在的薄弱环节和今后需要提高的主攻方向；⑤与其他体系交叉情况和处理意见。

三、农业标准体系表的作用

1. 是农业标准化的活地图

农业标准体系表，是农业标准化工作总体发展规划的重要组成部分，是对农业一定范围结构的内在有机联系的一种反映形式，是特定农业范围内农业标准化落实的活地图。农业标准体系表将为农业标准化的行政管理机构在决策标准化发展方向、制定标准化政策、调控标准化年度计划等提供有效的技术支持，是研究、分析、优化标准体系和协调相关标准界面的重要工具，是对农业标准化工作进行系统管理的有力指导，也将为促进标准的正确实施、加强与国际接轨、有序发展农业标准化工作起到积极的指导和推动作用。

2. 是管理、技术和操作的依据

有了农业标准体系表，对其所规定的农业范围落实农业标准化，就有了直接的参照系和执行的依据。从管理角度，农业标准体系表，能够给管理者以管理的抓手，使管理有了明确的目标与方向，并以此为据，面对农业实际，能够进行规划、安排、分工和协调一致的农业标准化推动。从技术层面，农业标准体系表不但告诉我们已经存在的农业标准的数量与结构，还明确地显示出需要研制的农业标准的种类、数量和层次，便于我们根据这些信息合理安排下一阶段的农业标准化技术工作。从操作方向上，农业标准体系表的分类和模块化展示，一方面能够提醒我们进行具体农业标准落地的分区调整和落实位次的排序，另一方面为我们进行每项标准在操作过程中的应用给予了明确的水平指导。从农业标准体系表的结构、类型和次序中，我们还可以分析出其所规定的农业范围的过去、现状和未来发展的趋势，确定我们在执行农业标准体系的内容和结构的同时，考虑下一步农业标准化工作的水平、目标和发展方向。农业标准体系表是建立农业标准化良好行为规范的基础和指南。

3. 是规划建设的重要依据

农业标准体系表包含了现行有效的标准和将要制定的标准，勾画出一个标准的系统，体现了标准化工作在一定阶段的发展状况和整个的需求，因此是制定标准化五年规划和年度计划的主要依据之一，也是进行管理决策和制定标准化方针政策的重要参考。

随着体系研究的逐渐深入，农业领域各行业、各重点发展的专业技术方面和各重点装备系统，如农田水利、林业、果业等，都在建立和完善各自的标准体系，这是一项非常重要和必需的工作，是对整个农业标准体系的补充和完善。在各个分体系的建立、分析和研究过程中，农业标准体系表起到了一个确定构架、划分层次、分清界面、引导选项的重要作用。

对基层单位来说,农业标准体系表最直接的作用是:在各行业、各集团、各单位提出标准研制、修订年度计划项目的时候,都需要从体系表中找到对应的位置,这样才符合立项原则。

4. 反映农业效益的内在关系

我国农业标准体系建立,除遵从标准与农业两大学科领域的规律外,还有其独具中国特色的农业历史条件和农业操作特点,如农业人口比例和农业经营模式是别的国家所没有的。如何将这些特点反映在农业标准及农业标准化中,是值得研究的课题。农业标准体系具有多层现象,其层次性与农业标准的分类依据直接相关。如果摆脱形式的束缚,透过农业行业现象,审视其内在联系,对某一过程的农业标准体系与整个农业标准体系之间加以比较,便会看出由具体到宏观,由一般到抽象的结构关系,恰如一个家庭和一个国家的功能单元关系一样。目前我国农业标准正处于快速发展阶段,农业标准的数量,增长速度很快。应当看出,在数量增长的同时,进行标准体系的内在结构研究,整理和发掘已有标准的相互联系及其协调性,已经非常必要了。另外,制定农业标准的目的就是要优化生产过程,获得经济效益,只有农业标准的充分应用才能实现这种目标。但目前在这方面是一个薄弱环节,也成为又一个亟待解决的问题。只有应用了标准,才能发现标准的优势、协调性及其可能存在的问题。否则,农业标准再多,等于没有。

第五节　农业标准综合体

农业标准综合体,是农业综合标准化工作中的前端部分和核心要素。关于农业综合标准化的讨论,在本书第六章第二节第四部分有专门的阐述。

一、基本概念

要给出农业标准综合体概念,我们不能不牵涉到标准综合体的概念。在这里一并给出,且加以比较。

1. 标准综合体

标准综合体概念,属于标准学的内容,国家标准《综合标准化工作指南》(GB/T 12366—2009)中,给这一概念的定义为:综合标准化对象及其相关要素按其内在联系或功能要求形成的相关指标协调优化、相互配合的成套标准。

从概念中看出,标准综合体是由成套的标准表现的,这种"成套"的前提是综合标准化对象及其相关要素,要求这些对象与要素要按照它们的内在联系或者功能要求,形成一系列指标,且这些指标间要达到协调、优化和相互配合的目的。显然,这是在强调系统理念和意识下的标准体系建设,要求对标准化对象及其相关要素通过系统分析、提纯要素、挖掘内在联系之后建设协调优化和相互配套的标准体系。

2. 农业标准综合体

农业标准综合体，是指围绕特定范围的农业发展目标，指针对农业综合标准化对象及其相关要素建立的、按其内在联系或功能要求形成的、相关指标协调优化、相互配合的成套标准。

特定范围的农业发展目标，是经过对有限范围农业资源水平和发展阶段进行了系统分析之后确立的。农业资源水平，有客观方面和主观方面的，是综合的。影响最大的是经济发展水平和人的思想意识水平；还有农业总体的发展水平，即农业的发展阶段性。

对于特定的农业范围，在综合评估与确定了农业的发展方向、目标和阶段性水平后，农业标准化的水平（代表的科技水平和现代化水平）、层次（如县域、乡镇或者一个企业、合作社等经济发展层次）与发展阶段性也随之确定，针对性强且能够体现农业范围优势的农业标准综合体就必然产生。这就是，从目标，定能力；确定关键，再定标准；形成整体，合力推进。

农业标准综合体，是农业综合标准化工作的前期阶段，是对农业标准化对象的系统分析而确定的，是以资源的综合利用和发展水平的阶段性为根据的，寻找和提取农业系统内在联系中的关键点，从而形成系统内功能作用中的关键点体系，而后对每一个关键点加以标准确认，使所产生的每项标准都承担着主要功能，使标准之间存在着密切的内在联系，再将这些功能标准进行组装，加以系统水平的上协调、优化和统一，形成相关标准之间互为依赖、共同用力的潜在合力。农业标准综合体包含了更多的集成思想和抓关键方法，相关指标的协调优化，是农业综合标准化的关键环节；农业标准综合体从系统科学角度审视面对的有界农业系统，使农业标准化的落实更为紧凑，更有实际意义。农业标准综合体所包括的标准在实施的时机上相互配合，相互保证，有的要提前实施，有的要同时实施，这是发挥农业标准综合体系统功能的必要条件。

二、综合体与体系的区别

从农业标准综合体与农业标准体系的概念上完全可以看出，这两个有同更有别。综合标准综合体系，可以看作农业标准体系的一种特殊形式，或者是更高的形式。

说相同，是因为都成体系，都是以标准为基本要素的有序体系。论不同，主要区别在于对农业有界体系的系统性和实现性的应用，有明显差别。

农业标准体系，是以农业有界系统的客观存在和农业标准化的需要，所设计出的农业标准体系，它既可反映农业标准化的现状，也可预测农业标准的未来需要；应用它推行农业标准化，需要用其中的标准，在该体系的指导下，加以切合实际的组装和定位；农业标准体系，对于农业发展中的决策者和管理者进行总体管理和过程控制，所发挥的作用十分明显。

研制这两个体系的出发点有明显的不同。研制农业标准体系，是为了加强对标准化工作的计划管理，是对相关标准进行的总体规划，主要任务是将相关的农业标准从易于管理的角度进行的汇总。所以，农业标准体系追求一定范围内农业标准的完整性，从加强农业标准化计划工作来说，应当是一项重要的基础性工作。然而，农业标准体系表并不能保证相关标准之间的内在协调关系,也很难产生直接的总体效果,无法保证从一个有界农业范围的整体上体现最佳的结果。农业标准综合体,是从研制的起初,围绕可行的目标,定位于系统剖析,抓系统关键,确定一个系统水平上的标准化范围和深度,追求实现标准综合体内各项标准之间协调优化和指标之间的有机联系。因此,农业标准综合体不但要求标准完备,个个支撑着系统的关键,而且标准之间的相容性、协调性和互应性也表现出来,从而保证了综合水平上的总体效果最佳。

农业标准综合体是在考虑了农业区划、生态平衡、环境保护、资源合理利用的基础上,按照实际能力,通过关键要素,建成标准,形成体系的。农业标准体系是建立标准制定、修订规划和具体计划的依据之一,是一种包括现有标准和预计发展的农业标准蓝图。

三、农业标准综合体的结构特点

农业综合标准体,是在明确的农业目标下所开展的全部关键性标准的功能配套,其内在指导思想体系是系统科学。从作用的对象类型、本身的结构特点看,有以下变化。

1. 农业标准综合体的类型

按照农业标准化对象,结合农业标准综合体的实质,我们明显发现,农业标准综合体大体分为两种类型,即以规定抽象的事与理为所达目标的农业标准综合体和以具体的物为所达目标的农业标准综合体,或者理解为非实物型与实物型农业标准综合体。对于前者,涉及的面儿较广,部门也较多,抽象综合性的特点明显。例如,某个特定农业区域的生态可持续发展问题,人群的责任问题,农业生产和文化平衡问题,特定区域的多功能农业问题,等等,以它们为目标时农业综合标准化。这类抽象型农业标准综合体,已经出现的有,良好农业实践(GAP)、社会责任(ISO26000)、危害分析与关键控制点(HACCP,ISO22000)、职业健康安全管理(OHSAS,ISO18001)、环境管理(ISO14000)、质量管理(ISO9000)、安全认证分包方(SCC)等。对于实物型农业标准综合体,在我国比较典型的,针对具体的农产品生产和质量安全保障要求,建立的农业标准综合体。其中最具有代表性的是,《综合标准化工作指南》(GB/T 12366—2009)所规定的标准体系中能够产生的农业标准综合体。

2. 农业标准综合体的结构

农业标准综合体的突出结构特点就是,对既定的农业系统中的运动关键点进行标准规定后,形成了彼此联系、相互支撑的新关键标准群立体结构,成为该农业目标系统的综合标准支撑体系,并且这种支撑体系具有操作上的取舍层次性。既定目标约束下的农业系统,通过对内部结构进行了分析、判别和归类之后,在充分弄清其中的作用关键点立体结构群的前提下,结合能够支持该农业系统的时空资源水平及其资源潜力释放的阶段能力,确定能够最大限度地反映和展示该农业系统功能的最少过程关键标准数,再围绕着这些关键,研制和产生相应的关键点标准,并从农业标准化角度,进行组装和协调,使其满足整体一致的要求,从而形成满足农业标准综合体要求的标准配套。从这一构成和产生过程可看出有两个关键，一个是针对锁定目标的农业系统，围绕着系统目标，应用系统科学理论和农业标准化原理，对该系统的内部约束关键点和该系统所涉及的周边各主要相关联系，进行了结构上的抓关键的研究和联络，明确其相互关系。另一个是结合实际农业资源的丰缺，确定形成农业标准综合体的精细程度或者精度水平。也就是说，根据对目标农业系统中的全部控制关键点的分析和整理，确定能够对系统关键点控制的精细水平级别，再研制相关标准并形成农业标准综合体。例如，任何一个农业有界系统，内部的立体架构和运动过程，都是由数量多个、结构多序、联系紧密且从微观到宏观分层的过程控制关键点组成的，对该系统进行系统分析，综合评估，寻找和发现其中能够满足农业标准化的全部要素，并对这些要素进行分层、归类并形成控制关键点系统，以这种系统为据，考虑系统内外资源的支持水平和阶段性释放能力，进行标准研制和协调优化，最终产生农业标准综合体。很明显，这一过程所建立的农业标准综合体，有了精度的级别。随着精度的提高，必然包括了更多的关键点，也包括了相应的关键标准，那么因标准数量的增多、标准间关系协调处理的复杂化和应用精度的提高，无论在标准综合体产生时，还是在农业综合标准化时，其投入成本也必然增高。如果某一方面的力量不能达到时，我们就可以进行相对粗放一些的农业标准化，抓其中更大的关键控制点，而暂时放弃更精细水平的关键控制点。

这种标准综合体的结构性和层次性是明确的，特别是围绕关键的标准所组成的整体，成为实现特定目标的系统性标准配套整体。

3. 农业标准综合体的特点

农业标准综合体，是因既定的农业系统的综合标准化的需要而生产的。在复杂农业系统中，由于目标不同，就形成了围绕这种目标所产生的特定农业子系统。那么对这个子系统开展农业标准化，入手的方式就有两个方向，一是依照农业自身的规律和客观存在，为顺应确定农业系统一个完整的需要，从微观上研究和制定相关的农业标准，从宏观上研制所需要的农业标准体系，进而形成整体农业标准化所需要的前期工程——农业标准体系。另一个方向是从既定的农业系统整体入手，围绕确定的发展目标，进行系统分析，整体协调，探索和提取系统结构中的运动关键点，再围绕这些关键点，考虑系统周围的关系因素和系统运行的实际资源支持能力，进行综合评估后确认能够达到目标的关键点控制层次，从而研制和组装相关标准成为整体配套的标准综合体。这完全体现了农业标准综合体的系统性和整体性特点。

农业标准综合体还体现出了农业综合标准化的灵活性优势，即在必须走农业标准化道路的前提下，根据实际情况，开展农业标准化，并逐步地走向精细化、严格化，农业标准综合体显然成为这种目标所达的最佳载体和抓手。

农业标准综合体的建立，是在系统水平上进行的。无论是以具体的物为实现目标，还是以事与理为目标对象的农业标准综合体，都是按照目标导向、系统分析与整体协调的方法原理建立起来的。

从农业标准综合体的概念及其与农业标准体系的异同比较可以明显地感觉到，农业标准综合体是现代农业或者高科技农业发展中需要的一种标准化形式。农业标准综合体有助于推行农业新技术、提高劳动生产率。

第六章 农业标准的应用

农业标准的实施是沿农业纵向产业链进行统一生产的一个准则措施,将会大大提高生产过程中的效率;从横向来看,农业生产由于其标准化的操作,使得农业产品在不同产业行业之间的流转更加便利、可信。

农业标准化的核心行为,是表现在研制农业标准和应用农业标准两个阶段上,围绕着这两大核心过程,提供和满足其行为所需要的一切必要因子与保障措施,使整体运行符合农业标准化的目标要求和理论规定,就是农业标准化的全部内容。农业标准的应用,是农业标准化实践的核心部分,是将农业标准化前端的理论研究成果——农业标准及其体系,进行恰当套用、对接和科学落地,产生农业标准化最终效益的目的性社会行为。从农业发展的周期性看,研制农业标准和应用农业标准,其内在质量的保证和外围秩序的维护,不但是农业标准化的灵魂,而且是推动和实施农业标准化的手段是否到位和目的表达的唯一体现。所以,农业标准化运用在农业系统之中,又体现在农业的具体行为当中。对于农业标准的研制与质量保障,在第四章中已经详细地论述了,本章的重点将阐述农业标准的应用,也就是农业标准化的实践过程。

第一节 农业标准应用的条件

农业标准,是特殊的农业生产、管理和经济资料,是农业商品的一种,是因局部农业社会需要产生的,但产生的农业标准,却不一定只用在局部农业社会。否则,就不是标准,而成为农业专利了。所以,农业标准的广泛应用潜能和我们面对的复杂农业实际,就决定了应用农业标准,必须要达到某种要求,或者满足某种条件,以便应用了农业标准,就能够实现真正标准化意义上的功效。那么,农业标准的应用条件,就需要事先明确了。初步认为,农业标准的应用条件,可从以下多个方面考虑。

一、农业标准档次选择策略

1. 农业标准的档次

一般而言,农业标准的研制者与农业标准的使用者队伍是分离的,对于一项颁布的农业标准而言,其受体几乎是无限的。因此,应用农业标准时,面对一个实际的农业有界系统,所采用的农业标准,有许多途径的可能,这就存在着最优选择的问题。这种"最优"的参照系,不是由被选择标准来定,而是以特定农业系统的综合需求的最优来确定的。显然,农业标准与实际应用之间的对应性和有效性,是选择和采用哪项农业标准进入特定农业过程的唯一标准。在这种选择中,差异性必然存在,选择的目的就是尽量减少或者消除这种差异性,取得一个能够表达最优的理想标准。为了表达得准确,我们引入一个档次的概念,即农业标准的应用档次级别。它描述的是,在农业系统任何一个层面上，所对应用的标准是有档次差别的，这些差别则是标准所携带的农业科技水平、农业经济实力及农业文化等综合因素作用的结果。

农业标准的档次在实际中大量存在。例如，从全球看，对于同样一个农业操作的具体过程（如水稻收获、斑潜蝇防治、苹果树修剪、雏鸡的饲喂……），可收集各国各团体相关规定的多项具体标准，但在应用于直接面对的农业具体过程时，就不一定适用和实用。在我国，按照区域经济发展综合实力水平的复合判断，将国家分为东部、中部和西部三大区域，经济最发达的地区是东部，最次的是西部，相应的，农业的发展也被分为东部发达、中部欠发达和西部不发达区域的相对区域。那么，农业标准的应用，就不能超越这种实际，就不能将东部机械化甚至自动化程度很高的过程标准拿到不具备这种经济实力和操作条件的西部地区去应用。实质上，在两个综合实力不同的区域，使用相同过程约束的农业标准，只要满足了推动当地特定农业过程农业标准化的目标要求，尽管所使用的农业标准会有显著不同，但也只会是档次的差异，并无质量方面的问题。因此，农业标准的档次级别的差异，主要与区域经济文化和发展水平有着密切关系，源于农业现实的综合差异性，与农业标准的质量高低没有直接关系。

2. 复杂标准的简化选择

基于农业的复杂与差异，农业标准也相对复杂。农业标准除了受到区域文化经济和发展水平约束外，还受到生态环境的约束。围绕着农业标准化理论和根本思想原理，进行农业标准化，应用具体的农业标准，选择的一般原则就是就近选择。在农业发展过程中，面对具体的农业过程，首先选择和使用的是方法标准或者团体标准/企业标准，其次是技术标准和地方标准，再次是行业标准。并且，选择这些标准，首先考虑的是本地的，其次是周边的，再次是外地的。至于国家标准的应用，一般不在操作层面上，主要在宏观基准、管理方面和标准研制时的基本要求。

农业标准的档次级别，发生在对某一农业具体过程规定的标准的横向比较中，它与经济发展水平有直接关系，与标准质量、标准的约束范围没有关系。例如说，国家标准、行业标准、地方标准一直到企业标准，是不能用档次衡量的，只是标准的约束范围的区别，更不能说"企业标准是最严格、质量最高的标准"。

一个区域的农业标准化，标准选择是首要问题。当该区域农业标准化有了一定积累，在新的农业标准化过程中，具体农业标准的选择就相对容易一些了。如果农业标准化只是在口头，没有实质性的过程，随着农业快速的发展，当不得不进行真正的农业标准化过程时，农业标准的首次选择就比较困难了，有些甚至可能在本地采集不到能够使用的标准，这时就需要扩大范围进行搜索了。从外地采集得到的农业标准，一般是不能直接使用的，需要进行修订。这里要特别注意两个问题，一是不允许随便修订，必须严格遵守农业标准修订程序进行修订；二是不要认为只要是标准就可以将就，在一定意义上"有总比没有强"是错误的，不适用的标准很可能会起到反效果。农业标准化发展到今天，标准的应用理应向简便适用靠拢。

3. 农业标准体系的档次

由于特定农业过程都是一个系统的表现，从一项具体的农业标准开始，为满足这一系统的需要，采纳多项标准，组成了针对性很强的具体农业标准体系。显然，具体的农业标准体系，也因为体系内农业标准的档次性，使农业标准体系有了档次的区别。

农业标准体系的档次区别，由两个主要因素决定：其一，农业标准体系中的农业标准档次；其二，农业标准体系本身的系统结构与功能需求之间的客观符合性。前者我们很容易理解，而后者则需要我们进一步明确。

农业标准体系中的标准，是农业标准体系中的关键要素，多项具体的农业标准组成了特定的农业标准体系。而具体的农业标准，在农业标准体系中的时空位置的确定，是由组建农业标准体系的制造者来实现的，制造者对农业标准体系的科学理解、对体系所对现实的分析程度，以及所涉及诸多标准之间的内在与外延关系的认识水平等，就决定了其所建农业标准体系的科学性、适用性和实用性层次了。农业标准体系档次的另一个比较因子，是在较大区域甚至不同区域中相同农业标准体系的差异比较，它与具体的农业标准档次差异比较的性质一样，是横向的档次比较结果。这一点，在农业标准化宏观评述和理论研究方面有用，在农业标准化的实际工作中作用不很显著，这里不再赘述。

可见，农业标准体系，比具体的农业标准更具有针对性和区域性。农业标准体系，是农业标准化落地的综合实体。当然，农业标准体系也有层次性，它可从一个具体的农业系统中的具体农业标准体系延伸到一个国家的整体农业标准体系，称为从基层到顶层的农业标准化体系系统。

二、资源与决策方案选择

选择和确定农业标准的档次，是农业标准化管理方面、特别是小区域实施决策方面的学问和工作，是农业标准化具体落地的第一步。当决定了采用的具体农业标准、建立了实用的农业标准体系之后，就进入了农业标准体系的具体落地方式、农业标准化实施的具体过程了。到这一阶段，就需要考虑被落实区域的相关资源的丰富程度、各种资源的合理调配与科学利用，以及物力、财力和智力资本的标准化分配。

1．农业资源的客观符合性

农业发展依赖于生态地域，有些农业资源不能以人工作用达到满足。农业资源主要包括了农业的自然资源、人力资源、政策支持等，智力条件是一个高度综合的社会资源，在农业中照样非常重要。这些资源，一旦被通过农业标准化科学地调用时，都可视为是农业动态过程中的资本应用，应当属于农业资本。对农业自然资源的符合性选择，应当在实施农业标准化的更早一些时候完成，属于农业发展规划与决策中的先期内容。在农业标准的应用与落实阶段，针对于特定农业系统的物力、财力和智力的投入，则十分重要。农业物力，与农业发展的物质积累有关，包括了农业生产资料的数量、供给的阶段充足性及先进性水平等；农业财力条件，就是能够用于农业发展的资金量是否充足有效，这一点往往是有限的，是因为农业的复杂和作用于农业的手段层次多样产生的，只有通过严密有效的计划，对仅有的发展资金进行合理分配，科学使用，通过系统效应途径，放大使用效果；智力投入，关键在于从事农业的人群潜在资本含量，这与教育和农业实践有直接关系。农业标准化的落地，需要农业资本的接应和支持，农业资本的科学使用和调配，更需要农业标准化理论和方法的指导。农业标准的应用，需要以农业资本的结构与供给动态为依据，农业标准化，必须符合农业客观资本的总量、时间分量和过程支持的程度水平。

2. 农业技能条件的符合性

在农业标准化的实际工作中，农业标准的应用，是通过成型的标准体系带动的，农业标准体系是与应用于农业实际的特定范围要求相适应的。即便是这样，由于落实的复杂性，农业标准体系也应当考虑当地、当时的实际农业技能条件和应用中可能发展的农业技能条件。农业技能条件包括了从事农业标准化的物化技能条件和智力技能条件两大方面，以及能够提升和发展这两大方面的基础能力。物化技能条件有机械化水平、信息化程度和市场化平台发展水平等，智力技能条件就包括了特定农业标准化落实范围内人群的农业与市场知识文化水平、思想观念的先进程度、相互间合作共赢的团队精神，以及求大存小的发展态度等，发展基础能力主要指资金投入能力和地方农业发展规划中的目标定位。目前我国农业标准化工作在实质性的落实层面上仍然缺乏可靠性，其中一个核心问题是对农业标准化理论不了解，弄不清农业标准化与农业科技及其科技推广的关系，导致产生的农业标准多停留于传统过程和泛泛的技术层面而没有实质性标准化味道，农业标准化不能真正地深入下去。所以，总体看来，研制农业标准，产生农业标准体系，在档次性上不能一次性要求过高，在实际应用层面上应优先于农业技术推广，并教育一线管理操作者，使他们真正地进入农业标准化行列来。像培养人才那样从小学到中学再到大学，不能操之过急。更重要的是，应当迅速教育和提升中高层管理层面上的行政、技术类人员，使他们能够真正掌握农业标准化理论、模式和方法，转变理念，将思想与行为真正纳入农业标准化轨道上来，引领农业由传统技术向现代的标准化方向发展。所以，农业技能条件与农业标准档次的应用符合性，是农业标准应用档次选择不可忽略的条件。

3. 农业标准应用的决策方案

从宏观上讲，农业标准的应用，要与农业生产力水平和生产关系相适应的同时，能够产生整体上的引领性，也就是说，农业标准一定要体现其先进性。通过农业标准应用，既要对农业生产水平有明显的促进作用，又不能与生产力水平和生产关系的发展现状差距过大。面对具体的农业经营范围，必然有具体的农业标准体系对应落地。这种农业标准体系，有几种实现途径。

（1）可事先产生农业标准体系并拿来使用。这种方式适用于特定范围内农业综合资源水平高的情况下采纳，其所用的农业标准层次较高，先进性突出，对农业发展的水平提升促进速度快。在我国东部经济发达地区比较适用。

（2）也可根据农业实际，先提出农业标准体系框架再填充标准进而产生和使用。这种方法是在考虑了特定范围内农业资源的某些限制性后，先搭架子，再用标准而建成的体系，适用于农业综合资源不很丰富的条件下农业标准化的落实。

（3）还可以根据该区域农业的综合实际和资源水平，筛选其中最关键的要素（核心关键点）构成更粗的农业标准化框架体系，以此为据，研制符合本框架要求的标准体系，并加以落实推行。这是综合农业标准化的内容,也是我国绝大多数农业区域考虑和采纳的方式。因为,从历史的角度和国家发达程度的纵横比较看,我国农业综合资源一直处于紧缺状态,特别在智力水平、思想理念的先进程度和资金投入水平上表现得更为明显。

三、我国农业标准的应用特点

推行农业标准化,不能不考虑农业标准的应用与我国农业发展实际的结合。

1. 标准应用中小农意识障碍突出

从全球范围看,可以说我国农业是一道奇特的风景线。宏观上看,我们农业的"精耕细作"之壮观场面,几乎无人能比,但当进入到农业领域的内部时,创造这种景观的能工巧匠们,却浑然不知是自己用一双勤劳之手,在无意间构成了集体的力量和智慧,给大地装点了如此美妙的生态美景。其实,长期的食物短缺与物资匮乏,使以土地作为食物和资源弥补唯一来源的人群,在千百年的历史长河中,不得不围绕着土地的"淘金活动"周而复始,"面朝黄土背朝天""日出而作日落而息",成为绝大多数人生活的真实写照。多年的群体效应,自然产生了奇特的精耕细作风景线。略翻一下中国农业发展史,可以看出,从井田制到改革开放前,中国一直以土地为核心,进行着无数次的分割、绑定和再分割、再绑定,使人人有其田的同时,也对市场产生了下意识的排斥。人多地广的社会实际和长时期的同类行为,积淀了深刻的文化底蕴,形成了以农耕文化为主的农业大国自然形态。这种文化,凸显了踏实肯干和吃苦耐劳的精神,却缺失了面向市场时运筹帷幄、灵活变通的能力。

自20世纪90年代以来,食物短缺的状况逐渐消失,物质条件不断丰富,被捆绑在土地上的人们开始有了自由度,个体对土地的依赖性迅速减弱,不同代的人对土地的重视程度在迅速变化,真正传统的农业经营明显受到现代思想的挑战。我们对农民与土地的关系及感情投入的调查表明,出生年代越晚,越对土地疏远。向40年代出生的人要土地,他可能会跟你拼命;与50年代出生的人手中拿土地,他会问你"拿走土地我吃什么";从60年代出生者手中要土地,回答是"让我想想吧";要求70年代出生的人让出土地,他说"可以吧";而80年代出生的人对土地可以说一声"拿去吧";90年代出生的人,对着土地会带着埋怨地说"早都该拿走了"。市场和经济的发展,使国人对土地有了新的心理定位。进入21世纪,我国出现了土地荒芜现象,占取耕地作为它用的力量不断加大。这是发展的表现,是对传统的挑战。当然,更需要战略的思考和长远的打算,因为土地本身毕竟是不可再生的基本资源,是最基本的不动产资源。

农耕文化,没有发达的市场观念,没有壮观的大农场影子,没有诚意的合作以求整体长效的思想,只留下了"面朝黄土背向天"的小农经济和分户经营、力求自足、高度分散的勤劳小组,产生的是为吃穿而苦斗、为温饱而努力的苦干精神。在现代农业面前,思想解放、观念更新和合作共赢之意识理念的建立,受到传统农业思想的极大束缚,成为中国发展中首要突破的核心问题。应用农业标准,促使规则约束,是纠正行为、改变这种状态的最佳方式。

农业标准化不能不考虑小农意识的作用,农业标准化必须介入到小农内部,因此农业标准化必须要从教育开始，示范引路、在城乡之中全面展开，彻底动摇农耕文化中的小农根基，挖掘和激活对现代农业发展有用的部分。所以，国家应当重新策划农业培训的思路与方法，打造一批思想理念先进者，携带实际有效的农业标准，在大胆改革中探索农业发展道路，从实质上推动现代农业，而不是仍然停留在形式的现代农业中。近十多年来的农业标准化示范县/场/区/园建设，虽然想达到这种效果，但做到真正的效果表达，还有很长的距离。

2. 从长期远离市场到市场化困难

我国农业市场化的历史性缺失，使其在农业文化中没有社会地位。要想建立起市场化农业的应有公信力和领导力，只能从探索切实可行的农业教育与直观可见的示范事实中，实现人们对农业发展的意识转变和行为的参与。农业标准的应用，是实际层面上一切理念和工具的核心，无论是农业标准化示范区/县/场/园，还是在现代农业园区，均是这样的事实。农业教育也要标准化，实际层面上的农业教育，核心是对成熟有用知识的普及和重复，是完全的标准化对象之一。农业教育的方法需要改进。我国目前在农业领域的教育采用的方法，多在传统的"群教"和"鼓动"之中，多以集群培训显现，没有太多的针对性和有效性，反而利用农业对教育的需求，产生了培训促销农资、培训糊弄政府、培训愚弄百姓的怪现象，导致农民不信培训、政府怀疑培训、社会蔑视培训的恶果，这是必须要加以纠正的。教育是社会整体水平提高的千年大计，培训是迅速解决眼下问题的最好途径，现代社会的培训密度会越来越高，对培训产生怀疑甚至厌恶的心理是相当可怕的结果。培训要标准化，只有先解决培训的方法问题，才能够利用好培训的工具为现代农业服务。培训和示范，是解决我国社会一切问题的法宝；培训和示范的方式，是产生良好培训和示范结果的根本保证。小农经济根深蒂固，大农要求迫在眉睫，思想转变成为根本，迅速提升的唯一途径就是培训和示范中的培训。显然，传统农业的远离市场和现代要求的农业发展，只有通过培训和示范，力求迅速接轨，迅速转变。农业标准化，在其中起到了决定性的作用，其作用就在于，首先对培训进行标准化，因为能够真正起到培训作用的方法已经有了[1]；其次对培训进行标准化管理，由第三方完成监管；最后对培训的效果进行客观评估。培训应当由专门的培训机构进行，培训应当与学校教育分开进行，农业培训应当在政府支持和监管下进行，培训的监管机构也要受到政府的监管。总之，在世界形势发展不允许我们像"小脚女人"那样考虑稳当再迈步的今天，理念开化、理论提升和狠抓落实只能并举向前，力求速进。其中，科学有效的标准化培训是目标实现的根本源头。

3. 推动与渗透结合的稳中求快

我国农业标准化的落地，仍然需要大量前期的基础工作。其中，对农业和农业标准化的认识，是首要解决的难题。农业是什么？农业在各行各业中的应有地位，包括其经济地位、社会地位、政治地位及意识形态领域的地位，等等，在国人心中都需要重新定位。渗透，主要是人们在意识形态领域的思维方式与行为方式的改变，需要通过渗透的方式进行，通过试点示范，引导人们认识和应用农业标准，逐步以渗透的方式改变人们

---

[1] 李鑫，董应才. 农业技术家教系统模式的创建. 西北农林科技大学学报（社会科学版），2002，2（4）：81-84

的农业市场观和农业标准应用观。发达国家从 20 世纪 80 年代起，就把农业作为国家发展战略的制高点来考虑，从生态的可持续性和对环境的友好贡献等方面，人们总是首先考虑和从事农业的大小活动，而我国则受几千年封建等级制的历史影响，至少在社会意识形态领域中仍然对农业抱着许多偏见看——从事农业的人群总是低于其他人群。从农业科技发展角度看，近百年来，西方的科学技术思想引进，对农业科技的发展也产生深刻正面影响的同时，我们并没有真正重视和挖掘本国农业近万年来所积存下来的大量优秀成果和经验，没有以非常冷静的思绪和客观公正的眼光探索东、西方农业发展中的真正联系与区别，进而以其营养作为我国农业发展的推动力量。在农业必须实施标准化的今天，本国农业中大量可用于提升而成标准化基本因素的技术和文化的积累，却因种种原因而不能被迅速地挖掘、提炼和应用，关键是，即使在正确的认识条件下，还缺少农业标准化理论，缺少农业标准化的系统人才队伍。新中国成立后，农业领域的生产力和生产关系得到了史无前例的改善，农业科技推广对农业的发展做出极大贡献，农业整体为国家稳定和民族发展给予了其他行业无法比拟的基础支撑。然而，农业没有面对市场，农业没有面向国际。加入 WTO，农业必须现代化，农业必须标准化。其质完全变了，其形再也不能继续那碎片式的发展。我国农业进入了完全的质变时期了，农业在国际形势的压迫下，必须以全新的历程走自己的路——市场化、标准化、现代化。要使这三化尽快实现，还是要努力夯实基础，稳中求快，以得长远。真正的基础是，在总结目前大量示范经验的基础上迅速加强理论研究和人才培养工作，在设计和开展真正农业标准化培训的基础上提高全民认识、改变思想理念、加速农业标准化的初步实现。

农业本来是一个复杂的巨系统，农业标准化不但要规定这个复杂的巨系统从管理层面到操作层面上的简化，还承担着瓦解几千年来积累下来的小农意识，建设市场化、国际化的现代农业，架构面向未来的大国、大农业气度的新农架构的重担。这不是一个技术问题，也不是一个管理问题，更不是一个社会问题，这是一个复杂的系统问题。例如，农业技术推广和农业标准化，迄今仍未形成统一体。传统的农技推广已经不能满足现代农业的需求，而国家推行农业标准化，则是需要与农机推广的惯性思维较量的，用示范产生直觉上的认识，再攻克思想堡垒，由外及内、从低到高，由意识上接受到行为上落实，把长期以来的散乱变成现代要求下的聚集。

意识决定行为。认识问题解决了，理论工具产生了，人员队伍起来了，农业标准化的落实就有了内部激励机制，农业标准化就会产生内部的驱动力。因为，对面向市场、需要现代化的农业而言，只有农业标准化才是最高满足其内部需求的真正动力。在目前国家对农业具有包围式升级的急切要求的情形下，从事农业工作的一切人员，应当率先扬弃传统农业，狠抓农业标准化的自我武装，积极地、谦虚地探索和推动农业标准化，形成大好农业发展形势下的自觉共勉氛围，认真自觉地观察和总结农业标准化示范成果，客观冷静地发起农业标准化落地号令，以实际行动影响周围环境，求得农业标准化稳步快进的加速度。

第二节 农业标准应用的一般程序

农业标准应用，是全部农业系统乃至所有与农业系统相关的全部体系应用落实的基本过程,是在农业系统内外进行全部系统的规则化过程。所以,农业标准应用,是一个系统问题,是农业标准真正体现其价值和创造价值的实质性过程。农业标准应用的内容有,围绕区域或者特定农业范围的既定目标,确定实现目标的农业体系,并围绕这种体系建立农业标准体系,选定农业标准,从而在所有外围保障因素的支持下,实现农业标准的实质落地。本节就农业标准应用的一般程序问题进行讨论。

一、农业目标确认与体系搭建

1. 农业目标的确认

不同利益集团从事农业经营活动时往往有明确而不同的目的,一个国家之所以将农业置之发展战略的制高点,是因为它与国家的长治久安直接相关;一个经营农业的集团,必须追求利益最大化,需要从农业过程中多方获利;一个进行具体农业操作的生产者,只能争取操作过程的结果中出现高的质量与数量,以此获取自身劳动或者利益上的最大收获。无论哪种目的,从事农业和发展农业,均需要投入并期望收获。那么,持续性地少投、多出、过程简化和换取利益最大,又成为所有农业过程追求的统一目标。为到达这种统一目标,农业标准的应用必然被启动,因为农业标准就是为满足这种目标需求而诞生的。反过来,复杂农业过程标准化的实现,不可能一次完成,而在受多个因素制约的同时,只能分阶段进行。所以,在整体目标的指引下,具体目标的确定非常重要,是农业标准应用落地的直接范围和高度标杆。

农业目标的确定,来源于不同层次(如国家、地方、企业、农户乃至个人)、不同时段(如规划、计划、年度、月份乃至一个日期)、不同类型(如生态、种植、养殖、加工、营销等)、市场要求(农产品的高、中、低要求和时序上的市场变化要求甚至年间的变化预测等)及不同的经营水平(如分户农业、合作农业、农场经营、集团农业等)等方面的约束,农业标准的应用也受到这些因素的约束而与目标保持同步。特别是,市场的多变,对农业的具体层面影响很大,从业者需要把握市场的目标导向,注意预测市场的近期与长期变化趋势,顺应市场需求,学会运用认证、宣传和商品包装等手段,通过关注社会发展热点适当调整和组织农业产业过程,还要通过跟踪一些敏感事件发现农产品贸易方面的各种壁垒变动,强化自身的应变能力。因此,农业标准应用的第一步就是要选择好农业经营的具体目标。

2. 农业体系的搭建

围绕农业发展目标搭建农业体系,应综合考虑各类因素,尤其要注重其阶段性的体现。依据农业发展目标的阶段水平性,结合农业发展过程的可能资源供给能力,搭建有明确时限要求的农业发展体系架构,确定各发展阶段的关键控制部分,提出各阶段发展的主攻方向,最好得出各关键控制部分的过程关键点序列,以便选择和确认相关的农业标准体系及关键标准。体系搭建的目标周期一般为3~5年,可与当地农业发展计划相结合进行。在具体的农业有界范围内进行会更加方便一些。例如,现代农业园区,生态农业庄园,设施农业棚区,集约型农场,等等。农业体系的搭建过程,实质也是农业标准化的一个部分,是将未实现体与现实体相结合、农业本质与形式相结合、农业特点与需求相结合的综合农业过程,它是农业标准体系的一种形式,也可以说是农业标准体系在具体的农业区域中的宏体系。所以,在搭建和运行农业标准体系,为农业标准的应用归位建立宏观架构的过程中,应当随时注意系统科学原理的应用和农业标准化原理思想的贯穿,应当关注复杂农业所面对的多变的市场过程,关注具体农业经营之中的过程连续性主导,关注从农业过程管理角度上的持续性发展。

3. 政策的方向性引导

农业不同于其他行业,其现阶段的发展仍需在国家政策的保护下和财政资金的支持下推进,这是由农业的性质决定的。基于农业这种行业特性,利用政策和资金的倾向性,对于局部农业或者特定范围的农业发展推动,就有了一定的优惠性和优势性。而这种优势,不是作用于农业的状态中,而是要求作用于农业过程的关键中。现代农业发展过程的关键,就是农业标准化,也是农业发展投入和作用的具体作用点。明确了这一点,对于农业发展政策和向性投入资金的应用,就有了明确的目标性和阶段性了。基于农业自身的高投入、长周期和产出风险性,必须考虑和应用国家、地方对农业的政策倾向和资金支持,以便增加农业发展的后劲,增强农业标准化的内部实力。应用国家农业政策扶持和资金支持,加强农业的标准化的立体落实,坚持国家农业政策的引导方向,是特定农业范围活化政策和资金、持续获得保护与支持的根本出路。就目前而言,"三农"发展,农民增收,是国家政策的突出方向,利用国家政策与财政投入,依托本地农业特色,选择易于突破的领域和切入点,充分应用农业标准化理论与方法,实施关键落地工程,从思想到行动,打一个传统农业到现代农业的真正翻身仗,就会多次地和大量地吸引国家农业政策和资金的倾向性投入。我国目前发展的现代农业园区,是一个很好的架构,然而"玻璃房"后的农业运营情况却让人担忧。现代农业必须是内容的现代和形式的现代的辩证统一体。内容的现代是现代农业的根本,内容的现代必须是基于农业的自然、社会和经济特点,以标准化为基本的和唯一的操纵手段,打造起科学、实际的农业运行体制与机制。现代农业的形式极易产生,如连栋玻璃温室及其形式控制。没有实质的、容易产生的现代农业形式所产生的后效,往往是灾难的和可怕的。这是由复杂系统的特质所决定的,因为农业属于复杂系统范畴。

二、农业标准及其体系落实

根据农业发展目标及其体系,选定或者研制所需的农业标准,建立或者充实相关的农业标准体系,进而落实农业标准及其体系于特定的农业过程,是农业标准实质性应用过程中的两个基本阶段。

1. 农业标准及其体系选择

实施农业标准化,首先要确定所应用的具体标准和体系。在任何有界农业系统中,针对性的农业标准及其所构成的适宜体系,是农业标准化落地的前提和依据。农业标准及其体系选择,实质是一个问题的两个方面,在选择标准的同时,也在选择体系,反过来亦是如此。这里所不同的是,对农业标准体系的选择和农业标准综合体的选择。

选择农业标准体系，是在特定范围内，农业资源条件相对充足，各种能力及其集成度能够达到某种理想程度，并且以充分的理论体系指导农业实践过程。那么，我们就可以从宏观到微观，由抽象到具体平稳地推进和迅速落实一个科学有序的农业标准体系，从而实现真正的农业标准体系所规定的标准化发展蓝图。而选择农业标准综合体，是根据当时当地的农业生态、经济水平和社会人文需求，为了尽快推进农业标准化，从有界农业体系中抓起系统关键点并结合发展的实际水平，推动和落实一个有限的农业标准综合体而实现农业标准化的推进。

无论哪一种选择，都要考虑和策划这种体系落地的阶段性及与当时当地综合水平的融合性，更要考虑适当的超前性。

关于农业标准体系及农业标准综合体，本书第五章专门进行了专门论述，可以作为选择的直接依据和参照。需要注意的是，农业标准体系也是分层次的，如有国家层面上的农业标准体系，也有一个企事业甚至合作社的，它是一个系统的静态表达，更具有系统的结构与功能作用。在这里的农业标准体系，往往更为具体和实用，是直接用于实际操作层面上的农业标准体系。因此，第五章第五节的内容，有些可以直接采纳，有些内容成为原则性的指导文件，在这里体现时，还需要做更加具体化的充实。农业标准综合体，也具备了系统的结构与功能，选择和采用时也需要分层次性、阶段性和水平性，相比于农业标准体系，更符合即时性和实际性。

2. 农业标准与体系的落实

农业标准及其体系的落实，是农业标准化工作的目的及其在单个农业周期中要得到的终点，也是农业标准化产生实际效益的关键。农业标准与体系的落实，也是一个复杂的工作，具体操作起来，要考虑以下方面。

（1）考虑落实的层次性　农业标准与体系落实的层次性，分三类种情况：一是从宏观到微观的层次考虑，即管理决策层、管理层、管理操作层与操作落实层的层次性落实。二是标准应用团体的层次性，又分为行政辖区和经济结构团体。以省、地、县、乡、村、组为层次的落实层次，属于行政辖区的层次性；以集团、公司、合作社、农户为层次的是一类经济团体结构层次，还有以现代农业园区、农业多功能区、农场、庄园和种植大户为层次的落实体系。特别是现代农业园区、农场和庄园的农业标准化，又不同于一般农业标准化，可能更适合于用农业综合标准化（具体在本节第四部分阐述）推动。三是根据标准与体系的性质分为强制与推荐的层次。在管理的层次性方面，对于标准体系（包括农业标准综合体），落实要靠管理层面进行，而对具体标准的客观落地，则是技术和操作层面上的任务。技术队伍承担落地的指导任务，操作层面则要实现标准的程序操作。在具体标准落实的性质方面，强制性标准的落实，是没有相互间商量余地的，是必须执行的。强制性标准的落实，又分为不同的角色和阶段。管理角色，是落实的唯一推动者，管理者具有绝对的监督落实的权利及义务，本身的自觉与规范行为也十分重要。操作者（受体）享有接受宣传和教育的权利，有照章落实的义务。

（2）考虑落实的阶段性　对于强制性农业标准的落实，一般考虑三个过程：①以宣传和教育为先；②监管和纠偏跟进；③自觉和防范在后。通过这三个过程，再完成三个阶段：①普及教育阶段，这是从意识形态领域，发挥大量媒体功能，动用必要的机构力量，进行大规模宣传和教育活动；②重点示范阶段，即进入实际的宣讲、培养重点示范、发生辐射带动效用的过程，强调的是其示范性和带动性；③全面落实阶段，将以示范总结和带动经验为出发点，开展全面的行为普及工作。

在推荐性标准的落实中，从阶段性看，首先在于宣贯和示范，用说理和事实告诉应用者，推荐标准的优势所在。其次是解决应用者在思想和行为等方面所出现的问题，指导用户正确应用具体的农业标准，从产生的效益中激发和提升使用者对推荐标准的兴趣与再使用兴趣。

对于农户、农业大户、庄园、农民专业合作社，启用"利益驱动、奖励需求"[1]的推动机制，应用农业综合社会化服务标准化体系推动，就能够使问题迎刃而解。该模式成果于2004年获得陕西省科技进步奖二等奖。

（3）考虑落实的操作性　迄今为止，我国农业标准化的核心问题之一，仍然是操作层面上的落实问题。这一问题的原因，又来源于标准的实用性、操作者的认知度与操作素质，以及指导操作的专业队伍水平其主要的原因是，我国农业标准化专业人才培养空白，需要从国家层面加强工作。对于操作者的认知度和操作素质，宏观上讲，仍然在于相关人才的匮乏，理论的缺失，使得高、中层人员也不知道如何正确地实施操作管理，推动实施。对于基层人员，更不知晓理论的指导对他们有重大作用，好的一点是还有一些实际工作的农业经验可供应付。而对于具体的操作者——农民和农工，则需要从实际的指导管理和微观激励机制中正确解决。这一点，在农民组织、农业技术家教[2]的研究探索成果中得到了解决，值得借鉴。这是解决基层操作层面上落实农业标准化的最好方法，行之有效，落地有声，遗憾的是始终得不到政府的重视和扶持推行。具体的做法，在本书第七章第四节中以农业社会化服务标准化的面目出现，加以阐述。

3. 过程记录

农业标准体系建设，农业标准化的落实，农业标准化效果评价和下一个周期的深入开展，等等，步步需要符合农业标准化的思想原理和方法要求。因此，建设农业标准体系，始终依靠农业标准学理论，关注农业政策制度，立足于确定的农业标准化水平层次，在特定的农业目标及其体系框架之中，设计农业标准体系，镶嵌相关农业标准，实现农业标准体系从体系架构、内容、要素到过程的系统水平上的协调、统一和简化，用农业标准体系图、体系表及体系成型的研制说明，把抽象、复杂的信息直观简单地表现出来。

这里的农业标准体系，主要是操作执行层面上的农业标准体系，是最具有实用意义的标准体系，是一个区域农业标准体系或者某个行政辖区的农业标准体系的具体化和实用化。从层次范围上讲，主要集中在县域、农场、现代农业园区、农业庄园以内的集约性较高的企业、合作社甚至农业大户中的农业标准体系建设。

无论怎样的宏观，还是怎样的微观，农业标准体系都是有层次的和多方向的，它与其所覆盖的范围、层次有着直接关联。一个国家可有一个农业标准体系，一个地区、一

---

[1] 李鑫，刘光哲，等. 农业技术家教推广模式及农业科技传播网络研究与实践. 陕西省科技进步二等奖. 证书编号 03-2-15-R1
[2] 李鑫，董应才. 农业技术家教系统模式的创建. 西北农林科技大学学报（社会科学版），2002，2（4）：81-84

个团体都可以建设一个甚至多个农业标准体系，一位无论做什么农业工作的人，完全可以在自己的工作范围内因不同的方面而建立多个农业标准体系。因此，农业标准体系的多样性和复杂性，除来自于农业的复杂性，还与不同的农业区域、农业范围、农业发展水平和农业发展目标相联系。

三、农业标准化一般过程

本来，农业标准化过程不是多么复杂的东西，大体上分为研制农业标准和应用农业标准两个过程。但是，农业标准化在我国就变得复杂多了，变得与传统思想观念和习惯势力要做斗争的事情了。这就大大超出了原本两个过程所能左右的能力了。因此，农业标准化的一般过程，就不能仅仅局限于对具体标准的产生和应用问题，而要从战略的、战术的意识形态等领域延伸和关注了。

1. 农业标准化要解决的前提问题

（1）我国农业的传统到现代　我国农业标准化的大规模推动，是基于WTO的加入。在全球经济一体化、各方面介入高科技、发展速度正加速的当今社会中，专业化分工和复杂性系统并存，低成本运作与高效率产出相呼应，标准化成为这庞大的社会体系中唯一能够制衡和操纵最佳的铁腕工具，"得标准者得天下"、"一流经济抓标准，二流企业卖专利，……"、"一项标准胜过十万大军"等的说法，完全表达出了标准化在当今社会经济发展中的重要地位。农业作为一个国家发展的基础地位和战略制高点地位，在世界经济大同中必然要跻身发展。在加入WTO之前，沉淀了近万年农业习惯的生产格局，已经非常熟悉而自然地形成了小农经济，在农户要素基础上，合成了农业大盘，构成了"精耕细作"的特异景观。农民的自给自足，能够提供给国家粮食，能够稳定社会，进而巩固国家安全。这在封闭条件下不能不说是一个最好的理想状态，但在开放前提下则显得极其原始和落后。因为，现代社会，在系统需要完成多功能工作的前提下，内部的专业化分工和相互间的对接精确性实在是太严格、要求的速度太快了。如此，不进行标准化就完全不行了，不进行模块化就无法满足"需要"所提出的速度水平。我们要加入WTO，一切就要服从它的要求，一切必须按照WTO的规则行事。WTO的规则就是完整的标准化。成为这个组织的成员国家，任何领域都得用标准化对话和发展，农业自然是不可回避的基本领域。另外，在开放的眼界下，农业开展标准化，是对农业发展十分利好的事情，是农业走向现代的唯一出路。我们的发展偏晚了，农业标准化需要用大力，迈大步。

（2）农业标准化中的二元共轭　在WTO下，我们会充分地认识到农业标准化的重要性，我们需要发展，并必须维护本国农业利益。那么，近万年农业文化所形成的一切意识与行为，一直处在农户为基础、自给小经济、分散低水平的无市场化状态中，要推行农业标准化，思想观念的转变——认识的到位，与相关物质基础的定向集成与应用，就成了农业标准化的两大基本问题。认识观的改变和物质基础的满足，是农业标准化中的二元共轭点，不解决这一个难点，农业标准化很难进入人们的内心世界，很难形成人们的自觉行为。

认识观和物质基础这两个核心问题，在不同时期表现出不同位次来。纵观我国农业发展历史，在传统农耕文化的深刻影响和小农习惯作用的牵制下，农业标准化在推动的开始，认识问题被摆在了首位。最为典型的是在2007年以前，绝大多数人否认农业标准化，认为搞农业标准化，根本就是在胡闹，异想天开。此期的物质基础问题，不会有太多的人去思考应用于农业标准化中。诚然，当发展一个时期之后，认识问题解决了，物质基础的定向集成与应用，自然就会成为首要议题了。那一年不是个平常年。同年4月23日，胡锦涛同志发出了"没有农业标准化，就没有农业现代化，就没有食品安全保障"的号召，骤然使农业不能标准化的声音消失了，但人们的思想要真正接受农业标准化很难，迄今仍然在艰难的斗争中。好在形势向着大好方向发展迅速。仅仅十年的农业标准化推动，社会对农业标准化反映的主流声音就成为："到底怎样做才是农业标准化？"

进入21世纪的第二个十年时，农业标准化急速向着理智方向发展，谈论农业标准化意义的时代很快结束，寻找农业标准化方法的声音已经开始。由于农业标准化追求"在一定范围内获得最佳秩序"之后的"最佳效果"目标，就有了"范围内"和"范围外"的区分。在"范围内"，农业标准的研制与应用、农业标准化的效果与持续、农业标准化推进的保障与服务，应当成为农业标准化的三大内部关键；在"范围外"，推动和实施的思想观念、管理手段、新工具的介入应当是外来关键。经验告诉我们，农业要现代，思想观念必须先现代化。有了现代化的观念，管理手段、工具使用就会自然符合现代要求。

（3）农业标准化的三大关键　农业标准化与现代农业的关系是十分明确的，在这种因果关系中，农业标准化处在因的位置，对农业现代化起着核心的支撑作用。那么，要使得农业现代化，推行农业标准化，意识必须超前到位，思想解放要事先完成。具备了先进的理念，就有了接受和学习现代农业标准化知识的主动性，也有了人才培养的社会需求，进而相应的行为也就产生了。要满足农业标准化行为，技术工具和系统管理这两大因素必不可少。

我们研究农业标准化效果的来源、表现和结果的影响，结合我国农业发展厚重历史与人们形成的农业观念，就不得不在意识理念、技术工具和系统管理三个主要方面着眼挖掘了。这应当是农业标准化实施效果评价的理论建立与指标体系研究中实施效果的重要因变参数。

研究表明，农业标准化是农业现代化的体系骨架和神经系统。这种骨架作用决定着现代农业的形体，这一神经系统决定着农业迈向现代化的速度。

2. 因地制宜的标准与体系产生

农业标准的研制，有专门的标准研制程序，可参见本书第四章第二节进行。农业标准体系的建立，可参阅本书第五章第三节的内容。重要的是，研制农业标准，必须是在采标无法解决的前提下进行；对于现有标准，经过修改就可以满足的，就进行修改，否则再开展研制。同时，建立农业标准体系，必须与具体农业实际相结合，尽量做到实用化，不搞空洞的唯体系工作，不做标准与体系无法在实际中应用的那些花架子。

3. 实施过程的系统建设

农业标准及其体系的建设和落地，均存在着大量决策与实施的复杂性问题。正确和快速的实施，来源于事先对实施过程的设计与体系建设的科学性和实用性。因此，实施过程的系统建设，是实施的先导性工作，也是关键性环节。

有了针对性强的农业标准体系，就要进一步设计这些标准体系中的各标准与农业实际的需求，包括了标准使用的时间序列、空间摆布和同位的先后次序。在这种客体设计的基础上，就要考虑人员的安排与岗位的约束，以及物资的保障与后勤的供给。依赖着标准体系的实施要求，架构人才队伍体系的层次到位，通过制度标准的辅助与牵制，明确人员岗位职责与时空要求，构成标准体系落地的操作图式和落地通道，形成落实体系的圆满架构和付诸实施的可靠机制，从而能够使这一体系在有的放矢的条件下完成着陆。

4. 政策、资金的扶持保障

农业标准化是为农业的发展和提升而进行的，是对全球公认的公益性强、基础性强和战略性强的事业贡献力量的，因此，国家支持、财政投入和政策优惠是必不可少的，是理所当然的事情。这一天然的优惠，用得好，就会四两拨千斤，促进农业标准化快速发展；用得不好，就会挫伤一大片积极性，甚至会发生一蹶不振、较长时间内难以恢复的副作用。农业的长周期性和脆弱性特点，最忌讳这一情形的发生。近年来，在农业标准化的推动作用下，我国农业的实质性转型速度正在加快，如现代农业园区、农庄庄园、多功能农业特区、都市农业及专业合作社的联合农业与企业农场等形式大量出现，都需要农业标准化作为唯一推手推动。这种推动的后面，多以政策、财政项目和国家资金的扶持为主要内容。这就需要认真、客观地研究资金扶持的方法和导向力度。

5. 农业标准化的正确开展

农业标准化实施的方式表现，从大的方面看，主要有：政策制度的向性引导，标准及其体系的最佳建设，实施体系与队伍科学搭建，监督体系健全与运行适宜性，信息与溯源系统的有效性。具体到一定的细化范围时，有大量具体的工作，需要一步一步地落到实处。农业标准化的正确开展，只要解决了推动队伍与接受队伍的响应平衡，做到信息和方法的对等传递，农业标准化就在一个阶段上成功了。一个阶段的成功，预示着一个过程、一个周期的成功，农业标准化的实施也就变成现实了。具体的正确开展，可参见本章农业标准及其体系落实和农业综合标准化有关内容。

从主观角度，应用农业标准，开展农业标准化，关键是农业标准应用的队伍质量。农业标准应用队伍的知识掌握水平，应用能力，个体发挥能力，纵横合作能力，团队结构的科学性（本质规律反映）与合理性（农业水平、执行者群体水平与当地文化的结合体现），均对农业标准化的推动有影响，需要从整体角度加以应用和提高。

四、农业综合标准化

农业综合标准化，是农业标准化的发展，也可以认为是农业标准化的特殊类型。农业综合标准化，是现代农业理念下逐步应用较多的一种思想体系和方法过程。农业综合标准化，是完全基于系统科学和农业标准化原理的充分结合与应用，在整体思考、系统分析的条件下，对现实农业系统在目标条件的约束下的系统规定和运作，实施的难度较高，实施的效果明显。农业综合标准化，像农业标准化一样，也分为农业标准综合体的产生和应用两个大阶段。相比而言，农业综合标准化的最难点在农业标准综合体的诞生阶段，尤其是诞生的前期阶段；而农业标准化的难点却在于农业标准研制和应用。农业标准化是农业综合标准化的前提和基础。

1. 什么是农业综合标准化

农业综合标准化，是指围绕特定农业系统发展目标，应用系统分析法剖析系统结构与作用关键点，并结合资源供给能力与发展水平，确定和研制相关标准且使其形成农业标准综合体加以落实的过程。农业标准综合体的概念在本书第五章中已经给出。

或者说，农业综合标准化，就是在特定农业系统中，为达到确定的目标，运用系统分析方法，建立农业标准综合体，并贯彻实施这一综合体的标准化活动。

这一概念反映了三个明显优势。其一，从系统角度考虑和分析事件。这是基于系统科学理论，应用农业标准化思想，对特定农业系统进行剖析与归纳，再从系统结构中的关键点着手，进行标准的研制和标准体系的建设。其二，考虑了有限资源的依赖和发展水平的因素。进行农业标准化，目的虽然很明确，但实际条件能否满足，必须考虑。有时候，即使资源条件很充分，也可能在分阶段的情况下才能满足，况且，在多数情况下，农业资源条件是明显受限甚至有缺陷的。其三，农业综合标准化强调抓系统关键点，以控制关键点为核心研制标准，并要求所产生的标准群是经过协调一致和相互依赖集成的标准整体。

如果我们从系统科学角度评价这一概念所规定的标准化农业过程，显然该系统具备了无限发展的潜力和方向优势。因为，系统虽然复杂，本身就具有层次性、结构性和功能性优势，农业综合标准化支撑的是复杂有界农业系统的最佳化运行，从根基上强调和实现系统水平上的最佳过程，这就能够尽量地发挥系统的层次性优势、结构性优势和功能性优势，进而实现现实农业实际的真正农业标准化工作。

2. 农业综合标准化方法

大体上讲，农业综合标准化方法，要经过以下几个步骤。

1）界定与目标

实施农业综合标准化，首先要划定一个工作的范围，明确农业系统的边界，再面对有界农业实际，在综合分析与评判的基础上，提出界内农业发展目标。这种农业的界，可以是某个行政辖区（如省、地、县、乡、村、组或者兵团建制中的某一单位），一个农业经济集团（集团、公司、合作社或者现代农业园区、农业多功能区、农场、庄园和种植大户），甚至一个农户，也可以是某种产业界限，如各种农作物（如小麦、水稻、西洋参、苹果……）种植、各种养殖（罗非鱼、生猪、板鸭养殖……）、各种加工（如羊毛、面粉、葛根加工……）等，还可以是抽象的事或理，如某个乡的农民管理标准化，县域农业标准宣贯方法综合标准化，农村公民良好素质建设，等等。这些划分的界内，都是一个完整的系统。而一个完整系统的发展目标，则是多方向、多层次的，也就是多目标的。所以，界定一个系统的发展目标是在系统确定之后的重要环节。一般地，确定的农业系统的目标发展方向,主要分利益性和公益性。利益性方向,直接受市场发展方向的控制,公益性的背后则受到生态可持续要求的控制,其现实一面则受到政策和政府投入方向与力度的影响。无论哪个方向,从系统科学的角度,确定系统发展方向,并不十分困难,可以采取专家系统决策方法,多因子综合评估方法,模糊评判法,甚至印象评判法,等等。目标的体现,往往从质量、数量和安全性保障三个方面出现,如质量水平提高多少(如无公害→绿色→有机的质量提升),安全性保障到多少(如绿色→黄色→橙色→红色的级别控制),某些指标的数量要达到多少(如年逐年产量递增百分之多少);目标还常常分为阶段性,如近期目标,长远目标等。目标的确定,还要与实际资源的供给能力和总体水平相匹配。总之,确定一个最佳发展目标,需要冷静、综合的动态分析,需要对系统的过去、现在和未来做出判断,需要对系统发展的作用因子做出准确的动态分析,需要从战略角度加以确定。

2)系统要素分析

在系统发展所要达到的某种目标确定之后,我们参与和推动这一农业系统的发展方向就明确了,针对这一农业系统目标的相关控制因子就能够在系统分析的基础上加以确定了。例如,一片到达结果盛期的苹果园(一般定植后树龄在 5 年以上),从生产苹果果品的角度,就有多个目标选择,以产量为主型,以质量为主型,以观光为主型,以立体生态为主型,等等。在这里,我们列举两个目标进行讨论:一个目标确定的主体为无公害质量级别,数量级别为亩[1]产 2500kg;另一个目标确定的质量级别为精品水果(必然要达到有机水平),数量级别为亩产 1500kg。那么,围绕着不同的目标,寻找相关的系统要素(系统过程作用关键点),而后根据目标要求,确定其中关键的要素并做进一步探索,为控制这种要素(系统关键点)的最佳方法确立做准备。

寻找这两个目标下的系统要素(关键点)的方法可能是相同的,但因设定目标的差异,对需要控制的要素(关键点)的强度和侧重点可能就不同了。具体可提出一些关键点进行两个目标约束的比较,见表 6-1。

表 6-1 苹果生产系统技术要素关键点分析与对待

要素(关键点)	无公害水平			精品级(达到有机水平)		
	要素层次	要素重要性	措施目标	要素层次	要素重要性	措施目标
水分	1 级	很重要	水量较多	2 级	重要	一般
有机肥	2 级	一般	一般	1 级	很重要	充足
无机肥	1 级	重要	较多	特级(禁止)	非常重要	禁止使用
疏花	2 级	一般	一般要求	1 级精细	很重要	精细要求
修剪	2 级	重要	一般水平	2 级	一般	一般要求
果形与大小	3 级	一般	达到产量	特级	很重要	严格控制
防病	1 级	重要	要求较高	1 级	很重要	有机水平
治虫	1 级	重要	要求较高	1 级	很重要	有机水平
合成农药	2 级	重要	允许使用	特级(禁止)	非常重要	禁止使用
生物源农药	2 级	一般	允许使用	1 级	重要	限量使用
环境卫生	3 级	一般	一般要求	1 级	很重要	有机水平
……						

注:要素层次中 1 级最重要;要素重要性分为正负两极,如"特级"的重要性为负向

---

[1] 1 亩≈666.7m^2

从表 6-1 看出，系统要素在系统中因目标的不同而作用会完全不同。同一个要素在不同的目标下有重有轻，甚至可能出现要求上的极端情况，如无机肥使用这一要素；有些要素在使用重要性级别上也产生明显的位次差异。那么，从系统分析角度，在综合考虑各要素在系统中的位置重要性及目标约束下的系统空间位置时，均可能产生不同的配置结果。围绕着这种配置结果，结合具体农业资源状况、供给能力与阶段性，就锁定了不同层次的系统关键点，这个点，就是该系统农业标准综合体中的标准研制关键点。

3) 构建标准综合体

对于特定农业目标系统进行了系统综合分析，探明了系统结构、层次与时空关系，锁定了系统中各个要素/关键点，结合能够支持该系统运行的内外资源量、资源的支持力度和持续支持能力（这种资源包括了物质的、财力的、市场的、智力的、文化习惯上的，等等），再确定推动这种系统所定位的关键点控制的层次。例如，经过系统分析，得知该系统要素构成了系统内的五个系统亚层次，而能够支持系统运行的资源只能维持其运行在最细到第三亚层次，显然在确定最后的系统控制关键点时，就只能舍弃第四、五层，在更宏观的层面上锁定系统控制关键点。明确了系统控制关键点，就明确了这一农业系统标准控制关键点。

围绕着系统控制关键点，应用农业标准化理论，进行标准研制目标下的系统控制关键点的控制研究，进而产生能够控制这一系统控制关键点的过程控制标准。假设在既定目标下，该系统中有 n 个关键要素被分析确定，并且明确了这些要素在系统中的位置及其在过程关键控制位置上的作用方向，同时知道在系统三层次中，第一层有 x 个，第二层有 y 个，第三层就剩下 $n-x-y$ 个，而且 x、y 和 $n-x-y$ 之间的两两关系是明确的。则从该系统解析得出的系统要素（控制关键点）之间的时空结构就是明确的，这时的系统已经由系统的要素系统来支持了。我们对每一个系统要素研究并制定相应的控制标准，就产生了要素系统中的每个要素点（系统控制关键点）的控制标准，这样的标准在本系统中共计有 n 个。

4) 试验验证标准综合体

农业综合标准化，时时以系统科学理论为先导，以实际资源的科学和最大化利用为依据，比一般的农业标准化水平都要高，诚然在标准综合体出台过程中所带的风险也就相应高。因此，要保重农业综合标准化的成功，就必须确保农业标准综合体没有缺陷。研制产生的农业标准综合体，是否代表着真实，是否具有很高的可靠性，就成为农业综合标准化能否成功和产生意想不到的效果的唯一保障。可见，对于农业标准综合体的科学性、适用性和实用性在用之于实际以前，进行验证，是农业综合标准化中的关键环节之一。

农业标准综合体的真理性验证，分为三个层次。一是理论验证，这在"构建标准综合体"中已经提出；二是进行小区试用，观察综合体中各标准在试用过程中的可靠性、协调性，以及标准综合体的整体落地效应；三是应用验证，即被纳入正式使用阶段的前期过程中，特别注意观察和搜集使用者的反映。

(1) 理论验证 对研制产生的 n 个标准，不但就每项标准的内容和结构及系统性进行理论验证，还要进行标准综合体下的整体系统分析，将其与特定农业范围的既定目标进行比较，纠正偏离度，加强有效性，还要放其于系统中的要素系统约束下进行相互作用的调平，从系统整体水平上进行协调和优化。进一步，对协调和优化的标准群（综合体雏形）进行逻辑关系上的验证和推导，使其时时刻刻处在为该系统的既定目标实现服务的最佳状态。这样，由 n 个标准组成的、处于整体协调一致的、构成系统关键控制时空结构的标准群，从理论上就达到了既定农业系统的农业标准综合体要求了。

（2）小区试用　理论是实际的提升，实际又比理论复杂得多。尽管研制成功的农业标准综合体有了理论上的系统性，与之实际的复杂性相比，还有距离，还需要验证。应用农业标准化的最优、最佳和简化思想，农业标准综合体能否反映事实，真实效果如何，先进行小区试用，修正能够及时，成本产生最低，更不会存在损失的风险。这一点，在农业综合标准化中应当引起重视。因为，站在复杂系统之上，依据内外资源的供给能力，设计和研制农业标准综合体并付之实际，其研制过程和应用过程均存在着可能对系统掌握不好的风险，只有实际使用时才能够暴露出来。如果不经过这一环节，而将综合体直接进入规模化使用，一旦产生问题，损失必然增大。

（3）应用验证　这是指将成型的农业标准综合体投入到实际使用中，在规模化使用过程中进行完善性提升。这主要是对标准综合体的实用性和先进性进行更精细的维护和修正，是为下一个提升做准备工作，而不再对农业标准综合体本身的结构和功能进行明显变动。所以，要求在农业标准综合体使用中，不断注意其各个方面的标准化水平表达，注意科技层面、市场层面和当地资源方面的趋势性变化，记录相关信息，及时整理提升，做好下一个周期开始时的前期准备工作。

5）落实标准综合体

农业标准综合体的落实，就要在既定的农业区域内，凡与该区域发展目标相关的所有机构与个人，均需要按照农业标准综合体的要求，参与到这一事业中来，共同推动和实现农业标准综合体的落地。具体涉及以下主要方面。

首先是农业综合标准化中的宣贯。宣贯是第一位的。农业标准综合体的宣贯，一般有三层意思。一是宣传，通过各种方式、各种途径宣传农业标准综合体，宣传农业标准化，营造良好的农业综合标准化意识氛围和文化气场，激发人们认识和应用农业综合标准化兴趣和热情，烘托出农业综合标准化的正能量；二是宣讲、培训农业综合标准化的思路与方法，分层次、分段落、分物候地不断进行农业综合标准化知识的传播和方法的讲解，使大家从思想上、理论上和行为上有一个初步的宏观路线和方向；三是具体的落实和操作，通过示范引导、具体指导和解决难题等方式，应用标准，步步遵从具体规则。在具体的落实方面坚决不能虚化，要阐述应用的优点，通过用与不用的优劣比较，使操作者真正感受标准化操作与传统操作的区别及传统操作的不足所在。农业标准综合体的宣贯落实，需要专门队伍进行。农业部农业标准化实施示范项目的操作手册中就明确了农业标准化落实的宣贯体系，也可谓是一个标准的规定。该手册从管理的角度，设定一个完整的管理推动体系，如领导小组、指导小组、监管小组、指导员、监管员、操作员等，把一个特定的农业区域的标准化活动用一个整体的管理体系加以确定，保障了农业标准体系宣贯的落实和保障。我们将其列为附录1。

其次是相关监管体系的建立。监督管理体系在任何时候不能少,农业标准化工作的任何人群,需要监管。一是监管其执行标准是否到位,二是看"指导—监督—操作及结果的反馈"系统的各个层面(最小单位为一个人的自我操作设计与完成)从整体上是否具备了标准化要求,三是监管任何综合标准化过程的关键点乃至全链条上的质量安全把控水平及其满足程度,四要监管农业结果是否符合最初目标设计要求和产品质量是否达标,五是监管特定农业过程与市场、政策和可持续发展之间的协调程度及改进方向是否正确。

再次是抓好过程记录及其记录的档案管理。这一点,在当时看起来对实施过程作用不大,甚至可能认为是增加了实施过程中的工作量。然而,上一个周期中的记录,对下一个周期乃至今后农业标准化过程的作用是巨大的,坚决不能马虎,必须认真要求。农业标准化过程的记录重要性,随时间的推移,越显突出,不可替代。它对我们推动农业发展的作用是全方位的。我们多年来进行农户农业标准化工作的理论研究、实践尝试和深度发展的过程结果,均证明了一个道理:只要农户能够认真做好自己的农业生产记录,它就已经进入了农业标准化的行列。剩下的事情就非常好办了,农业标准化推动就成为自然的需求过程了。因此,做好记录,更要管好记录。管理记录,需要专门人员和机构,需要对记录进行当时的分析和归纳,还需要对记录进行时序上的归纳和研究,从而分析出农业过程的优势、不足和如何改进的方法途径。

落实农业标准综合体的核心,是抓过程关键。农业标准综合体的产生,就源于特定农业系统的关键控制点,每一项农业标准综合体中的标准,都是依据系统格局中的过程关键点来研制和平衡的,那么对这种研制成果反过来加以应用时,照样要抓到对应的关键点,使用对应的农业标准。只有这样,农业综合标准化才最有意义,才最能够体现出高级农业标准化的作用。这就是,关键标准对关键点,关键点控制展示系统标准化。

6) 阶段评价与总结

评价总结的目的无非有两个,一是对已经过去的事件进行系统总结,找出优劣,盖棺定论,理论提升;二是对下一个周期的农业综合标准化活动准则(农业标准综合体)进行修正、再完善和再优化。农业综合标准化的评价总结,仍然是一个系统问题,需要从各个方面加以综合式分析和归类,最终得到简单的数字级别的评判。具体的评判方法,可参照本书第十二章关于农业标准化效果评价的有关内容。

农业综合标准化具有整体性、层级性、灵敏性和风险性特点,对农业综合标准化的效果进行评价,要在考虑这些特点的同时,再结合实施的效果、市场认可度、社会生态和人文区域影响,评价推行的过程系统性、效果的综合性、结果的有效性和发展的可靠性。农业综合标准化的整体性比较好理解,因为从一开始的创造,就始终是在整体和系统水平上进行的。说其层级性,是因为系统本身具有层次性,操纵系统达到某种目的,必然在一定的层级水平进行把控。我们操纵的特定农业目标系统,与资源(包括物质的、环境的、技能的和市场的等)的丰缺密切相关,有时即使丰富,也不可能在短期内全部满足(又如只能分阶段才能供给)。因此,根据这些因素进行综合分析,确定农业系统的综合标准化层级水平,研制出对应农业标准综合体,显然在应用时只能对应这种层级水平的农业系统。否则,不是高便是低,均不能发挥特定农业标准综合体的真正作用与价值。农业综合标准化的灵敏性,实际上还源于其整体性或者系统性。由于农业综合标准化完全建立在系统水平上,从一开始就围绕明确的目标,以协调和优化为主要手段,把握了一个关键层次,对系统中各要素(关键点)剖析、调整和取舍,建立了既满足既定目标、又符合资源禀赋的农业标准综合体,在落实中还要遵从系统科学原理,实施整体水平上的系统联系性推动过程。那么,这个整体的任何一处稍有异动,就会影响整体,在整体水平上产生感知,从而使系统发生一系列感应和过程调整,产生整体平衡的新走向。从这一点还看出,农业综合标准化明显具有高风险性。因为其过程设计的严密性、系统性和目标依赖性,都会使其在使用中产生高风险(利益越突出,风险越明显,这是辩证法)。所以,进行农业综合标准化,要求真正的战略家、决策者和实施操作者的完美结合与系统联动,并且随时把握系统运动的良好状态,以便降低风险。

3. 综合标准化案例——苹果有害生物管理

在种植中,有害生物管理(integrated pest management,IPM)一直是农业生产管理过程中的关键问题(这里不提"病虫害综合治理",是因为,作者的研究结果表明,该提法是不正确的,不符合客观存在,不符合人与自然的和谐共处与平衡发展)。长期以来,由于一类植食性动物的取食和微生物的侵染,常常造成产量和品质的严重影响,成为有害生物群,就不得不进行相关的管理。而管理的工具之一是使用化学农药,特别是化学合成农药。这种方法具备了高效、速效和特效的三大特点,使任何人在选取和使用中最容易采取的方法。例如,无论是北方的苹果园还是南方的柑橘园,应用化学防治对付果园病虫的现象极其普遍,年用药量少则5~8遍,多则高达十几遍;在蔬菜大棚中,一般5~7天就有一次用药,蔬菜整个生长一直处于药泡之中。不仅用药次数可很高,一次性用药种类也相当多,少的有3种,多者达9种,而且,往往用药剂量还要加浓,可以想象,这些做法所配制的药液,不是药汤,就是药浆了。这种方法所带来的副作用十分突出——残留、污染和不安全。我国农产品的质量安全问题的绝大部分责任就在于对化学合成有害物质的滥用。为解决这一问题,我们在长期研究和试验过程中摸索出一整套的有机管理标准化方法,在这里以黄土高原有机苹果生产为例,给出综合标准化做法,以便于对农业综合标准化有一个深刻理解。

(1)资源条件的优劣 黄土高原是世界七大优质苹果生产生态区域之一,气热条件和土层(深度达100多米)支持能力优厚无比。这里也是国内工业最不发达省区存在的地方,除了农资中的化学合成品使用造成的污染外,别无其他污染源的存在。所以,在这一地区实施有机苹果生产,独具优势。生态优势明显,决定了苹果发展的良好基础。本着高产、优质的发展目标,在综合分析该地区资源优势的时候,我们会容易地发现其存在的许多短板,即不足之处。主要有水分问题、土壤肥力问题、生产经营水平问题、市场化拉动问题和满足可持续发展问题。这些问题的根本,关系到两个核心,即人的能力与素质及经济条件问题,再要浓缩问题的根本,实质就是人的能力与综合素质问题。因为,就其现状而言,相对低的投入,完全可建立起苹果园并使其进入正常挂果,尽管产量因缺水而不怎么太高,但其品质却能做到一流。一流的品质需要一流的市场经营能力,才能实现其一流的应有价值,才能积累应有的再生产资金,通过滚雪球方式加速发展。然而,在这一点上,迄今为止,这个生态优生区还处在较原始的种植收获状态。所以，缺乏知识，没有见识，不懂市场，零散生产，是这个区域主观意识方面的主要问题。至此，黄土高原苹果生产的客观和主观两方面的优势与劣势分析就显现出来了。

综合评价，认为这里的水资源比较缺乏，土壤肥力明显不足，生产经营水平仍然处于自给自足的大背景下；市场化拉动作用不明显，果农仍然多以地头等候为销售主流，对生产过程的投入以赊账为主，农户在经营风险中带着高成本；个人的能力水平和基本素质，总体仍然处在真正中国农民的地位，至于对可持续发展的考虑，并不那么浓厚；地方经济条件方面，有穷县富民的说法，但当真正了解其经济实力时，农民的条件比不经营果园要好上百倍，然而他们从果园得到的经济报酬，并没有学会理财，而是"有了就花、没有了再发"的眼前思想，长远计划能力很差。基于这种背景，确定了该地区苹果生产的一般生产目标。

（2）生产目标确定 对于任何一个苹果生产区域，无论是一户果农，还是一个园艺场，不管是几亩地，还是万亩园，生产的目标往往是以亩为单位来加合总目标的，常常以质量和数量两个主要因素来确定指标值。在此基础上，再考虑发展的可持续性因素和生产水平提高的能力。所以，在黄土高原苹果生产区域，确定目标的前提是生产有机的、绿色的还是无公害的？这三个层次，在质量和数量方面都会有不同的要求。例如，生产有机苹果，产量可以不做要求，随环境因素的变化，特别是降雨量的变化而自行升降，但在周边环境保持卫生的持续性方面，果园禁止使用任何化学合成品方面，以及果品采收、运输和存贮过程的防止污染方面，均要求有绝对保障的质量控制功能。而在无公害苹果生产方面，产量可以成为主要目标，对于化学合成品的使用，按照无公害标准要求，以不能过量为准，主要强调用药次数、兑药浓度和使用安全间隔期必须符合相关标准要求即可。对于果面光洁度要求，有机苹果生产可以不套袋（生产出的内在质量更高），也可以套袋；而无公害苹果生产，则最好是套袋，安全性更高。

具体讲，黄土高原有机苹果生产的质量，对于确定的生产地块来说，必须先通过有机认证，获得有机生产的资格，而后，在生产过程中满足环境持续保洁、化学合成品禁入、生产及采收贮运过程无污染的条件，三年平均亩产量确定在 1500~2000kg，同时采用一些保健方法，如果实套袋，使果面光洁无瑕疵，就成为最理想的奋斗目标。无公害苹果生产目标，产量在 2000kg 以上，果面光洁，各种药肥的使用符合无公害苹果生产标准的要求。对于更高的目标要求，如果品的市场售价不低于多少，投入成本是否最低，等等，可做进一步的详细规定。

（3）标准综合体建设 以有机苹果生产为例，建设苹果园有害生物管理标准综合体。我们依托陕西省洛川县的生态环境，知晓红富士苹果园发生的主要病害有苹果树腐烂病（枝干病害），早期落叶病，日灼病，白粉病；主要虫害有螨害（山楂红蜘蛛），潜叶虫害（金纹细蛾），蛀果虫害（桃小食心虫），嫩梢虫害（蚜虫类）。这些病虫发生的时期和轻重度，因不同季节、不同树龄和不同园艺措施而不同，所以，在生产推动过程中，需要知道其发生和管理的过程关键控制点。表 6-2 给出这些病虫的一些关键点。

根据表 6-2 中给出的相关信息，将苹果园不同病虫种类、不同发生期和同一时期发生的病虫及其与之相对应的控制关键点进行综合考虑与分析，将得出如下关键标准。

表 6-2 陕西洛川有机苹果生产中主要病虫发生与管理关键点

主要病虫名称	发生关键期	控制关键点	主要控制措施			重要提示
			发生的前期	发生的中期	发生的后期	
苹果树腐烂病	1~3月	长期关注；病斑发生时	注意调整树势，治疗病斑	增加树体营养，治疗病斑	降产量，增营养，治病斑	增强树势是防病根本
早期落叶病	6~9月	做好测报，大面积预防	发现果园低洼阴湿处显病且高湿度时立即喷施保护剂	增加营养，如叶面喷沼液；结合夏剪通风，喷有机允许的治疗剂	同前	始终做好果园通风透光工作，随时关注低洼阴湿处的病程
日灼病	6~8月	调整好叶果比则免发生；失调要保护	叶果比失调后发生时，喷施0.5%石灰水	同前，只是整个生长期最多喷用2次	无	喷药，只喷阳面果的阳面，其余不用药
白粉病	5~6月、9月	做好测报，重在前期控制	剪刀修除病叶，下接盆收集，土埋处理	发生量大时，喷有机生产允许的铲除性杀菌剂	同前	修剪为主
山楂红蜘蛛	开花前后7~9月	芽、花期测报；后期冲掉	用好首次的石硫合剂；花后发生用同样药喷治	高温干旱时选午后最热时直喷冷水	不理睬	萌芽时期与开花前后是管理关键
金纹细蛾	7~10月	测报，诱杀	发现叶片有害状时，树冠悬挂性诱芯	悬挂性诱芯捕杀，每30m一个	同前	无
桃小食心虫	5~8月	套袋；不套袋则测报防治	地面测报出土高峰期前用药封土	树上诱芯测杀成虫，并查卵果率≥1%，选喷触杀剂	同前	用药必须符合有机苹果生产要求
蚜虫类	5~6月、9~10月	观察剪除或者促使老化	个别嫩枝发生可剪除	发生枝稍多时可通过造伤促老化	适当用允许药挑治	注意天敌发生量与控制作用

注：过程关键控制可参照本章第三节第四部分

苹果园有机营养强化管理规范有如下内容。

 a. 苹果树腐烂病治疗方法标准

 b. 苹果园主要病虫害预测预报规程

 c. 早期落叶病预防与点治规范

 d. 日灼病预防规程

 e. 白粉病早期管理规程

 f. 山楂红蜘蛛早期管理技术规范

 g. 桃小食心虫预防管理规程

 h. 金纹细蛾诱杀方法标准

 i. 苹果树蚜虫管理方法标准

 j. 有机苹果园有害生物管理人员配置

 k. 苹果生产过程人员分工与协作规定

 l. 有机苹果园壮树平衡培养综合规范

 ……

对上述标准进行标准内协调与统一的调整后,再进行标准间的协调、一致及优化的调整,以便达到理论上的合理,进而通过小区试用和验证,最终使其形成围绕着有机苹果生产目标的综合整体——有机苹果有害生物管理标准综合体。

(4)综合标准化落实　苹果有害生物管理综合标准化的落实,就是应用研制的综合标准,在既定的苹果园生产区域,组织相关各方力量,根据果园农时需要和实际情况,分阶段、分工种、相互协作、有机联系地落实到生产第一线上去。主要推动机构有管理指挥系统、标准宣贯系统、质量监督系统,具体分综合标准化指导员、质量安全监管员、有害性管理操作员,由这些成员,各就各位,相互接力传递,形成苹果有机生产中的果园有害生物管理综合标准化落实体系,推动这一标准综合体的落地。首先,宣贯是最重要的和实现落地的第一步,通过宣传、讲解和现场指导,主要从思想转变、意识接受和行为操作上的程序正确性方面,进行反复的说教、小区示范甚至手把手地纠正标准应用中的偏向。先培训标准宣贯指导层,再逐层培训到操作层。其次,对全程的标准执行的正确性、安全性和科学性进行监管,从实际过程中发现甚至预测可能出现的某些风险,一方面始终使有机苹果生产中的有害生物管理综合标准化行进在既定的程序中;另一方面要保证过程和产品满足事先目标的要求,具备完整的质量安全性。还要为产品最终达到需要的综合效益做出过程和事后方向的方向性有效把控努力。同时,对过程记录及其记录的档案管理进行管理和监督,这是综合标准化中周期性链接和进一步提高的实事与理论根据,不能轻视。由于传统的习惯使然,我们往往在这方面不加重视,轻而易举地放过,结果,不但没有了应有的痕迹记录,反而在应付外来检查时,突击捏造,全篇假冒。这需要痛下决心,养成良好的劳动习惯。我们的研究表明,农户进入农业标准化的第一显著表征,就是他们能够自觉地做好自己的生产操作记录。其重要的依据也就在于此。在标准综合体落地的过程中,还是要抓过程关键点,使用对应的过程关键点控制标准。这一点,在有机苹果园有害生物管理的标准综合体应用中也十分重要,就是说,理论的关键点控制标准应用到实际的关键控制点上,使过程在关键对应中发挥出真正标准化的威力来。

(5)保障体系跟进　有机苹果生产中的有害生物管理综合标准化,是在系统水平上进行的一场面对自然、经济、果树和社会需求的综合标准化工作,不但要求过程能够实现优化、简单、协调和统一的最佳,而且要求结果上的最佳及其对可持续发展上的最佳有突出的贡献。这一工作同时还带有很高的安全风险,有系统本身的复杂性符合安全性,也有过程与目标之间的不符合性安全问题,突出的表现,就在于果品(食品)的质量安全问题方面,其次是环境安全方面。在果品质量安全方面,所要求的安全级别是相当高的。因为这是在生产有机级别的鲜食水果水平上控制的。所以,能否达到真正的目标要求的质量安全水平,在成功的苹果有害生物管理标准综合体基础上,综合标准化过程的保障体系,就成了承载这一重要任务责任的重大环节。

有机苹果生产中的有害生物管理综合标准化保障体系,除了政策和管理方面的安全保障外,农资的安全性、操作人员素质的安全性、综合标准化过程的平衡运行的标准化把控安全性,等等,均需要安全的提供与保障。对于农资安全性,必须通过严格的监管和执法来保障,是政府监管和执法体系必须做到的工作;操作人员素质的安全性,是一个相对困难的保障工作,需要多方面协作来完成,一方面,有技术团队通过开展切实有效的标准宣贯,在教给操作者标准操作的能力的同时,聚集人气,提起兴趣,鼓足操作者的干劲,树立对工作和社会负责的信誉责任心,成为能够听从标准要求的团队成员。另一方面,通过管理中的奖罚机制,表彰工作中的先进,鞭打团队中的捣乱分子,以工作中的标准记录事实说话,加速树立正气,凝聚人人为团队名声和品牌荣誉争先锋的文化风尚。还要通过有力的监督,保证有害生物管理过程不能出现违规、违纪甚至违法情形出现,对于经过培训和提醒而故意或者报以投机之心做出了违规行为的人,必须以鲜明的立场不容其在本位的存在,做出相对重的处罚处理,以儆效尤,并将此事件作为不安全案例,这也就是经常讲的,使素质不能尽快提高的人的行为没有藏身之处。还有,综合农业标准化系统一旦启动,所需要的物质和资金条件要随着应用的需求,及时跟进,防止系统运行中因硬件的延迟而不能及时向前推进。因为,果园有害生物管理,完全不像施肥、灌水或者修剪,没有拖延几天事情不大的说法,有时是分秒必争的,特别在有机苹果生产中更显突出。要想有害生物管理不用化学农药,就要在其发生的前期或者可能发生的时候采取改变微生态、消灭最初来源、清除发生源点等措施,才能见大效,直达目标。否则,再高级的技术标准和管理标准,在这些微小生物泛滥时还不用化学农药,是做不到的。

(6) 总结与提高 一个生产周期行将结束,需要及时总结提高。这是任何工作不可或缺的,也是下一个周期开始和真正提高的内存动力。这种动力,来自对上一个周期中的过程记录进行的整理、回顾和总结提炼。可以看出,过程记录是这个提高的根据和基础。记录还包括溯源体系和网络体系。因此,做好全部过程的记录,在总结时就不用大概的数字,不用一般说教,更不会有模棱两可的表达,而是硬邦邦的数据说辞,使任何有关的人心服口服,内心佩服。如此,下一个周期的工作就不可能搞不好,个体的行为、团队的动作乃至集体的努力就不可能不出现新的契机。

第三节 良好农业标准实践

农业标准化,是以满足农业社会实践的高效、速效和特效为前提,提供农业实用、最佳和快速发展为目的的。农业标准化是系统方法学、管理学、技术学、经济学和生态学在农业领域综合应用而达到简化、优化、协调和统一的复合知识体系。农业标准化已经成为标准化学科中一门独立的知识体系,其发展已经开始了自身的运动,一方面,向着本身理论的高端方向前进,在探索着更深理论、提高学科理论发展水平的同时,培养理论到实践的各类层次专业人才,构成农业标准化人才架构体系,实现学科的持续发展和更深层次的知识传播。另一方面,则要面向社会,直对农业,从自然生态、生产过程、收获加工、市场效益、消费效果及全部信息回馈等方面,建立起完整而系统的最佳推动范式,实现农业系统效应的最大化。良好农业规范(good agricultural practice,GAP)就是这一标准化思想的体现和应用,本节对良好农业规范 GAP 的思想、原理与方法做以介绍。

一、GAP 起源与原理

众所周知,农业是一个连续过程,又是一个复杂过程,更是需要健康的可持续过程。

因为，农业为人类提供食品和其他必需品。食品安全是大事，食品安全又与农业全程相关联。可见，保障农业全程的安全、高效，就成为保障食品安全、质量达标和数量满足的重要方面。这是一个系统问题，需要从农业复杂系统考虑解决的课题。

1. GAP 起源

良好农业规范（GAP）不是一蹴而就的。1991年的FAO部长级"农业与环境会议"上，"可持续农业和农村发展（SARD）"的概念被提了出来：管理和保护自然资源基础，并调整技术和机构改革方向，以便确保获得和持续满足目前几代人和今后世世代代人需要[1]。这一论题引导农业朝综合考虑、长远发展的方向前进，在保证农产品增产的同时，更好地配置资源，寻求农业生产和环境保护之间的平衡。1997年，欧盟零售商协会（Euro-Retailer Produce Working Group，EUREP）为保证其产品销售和长期经营的稳定发展与良好形象，自发组织，研制出一个包括对食品安全溯源性、环境保护、员工福利和动物福利等要求的一揽子符合性标准——良好农业规范（GAP），其目的是为促进良好农业操作的发展，简称为EurepGAP。后来，通过第三方的检查认证和国际规则来协调农业生产者、加工者、分销商和零售商的生产、贮藏和管理，从根本上降低农业生产中食品安全的风险[2]。该规范（EurepGAP）成为欧洲良好农业规范。EurepGAP证书是农产品的生产过程严格遵循欧洲GAP的标志，获得认证的企业和个人的相关信息会被发布到秘书处的网站上，提供社会和消费查阅。只有达到这GAP标准要求的农产品，才能进入欧盟超市。

2. GAP 发展

1998年，美国农业部（USDA）和食品药品监督管理局（FDA）联合发布了《关于降低新鲜水果与蔬菜微生物危害的企业指南》，首次以官方的形式提出了良好农业规范的要求，并制定了认证应遵循的标准。联合国于2002年的世界永续发展高峰会（World Summit on Sustainable Development，WSSD）中，更将GAP列入重要议程。很快，GAP标准在全世界60多个国家得到借鉴和采纳，成为市场准入的门槛。

GAP被广义上定义为一种推荐性方法和适用知识，用以阐述生产健康安全农产品的农业生产和产后加工的环境、经济与社会的可持续发展。这一概念源于2003年11月5日FAO的"开发良好农业规范方法"。逐渐地，人们将GAP作为一种公认的术语，用于与降低或者防止食品污染的行为规范有关的国际法规框架中。这样，GAP的理念与方法广泛传播开了。2003年3月，FAO在意大利罗马召开的农业委员会第十七届会议上，提出了良好农业规范应遵守的四项原则，分别是：①经济而有效地生产充足、安全并富有营养的食物；②保持和加强自然资源基础；③保持有活力的农业企业和促进可持续生计；④满足社会的文化和社会需求。还有其基本内容要求，具体包括了与土壤、水、作物和饲料、作物保护、畜禽生产、畜禽健康和福利、收获与农业加工及贮存、能源和废物管理、人的福利与健康及安全、野生动物和地貌共10项有关的良好规范。

---

[1] 豆丁网：王道龙，羊文超. 可持续农业与农村发展的定义与内涵. http://www.docin.com/p-353299020.html
[2] 食品伙伴网：EUREPGAP 基本知识. http://www.foodmate.net/zhiliang/gap/163035.html

我国最先引进 GAP 标准到中药材生产中。1998 年 11 月首次提出中药材 GAP，2002 年 4 月，原国家药品监督管理局（现为国家食品药品监督管理总局）正式颁布《中药材生产质量管理规范》（简称中药材 GAP）[1]。2004 年起，由国家标准委推动，国家认监委牵头，组织研究中国 GAP，于 2005 年 12 月 31 日发布了 ChinaGAP，以 GB/T 20014.1～11《良好农业规范》分 11 个部分组成，有术语一项，另有农场基础、作物基础、大田作物、果蔬、畜禽基础、牛羊、奶牛、生猪、家禽、畜禽公路运输控制点与符合性规范。对标准各条款级别的划分为 3 级，1 级是基于危害分析与关键点（HACCP）和与食品安全直接相关的动物福利的所有食品安全；2 级则基于 1 级条款要求的环境保护、员工福利和动物福利的基本要求；3 级为基于 1 级和 2 级条款要求的环境保护、员工福利、动物福利的持续改善措施要求。2007 年 GlobalGAP 改版后，为实现与之互认，2008 年 5 月 1 日我国发布了修订版共 24 项，在原有基础上，增加了茶叶、水产养殖基础、水产池塘养殖基础、水产工厂化养殖基础、水产网箱养殖基础、水产围栏养殖基础、水产滩涂/吊养/底播养殖基础、罗非鱼池塘养殖基础、鳗鲡池塘养殖基础、对虾池塘养殖基础、鲆鲽工厂化养殖、大黄鱼网箱养殖、中华绒螯蟹围栏养殖控制点与符合性共 13 项。目前，我国 GAP 涵盖了与四大原则相关的国际、国内主要法规标准达 80 多个，以 GB×××、GB/T×××、NY×××出现的国家及行业标准有 70 多个[2]。

鉴于世界许多国家充分接受 EurepGAP 标准，并持续参与到其中，EurepGAP 委员会于 2007 年 9 月在曼谷举行的第八届 EurepGAP 年会上，将其改名为 GlobalGAP，成为更有系统性的刚性标准。

2009 年 2 月 24 日，《中华人民共和国国家认证认可监督管理委员会和 GlobalGAP 关于良好农业规范认证体系基准比较的谅解备忘录》诞生，标志着我国认可的 GAP 产品也得到 GlobalGAP 的认证认可。

3. GAP 原理

GAP 标准，是人们从内心深处期望所得到的那种标准。GAP 将人与自然、人与生物、人的食物安全，以及人居、生活与可持续发展充分地融合起来，用真正科学的态度和方法加以协调、优化和平衡，使人类的基本需求在安全和可持续发展前提下得以发展。

GAP 标准采用了危害分析（HACCP）方法，确定良好农业规范的控制点和符合性规范，对农产品种植、养殖过程中可追溯性、食品安全、环境保护和员工福利等提出综合性要求，从根本上降低农业生产中食品安全的风险，增强消费者对 GAP 产品的信心。

GAP 通过第三方的检查认证和国际规则来协调农业生产者、加工者、分销商和零售商的生产、贮藏和管理，从根本上降低农业生产中食品安全的风险，也从根本上给消费者以放心的消费。EurepGAP 的安全检验制度，其基本精神就在于优良农业规范或优良农业经营实务。

GAP 是基于食品安全、农业可持续发展、员工福利健康安全、动植物保护四大原则，形成的一整套农产品生产必备体系，确保农产品从种子、种植、采收、清洗、摆放、包

---

[1] 李清泽，赵明，郝文革，等. 从 EUREPGAP-TEA 到中国茶叶良好农业规范. 世界农业，2007，（5）：55-57
[2] 班明辉，余群英，王发林，等. 良好农业生产规范（GAP）在甘肃苹果生产中的实践. 农业科技通讯，2011，（1）：18-20

装和运输等全部过程中对卫生安全的控制。在果品上，主要针对果品从果园到餐桌的整个环节卫生安全，整个过程有利于农业的可持续发展，关注了生产者的健康福利安全，起到了保护环境的作用。

GlobalGAP 又填补了现有的食品安全网络漏洞，增强了消费者对全球良好农业规范约束下生产的农产品的信心，从环境保护方面最大限度地减少农产品对环境所造成的负面影响，同时考虑到职业健康、安全、员工福利和动物福利，在控制食品安全危害的同时，兼顾了可持续发展的要求及区域文化和法律法规方面的要求。包括了 HACCP 和 GAP，而 GAP 的基准体系中又包括了农产品生产框架下的有害生物综合管理（IPM）、作物综合管理（integrated crop management，ICM）和综合养分管理（integrated nutrient management，INM）体系，其产品种类、标准体系较为完整和成熟，标准的实施与国际通行的认证要求融合较好。

完全能够看出，GAP 是我们农业中所需要的那种标准，能够反映人们愿望的标准，GAP 是一个基于客观与系统、作用于人文与实际的系统标准，它应用了 HACCP 系统、IPM 系统、ICM 系统进行硬性支持，使整体协调、统一和放心。

目前的 GAP，已经不仅仅是具体的标准，而已经伸展到意识形态领域，成为一种思维、策划和方法指南，成为一种对事物需要作用时寻求方法的思维提醒，成为我们意识和行为动作的一种衡量尺度。GAP 作为一种公认术语，被人们接受和应用。

二、农业的共性责任

多个国家在颁布自己的 GAP，其实质内容有许多相同之处，基本上是围绕着科学、法律、政治、经济和生态来展开的[1]。

（1）农业应该担负一个国家的食物保证、食物安全、环境安全、动物权益、乡村发展等多功能作用与可持续发展中的重要责任。

（2）农业可持续发展支撑基础是农业生态系质量，而决定农业生态系质量的内涵是该系统在时间、空间两个层次上和基因、物种、生态系三个水平上生物多样性。

（3）农业生态系是由土壤生态系、农田生态系和相关生态系组成，其中土壤质量的稳步提高应该作为该规范通则的重点。

（4）必须重视农业对环境造成的污染，这种污染的源头是由于不合理的农业活动造成土壤退化，而退化了的土壤又无法保护环境；因此农业环保就是要保证农业活动本身不对环境造成污染。

（5）农业活动对环境的污染主要表现在：不合理的农业活动导致土壤中有机碳损失，造成土壤生物多样性下降，进而造成土壤质量下降。首先是土壤团粒结构出现崩溃，滋生沙尘暴；向大气圈释放各种温室气体；由于土壤质量下降，土壤中的硝酸盐、土壤颗粒及夹裹在土壤颗粒中的磷、重金属、化学农药、致病微生物对水域造成污染。防止农业对环境污染不仅体现了现代农业责任，更重要的是有效地保护了农业资源。

（6）对于畜牧养殖业，主要围绕提高动物福利和有效地处理养殖业的废弃物，使其资源化，并能与农业的其他活动互相耦合展开。

---

[1] 白清云. 良好农业实践规范——农业标准体系的核心组成. 中国标准化，2006，（2）：68-70

三、农业过程关键点

1. 农业系统与关键控制

把握农业系统关键点和利用关键点控制农业系统是左右农业系统发展的根本。因为，在这个复杂的农业巨系统中，自然生态系统与参与的人类相交织，形成了既要遵从自然规律，又要满足人的要求的动态过程。这一动态过程，永远处在灰色地带，探索和推动这一过程，也永远是在摸索中前进。那么，如何获得这一过程和体系的规律，应用之并推动其按照人的意愿和方向进行有机生产与发展？就只能抓系统关键点了。

任何时空下的农业范围，都是一个相互联系的复杂有机系统。既成系统，就有了系统特性。系统结构的层次性、功能性和联系性是客观的，系统运动的任何点，都是以此时系统的不同层次和不同位置的关键点作用与相互作用而支持的；复杂系统中的某些结构，运行的机制无法判定，也就不清楚（成为黑箱部分），但有时可以掌握其输入与输出的对应关系，可形成因果关系上的控制。从系统的运动过程看，系统任何总体结构、分体结构（无论是其哪一部分）中的运动，是由系统的关键点主导的，系统关键点是成群的、分层的，是跟随系统的层次和结构而分组分级的，在系统运动中是严格各就各位的。系统结构中的关键点群，从其结构与功能角度，以及在动态格局中又表现出了系统中的关键点系统，可称系统关键。这就为我们探索和管理复杂系统到简化水平提供了可能。因此，控制了系统关键点，就等于控制了系统；控制了系统中不同层次的关键点，就相当于将系统控制在不同精度水平和层次上。面对农业这种复杂的、多变的（人为与非人为因素、自然不可控因素随时可能产生并相互作用）系统，在任何时空条件下进行操作，不抓系统关键，就很难控制了。另外，农业发展的不平衡性和文化、地域影响性，尽管客观运动的关键点可以找到，而人文、知识与习惯的关键点在更大程度上参与进来。所以，农业标准化，只能从过程关键点的控制入手。

GAP 之所以受到欢迎，是因为它的定位，直奔包括人在内的农业系统关键，从中抓住不同层次的系统关键点，探索和制定了一套综合实用、可达平和与舒畅的管理操作体系，体现了这个为人类服务的系统本能与联系。GAP 是一个系统，是以其所对应的农业系统为根据而诞生的，又作用于该系统的推动与保护系统。该系统的结构具有显著的层次性与功能性，同时，保障系统能够良好运行的关键是，系统结构中各层次上的功能关键点。GAP 标准研制所确定的四项原则，实质是 GAP 所辖系统的顶层关键点（最顶层关键点只有一个：良好农业规范）。因为抓住了这四个关键点，顺应系统规律的本质，设计出整体的 GAP 体系，得到越来越多人的采用。这种自觉采用过程，正符合农业标准的推荐性应用性质。

2. 农业系统的关键点类型

除了以上所述的两大层关键点外，农业系统还有第三个层次的关键点。

（1）水分与土壤 这是农业的基本生产资料。虽然科技的发展，使土壤在一定程度上有了替代性变化，如各种基质替代了土壤，甚至完全不用土壤，即无土栽培模式的出现，但土壤的两个基本功能是永远不能缺少的，那就是其支撑作用和矿物质的供给作用。

无土栽培，是将矿物质析出，经过一定要求的搭配而溶入水中，满足植物生长的营养需要，而对植物的支撑功能则由根系入土自立，被转换变成了人工支架。水分，在任何时候都是不能少的。与水分和土壤有关的良好规范包括：科学与合理用水，保持土壤/基质健康发展；尽量增加小流域地表水渗透，尽量减少无效径流；通过适当利用或者避免排水，来管理地下水及土壤水；严格管理生产投入物，包括有机、无机和人造废物或循环产品，避免水资源污染；根据作物和土壤水分状况监测结果，精确灌溉，防止土壤盐渍化；利用适当的轮作、施肥、牧草管理和其他方法及合理的机械、保护性耕作方法，增加土壤有机质含量，改善土壤结构；保持土壤生物生活的有利环境，减少因风、水造成的侵蚀流失；优化肥料与其他农业用化学品在时间和方法上的施用量，满足环境和人体健康的需要；通过建立永久性的植被，需要时可保持或恢复湿地来加强水文循环功能；管理地下水位，防止抽水或积水过多，为牲畜提供充足、安全、清洁的饮水点。

（2）植物生产与保护 与植物生产与保护有关的良好规范包括：根据栽培植物及品种的特性，结合种植地气候条件和农时实际，从播种到收获，对土壤和气候适应性、肥料与农药的反应、疾病及环境抗性、生产率、质量、市场需求量和营养价值等，筛选新品种；设计作物种植顺序以优化劳力和设备的使用，利用植物竞争、机械、生物和除草剂使用，减少病虫草害，如豆类作物固氮，杂草变肥，提高生物效益；利用适当的方法和设备，在适当时间、无机与有机肥平衡施用中补充收获作物所消耗掉的土壤养分；利用作物和其他有机残渣的循环增加土壤养分稳定性；将牲畜纳入作物轮作，利用放牧或家养牲畜提供的养分循环使整个农场的生产率受益；轮换牧场牲畜以便牧草健康再生；遵守安全条例，坚持生产设备和机械使用安全标准。

植物保护，主要利用生态系统作用、抗性品种、轮作、化感抑制与相关栽培方法、生物控制方法，加强对有害生物和疾病管理；加强有害生物发生的测报工作，定期地数量评价有害生物与有益作物之间的平衡状况，在适当时空中，采用有机管理方法，尽量减少化学农药使用量，重视和加强 IPM；按照法定登记要求，贮存农药，并按照用量和时间及安全间隔期等标准管理和使用；农药使用必须由专业人员指导，用药设备必须符合安全和保养标准；用药必须有详细而准确的记录。

（3）畜牧养殖与健康 与此有关的良好规范包括：牲畜饲养要选址适当，避免对地貌、环境和家畜福利有不利影响，避免对牧草、饲料、水和大气产生生物、化学及物理方面的污染；经常监测牲畜的生长发育状况，调整放养率、喂养和供水；全方位保障设施与设备不能对畜类造成伤害和损失；防止添加剂残留物进入食物链；尽量减少抗生素的非治疗使用；实现畜牧业和农业相结合，通过养分的有效循环利用饲养废物；坚持安全条例和遵守为家畜生产的装置、设备和机械确定的安全操作标准；保持牲畜购买、育种、损失和销售记录，以及饲养计划、饲料采购和销售等记录。

具备良好牧场管理、安全饲养、适当的放养率和良好的畜舍条件，减少感染和疾病风险。保持牲畜、畜舍和饲养设施清洁，并有足够清洁的草垫；全部管理人员均接受过处理和对待牲畜的方法培训；有专门的兽医咨询，避免疾病和健康问题，及时处理病畜和受伤的牲畜；通过适当的清洗和消毒，确保畜舍的良好卫生；购买、贮存和使用得到批准的兽医物品，并严格按照规定和说明使用；随时提供足够、适当的饲料及清洁水；避免非治疗性切割肢体、手术或侵入性程序，如剪去尾巴或切去耳尖等；尽量减少活畜运输（步行、铁路或公路运输）；处理牲畜时应适当谨慎，避免使用电棍等工具；如有可能保持牲畜的适当社会群体；除非牲畜受伤或生病，否则不要隔离牲畜（如关入牛栏和猪棚）；以及符合最小空间允许量和最大放养密度要求等。

（4）收获及农场加工和贮存　与收获和农场加工及贮存有关的良好规范包括：按照有关的收获前停用期和停药期收获农产品；为产品的农场加工规定清洁安全处理方式。关于清洗，应当使用清洁剂和清洁水；在卫生和适宜的环境条件下贮存农产品；利用清洁和适宜的容器包装农产品以便运出农场；使用人道和对各品种适当的屠宰前处理和屠宰方法；并重视监督、人员培训和设备的正常保养。

（5）能源和废物管理　与能源和废物管理有关的良好规范包括：制定农业能源、养分和农用化学品的投入产出计划，以确保其有效使用和安全处置；在建筑设计、机械规格、保养和使用方面采用节省能源的办法；研究替代矿物燃料的能源来源（风、太阳等和生物燃料），可行时采用这些能源；如有可能实行有机废物和无机材料再循环；尽量减少无法利用的废物并以负责任的方式加以处置；安全贮存和按照法律规定贮存饲料、化肥和农用化学品；制定应急行动程序以尽量减少事故造成污染的风险；保持准确的能源使用、贮存和处置记录。

（6）人的福利、健康和安全　与人的福利、健康和安全有关的良好规范包括：指导所有农作方法以实现经济、环境与社会目标之间的最佳平衡；提供适当的家庭收入和粮食安全；坚持安全工作程序及可接受的工作时间和考虑到休息时间；教育工人安全有效地使用工具和机械；支付合理工资和不剥削工人，尤其是妇女和儿童；如有可能向当地商人购买投入物和其他服务。

（7）野生生物和乡村景观　与野生生物和地貌有关的良好规范包括：确定并保护农场上的野生生物环境和地貌特征，如孤立的树木；尽可能在农场上形成不同的耕作格局；尽量减少耕地和农用化学物的使用等活动对野生生物的影响；管理田边土地以减少杂草，并利用有益品种促进形成多样的植物和动物环境；管理水道和湿地以促进野生生物生长和防止污染；监测有关植物和动物品种，这些动植物品种在农场上的存在证明了良好的环境规范。

将以上描述简要表达，如图6-1所示。

3. 农业过程关键点

在农业系统关键点的层次架构中，操作和管理中更注意的是过程关键点，也称为时间关键点。农业过程关键点，关注的是农业运动中的关键所在，它在这一关键部位或者时间点上起着综合的关键作用，它们影响着农业过程在该位置上的方向与质量，是我们推动和把握这些过程时需要认知和关注的关键。只要认识和抓住了这些关键点，进行农业过程的良好控制或者标准化操作，就变得非常容易，就会使农业的复杂过程变得简单了。农业过程关键点基本有以下几种类型。

（1）目标对象生长发育关键点　这是指农业生产对象的目标生物在生长发育过程中的关键点，如植物的授粉、结实、发芽、抽薹、开花等，动物的授精、出生、成龄、学习等。这些生物在个体的一生中会遵从着自然规律而顺序性地发生着一系列时间过程关键点，同时在群体社会中也产生着时空关键点。

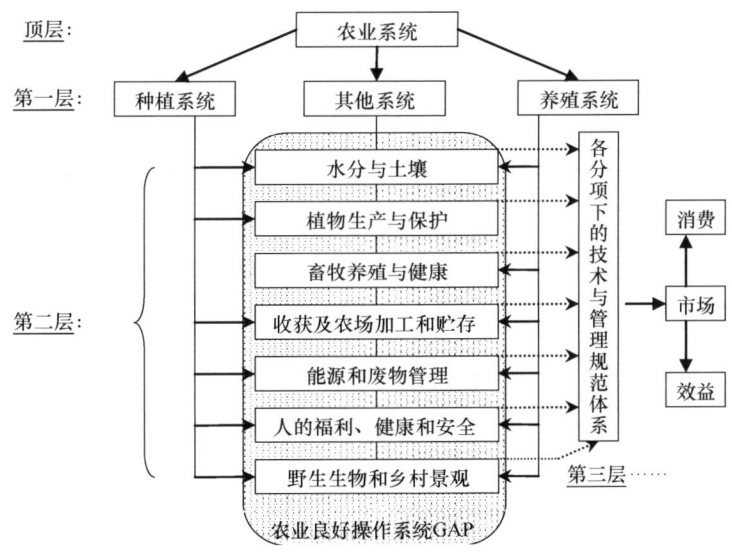

图 6-1　农业系统关键点层次划分示意图

（2）有害对象生长发育关键点　有害对象，大体分为两类情况，一类是生命的或者生物性的，指的是以别的生物为自己生存发展的食物或者生存的基础而存在的生物，由于它们的存在，我们所赖以生产的生物对象发生异常；另一类是非生命性的，如生物对象的缺素症、气象或者水肥因素的超限影响等。显然，前者的关键点与我们所说的第一个类型是相同的，只是它们的发展会给我们所呵护的生产对象产生损伤。非生物或者生命性的因素的发育过程，有其自己的规律，只是在这里需要与我们的生产对象特点结合起来对待，因不同生物生命过程特质来确定其过程生长发育关键点，而不能独立地看待某个非生物因子的过程关键点。

（3）二者的互作（害/益）关键点　有益、有害本来就是相对的，衡量益、害性是在既定目标下进行的，并且自然中或者农业生产过程中，益、害性一直是相伴而行的。那么，两类以自然共生态，形成新的整体，在彼此的相互作用下，同时发生在时空过程中，构成了复杂度增加了的过程体系，运动过程的关键点显然就不只是原来的单独过程关键点了，而有新的、综合条件下的特征，需要我们加以发掘。

农业过程关键点，实质上是农业系统中的时空多维角度上的关键点集群系统，可称为是农业系统中的关键点系统，这正如社会系统中的行政衙门体系。在农业运动的任何时空中，关键点在关键部位起着关键作用，关键部位的关键点与其相邻部位的关键点之间构成了系统内的关键联系，同时，由于系统的层次性，也使系统关键点具有了明确的层次性，图 6-1 所示的就是农业系统关键点的层次性。农业系统关键点，还分为核心关键点、主要关键点和次要关键点，又分为宏观关键点、中观关键点和微观关键点，这在任何一个农业系统中都存在着，都需要明白并且在操作管理中加以区别和应用。有了关键点理论，推动和操作任何农业过程，均显得简单了。

4. 农业过程控制关键点及其控制

复杂的农业巨系统，使我们操纵和管理有时显得无从着手，但有了系统关键点理论指导，从关键点入手进行标准化的运作，就显得简单多了。另外，农业过程关键点与农业过程控制关键点不是一回事，同时在过程控制中还存在着风险，为避免风险的出现，必然在正面的理想化控制过程中，必须要时刻注意和防止某种风险的出现，这就是风险控制关键点的问题了。

(1) 农业过程控制关键点　农业过程控制关键点，指的是为达到某种目的，根据农业过程关键点实际，结合决策与控制的目标与方向，通过简化、协调、优化和统一的手段，提出能够决策与控制农业过程的关键部位和结点。可见，农业过程控制关键点是突显控制作用的过程关键点，是我们能够应用、控制和改变农业运动的关键部位或结点；而农业过程关键点则是农业运动中，因自身的内在规律与环境的共同作用，从内、外两个层面显现出来的生命过程转折部位或结点。农业过程的关键控制，实际就是通过对农业过程控制关键点的控制来实现的。那么，如何使得这些控制关键点落到实处并体现最大效益，只有对其束以标准化的理论与实践管理，才能够真正地做到。

(2) 过程风险控制关键点　任何过程都存在风险，农业过程照样如此。对农业过程进行关键控制，风险的规避是必需的。由于农业本身的复杂性，风险暴露的可能性、时空位及大与小等都是复杂的。为了尽量减少风险的出现或者造成的损失，进行农业过程控制，避免过程控制风险，关键仍然在于把握过程风险的关键控制点。面对这种随机性较高的过程风险，我们只能从规律性和关键性两个方面着手，寻找和固定具体的风险关键点，锁定风险的随机性和时空位，得出控制风险的关键点与方法途径，形成具体的风险控制标准，增加自身的风险控制能力与可靠性，降低风险出现的任何风险，不失为最佳的应对策略。

(3) 质量控制与风险控制关键点　应用关键点控制理论，无论是农业过程控制，还是农业过程风险控制，都会变得简单多了，而这种简单仍然是要限定在不同的目的、目标层面上，否则，会使本来能够简单的事情变得再次复杂化。一般而言，在农业过程中，我们应用关键控制理论，是想让复杂的过程简单化，运用关键点控制一个片、一个区或者一个段落，再由这些片段组成目标系统，在目标系统中，我们锁定最多的是关于质量和数量问题。农业发展的经验和事实告诉我们，数量问题不是个难题，质量则是重要的方面。因此，围绕质量的控制和控制过程避免风险的出现，往往是农业过程发展的焦点。这就是农业质量控制与风险控制的双重关键控制问题，有时会出现质量控制与风险控制关键点重叠共用的情况。掌握了这些情况，应用具体的标准规定，应用和落实相关的标准，实际上就达到了关键控制的目的。

这里，对我国农业良好操作(ChinaGAP)体系中不同规范的不同级别控制关键点数进行统计，结果见表6-3。

从表6-3明显看得出来，种植业与养殖业的关键控制点数在总量上明显不同，以3级加和比较，分别为267和508。在种植业中，1级控制点数比2级控制点数平均少了近14个，与3级控制点数不差上下；但在养殖业中，1级控制点数比2级控制点数平均多了20.6个，比3级控制点数平均多了39.2个，2级控制点数比3级多了18.6个。控制点数的多寡，完全可以反映出受控目标的重要性、危险性和有用性。养殖业所从事的目标对象是动物，其易动的本性与我们控制目标的固定之间的波动或者波振频率要高得多，必然使我们对其从应用控制角度的频率与减振强度要大得多，另外，在安全性和质量控制方面,由于动物比植物距离人类更近,为了人类的动物利用,对动物的有关控制就要比植物严格得多、重要得多。

表 6-3 ChinaGAP 标准几项中的关键控制点数及符合度要求

标准名称	各级控制点数			认证产品	符合度要求
	1级	2级	3级		
农场基础控制点与符合性规范	9	26	21	无	a. 1级≥95%即可
作物基础控制点与符合性规范	41	70	12	用于人和动物消费的产品	b. 果蔬100%符合1级控制点,95%符合2级控制点;其他为90%符合2级控制点即可
大田作物控制点与符合性规范	7	10	3	用于人和动物消费的产品	
果蔬控制点与符合性规范	15	21	32	用于人类消费的水果与蔬菜	
畜禽控制点与符合性规范	76	15	13	繁育;产奶/肉用品	
牛羊控制点与符合性规范	31	35	8	繁育;产奶/肉用牛;繁育/肉用羊	
奶牛控制点与符合性规范	36	21	10	奶牛	c. 对3级控制点没有强制性要求,推荐执行
生猪控制点与符合性规范	51	25	17	繁育/肉用生猪	
家禽控制点与符合性规范	75	70	25	种蛋;苗禽;肉用之圈养/散养/放养家禽	

四、苹果生产质量安全关键控制

鲜食苹果生产的质量安全控制,是一个重要关口。因为,成熟的苹果,在采收的同时便可进入鲜食过程,其质量安全的要求实际上在树上就要保障。实践证明,真正保障苹果质量安全的关键在其生产过程,真正能够影响苹果质量安全的因素在于农药是否科学使用。

为解决生产过程中苹果质量安全不受侵扰,同时进一步提升其质量安全档次,形成放心的商品性果品,西北农林科技大学与杨凌现代农业标准化研究所合作,在执行农业部"948"项目"创汇型苹果 GAP-HACCP(农产品质量安全全程控制生产)体系研究"子课题时,重点进行这方面的攻关,该成果于 2007 年 12 月通过了教育部组织的鉴定委员会成果鉴定。项目主要在引进、消化 GAP、HACCP 的基础上,结合我国果品生产实际,应用系统工程思想和系统科学原理,在国内初步实践建成较完整的苹果标准化整体框架,首次建立了苹果产业的 GAP 体系[1]。

1. 苹果园 IPM 过程关键点

在本章第二节第四部分的第三小节中,关于苹果园 IPM 思想从综合标准化角度进行了简单阐述,这里从管理有害对象的角度,寻找过程关键点并加以简要分析。

假设经过预测预报,苹果园有害生物的发生量已经达到了使用农药控制的要求,按照管理顺序,就需要建立相关的关键控制体系,一般地,会有以下层次与内容出现。

(1) 有害对象 在苹果园,主要的有害对象有病害、虫害和草害三大类,虽然其可

---

[1] 来源:陕西省科技厅农业与农村科技处(星火计划办公室、科技扶贫办公室)

能发生的总种类数多达几百，但在时间、空间、品种及其综合作用的隔离中，往往能够超过控制指标的发生种类也就只有几种。然而，生物种之间的特性差异十分明显，生活环境与发生规律各有千秋，为了以最佳效果进行管理，就不得不首先知晓具体的种类，了解各发生规律与时空位置，以便于锁定用药目标和控制空间。例如，桃小食心虫只取食果子，从果实顶部 1/3 处的范围入果；山楂红蜘蛛只在叶背，并随着季节变化在树冠内外移动；金纹细蛾只从叶背钻入叶肉而潜食；苹果树腐烂病在枝干上造成皮伤性病斑；早期落叶病使低湿、弱势的苹果树冠内下层叶片首先脱落；日灼病只发生在树冠阳面暴露出的果实阳面上，等等。

（2）农药 迄今为止，果园管理中的主要任务还是对付病虫为害，传统叫法即病虫防治。农药成为这一活动的关键，甚至多为这种活动的起因（按说起因为有害生物发生到必须用药，但多数果园按照防治历/管理历和经验用药）。那么，农药的选择和购进，是在确定了有害生物对象之后的第二个关键点。在此，以对症下药为宗旨的农药选择十分重要。要从复杂多样的农药中（杀虫剂、杀菌剂、除草剂等）选择出适合自己果园目标有害生物发生的管理实际的农药，需要许多基础知识和现实的结合的判断，才能真正完成，同时要本着其他非药方式结合应用的最大可能性，将农药使用降至最低。为果品质量安全着想，在采购农药时，选择杀虫剂的谨慎度要大于选择杀菌剂，因为，杀虫剂的毒性往往比杀菌剂强，对人、畜和环境造成的为害大。

（3）用药方法 锁定了管理对象，选准了对症农药，就需要根据管理对象的特点与存在位置，在确保能够以最大可能的限度发挥药效的前提下，确认具体的用药方法。关键内容包括：药械选择、方法确定（喷雾、熏蒸、注射、包扎、堵塞、其他）、辅助工具、劳动搭配等，如果选择了喷雾法，则需要进一步考虑喷雾器械的喷孔大小、喷头数量、喷头方向、喷雾速度等的关键环节的事先设计与锁定。

（4）时间与空间 果园有害生物管理，在使用农药时，必须做到：一切行为均以追求"最少用药量换取最大控制效果"的愿望运行全程。因此，在用药时间和空间上，提前进行快速设定，从而满足基本愿望。以桃小食心虫为例，根据测报结果，在幼虫出土期，以封锁易感虫苹果品种的树冠下地面为核心；羽化上树期，则以诱捕成虫为主要管理手段；成虫产卵期，则以防止果实萼凹处的卵孵化的幼虫入果为关键，此时果园喷雾则必须使喷头向上喷出。如果需要防治日灼病，就需要选择两个关键点，一是用药必须在有果实的树冠且其叶果比低于标准要求、果实多有外露的情况下，二是用药的喷头模仿太阳的运行轨迹，即在树冠的南面上方，由东南向西南方向以弧度形式喷洒药液即可。如果是管理早期落叶病，则需要喷头向上，将每个树冠的下层内部作为控制重点用药。有具体的用药时间上，一日之中更有讲究，选择早晨、中午、下午、傍晚，晴天还是阴天，雨前还是雨后，等等，均要根据不同的管理对象特点综合考虑确定。确定最佳的用药时间与用药空间，是一个必须在现场决定的复杂问题。

（5）平时测报 实质上，任何病虫发生，均有一个时间过程，只要我们关注平时，做好主要病虫的监测工作，了解病虫发生规律与个性特点，结合果园管理实际与气象预报变化，分析其发生的可能性，并以重点观测方式，均能够将病虫管理在最初状态，简单、省事、低成本，还能够产生安全、高质量、无任何污染的上等果。这一方面，农业实际中缺失的空间越来越大，值得重视；在绿色、有机果品的生产过程中，这一环节往往是导致其不安全的关键负因子。

（6）过程记录　过程记录非常重要，是苹果园乃至任何农业过程管理关键点之一，也是传统农业是否进入现代农业的衡量尺度之一。因为，只有真实、完整地记录每一次结果，才能进行真实的"过后"总结与评价，提出真正量化的可用数据，产生以之为鉴的有利信息。否则，糊涂账必然出现，要提升，必然依据不足。特别是，面对市场需求的高级要求，溯源成为证明和保障自己清誉、加速提升知名度的今天，没有过程记录，就没有可以服人的溯源凭据，也就没有持续壮大的基础了。

2. 苹果园 IPM 中的 GAP

由于 GAP 是一个体系，只要限定了一个系统，它就可以在其中发挥作用。这就是 GAP 和 IPM 的关系，互为包括，相互衬托。应用 GAP 的思想原理进行 IPM 工作，或者是在 IPM 中实施 GAP 方法，都是可以的。关键是理解其真正的意义，应用其核心的思想原理。

（1）依据　按照行政划分，结合农业发展历史，认为以县域为产业发展界限，符合我国实际。同时，面向现代农业发展，面向国际一体化的市场农业，进行县域苹果产业发展，解决苹果质量安全问题，着手于农药的使用最低限度而保证果品的真正安全，落实 IPM 的具体行为过程，只能以 GAP 思想和操作方法进行。特别是苹果在未经加工、可直接供人们食用的范围，是 GAP 保证产品验证安全的五大类之首，更加说明了依据的充分性。

（2）方案　按照 GAP 的四大理念，涵盖溯源性、果品安全、环境保护与劳工福利，均要符合 GAP 的验证标准。必须在商业化果业生产的架构下，进入绿色或者有机苹果生产的果园（农场）经营所产生的实务之中，有效整合不同的果园（农场）管理系统。以综合病虫管理（IPM）为核心、结合综合果树管理（ICM）和综合养分管理（INM）两大系统，联合支持苹果园的 GAP 系统。在这种系统基础上，需要确定具体标准及标准体系，建立健全执行人员队伍，安排具体工作的关键岗位，出台苹果 IPM-GAP 质量管理体系手册并使之保证执行，同时需要配套具体的激励政策，以及协调各级联动关系，根据市场需求的预测，制定生产方案。

（3）控制　在 IPM 中的 GAP 落实中，以历史记录的关键控制点为依据，在当前的第三方监督控制下，通过认证认可和过程检查等手段的保障，严格执行既定的关键点控制标准的落实，同时需要注意操作者的防护安全，在用药等过程的时间控制与劳逸结合需要标准规定与执行。上述全程均以标准的要求落实于行动上。对于每一个关键点控制，首先是由相关的专业指导人员（过去称技术员）指导农工（果农）落实标准程序，再由农工自己完成全程工作。

（4）评价　一个周期性的过程结束，不但会留下相对完整的过程记录，而且必须进行单周期评价。这是标准化中相当重要的组成部分，不可缺少。因为它是为下一个循环周期中需要提高甚至成长的基础和依据。

3. 农药使用质量关键控制

纵观苹果园 IPM 过程，联系苹果质量安全的保障需要，我们不难看出，杀虫剂是导致鲜食苹果果品质量对人不安全危害的最重要因素，其次是杀菌剂。从系统质量关键控制的角度讨论，现实苹果园与目标苹果园中的农药使用是不可少的，而在目前农业生产实际中，由于其使用的不规范，对人畜的健康安全产生的危害是最大的。以不同年份半干旱地区苹果园农药（其中杀虫剂一般大于总量的 60%）的直接购买量进行比较，调查表明，1998 年，果农每亩苹果园农药使用的直接购买开支平均为 120 元，而在试验区标准化管理中的相应开支则平均为 45 元；在隔十年的 2008 年，以同样的方法调研，发现每亩农业购买开支到 240 元，而标准化管理下的苹果园购药开支则为 65 元。购进农药并进行使用的果园，农药在其目标效果之外的大量作用，却存在于残留和果园土壤之中，进而产生的直接或者间接的危害成为了必然。

从数字的简单比较中，我们不难发现，也不难想象，如果在有害生物管理中，全部果园都能够以标准化的方式方法管理果园，鲜食苹果的质量安全等级必然会上升几个水平。同理类推之，果品、蔬菜乃至一切农产品，当进入了真正的标准化管理之列时，农产品的质量安全就不成问题了。

在苹果园，真正的农药使用的关键控制，需要从以下方面考虑把关。

（1）有害对象发生水平达标　通过测报，必须弄清有害对象及其在近期产生的危害水平与发展趋势，并预测其将达到必须使用农药控制的水平。

（2）农药选择的综合考虑　针对需要控制的目标对象的特点与发生规律，考虑发生的空间占据和时间变化，推算用药空间、方法及其总量，结合果园环境、气象条件与微气候特征，确定农药性质、剂型与杀伤范围，进而选择理想品种进行采购。

（3）农药配制中的考究　对症下药的前期工作到位后，跟着就是农药配制的正确方法。农药配制，必须有专业知识，根据药性与剂型特点进行，乳剂、水剂、颗粒剂、粉状剂（粉剂、可湿性粉剂、水分散粒剂）、晶粒状体，等等，均有不同的配制稀释方法，不可轻视。一般用二次稀释法（先用少量稀释剂在小容器中稀释，再转入贮药罐中搅拌均匀）是最好的方法。

（4）配制农药的使用方法　农药配制，是在使用前进行的，什么时候使用，则要综合判断决定。这要根据管理的目标特点，昼夜发生规律，结合对气候和果园微环境的综合分析，确定能够以最大效率消灭目标对象的时间与空间喷药。如以生物活体（真菌、细菌、病毒）为农药有效成分时，首先要考虑果园环境的湿度必须高、温度适中的时段使用，一日中只有选择傍晚使用；如果选择触杀剂时，必须选择防治对象在一天中活动最能够暴露自己的时段使用；倘若使用内吸剂，那么就在清晨果园略有露水时喷雾，效果是最好的，等等。对于喷头的压力、方向和距离的调整等，以及点喷、挑治、隔行用药等方法的应用，必须在当时条件下实时确定，确保用药量最少且一次用药发挥其最大的杀灭作用。特别注意的是，使用化学合成性农药，千万不要在果园实施"全面扫荡"法，而只将发生量集中的区域实施局部扫荡即可。

（5）用药效果检查与评价　每次用药的前期必须周密策划，每次用药之后必须实际观测评价，对用药过程进行记录，对用药效果做出结论。具体的观测时间，在生产中一般是用药后第 7~10 天；必须现场观测，必要时进行量化调查；对调查结果进行估计，甚至计算，结合眼睛的观察评判，做出结论性的用药评价，包括经济效果，环境效果，应当汲取的经验和教训，以及下次用药需要注意的某些事项。

总结苹果园 IPM 中农药使用的关键控制，直观明了的表示如图 6-2 所示。

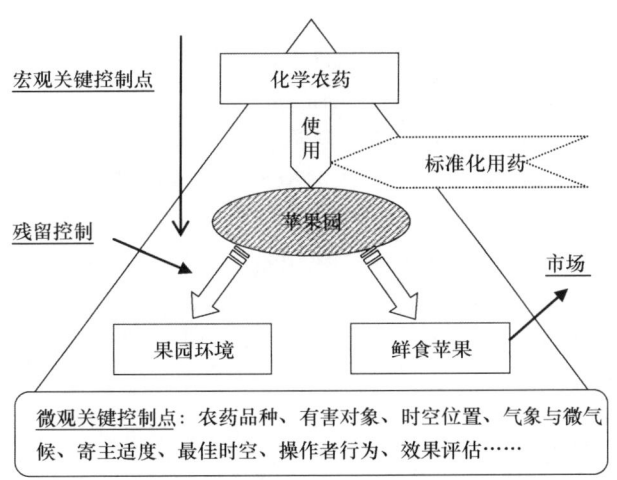

图 6-2 苹果园 IPM 中的农药使用关键控制示意图

可以看出，质量安全达标、能够使人们放心的鲜食苹果生产中，质量安全控制关键点的层级性、立体性非常明显，需要有知识的人群加以确认、规范和应用。

五、GAP 的制度设计与作用

GAP 的最大特点是，经系统科学为依据，以长远发展为目标，以实际需要为出发点，应用农业标准化的方法和手段，规划和设计其所包括的事业范围，进而形成了不断放大应用的理论、方法甚至思想体系。

1. GAP 的主要安全验证品类

GAP 目前至少已经对以下五大类农产品实施安全验证规范[1]。

（1）果蔬类：适用于未经加工，且直接供人们食用的水果和蔬菜。

（2）花卉与观赏植物类：适用于鲜花和观赏植物。

（3）有机咖啡类。

（4）综合水产养殖保证类（IAA）：以特定的鲑鱼品种为主。

（5）综合农场保证类（IFA）：包括家禽、牛、羊、乳牛、猪与作物，以及供人类或牲畜食用的粮食作物。

值得一提的是，IFA 的品质保证制度，并非针对特定的农产品进行个别检验工作，而是以农场作为验证单位，借由一套透明的安全检验基准点，严格监管同一农场所提供的农业原物料。

2. GAP 的等价平移优势

我们综合农场保证制度的优点可以看出，一方面，可让所有买家在不考虑原产地所

---

[1] 黄敏，朱臻. 欧盟低碳农业实践探讨——以良好农业规范（GAP）为例. 世界农业，2010，4（总 372）：13-16

属国家的特殊情况下，仍可采购到经相同标准检验的供货来源；另一方面，跨农产品类别的农场也可以保证标准的应用和相同水准，进而降低个别农场重复检验的成本，以协助农场回应全球化的竞争压力。要符合 GAP 的验证标准，优良农场经营实务必须是在商业化农业生产的架构下，有效地整合不同的农场管理系统而成的，如 IPM、ICM 与 INM 等。这样，农民就必须遵循以下优良农业规范。

（1）食品安全的可追溯性　主要采用 HACCP 的原则与技术，进行食品安全的风险管控，维护消费者对食品品质与安全的信心。

（2）环境保护　降低作物保护用药的使用量、改善自然资源的使用效率，保育自然资源与野生生物，将环境的负面冲击减小到最低的程度。

（3）农场的社会责任　提高农场劳工的健康、职业安全与福利。

（4）农场的动物福利。

3. GAP 细致的行为约束

GAP 针对五类农产品，分别制定出了 GAP 安全规范与农民行为守则。守则包括一般管理规则、控制点与遵从准则（CPCC）及检核表等三类文件。

（1）一般管理规则　说明如何申请、获得与保持认证成果：阐述 EurepGAP 秘书处、验证员与农民的义务和权利；描述农民在品质管理系统的要求，如农产品的生产方法、生产过程。

（2）控制点与遵从准则　包括申请人必须达成所有控制要点及其应遵守的标准，而确保永续的生产方式，则是落实 GAP 的必要条件。有关控制点与遵从准则的检验重点，包括品种与育种来源、农场基地的历史与管理、土壤管理、肥料使用、灌溉与施肥、植物保护措施、采收、废弃物处理设施、劳工健康、职业安全与福利，以及环境问题。

（3）检核表　主要作为农民自我检测之用，而检核表的内容，则提供农产品接受检验的控制点与评估标准，以及前述的生产者、检验员的关键控制点与要件。

4. GAP 理念在中国的落实

GAP 的经营理念，是在现有的市场运作机制中鼓励农民以安全品质来创造竞争优势，进而增加农场经营收益。GAP 的产品商标，蕴藏着不含任何危害人体健康的微生物、化学性与物理性残留物的品质保证，向人们宣示着 GAP 以食品卫生与安全为基础的品牌独特性。同时，GAP 产品强调以亲善环境的生产方式，产生了带有环保消费附加价值与良好企业形象的文化，显示了该产品的生产过程，不会对人类福利造成负面的影响。因此，从政府部门角度而言，GAP 可视为兼顾食品品质与环境保护双赢的政策工具备受推崇。相连带，在商业部门，无论是生产者、加工业者还是零售商，GAP 则是食品品质保证、消费者满意、市场营销的竞争利器与获利的品牌工具了。我们能否做到这一点？肯定地说，是没有问题的。然而到达此境界的关键有两大困难，一是观念意识必须跟进现代发展，打破原有的传统思维，利用清晰系统科学知识思考和架构农业体系；二是行为意识必须产生强烈而自觉的责任感，坚决抛弃意识自由膨胀、行为自由伸展的不良习气，严格走向标准约束的正确轨道。这要是做起来，会很困难，原因是，其与根深蒂固的文化沉淀有了联系，但当加上意识时，发现改变并不困难，不过要成为自觉行为，特别是需要人人都有这种意识与行为约束,则尚且需要继续努力。我们常说贸易壁垒,GAP 在国外的那种系统与自觉的链式良好执行所产生的品质与安全标准,无形成为我们农业发展中农产品质量安全保障,特别是农产品上市中几乎无法逾越的艰难壁垒。这实在是一个深刻的问题,需要引起国人的深刻反思和努力学习。这一壁垒机制,会造成在全球食品市场生产整体公平性上的不合理,给发展中国家造成极大的不利。相反,这给已经掌握并在无意识行为中应用的那些发达国家开启了国际贸易大门(颁发了护照)的同时,GAP 也将成为合法的绿色壁垒、技术壁垒或贸易壁垒。

众所周知,在 GAP 中,源于欧洲零售商协会(EUREP)的 EurepGAP,经过多年发展和提升,使得应用其成熟的农产品验证制度,已经跳出了价格导向的竞争框架,并改写了国际农业贸易竞争的游戏规则,这是相当严重的问题了,极不利于发展中国家的农产品贸易。但是该体系的水平确实是很高的。所以,当"安全"变成农产品的核心竞争力时,当食品验证标准不断地提高时,农业发展的策略,不应该局限于农业技术改良、推广和降低生产成本的狭隘范围,反而应回到源头、过程,从农产品产地的环境条件和系统管理中寻找答案。欧洲零售商协会透过以 GAP 为基础所建立的安全农业思维,一方面向境外生产者宣告欧洲需要什么样的农业——食品,另一方面则向欧洲消费者进行健康消费的行销传播,这是十分厉害的一招。

第四节 农业标准化落实

农业标准化模式,描述的是一个个具备独立结构和功能的、既广泛又具体的框架结构,它具有原理的完整性和复制的可靠性,可以从时序、空间和结构层次等方面展示出来,是对农业系统的关键分解和展开,是推广农业标准化,促进典型横向复制和扩张,提供人们借鉴、参考和学习的最好模型。由于农业的复杂性,探索和形成农业标准化模式,也是复杂的过程和结果。我们试图从纵向到横向,由宏观到微观地展开一般意义上的农业标准化模式讨论,提供应用的参考。

一、农业标准化发展进阶

李鑫等[1]通过分析我国农业历史演替的进程,对农业标准化的演化阶段进行了归纳总结,从宏观层面上提出了我国农业标准化发展模式有 8 型、5 期、4 阶段,其关系与阶层摆布如图 6-3 所示。

图 6-3 表明,我国农业标准化,从过去到现在,其发展经历了科技带动型、政府主导型、民营科技+合作社型、公司+合作社型、三元联合型和四元联合型 6 个状态,从现在到未来,将经历市场主导型和平衡发展型这两个状态。

1. 科技带动型

在农业标准化发展初期,由于科学技术知识的积累和发展趋势的启发,往往使少数

---

[1] 李鑫,林晓丽,徐长兴,等. 中国农业标准化实施模式与途径研究——农业标准化案例与运行机制. 西北农林科技大学学报(社会科学版),2009,9(5):25-31

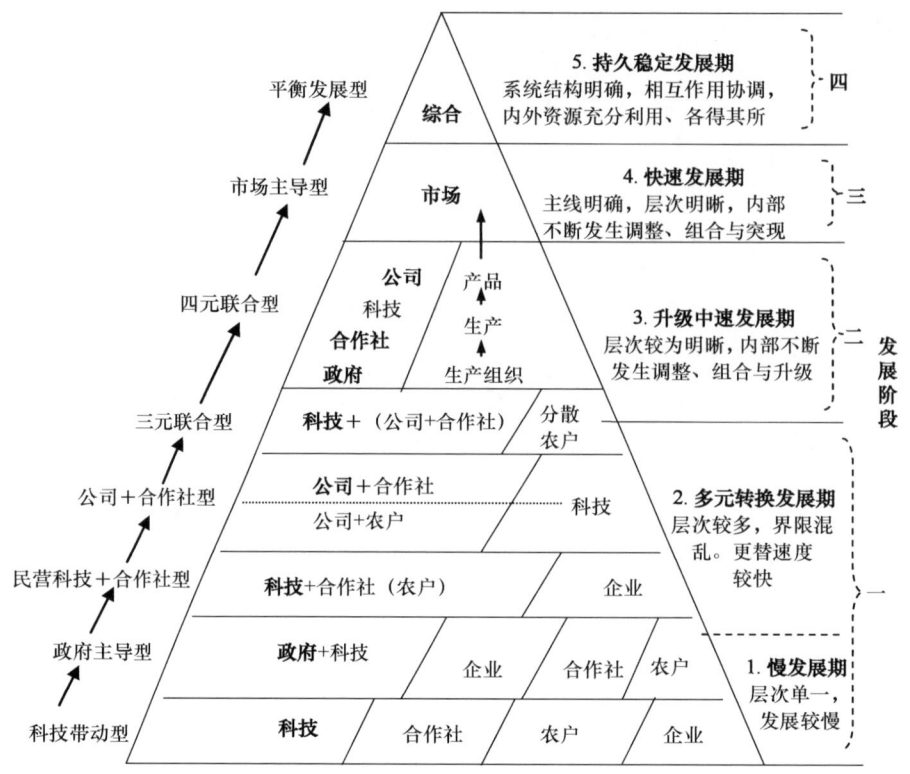

图 6-3 中国农业标准化发展进阶过程图

图中同一水平上斜线所隔面积表示不同成分在该类型中所占比例与位次；每层加粗者表示其为本层次中的主体

人先认识并产生推动的意识，推动的工具，便以科技手段最为理想。特别是，少数能够意识到的人群，常常出现在科技队伍中。因此，以科技手段，由小到大，示范带动，就成为新生事物最初增长的原动力，农业标准化发展亦是如此。

农业标准化的科技带动模式能够成功的基本保证，是操纵该项活动的核心人员懂得农业标准化基本理论与方法，并在推行中善于总结和提高。其次，技术过硬，标准到位，组织得力，应农时、农民要求与需要组织培训指导是另一个关键。

该模式的优点，能够以可见的实际效果，快速吸引和组织大量分散农户集成为整体，其过程使农民收效的同时深感自身的劳动成就，再激升更高的学习欲望，进而起到示范带动与内部自觉的推动作用，形成强大的农户吸引子。模式的缺点，没有直接而强力的市场支撑通道，受许多因素制约，组织的规模亦相对较小，往往在收获后会产生"好货卖不上好价钱"的结果，进而影响循环升级和积极性的持续，特别是技术人员经费支持保障困难。在得不到经济补充，经费拮据时，核心体系难以维持而致萎缩。实质是科技人员及其跟随者的市场操作能力有限。

2. 政府主导型

政府主导型是我国农业发展中最基本、最重要的型式。因为，只有政府的推动，才能够在短期内实现思想观念的齐性与跃性转变；根据国内不同区域特征，从深层次寻找切入最佳的实施点，事半功倍的推动农业标准化，政府可以做到最好；政府可利用财政资金,通过行政手段,有平推速成之作用。

政府主导模式,极易造成声势和社会舆论,并在资金和政策的保障下,刺激有关机构或组织积极参与,在短期内形成横向气势,起到造势和方向引导的作用,尤其在心理推动以冲击传统理念的约束方面所起的作用很大。

在具备了良好方案体系的前提下,政府主导,对于加速示范产业的标准化提升和带动发展起到了重大推动作用。因此,我国农业标准化,政府必须充当最大的启动子和激发子,尤其在初期。

不足在于,由于没有应用长效机制地调动起内部积极性,政府推动容易表面化、流于形式。另外,因政府对市场反应不敏感而易失去有利商机。

3. 民营科技+合作社型

农业经济合作组织,以农民专业合作社的面目出现并根据其所在区域综合条件,使合作社与市场间的距离差异各有不同。在西部地区,农民专业合作社仍处在起步阶段,主要由一些农民能人,其以技术推广和简单的买卖活动为主要经济活动特征,在市场尚处于朦胧状态的情况下带头组织的。对于水平较高,已经有部分能力可以应对市场和与公司打交道、部分参与市场竞争的合作社,也以技术的需要为首选目标。随着经济快速发展,高水平的合作社,技术、管理、信息采集等的需求正在迅速增加,竞争能力也迅速提升。由于技术需要,农业科技人员在合作社中备受欢迎。当然,科技人员也需要合作社这样的平台来实现自己研究成果的验证和科技身份的认可,更主要的是对农户组织的合作社依托。可见,科技人员、科技项目与合作社合作推动农业标准化,就成为双方的需求和共同的利益。因此,科技与合作社合作推动型模式便自然产生。

该模式不足在于缺乏市场引导,在没有从根本上解决农产品的销售渠道时,易产生后劲不足。合作社仍然脆弱,尚未在市场学习中成长起来。同时,合作社的原始积累尚未完成,合作社活动经费受到极大限制,没有可靠经济保障,无法与科技人员形成内在的激励式联合体系。

4. 公司+合作社型

该模式的存在可能较长久,较适合我国农业发展现状。主要原因是两者间的根本利益没有直接冲突且有农民专业合作社这个缓冲区,使利益矛盾存在时能够温和解决。公司为合作社认识和接近市场搭起了桥梁,为合作社的经济活动当了启蒙师傅。该模式是计划经济、小农经济到市场经济过渡中的暂时长久体,对农业标准应用和农业标准化合作推进的作用只能是一种辅助。

该模式不足在于其内部往往缺乏大手笔的能人(真正的经理人),受地方文化影响严重,易受传统束缚,发展速度总体偏慢,升级难度较大。

5. 三元联合型

三元联合型是指院校科技与公司、合作社的联合,还有院校科技与公司、农户的联合。在后者中,科技还发挥着重要的保护农民利益的协调作用,否则农户的参与不能长存。

从运行机制上,在增加了利益分红因素的同时,更增强了与市场联系的紧密度,以及生产到市场的经济链上分工协作要求的精度，使每一要素更具专业性。农业标准化推进的要求和信息可直接源于市场，并由公司提供主要信息或成为该信息的主渠道；院校科技承担着该链上任何需要科技力量和解决科技问题的系统技术任务，合作社此时的要务体现为组织农户、协调上下、维护农民权益和生产规划发展的四大方面。

三元模式的运行，需要与人文、社会环境条件相适应，即在生产有长足发展、经济有较明显增长、思想与合作信誉意识达到一定水平时，才能够良好运行，和谐发展。另外，由于农业的弱势性特点，加上与我国社会制度相适应，在缺乏政府强力支持时，自造血功能会弱化而发生支撑危机，尤其是政府的农补政策资源得不到应用时，易产生某一方的经营弱化甚至解体，特别容易使农户或者农民专业合作社受到伤害。

6. 四元联合型

四元联合型模式是指公司、合作社、科技和政府的四要素共和体。这是农业标准化实施的较高级状态。此时的公司，具备了较独立驾驭市场的能力，需要政府给予政策的支持和宏观氛围的保护，如技术壁垒与争端处理。合作社同样具备了相当的管理和运筹能力，具备一定经济实力，能够将农户组织或生产链上的专业小组、分户、联合生产相结合，能够自如地与公司打交道，并能够直接与市场发生联系，能够吸纳更多人才、科技和更新标准体系，构成灵活有序、高效的经济子实体，切实起到保护农民利益的作用。合作社对政府的依赖和政府对合作社的关注与支持，在四元体中应当是首位的，这种支持和关心的最终目的仍然是农户和农民，只是通过合作社来实现。因此，政府对合作社的运作和行为要起监督和指导作用。当然，重要的是政府根据大趋势和消费需要所进行的投资扶持和宏观调控。

科技在四元体中属于技术中性组织，也是这一模式中从未来预测到当前技术及操作过程的标准出台与落实中最活跃、积极、主动和有效的因素，该因素的表征即是不同要素中科技人才的质与量的多寡，各要素中与高校、院所联系的紧密程度。对于政府，重要的是攘外，洞察全球市场变化，解决重大贸易纠纷，设置利于本国农业的技术壁垒；对内协调提高农业宏观效益，促进农业科技快速升级，切实保护农民阶层利益，利用经济杠杆支持农协发展和推动农业标准进村入户，建立第三方监督机制，从总体上把握所辖区内的四元平衡与一切行为的标准化尺度，促进农业标准化不断改进和升级。

7. 市场主导型

在经济社会里，没有哪一项活动能够避开市场约束。农业标准化发展到较成熟阶段时，必然会以市场的要求为向导，围绕着市场的需要而升级。纳入最新技术，吸收最新管理理念，积极自觉采用标准，以求最大效益产生，是市场引导下农业标准化的自动应程。到这一时期，集团性合作更为明显，内部协调性更加突出，任何组织和团体的系统效应（总体的和纵横层面的）都将被发挥出来，农业标准的产生、修订和采纳均呈主动态势。

这一模式中，以四要素为主体的新构有机体，将直接目标与市场动态紧密联系起来，以公司为主体，科技为核心，政府为后盾，合作社为平台，进行有计划、分层次、过程严密监控下的产业发展过程。该模式的重大任务在于宏观控制与精细管理，并且讲究的是整体利益或者系统效益，而不能在围绕总体目标的系统内管理到位的前提下再去注意局部利益得失。

8. 平衡发展型

从一个国家，一个区域，或者某个大的团体、单位，基本构成了具有明显层次性的、又有高层调控作用的农业标准化有机发展模式，其内核因市场而动，其作用应需要而成，其效益因过程而生，一切在农业标准化的理念和方法掌控之下进行，处于完全动态适应和系统性联动的有机高效之中。此时，真正的农业标准化文化建成，标准化制度及其非制度化文化同起管理作用，系统中的每一个人的行为总被文化与制度的双重作用约束于协和整体之中。

平衡发展型是农业标准化发展的最高级阶段。

二、农业标准化主要模式

上述的 8 个发展型，实际上是不同阶段的一个标准化宏观层面上的代表型模式，在这些模式中，又包括了许多亚模式，也就是更为具体的操作模式。为此，将农业标准化发展的不同时期、阶段和型式，归纳总结有以下主要模式。

1. 科技示范型模式

科技示范型模式，是农业标准化探索前进的典型代表。农业科研新成果进入应用阶段，需要到实际中进行试验和熟化，需要根据生态条件、地方农业文化和大量农业经验的结合，进一步得出安全、可靠和行之有效的过程途径，才能在大范围推广传播。这个过程需要科技人员直接参与和修正，需要科技人员通过劳动来展示他们的成果魅力。这一过程，实质上是为反复应用在做试验、定程序、固方法。这实质就是标准的产出，以方便更大范围内的使用者反复使用。目前我国的农业大学、农业科研院所在各地所建立的"试验站"，就是承担这样一个角色，实现各项新的成果落地和扩散以推动农业发展水平的提升。

科技示范模式有时是开创性的，是将理论成果、社会发展的未来需要和眼前实际相结合，在多数人还没有意识到的情况下，由少数人开始了探索并起到了示范带动的作用，这种示范带动的横向传播，照样只有通过真实的标准规定，才能以最迅速的方式扩展。

2. 政府主导型模式

政府主导型模式又分为两种具体的基本形式。

（1）政府引导型模式　该模式的实施主体并非政府，而是那些有志于应用农业标准化理论和方法提升小集团发展甚至个人事业水平的单位和个人。政府对这种具有一定好的发展趋势的小点加以扶持和引导，通过出台有关鼓励性的政策，颁布相关的标准，提供一定的资金支持，且多点布局，自由发展，培养新的增长点。从而总结经验并给予名誉优惠为主，包括政策倾斜和适当补贴等的鼓励来引导农业标准化工作的推动方式。模式内的标准化架构与推进内容及方式，均由实施主体做主，政府不做过多的干预。

（2）政府推动型模式　该模式是政府工作计划已经确定的发展内容，已经在财政计划的盘子上准备了预算户头，政府成为实施的主体，其鼓励政策、相关标准的出台和资金配套，已经有了明确的要求并可以通过行政手段快速建设，可以责成或者主动组织有关单位和人员推进实施落地，其规模较大，声势也大，广度和深度也较政府引导型模式要实在得多，多以项目带动方式运行，针对区域经济发展中的关键事项或者问题开展工作，在方向上具有潜在的引领性。对推动的鼓励，除了能够提供名誉奖励外，还可以进行物质奖励，并且可连续给予财政支持等的继续发展优惠。

3. 企业引领型模式

在经济社会中，企业力量才是经济发展的真正推动力，面向市场的农业发展，照样是企业家的天下。农业标准化在市场化农业中施展身手，企业家介入，就意味着有了持续、长效的推动力了。农业标准化的企业引领模式中，也存在多个亚模式。

（1）企业参与型模式　由于传统农业以生产为主，远离市场的格局存在时间过长，在农业由分散走向集约的今天，往往会先发生数量上的集中，而运行的实质内容不变。因此，农业生产基地就自然容易生产。农业企业总希望有自己的生产基地，以便满足企业本身的产品要求。那么，企业参与基地模式的标准化方式就应运而生了。在这种模式中，企业是指导性的，基地主人是领导性的。企业可以为基地输送标准、农资，培训指导基地中的主人、农户开展生产活动。

在企业参与型模式中，有一个较先进的标准化模式，即定向基地模式。它的主要特征是定向种养，订单收购。即在上述服务的基础上，对最后产品按照标准要求进行收购。这使得生产者不再担心产品出售，而要想办法通过生产，使产品满足订单中的标准要求。只要生产者所生产的产品达到公司标准要求，便迅速出售。

（2）企业主导型模式　在该模式中，有两种性质不同的企业类型，即纯粹的企业和农民专业合作社。

纯粹的企业主导型模式，以追求企业利润最大为发展的唯一目的，可以对农业过程完全采取工业化管理模式，流水线生产过程。执行严格的专业分工，组成系统性企业的农业过程，诚然，标准成为这些过程的关键约束尺度，标准化自然会上升到一个高度。

农民专业合作社主导型模式，既具备了企业化运行模式的质，也需要关照社员的多种情况，在利益所得与分配方面不但想企求最大，还要考虑大家的能力、福利、教育等事项。其中，标准的应用和标准化方法比企业的复杂一些，相对弱些。

企业——合作社型标准化模式，是一种互利互惠模式，二者之一均为对方的发展依靠，联合起来打造营利的共赢平台。显然，标准在其中的作用就更加明显，例如，二者间的交流需要统一标准，为各自利益又不能不对内控标准严加管理，面向市场应用标准还要协商一致，为避免矛盾发生则必须有明确的界定标准，等等。

4. 多元联合型模式

多元联合型模式是发展的基本趋势，也是农业标准化由低级向高级推进的象征。通过全方位的标准约束，逐渐组织和集成到一个较大的多功能农业经济实体中，无疑对参与各方及范围之外的相关各方均有好处。多元联合型模式的一个重要特征，是内部的复杂性在面对农业的复杂性。显然，这种复杂性需要很好的调节与处理。处理得好，正反馈产生,"边际效应"出现,联合体利益将走向最大化;处理得不好,负反馈出现,其后果不堪设想。那么,要做到正反馈出现,就必须在各个关键部位事先设计,在相互的联系之中事先约束,从发展和风险预防等多个方面透明规定,宏观上应用"政策、科技、信息"支撑,微观上则需要一条条具体的标准规制,并使之纵横贯穿有序,相互牵动灵活,结点之间的应激不失节拍的次序和相位的干扰,以平滑、协调和流畅为上。

多元联合型模式的运行核心如下。

(1) 架构的基础:必须具备完整的标准及其体系。

(2) 支撑的条件:具有灵活、有效地实施组织管理体系。

(3) 发展的动力:利益驱动,公平竞争,从市场获得分红。

(4) 长期的保障:应用公正的标准体系(包括制度)及其有效的执行力。

(5) 持续的发展:先进的意识与自发凝聚的团队精神。

三、农业标准化管理范式

1. 农业标准化管理思路

农业标准化管理,是对农业的动作管理加以标准规定并应用之以取得最好的管理效果。农业标准化管理主要体现在以下几个方面。

(1) 管理文化　这应当是管理的灵魂,主要表现在两个方面,一是谦虚的态度和平等的心态,这需要不断地提高个人修养。从行为上讲,应当坚持礼貌待人,从问候做起,营造和谐的人文氛围。二是刚性制度(标准)的贯彻,通过严明的制度来实现。

(2) 管理方法　处事的态度先要积极,平等待人又要严肃管理,体现人性等同性的同时,随时以制度的约束体现管理的果断。亦即,任何时空下的管理范围,均以严格的标准要求,约束每个行为的细节,使队伍始终在团结紧张、严肃活泼的氛围中向前进。

(3) 管理教育　通过管理教育,典型案例和示范学习,将管理中的积极思想、先进行为和好人好事等一切有利于团体文化建设与集体凝聚力提升的因素调动起来,以"先培训、再教育、再循环"的标准化程式,逐步使其渗透到团体动作的文化中去。

(4) 管理思路　这里指的是长远考虑、宏观运作的思路,即面对我国农业发展实际,依照"生产型→市场型→学习型→再循环提升"的总体思路,策划和安排当前管理重心和管理工作,一切过程的管理,不但本着抓关键、要简便、更统一的基本原则进行,而且使管理战略与当前管理紧密结合,推动标准化文化的快速形成。

2. 农业标准化的基层管理

农业标准化的基层管理主要指的是实际操作层面上的管理,也是将刚性标准最后触地有声的前沿层面。对这一层次的管理,更加具体,没有弹性。同时,这一层次的管理,是直接产出的管理,是产品出世的管理。主要表现如下。

(1) 对农业标准的领会　首先是管理者对农业标准要心领神会,不打折扣,明确自己在哪种范围内执行管理上的标准落实。其次要求操作者对自己应用的标准,不但要明白标准内部程序的顺序性和应用严格,而且要知晓本标准与其相邻标准间的亲疏关系和先后次序。对每一项标准,无论是管理者还是操作者,都要有单项标准具有独立性的观点，还要有个人之间、标准之间具有合作性的认识，需要在一起工作的队伍成员，前后照应标准的同时，也要前后照应个人之间的标准联系。

（2）操作熟练性提升　操作技能，是操作层面上成功的基础因素。通过操作管理，给出管理标准，促进相互间的鼓励，通过定期比赛、树立典范样板等方法，使操作者、操作管理者时时互学，刻刻比较，从而在操作和思考中双向提高各自的操作技能。

（3）记录的自觉性　记录在农业标准化中有着举足轻重的地位，无论在周期内修正错误，还是对周期间的借鉴提升，一切给予和需求均靠记录说话，都是直接的证据和数据可挖之源，不能有任何懈怠。

管理中不断督促记录，研究和简化记录过程与方法，形成固定的记录范式，养成记录的自觉行动，是标准化成功的重要成分，也是农户进入农业标准化序列的唯一标志。

（4）成功管理农户的枢纽　农户，在当前乃至今后一时期内，仍然是我国农业标准管理中需要关注的重大群体。农户如何进入农业标准化序列，组织是关键。这需要艰苦卓绝地动员和组织工作，让农户相信和听从于我们的标准化落实管理。通过动员组织工作，再交到农业推广指导员手中，对农户进行逐个的注册登记并办理相关手续后，以正确的管理，标准的程序，使其在生产操作中自觉记录。农业推广指导员通过记录这一枢纽，向农户扩展农业操作的标准化知识；通过"利益驱动、奖励需求"的组织机制，扩大农民队伍的标准化应用。

3. 农业标准化的落实

（1）农业标准化落实的层级结构　农业标准化落实的时序层级结构，分为初级和高级两层。初级结构，是根据农业发展水平，及其与市场接轨的水平程度，确定以政府引领为主的实施结构。该结构的特点是：政府引导，各方参与。农业标准化落实的时序高级结构，主要由企业、科技、农业合作社和政府四位联合组成，以组织严密的管理集团共同推进农业标准化落实。该结构的主要特点：市场主导，政府调控。农业标准化落实的空间层级结构，也就是其基本架构，则依托行政建筑，推动跨界联合；政府引导，技术督导，企业实施；逐层配置农标化科技人才，坚决完善第三方监督机制。

农业标准化落实的根本点，在合作社、企业和农场。从这个角度讲，农业标准化落实的阶层配置，应当考虑合作社/协会/农场标准化实施水平和企业干部、技术人员、农工的标准化意识与管理水平。

（2）农业标准化过程的决策思考　农业标准化落实的决策思考，必须遵从以下原则：①凭优势，看市场，确定产业内容与规模；②定计划，建队伍，提出产业目标与任务；③集标准，成体系，构筑项目标准体系表；④联企业，集大成，围绕市场推进标准化；⑤分层次，明任务，关键控制要靠第三方；⑥勤总结，出政策，平衡利益关系要效益。在此基础，据不同经济发展水平和条件，选择性推出阶段主体（见图6-3中的8个模式）。

（3）农业产业体系的有效组织　进入真正的农业标准化过程，首先必须是解放思想，转变观念，冲破传统农业，特别是传统农业文化的束缚。这不是一句空话，是目前我国农业标准化方面值得认真对待的问题了。解放思想，就是要从标准化角度思考和制约自己的行为到标准化行列中来，从思想深处学会平等，允许创新，遵从市场规则，学会为新事物搭台并做好服务。以市场化发展为主要思维背景，进行农业标准化的规划，计划制定应当以市场需要和今后趋势为导向而展开，做到使生产规模化、过程规范化、行动统一化和控制关键化，尽快将标准化理念和方法用来提升产品质量的理念更多地体现在农业标准化的全过程之中。

（4）文化氛围的主动营造　文化是人类物质与精神财富体系在综合、系统化的基础上所突显出的一种另类境界的财富氛围，无时无刻不在影响和规范着人类意识、思维乃至行为的超物质性东西；文化氛围对人的行为约束不亚于任何既定制度与规则；不同人群的生活圈子，在时间和劳动的不断积累中都会产生出自己的文化来；文化对人们生活中的一切行为，包括世代间的持续作用，都是深刻和稳定的；根深蒂固的文化功能会使处于这种文化圈子的人们变得"顽固不化"。所以，文化的威力是巨大的。这也是发展到一定高度的团体非常注重文化氛围培养的根本原因所在。

良好的文化氛围，是现代社会中真正文明高度的直接表现，也是进一步发展的最好基础。在农业标准化作为传统农业向现代农业突变的催化剂和直接动力，并持续在现代农业发展中发挥核心动力作用，农业标准化的文化建设就必须从一开始要纯洁化、高尚化，以真正与国际接轨、力争同步运行的急迫思想和行为树立农业标准化文化新风尚。

文化氛围对农业标准化与经济发展起着自催化作用，涉及影响力、知名度、信誉度和投资力。营造良好的文化氛围，是一个长期的任务，又要必须在充分认识的前提下从眼前做起。文化氛围需要物质与精神财富的支持，文化氛围是从小事、大事一同做起。

希望我们向现代农业发展过程中，以农业标准化为真正抓手时，彻底摆脱传统的小农思想，走向全球，着眼未来，创造出真正符合时代要求的"中国农业"。

（5）农户标准化的组织　在多数人的认识中，农户农业标准化落实难度大，问题多，意义也不一定大。这种观念是完全不对的。我国农业发展的基本问题正是在农户，解决农户农业标准化，也就彻底地搬开了中国农业走向现代化的绊脚石。

实质上，组织农户从事农业标准化事业并不难，难的是组织者的思想转变、理念提升和组织方法的适宜性。我们的研究表明，组织农户从事标准化事业的推动机制是：利益驱动，奖励需求。围绕着农民发家致富的基本要求，结合农户生活与劳动的实际需要，先研制和颁布出来具有明确要求的服务标准，通过宣贯讲解，采取自愿注册，组织培训指导，运用记录推动，执行奖罚分明的管理标准，自然产生迅速扩大带动的效应。其中的关键，是组织者队伍的执行能力和服务精神。

4．组织者的操作方法

（1）观念上的技术转变　农业标准化的基层组织者，实施农业标准化，必须满足以下几个基本条件，即由小农走向大农的思想飞跃，能够冲出传统技术对现代经营的封锁，在尽量宽容之中开拓大氛围合作，执行操作管理中的协调统一，力争实现在效益约束下的科学的简化与优化。

（2）方法上的标准化操作　农业标准化基层组织者需要具备完整的农业标准化知识，一切过程必须在明确的标准化理论和模式的指导下进行，在方法上，有思维、策划、决策、制度、管理、操作等的方面的标准化问题；从过程中，在经营管理、操作实践、结果评价等方面考虑执行；抓关键点，通过记录与档案管理、平等的监督、标准及其体系的建设应用做起；关注全程，在标准化思想理念、现代农业意识等方面不可放松。

（3）设计上的系统综合　常言道，"谋事在人，成事在天"。农业标准化落实组织，需要具备市场动态性与农业的"固定性"之间的通融技能和应对方式，从长远与近期结合中，把握目标、规划与当前产业发展的规定，由具体与抽象的应用中，建立标准与经验的互促提升机制，在简化与优化的应用基础上，对复杂系统的简化与知识经验的结合升华进行研究探索。

（4）过程中的关键控制　农业过程关键控制，既要具体有效，又要有大思维与大市场的概念，在组织管理中，要具备驾驭操作的"经理人"能力，同时抓住过程关键点，立即制标或采标，尽快开展相关培训，做好吸引、挖掘人才工作，通过自觉记录与过程监督的双重作用，实现理想目标。

第七章　农业社会化服务标准化

农业社会化服务标准化，强调的基本中心有3个，即农业标准化、农业服务和社会化农业。显然，最为核心的意图，就是服务的标准化方法，其次是标准化的服务要在社会化条件下推进农业发展。本章从现代农业发展的角度，主要论述我国农业标准化中的社会化服务的标准化问题，从基本概念到原理机制，由服务类型到建设方式，再到推动及效果表达等，逐渐深化，从而提出农业社会化服务标准化的基本要素和组成体系，以及服务标准化的一般方法，并且对农业社会化服务标准化的效果评价进行了初步阐述。最后，用了3个案例呼应农业社会化服务标准化的理论。其中，农业技术家教系统模式成果形成的农业社会化服务标准化体系案例，适合我国千家万户分散经营的农业模式向集约化发展，标准化提升的规模化促进和合作化联合的组织体系的形成。

第一节　农业社会化服务

本节的关键词是"服务"和"社会化"。说到底，人类社会的高级阶段就是彼此间的服务与生产重复，以及在此基础之上的小部分创新。农业是一个复杂的巨系统，又是一个开放的生物再生系统，农业与自然、科技、人文、市场、消费等均有着直接的联系。那么，从事农业这一事业的过程，必然存在着大量不同类型的服务与被服务的生产关系。农业社会化服务的本质就在服务上。本节主要阐述农业社会化服务的基本概念、内容和架构，比较了国内外农业社会化服务标准化的差距及值得汲取的经验，为农业的社会化服务标准化论述奠定基础。

一、基本概念

1. 农业社会化

谈农业社会化，首先应当了解什么是社会化。社会化（socialization）的参照系是个体，社会化是指特定环境下的个体通过学习、认知并修身养性以适应该特定环境整体行为且加入并为之贡献的过程。社会化是人和社会相互作用的结果，是特定环境下形成的个体间的存在关系。个体的社会化是一种持续终身的经验。因为社会就是由许多个体汇集而成的、有组织、有规则或纪律的相互合作的生存关系的群体。

农业社会化，是指农业由孤立的、封闭的生产方式，转变为分工细密、协作广泛、开放型的生产方式的过程。农业社会化是传统农业向现代农业转化的重要标志之一[1]，是小农经济走向规模、规范和市场化农业的必然过程。

---

[1] 百度百科：农业社会化. http://baike.baidu.com/link?url=VBP4a0o_Wmk28-1wIg28PdlRmWganyZdCNMax OtDTGB4-ZDTKt4AyWcWZLEeIiq7dhCbHq9bqJndgFs-BtbVNa

农业的社会化与非社会化，与农业的发展水平有着直接的关系。我国农业的发展历史，是长期以来远离市场、小农经济为基本特征的历史，本身的定位，就可以在没有社会化的条件下进行，单家独户的俱全方式，随便就可走完农业过程，也从不计算成本。因此，长期以来，没有经济市场这样的根本动力介入，发展速度也就无法提升。这里强调社会化，是针对我国农业太分散而不能长期存在的弱势，需要给予特别的突出，以引起人们更多的重视。

农业的本质，是十分复杂、相当庞大和整体一致的。这种宏观一体、微观分工、协同发展特点，在农业发展进程中，必然要求其具有严格的分工与专业支撑相结合的社会化成分产生，在服从大系统要求的前提下，只有从业统一而专业化的体系才能真正推动发展。

与传统农业的生产方式相比，农业社会化具有更高的系统运作性和严格的分工专业性特点。农业社会化是农业发展水平到一定的程度的必然需求，是建立在社会分工的深化、广泛与协作基础上的，所涉及的农业系统是以开放的方式进行的。农业社会化是现代农业的重要特征，因为，系统越复杂，发展水平越高，内部的分工就越严格，组织越精细，并且在新的水平上会发生再分工和再提升，从而模块化协同就出现了。社会化的农业，能够充分发挥协作的优势，使总体功能大增，边际效应更盛，农业的综合实力自然显著提高。这样的农业，就其内部而言，十分利于使用新方法和新工艺，促使所有的操作者、管理者（包括农民）迅速成长，成为与现代同步的新农人。

2. 关于服务的含义

服务，是一个多义词，不同领域有不同理解。这里仅举一般的词语解释、经济学及社会学领域对"服务"的理解[1]。

（1）词语解释　在汉语词典中，将服务解释为：为他人做事，并使他人从中受益的一种有偿或无偿的活动。服务不以实物形式而以提供劳动的形式满足他人某种特殊需要。可见，服务是以智力或者体力劳动输出为基本特征而产生的劳动过程。

（2）经济学术语　经济学意义上的服务，是指以等价交换的形式，为满足企业、公共团体或其他社会公众的需要而提供的劳务活动，它通常与有形的产品联系在一起。具体到交易方面，服务是个人或社会组织为消费者直接或凭借某种工具、设备、设施和媒体等所做的工作或进行的一种经济活动，是向消费者个人或企业提供的、旨在满足对方某种特定需求的一种活动和好处，其生产可能与物质产品有关，也可能无关，是对其他经济单位的个人、商品或服务增加价值，并主要以活动形式表现的使用价值或效用。

看得出来，服务是产品的延伸，也是独立存在的行为，在现代社会中有时会超过产品本身的使用价值。因为产品可以多家生产，而服务可以是独家特色。

1960 年，美国市场营销协会（AMA）最先给服务下了定义："用于出售或者是同产品连在一起进行出售的活动、利益或满足感。"这一定义在此后的很多年里被人们广泛采用。

1974 年，斯坦通（Stanton）指出："服务是一种特殊的无形活动。它向顾客或工业

---

[1] 百度百科：服务. http://baike.baidu.com/view/133203.htm

用户提供所需的满足感,它与其他产品销售和其他服务并无必然联系。"

1983年,莱特南(Lehtinen)提出:"服务是与某个中介人或机器设备相互作用并为消费者提供满足的一种或一系列活动。"

格鲁诺斯于1990年给服务的定义是:"服务是以无形的方式,在顾客与服务职员、有形资源等产品或服务系统之间发生的,可以解决顾客问题的一种或一系列行为。"

菲利普·科特勒(Philip Kotler)给服务的定义是:"一方提供给另一方的不可感知且不导致任何所有权转移的活动或利益,它在本质上是无形的,它的生产可能与实际产品有关,也可能无关。"

(3)社会学术语 社会学意义上的服务,是指为别人、为集体的利益而工作或为某种事业而工作,如"为人民服务"。

从社会学角度看服务,"服务"也和"管理"一样,很多学者都给它下过定义,但由于它是看不到摸不着的东西,而且应用的范围也越来越广泛,难以简单概括。所以,直到今天,还没有一个权威的定义能为人们所普遍接受。可见,真正要回答"什么是服务",相信没有几个人能说得清楚。这也正是"服务"发展的生命力所在。

"服务"在古代是"侍候,服侍"的意思,随着时代的发展,"服务"被不断赋予新意。如今,"服务"已成为整个社会不可或缺的人际关系的基础。

(4)农业社会化中的服务 农业社会化中的服务,涵盖了经济学、社会学及其他方面几乎全部的服务。因为,农业与各个方面都能够扯上直接的关系,农业内和农业外的大量活动处于服务之中。简单地理解服务为:以平等而真诚的态度,在训练有素的基础上,为别人提供方便或帮助。

3. 农业社会化服务

建立在严格社会化运行系统之上,为农业发展的一切需要所提供的各种恰当服务工作,称为农业社会化服务。

在我国传统农业向现代农业的转变过程中,强调农业社会化服务,意义重大。至少,这种强调会直接告诉人们,中国农业,在以往缺少这种真正联合下的农业服务,在当代正实质性地转变和走向市场化发展。

我国传统农业中也存在着大量服务的内容,但与社会化服务要求相比,有着质的差别。其中的关键,是服务的出发点不同。我国传统农业服务的目的,只是为了相互帮助,与经济的联系甚少,以一种内在朴素的相助式的状态表现出来,谈不上规模化、社会化的需求。随着改革开放的深入,农业结构发生了质的变化,农业经营从户为单元开始,面向市场需求,逐渐注入经济活力,产生社会动力,其结果,先是从农民队伍中释放了大量的劳动热情,后将剩余劳动力迅速转移到城市的工业、服务业等其他行业中去,促使了在社会总财富增加的基础上,让农民经济宽裕、大开眼界,从农的思想与行为发生改变,社会化服务的需求相应地渐渐产生,进而促使了农业产业结构的调整,专业化服务的需求日见旺盛起来。

1983年,个别地方成立了"农业服务公司",媒体上首先使用了"专业化服务"的概念。1984年1月1日中共中央1号文件在《关于1984年农村工作的通知》中指出:加强社会服务,促进农村商品生产的发展。1986年1号文件在《关于1986年农村工作的部署》中又强调：农村商品生产的发展，要求生产服务社会化。

1991年，国务院颁布的《关于加强农业社会化服务体系建设的通知》中明确指出，农业社会化服务是包括专业经济技术部门、乡村合作经济组织和社会其他方面为农、林、牧、副、渔各业发展所提供的服务。

2008年10月9日党的十七届三中全会《决定》和2012年的1号文件明确提出："力争三年内在全国普遍健全乡镇或区域性农技推广等公共服务机构，逐步建立村级服务点。"

完全可以看出，党中央、国务院对我国农业由传统向现代转变中，将农业的社会化服务工作的政策推动和地位强调是相当突出的。

4. 农业社会化服务体系

这里涉及两个概念，即体系与农业社会化服务体系。当然，与体系相关联的还有系统。

（1）关于体系的概念　体系，是指若干事物互相联系而构成的一个整体[1]。而系统，是指同类事物按一定的关系联合起来，成为一个有组织的整体[2]。

从概念的表达看，两个名词描述的时空相近，但状态不同。体系与系统，在某一静态中，是同质的，但在动态中就不同了。体系，重在于系统的状态表达，趋于对事件、事物的静态描述和状态展现，体现其架构关系；系统则关注的是体系中结构的联系与运动的互作，对过程的审视，表达的意境深度与广度比体系更为立体和深刻。

体系与系统概念，在实际中的应用十分广泛。因为，随着人们认识和探索世界的深入，发现体系与系统无处不在。复杂的农业系统中，体系的层次性、嵌套性和动态运行的系统性随处可见。生物体内由多种器官联合组成的结构，是一个完美体系。这些器官在组织形态上有相似的特征，在机能上完成一种连续性的生理作用，形成完美的动作系统。任何农业过程，围绕作物或者动物的生产等过程，所进行操作、管理等组织行为，均构成了相对独立的体系，具有完整运行的系统功能。

（2）农业社会化服务体系　农业的社会化服务，成为社会的需要和政府推动的事情，农业社会化服务体系，也就应运而生了。要给农业社会化服务体系下个定义，确有些困难。因为，这种名词的内涵，与其所代表的领域一样，复杂而多变，想简单地概括，形成定义，确难以道个明白。

尽管如此，仍有学者试图给出定义。

有人从服务功能角度提出：农业社会化服务体系是社会经济组织为满足农业生产的需要，为直接从事农业生产的经营主体提供各种服务所构成的一个网络体系。显然这种定义的基本范围是狭隘的，把农业的服务放在生产领域是不够的。

另有人从制度角度分析认为，农业社会化服务体系是链接农产品与市场、农业生产中的市场化服务用以综合性解决中央"三农"问题的一种机制。虽然这基本范围较广，却显得模糊不清。

学者对农业社会化服务体系的不同定义，反映了各自研究视角的不同。总之，农业社会化服务体系是为农业系统需求提供各种服务的一个系统，它是运用社会各方面的力量，使经营规模相对较小的农业生产单位及相关单位，适应市场经济体制的要求，克服

---

[1] 商务印书馆辞书研究中心. 新华词典（2001年修订版）. 北京：商务印书馆出版，2001：968
[2] 商务印书馆辞书研究中心. 新华词典（2001年修订版）. 北京：商务印书馆出版，2001：1060

自身规模较小的弊端,获得大规模生产效益的一种社会化的农业经济组织形式。

国外农业社会化服务体系建设中,政府重点在法律制度等方面发挥作用,合作社等民间组织以市场为导向提供主要服务,建立多层次、多渠道的农业社会化服务体系。

党的十七届三中全会《决定》提出,要加快构建以公共服务机构为依托、合作经济组织为基础、龙头企业为骨干、其他社会力量为补充,公益性服务和经营性服务相结合、专项服务和综合服务相协调的新型农业社会化服务体系。这对于促进我国农业稳定发展、农民持续增收,对于加快改造传统农业、走中国特色农业现代化道路具有重大意义。

农业社会化服务体系,是一个由专业经济部门、农村合作经济组织和社会其他服务实体组成的综合服务系统。主要包括政府的公共服务体系、农民的合作服务体系和公司的经营性服务体系[1]。

二、开展农业社会化服务的理由

开展农业社会化服务,从形式上看是为了将小农规模放大,组织建设成规模较大的经济组织,面向市场并应对市场变化,使农民收益得到保障且能够持续增长,实质上为提质中国农业,真正走向市场,形成发展的内在动力机制,打造参与国际竞争的强大资质,构成农业现代化发展的稳定基础和持续保障。因此,开展农业社会化服务的使命是重大的。

1. 农业发展的必然结果

国际农业发展的经验表明,农业社会化服务体系,是人类对农业的探索不断深化、操作不断精细化的需要,是农业分工不断深化、彻底走向专业化的必然结果,也是推动农业可持续发展的必然要求。

在我国农业历史中,以弱小农户经营的方式一直占主要地位,其封闭性明显,远离市场。改革开放几十年,农业需要面向市场,经济体系和经济杠杆的介入成为必然,规模经营的要求也成为本质,所以,农业的社会化服务,自然就要出现。同时,农业发展水平需要迅速提高,客观上更需要完善的和高水平的农业社会化服务体系。有了强大的社会化服务体系支持农业,提高农业系统经营的组织化水平与程度,开启小规模农业走向现代化之门就水到渠成了。

2. 面向农户的多层服务

相比于公司经营方式,建立在家庭经营基础之上的社会分工模式更适合我国国情。这是因为,我国农业劳动力缺乏转移空间,农业生产企业化并不能改变这一事实,相反,家庭经营有效地解决农业生产中的监督困难,其所蕴含的独特土地功能也成为我国改革发展最大的保障机制。因此,家庭农场是我国目前农业转型中的一个重要的农业经营方式。解决家庭经营问题的关键,是为其提供完善的农业社会化服务体系,而不是贸然去改变家庭经营内在的内容。所以,开展农业社会化服务,仍然要以农户为基本着眼点,以家庭农场对象,进一步以农业专业合作社为主要工作目标,再施以开放的和发展的眼光,开展全面而细致的多层化、多功能服务。

---

[1] 百度文库:农业社会化服务体系. http://wenku.baidu.com/view/cf06e26a011ca300a6c39032.html

3. 快速推动规模化形成

建立和发展农业社会化服务体系，实施农业社会化服务，对推进规模化更具普遍性、更有快速发展的潜力。相比于农业生产规模的制约，农业服务规模不受人地关系和农地制度等强约束条件的制约。这就使得原有的小户经营不能适应服务的要求，想获得服务又够不上规格，反而会促进其更好的协作甚至实质性的合作。例如，农机跨区作业，不但创造了一种大区社会化服务模式，还告诉那些面积太少的农户，如果再不集约连片，下次服务就可能无法得到。农机跨区作业，使农机作业规模、生产集约化达到发达国家水平，更为重要的是，将过去分散的单户农机具通过放大服务空间而组织起来，形成集团化运作，建立了市场声势、效应和经济利润空间。又如，促进合作主导的产业化经营，强化农民在产业化过程中的谈判能力和形成对"企业控制产业"制衡机制，等等。这都是促进规模化形成的很好例证。

4. 丰富农业适度规模理论

规模，一般指事物在一定空间范围内量的聚集程度。用生产规模与单位产品平均成本的关系来衡量农业经济的单位规模，有这样一个规律，即随着生产规模的扩大，单位产品平均成本不断下降，但下降到某一点时，成本又开始上升。显然，那个拐点，就到了规模膨胀的极限。从生产的社会化视角切入，可以消除人们认识上的误区。农业规模经营，要从专业化分工、多环节联系、多要素综合的途径来判别和实现，而绝不只在集中土地、扩张规模的单层面上。更为重要的是，从注重农业"量"的延展，到"质"的内涵提升，便更大限度地拓展了农业的多功能特色，延长了农业的产业链，提升了农业价值链，加快了农业由单一扁平型向立体复合型的迅速转化。这是社会分工不断细化的内在逻辑，也是应对农业发展竞争的现实需要。例如，日本的东北大学经济学者研究，日本农户经营的土地规模在120～150亩水平上，是单户土地经营的最佳状态，再小或者再大，都影响农户经济效益提高（2015年3月日本考察），我国也有学者研究认为我国农户经营的土地规模为125亩左右为宜。

5. 催生农业经营体系变革

从上述四点可以看出，农业社会化服务体系，隐含着农业经营体制的重大变革。农户仍然是农业生产主体，但"统"的功能由社会化服务组织替代，从而构建一个不断成长的发散性统一经营层次，来回应农业兼业化、副业化的挑战。更为重要的是，通过农业社会化服务的介入与水平的不断提高，将彻底地改变以往那种"农民"概念的内涵——农民不再是永久身份农民，也不再只是生产的操作者，而将很快成为一个区域（如农场、饲养场、园艺场）的管理者、专业服务者、农产品市场策划者或者享受服务的受用者——从群体职业看，农民成为完全的多业化群体，而从个体看，则完全会变成为专业化工作者。

三、国内外农业社会化服务现状

1. 国内农业与社会化服务

改革开放，亮相中国，使世人了解和容纳这个大国。与此同时，农业也逐渐融入世界贸易体系。对外开放的广度和深度,也在农业领域不断得到强化,以发达国家的农业为榜样,我国农业的全新格局正在起步,现代农业的发展正在加强,全面对外开放的格局基本形成。

从20世纪50年代起,我国相继建立了农林、水利、气象等部门的技术推广组织和供销合作社、信用社等多种服务组织。80年代以来,农业社会化服务体系随着农村经济体制改革和农村经济的发展得到了提升,逐步形成了以政府专业经济技术部门、乡村合作经济组织和社会其他经济组织,按照市场要求,以商品化、专业化、社会化和现代化的形式逐步产生和形成,并能够为农业生产提供一定的网络化社会化服务。

我国农业社会化服务体系初具规模,服务内容逐渐增多,服务作用也在加强,但毕竟属起步发展,还不够完善,各地发展也不均衡,与发达国家相比,差距仍然很大。因此,建立健全的、真正适合我国国情的农业社会化服务体系,尚任重道远[1]。

2. 国外农业社会化服务现状

总体上讲,发达国家的农业社会化服务水平高,体系全,有内涵,完全值得我们学习。

农业社会化服务,是基于农业需求和市场要求,以及国家发展的农业战略思想与方针来运行的,本身就显示出其明显的区域性和综合性。由于农业是一个复杂的巨系统,农业的需求是多方面且很复杂的,要求与之相适应的农业社会化服务体系,也同样是复杂的;农业在适应市场需求的同时,还要符合国家发展战略的要求;农业社会化服务体系是否有效,也与一个国家的发展状态与文化密切相关。所以,国外农业社会化服务体系因国家而异,是不尽相同的。因此我们在学习使用的过程中,不能机械照搬。

在这里,我们用几个代表性的模式和特点加以说明。以美国、日本和欧洲为例。

(1)美国模式 服务属于市场导向型,以公共服务、合作服务和私人服务三种方式共存,协调发展,以民间自发的"自下而上"的发展路径,构成丰富的组织形式,因不同层次的功能需求而侧重适应,功能并不强大,不同组织之间纵横交错,没有严格的行政界限,适应了农业的多样性和复杂性需求。

(2)日本模式 服务则以农协为导向型,具有集综合经营体、政府的粮食管理附属机构和社团组织为一身的特点,形成了政府主导下的"自上而下"的发展路径;组织形式以农协为主,组织功能相对单一较为强大,具有高度的综合性,在其组织体系中,组织的层次与行政设置是对应的,具有半官半民的经营性质。但2014年之后已经有所变化,新农业法允许公司进入农业领域,预示着日本农协的经营性质逐渐产生变化。

(3)欧洲模式 欧洲农业社会化服务体系主要以合作社导向型表现出来,组织网络体系完整,建立起了严密的联盟结构;在农产品经营方面的联盟作用更大。例如,当年的欧洲零售商协会EUREP(Euro-Retailer Produce Working Group)从销售领域逆推到农业产生领域,发起了GAP体系,如今形成了全球农业学习和遵守的一个良好标准模板,可见其发展路径独特;政府与民间形成了"上下互动"机制,服务的组织形式较多,但功能并不强大,组织体系很完整,多层级、网络型和分权式并存于一个强大的联合服务网络体系中。

---

[1] 百度文库:我国新型农业社会化服务体系建设的研究. http://wenku.baidu.com/view/717052ef102de2bd960 5884d.html

(4) 模式特点　梳理国外经验，农业社会化服务体系呈现以下特点。首先，服务主体多元化。各类主体各司其职，形成竞合关系。其次，服务性质社会化。服务社会化程度与生产专业化程度呈正相关，并大幅度提升农业综合效益。再次，服务内容系统化。全面具体且质量高、协调性好。最后，服务保障标准化。法治保障农业公共服务供给，也为其他主体创造条件，还规范体系运行。

(5) 借鉴之处　总结上述3类模式，结合我国实际情况，农业社会化服务体系所构成的要素，主要有政府、合作组织和私人性质的公司部门，这三者之间有着直接的关联性和互动性。透过这些组织的功能，均以农业系统需要为目标，使要素间协同发展，从总体上反映出了不断提升农业社会化服务的水平的宏观效应。另一方面明显看出，美国、欧盟和日本的农业经营规模各异、发展路径有别，但都依靠发达的社会化服务，塑造了一个个庞大的"食品与纤维系统"。以美国为例，1988年农业社会化服务系统占农业产业增加值的89.9%；而农业服务业及其关联产业就业也占农业就业人数（2320万人）的87%[1]。

可见，农业社会化服务体系的形态是多样的，各自有着符合本国社会、经济、文化和生态要求的独特协调机制及内在逻辑性，要想采取移植和直接嫁接仿效，都是不现实的。

3. 我国农业社会化服务的差距

我国农业社会化服务的基本问题有两个，一是长期以来的小农经济，使社会化服务没有成长和发展的良好土壤；二是政府行为对农业服务所架构的体系、过程和结果与农业实际需求往往滞后或者不相吻合，也就是说，市场动力与行政行为之间还不协调配套。具体表现有，政府农业服务"部门化"现象严重，县、乡两级政府机构还存在着"虚位"（缺乏足够财力，基础平台不到位，呐喊的多，措施乏力）、"越位"（过度推动，甚至简单行政干预）甚至"错位"（计划经济的惯性，分工不清，非规则管理，习惯于直接的纵向控制而非间接的横向协调）的现象。乡村服务体系断层明显，出现了"忙在县级、停在乡级、空在村级"的被动局面。还有，农业社会化服务机制不健全，首先是农户传统经营大量存在，小量土地，"全方位"经营，不计成本，对农业社会化服务需求乏力。其次，农业社会化服务组织没有与农民之间形成利益共同体，服务内容和需求脱节。还有，农业社会化服务体系组织建设的宏观管理、扶持政策和法律制度不到位，经营性服务体系正待发展。

四、农业社会化服务的内容与架构

1. 农业社会化服务的主要内容

农业社会化服务体系所涵盖的范围非常广泛，内容十分丰富，包括了农业的全过程，并且也涉及农业范围之外的相关边界。

从服务内容看，有政策、土地、水电路、信息、决策、资金、标准、劳务、作业、农资购买、良种推广、动植物疫病防疫、农业气象、农产品价格、质量安全、农产品存贮销售、风险规避等；从服务环节看，包括农业产前服务、产中服务、产后服务；从操

---

[1] 李春海. 新型农业社会化服务体系框架及其运行机理. 改革, 2011, (10): 79-84

纵的主体看，涉及服务的提供者和接受者；从体系涉及的类型看，有农业生产服务（农资、技术方法）、农业基础设施服务、农产品收获贮藏加工服务、农村经营管理服务、商品流通服务、金融服务、信息服务、质量安全服务、文化教育服务9大体系。服务又存在着传递性、共有性和影响性，服务还与所有参与者（无论是哪一方）对服务的认识、实施和角色的转换，以及服务意识、文化水平等有关。新型农业社会化服务体系建设的目的，就是要把各种类型的服务送到农业生产主体、加工主体、流通主体等需要服务的农业经营主体手中。

2. 农业社会化服务的主体架构

我国农业社会化服务的主体架构，"以公共服务机构为依托、合作经济组织为基础、龙头企业为骨干、其他社会力量为补充"的组织架构[1]。按照目前行政设置与农业社会化服务相关的行政部门就有农业部门和涉农部门两大类，分别有农业、林业、水利、气象等，以及科技、教育、发改、财政、金融、商务、工商、税务、人力资源与社会保障、卫生、民政、工业与信息化、广电、交通、电力、环境保护、动植物检疫、食品与药品监督等至少23个部门[2]。从服务落实的主要机构看，有农业推广机构、农业科研院所、农业教育单位、合作经济组织、涉农企业、社会团体力量。将这种架构与关键内容以图示形式表达，如图7-1所示。

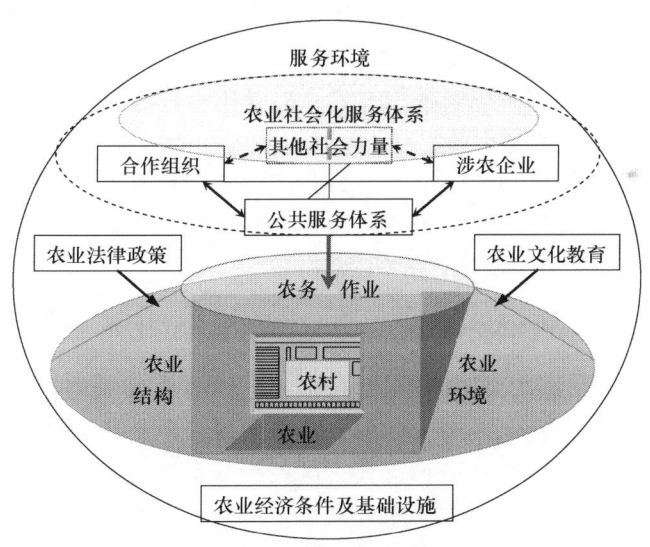

图7-1 新型农业社会化服务体系主体架构

图7-1所给的服务组织架构体系，分工是明确的，职责也相对清晰。关键是打破服务主体之间的各种制度约束和行政性壁垒，树立一盘棋思想，从农业总体效益角度多多考虑，保持主体之间的平衡关联与无缝接轨，构建各类主体的联系渠道和互信互助交流平台，着眼于发挥整体功能与效应，改善甚至缩小"短板效应"，提高服务资源的利用效率。

---

[1] 中国共产党第十七届中央委员会. 中共中央关于推进农村改革发展若干重大问题的决定. 2008年10月19日
[2] 陈建华. 新型农业社会化服务体系及运行机制. 农民日报，2012-07-21

3. 完善农业社会化服务的基本要求

农业社会化服务是国家对农业实行宏观调控的重要渠道和形式,其运转应能够体现国家的农业政策,放大国家惠农效果。所以,首先维护农产品价格和市场秩序,引导调整农业生产结构是政府需要完成的使命。其次,强化集体服务组织作用,要使社会化服务贯彻标准化理念,起到节约成本、提高营运效率和经济效益的作用。再次,发展新合作服务组织,发挥各主体的优势,及时满足农业生产和农民的各类服务需求,解决农业社会化服务体系头重脚轻、在乡村出现断层的问题。然后,扶持民营服务组织,通过竞争和自身的效率,促进其他服务组织服务效率的提高,弥补其他服务实体的服务盲点,也为其他服务组织的推进提供外围督促氛围。最后,增益财政激励服务功能,以国家为主要投资渠道,各级政府应当审时度势,加强服务的财政支持,以奖励形式促进服务的成长,使财政资金的投放产生增益放大效果。

第二节 农业社会化服务标准化

农业社会化服务标准化,是在我国必须面向市场、内部必须降低成本、外围不能不优化提升的要求下的必然,是国家农业发展水平的标志性领域。因此,农业社会化服务标准化,无论从理论到方法,还是对实践和经验的总结,在我国都是一个新课题。本节将从标准化的角度探索农业社会化服务问题,应用农业标准化的理论与方法,阐述农业社会化服务。

目前我国农业社会化服务体系,虽然因市场和生产发展需要而产生,但仍在转变之中,传统农业的思想运作成分还很浓,真正现代农业理念——农业标准化的体现还很少。本节先阐述农业社会化服务与标准化的关系,再讨论标准化的农业社会化服务要素。

一、农业服务与标准化关系

1. 农业社会化服务的宏微辩证

农业社会化服务,是农业由低级向高级发展过程中的必然需求,是农业发展到规模化、专业化时代必须具有的一种服务状态。农业本身就是一个有机整体,又由各种不同的组织部件构成。如果将其比作一位巨人,则农业社会化服务,就像这巨人身体中的通达经络,参透和网罗着农业的全部。农业社会化服务在农业发展中的需求,应当内源于市场和经济的动力。农业社会化服务在社会中的显示,是由于人们在认识的提高和知识的总结中看到了"是什么",或者是"做什么",仍然处于"形体"的层面,还没有深入其内部、完成市场要求下的"怎么做"的议题。该服务,依赖于农业,又相对的独立,宏观上成为另一个庞大的有机整体,与环境之间构成了开放对接。从服务的入口看,是从拥有大量的生产资料和知识介入,推动生产力发挥作用,并逐渐改变着生产关系;而到了行为的结果时,就有了大量农产品和更高管理水平的参考者"产出",使这一循环完成并在质量上升了一级,为下一个循环做好了充分的资源准备。该系统的发育特征,明显地表现为系统的严谨性与专业化的分工性,且这种分工愈加精细,专业队伍间的合作性越来越密切,相互间服务的能力越来越提升,随之的依赖性和联系性也越来越强烈,会不经意地展示出一种"我为人人，人人为我"的景观态势。这就是农业社会化服务宏观与微观关系，也是对国家农业从社会化服务角度的一个层面描述。显然，农业标准化成为回答"怎么做"这一问题的关键钥匙。

农业社会化服务的国家政策十分明确，在战略发展方向上已经确定，相关的学术研讨已经不少，涉及了方方面面。这些文章不但思辨了农业社会化服务体系，而且提出和讨论了新型农业社会化服务体系。从论文的内容看，无论是理论还是实践，从宏观还是到中观甚至有些涉及微观，几乎进行了较全方位的设计和总结。但是，多少个摆出的观点，无数个给出的想法，似乎都没有摆脱固有农耕文化的思维定势，更没有深刻地去思考一个关键问题：怎么做，才能使其落地有声？这就需要切实理解现代农业的真正内涵与社会要求之间经济、生态与文化的联系。

似乎人们都明白，以集约化手段，最优化的方法，促成服务的低成本和高效益，使农业总体获益更多。然而，怎样做才能实现这些想法甚至愿望呢？只有农业标准化是落实的唯一途径。

2. 服务与标准化的逻辑关系

由以上论述可以看出，农业社会化服务，是对"农业需要服务，并且在社会化条件下服务是最佳选择"这一命题的真正描述，是一种概念的归纳与说明，是宏观管理学的实用型概括，用到中观管理学，就不能再具体了。微观管理学中，需要对宏观与中观管理学中的思想、概念和范围加以落实和具体化。所以，到需要农业社会化服务的概念成为有声落地的具体方案时，服务的刚性特征就完全暴露出来了。实质上，这也才是农业社会化服务的终极目标。满足这种目标的条件，就是怎么做的问题，而不再是"社会化服务"的高调子了。

具体的农业社会化服务，是事关服务双方的共同事件，双方是否到达最终目标，是完全相同的结果：即要求最低成本，最好效果，只是各自期望的参照不同而已。就这一服务所构成的体系看，站在社会角度，有两点是人们最容易想到的：一是构成服务的系统内、各服务支出的运行效益要最大化；二是具体服务双方所构成的系统要产生更多的正能量（边际效应明显），从而实现整个体系的效益最大化。这种利益最大化和效益最大化的系统性的实现工具，不是别的，正是农业标准化理论与方法的应用结果。因为，农业标准化学科的理论体系，就是为实现这种愿望、从学科的逻辑推演到驱动力输出而建立起的整体支撑与动作表达的宏观体系。

农业标准化，是在做任何农业系统间、农业系统内乃至任意一个可重复的细小过程上的最佳程序，并使该程序落到实处的行为规定。其结果，就是使过程变得最简、投入变得最小和结果变得最好。农业社会化服务，从战略到战术，由战术到结果，必然会分层实现，效应完整。农业标准化越向实现层面靠近，就越具有挑战性和刚性（因为农业确实复杂），就越能够体现出标准化手段与方法的可靠与有力。另外，标准化是基于在重复之中寻找最佳，应用最佳和实现最佳，则面对农业社会化服务，无论是宏观、中观还是微观，重复的动作成为推进的基本操作，那么，标准化的理论体系、思想原理及运作方法，就会自然地出现在这些层面之中。如果说社会化是宏，标准化是微，则"细节决定成败"的道理就表现得淋漓尽致。反过来，如果说标准化无处不有，社会化处处需要，则以标准化手段推动社会化，才是最可靠、最牢固和最快捷的服务方法。对服务的任何方面进行了标准的规定并应用标准加以推动，农业社会化服务的效益（无论是系统内还是系统间）才能最大限度地发挥出来。

3. 农业社会化服务的标准化意义

农业社会化服务标准化，是我国农业人性化服务中一个全新的领域，有着划时代的农业发展意义。农业社会化服务，是在我国农业历经近万年的农户基础、小农经济向市场化、全球化大农业背景下产生出来的新型农业支持领域，但其产生和发展已经明显受到传统农业思想的约束和限定。一个显著的例证，就是实施农业社会化服务，不以标准化思想与行为统领其过程，仍然停留在所谓技术服务、物资配套的层面上。其结果，正如农业虽历经近万年，内涵积淀着深厚的标准化行为，意识中却不知道什么是农业标准化一样。因此，农业社会化服务标准化，能够从一开始对农业社会化服务进行现代理念下的规定和运作，使农业社会化服务体系的发展在健康、有利的轨道上运行，无疑对我国农业现代化是一个正确而快速的支持。农业社会化服务标准化，从经济乃至生态角度的意义，从其作用方面也已经表达得很清楚了。

农业社会化服务体系，是与农业生产各部门紧密相连，为从事农业生产经营主体提供产前、产中和产后的全程综合配套服务的机制保障架构。它是按社会分工和协作的需要而独立出来的，运用社会各方面力量，使经营规模相对狭小的农业生产经营单位，适应市场经济发展的需要，获得大规模生产效益的一种组织形式。其实质，是农户小规模分散经营在市场机制引导下，把一部分不适合自己完成的生产环节交给专门的服务组织或个人去完成，以提高营运效率和经济效益，增强整体竞争力。在当前推进社会主义市场经济发展、开展美丽乡村建设和发展现代农业之际，实施农业社会化服务体系标准化建设是适应农业进入新阶段，支持农业结构战略性调整的客观要求；是应对加入 WTO 新环境，增强农业国际竞争力的迫切需要；是提高农民组织化程度，解决千家万户的小生产与千变万化的大市场矛盾的有效途径；是增加农民收入，实现农业现代化的重要措施。

农业社会化服务标准化，是对农业服务现代化的唯一支撑。只有标准化规定下的农业社会化服务体系，才能被服务者接受，才有发展的真正空间和理由。农业社会化服务标准化，是对农业社会化服务走向完整市场化、取得服务话语权的内在支持；农业社会化服务标准化，能够帮助农业社会化服务直接起到效益最大化的作用，对农业服务的结果回报也直接达到了理想状态；农业社会化服务标准化，能够使农业过程更迅速、更简化、更有效地运行起来；农业社会化服务标准化，还能够建立服务间的壁垒，解决服务中的矛盾到最低水平，建立服务的最高信誉体系，形成服务和被服务队伍的最简化过程，从而实现对参与者的劳动、休闲和学习提高的更好的时间分配。

二、农业社会化服务标准化基本要素

从农业社会化服务标准化的要素组成、分类及关系 3 个方面加以讨论。

1. 要素组成

总体来说，农业社会化服务标准化基本要素，应当包括相关的标准及其体系、服务队伍与质量、技术要素与质量，施政管理水平与质量、物资供给质量与需求符合性、服务监管能力与质量，以及服务信息质量与有效性等方面。此处给予简单讨论。

（1）标准及其体系　标准化的农业社会化服务，是以标准及其体系为依据开展服务工作的。因此，满足特定农业社会化服务的相关标准与标准体系，是农业社会化服务标准化的首要因素。这些标准及其体系的产出，要么是事先已经完成的，要么就需要即时的研制和颁布。具体的标准及其体系的研制与颁布，是在农业社会化服务的内容与要求规定下，通过标准的研制程序来完成的。

（2）服务队伍与质量　农业社会化服务标准化队伍及其服务能力（质量），是农业社会化服务标准化运行的关键，是涉农服务标准化落地的核心部分。由于农业的复杂性和多样性，在标准化理论和方法指导下的农业社会化服务队伍，也是多层次、多结构和多形式的。然而，无论多么复杂多样，围绕标准化的基本原理，在农业社会化服务体系中是不会变的，就是说，农业社会化服务标准化队伍的立体架构中每一结点上的负责者，必须有农业标准学基本知识，必须懂得"社会化"，必须知晓服务，必须有良好的服务素质。特别是，服务作为人类发展中不断追求完美的一个特殊行业，在满足先精神、再物质的大众期望中，如何做好、做红火，才是标准化的优势和长久展示。标准化被证明是能够最大限度满足不同服务需求的真正表达体，是能够将服务队伍实现最大效益的最佳承载和保障的唯一抓手。

所以，农业社会化服务标准化队伍及其质量的群体表现，要看人的基本知识与素质、各人位点的恰当安排及团队能力的整体表达，显著的服务效果自然会表达出来。

（3）技术要素与质量　常言道："巧妇难为无米之炊"，有了合格的农业社会化服务标准化的人才队伍，推进农业社会化服务标准化，还需要配套服务的有效工具（即服务的手段和支持手段的条件），即技术性方法与手段，而支持这些手段的条件，则是基本的物品，如农业生产资料。从农业标准化角度，不管是技术，还是物品（农资），均在标准的驱动下，形成了农业所需要的整体系统。因此，从事农业社会化服务活动，是对大量的技术进行标准的转化，再应用这些标准驱动相应的过程，最终实现服务的目的。反过来讲，技术要素必须以技术标准及其体系展现，脱离技术本身，构成目的性的技术标准架构，实现技术的能量释放，达到服务的目的。

（4）施政管理水平与质量　有了高素质的服务队伍和可靠的技术标准及其体系保障，农业社会化服务标准化的推动关键就转移到了施政管理和运行机制上来，施政的基本条件也就有最大限度的满足和可能的条件了。行政的基本要素来自两方面，一是面对具体的农业社会化服务标准化体系时的外源施政要领，另一个是服务标准化体系内的层次化、结构化的施政体系问题。对于前者，必然要求这些从政人员的基本素质要高于农业社会化服务标准化队伍的素质，施政机构的工作程序必须满足相关管理标准规定的要求，施政人员必须有高度负责、强烈的主观能动性并必须遵从标准规定的工作推动能力。对于后者，则看组成该农业社会化服务队伍的主要组织者的管理水平与管理能力，要求这些人员的水平必须高于系统内其他人员的综合服务标准化水平，且具有明显的前瞻性分析和判断能力，能够领导和管理服务队伍，严格执行既定的服务标准，认真落实标准规定，兑现承诺，推动服务标准化的发展，创造更多企业服务的利润出来。

（5）物资供给质量与需求符合性　农业社会化服务标准化基本要素的第五个方面就

是物流（农资供给与农产品消费运输）平台及其体系的便捷能力与质量，以及与需求方面的符合程度。目前，农资供应和农产品的运输销售，一般不会短缺，但对于供给和运输能力不敢断定是通畅和有效的。因为这与供应者和销售者的意识水平、标准化能力和服务态度等相关联，需要列入服务标准化的基本条件中来；对于农资的质量和农产品的分级包装，目前问题仍然较大，质量的保障需要与生产厂商直接挂钩。另外，农资及农产品质量，可利用标准化溯源体系的思想加以管理。实质上，农资、农产品的质量问题，从源头到物流，再到使用者手中，任何环节都可能出现质量问题，所以，管理应当是严格标准化管理。标准化应用的不到位和标准化监管过程打折扣，都会导致不符合质量的产品流动；如果供给的农资或者农产品是合格的，通过服务提供给需要的第一线的使用也不一定是合格的，这是因为，农业过程的每一个环节都是复杂的，农产品消费过程也是复杂的，应对这一复杂的环节或者过程，提供合格的资料或者农产品只是合格应用的基础，并不能确认是应用或者消费的合格结果是否合格，还需要根据实际情况加以修正，或者合格使用标准的纳入才能够保证，这又是服务标准化的另一个任务。

（6）服务监管能力与质量　由于农业社会化服务的公益性与盈利性，使服务的目的性和方向性有明显的差别，加上从事服务的当事人在本质上存在着同样的心理与行为——考虑自身的某些利益，故服务监管是必需的。在实施服务过程中，对于实施服务的一方，服务的水平和质量是否到位，需要第三方的介入评价和鉴定。服务的质量到位与否，仅靠被服务者判断是不够的，因为复杂的服务中总存在着信息的不对等，要尽量做到服务信息对称，第三方监管最有发言权和裁判权。特别是，服务与被服务双方产生矛盾是必然事件，当矛盾出现时，为最大限度保护双方的平稳利益，谁或者哪个机构出面对此进行及时而公正的调解？还是第三方的使命。显然，服务监管机构或者人的能力与质量也十分重要地被纳入到农业社会化服务标准化基本要素中来。社会化服务标准化要求，参与第三方工作进行服务监管的机构或者人员，必须具备公正的心态与素质，具备监管相关的技术与知识能力，具备应用相关标准公正判定的操作能力。

（7）服务信息质量及有效性　自古以来，信息在人们交往中起着十分重要的助推作用。农业社会化服务标准化，是现代农业的显著标志之一，其依赖的信息平台及其方法应当更为先进和发达。所以，农业社会化服务标准化中的信息系统也十分重要地成为该体系中的要素成分了。服务标准化的信息质量与有效性，涉及了另一领域的大量问题，即信息领域的硬件与软件系统及其系统良好的配合性。无论如何，这里主要是对信息系统的应用而言的，也就是利用信息系统的成熟成果，搭建专门的农业社会化服务标准化平台，力促农业社会化服务标准化工作开展得得心应手。具体到某一个服务需求的信息平台系统质量与有效性时，要进行实际的规定和评价。

2. 要素分类

农业社会化服务标准化要素的分类，此前尚未有人提出过。这里进行尝试性的工作，意在起到抛砖引玉的作用。

（1）按照系统组成的分类　一般分为以下5类。

a. 施政管理服务标准化。包括了农业社会化服务标准化的体系外对体系内的施政管理及体系内施政管理的水平与质量。这是实施标准化的基本管理工作。这在公益性服务与经营性服务方面的方法有所不同。

b. 物流供销服务标准化。以提供农业所需的生产资料输入、农产品运出的过程数量与质量，以及与需求的符合性相一致等方面的服务标准化。

c. 金融服务标准化。为标准化的农业社会化服务提供资金服务的子系统，包括农村信用社、可提供服务的银行、农村基金组织、风险投资公司等。

d. 服务监管标准化。为保障服务的质量和建立长期有效的服务体系，所建立的保障性的监督管理性质的服务，需要在严格标准约定的条件进行服务。

e. 现代信息支持体系标准化。在农业社会化服务中的全部信息网络系统的支持的标准化能力与质量。

（2）以产业类型的分类　农业社会化服务标准化要素的分类，按照产业类型划分时，可出现以下 5 个方面。

a. 种植业社会化服务标准化。包括植物类、菌类等的种植体系中的过程服务标准化。

b. 养殖业社会化服务标准化。包括畜禽养殖、水产养殖等动物养殖类的服务标准化。

c. 农产品加工社会化服务标准化。涉及收获后农产品初加工、包装等过程服务标准化。

d. 农业园区社会化服务标准化。包括了现代农业园区、生态农业园区、休闲旅游农业园区等的综合性农业社会化服务标准化。

e. 复合农业社会化服务标准化。是指集农业生产、加工、消费和体验休闲于一体的紧密型、多功能现代农业体系中的标准化。

（3）以物化条件与经营水平分类　按照物化条件与经营水平高低的农业社会化服务标准化要素分类，可表现为以下 6 个方面。

a. 有机经营社会化服务标准化。标准化的服务主要限制在具有有机生产基础的环境之中。需要结合有机认证系列程序，在有关单位的有机要求指导下，开展社会化服务标准化。

b. 绿色经营社会化服务标准化。以绿色农产品生产为目标，按照绿色农产品认证要求，并符合绿色认证条件的绿色农业全程服务标准化。

c. 无公害经营社会化服务标准化。以无公害农产品生产为目标，按照相关认证要求，并符合无公害认证条件的无公害农业全程服务标准化。

d. 地理标志性农业社会化服务标准化。具有和已经取得地理标志认定资格的农业区域开展的社会化服务标准化。

e. 标准化生产社会化服务标准化。成为认证或者正在认证的标准化农产品产业发展过程所给予的服务标准化。

f. 设施农业社会化服务标准化。以设施农业平台发展基础，根据农业经营的物化水平，并具备了一定的规模性和专业化生产、加工能力，需要更为专业化的农业社会化服务标准化。

（4）以生产的时序周期分类　按照农业产业发展的过程与关键，将农业社会化服务标准化要素分为 4 类。

a. 农资供给的社会化服务标准化。以商品性农资供给为核心,提供农业产前过程所需要的一切社会化服务标准化需求。这一标准化体系所涉及的社会化服务标准化,多以商家服务形式表现出来,是大量涉农工业产品向农业领域转换服务的接口过程,是服务业在农业中体现的重要方面。

　　b. 生产过程社会化服务标准化。包括了农业生产过程的一切操作方式,有专业技术方面,也有大量管理内容,但均以专业化形式出现,为过程需求,开展具体的需求服务。

　　c. 收获与运销社会化服务标准化。包括了专业化收获、贮藏与加工乃至进入市场、实现供销循环的农产品升级处理中,各种经济转换的过程的社会化服务标准化。

　　d. 全程服务监管标准化。这是一个不可或缺的协调管理部分,必须存在,以第三方面目出现,来完成和稳定上述所有服务过程的公正性和信息对等性,从而求得整体服务的平稳性,保证服务标准化的真正落实。

　　(5) 按照服务不同属性分类　可分为 2 类,即公益性和非公益性社会化服务标准化。公益性主要是以政府的行为为主要线索,对于服务中需要的政策制度、财政投资和政府技术推广部门的政策性公益服务等进行的服务,还包括了末端延伸的机构服务标准化。

　　(6) 服务体系的标准化分类　可以有 3 类。

　　a. 服务队伍标准化。无论哪种服务,为农业提供服务的源端均以一支相对独立的服务队伍姿态出现。这支队伍的内部机构,在全部遵从服务要旨的前提下,其结构与机制是决定服务质量的关键,基本包括了决策与管理队伍、协调与公关队伍、后勤保障队伍、直接服务队伍和标准研究队伍,他们都有标准规定的。

　　b. 服务者姿态与行为标准化。以提供服务的服务行为发出者为核心,所进行的标准化表达。这是服务与被服务在事实上能够实现的关键环节。通过一次服务,可能激发二次甚至多次服务。这也是整个服务能否成功的关键。这里的姿态,指的是服务者的服务意识和服务水平的综合表现。

　　c. 服务受体标准化。是服务的接受者。服务能否成功的另一个要素就是被服务者是否接受服务,接受并是否需要再次的服务。实质上,服务像信息一样,只有服务和被服务的双方互动且同时发生时,才算完成了一次服务。由此可见,虽然接受服务的一方,在一定程度上含有被动的意味,却是服务取得成功的直接参考者,需要一定程度的服务前教育和引导(另一种服务),以便达到服务圆满的最终目的。这也是服务标准化的重要内容。

3. 要素关系

　　(1) 要素的内容关系　服务是非物质的,又不离开物质。服务是双方共同的事情;只有在服务与被服务者之间同时发生、对等实现了需求的满足,才有服务;服务,只有两者的互融,才有服务的意义。农业社会化服务标准化本身就是一个基于物质需求的严格系统,再多的因素分类,均被包括在这一系统,是该系统中的一个关键。所以,从农业社会化服务标准化要素的内容来看待各要素的相互关系,一定是复杂的和多样的。但从系统关键点看,就清楚多了。另外,对农业过程开展的服务,必须在社会化水平上,一切服务必须遵从标准化的规定和具体标准的约束,尽量肃清那种"大概如此、毋需清楚"的说不清局面。从事现代农业的社会化服务标准化,更要对能够清白而不断重复的东西,在简化、优化的反复提升中很快固定下来,转化成标准,并予以坚决执行。

所以,内容的关系,就是以需求为目标,以标准为准绳,对农业过程从政策、投资、操作、管理到效果,必须遵从"顺应发展、过程多路、关键控制"等的农业标准化基本原理,并在动态水平上,建立和平衡这种关系的实际作用。

(2)要素的位次关系 农业社会化服务标准化要素的位次关系,没有严格的区分,其因服务的发展阶段、服务的水平和服务对象的需求目的而变化。在发展的初期,多以宣传和示范为先,提供物资为次,对效果表达和使用反应不多重视;发展一个阶段后,由于竞争的需要,使用者的接受选择,采取试验示范方式,扩大有关影响;但这些均没有明确的标准化介入和具体而明确的标准应用,属于较为原始的内涵标准化状态;随着经济发展、人们意识改变,商品经济的逐步发达,标准化被明确需要,相关工作展开就自然地升级了。以当前形势为例,原始而朴素的社会化服务标准化在向真正明确、有序的方向转变,属于要素位次的关系过渡期。再有一段时期,应用和执行标准的意识将变得自觉化,服务的质量将自然提高。

总的说来,农业社会化服务标准化要素的位次关系,应当是先有标准体系,再有关键标准,之后组建有标准严格约束的服务队伍,再行标准的具体推广与使用,而后开展相关效果评价。在此过程中,第三方监管应当出现在第二位并一直相伴进行。具体到上述要素分类中的位次排序,则因不同分类,基本上进行了排序,可作参照。

(3)要素关系的表达 农业社会化服务标准化要素的关系表达,要先确定一个参照系,才能说得更清楚。这个参照系,因农业的复杂性而从宏观上难以明确的辨认,但却要以在有限范围内用发展目标与目的来锁定。例如,围绕农业过程,是一个最基本的参照系,可做产前、产中和产后的服务计划,进而突出过程要素,进行排序;还可以按照某个意图为参照,如以政府的农业规划为参照,设计相关的服务体系,提出其中的关键要素,加以定位管理,提出相关标准;企业从事服务标准化的活动,则以企业为参照进行的;在一个地区的某个企业服务具有强大的实力而产生了区域影响力,周边的服务体系便以此为参照而比较服务,等等,有时还可以市场某个关键的发展趋势为参照,开展服务。

总体上,要素的关系表达,可分为静态和动态两类。论静态关系,从农业过程的参照看,服务标准化的队伍,形成的各类标准,信息平台等都属于静态服务标准化要素的关系表达与体现。至于动态要素关系表达,有服务标准化过程的监管,标准应用过程,服务中的物流双向运动等。实质上,从抽象角度,要素关系的表达相对困难,但站在具体的服务过程或者小系统中看时,要素关系的表达是清晰的。

三、农业社会化服务标准化子体系

农业社会化服务标准化体系建设,是服务现代农业标准体系的重要组成,虽然凸显了管理标准化的成分,与农业技术标准体系密切相关,与服务业标准体系相互关联。农业技术标准体系是农业社会化服务标准体系的技术支持。农业社会化服务标准体系建设,其纵向与国家现代农业标准体系紧密衔接,横向则与农业技术标准体系相互配套、与服务业标准体系相融合。农业社会化服务标准体系建设包括国家(含行业)、团体和地方农业社会化服务体系建设，涵盖农产品生产的产地环境、基础设施、机械器具、投入品、种植养殖、生产、加工流通全过程，包括公益性服务和经营性服务、生产服务和流通服务、专项服务和综合服务。主要包括 8 个子体系。

1. 农业生产服务标准体系

围绕农业生产环节，各作业关键点及过程上服务的服务规范、服务提供规范和服务支撑规范标准。包括：土地管理，耕作，播种，墒情与苗情监测，灌溉排水，生物灾害的测报及管理，投入品供应与施用，防疫，种植/养殖管理，收割、运输、加工、贮藏、包装等环节的服务标准体系。该体系因不同的生产体系而有不同的重心和目标。

2. 农业推广服务标准体系

农业需要的先进方法与装备，通过这一途径进入农业过程，其推广服务的服务规范、服务供给规范和服务支撑规范等标准属于这种范畴，主要包括：新品种，新成果，新器械，新的种植养殖方法，疫病防治与有害生物管理方法，新的加工方法，新的贮藏方法，包装技术与管理方法，节水灌溉，畜禽养殖场废弃物无害化处理，水产养殖场水质监测和净化处理，等等。做好这种推广，一个短平快的手段就是其精湛的标准出台并加以应用。

3. 农产品质量监管服务标准体系

涉及农产品质量监管服务的服务规范、服务提供规范和服务支撑规范。包括：食用农产品生产环境监测，投入品安全使用和监测，农产品的监督检查和抽查，检验检测，农产品认证，农产品安全风险分析和评估，等等。保障农产品质量安全的最好标准体系，是将其安全性分散在每一个作业过程，用质量标准的风险防范加以保证，从而使生产出的产品只是后期生物污染的风险，而不存在化学污染。

4. 动植物疫病防控服务标准体系

动植物疫病防控服务的服务规范、服务提供规范和服务支撑规范标准。具体包括：重大动植物疫病的测报调查监控和预测预报，动植物疫病防疫和处理，动植物无害化处理，动植物疫病诊治，动物屠宰检疫，人畜共患病诊断和监测，急宰动物的处置，等等。这类标准体系结合实际的监测分析，就将其有害性控制在最低水平。

5. 服务组织服务规范标准体系

农业社会化服务组织（人员）等服务能力要求，服务人员和设施的配置要求，服务能力评价指标及方法等标准。包括：植保，土肥，畜牧兽医，水产，水利，林业，农经，农机，合作社，农民经纪人，等等。这类标准体系的突出特点是管理，可应用现成的模块化介入管理体系标准化中。

6. 农产品流通服务标准体系

农产品流通服务领域的服务规范、服务提供规范和服务支撑规范标准，包括：农产品包装，集成标准箱，贮运，农产品批发和零售交易，冷链保持，贸易规范的提供，产品溯源，检验检疫，防止生物污染，分流与整体管理，等等，均在严格的标准约束中以专业化模式推动和运行。

7. 农业信息化服务标准体系

农产品信息化的服务规范、服务提供规范和服务支撑规范标准，包括：农业标准信息，农业生产经营的环境信息，气象信息，科技信息，动植物疫病防控信息，投入品信息，产品质量监测信息，产品溯源信息，市场贸易信息，等等。

8. 农业金融市场服务标准体系

农村金融仍是整个金融体系的薄弱环节，与现代农业发展、美丽乡村建设及农业的社会化服务标准化要求距离较大，需要服务环节特别地加强。这一服务领域相对特殊，是人与资金的信用服务关系，为了"三农"的快速高效发展。该体系的服务首先有金融方面的标准体系，再有接受服务的要求标准体系，还有监督资金使用与时间要求的标准体系，并且有风险防范的制度性标准体系，建立可溯源的透明化监督管理标准体系。只有这些标准体系健全、信贷放心、监督有效的情况下，才能真正快速支持和发展农业社会化服务，才能真实地建立起市场经济背景一致的经营信誉体系，也就是真正的标准化的农业社会化服务。

第三节 农业社会化服务标准化方法

一、农业服务标准化的服务

1. 服务的重点与领会

这里突出的是"服务"。根据我国历史性远离市场的发展历程和几千年来等级制的封建统治的残留的现状，服务存在总体的意识不怎么强，往往会将自己的位置颠倒，出现喧宾夺主的情况。

服务，首先是自觉意识的介入，自觉、诚意成为服务的内涵，把被服务者当作自己应当而且一定要服务好的对象去看才对。充分理解"顾客就是上帝"这一描述的哲理，变自身为服务过程的一个成分，而不是服务的外力推动者。其次，做到服务的行为自觉，这要求综合素质必须达到服务的标准要求。所以，服务不是每一个人都做得了的。服务还要有扎实的服务技能，如面对农业系统，哪怕是一个小领域的服务，从事服务的人，必须要有这方面的雄厚的知识基础和服务经验，才不至于在服务中出现"卡点"，应用服务规定的标准才能够心领神会，落实自如。

2. 服务的水平与等级

服务分层次且有严格的等级性。食宿服务业的星级酒店或者饭店，就是用红五星的数目来表示服务等级的。目前为止，农业社会化服务的发育还不很健全，等级的划分还不明确，服务的标准制定和应用更有滞后性显现特点。按说，农业社会化服务是面向现代农业和市场化需要的，农业社会化服务从一开始就应当是以标准约束的，但目前还没有这么做。主要原因是，农业在分户经营中就没有明确的标准化规定，农业从小农向规模性转变过程中，自觉不自觉地遭受着传统无标农业过程的严重牵制。

一般地，市场化程度越高的地方，人们的相互间的服务意识就越强；市场化发展历史越长，服务就越容易成为人们生活文化中的重要组成部分。

3. 服务的系统与内容

农业社会化服务标准化内容的表达，正如一部钢琴协奏曲，是一个协调系统。我们试想，要听到一部美妙的独奏曲，一架钢琴、娴熟的演奏者，成为发音的基本条件，还需要在钢琴和演奏者的优美组合中，美妙的乐曲才能出现，才能实现整体的效应或者结果。在这里，我们将这架钢琴比作农业平台，演奏者就是农业社会化服务的实施者，其他参与者为保障体系。只有通过两者之间的默契配合推动，才能出现这社会化服务的过程和谐声音。就在这完美组合中，农业社会化服务标准化的内容的完美表达，就在钢琴键盘及其内部弹子的眼花缭乱的跳动中表现出来。其实，这种所谓眼花缭乱的跳动的背后是极为有序的，是事先以标准的音符规定好的序列，依照着独奏的曲谱标准展开来的。否则，就没有什么美妙乐曲的出现。

二、农业服务标准化的规定

1. 利润与服务标准化

一个真正面向市场的农业，随着其不断发育成长，在利润的最大化刺激下，应用标准与组织标准化推动就成为一个充分必要条件。目前农业标准化应用的被动与真正发展需求的相悖现象属于正常，需要被动的推动。这是因为农业面向市场的发育还不健全。这正显示出，我们的农业还处在变革中，需要尽快提高市场化程度，把传统中影响发展的那部分成分逐步缩小，与现代的交织中逐步弱化，直至剔除。

2. 服务共赢中的标准化

农业社会化服务，对服务者和被服务者而言，都在追求利益最大化，那么在相互的利润空间中，各自最大化利润被越来越多地压缩，服务的内部几乎挤不出什么油水，而服务是永恒的，这样，推进服务的结果，只能转向从服务过程来寻求利润，从服务的体系良好组合中产生边际效应而获取利润。这时，标准和标准化就成为应用的唯一选择。对标准和标准化的采纳不积极时期，也就是农业社会化服务还处在相对落后的时期。因此，农业社会化服务标准化，是农业社会化服务的必由之路，是农业社会化服务发展一定阶段上自然选择的途径。从另外一个方面说，农业社会化服务标准化的规定，是自然的和必然的。我们现在提出和推动农业社会化服务标准化问题，正是想在农业发展中达到加速和跨越的目的。这一点，需要充分地认识到。

三、农业社会化服务标准化途径

1. 集团化运作推动途径

面对 WTO 的严酷要求和事实现状，我国农业发展必须以快速提升、迅速集成和集团化运作的方式来应对目前的现实和发展趋势。农业标准化的集团化运作与推动，也分不同层次和类型。国家层面上的推动和省层面上的地方运作之间既充分的联系，又有各自优势；种植业类型和养殖业类型的集团化运作，以及集团化的公益性运作与经营性推动都有其充分的理由，是农业社会化服务标准化推进的重要模式。

但是，近万年所成的农户经营、小农经济，处于远离市场、毫无现代交换意识和经验的文化背景下，要想很快改变现状，只有动用国家机器，实施外力推动，以便在最短时间内激发出农业的内在力量并期望施以双力合并的大能量，形成快速发展的总势头。我国政府从上到下，实施大量的农业推动政策和方法，均是以集团甚至超集团方式进行的推进运作，如现代农业园区和标准化示范县示范区等，农业标准化的集团化运作更显其势，省、地、县也仿效推动，其势史无前例。

2. 市场需求的拉动途径

这是农业社会化服务标准化能够长期处于不衰地步的内在动力机制，是农业市场化中标准化服务的原动力与动力源。这种动力，将服务与标准化及其紧密的结合汇聚成一种自然性的强大驱力，为农业过程需求服务。农业市场化发展水平越高，推动服务标准的内动力就越足。这种方式，是在一定时期和一定角度，找准市场需求，根据要求标准，规定相应的产业过程，并为获得最大效益而不能不采用标准化运作方式组织和推动这一过程。这种方式往往是发展较为成熟的涉农企业所采取的农业生产加工方式。

3. 新农业文化需求途径

农业在局部地区发展到一定程度，受自然资源禀赋的限制，农业科技水平的提高，以及对农业认识的深入，人们的眼光也向更深层次、更为复杂的系统利用投向，以深入浅出的方式，试图寻找更为便捷的方法推动农业向着更大利润的空间逼进。至此，各方面的要求就会聚集到一个焦点：如何以最小的投资、最简的过程和最佳的系统换取最大的回报？这时，农业社会化服务、农业社会化服务标准化在这个总需求中，就成为人们积极和渴望得到的重点采用的工具了。这是一种更高境界的农业社会化服务标准化范式，支持和推动着更高境界的农业体系。

4. 以户为主的组织拓展途径

农业社会化服务标准化，还有一个有效途径，那就是，通过农业标准化理论和方法的应用，结合我国农村现实情况，面对分散而不具有雄厚文化背景的小户农家，进行农业标准化层面上的服务工作，不但促使农户接受和实施标准化措施与方法，还能够通过标准化手段的应用，产生联合甚至合并小户农民到中户甚至大户，即农业标准化能够促使分散农户进行集合，形成规模化农业体系，典型的组织和成型方式是真正意义上的农村专业合作社的诞生和发展。家庭农场的提倡和支持，将会使这种服务标准化并产生凝聚的力量进一步放大。

这是目前乃至今后一个时期内我国农业社会化服务标准化发展的重点方式。

因为，以农户为基础的农业发展，在我国仍然是主流，占优势地位。真正的农业社会化服务标准化，也是针对于这一群体而设定和应用的，只要能够把这一群体的服务问题解决，就把中国农业的基本问题解决得差不多了。问题的关键在于，我们急需要有一批懂得农业标准化、懂得农民组织运作、懂得将农民引向市场大旗之下的复合型农业标准化推广人才。

四、农业社会化服务标准化管理

农业社会化服务标准化的管理问题，是一个值得注意的问题。这是因为，我国农业个体松散发展的历史性沉淀原因，几千年来一直缺乏真正意义上的管理，更没有面向市场、具有明确的标准化规定和约束下的管理，从而，使之在当代市场经济的格局中，面对经营和销售的发育水平相当高的情况下，农业社会化服务标准化的管理几乎完全处在缺失和没有经验积累的状态中。另外，即使现在需要这样的管理，也不能从头开始，不允许一点一点地累积和总结，反而只能从高起点着手，大手笔指点，跨越式提升。因此，农业社会化服务标准化的管理问题在一定程度上成为我国农业发展能否快速跨越的又一个关键。

1. 政府行为的管理

在我国，无数次经验证明，任何领域的经济发展要想在短时间内有大的收效，就必须要国家介入和政府参与，我国农业发展和提升，包括农业社会化服务标准化，尤其是如此。

农业不同于其他行业，是国家发展的基础，也是全球公认的、必须得到政府补贴的领域。另外，农业具有天性脆弱的一面，不能全部交由市场调节，特别对于一个国家来说，必须对农业进行方向性的调控。因为，农业与国家能否持续存在有直接关系。

农业是一个国家不可轻视、又难于管理、但必须支持发展的特殊领域。我国农业在历史上一直支撑着国家，但经济发展到今天，农业不再在国家经济发展中占主要比例，对农业的重视和发展支持，更要比以往加力强化，促进发展。主要原因有两个，一是农业与国家命运直接关联，任何时候都不能轻视和放松；二是与发达国家相比，我国农业仍然十分落后，对总体经济发展和国力增强十分不利，故更需要国家和政府的大力扶持，支持发展。

目前，我国农业整体一方面还很落后，与市场联系也不紧密，另一方面面临着全球农业状态的高水平和市场化的严峻挑战，调和这一十分突出的尖锐矛盾，宏观道路虽然十分明确，具体落实和形成经济事实仍需要不懈努力。那就是，应用农业标准化理论与方法，提升我国的传统农业到现代化的水平。那么，如何实现这一道路方向，切实层层落到操作步骤当中，我们正在迅速的探索中。农业社会化服务标准化的管理，在起初必须由政府介入和管理。因为，国内外发展事实证实，任何一项新的领域出现和发展，先是个别科技人员的小范围探索，初见成效并代表着时代发展方向的时候，再是政府的介入。政府能够利用国家机器和集中的财力作为强劲动力，使之达到社会和市场关注的效应后，再交由市场推动发展。政府管理，就是从政策、财力和协调三个主要方面进行，核心是政策的科学出台和有效运行。我国政府有独一无二的实力和能力推进农业社会化服务标准化管理工作。

2. 消费监督的管理

农业社会化服务，是农业现代化的重要标志，标准化贯穿着体系的时空全部，在其中充当着体系的骨架和神经系统，使之达到了神形俱作的深刻驱引和连动运行的最高境界。服务的过程需要效益产生，服务的结果必须使用户满意，服务的持续不是服务者说了算，而是消费者说了算。因此，一个真正成熟、有效的农业社会化服务体系，只有依靠科学实效的标准化运作，取得让用户满意的效果，同时用标准化的准绳解决用户在服务过程中产生的一切需求与矛盾，才能够使用户为你着想，为你而放心，才有下次服务和逐步建立信任的根据。任何一种建立在传统农业思想基础之上的社会化服务，都是不可靠的。相反任何一种建立在农业标准化原理之上、应用相关标准环环紧扣地建立起的社会化服务体系，是永远具有发展内力和劲头的。所以，农业社会化服务标准化，实质上不光建立起了消费监督的管理体系，也建立起了系统化的多方保障体系。

3. 第三方介入管理

农业社会化服务标准化体系，是一个现代理念之下的完整农业社会化服务体系的支撑体，当其用于农业社会化服务之中时，就会源源不断地产生出经济利益来。面对这种利益，必然就有了争多分少的问题，服务者和被服务者，尽管有着严格而系统的标准约束，仍然会产生一些分歧甚至矛盾。另外，服务和被服务毕竟是在有限范围的利益分红中进行的，有时也可能会出现一个小的服务体系的双方产生共鸣而成为一个立场的共同团体，反而会伤及另一个利益团体甚至地区乃至国家利益。为防止这些方面矛盾的产生和扩大，在农业社会化服务标准化体系中，第三方介入管理就成为必需了。这里的第三方，就是利益双方之外的、社会公认或者赋予一定权力的个人和机构，其职能是坚持公正，尊重事实，客观处事。当服务中出现内部的、服务双方不可协调的问题，或者是服务双方可能形成的共同体，准备或者已经伤及另一个利益团体和利益时，如不正当竞争，就会主动出现和从事调节的第三方管理。

第四节 案例——面向农户的生产服务标准化模式

我国几千年农业发展，形成了以农户经营为主要特征的农业总格局。那么，解决农业问题，就首先要从农户组织入手。为此，从 1995 年开始，西北农林科技大学农业标准化研究所与杨凌现代农业标准化研究所，在李鑫教授领导下，历经 8 年多时间，摸索和创建了"农业技术家教"标准化服务系统模式[1]，2004 年获得陕西省科技进步二等奖（证书号：03-2-15-R1），成为我国农业社会化服务面向农户的组织与标准化推动的成功案例。

一、模式研究的背景

1995 年前后，我国北方地区的农村包产到户、户为经营的格局完全稳定，农民一心务农的劲头仍在持续，"谁能教我种地"的思潮持续发展且到了后期。此时，已有少数

---

[1] 李鑫，董应才. 农业技术家教系统模式的创建. 西北农林科技大学学报（社会科学版），2002，2（4）：81-84

农民开始进城务工，农田经济作物替代大田作物并开始进入了周期性的收获，农民对农业技术的个体需求仍处于旺盛阶段，但早已形成的农业推广网络，受到了管理和市场双重作用的影响，实际运行受到很大限制。主要原因是，在市场经济背景下，受利益驱动，县、乡两级推广动荡不定，不能发挥应有的作用，反而这一体系到了"线断、网破、人散"的半瘫痪境地。农民中为解决技术问题，相互间的求教学习、经验传播成为农耕技术应用的主要方式，农民的内心都没有踏实的技术依赖与知识依托，完全靠传统农业方法和自己听来的一点经验操纵农业，对新技术、新方法渴望获得与应用却不想联合起来，形成较大团体。此期，农业大学与研究院所结合项目进行推广活动，政府通过项目以行政推动扶持各方技能人员进入农业推广。农民在农业中操纵起传统的生产方法，对技术的索取像断线的风筝一样漂荡。这种情况迄今仍然存在。

1. 农民素质与农村经济

农民是农业生产的主体，也是农业技能的承受者。先进的农业思想与方法要进入农业系统，必须先过农民这一关。因此，在农业推广中，农民处于举足轻重的地位，是教育和传承农业新思维、新方法的关键人群。而实际情况是，农民更加分散和个性化，不容易"听话"。一时间，生产需求与分散状态间形成了无形而尖锐的矛盾，以农资销售为主的欺诈行为随处发生，农业推广到农户那里没有了有效的组织形式和良好的教育平台。以文化程度看，农民中具备高中文化程度的人数极少，初中毕业的不足60%。在思想观念方面，意识陈旧、思想保守是主要特征，更没有多少市场意识，以眼前利益表现突出；虽然人人有发家致富的欲望，但又对农业新技术、新方法持怀疑态度，不敢承担一点风险，对农业标准化更是一无所知，这无疑增大了农业推广、标准知识传播的难度，阻碍了推广速度，降低了推广效率，也使从事推广工作的科技人员的积极性受到很大挫折。

当时的农村经济大体上分为两类：一是农村农民经济现状，除少数发达地区和城市近郊区域外，绝大多数农村经济相当薄弱，各种农业税费征收在继续，以自给自足为主，经济多为勉强维持型；二是政府给予农业推广的支撑力度，用于农业推广的财政经费相当有限，"有钱养兵，无钱打仗"，再加上推广经费的挪用与它用，使得农业推广经费不足问题相当突出，推广人员自谋出路式的"副业生财"现象随处发生。

2. 国家推动与效果

在当时情况下，国家从政策方面下了一些工夫，开展了多途径探索。为了促进农业发展，国家号召和动员各方面力量积极投身到农业推广中去，各农业高等院校和科研单位等都相继充实了各自的农业推广力量，投身农业第一线，为农户提供服务。一时间，农业推广出现了八仙过海、各显其能、全方位开花的局面。这些做法，既有优点，也有许多不足。优点是保证了我国农业推广在特殊时期没有形成瘫痪状态。缺点随项目阶段进行，纵向推广较多，横向联系不够，恰如一道道冲击波，没有持续发展的机制；各自为政，难成优势；经费短缺，致使农业推广时断时续；信息不畅，环节严重受阻；虽有立法，但各部门扯皮现象相当严重等[1]。由于农业推广绝非简单技术的传授和方法的引

---

[1] 顾琳珠，唐齐千. 农业技术推广的概念、界定和实践形式. 上海农业学报，1998，（2）：76-78

进，而是要把先进技术成果再加工，有效的方法再综合，结合市场、政府行为，运用社会学知识和管理学方法，形成严格标准的程序，用以调动一切积极因素，平衡各方面关系，软硬件结合，构成系统合力，用切实可行的标准体系约束，并适合农时，步步为营的稳妥实施，才能达到目的。我们如果一直局限于农业技术推广，在具体的执行层面上就往往使好技术走形而失其应有本质，也就产生了与事先预计的效果不相符的结果。

二、技术家教系统模式架构

面对分散的农户经营、只在生产环节做功的农业现状，改变农民行为，有效组织、形成团队就成为头道难关，也成为李鑫团队面临的关键问题。结合陕西省农业科技大承包的项目支持，在李鑫带领下，于1995年年初开始，开展了深入细致的研究和探索。研究组完全扎根在农村，从户到村，由村到乡，先试验，再示范，后推广，用了长达7年时间，先后在陕西省渭南地区的蒲城县和富平县、铜川地区的耀县（现为耀州区）和宜君县、延安市的洛川县及杨凌农业高新产业示范区等，共计4个地区9个县（区）开展了访户问计、探索集成和提出大胆的组织方案，产生了发动农户、合作推广的方法标准，以服务合同形式与一个个农户之间建立的利益共享、风险共担的合作契约。直至2002年10月，形成了较为完整的、以组织分散农户到集团运作为主要特征的"农业技术家教"农业社会化服务系统模式，在当时带动了1500多个自然村，使近万户农民受益。

1. 构建目标

构建农业家教式社会化服务系统模式的目标，总体上可概括为实用有效、易于掌握、农民利益、推广人员实惠的结果。具体讲，要具备以下特色：一是农民及推广人员易于接受，能够积极加入；二是模式运作简单，执行标准，因材施教，并与其结成紧密关系；三是从提高素质、改变观念、传授可用方法入手，让农民真正掌握操作方法，提高投资回报率，取得明显经济效益；四是模式具有自我滚动发展能力，即让推广队伍及其成员应有一定收入回报，以利于工作的进一步开展。

2. 模式的构建

为了推广方面表达的方便，将模式的动态系统条块化，以框图形式显示，如图7-2所示[1]。从图7-2中可看出，农业科技家教系统以政府和农业高科技支撑下的标准化体系两大支柱为依托，以"培训与示范"、"示范样板园田"、"生产难题研解"、"物资配送"和"信息采集吸收与定位输出"五大子系统构成了家教的中心环节。子系统之间相互支撑、互为依托、不可分割，在动态平衡中共携发展。该运行系统中，农民成为主要承接载体和最大的受益者。

3. 系统运行方式

农业技术家教系统模式，来自于反复的理论分析与实践总结，从1995～2000年，在研究人员的努力下，总结多年农业推广的经验与教训，以标准化思想为核心，设计

---

[1] 李鑫，董应才. 农业技术家教系统模式的创建. 西北农林科技大学学报（社会科学版），2002，2（4）：81-84

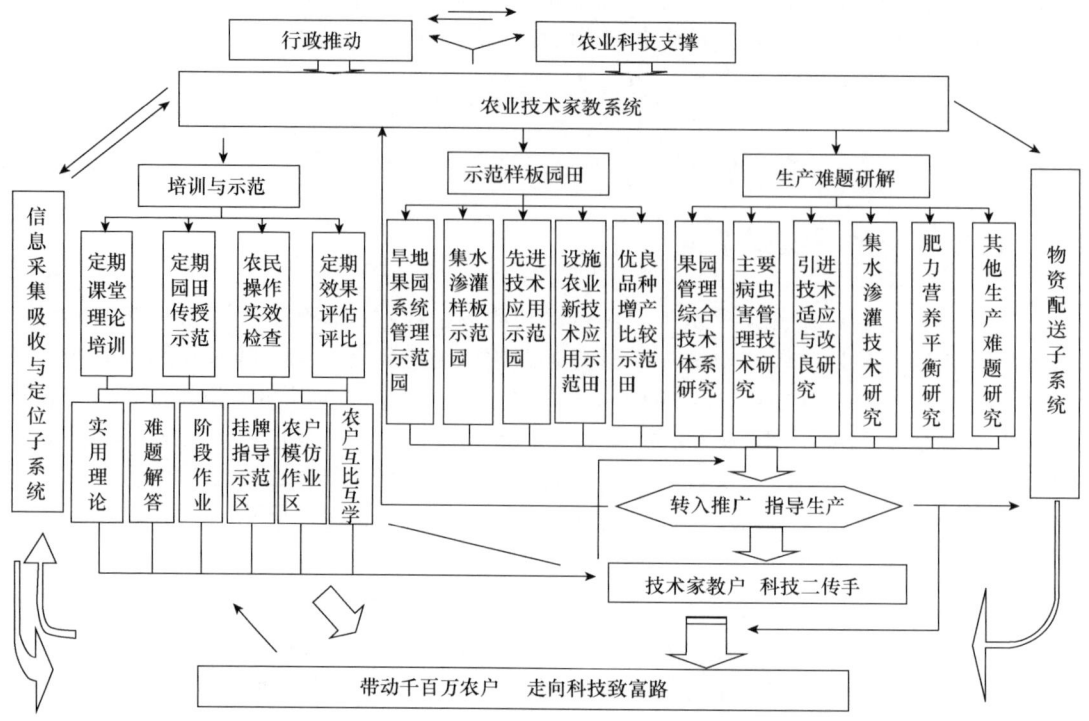

图 7-2 农业技术家教系统模式示图

提出农业技术家教的理论模式,通过第一年试行,第二年推广和第三年较大面积的实施,及其之后的多年扩散验证,反复凝练提升,其结果表明该模式是完整有效的。其中,五大子系统的运行方式介绍如下。

(1) 培训与示范指导　培训与现场示范指导是家教系统的输出核心。农业技术家教队伍中的推广人员直接面对农民,进行知识传授和综合培训,培训传授遵从相关的标准规定,内容包括了技术方法、农业信息、农业法律及其农民操作的实际体会和经验交流。培训以农户为单元,定期由示范指导人员直接到"操作示范园"中手把手地训练户主现场考核式操作,户主再到自己的"作业园"按照培训人员的要求,看着带回的方案程序,完成园田农事作业,并接受每月一次的实际检查。循环的周期为一年。在此期间,专业培训人员对"家教户"的学习和作业完成情况要求每两个月评估 1 次,将评估的结果以《园田管理信息简报》的形式发布出去,传播到农业技术家教队伍的内外,也就是,参与技术家教的自然村落、行政村区或者更广,目的是造成多方影响,一是对当事者的成绩给予一个肯定,问题给予一次提醒,教训给予一次警告;二是扩大工作的影响力,并向人们传递:这个标准化传播队伍是有效的、严格的和运行过程可追溯的。同时,为了短期内大范围带动多人学习,规定每个自然村吸收 3~5 户参加学习,为他人树立样板,再辐射带动全村。

(2) 示范样板园田建设　这是系统运行的结果和提供人们现场参观学习的基地。示范样板园田设在农户的土地上,由培训指导人员直接参与,优秀科技户配合,应用相关的标准与体系,在示范样板园田内进行成熟新技术、新品种和新方法的试验、展示和示范，使其既成为农民直观现实的教育基地，又为以后进行大面积推广工作打好了基础。这种示范样板园田，在当时情况下不但承担了现在农业大学的"试验站"工作，而且成为新农业发展趋势的示范窗口。

（3）生产难题研解　这是农业技术家教系统模式中具有动力推动性的一个子系统。有了这一系统，农业技术家教模式推动的内部就不会有技术和管理问题的障碍。其依托农业大学的科技实力，结合农业生产环境的生态实际，专门解决生产过程中随时出现的各种技术难题，如遇到病虫问题、灾害问题甚至农户内的纠纷等问题时，技术家教成员就会及时到达现场会诊，协商，并很快提出解决方案，并将过程进行严格记录，增加指导过程程序的丰富性和便捷性。其结果，既在短时间内很快提高技术家教人员的综合水平，又十分有效地增进了这支队伍在农民群众中的影响力，提高了其工作的威信。

（4）物资配送　技术支撑，标准规定，物资配套，示范培训，成为农业技术家教另一个把现代操作无形变有形、抽象变具体的重要途径，成为实现农业推广、标准化生产的根本保证。这种配套产生了几个放心：一是农资价格放心并且有优惠，二是质量有保障且可追溯，三是使用有标准可提高效果。因此，自然而然地防止了假冒伪劣农资商品流入技术指导区，给农民以最大实惠，最大的放心，最好的教育。该子系统是农业技术家教系统的直观物质保障。

（5）信息采集吸收与定位输出　有三层含意，即信息的采集、信息的吸收消化和信息的输出。具体而言，信息的采集吸收（简称采吸），包涵了与农业技术家教有关的一切信息，在推广前进行广泛搜集，优化处理，集成组装，形成内部标准，集训农业技术家教指导培训人员掌握，而后传播到注册指导农户。定位输出，指的不是广泛的，而是有具体目标定位的，也就是说，这些信息只给经过注册登记、取得了农业技术家教系统认可的农户，传播这些信息。信息的定位输出，具有双向性，即另一个方向是注册农户和非注册农民反映其生产经营过程的经验、教训和问题的一个通道，成为农业技术家教系统中问题研解子系统信息来源的一个部分。信息采吸与定位输出是连接技术家教与农业高科技、大市场的重要通道。其收集、归纳、取真和双向定位输出可把农业生产全程、产品出路、生产资料及所需技术与管理标准等进行有机联系和动态优化，可选出各环节中的最好方案指导农户经营过程。

4. 效益分析

农业技术家教系统模式在探索和推广过程中，所产生的效益是多元的，主要体现在以下方面。

（1）使农民综合素质大大提高　首先表现在农民的生产经营水平显著提高。参与农业技术家教的每户农民（也称技术家教学员）的"作业区"面貌的明显变化，最能使农民自己信服，邻居羡慕；技术家教学员的标准化操作能力显著提高，在农业经营操作中得心应手。其次，参与培训指导的农民观念意识发生深刻变化。过去，多数农民对新技术、新方法的使用采取观望态度，新方法要等别人先用，看到好结果才肯采纳，生怕有个闪失（实际也确实失不起）；参与了农业技术家教后，亲眼看到了结果，亲身体会到好处，对新技术和新方法的采纳使用，争先恐后；特别是，通过技术家教模式系统的培养，使农民有了市场意识，增强了对市场变化的认识，明白了参与市场经济的重要性，思想理念一下子由过去那种只顾地里打多少,不管产品卖多少到了生产过程中就有算一算收益可能有多少。另外,农民的精神面貌、家风村风发生了巨大变化。村民把闲散时间用来学习和相互讨论先进操作与经验的交流,比过去在农闲时忙碌了,那种无事生非、不务正业的人和事明显少了;那些经过注册,专门在技术家教队伍里受过训的农户,手里掌握了比别人多的标准化操作方法,自己的园田也有明显变化,成为周围农民群中自然的被请教者,从而无形中受到人们尊敬,结果,使自己变得比过去更文雅起来,更有了影响的人,自觉不自觉地成了村里弘扬正气、传播科学的"使者"。其结果,使农业技术家教的影响和效果放大更上一层楼。这应当是系统的社会效益和影响力。

(2) 经济效益明显 以1997~1999年3年时间的推行为例,农业技术家教系统在5县15个乡镇里,共培育3180名农业技术家教学员,涉及336个自然村。学员掌握了一定的农业科技知识,懂得了农业操作的规定程序,进行了严格的生产过程记录训练,操作能力和自我经营的信心显著提高,家庭经济开支明显下降,特别是农药的投入下降最显著,经济收入也明显增加了。同时,他们的观念意识和精神风貌也有了很大改观,受人尊敬爱戴,成了村民的"老师"、真正的科技二传手,标准化的贯穿人,带动了整个村子乃至相邻村庄滚动式发展。例如,参加苹果种植业学习的科技家教户的产出果品,普通果售价每公斤高出当地价2~6角,采用新技术、以标准化方式生产的果品每个售价2~5元;技术家教培训和指导农户更换了小麦新品种,再结合新操作标准组织自己的生产经营过程,使亩产净增70kg;地膜覆盖新技术和简化的使用方法培训和指导使用,使小麦单产由常规的175kg猛增至353kg,每亩净增收103元;作物病虫防治新方法、新程序标准的推广,大大降低了投资,明显避免了盲目,从长远意义上更加有利于保护环境;集水渗灌的标准化程序落实和平衡施肥的目测诊断法推广,把上千亩的苹果园"小老树"一季唤青,取得了显著的经济效益。

(3) 技术回报高 农业技术推广经费不足一直是困扰着农业科技推广工作开展的瓶颈,技术有偿服务在我国开始实行不久,要在相对落后地区一次到位显然不可能,只能适当收取,因此,结合当地实情,考虑农民的接受能力,对技术家教学员按户每月收取15~20元的"制约费",以起到"交钱学习要用心,拿钱教人要认真"的目的。另外,服务物资按优惠价提供,适当收回一点利润,既保证了推广服务的正常运转,又为扩大推广范围注入了活力。

三、农业技术家教系统模式运行机制

农业技术家教系统模式之所以产生后在运行中深受农民欢迎,主要有以下机制发生着内在驱动。

1. 抓住了农民发家致富的心理需求

中国农民一直以来处于解决温饱问题的边缘上,虽然辈辈梦想着能够发家致富,然而长期以来的户为基础,小农经济的模式使他们没有过高的奢望,在自己生活的道路上,总希望劳动能够多得,如果有一点点外快(小便宜),都能够使他们喜出望外。因此,农业技术家教系统模式对农民的补贴形成一种暗补,而明里却使他们有了"掏钱买来的方法",不学不用就会吃亏的心理准备。因为,农业技术家教系统模式,所招收的注册农户,是要交培训指导费的,每月少则为 15 元/户,多则 25 元/户(1997~2002 年),而每月培训指导农民的实际费用均在 33~50 元。所以,注册后的农户,在学习和接受指导服务中十分认真,模仿有力。

2. 实现了服务农业的自我价值

农业推广是社会需求的一项事业,总有人喜欢和选择这一事业并为之献身,在学得了农业知识、面向这一领域发展时,必须试图发挥自我能力,实现一定的自我社会甚至经济价值。农业技术家教系统模式为这些人创造了一个有序平台,打破了面向农户服务不可能收费的禁锢,使这些人在农业服务中感受自我价值,获得农民的尊重,进而实现自己的社会价值,从实际上并不对称的经济效益中受到鼓励,用心钻研并按照标准规定的动作操作,将实现更大的效果,使整体服务带来比较满意的效果。

3. 顺应了时代发展的农业需要

国家面向现代社会发展,农业必须适应时代要求,几千年来形成的分户经营的松散方式,在市场经济条件下,必须走合作化道路,在两个方向上要效益:一是内部开源节本、优化资源、简化投资;二是取得更多的经济回报。无论哪个方面,都有增加规模、集成发展和简化过程、优化系统的内在要求。这实质是标准化的要求,是对农业有界系统在面对一切综合实力的前提下,实施的快速和跨越式发展的方法,是综合农业标准化的整体推进方法。

4. 内部标准化保障了模式的生命力

农业技术家教系统模式,在内部运行上,完全执行了标准化操作。对农户的吸收和注册,不是随意的,而是经过选择和宣誓的。因为事先有招收农户的章程、同意招收时的注册交费和招收后的合作协议。进行农户的培训指导,集训标准明确规定:每月集训 1 次,现场指导 1 次;每月 5 号前,结合农时,分区招集注册农户,进行操作集训,且集训只讲三大题:一是本月如何操作,最多 3 个技术关键;二是回答农户遇到的 3 个主要问题;三是解释上月 3 个关键操作的为什么;为消除农民涣散状态,集训标准规定,听训者按照规定时间听课不得迟到 5 分钟,否则拒绝入室听课;迟到者不得请求培训老师重讲迟到时间内的课程内容,否则记批评分。每个月的现场指导,培训标准规定:头培训结束时预告现场指导的时间表并顺序指导;现场指导首先看上月农户操作记录,再示范当月 3 个关键的操作方法;对没有做操作记录的农户,明确批评并责成"从今天起"做好记录,同时记过一次;田园操作记录一次不做者口头批评,两次不做者张榜批评,三次不做者榜上除名。培训标准还规定,注册农户每次要对现场指导和集中培训的效果做出评价,用于监督和促进农业技术家教系统工作人员及工作模式和质量的改进。

5. 标准是内部管理运行的核心

农业技术家教系统模式,在招收培训指导人员和示范农户方面,完全采取了"利益驱动,奖励需求"的激励机制。对于各类人员的确认,一是知底,二是交谈达成共识,三则协议建立关系,四是明确培训指导职责,五有考核确认办法,六为定期检查考核评价。对于农户的培训指导及其到一定程度后的带动示范任务，均遵从了相关标准。在家教推动过程中，核心管理层面不断收集和分析来自各方面的信息，及时研究吸收和修订相关标准，在半年总结中宣布和启用。

四、农业技术家教系统模式总结

根据我国农业结构特点，农业技术家教系统模式，解决了市场经济中我国农民的农业操作和市场信息道路不畅通的症结问题，大学、科研院所及政府、社会以团队方式，建立满足农村、农民、农业需求的服务体系，实现农业服务、解决"三农"问题的真正目标。大量事实表明，以数量巨大（占全国总家庭户的2/3）的农户经营为基本依托的中国农业和低文化层次的农民群体，推广农业新方法和旧方式新使用所承担的任务，从具体技术到市场开拓，由知识更新到观念教育，成为立体化农业推广过程中的基本思想，是标准化能够落到实处的关键。研究和建立适合中国特色的农业推广模式势在必行。农业技术家教系统模式，其运行机制的另一个形式，主要由"双向互动"和"自下而上"方式表现出来，机制的动力则由有效、实用的标准化操作方法和良好的市场需求，以及推广技巧的创新所驱动。表现的形式以自愿参加的循环式农民培训和现场指导为主要特色。技术标准贯穿的链条，由"专家→科技人员→农民能人→农户"这一能够逐级放大、示范拓展的顺序进行。由示范，产生了农民的"眼动→心动→行动"的顺次反应，仍然是中国农民群体中，目前响应技术、接受培训、乐于指导操作的主要路线。由此，一个较为理想的技术推广系统模式，在长达8年的实践与理论研究中诞生，其主体构架由以下5个子系统构成：①培训与示范；②示范样板园田；③生产难题研解；④物资配送；⑤信息采集吸收与定位输出。这五大子系统之间相互配合、互为依托，构成了时空体积上的整体架构模式系统。用之于在实际中推动农业推广，得到农民最广泛意义上的欢迎。研究还证明，实现这一模式系统良好运动的基本保障有三条：即具有相关实力的专家群体及其热心为这一事业奉献的人才、利于该工作运行的相关政策保障与激励措施和有能够涉入市场的农民经济组织的存在与良好配合[1]。

研究进一步表明，在中国要实施这一推广系统，还要做到整体管理上的"三网并一"，即政府行政管理体系所构成的现有网络体系，各种媒体所构成的间断性技术传播与宣传网络体系，本研究所获得的推广系统模式决策与推动网络体系。这三者之间的有力协调与同步配合，就能够以最短时间和最大效率地实现这一系统模式的推进。实质上，要成功推进这一系统在农业技术传播上的巨大作用，核心是在运行决策层面上的三网关系动态平衡掌握的管理艺术。就整体模式而言，以上方面均不可缺少。该模式是一个时期内中国农业方面以农业大学为主体的农业推广模式的核心骨架，与美国大学主体的构架明显不同。依据该研究成果，当前发展起来的"以大学为依托的农业推广模式"（西北农林科技大学）和陕西省大荔县的"荔民模式"，就是成功的例证。

---

[1] 冯百利，李鑫，周天仓，等. "农业技术家教"服务体系的探索与实践. 西北农业大学学报（综合版），1997，（2）：91-94

第八章　农业标准化保障

应用标准化原理与方法，规范和发展现代农业，其核心部分——农业标准研制、农业标准体系建立和农业标准的具体应用，不是单一的途径与方法就能够完成的，仍然需要一个良好的氛围和硬环境条件的保障。农业标准化的保障，就是为农业标准化这一核心体系的落实，创造外围性基本条件的。主要涉及相关的理念、政策、财力、物力、人力和相关的环境条件。本章就此问题分别进行阐述。

第一节　农业标准化软环境保障

农业标准化，是在农业领域开展完整而系统的标准化活动，软环境条件是我们首先面对的保障体系要素。

一、软环境及其背景对应

人类的发展，无不以农业为最基本的依赖条件向前迈进。农业，以太阳能为基本能源，以土和水为基本生产资料，以生物为生产对象，通过劳动，促进生物化学过程，将无机转化为有机，以获取合成结果，提供给人类自用，构建健康的生命体征以促进其他方面的发展。在这项劳动事业中，基于自然的演化与人类干涉，使其组合变得十分复杂，超过了自然力的平衡创造，而代之以越来越多的人为愿望。就农业的氛围看，涉及气象、土壤、水分、食物链、能量级、循环更新、科技水平、经济类型、人文景观、思想意识、发展理念、管理诉求和操作方法等，无论是生命群还是个体，不管在生命体系层面还是非生命体系层面，都将人与自然、社会万象及文化沉淀紧密地联系在一起，构成了一个庞大而复杂的永久性复合灰色系统，甚至显现出相当神秘的色彩来。

面对这样一个复杂环境，实施农业标准化，就有了多种无形的障碍和阻力，即软环境。其中，思想认识与理念首先同步成为软环境中的第一个要素，其次是农业标准化的理论知识与体系的健全性，还有农业文化及其背景的发展与农业标准化的符合性。尽快完成软环境的符合性同步，非一朝一夕之功，需要下大的力气整治。因为，这是一个以思想意识的转变为核心的复杂问题。但是，如果通过培训和人才培养及相关的说教，让人们能够明白农业标准化的真正功能与作用而产生一定兴趣，驱动行为进入实践，再逐步提高素质和能力，就会在较短的时间内完成软环境的同步与符合。

二、思想认识与理念同步

在我国，农业标准化的实施与否、落实是否到位，与思想观念直接相关。这在具体的实施层面上更加突出。以农耕文化为主体的国家文化体系，按说，农业标准化应当早就深入人心。但几千年来，由于农业一直远离市场，小农经济，经验和技术在极其分散的农业方式中推动农业的发展，现代的理念与方法并没有得到有效渗透，当加入WTO、面对现代农业和经济全球一体化的平台时，既成的农业事实与外界的实际要求却格格不入，一个由标准说话，一切由标准衡量的时代，被残酷地摆在国人面前，农业只有走标准化的道路，才能为市场所认可，才能使农产品真正走向高端消费。这种现实，与几千年农业的传统之间，差异太大，转变太难，不可能立即认识、转向和适应。更何况，农业是由一大帮占总人口绝对数量的低知识、少文化的农民操作着，变化需要时间，认识需要教育。中、上层管理方面，也需要一个促进转变的角度和方法急速切入与发酵。

迄今为止，多数人对农业标准化持有不同看法，在思想认识与理念层面上，还不十分统一，有待切实加强转变。甚至有人提出，发达国家好像并没有用那么大的力气推行农业标准化，我国如此大张旗鼓，是不是正确？就农业标准化是否在高等人才培养方面具备独立专业体系、大学推行农业标准化本科专业培养的论证是否科学？在一些"985"、"211"大学仍然存在怀疑与争议。实质上，结论是肯定的。发达国家的发展，从一开始就定位于市场经济。农业领域的前进动力一方面由市场推动，另一方面由政府补贴而弥补本身的特殊性与基础性。因此，农业标准化在实际中产生、应用和提高，农业标准化与农业过程很早就相伴而行和发挥其特有作用，人们对农业管理和操作过程的标准化应用成为一种自然，而不是分层和介入。相反，我国农业源远流长，却远离市场，缺失了推动的内在动力，并极度分散并以小农经验居上的千年操作，虽然内含了大量标准化成分，却没有人知道这一标准化在其中的隐藏推动——朴素内涵的农业标准化一直在我国农业发展中起着重要的作用却始终在"埋名"状态。如今，市场经济和改革开放给我们有机会认知和应用农业标准化，那就需要思想意识和认识理念很快地跟进，以适应新农业发展的要求，占据应有的农业高地。

三、理论知识与体系建设

在农业发展中，农业的过程水平需要不断的提升，新的农业方法需要不断地输入，农业劳动者也需要不断的自我解放。这些情形的背后，实质是标准化理论与方法在起着作用。我国农业发展的历史进程中，无不在持续体现着标准化影子和方法，遗憾的是，农业全程中的标准化却通过内涵的方式、经验的表达被无意识地应用着。例如，任何农民、任何农技人员，在农业实际中，总是在不断地寻找、搜集和整理那些在农业操作中有效的方法，通过升级精炼，将其变成自己的东西，在下一次同样操作中加以应用和再应用。迄今为止，在我国农村中，总是有大量农民，向着自己周围做得好的农户看齐，无论是品种选择、水肥操控还是病虫管理等，只要人家做得好，总想去讨教一番，学习并应用于自己的劳动过程，进而取得一点好的经验。这一过程，实质就是农业标准化在发挥作用，在横向传递着一种相对成功的做法。然而，这种标准，没有官方的认定，没有公开的统一，更没有被总结和提升成为理论层面上的体系，只发生在几个相传的人群之中，以农业标准思想，时时刻刻对农业发展起着难以估量的推动作用，这也是分散的小农经济中标准化存在的典范。更为遗憾的是，没有标准化的提法，也没有标准化的旗子，标准化只能在实际中被应用，当作经验方法横向传递着。朴素的标准化，在农业中只能成为"无名英雄"。

WTO 唤醒了我国农业的标准化，现代农业必须走标准化道路才能真正实现。如今，农业标准化再不能以内涵、被溶解的方式，从经验的层面上在小范围内以原始的方法，作用于农业，而必须要变成为一门理论学科，成为全民学习和掌握的工具，为人们推动农业提供最佳方法，成为人人会用的经济利器。显然，农业标准化理论就要产生，农业标准化学科必然出现，农业标准化知识必将成为人们生活中经常交流和学习的重要部分。

我国农业标准化的基本理论及其应用体系还十分薄弱，迄今处于十分年轻的时期，需要从立体的角度加以培养，无论是政府，还是社会各界，均应当加大力度，总结、提升和发展农业标准化理论及其方法，建设强大的相关理论体系。因为，方法只有在系统理论的指导下才有发展的后劲，没有理论的实践是低级趣味的实践，是没有层次的过程。

四、农业文化及其背景符合

1. 文化的作用

文化的作用十分强大。在人类生活的不同区域，有不同文化体系影响和左右着体系内所有人的作为，尤其在有序与无序发展的周期中，当无序成分逐渐增多时，文化的管制作用便随着无序成分的上升而渐增强，直至混乱情形下，文化成为新秩序控制的完全枢纽。也因为有此功能，文化成为不同区域风格与性格独到的体现。

文化作为一种精神力量，能够在人们认识世界、改造世界的过程中转化为物质力量，对社会发展产生深刻的影响。这种影响，不仅表现在个人的成长历程中，而且表现在民族和国家的发展历史中。先进的、健康的文化，对社会的发展产生巨大的促进作用；反动的、腐朽没落的文化则对社会的发展起着重大的阻碍作用。文化的力量，深深熔铸在民族的生命力、创造力和凝聚力之中，成为综合国力的重要标志。优秀的文化，为人的健康成长提供不可缺少的精神食粮，对促进人的全面发展起着不可替代的作用，构建着人类高贵的气质与精神，会塑造出人类的形象楷模。中国文化有其优秀的一面，也有其难堪的一面，需要我们在现代理念下辩证地分析和对待。

2. 我国农业文化

诚然，农业文化，对农业的影响十分深远。我国是一个历史悠久的农业国家，农业的发展，形成了强大的农耕文化体系，产生了小农经济的主流。这对于农业的规模化发展和全球性适应明显是十分不利的，需要我们正确分析和辩证看待。由于这种文化在历史渊源的万年长河中形成，对过去的农业进行了松散而又严密的规制，对今后的农业发展，也无时不在进行着洗礼和影响。这是我们从事现代农业的一个思想难题，需要下大工夫予以消解。我国历史中的农耕文化，成就了中国农业的小户经营和个体发展，但在现代农业面前，这种文化在很大程度上阻碍农业的发展。农人创造了农业文化，农业文化也在塑造着全体中国人。优秀文化能够丰富人的精神世界。积极参加健康有益的文化活动，不断丰富自身的精神世界，是培养健全人格的重要途径。这一点需要认识清楚。

3. 文化背景符合农业标准化

农业标准化，是研究和探索农业中任何重复中的关键，从重复中挖掘和提取能够重复的最佳程序，并固定和颁布成为相应的标准，且要求之后的重复应当按照标准去重复，从而达到一个投入最小、过程最简、结果最好的过程秩序,并能够完成销售最简、处理矛盾最快和建立的保护性壁垒最厚之功能。这对于农业而言,无论处在哪个角度都是非常有利的方法工具。因此,即使我国农业的发展十分分散,有着历史性的远离市场和不懂什么是农业标准化,也会将其精髓的部分与人的生活本性相结合,对于提高个人、群体的劳动生产率、满足经济奢望和提升生活质量等方面都具有显著的促进作用。显然,只要教育得当、宣传到位和培训科学,人们就不难接受和应用农业标准化这门知识。

基于上述观点,将传统农业中那些长期内含的朴素式和经验式的农业标准化部分进行分离和提纯,并应用农业标准化理论进行激活、转移和嫁接,并注入现代因子以重组和提高,变成真正的农业标准,在现代平台上供人们使用和体验,就会在较短的时间内,将传统农业文化与现代农业文化实质性地对接,并产生无缝平稳的过渡机制,解决农业文化背景不能符合农业标准化要求的深层问题。

解决传统农业文化与新时期农业标准化下的文化统一问题,只有通过农业社会化服务标准化的途径来实现。加强农业社会化服务的标准化体系建设和落实,使农民乃至所有与农有关的官员、科技人员等全体成员,在这种服务的过程和结果中,产生越来越多的直观感受和标准化效果的事实教育,就会自然地实现传统农业文化的改造与现代农业文化的形成。

第二节 财物保障与渠道畅通

在思想问题解决之后,软环境具备了建立和发展的土壤,财物问题就上升到重要地位。在现代社会中,不怕做不到,就怕想不到。显然,从宏观上讲,财物资源基本不成问题,只是思想、意识与观念能不能跟上趟,超前性的考虑与决策能不能被提出。但是,站在中观和微观的角度看,财物资源的分配并不均衡,从而影响到发展的不平衡和利用的不科学。农业标准化,正是在中观与微观中发挥其功能与作用,再集成其效果而产生以国家利益为代表的准宏观效应(在一个国家内可视为宏观效应)层面上来表现的。因此,在社会物资丰富的情况下,无论什么单位、什么人,从事哪一方面的农业标准化工作,资金是首要考虑的问题。那么,资金的保障和渠道的通畅,成为目前实施农业标准化工作的第二条件。而资金的来源,不外乎有政府、企业和社会其他渠道。

一、政府投资保障

1. 农业的政府依赖性

只有农业,能提供给人类食物等基本生活资料,是人类社会存在和发展的重要前提。农业创造的剩余价值,是社会其他部门存在和扩大的重要基础。中共中央关于推进农村改革发展若干重大问题的决定中指出:"农业是安天下、稳民心的战略产业,没有农业现代化就没有国家现代化;没有农村繁荣稳定就没有全国繁荣稳定;没有农民全面小康就没有全国人民全面小康"[1]。可见,农业与一个国家的安危直接相关。所以,自20世

---

[1] 本书编写组.《中共中央关于推进农村改革发展若干重大问题的决定》辅导读本. 北京:人民出版社,2008,10:6-7

纪 80 年代起，许多发达国家将农业列为国家发展战略的制高点来对待。

农业是一个弱质领域，对自然条件的依赖性很强，劳动的对象又是有生命的植物和动物，无论是农业部门，还是外部环境，往往出现一些无法人为控制的灾害。农业的自然灾害会造成农产品供应和生产者收入的大幅度减少，即使是现代科学技术，在农业面前，也难以做到完全不"靠天吃饭"；农业的人为灾害常常因外行行为或者某些集团利益的目的而以积累式的量变到质变的突发；农业对频变的经济应对，更是一筹莫展，因为其生产周期长，资金周转速度慢，比较效益低，市场竞争力很弱。

基于上述特点，综合评判其发展动力，只有靠政府扶持，实施经济补贴，吸引和固定农民劳动，推动农业的健康发展。可见，农业将始终处于国家保护地位，政府必须进行投资。

诚然，农业标准化，是推动农业走向现代、农业与国际接轨、农业在政府扶持下走向市场的唯一手段。推动和实施农业标准化所需要的资金，也就成为政府出资和更加强化力度的关键所在。特别是在我国分散的小农几千年的背景下，农业标准化在实施的初期，更需要翻江倒海式的冲击和转向，从意识到行为，进行颠覆式的推行，才能达到目的，政府的支持就显得更为突出。我国农业标准化，一切均在从无到有的起步发展之中，政府不但需要政策保护与资金的投入，还更加需要保护性的实际推动。

2. 政府及其特点

政府，是一个政治体系，是国家公共行政权力的象征、承载体和实际行为体。政府行为一般以公共利益为服务目标，主要发生在公共领域，而且以强制手段（国家暴力）为后盾，具有凌驾于其他一切社会组织之上的权威性和强制力。政府机构具有整体性，它由执行不同职能的机关，按照一定的原则和程序组成严密的系统，彼此之间各有分工，各司其职，各负其责，所以纵向看，政府被分为中央政府和地方政府；横向看，则分为各部委不同行业。

政府有以下特点。

（1）主权性与特立性　各级政府依照法律的规定，能够独立行使行政权，具有独立自主地处理本层级内外事务的最高权力，是统治权在政治和法律上的表现。

（2）政治性与阶级性　政府是国家的一个基本要素，其从属于国家权力机关。政府作为行政机关，必须执行权力机关制定的法律、法规和一切决议，必须对权力机关负责，并报告工作，必须接受权力机关的监督和质询。政府在行使职权时，就是在实现着阶级统治的政治职能，与国家的本质特征相一致，具有明显的政治性和阶级性。

（3）强制性和约束性　由于政府所拥有的是国家或者辖区最高权力，其所制定的各种行政法规、政纲要令，使所在包括政府成员在内的所有人都得执行，同时组成分工明确的军队、警察及监狱等暴力工具体系来维护既定的秩序而形成了强迫性的统治。

（4）综合执行性与动态性　政府也是国家权力的执行机关，在执行中，能够积极主动地参与和影响国家的立法与政策制定，并按照法律规定，综合领导和管理国家各项公共事务，处理国内外各项重大关系问题，以长期发展的眼光在实践中不断总结、提升和完善。

这里要强调的是，任何法律、法规，一切政令，均是标准，是强制性标准。在这一点上，国人的理解往往在分散的传统理念中。

3. 政府的农业投资

政府投资农业，涉及农业的各个环节，产前、产中和产后均属于投资支持的范围。因此，以项目形式出现的投资，表现多样，不同于其他行业和非政府投资项目。政府投资的特点，表现在以下方面。

（1）项目类别多样，建设内容宽泛。这是由农业的复杂性、联系性和相互的影响性所导致的，大有"牵一线而动全身"的特点。农业建设项目包括种植业、畜牧业、渔业、动植物医疗、水利、农田建设、农垦、农业机械、涉农企业、农产品存贮加工、农业信息、农产品市场交易、农业服务、农业培训、农业研究等行业，农业生产、农村经济、农民生活和农业生态环境等方面。每个子行业都各有特点，每个子行业间又都存在密切联系。在这些子行业下，几乎还可以无限可分性地细化下去，直到实际感触的操作层面。

（2）管理分法多样，各类均有交叉。在上述分类的基础上，每类或者另行分类时，与经济和消费的直接结合，又可见到耕地质量建设、科技创新和方法推广、病虫害和动物疫病防控、农产品质量检验监测、生物质能源开发、市场信息交换、农产品加工与营销等，从而给人以模糊不清、难以分明的感觉，由于项目类型多，技术工艺路线差异大，标准要求的精度与层次多样，使管理上不能完全刚性化操作，同类型的项目建设标准、建设规模、建设内容都有所不同，必须要在张弛有度的动态把握中，推动农业的投入和产出，显示出相当大的层次性难度。这也可能是涉及农业的管理部门太多的一个缘故吧。

（3）投资关键项，支持潜力项。这里的关键项，不是一成不变，而是根据政府需要和国家战略在调整。这种关键点，有质量和精度的层次要求，也有范围和需求的不同约束，还有区域和文化的适应互动。政府投资农业，首先关注的是与所辖区域的基本安全有关的农业项目，如粮食安全保障线和18亿亩耕地安全红线。其次，是提高国计民生的重要项，如城市菜篮子工程，九年义务教育中的蛋奶工程。再次，投资面向市场，经济价值高、发展有潜力的农业项目，为的是促进农村经济发展，让农民腰包很快鼓起来。最后，投资那些经过政府高瞻远瞩的推断决策，得出具有长远发展潜力或者具备下一个时期替在优势的领域，以便在发展中总能够占据主动地位。

（4）投资遵循政策，层层管理落实。政府的农业投资，是在相关政策的保证下，通过财政拨款方式完成的。另外，由于农业的社会性、集体性甚至私有性成分的复杂性，需要政府支持，又不属于政府大包大揽的纯粹公共化领域，故政府对农业的投资，以项目的方式使用资金，采取补贴的方式，由财政系统实施落实，同时刺激多项投入。政府支持农业，补贴的范围大体归纳以下方面。

a. 种植基地类：农田水利建设中的灌溉和排水设施，土地平整；农田基本设施中的道路，经济林，设施农业种植基地，输变电设备，温室大棚；良种化方面的品种改良，良种繁育设施，质量检测设施，新品种；栽培管理方面的新技术的引进，农业示范和能力培训。

b. 养殖基地类：有基础设施，危害防御设施，废物处理及隔离环保设施，质量检测设施，新品种，新技术的引进，示范和培训等。

c. 农产品加工类：生产车间，加工设备及配套的供水，供电，道路基础设施，质量检测设施，垃圾处理等环保设施，卫生防疫及动植物检疫设施，引进新品种，新技术，培训农民和其他方面。

d. 保障设施类：农产品市场信息平台设施，交易场所，仓储，保鲜冷藏设施，产品质量检测设施，卫生防疫及动植物检疫设施，废弃物配套处理设施。

e. 基础建设类：农业培训，人才培养，农业科研，农业试验，品牌建设与提升等。

上述方面的各行投资，均应在系统标准化的要求下进行。但由于长期以来没有农业标准化的概念与行为，再加上没有相关的完整体系为尺度，使政府投资仍然带有浓厚的传统投资模式，存在着思想的转变、意识的提升和能力的跟进问题。当国家行政强调要应用农业标准化时，地方多数在打着一个标准化牌子，对真正的标准化理解不到位，缺乏实际标准化内容。

为了标准化的落实，政府往往提取专门的资金，明确项目的标准化内容进行支持。这一点正是我们农业现代化中的最薄弱之处，需要引起政府的高度重视，加大支持力度。

4. 政府的投资体系

我国历史上的农业，一直是以税赋上交为特点支撑国家机器运行几千年，进入 21 世纪，随着经济和政治发展的变化，免除一切农业税赋，由国家补贴扶持，实可谓在中国史无前例。另外，政府的投资来源，只有对税赋的支配。由于我国税赋体系分为国家和地方两种，相应地，政府投资农业的资金由财政支付，资金的来路也分为国家和地方两种类型。

无论哪个层次的政府，均有绝对义务关心、扶持和投资其所管辖的农业，这是全球经验所证明的。本来，农业极其复杂，涉及的子领域繁多，投资农业，扶持发展，必须在强大的系统规划和设计中进行。然而，也正因为其复杂，不可能一下子拿得准，吃得透，很容易导致对农业的支持从单一的，甚至是片面的角度来实施。我国农业迄今在狭义层面上运行，还没有进入整体的时空洞察与总体规划时代。例如，农、林、畜、渔、水、机等的过细分工，仍然处于优势地位，往往会导致部门利益的冲突多次上演，给农业发展带来不必要的消耗。

农业标准化，应当是农业发展的灵魂，是一切农业行为中非常明确，而又极其自觉的农业行为准则，与农业的任何过程相伴又高于这一过程的发展而存在的。相应的，进行农业投资，以项目推动农业发展，其基本定位相当准确，但在操作管理中缺乏农业标准化理论的指导和相关刚性标准规制的约束，从而导致项目不断出现，资金不断抛出，效果却不能如愿。这是一个值得认真研究的大问题，需要首先从认识上摆正农业标准化的位置，再需加强农业标准化理论学习和人才培养，形成基本的能够应用标准化理论与方法推动农业发展，具体执行农业项目的人力平台。

5. 政府的投资效率

政府农业投资效率一直是公共投资领域最为关注的一个问题。长期以来，我国农业投资一直是政府主导型的，特别是对中央政府的依赖度很高。在投资管理上，采取从上而下的决策制度，广大农民作为直接受益者，缺少知情权和参与权，缺乏有效的利益表达机制，被排除在投资管理的决策体制之外。一些地方政府出于展示其政绩和获取一定利益的目的,以行政指令的方式提供农村公共产品,致使农村公共产品的供求错位,供给成本高,出现了所谓的以追求官员"政绩"为价值目标、忽视农民实际需要的农村公共品供给"X-无效率"[1](效率"漏出")现象,使农业陷入了投资既不足又严重浪费的怪圈。

实质上,一个最为关键的因素,导致投资效率不能明确表达和计算的核心问题,是那些历史性的模糊农业过程产生者。小农经济不计成本,没有长期市场推动的等价积累,在农业大生产的组织中,也有意无意地表现出来,从而,无论是农业组织还是农业项目,不管是各级管理人员还是策划项目的实施人员,均有一种"理所当然"的大概思想与行为,都在模糊中进行讨论、编制和编造,数据来自所谓的合理估计,拍脑袋和想象是常有一事。还有,不知农业的复杂性与关联性,错误地认为农民文化低,水平浅,不懂事,必须要简化再简化,反而过分强调所谓的"简单"和"傻瓜"化技术,使本来有严格标准参数的体系,密切联系的过程关键,在这种不切实际的"傻瓜"化努力下,成为残缺不全、断章取义的荒谬的方法并被推向了农业第一线。最为典型的案例教训,就是关于农业有害生物管理中化学药剂应用。本来,这些药剂应用,是在万不得已、协助控制的时候出手使用,却因为某些机构和个人的过分"简化"要求,传播到农民那里,成为病虫害与化学农药一对一的简单关系,其他控制管理手段被无形忘却了,而有没有病虫先不管,却把农药记得特别清楚,按时用药。其结果,在农业产生中,喷布农药成为固定时间表上的必需环节,因果对应,农产品的质量安全不出问题才怪。

由上可见,政府的农业投资效率,只有在农业标准化下,才会简单而明确地表达出来,才会真正成为政府明白投资、放心决策的真正出路。资金的应用科学性,即是说,是否真正应用农业标准化的思想原理对有限资金做到了极限性应用,也是标准化问题。

二、企业投资

1. 企业投资的目的

企业投资农业,是一种经营性质,而不是公益性质。任何企业的投资,都是以谋取最大利润为最终目的的,这也是企业的显著特点,其性质与政府投资农业是完全不同的。利润对一个企业来说,就是生命线,而利润的表现,从状态上看似乎是多方面的,如除了直接的金钱利润外,企业形象、名声、荣誉、品牌和文化等方面都是间接产生企业利润的重要部分。从实质看,虽然企业也会参加某些募捐和慈善等貌似完全义务的公益性活动,但其社会影响的正面树立和消费者对企业产生的好感,恰好成为企业产品大量销售的稳固根基。因此,从发展角度看,企业的任何动作都是围绕着利润进行的,企业利润的任何表现形式,最终都是以换取金钱为绝对的利润衡量标准的。

2. 农业的企业投资吸引

农业是一个特殊行业,持续受国家保护,必要时国家会不惜一切代价而投入。对于企业而言,这是农业吸引其投资的最大兴趣点。因为,基于农业的国家保护性特点,往

---

[1] 刘小怡. 莱宾斯坦的 X 效率理论. 武汉金融高等专科学校学报, 1999, 1: 43-49

往会有意外的机会和"巨额利润",几乎会从天而降地落在为农业投资的企业身上的。另外一点,农业产品与人的生活基本满足及身体健康之间,有着直接的必然联系,在市场机制作用中,进入农产品的生产过程,可以具备把握市场对农产品的短缺需求的主动性,可以掌握更有利于身体健康的良好农产品及其信息,这样,在市场价格短期震荡的条件下,会有暴利不断产生,放心的健康农产品会给期望得到更为健康的高消费人群以吸引而愿意高价购买,因此,可观的利润就自然满足企业的愿望。还有,土地的短缺资料,对于手中有宽裕资金的企业老总,从长期利润的角度,必然会去动这样的心思来涉入农业。

当然,农业迄今仍然基本"靠天吃饭",农业过程和结果的随机性及波动性,常常使从农者受到挫折。这便是企业主最为头痛的地方。但是,可观的多路利润往往诱人嘴馋,有必要赌一把的欲望常常旺盛,实质上也的确值得去加入。目前,一个很不正常的企业加入农业现象,仍在漫延着。许多手中有钱的人,为了将钱投到更大增值的空间去,看上了农业,开始了"圈地",以支持和投入农业为名,取得了政府信任,得到了愿望中的土地,在上面做起了其他的文章。有的,建设所谓现代农业园区,富丽堂皇的玻璃房盖起来,却不能正常运行下去;有的,以十分美好的愿望建设理想中的综合多功能农业服务园区,却不能按照事先设想的愿望实现;有的,貌似进行农业活动,却没有农业的实质性进展。凡此种种,均没有达到农业本质所要达到的目的。追寻原因,不外乎有三个,一是根本不懂农业,却以有钱者什么都可做的姿态驱动农业;二是内心根本就没有放农业于自己事业的天平上,而借以农业幌子图谋其他目的;三是历史的文化原因,认为农业是一个十分简单而低下的行业。其实,这些人犯了同样的错误:对农业的本质认识不到位。这里要特别提醒的是,受中国几千年传统思想影响,无意中会藐视甚至蔑视农业,这往往是投资不成功的深层病根所在。

3. 企业投资的正确引导

从目前形势看,企业投资农业,无论对企业还是对农业,都是一个黄金期。然而,投资的过程和结果却不都是十分乐观的。主要的悲哀在于有钱的企业投资者,往往自以为是,不与真正的农业科学家及管理者合作而陷入被动。因此,投资农业的企业家需要端正的态度,真正认识农业的复杂性及专业掌控性,与真正的农业专家联手,打造真正的现代农业——标准化农业体系。只有这样,投资农业的企业才有真正的出路,才能在短时间内实现应有的利润愿望。另外,无论是政府还是农村基层的村委会、专业合作社,在与企业合作开发时,也应当主动提出相关的标准要求,帮助企业尽快用现代眼光推动企业发展,不至于将美好的土地因外行操作而变成建筑垃圾的混合场。

由于农业的强大包容性和系统复杂性,企业投资农业的类型变得十分多样。主要表现有,承包土地从事各种农业活动,农业信贷,农业风险投资,农业保险,农产品交易,农业培训及因财政项目的任务要求所进行的小范围必需性农业投资活动。

由于农业的实质性转型和顺应市场发展的需要,比对于传统农业的主要不足,对企业投资农业,无论是政府,还是直接对应的合作者或者条件提供者,均应当帮助农业在投资过程中树立正确的观念,按照农业规律投资,结合企业目标和造福一方百姓的要求综合推进企业的农业投资,特别是面向现代农业,遵从标准化要求,发展具有前瞻性的农业投资,才会收到在朝阳产业领域获得朝阳利润的效果。否则,就会出现入不敷出的结局甚至陷进去的后果。

三、社会组织投资保障

保障农业标准化运行投资的社会其他渠道,是第三个主要渠道。社会其他渠道,就是指那些除过政府和企业投资保障以外的其他有利于农业标准化实施落实的保障投资单位,这一渠道的主要承担者称为非政府性的社会组织,包括一些社会团体。

1. 社会组织

社会组织指的是,公民群体为实现其共同意愿,自愿组成,行使结社权利,按照其章程,开展活动的非营利性团体。广义上看,社会就是由社会组织构成的。

(1) 一般意义上的社会组织 可以理解为广义上的社会组织,是指那些有独立职能的专业机构,能够专门执行公关任务,体现公关功能的组织行为主体。社会组织主要由组织内部设置的职能部门、对外营业的专业公关分支和良好的体系运行机制所构成。这些组织分别承担了社会各类组织实施公关工作的特定任务。

在社会科学中,社会组织有广义和狭义之分。广义的社会组织,是指人们从事共同活动的所有群体形式,包括宗族、家庭、秘密团体、政府、军队和学校等。狭义的社会组织,是指那些为了实现特定的目标而有意识地组合起来的社会群体,如企业、政府、学校、医院、社会团体和个人媒体群等形式。

(2) 特定意义上的社会组织 也可称为民间组织,指政党、政府之外的各类民间性组织。这种组织在国外就称非政府组织,即非政治类社会组织,主要包括:协会、学会、研究会、商会、联谊会、促进会、联合会等会员制组织的社会团体;还有民间出资成立的,直接提供各种社会服务的那些民办学校、医院、福利机构等非会员制组织的民办非企业单位;还有许多基金会,是基于一定财产关系而形成的组织;也有一些中介组织和社区活动团队等。

2. 社会组织的特性

无论是一般性的,还是特定性的社会组织,它们均具有公益性和非营利性的特点,是直接为社会需要而提供服务的组织。

对于非政府性的社会组织,除过上术特征外,还具有民间性、自愿性和自治性特征。其中,非营利性,是社会组织的首要基本属性,也是完全区别于企业的根本所在。第二个基本属性,是以民间性、自愿性和自治性的表现而完全区别于政府组织机构。

正因为这种组织具有公益性,与政府的职能就具有一定的同功性。所以,在有些国家,一些社会组织就会行使一部分政府的权利。例如,日本农协就是一个典型的例子,他们组织起农民,为农业服务,同时在市场调控和政策贯穿方面,承担着国家和政府的一些职能,推动农业的发展。但也明显看得出,这些组织与政府机构具有明显不同的方面。

社会组织或者团体一般具备下列条件。

a. 由一群具有相同目标的人群组成,常常以会员形式加入的组织。这种组织一般有

30 个以上的会员（个人及单位）。

b. 有规范的名称、章程和相应的组织机构，还有固定的场所。

c. 有与其业务活动相适应的专职工作人员，合法的资产和基本经费来源。

d. 往往是能够独立承担民事责任能力的法人机构。

3. 社会组织的投资保障

社会组织作为一种形式，是社会运动中的重要组成部分。这些组织的存在，使得社会群体有了不同分工和相互间协作的社会基础，不同的分工和相互间的支持与满足，构成了社会的整体协调和发展。在农业标准化中，无论是哪个方面，都需要这些不同的社会组织或团体，从组织的独立和协作两个方面，进行有效的工作、运转和推进农业的标准化的进步。

基于社会的复杂性和社会组织的专业性，使社会组织的组成成分，从总体上看时，也变得十分复杂。还有，由于复杂系统的多面性，加上社会需求和分类的多视角特点，就使其所囊括的工作对象有万象倍出的感觉。有时候，还会有个人激发现象，导致社会组织的诞生与发展，如以个人赠予与捐资的方式，带动起了一个社会组织，依托这一捐赠，有目的地开展相关农业工作，但必须要与农业标准化密切相连。这样，其投资活动在一定程度上，对农业标准化的开展便起到了很好的保障作用。

社会组织的农业标准化投资保障，往往是局部的和小范围的活动。这种保障活动，除了具备这类组织的共性特质外，往往以项目落地的形式出现，有明确的阶段性，希望对支持的领域或者方面有较长的正面影响力存在。这是社会组织的农业标准化投资保障的主要特点。

基于社会组织的公益性基本特性，相比于政府的农业标准化保障，作用显然是很小的。但这种辅助性的保障仍然是必需的，有时候在社会影响力方面是相当显著的。因为系统的良好运行，往往只在关键处或者宏观方面，细节有些时候也起大作用，因为有"细节决定成败"之说。因为社会组织投资的独有特征，使得以利润为最终目标的大型企业，也常常参与进来，支持社会组织的公益事业活动，来间接地宣传企业，树立想要的企业形象，从而实现发展的目的。社会组织投资，对政府的公益性投入是一个极好的助推辅助作用，需要研究和充分的利用。

第三节　农业标准化人才保障

农业标准化是改造传统农业、实现现代农业化的唯一手段，是对农业复杂系统进行内容和形式上的彻底改革和修正的重要措施，是对几千年积存下来的农业理念与技术进行的一种近乎于颠覆活动的行为。由于我国农业大国的历史渊源，远离市场和小农经济的持续作用，所形成的是一种大概和经验作业的农耕文化，不计成本是其显著的内源特征，一切农业行为，历史性的循环在低端水平上，使绝大多数人对农业的认识，没有形成完整系统的动态观点，而视农业为最简单的生产行为。至此，农业思想就与现代农业的要求相差远，转变的根本，首先在于意识形态，其次在于农业行为，接下来才能涉及市场、经济与生态的系统筹划与谋求长期发展。在这里，显然有两个方面成为急切解决的问题,即支撑现代农业发展的标准化人才队伍和大众化农业发展与地位的正确认识。只有认识到位,人才具备,传统到现代的农业转变,才有动力基础。本节就农业标准化保障的第三大关键因子——人才问题加以阐述。

一、人才培养

在国家政策与方向明确之后,传统农业向现代转变的关键,就在于人才队伍与大众化的农业认识是否到位。现代农业和农业标准化在我国大张旗鼓地推动已近20年了,农业标准化社会氛围的营造和改变人们的农业认识,给全体中国人留下了深刻的印象,使人们由完全不接受农业标准化,到认识到农业需要标准化和农业一定要走标准化道路,是非常了不起的社会壮举。这涉及一个思想认识的转变问题。然而,中国农业需要标准化,中国农业标准化在这样复杂而多变的农业系统中落到每一个操作者的手上,靠谁来完成这一系统严密的多功能工作呢?多年推动的事实和经验非常充分地告诉人们:我国农业标准化缺少真正的人才队伍,使实际的农业标准化工作很难深入下去,更谈不上系统性的推动了。

农业标准化的过程保障,实质就是农业标准化人才队伍。因此,培养农业标准化人才,打造健全有力的人才队伍,已经成为当前和今后农业发展的关键所在。中国现代农业发展,农业标准化人队伍培养,只有从以下方面进行,才能迅速培养和壮大。

1. 专业性人才培养

这里的专业性人才培养,指的是以大学和研究院所为平台,在脱产情形下和系统培养的道路上进行的农业标准化理论实践型人才培养。这需要设置相关专业,需要向社会公开通过高级考试录取培养。在我国,人才培养的专业设置与认可,由教育部掌握。按说,经济发展到了今天,加入WTO后国内格局随之迅速改变,农业的古老模式明显要被以农业标准化为核心的现代农业方式替代,必然首先需要的是相关的人才及其队伍,显然,教育部门应当未雨绸缪,走在人才培养的前面,为社会的变化和人才的需求做出先期培养规划,在农业发展领域,尽早推出农业标准化人才培养政策,成为引领农业标准化人才培养的先锋组织。

然而,迄今为止,在全国大规模推行农业标准化近20年中,教育部门人才先行的标准化人才培养工作,仍然是落后的。虽然设置了"标准化工程"专业(代码110110S),却属于纯粹的管理类,是不全面的。特别是,农业标准化这一涉及农业发展前途和命运的横断学科,在专业设置方面,迄今尚存空白,没有更多起色。究其原因,无非集中在三个方面。一是认识不能很快更新以适应发展。教育部门没有真正认识到农业标准化在中国农业中的深刻地位与作用,没有看到以农业发源而发展的国家在与发达国家相比时,被人们所认为的许多"劣根性"就是因为没有长期和系统的标准化约束从而导致了不良后果。如今,我们正需要急速补足这一课,从意识到行为的全方位跟进国际行为准则。但农业标准化人才及其队伍的缺失无疑给这种"急需"雪上加霜。哲学告诉我们,意识决定行为。有些人对农业及农业标准化在意识上认识得不充分,必然导致行为上的不跟进。这里还有一个深层次的认识问题,那就是对农业的真实社会地位及其战略高度的准确把握。发达国家早就将农业作为国家发展战略的制高点来考虑。对当今农业仍然带有浓厚惯性认识的人们，一方面受中国农业历史状况影响过重，另一方面没有真正认识到今后农业对于一个国家发展的长远与深层的影响作用。中国农业的历史性"低劣、下等"的人为经历，使一部分人对农业认识不清。对农业标准化的重要性不了解和农业标准化在中国发展中的地位认识不明的行为，给予了意识上的无形支撑，这是再不能存在的落后观点了。二是迷外思想在内心深处作祟。一个国家的教育，核心是为本国建设需要来培养人才的，相应的学科专业设置，就必须根据国家人才培养需要来设置和调整。对于农业标准化的专业认识，在教育部门，没有深刻的研究结论和前瞻性的战略思考，一方面将其与以往的所谓标准化学科同归一辙，错误地用工业标准化思想衡量农业标准化，从而掩盖了农业标准化的质。另一方面，他们看国外，似乎国外没有明确的农业标准化专业，我们设置这种专业是否有意义？这里特别要指出的是，中国发展，是从农业发迹、发展和壮大的，在几千年的历程中，中国农业从不与市场挂钩，历史上的中国人对市场和经济懂得的很少，也没有为当今积累下来用市场和经济杠杆约束行为的经验，因此，中国文化中的这种标准化成分也很少，久而久之，从意识到行为上的大量的无规则结果出现就很自然了。这些无规则行为，成为我们太"没有教养"的重要根源。恰恰相反，发达国家从一开始，就将市场与经济的作用杠杆引入了生产、生活和发展中，标准化不得不成为每一个人优化自己行为、约束自我发展的首要工具。其结果，长期的应用、提高和发展，使各方面的标准化活动以明确的规制，融入到西方人的血液与骨髓中去，构成了当今西方社会发展的基本组成部分，在表面上的标准化提法和表述自然地就显得非常少。而我国现实是以无规则的农业到有规则的工业化，再到较为全面的综合发展而进步的，但其中的现实因素是，农民仍然占有总人口的绝对优势，非农人员中的绝大多数仍然是从农业人口中转移过来的，农耕文化仍然占据着中华文化的绝对优势，历史上的标准化一直以隐含和经验的形式表达着自己，发挥着隐性作用。当 WTO 平台要求以标准说话、规则行事的新时代来临时，我们却没有这方面的明晰理论与方法，我们的许多行为由于不能进入国际通则的要求而被排除在外。由此，中国国大人多，发展历史连续，富有自己的轨迹特色，则农业标准化学科设置应完全迎合中国发展的实际需要，更是挖掘中国农业乃至所有发展积累的经验遗产、综合集成其优秀部分为今服务的大好时机，不但应当设置农业标准化人才培养专业，而且应当迅速成其理论，建其模式，为国家现代农业发展和现代国家服务。显然，用农业标准化统领农业的全部，不但解决农业的市场化根本问题，更重要的是逐步解决国人素质不高的内在缺陷。三是没有搞懂农业标准化与其他农业学科的关系。在科学技术发展的道路上，我们不得不承认，中西方在理念方面的最初定位是不同的。人类的中、西医理论就是最典型的例证。几千年历史发展过程中，中国农业在各方面的积累十分深厚，其中，农业生产经验是任何其他国家所不能及的。即使在科学方面，对农业的理解和系统水平上考虑，也是相当先进和深远的，尤其从哲理和联系性的阐述，几乎在当今的西方实证科学面前也属领先。然而，近 200 年来，西方那种富有严密逻辑的可见推理和量化求证，将人们对自然的逐渐认识结果，划分为越来越细的科目，以便于掌握学习而表现出的学问，即被国人称为科学的那些知识，就与我们自己的知识体系在格局组成上有些相异而显示不出其刚性的明晰性。相比之下，国学求证无力，推理有之却难以清晰掌握，外国的科学更易于掌握和操作，加之其新鲜性和该理念作用下的国外技术与产品的先进性，无形加速了人们对外国科技的迷信和神往，反而淡忘了国内科技的雄厚积累和挖掘潜力。这是我们不愿意看到的。真正的科学与技术的发达，只有走中西结合、各取优势、杂交提升的道路，才是真正科学和富有生命力的道路。

明白了中外科技的发展与关系，就应当对理解农业标准化与农业科技的学科之间的关系，有很大的启发了。当今农业科学，在人才培养方面的分科，先是尽量地进行学科的细分（沿用了西方的科学思想），后进行一定的综合，再到学科的交融，即使这样，其速度要比国外慢了许多年。例如，国外 20 世纪 80 年代就开始了学科交叉，90 年代进入文理交融，21 世纪则几乎没有这些表达。我国却在 21 世纪还进行着学科交叉，就连高考迄今还有文理分科，进入大学才进行了部分加法式交叉活动（一个班里有文、理科生同在）。农业大学里的人才培养，仍然源于更细的分科，以专业和方向、分类卡定了农业中的人才（学生、老师和研究人员）及其工作方向。每个专业或者方向，以"纵深"发展为"淘金"指标，而忽略了其横向的联系与作用，结果，形成了大批知其一不知其二的"专家"，对解决农业问题、推动农业发展甚至形成农业科学领域的"大家"，却作用不大。中国正缺少系统思维的人才。

农业标准化，是一门以系统科学为依据的横断学科，是探索和寻找复杂农业巨系统中的过程关键、经过协调一致的优化固定以确保过程重复时的效益最大的农业科技复合体。其以多方效益最大和可持续发展综合一体化为最终目标，对原有农业科技成果与经验在现代工具的应用中进行集成、优化和再集成，为人们重复使用提供最佳的程序的过程。显然，农业标准化偏向于技术方法学和现代管理学范畴，是现存所有农业科学专业设置的有高层综合学科，是思维体系不同于原有农业科技分科体系的另一类复合性极强的体系，这种体系正适合于复杂农业发展到一定高度、农业与市场紧密结合、农业担负环境健康成分的重大需要。设置农业标准化学科及其人才培养体系，不但对于农业发展极为适宜，而且对于改变非市场力所成的大量不适宜于当代社会发展的全部行为是一个划时代的作用。目前的状态，是在学科设置和梳理方面出现盲区而不能解决所致。

综上所述，农业标准化专业人才培养及其队伍建设问题，必须在大学设置农业标准化院系和专业才能从根本上解决。在人才培养理念方面，必须以横向学科的专业分科性和人才等级的层次性相结合来推动人才培养。同时，必须根据农业系统的复杂实际与社会发展高度综合趋势开展人才培养；必须在社会发展的前瞻性分析判断下从战略高度设置和展开农业标准化人才培养。

2. 集训式人才培养

集训式人才培养，是一种应急性较强的培训模式，可产生立竿见影、刀下见菜的快速效果，是解决当前人才短缺而短期不能弥补的一种良好方法。根据我国农业发展实际，由于长期以来没有农业标准化人才的储备，加入 WTO 后，形势逼迫我们不得不进行农业的标准化推进，相关人才队伍完全处在缺失状态。另外，全国农业人口占据了绝大多数，农业布局广泛复杂，又处在小农经济向大农的市场化转型时期，多方因素挤压，更加显现出农业标准化人才的奇缺特征来。面对这种形势，解决农业标准化人才队伍及其在农业一线的保障问题，只能先采用集训式以应急需，再逐步建立不同类型的正规培养体系。

要想提高农业的市场应对能力，要想我们的农业产品在国际市场上满足通行的准则和信息的对等及无损传递，要想从内部大规模、显著地提高农业生产力，只能尽最大可能、在尽可能快的条件下，建立农业标准化的人才队伍。这一个队伍体系，无论从规模、范围还是领域，均可谓史无前例。因为，该体系要求对从事农业操作和管理的各类人员进行入门培训，其中包括了对农民的培训。

集训式人才培养的内容，有两个方面。一是对人们进行大量广泛的宣传、动员和形成认识上的统一。通过培训的正规化平台，在农业认识观的改造和意识角度的转换上先下一番苦工夫。因为，近万年的农业连续发展历史，所形成的深远文化体系，在短时间内改变是不可能的，尤其是意识形态领域中的思想体系，把人们从传统农业观念中跳转出来，不是朝夕易事。转变的主要切入点是，传统农业中也存在大量农业标准化影子和方法，由于远离市场、不以经济为核心的原因，没有被认知和挖掘，没有明确的标准化理论产生并加以理论提升与再应用，农业标准化以无名英雄的角色，只在经验的层面上发挥着作用。显然，社会的发展，现代的要求，使农业必须以标准化的规制前进时，人的认识理念、行为规范和经营方式等都要在明确的标准化理论与方法指引下进行。那么，人的意识与行为符合性，就成为传统农业到现代农业转换中的最关键环节了。二是应用农业标准化原理与方法知识，开展教学与实践的具体训练。通过知识和技能的培训方式，来强化培训人员的标准化操作指导与实践管理能力，以获得推动农业标准化的一定指导管理能力，使受训者能够在今后农业管理与操作中尽量减少主观随意性，尽可能多地体现农业标准的关键点和刚性化落实，并通过标准化知识与技能的应用，能够将传统的、以生产为主型的农业从实操层面上，逐步扭转到面向市场、合作经营、标准化贯通的现代农业模式上来。

集训式人才培养的方法，应当严格一套标准。集训式人才培养方法，是一套经验积累相当丰富的方法，基本套路众所周知，但迄今为止没有严格的书面标准约束，有无法区别于传统的缺点。在农业标准化人才培训的这种方式中，首先应当研制相关的标准及其体系，主要从培训的格式和要求上加以考虑。一是对这类培训的程序进行高度的总结、提纯和优化，形成集训培养的标准格式。例如，集训式培训常常表现为短期脱产，那就在理论课和实践课的比例安排、每个班级最多人数、不同班级配置的师资能力等方面进行综合搭配和优化。二是在要求上划分具有标准考核功能的具体层次，如培训的时长划分、受训人员的学历及经历划分、不同培训目标下的分类培养等，应当事先研制并形成一整套的标准体系，提供培训的使用。研究和提取这些过程关键点，从管理和操作等方面产生标准规定，就使得农业标准化的集训式人才培养成为真正的标准化人才培养方式。只有这样，才能为这些培训人员及参与培训的所有人员建立真正的标准化氛围，用标准化氛围构成有用的正规化培训的格局，被培训者的标准化意识也自然地产生固化。

显然，实施集训式标准化人才培训，培训的自身和培训的氛围，就必须满足标准化的要求，时时刻刻表现出标准化的影子，农业标准化的思想、原理及其方法也就非常自觉地进入到每一个人的行为之中。参与这种标准化知识培训的人员，无形之中自然地就会展示出一种标准化正规性气息来。

可见，搞好集训式农业标准化人才培养，研制和颁布具有全方位覆盖的标准体系成为培训能否成功的基本步骤和成功关键。

3. 干学结合的人才培养

干学结合的人才培养，也可以理解为不脱产的即时培训。在农业领域，常常被描述成"田间学校"，即人员不离岗，工作照常做，老师现场培训指导，学生立即体验学习。培训效果体现于工作过程中，学习者边干边学，立竿见影。

这种培训，突现了"手把手、一对一"的特征，能够直截了当地告诉受训者"怎么做"才是最佳的方法或程序，采取的是现场指导和直接操作，要求被培训者当场学会某些关键性的方法，使其立即改善原来的做法与想法并向简单、省力和省时的方向前进。在农业领域中，干学结合的培训效果，要比集训效果来得更快，更为直接，尤其适合于操作层面上的技能提高，即农业生产过程、服务过程、成熟采收、包装及农产品加工、贮运和销售等方面。

当然，我们也明显能够觉察出来，这种培训，不能讲授"为什么"，也不能传递知识的系统性，只是对眼下问题的解决和局部的实操技能的提高有帮助，完全属于速成式培训。另外，这种培训不能求一次性的规模，每个参与指导培训的专业人员，只能是在小规模范围进行。也就是说，每次培训，人员不能太多，否则无法保证效果。在一个培训指导人员的日工作量中，被辅导培训的学员最多也只是 10 人（最少要 5 人），而且必须以小组、以个人、分时段进行，每小组人员为 1~3 名，给每组培训辅导的时间不能超过 1.5 小时。

这种培训方式，适合于新标准宣贯、示范样板建设、推广局面打开和以点带面的落实等以小引多的目的的实现，适合于农业大学、研究院所、企事业农业推广中心等面向农业第一线的操作人员，进行示范性培训时采用，也适合于农民乡土专家在农业第一线指导农民。现阶段的农业专业合作社成员学习农业标准化知识，多采用这种方式，效果甚佳。

诚然，这种方式也不是什么创新，而是应用了多少年的成熟培训指导方法，在国际上的做法，被称为"农民田间学校"。但是，该方法在我国非常广泛的应用中，过程行为一直处于传统的所谓技术培训中，以十分随意的、没有书面确定的严格最佳程序的方式推动，培训全程没有严密的方案产生，以"感觉"和"经验"的模糊操作进行，过程的关键点及其培训的结果有效性等也没有刚性标准的约定，整体系统没有完整的标准体系约束，使培训过程与效果进入高度弹性化范畴。这就给量化管理带来许多困难，反而容易给蓄意造假的人带来方便，被这些有意制造假冒的人加以充分地利用，置培训于一种口号和形式化，使培训记录成为空文甚至空造，培训效果无法裁量定身，全凭嘴说。近 20 年来，政府对于各种培训的投资产生效果不佳甚至项目资金流失的一个关键，就是培训的过程没有刚性衡量依据，计划资金无法以常纲状态监察评定，使人们普遍对培训项目产生困惑甚至不能相信为真。

研究和建立给予干学结合的培训方法以完整标准体系，是十分必要的。有了这一标准体系，培训就会落到实处，培训的过程弹性就会大大缩减，培训的管理就会进入应有的章法序列，培训的公益性开支及其预期的效果也就相互对应，卓有成效了。

干学结合的培训标准体系，主要由训前设计标准、人员资质（从事培训的所有人员）

标准、单次人员数量与质量标准、培训过程标准、培训过程监管标准、培训效果评价标准、培训结果公布标准及跟踪培训标准等组成。这一点，应当确定并作为国家级标准，为种类培训设定衡量的刚性指标与程序。

干学结合的人才培养方法，是永久性、不落伍的人才培养方法。因为，这种方法一直是面对产业终端的操作者进行的，是产业运行之神经系统的末端，这个末端是永久存在的。在实际操作中，由专业人员和实操人员相结合，指导培养。

二、人才结构

农业标准化保障中的人才结构，实质应当是标准化开始和过程实现真正标准化的关键。从形态上讲，这种人才结构必然是一个金字塔形的，即从高级人才到一般人才结构的数量渐增形态。同时，这种人才结构也是一个能够不断进行新旧更替、具有新陈代谢功能的流动式金字塔形，以保障事业的持续发展。从内容上看，必须是符合农业标准化理论思想体系的结构形态，即符合精简、统一、协调、高效的基本功能，这在结构组成中，一般不会变化，只有质量的逐渐升级，没有快速的过程流动。当然，不同的集团范围，有不同的标准化人才结构，因为，结构与功能是对应的。

1. 人才结构类型

农业标准化人才结构类型，以不同的目的出发，就有不同的类型表现。在边界明确的条件下，或者在一个集团范围内，人才结构以分布的疏密程度分，可分为紧凑型、松散型和复合型三种情形。例如，在一个县域内，农技中心的标准化人才可谓是密集型的，农业企业（农场）中的标准化人才较多，农村农田中的就较少了；在一个规模较大、综合性强的农业集团中，农业标准化人才队伍结构自然是紧凑且为复合型的。由于任何一个单元（或者集团，或者小组）都具有系统性，其内部结构也有层次和亚结构上的功能表现，管理型、技术型和操作型三类人才结构的体现就成为必然了；集团的发展，不但有现状的稳定与持续，更需要从长远有所思考和决策，因此，以时序发展的有效性看，必然有战略型、战术型和落实型的人才结构搭配，这种结构搭配，主要将体现在智力的开发和对未来及现状的有机联系与策划，即这种结构往往更多地体现在人才智力对时空利益的预测及落实方面了；当然，以全国总体看，中央型、省地型和县乡型的标准化人才结构搭配，就更加自然、更为有用了；还有，从不同的经营状态可有企业型、事业型和家庭型之分，对农业面向经济大市场的今天，这三种类型以实实在在的推动方式，为我国农业现代化各尽其力，各展其绩。

2. 人才结构功能

基于农业的复杂性，任何结构下的人才队伍，均有与之结构相适应的功能表达。重要的是，传统农业时间过长，已经形成远离市场，不以经济发展为中心的文化体系，在面对现代农业发展、标准化作为唯一抓手的今天，无论我们在哪一个系统范围（或者国家层面、省地层面乃至乡村，或者水域、稻田、旱地，或者种植、养殖、加工，或者企业、合作社、家庭，或者超市、商店、小卖部，等等），都必须打破传统束缚，一切遵从标准化思想理论和基本原理，将结构的功能围绕着中心目标发挥到极致，搭配到最佳，进而产生系统水平上的放大工效，体现标准化的最终目的。

一般地，结构决定功能。但在复杂结构中的功能表现，可能由结构的微小组合而产生更多或者更强大的功能。在农业标准化中，这种可能性更有发生的基础，因为它建立在复杂的基础上。

3. 人才结构作用

保障农业标准化推进的人才结构，在作用方面，具有很大的特异性。这里主要指的是对我国农业发展。因为我国农业的历史演化与当代要求之间差异太大，主要体现在，过去的远离市场与现代的市场引领，以及经济效益下的大规模要求与传统中的小农经济的格格不入。那么，农业标准化保障的人才结构，将承担着改变人们对农业标准化认识的提升（即意识方面），从事农业工作的自觉标准化行为培养，以及能够自觉自愿地在个体水平和群体合作层面上的标准化符合性协作与推动等，都将产生重要的、潜移默化的作用。诚然，我们知道，要改变一个人的认识是困难的，我国农业标准化长期小农发展，所形成的种种小农意识，想彻底改变，也是很困难的。通过农业标准化保障的人才结构合理搭配与农业标准化的实际推动，在行为和结果两个层面上形成事实教育，对意识的改变就是彻底性的。当意识有了正确的方向，认识到了一定高度，行为上的落实就变得十分容易了。

因此，农业标准化人才结构的作用，在农业标准化人才队伍保障中，无论对体系内还是对体系外，都将具有发展上的重大作用。

三、团队合作与文化影响

农业标准化的质，是对重复过程和重复事件进行过程的最佳程序规定并使之落到实处，以获得最大的经济效益、社会效益、生态效益和智力水平提升效益（至少有其中的一种凸显）。宏观上讲，要取得一个最大效益，规模性是一个不可忽视的效益基础，即规模越大，越能体现最大效益，亦即规模效应。在规模效应中，团队的合作是最为关键的环节，团队的良好文化建设与成型，是使规模效应增益和持续发酵的必要条件。因此，农业标准化方法固然好，但也离不开这些软环境的支持。

我国农业发展和农耕文化形成，均是在一家一户的背景下，历经了近万年的征程产生的。单家独户的生产经营，成为国人经营的基本习惯，相互间的联系与互助，并不经常发生，只是在劳力紧缺或者工作很忙的时候，零时搭帮互助，根本构不成主体文化。同时，处于人的本性，相互间的竞争和超越的使然，并不希望邻居发展比自己好，给别人以发展阻力，也是常有的事，相互间的诚意帮助，也难以持久下去。久而久之，独立性比合作性要强许多倍。这与发达国家相比，差异显著，正所谓"一个人一条龙，两个人两条虫"的特点是突出的。

然而，现代农业，标准化领路，合作性跟进，系统性要求，必须使人们在合作的氛围中进行，在越来越庞大的体系中运营。只有这样，才能真正到达理想的效益境界，完成理想的效益目的。我国农业发展中的团队合作与文化影响，今昔对比，要求上差距甚大。这是既成的事实，必须直接面对。目前摆在我们面前的任务只有一个：寻找最佳途径，今昔稳转，过渡分散经营到联合、大联合经营状态。这需要弥合差距。而要弥合这种差距，非得下大工夫不可，是一个非常艰难的过程，因为这要与人的传统理念和意识深层的行为进行一番较量。

为了国家发展和民族兴旺，在全球化经济发展不可逆转的情况下，对农业用标准化推动是必行之路。那么，建立和提升团队合作意识及其能力，营造有益的文化氛围，就成为农业标准化发展中必须要做的重要任务。实施团队合作和文化氛围建设，还是要用标准化方法推动。这就要求我们在一切领域，进行事先的评估，根据各方面的资源情况，结合发展的时机，抓住关键，分清层次，由宏观到微观研制标准，分层宣贯，逐层深入，最终建立起良好的团队合作规制和应有的主流文化，从而使之后的情形进入顺应发展的序列。农业的标准化时代，团队的合作与文化的影响有时候具有决定性的作用。

第四节 过程监管

过程监管是任何过程不可缺少的保障手段。只有过程监管，才能最大限度地实现既定过程安全、有效的运行，才能对运行的结果有一个放心的交代。

一、基本概念

这个概念有些复杂。虽然用途很广，却有不同用意。看其表面意思，则关键在于"监管"。监管的解释是"监视管理"或"监督管理"。本书中所用的是后意。

1. 监督管理

监督管理，可以理解为监督和管理两层意思，也可以理解为监督的管理。在农业标准化中，这两个意思都应当存在。对于监督和管理的理解，其内涵就有很大差别了。监督，本身就属于管理的内容，即对特定现场或某一环节/过程进行观察、察看、监视和衡量，起到督促、纠偏和防止失误的作用，使其结果能达到预定的目标。"监督"这种管理，与纯粹管理的不同在于，是从事物（环节或者过程）的外部介入（第三方）且从过程关键点入手所进行的管理，接受这种管理的受体是主要管理者或者管理首长。所以，在监督发现问题的时候，其管理程度要比过程管理强度更大一些，往往会追究管理主体的责任。与监督的管理所不同的"管理"，不是从外部介入或者第三方出现，是环节或者过程必需的本来管理，即主要以"内部管理"的面目展现，是对环节或者过程进行正常程序上的推动性安排与落实，其监督成分来源于管理者自己所管辖的业务范围的运行调配与推动，对下属的过程要求符合性操作进行的指导。这种过程也存在着监督性的管理，即管理者对操作者一方面进行指导，另一方面进行监督。一般而言，在监督管理中，上级对下级的管理，在下达指令时以管理成分为多，在指令下达后的执行过程中，则以监督成分为多；对一个独立单位（系统）而言，系统内的运行管理被视为是正常的管理过程，而系统外对该系统所施加的某些管理，特别是带着明确目的（这种目的往往包涵着与本单位发展无关甚至不利的因素）的管理，则为监督管理。

2. 过程监管

过程监管，就是对过程使用的监督措施。这里的过程，是指某一时间序列上的劳动进程。

过程监管分为过程监督和过程管理两个方面,其性质有很大差别。过程监管的基本依据,就是被监管体是否按照事先的标准规定做到了规定要求。对于农业标准化过程,监管的难度比较大,主要是由于其过程复杂且常常变化。过程监管的宏观作用,实质就是保障过程的质量和数量达标,效益最高。过程监督的具体作用有四:一是监督过程是否符合标准化事先规定的标准要求,起到纠偏提效的作用;二是通过监督,避免过程有大的意外发生,保障农业标准化能够健康顺畅地实施下去;三是通过过程监督,对社会、消费者及与此过程有关的所有成员要给予一个在结果应用方面的放心安全的交代;四是有了过程监督记录,就特别有利于对相关矛盾给予快速、公正、客观和低成本的解决。可见,过程监管,对于农业标准化落实的保障,具有重要作用。监督是通过社会公认的、依据标准客观公正例行事务的第三方机构来完成的,监督是随着相关发展、与时俱进的服务机构。监督是管理的一种较为特殊的管理形式。

3. 全过程监管

全过程监管,是把满足特定目标要求的全部劳动进程纳入监督范围加以控制的管理。在农业范围,就是要求对农业的产前、产中和产后等全部过程,应用农业标准化手段,对影响质量安全的所有因素、所有环节,全部纳入监管范围。实质上,良好的监管体系,一定是全过程、全方位的,更是抓关键的。防止和避免"全过程监管"中那种眉毛胡子一把抓的高成本监管方式出现。

监管机制,是指对运动事物所赋予的一种能够保障其安全有效运行的管理方式,主要由多项既紧密联系,又相互牵制的标准体系(制度)形成。这种机制的本身有时具有很强的自觉性作用。监管机制在形式上表现为督察制度、问责追究制度和复命制度等的建设和落实,关键在于良好的体系建设。

在激烈的市场竞争中,经济的发展,执行力十分重要,实用且完善的规章制度和质量管理体系是经济高效运行的基础,加强监督管理是保证企业执行力有效推行的重要手段。因此,建立强大的监管机制,是推动经济单元健康发展、事业蒸蒸日上的重要方面。

二、监管机构

基于监管的功能,我们不难理解监管机构。监管机构是那些能够承担监管责任、发挥监管作用的独立单元。该单元小到可以由一人承担,大到是一个集体。

1. 监管机构类型

监管机构,是按照监管对象的不同,划分和承担监管的模式结果,如农业生产机构、服务机构、销售机构、保险机构、信托机构等。其优势在于:当农业机构从事多项业务时易于评价机构产品系列的风险,尤其在越来越多的风险因素如市场风险、自然风险、法律风险等被发现时,通过监管可在早期避免不必要的损失。监管机构也是一个庞大的机构系统。

国家不同领域,都有相应的监管机构。监管机构是根据相关标准(包括法律规定)对国家相应体系实施监督管理的组织,其监管的职责,均在事先有明确的标准规定。

按性质分,监督机构,一般分为两个类型,即完全执法型和纠偏指导型。对于前者,多应用强制性标准办事，如依法办事机构。这种机构多关注的是与国计民生有关的较大事情，多与国家机器联系，或者就是国家机器的一个必需组成部分。纠偏指导型，则多出现在大量一般性的经济活动中，其管理可涉及小到日常生活琐事，大到一些接近技术法规约束的事件。其与社会认可、社会监督密切相联系。由于这种特性，在社会活动中，多以第三方、社会性的面目出现，不以政府机构出现会更好一些。

按层次分，可依托行政建制分为不同层次，如中央级、部委级和地方级。这种机构的功能，一般由上一层对下一层实施监管，并向下有通管监督性。

按政权能力可分为政府行为的监管机构和社会行为的监管机构。前者是在政府领导下实施监管功能，后者则是在社会需要中落实监管工作。

农业监管机构的表型比较多，这与农业的特点及农业博大的包容性有极大的关系。目前我国农业监管系统主要是国家管理，政府行为。社会监管能力较弱，正在发展，但该领域的社会监管不会强于政府行为。这与农业的基础地位及与人体健康和人身安全的联系紧密性有直接关系，另外一个原因是高度分散的农业现状及在监管方面没有历史发展上的积累，再加上人们的意识没有达到应有的高度、社会诚信力还没有完全建立，不能将这种监管完全交给社会来运行。

2. 农业监管机构

虽然农业监管机构的潜在需要是多样的，但并不是说其数量必须庞大。这种多样主要是指其监管的功能尽可能与目前市场发展的农业需要相匹配。否则，为了标准化的水平提高和用来推动农业迅速发展，单从监管机构的数量上追求以满足复杂的监管需要，就可能违背了监管的本来意图和农业标准化的基本原理。

我国目前最有权威性的监管机构，有国务院食品安全委员会、国家质量监督检验检疫总局及其行政管理的国家标准委和认监委，还有农业部、商务部、卫生部、全国供销总社、林业局等下设的农、林、药产品质量安全监管机构。同时，多个认证机构，也具有监管功能，主要是对自己认证过的范围、产品等进行标准规定下的监管工作。

（1）国务院食品安全委员会 根据《中华人民共和国食品安全法》规定，为贯彻落实食品安全法，切实加强对食品安全工作的领导，2010年2月6日设立了国务院食品安全委员会，作为国务院食品安全工作的高层次议事协调机构[1]。文件规定，中共中央政治局常委、国务院副总理任国务院食品安全委员会主任，中共中央政治局委员、国务院副总理任国务院食品安全委员会副主任。该委员会作为国务院食品安全工作的高层次议事协调机构，有15个部门参加。该委员会设立办公室，国务院副秘书长任办公室主任，具体承担委员会的日常工作。该委员会第一次全体会议于2010年2月9日在北京召开，其主要职责是：①分析食品安全形势，研究部署、统筹指导食品安全工作；②提出食品安全监管的重大政策措施；③督促落实食品安全监管责任。

（2）国家质量监督检验检疫总局 该局是中华人民共和国国务院主管全国质量、计量、出入境商品检验、出入境卫生检疫、出入境动植物检疫、进出口食品安全和认证认可、标准化等工作并行使行政执法职能的正部级国务院直属机构。按照国务院授权，将

---

[1] 中华人民共和国中央人民政府网：国务院关于设立国务院食品安全委员会的通知. http://www.gov.cn/zwgk/2010-02/10/content_1532419.htm[2014-10-02]

认证认可和标准化行政管理职能,分别由国家质检总局管理的中国国家认证认可监督管理委员会和中国国家标准化管理委员会承担。除此之外,该总局的监管职能总起来有以下五点[1]:①组织实施出入境动植物检疫和监督管理;管理国内外重大动植物疫情的收集、分析、整理,提供信息指导和咨询服务;依法负责出入境转基因生物及其产品的检验检疫工作。②组织实施进出口食品和化妆品的安全、卫生、质量监督检验和监督管理;管理进出口食品和化妆品生产、加工单位的卫生注册登记,管理出口企业对外卫生注册工作。③组织实施进出口商品法定检验和监督管理,监督管理进出口商品鉴定和外商投资财产价值鉴定;管理国家实行进口许可制度的民用商品入境验证工作,审查批准法定检验商品免验和组织办理复验;组织进出口商品检验检疫的前期监督和后续管理;管理出入境检验检疫标志(标识)、进口安全质量许可、出口质量许可,并负责监督管理。④依法监督管理质量检验机构;依法审批并监督管理涉外检验、鉴定机构(含中外合资、合作的检验、鉴定机构)。⑤管理产品质量监督工作;管理和指导质量监督检查;负责对国内生产企业实施产品质量监控和强制检验;组织实施国家产品免检制度,管理产品质量仲裁的检验、鉴定;管理纤维质量监督检验工作;管理工业产品生产许可证工作;组织依法查处违反标准化、计量、质量法律、法规的违法行为,打击假冒伪劣违法活动。

(3)农业部农产品质量安全监管局　主要监管职责有[2]:①组织开展农产品质量安全风险评估,提出技术性贸易措施建议;组织农产品质量安全技术研究推广、宣传培训。②牵头农业标准化工作,组织制定农业标准化发展规划、计划,开展农业标准化绩效评价;组织制定或拟订农产品质量安全及相关农业生产资料国家标准并监督实施;组织制定和实施农业行业标准。③组织农产品质量安全监测和监督抽查,组织对可能危及农产品质量安全的农业生产资料进行监督抽查;负责农产品质量安全状况预警分析和信息发布。④指导农业检验检测体系建设和机构考核,负责农产品质量安全检验检测机构建设和管理,负责部级质检机构的审查认可和日常管理。⑤指导农业质量体系认证管理;负责无公害农产品、绿色食品和有机农产品管理工作,实施认证和质量监督;负责农产品地理标志审批登记并监督管理。⑥指导建立农产品质量安全追溯体系;指导实施农产品包装标志和市场准入管理。⑦组织农产品质量安全执法;负责农产品质量安全突发事件应急处置;牵头整顿和规范农资市场秩序,组织开展打假工作,督办重大案件的查处;指导农业信用体系建设。

3. 社会监管发展

我国在农业监管方面的机构发展,需要加强社会监管功能的发挥。今后的农业监管,应当在政府宏观监管下,鼓励社会第三方监管体系的建立与运行,引入市场机制和法规作用。我国农业面向市场的发育开始不久,许多方面需要新的组织和适应,特别在围绕质量安全与可持续发展方面,由于小而多的农户经营特色,又沉淀了深厚的文化背景,除了政府的监管外,社会第三方监管,在一定程度会起到事半功倍、彻底监督的大好作用。然而目前这方面的作用还很微弱,需要扶持。这是农业今后发展的一个不可缺少的重要方向。

[1] 国家质量监督检验检疫总局网: http://www.aqsiq.gov.cn/xxgk_13386/jgzn/zjjs/201312/t20131224_391982.htm[2014-10-02]
[2] 农业部农产品质量安全监管局网: http://www.jgj.moa.gov.cn/jieshao/zhineng/201006/t20100606_1532739.htm[2014-10-02]

三、监管方法

无论哪种监管方法，都必须遵守基本程序，即明确依据、严格程序、建立长效机制并以避免风险为首要目标。

1. 明确依据

从心理学角度看，监管与被监管之间往往存在着距离，双方不能真正的以对等水平和以常态化平等、一致的合作观点把事情推向比原来单一结果更好的系统正效水平。监管者往往以检查和高人一等的心态表现自己的行为，被监管者却多以防备和把守的心态应对监管。这样，就会使促进发展的监管变成了做假的引子，甚至有时成为妨碍发展的过程因素。为避免这种不良情形的产生，应当事先明确颁布并且符合当时水平的有关监管要求标准，让与监管有关的所有人员事先明确并掌握这些标准要求的约束内容和怎样能够达到共同的发展目的。同时，在监管目标落实的开始阶段，对双方都是明确的，切不可随意改变。这样，监管就会变成每个与监管内容有关的人员在各自动作过程中、随时核查和纠偏自己的实际行为，在监管真正发生时，其符合性常常为最好的结果。

监管的依据，要根据目标的要求和过程关键点设计，事先形成明文规定，如监管的关键环节，每个环节需要达到的具体指标，以及监管的具体程序，等等。将这一系列监管的具体标准要求制定颁布，让所有人知晓。特别提醒注意的是，监管所提出的一系列标准要求，是与被监管项目或者过程在执行前和执行中事先确定的过程、方法和要达到的目标是相通、相配套的，绝不是另立一套的监管结果。

2. 严格程序

其实，严格程序，在我国是一个普遍的问题。经常有人说，"上有政策、下有对策"就是程序执行不严格的结果。随之同行的监管也就不严格了。从系统的角度看，程序（标准）再好，执行不力，仍同虚设，结果不但得不到满意的答案，更无受益系统效应，反而会将长期利益损失殆尽。程序执行不力的现象，在国人心中，几乎有着先天性缺陷，从基本功的炼就上就有功底不扎实的缺点。这在农业领域更为突出，粗放和大概的动作方式时空见惯，需要我们在推进农业现代化的过程中以最严肃的问题来对待。

从监管角度谈及严格程序问题，有例为证。在美丽乡村建设标准化调研中，作者发现，被列入试验示范的村子，不少都出资获得了本村《美丽乡村建设发展规划》（简称《规划》），有的已经落实，有的正在进行。按说这可真是一件大好事。因为，《规划》就是标准的约定，本村建设所遵从的标准依据，也是步入标准化的村落建设与管理的基本指南。但是，将《规划》与实际对应时，却发现往往有不符情况发生。

《美丽乡村建设发展规划》，A3版面，厚度超过3厘米，文图并茂，设计花费20万～30万元，耗时长达一年多。这是村领导的心血，更是全体村民的汗水钱换取。然而在落实时，图是图，与实际不符。当询问乡村干部、为何出现如此情形时，得到的答案却是："常言道：'计划没有变化快'。规划设计较早，实际施工时发展不妥，所以就变了"。"那变化部分在《规划》中怎么没有反映出来呢？"回答是"变就变了呗，还有啥处理呢？"

这就是没有标准化思想的思维与行为。

变化是必然的，应变也是必要的，问题在于，如何正确地应对变化，怎样保障规划的稳定性和持续性，需要用正确的标准化方法进行，才有持续发展的生命力。那种随意改变规划的行为不是现代社会发展的基本规则，是脱离市场、脱离法规、自由散漫的无序行为。这种行为，根本不晓得标准规划的重要性和传递性，也就没有维护这本标准规划的权威性。

村级《规划》，本身就是村级发展标准体系，是一个在一定时期不可撼动的制度规定。《规划》中的图景、数据就是刚性的标准表达，是一个实体的缩影；规划的落实，是不折不扣的，是要还原规划中的所有图景和数据到实际中去。如果规划确有缺陷或者必须有变化，则需要在相关标准要求下实施修正，而不是随意改变。这是一个严肃问题，是一个衡量有关组织及人员有没有标准化理念、有没有可持续思想和具备良好劳动管理行为的重要方面。

随意改变规划、随便加减工程内容，是我国管理中过去常见的低劣行为。农业发展中在基层司空见惯，也是几千年远离市场、权力膨胀的主要表现。这在农业现代化发展中绝不能继续下去。这是危害巨大、涉及新的信誉制度建设和持续稳定发展的大事。

随意改变计划、方案或者措施而遵从相关程序规定，恰恰反映了标准化意识不强、适应市场变化和对过程发展的优化与效果追求能力不高的落后思想。这种意识和理念的存在，使做事的随意性大大增加，行使权利的自我膨胀欲无形发酵，监管的依据也不充分，从而失去了远见性安排，眼前利益严重，走一步算一步，导致"本届不管前任的事"。只要能随自己的愿，把过去的推倒重来也就很正常了。其结果，一方面会轻易地否定前期工作，造成社会资财的大量浪费，另一方面加剧矛盾的积累，给社会关系带来麻烦，甚至引起局部的不稳定，给社会秩序正常化带来隐患。农村目前大量的积累性问题，与此行为有很大关系。

实际上，适应性调整《规划》，当属于正常范围，但调整是有调整的规矩，不能随意。正确调整规划的标准方法，应当按照以下程序进行。

a. 依据实际，提出问题。根据实际，对照规划，提出缺陷，拿出修改意见，提交村民协商讨论，上报县政府，予以确认，之后提出解决问题的方法。

b. 根据方法，补充修改。针对问题与解决方法，提出修改意见，形成补充文件和图案材料，作为规划补充内容。

c. 通报村民，征求意见。召开村民大会，详细讲解修改内容，申述修改理由，提交商议并征求意见。收回意见整理，吸收采纳并公布结果，绝大多数人同意时，将过程和结果记录作为原来规划的补充文件，与规划一起存档。

d. 上报备案，实施落地。将修改部分上报县（区）有关部门备案，并落实。

e. 全程监管，确保质量。严格执行规划内容和要求，实行落实过程的全程监管，保证实施结果与规划的良好吻合，并对实施关键和全程结果进行评判总结，形成专门材料，存档并上报。

显然，这是《规划》修改的标准化行为。这么做的益处明显，一则可保证原规划的权威性、原点性和继承性，二则承认原规划诞生的原创性和历史性，三则会引导村民乃至所有人的标准化行为，摒弃"随意乱来"的无规行为。

在现代农业发展格局中，只有用标准化理论与方法规范一切行为活动，才能尽快提升人们的意识与理念，使传统农民很快适应城镇化要求，在较短的时间内融合到城乡一体、农村城镇化的新社会发展洪流中去。

严格程序，就是不但要严格监管程序，也要严格执行程序。只有严格了程序，才能更加有序，才能出现更大的系统效应。

3. 建立机制

标准是最好的管理者，也是最好的监管者。通过良好有效的标准所构成的制度体系，反映监管的真正机制。从结果向源头的倒逼法，实质就是对于系统反馈思想应用的一种表现。在农业标准化落实的监管保障中，反馈对于监管的功能和作用不能忽视，是建立高效机制的重要组成部分。在此基础上，建立督察制度、问责追究制度和记录复命制度等，从而保障监管的持续性、自觉性和有效性。

（1）督察机制　依据制度标准，实施督察管理，形成督察机制。良好的督察管理，要用督察制度规定。督察制度的建设是对督查事项的跟踪监督，是对管理队伍监管的主要手段。在一个确定的农业系统/单位中，部门整体运行标准明确有序，各部门工作职责分工协作良好，责任到人，全体人员对制度标准的执行力自觉且不折不扣，是部门/企业文化的基础，也是质量保障的前提，更是督察的依据。在此基础上，根据系统/单位组织结构的复杂性和人员多少，设置必要的检察机构（一般为两级），对该机构职责权限与运行，由具体人员履行督察。一般而言，一个农业系统/单位的一般性或者员工级别的监督、考核和信息反馈工作，可由行政部负责；在单位内部，可由最高行政部门负责；其他不同类型，如政务、安全、经营管理、生产和重大质量管理等方面，以及体系的执行力、监督、考核和信息反馈工作，可由各系统分管思想工作的人负责。

（2）问责追究机制　通过标准约束，建立问责追究机制，形成责任明确、过程到人、结果落实和负责到具体员工的量化追究的直接动力。具体就要建设问责追究制度，约束无为行为，就会将主观努力不够、工作能力与所负责任不相适应等的行为导致工作效率低、工作质量差、完不成任务的情况直观地挤兑出来，给问责追究一个刚性支持。无为则是过，有过必追究。对于部门和单位出现的无正当理由，未完成所承担的工作任务，或者不履行甚至未认真履行自己的职责而影响全局工作的，就应当采取明确的标准惩罚措施，如取消当年评优评先进的资格、诫勉谈话、通报批评、书面检查、公开道歉、劝其引咎等方式，分不同情况予以问责，以达到赏罚分明、惩戒有效的目的，从而提高执行力。

要求通过标准体系建设，建立环环相扣的责任追究制度（标准），对不同层次、各个岗位的员工的工作行为，就要研制产生出精细的责罚条例，让执行力弱或有过错者为其行为"买单"。对各单位、各部门及其工作人员在安全质量管理、生产管理、技术管理、经营管理、机电管理等方面的过错行为实行严格的责任追究制。对过错较轻的，给予训诫、责令检查、通报批评或调离岗位处理；对犯严重或者特别严重过错的，给予警告、记过、记大过、降级、撤职、开除等行政处分或党纪处分；对直接关系员工生命财产安全和利益的重大责任事故的责任人，要严厉追查，依法依纪严惩。

（3）记录复命机制　这是依据相关的标准，对于过程和结果通过管理程序，有始有终、有来有往的因果必存的机制运行。对单位职责内的所有工作，不管完成与否，承担人都要在相关标准的约束下，在规定时间内做好记录，并向有关部门或人员复命汇报，保证事事有落实、件件有结果。当执行人在执行开始后发现有困难或阻力，无法按时完成，必须在规定的时间内通过公开、正当的程序向主管人反映，否则就没有任何理由不完成工作和任务。这是保障执行指令、加强执行力、提高工作效率的重要手段。对于工作记录，要有专门机构和人员严格执行管理程序，加以管理。管理期限至少 5 年，最好为 15 年。

（4）绩效考核机制　这种机制是监管工作的某一阶段终结时的必备要素，必须长期坚持，往复提升，从绩效考核机制中产生激励机制。绩效考核是提高执行力的有效途径，也是标准化效果体现的循环终端。绩效考核体系建设应该围绕农业系统/企业的整体经营管理规划来建立，通过设计一套关键绩效指标（KPI），进行工作过程和结果的量化考核，既营造一种机会上人人平等的氛围，又体现个人与团队之间的平衡关系；既有明确的目标导向，又有对关键业务的考核，可以最大限度地调动人力资源，体现出简洁、实效、操作性强的特点。同时，还可以实施薪酬激励、培训激励和合理的授权激励，充分调动员工的积极性，提高执行力。

4. 避免风险

（1）关于风险　风险就是潜在的危险，在既定目标实现过程中出现的无法控制的干扰或者破坏的低概率事件。该事件若发生，必然使成本增加甚至目标毁灭。风险表现为成本或者代价或者收益的不确定性，也有目的与结果之间的不确定性表现。风险和收益成正比，所以一般积极进取的投资者偏向于高风险是为了获得更高的利润，而稳健型的投资者则着重于安全性的考虑而趋于低风险。从风险的性质看，具有客观性、普遍性、必然性和社会性一面，也有不确定性、可识别性、可控性和损失性的一面。因此，风险是有代价的，这种代价表现为两种情况，发生时必须付出代价，不发生时则代价为零，变成为收获最大。风险代价包括风险损失的实际成本、风险损失的无形成本和预防与控制风险损失的成本。

（2）风险来源　根据风险的定义和风险的性质，我们便可推导出风险的来源。风险的来源，一般有两种情形，一是对风险未能预知而出现了风险，二是预知到风险却使预防措施失灵而发生的风险。事物都是一分为二的。任何事物都具有其两面性，当从一个方面被视为很好时，另一面则必然会表现出对应性的差。风险是任何介入其中的当事者所不愿意看到的。对于无法预知的风险，一旦发生，就属于损失、损害或者不幸事件类。这类风险往往在筹划和决策完善的团队面前不会很大。例如，新疆的出口番茄酱，常常存在胀罐和菌丝超标的风险，生产者为此也做了大量预防工作，但总有类似事件发生而使企业蒙受损失。由于这些问题的根源不是在制浆生产环节出现的，且预防是系统性问题，这种情况以极低概率出现，尽管损失也不很大。而对于可预知的风险，特别与十分可观经济效益相联系的风险，虽然事先做了周密的防范却还是发生了，其后果往往是毁灭性的。例如，鲜活农产品的存贮和运输，对存货厚度、方法、运输时间等虽然有许多严格要求，却因为本身的复杂性及与环境的互动性，有时会出现意外，导致整体的损失很大。

(3) 风险的类型　按照我们活动与生活需求的社会劳动看，风险可归纳为技术风险、管理风险、政策文化风险和市场风险。

技术风险，关乎对农业过程控制的一系列技术问题，如适应环境变化的技术控制能力，标准的实用性，农产品的安全保障与质量提升能力，产品的商品化包装、存贮和运输等技术保障能力，必需的技术服务、销售服务等服务能力。这种风险更多地表现在标准的实用性风险中。

管理风险，由管理者与管理能力组成。管理者的素质越高，管理能力越强，管理风险就越低。管理风险不但可能体现在管理的当下发生，而且会在管理的作用后的某个阶段出现，即在管理决策和管理积累中产生。例如，由于某个战略决策的制定，没有考虑周全或者考虑的不深远，而在落实过程甚至落实后出现的风险；管理的积累性风险，是由于管理的不恰当，在某些方面施加了持续的、当下可容忍的某种副作用，时间长了，因积累而产生风险。

政策文化风险，基于农业的基础性和国家最高战略性要求，又要与市场需求密切相联系，就使得阶段性的政策支配显得十分重要。例如，农业标准化，如果没有国家战略需要和政策推动，靠农业自身走向市场，以悟其标准化之理并应用于农业过程，耗时必然太长，相应的损失也太大。文化层面的风险往往具有顽固性和持久性。以农业标准化为例，虽然国际形势与市场发展要求农业必须以成熟的标准化面目出现，却因为几千年的小农经济积累的文化，使农业标准化推动难度剧增，实施的速度和效率大减，技术方法与标准应用不能融合。

市场风险，取决于对当前市场和未来市场的分析预测及其准确性，农产品从生产、加工到贮运销售等关键环节上的恰当市场定位与推出等所产生的风险，以及在与市场对接中涉及的成功执行业务模式，对销售、捐赠、商标认知度、新领域开拓等因素的影响。

(4) 风险应对　风险是必然的，应对则是相对的。风险应对，是智者与危险较量的过程，虽然危险尚未发生，应对必须有足够把握。否则，应对风险就成为空话。应对风险，是智者的工作，是需要集大智慧的管理。因此，风险应对，实际是针对具体事项进行周密研究和策划，以使其在运行中不出现或者尽最大可能不出现我们所不愿意看到的有害性事件。

风险也是分为等级的。可以针对具体的情况，对特定风险划分等级，区别对待，从而使用这些风险来驱动决策的制定过程。

第九章　农产品质量安全

《中华人民共和国农产品质量安全法》由中华人民共和国第十届全国人民代表大会常务委员会第二十一次会议于 2006 年 4 月 29 日通过，2006 年 11 月 1 日起施行。这是农产品质量安全保障的第一部法典。在该法典的第二章中规定：国家建立健全农产品质量安全标准体系。农产品质量安全标准是强制性的技术规范。研制农产品质量安全标准，应当充分考虑其风险评估的结果，并听取农产品生产者、销售者和消费者的意见，保障消费安全。农产品质量安全标准应根据科技发展水平和保障消费安全的需要及时修订。农产品质量安全标准由农业行政主管部门及其他有关部门组织实施。研究农业标准化实施效果的评价问题时，必须依法将农产品质量安全状况作为一个十分重要的评价指标。本章就农产品质量安全问题从标准化角度加以讨论。

第一节　质量与安全

讨论农产品质量安全，必须明确其中所表达的关键。首先是对"质量安全"一词如何理解？是质量和安全的平行理解，还是质量的安全问题理解，还是质量安全一体化问题，需要从理论上搞清楚。

一、质量认识

1. 质量中的质量关系

"质量"是一个词，表示着质的量，是一个程度词或者量词，用来衡量质的多少。该词的核心是质，也是对质的量的测度。质，指的是本体、本性，是对特定事物中的目标物从量的多少方面给予度量的值。质是客观存在，量是对质进行测度的量值。例如，鲜食水果中的果糖含量、维生素含量、铁元素含量等，用其中任何一项指标来衡量鲜食水果的质量时，就测定这各物质的含量，用以表示以这种指标为标准的鲜食水果的本体性质量，也可以将其中对人体有益的所有物质综合起来，测定所含质的多少，确定质量水平。

然而，在经济社会中，质量中的质，不但有中性的质，自然的质，而且有社会的质、文化的质和经济的质，是一个有复合含义的词。

2. 质量的概念

给质量下一个简单的定义，有些困难。因为，质量是一个复合体，既包含着客观性和主观性的成分，也含有社会与经济的成分。质量的客观性往往相对固定，无非是对本体的内涵要求以客观存在的测度表达，而质量的主观性一面却因人而异，质量的经济社会性则在于客户的要求及兴趣的持续性。无论怎样，质量的客观性可视为本体，主观性则为形体。形体必须依赖于本体而存在。在市场经济时代，对质量概念可以表达为"客户的满意、热情和忠诚"。显然，这一概念是从形体角度强调了主观性一面，这符合作为商品运行的质量特质。可见，质量是从客户的观点出发加载到产品上的东西。

要做到客户的满意、热情和忠诚，就必须先以质量的客观性保障为基础。例如，高质量、长期可靠性和终生耐久性是质量的重要基础，与要求一致，全面的顾客满意和适合使用，是质量的形体。不管怎么样定义质量，产品必须用一种态度和方式被设计、模拟、制造和组装，以此来最大限度地使潜在的客户满意和财务成功，才能体现以质取胜，质量赢人的效果。

质量也可定义为是客户感受到的东西。这个质量定义的重要性，在于将客户的感受与认可纳入了衡量质量的链条之上，即客户是生产系统最重要的一部分，由于高质量的产品和服务可以确保以后客户的返回，因此就能改善农产品供给公司的声誉并且增加市场份额。而传统的、以生产为导向的企业，产品质量通常只与公司账面财务损失联系在一起，以返工成本、废品、保修和服务成本来测量产品质量。这就显得狭隘了一些。

质量还指产品或者工作的优劣程度。在 GB/T 1900—2000 质量管理体系基础和术语标准中，将质量描述为"指一组固有的可区分的特征，满足明示的、通常隐含的或必须履行的需求或期望。"这一概念，表面上看来有些抽象，实质与上述表达是相通的。

3. 对质量的认识

往往人们对质量的认识，多以有益性为评价指标。对有益性因素，含量高说明质量好。对于有害性的物质，会列入质量的负范围，如有害性物质含量越高，说明其质量越差。有害性物质超过一定量时，就不是质量问题，而是安全问题了。在农产品质量方面，长期的眼光只集中在所谓的内在质量方面，如有无农药残留，矿质元素是否丰富，对人体健康是否有利，等等。这只是质量的一个部分，是在农产品不成为商品的情况下可用，当其成为商品性的农产品时，还要包括一个外在质量，那就突出地体现在质量概念所表达的思想了。

质量的一个重要成分，就是改进其一致性，最大限度地满足客户需求。产品中的质量达标却十分散乱，恰好落在最低质量要求线之上的状态，不是高质量的表现，也没有以低成本改进的可能。这是标准化过程中的集群质量表现问题，质量的一致性，对于经济效益的提高和服务消费户有利，成本降低，再次提高质量时成本更低，是标准化的期望结果。有些质量特征是容易被辨认的，如实用性、可靠性、耐久性、操作性等。但有些质量特征不易被辨认，如农产品中的有益成分含量虽然可测定和标注出来，但当在多个有益成分共存时所组成的综合有益的效应性的存在，就无法说得清楚了。总之，要改进质量的一致性，使其更好地集中到满足消费户的需求，做出超过消费户期望的东西。因此，从这个意义上说，关心客户，知道他们需要什么，再做出比他们期望更好的产品，才是真正的质量体现。

从一个生活群体看，从追求高的生活要求看，质量又是一种文化，是一种生活方式，也就是生活质量的体现。这个概念和内容就更加丰富和抽象。

质量是产品的生命，信誉是企业的灵魂，产品合格不是标准，用户满意才是目的。

这是一任海尔集团总裁的名言，在相当大的程度上就表达了这种观点。

质量是由最高管理层决定的，是每个人的工作内容。为了质量的可靠和质量所带来的安全，在一个独立单元（如机构、企业等）中，虽然有着分工的不同，但在质量问题上人人有责。这就要求单元内每个员工应认真对待，平等相处，但必须要责任明确，认真负责，从而培养全体职工的忠诚和创造性工作。因为，质量源自满意、热情和忠诚的员工。

我国农产品优质不优价的情况一直存在，说明了质量与价格之间的必然联系并不是成比例关系的。有时候低质量有高价格，质量也会有高低价格。这种情形的关键在于市场对产品的认可度。总体来看，同样的农产品，我们自产的质量还比进口的高，但价格差异恰好是相反的。所以，高质量不绝对是高价位。内在质量相同的苹果，市场售价却以个头的大小，差异显著，先是越大价越高，再转向中等大小价最高，再可能是小的果子价最高。这完全由顾客的消费观念和认可度来左右。另一个案例是，迄今为止的猕猴桃销售价格，大果价高，容易销售，还在高端市场，实不知因蘸了膨大剂使质量下降，相反小果自然所生，却因果小而价格低，难销售。吉利刮脸刀具，100元一套的质量很好，而10元一套的一次性产品质量也很好。二者很好地服务于不同的顾客，如果交换顾客，二者可能都不会买了，如果任何一个刮脸刀具不好用，顾客就会转买别的牌子的产品。

另外，质量不是技术、性能或功能。有人有时会把质量和新技术混为一谈，认为新技术的采用就自然能带来高质量，这是没有等同性的。由于技术的进步，农产品的产量大大提高，却牺牲了农产品本来的那种质量。例如，苹果套袋，使果品的外表尤其美观漂亮，却使可食的口感风味几乎下降一半。质量不是依靠产品的性能，外观和特性来确定的，增加一个产品的外观附加件不能改进质量，只能是改变产品的价值瞄准不同的市场。产品的性能和特性可以被联系到质量上去，但它们不应是质量的基础，它们只是产品的能力。

二、安全的表现

1. 什么是安全

安全一词出现在现代汉语中，古代汉语中没有。《现代汉语词典》对安全的解释是："没有危险；不受威胁；不出事故"。国家标准（GB/T 28001—2012）中给安全的定义是："免除了不可接受的损害风险的状态"。《国家安全学》（中国政法大学出版社，2004年）对安全的解释是：近义词为平安、安稳，反义词为危险、顾虑。国际民航组织将安全定义为"是一种状态，即通过持续的危险识别和风险管理过程，将人员伤害或财产损失的风险降低至并保持在可接受的水平或其以下"。

可见，安全是一种状态，一种对于主体来说，没有危险的客观状态。

2. 安全的属性

安全可被理解为不受威胁，没有危险、危害或损失。因此，没有危险是安全的特有属性，也是本质属性。这种本质属性，包括了没有外在威胁和没有内在的疾患。否则，安全的本质属性是不全面的。人们经常把安全与"不受威胁"、"不出事故"等联系在一起，但"不存在威胁"、"不出事故"及"不受侵害"等就不是安全的特有属性。安全肯定是不受威胁、不出事故、不受侵害的，但不受威胁、不出事故、不受侵害，并不一定就安全。某些不安全状态也可能有"不存在威胁"或"不受威胁"的属性。例如，当某一主体没有受到外部威胁但却因内在因素而不安全时，不受威胁便成了这种特殊情况下不安全的属性。这是一种不受威胁或没有威胁状态下的不安全。所以，"不存在隐患"、"不存在威胁"、"不受威胁"、"不出事故"、"不受侵害"等，并不是安全的特有属性。

没有危险作为一种客观状态，不是一种实体性存在，而是一种属性，因而它必然依附一定的实体。当安全依附于人时，那么便是"人的安全"；当安全依附于国家时，那么便是"国家安全"；而当安全依附于世界时，便是"世界安全"。这样一些承载安全的实体，也就是安全所依附的实体，可以说就是安全的主体。客观的安全状态，必然是依附于一定的主体。在定义"安全"概念时，必须把安全是一种属性而不是一种实体这一特点反映出来。因此可以进一步说：安全是主体没有危险的客观状态。

3. 安全的辩证

没有危险的状态是安全，而且这种状态是不依人的主观意志为转移的，所以是客观的存在。无论是安全主体自身，还是安全主体的旁观者，都不可能仅仅因为对于安全主体的感觉或者认识的不同而真正改变主体的安全状态。例如，一个已经处于自由落体状态下的人，不会由于他自我感觉良好而真正安全；一个躺在坚固大厦内一张坚固的大床上而且确实没有任何危险的人，也不会因认为自己危在旦夕就真的面临危险。因此，安全不仅是没有危险的状态，而且这种状态是客观的，不依人的主观意志为转移的。

正因为安全是客观的，所以它与安全感是两个不同的概念。安全本身并不包括安全感这样的主观内容。有人认为安全既是一种客观状态，又是一种主观状态，如心态。我们认为，安全作为一种状态是客观的，它不是也不包括主观感觉，甚至可以说它没有任何主观成分，是不依人的主观愿望为转移的客观存在。

安全感虽然不能归结为安全的一方面内容，但它同样也是一种客观存在着的主观状态，是在研究安全问题包括国家安全问题时需要研究的。但与安全是一种客观状态不同，安全感可以说是安全主体对自身安全状态的一种自我意识、自我评价。这种自我意识和自我评价与客观的安全状态有时比较一致，有时可能相差甚远。例如，有的人在比较安全的状态下感觉非常不安全，终日里觉得处于危险中；也有的人虽然处于比较危险的境地，但却认为自己很安全，对危险视而不见。这种现象除了说明安全感与安全的实际状态并不完全一致外，也说明了"安全感"与"安全"是两个不同的概念。

从广义上看，绝对的安全是不存在的。在一个阶段里，处于一种本质安全的状态下，我们可以认为是绝对安全的。如果放置在一个长时期的历史状态下，安全只能是相对的。这是时间序列上的安全性问题。另外，本来是安全的状态，却因空间的不同，也会发生变化。因此，安全具有时空条件的约束。就是说，在一个特定的时空条件下表现出的安全客观状态，离开了特定的时空条件时，就可能转化为不安全。把本来是安全的状态，在时间推移中，可能带来的危险实施了良好的事先预防与控制，从而保证这种状态的持续，就成为时序上的安全了。这说明，有危险，并不代表就一定不安全。

安全的体现有层次范围，如国家、地方甚至到个人。以粮食安全为例，从数量方面，国家粮食安全就是能确保所有国人在任何时候既买得到又买得起他们所需的基本食品，省、市、县乃至农户，道理相同，逐层保量，稳定供应，且易获得。量化的粮食安全用国家期末库存量与全年消费量之比的粮食安全系数来衡量。安全的体现也有质的表达。例如，粮食的有害物含量多少的安全级别。

总之，安全是人类的本能欲望，但随着社会的进步，人类生活方式愈趋复杂，可能危害身体生命安全的情况也随之增加。人类的整体与生存环境资源的和谐相处，互相不伤害，不存在危险的危害的隐患。安全是在人类生产过程中，将系统的运行状态对人类的生命、财产、环境可能产生的损害控制在人类能接受水平以下的状态。

4. 农产品安全

安全意味着一个主体不受伤害的全部或者局部。以农产品安全为例，从宏观上讲，有两种基本的理解，一是它的外安全问题，即数量上的安全性，也就是能否提供一定范围（如一个国家）内需求者的量的满足。如果这种量刚好满足需求量，则已经进入不安全范围，在安全红线之上；提供的量越多，则量的安全性（系数）就越高。另一种安全问题，即内安全性，主要指的是对产品标准要求的质的危害水平，如有害物质含量。能够造成农产品不安全的内质因素，大体分为化学合成品污染（如农药、化肥、激素）、环境污染（如多种有害金属、化学药品）、生物污染。意外灾害的出现，往往首先会导致量的不安全，其次是质的不安全。无论哪种不安全因素，一旦使农产品受到了侵害，都会有不良的损失，那么经过这种损失所留下来的大部分主体，则被认为是受伤害之后的安全主体。可见，以主体的净重量衡量，理论上讲，损失部分和安全的部分都可以测量出来。但在实际，被污染到农产品可使用部分的内质中，如农药可能进入到农产品的内部，是无法对损害部分分割的。这时只能用设定的限制指标，加以综合判定。所以，农产品中的安全，实质是用不同级别来认定的。

我们说，所有的安全计量事件，都是生活中必需的！都会依据不同的计量原理，对损失进行确定和确认。

三、质量与安全

具体来说，质量与安全，有三种理解范式，一是对质量与安全的平行性理解，二是质量的安全性理解，三是对质量安全的整体性理解。

1. 质量与安全的平行理解

从质量与安全的概念阐述，我们完全可以理解其在平行意义上的展现。质量表达着事物的内质水平，也展示了对消费者的要求满足，质量亦与生产和消费这种质量的劳动者、消费者有直接关系。质量完全可以是独立存在的量化指标，关键所在或者内核所示，就是求其质的多少。而安全，关键在于没有危险，不造成危害和损失，其所关注与描述的对象，可以与质量没有关系，也可以将质量包含其中，只是探讨和解决问题的视角是不相同的。所以，在很多情况下，质量是质量，安全是安全。当然，不注重质量的安全可能是暂时的。例如，一个企业，当其不注意质量的一致性和质量的不断改进，在市场竞争的过程中可能会不知不觉地步入倒闭的危险之中。

需要注意的是，对质量的理解和追求，不能只靠书面上的质量标准，而要从全程的变化中把握质量要求。传统的质量观点是，检测产品，保证它符合规格要求。而现代的质量观点应当是，必须生产客户想要的理想产品，以获得客户的满意。同时，改进质量的目的就是要创造热情、满意、忠诚的客户。

2. 质量的安全性理解

由于质量有了客体化的内质表现和外在的使用满足性表现，则对于质量的安全性问题理解，必然是围绕着质量的本身展开的。从客体化的质量所表达的内质安全性角度来看，就涉及事先所选择的参照系了。因为，质量的内质性表现本身，只是一个质的含量多少，没有安全性衡量标准的。只有在一定目的下，给出参照系的时候，才有安全与否的衡量。例如，关于富硒农产品，一般的理解为硒含量比其他农产品高，甚至有些人会认为，这种产品中的硒含量越高，质量就越好。当这种产品与安全挂钩时，就出现了多种情况。一是富硒农产品中的硒含量是比一般农产品中高，高到多少量是很安全的农产品？二是高到多少量可能与不同年龄性别的人群平时饮食摄取的硒量总和对身体是有益的？三是不同硒含量的富硒农产品被分配到哪些地区去食用是安全的？因为，作为人及任何动物，体内硒的含量总是有一个安全范围的，日摄食所进的硒含量在自身缺硒量的范围内时，不但安全，更有益于健康，这时的富硒农产品就是安全的。如果摄食富硒农产品，所进食硒量超过体内的安全上限，那就不安全，这时的富硒农产品也就成为不安全农产品了。

最好的竞争者会致力于不断改进质量，创造热情、满意和忠诚的客户。因为，改进质量会产生低成本和高利润，赢得大量忠诚的客户，进而产品的安全性、企业的长期利益安全性也就更大程度上得到了保障。

3. 质量安全的整体性理解

对质量安全的整体性理解，按照汉语常规排序，则有关于质量的安全问题之意。也就是说，是关于质量的安全讨论。这样理解时，就可能方便定义了。那么，质量安全是指，产品或者服务在满足需求标准时没有危险、危害和损失。从这一角度看，质量安全，是对质量的一种最低要求。从社会学角度，在经济利益的群体中，这样理解质量安全，是能说得过去的。因为，为了社会安定，经济发展，最低的安全保障是必需的。另一个角度的理解是质量与安全的兼具。即既要质量，也要安全。我国农产品质量安全法中对农产品质量安全的定义："本法所称农产品质量安全，是指农产品质量符合保障人的健康、安全的要求"[1]。该定义的含义似乎是二者兼备的。

看来，对于质量安全一词的理解，是需要条件的。质量安全的整体性理解，需要在特定条件下，放入具体的事物中表达，才可能有明确的说法。即需要有边界和参照系的依赖，才能说得清楚。看来，以"质量、安全"为表达的理解，较为普遍。

---

[1] 中华人民共和国中央人民政府网：《中华人民共和国农产品质量安全法》（2006年4月29日第十届全国人民代表大会常务委员会第二十一次会议通过）. http://www.gov.cn/flfg/2006-04/30/content_271633.htm

4. 质量与安全的关系

从质量、安全的定义及其演进的过程比较看，我们可明显地感觉出，二者既是相互独立的概念或体系，又是纠葛缠绕的依赖整体。就其本质看，独立性显得更强大，而从社会要求的角度与相互间的支持理解时，则依赖性较为明显。质量包含有安全的成分，安全则要在质量保障的情况下产生。

质量与安全的直接关系，表现在多个方面。首先，从质量的内质来看，质量的优劣，与用户使用的持久安全性高低直接相联系。质地坚实的产品，不但在有效期限内不会出现质量问题，而且会在有效使用期过后仍有一段使用寿命。并且，在使用期过后的服役过程中，因质量下降会产生一个衰减过程，而不会突然坏质，不至于给正常过程带来突发危险甚至灾难。例如，正使用中的硬盘，我们往往不会事先关注它的使用寿命，只在使用中突然某一天发现有问题时才予以处理的。当这个硬盘出现异常，就及时备份其中的数据，而不至于信息的丢失。如果使用的硬盘质量差，在出现问题时很快使盘读不出来，丢失其中信息使人心痛，带之而来的是它也极不安全。其次，以消费者选择和使用确定的外质而言，无论哪个层次的质量，在保险使用的范围内，高质量者的安全性仍然是高保险系数的支持者。反过来，很安全的系统，其中的要素一定是高质量的。最后，质量与安全之间，只有安全是可以游离的。也就是说，我们完全可以撇开质量谈安全。那是因为，安全在有些场合是与质量无关的。例如，一台高质量的设备却处于不安全的位置（尽管安装质量是完全过关的）。

始建于 1900 年的美国火石轮胎公司（Firestone），到 1911 年就被福特汽车公司首选使用火石轮胎。合作一直进行到 1999 年，福特汽车长期热销的、都装有火石轮胎的 SUV 吉普（Explorer）开始持续出现爆胎翻车事故。当福特汽车计划召回 1300 万辆装有火石轮胎的车辆，改换其他牌子的轮胎时，火石轮胎公司只同意召回 650 万辆。两家合作百年的伙伴关系变味，互责对方的产品有质量问题，最后僵裂。结果给火石轮胎公司带来灭顶之灾，福特汽车也为更换火石轮胎花费了 30 亿美元。可见，产品缺陷（质量问题）的成本，随着在生产流程中的移动而迅速增加，到达用户手里时，成本更为惨烈。具有讽刺意义的是，火石轮胎公司是一个通过了 ISO9000 系列质量认证的公司。

四、质量、标准与计量

质量，是基于产品或服务的总体特征和特性的能力，来满足需求者的明确或隐含的需要。概括起来，就是一组固有特性满足要求的程度。可见，质量是由多个因素组成、表现出特定（固有特性）满足性的复杂体系。那么，对需求者来说，就需要说清楚这种体系的因素数及各因素的量，甚至因素体系结构与层次。

质量是依附在产品与服务中的，发生在生产者与消费者构成的体系中，用经济链条将双方联系起来。质量表现了产品性能的要求，同时也是制造者与使用者（用户或消费者）的主观诉求。但是，制造者与使用者为满足各自的要求，使他们所持的立场，显然心存不同的经济愿望，并且这种愿望的方向彻底相反，即制造者以满足这种质量要求为底线来生产产品，从而减少生产难度及相应的投入，以取得最大化的经济效益；用户（消费者）则以付出最小代价为底线，以取得最优性能为目的，对产品提出要求。显然，生产者与消费者的博弈永不停息，双方的内在诉求矛盾也必然持续。十分有意思的是，这种矛盾必须解决，否则买卖就很难做成。那么，靠什么解决这种价格的升降矛盾呢？就只能采取双方的相互让步，最终达成一致。当然，让步的底线，就是要使双方都有利可图，和谐运行，进而产生简洁明快的结果。

可见，在这种体系中，能够保证共赢、建立和谐的经济关系、满足双方需求的直接方式和手段，只能是标准的产生和应用。

因为，标准在充分考量了制造者与用户双方的权益后，会给出双方都能够认可的公共性规则。有了标准，就有了衡量的尺度，也就有了一切过程和结果的判定方法。同时，要判定产品是否符合标准，以计量为核心特征的基本操作成为需要，即以标准为基点的检验过程和监督活动就出现了。这是一个自上而下的必然过程，也是一个不断循环提升的永续过程：需求→标准→计量→改进→需求。

计量手段的不断进步，使得标准也更加周密和完善，又促进和提高了产品的质量。正是在这种从需要出发又以满足需要为结束的不断循环，使人类的生产活动向更有效、更合理、更科学、更自由的科技天堂迈进。所以说，计量是实现单位统一、量值准确可靠的科学活动。

第二节　农产品质量安全

本节阐述农产品质量安全，将从背景、概念和法规等方面，围绕农业标准化的核心主题展开讨论。其中，《中华人民共和国农产品质量安全法》是我们探索和阐述农产品质量安全基本的遵从依据。

一、概念与背景

1. 农产品

在《中华人民共和国农产品质量安全法》第一章第二条中明确指出："本法所称农产品，是指来源于农业的初级产品，即在农业活动中获得的植物、动物、微生物及其产品。"

还可以简单地定义农产品为产自农业、满足人们生活需要的安全产品，包括初级产品和加工产品，或者是生物资产的收获品，如粮食、蔬菜、羊毛、牛奶、原木、棉花、采摘的水果等。在实际中，农产品的种类是极其丰富的，单以植物为例，根、茎、叶、花、果、实，就是一个分类方式。植物的每一个部分，可能形成不同形式的农产品，如黄豆，可以是种粒，可以是加工原料，可以进行直接加工食用（炒爆、打浆），可以培养生成豆芽，等等，少说也会形成几十个产品之多，我们设其为 X 个。从植物种看，可用的植物种类也有多个，如蔬菜类的黄瓜、番茄、辣椒、白菜、韭菜、西葫芦、大葱等，这里设有 Y 个种。每个植物种当中又有多个品种，如苹果中的品种有华冠、华帅、红富士、新红星、乔纳金、王林、嘎啦等，设为 Z 个。那么，这里所列出的高等植物类的农产品的总种类数 S 自然就成为：$S=6×X×Y×Z$。再加上动物养殖、低等植物、微生物和渔业及其衍生产品，足见其数量的巨大。

在上述定义中，出现了"初级产品"关键词，就是说，非初级的均不包括在内。那么什么是初级产品？还有"农业活动"，指的又是什么呢？下面做进一步的阐述。

2. 初级农产品

有人给予初级产品这样一个描述："指未加工的原始形态的农业产品，有的是经过初步加工的产品。其中有的直接用于消费，有的用于制造其他产品的原料。"

这似乎仍有些模糊，既是"未加工的原始形态"，又是"经过了初步加工"等。实际上，初级产品，就是指那些从农业过程获得的、保持着原来生物形态性状的组织或果实部分，直接或者经过简单清理和分级处理的产品，为了移动和运输方便，往往经过简单包装。

以大豆和苹果为例，一个生长期很短，另一个是树木长周期生产类型。

从农田中收获种植的大豆，经过破荚去杂，获得豆粒这种果实，就是初级农产品，之后的去向，因用途不同而有别。若用果实直接食用，可炒熟以食之；若作种子，则以种子标准要求加工处理；若作为加工原料，如磨豆粉、榨豆油，或者提取所需成分等深加工，均不成为初级农产品。还可以进入下一个生命过程而形成不同阶段上的不同用途；以食用为例，将豆粒清洗，入水泡胀后可做如下用途，一则直接煮或作为炒菜成分；二则进入破碎过程，或为豆沙，或打成豆浆，或磨碎做豆制品；三则促进生长，可生成豆芽，可进入农业过程，使其继续生长发育，直至结实。其中，果实、生芽用的泡胀豆子、豆芽、豆苗、豆秆、豆荚及后期再获得的果实大豆，都是农产品。但用泡胀的豆子做豆制品加工及其他加工，就已经不是农产品了。

苹果，从种苗开始，就有多种形态的产品，如种子、接穗、苗子、果实、花粉、枝条等。当苗子栽植后的生长过程中，可能会不断产生以接穗为代表的产品，还有不同大小的苗子。到了挂果期，也有多种产品出现，如叶片、花粉、接穗、果实及修剪下来的枝条，等等。

实质上，真正的农产品，从种类看，是相当丰富而庞杂的，会让人眼花缭乱。但从其来源看，它们都是从农业过程中产出的、有不同目的用途的直接产品。进入间接过程时，一般可不认为是农产品，而是进入深加工类的原料了。所以，"植物、动物、微生物及其产品"，就是指在农业活动中直接获得的及经过分拣、去皮、剥壳、粉碎、清洗、切割、冷冻、打蜡、分级、包装等加工，但未改变其基本自然性状和化学性质的产品。这些产品在收获和初步加工时，都必须按照相关标准要求予以落实和规范。

3. 农业活动

农业活动，是在利用生物资产（如植物资产、牲畜等）的生物转化功能条件下进行的劳动过程，生物资产在生长过程中会不断增值。

国际会计准则理事会（IASB）[1]给农业活动下的定义是，企业对生物资产转化为可售生物资产、农产品或其他生物资产的生物转化过程的管理。这一定义的根本是用生物转化性界定农业过程，从而就比较容易地将农业活动与非农业活动区别开来。

为了对农业活动有一个正确的理解，还有几个概念需要弄清楚，如生物资产、生物

---

[1] International Alliance for Biological Standardization. www.iabs.org/index.php/about-iabs

转化、收获。生物资产指是活的动物或植物（如农作物、绵羊、奶牛、猪、果树等）。生物转化是指能够导致生物资产质量或数量发生变化的生长、退化、生产、繁殖的过程。通过生物转化，通常可以实现以下结果：①动植物通过生长、退化、繁殖而实现数量的增加、减少或质量的提高、退化，或者产生新的动物和植物。②生产农产品，如粮食、蔬菜、羊毛、棉花、原木、牛奶等。收获是从生物资产上分离出农产品，或生物资产的生长过程的结束。

  农业活动不同于工业活动和商业活动，是一个复杂的系统过程。从特征上看，农业活动是一个自然再生产与经济再生产互相交织的过程。该过程中的最终产出如何，制约因素较多，不但受制于人对这一过程的管理能力，而且与气象和自然生态环境（如阳光、温度、水分、养分等）有直接关系。从涉及的范围看，包括动植物的种养（种植、畜牧、水产）活动、有害预防管理活动等。尽管这些活动最终收获的农产品五花八门，但全部是通过生物资产特有的生物转化功能来实现，人在这个过程中的主要作用，是为生物转化创造条件和增强生物资产的转化能力。从农业活动的本质——生物的转化过程看，其起点应当是生物资产的取得（如农作物种植活动的播种、养牛活动的牛犊获取、林木活动的幼苗栽培等），终点为生物资产的减少（如收获、出售、淘汰等）。但为了这个起点的健康启动，就必须做前期的必要工作，即产前活动，如筹集资金、购买农具、生产资料、规划及生产计划等。农产品收获后的销售活动，是将农业活动的成果进行转化的过程，是农业活动自然和逻辑上的延伸，它与人对生物转化的控制、管理活动联系十分紧密，是农业活动的产后成分。农业活动更离不开人对生物转化的"管理"，即人类通过管理强化和控制生物转化的过程。然而，那些从没有经过任何管理的资源中收获的生物产品的活动，如海洋捕捞业、原始森林的采伐等不应当属于真正的农业活动范围。另外，农业企业的经营活动过程与农业活动也是有本质区别的。

  农业活动最主要的特点是自然再生产与经济再生产的相互交织。具体表现为生物资产主要依靠生物自身的再生能力和自然力的影响实现数量和质量的变化，人的劳动只有在此基础上服从规律地加以目的性调控。工业方面，劳动起到了至关重要的作用。还有其多样性和环境依赖性等，与其他活动不同。随着农业活动的日益规模化，尤其是大量他业涉足农业，使农业活动日渐成为市场化和国际化的商业活动，农业的涉及范围和自身包容性更加强大。

  我国农业活动的主体，主要有农业企业、国有农场、村集体经济组织、专业合作社、家庭农场和农户等。只有农业活动，才能直接获得农产品。除此之外的其他领域均不能获得农产品。

二、我国农产品

  由于农业是国家的重大基础，任何国家在任何时候都不敢轻视这一事业的发展。发达国家早在20世纪80年代，就将农业发展作为国家发展战略的制高点来考虑，这些国家对本国农业的保护和促进，采取了多种方法，包括了明的和暗的促进手段，扶持和支持农业的政策与资金，无时不在行动。我国加入WTO后，充分地认识到这一点。2006年免除了一切农业税费，从2007年起，对农业的政策进行了史无前例的调整，将农业发展作为国家发展的重中之重加以推进。然而，历史性的欠账，给我国农业发展留下了巨大的"亏空"。主要表现在农业底子太薄，从农人员整体素质太差，意识形态领域里国民对农业认知的错位，远离市场的农业格局深度沉淀，农产品商品化的理念与行为没有历史经验，农业发展的标准化思想与方法刚刚开始等，造成了农业实际水平与国际现代化要求的水平之间严重差距，长期积累成了农业发展的综合顽症。解决这一顽疾，需要我们付出巨大的努力。

1. 农业活动的差异与困难

尽管农产品的形成过程都是在农业活动中完成的，但我国与西方发达国家相比，社会目的和经济目标就大不相同了。西方发达国家从农业发展的开始，就是以市场为导向、需求为目标、利润为目的农业生产发展体系，历经了几百到几千年的经营积淀和综合资本累积，形成的农业文化是一种自觉的，甚至达到了无意规范的行为运动状态，商品化的农业理念与农业方法无需再从理解上费功转弯。我国农业发展的历史，在对待市场化的态度及行为方面，关系恰好相反，远离市场更反对经商，取消了农业在社会发展中的内在动力机制，并且运行了几千年。我们完全可以想象，这一事业如果不具备人们赖以生存的必需地位，那中国农业必然在历史发展中消亡了。如今，全球经济一体化，农业必须走市场，全面开放，在世界走向共同发展的时代里，我们的农业显得是那样不入大局，形状怪异。这种现状必须改变，但改变的难度可想而知。首先，意识形态领域、文化体系中的不适宜农业发展的成分受到冲击，必须迅速解决思想与理念问题，这是头等难关。其次，在高科技、超级资本和大数据时代，只靠分散而零碎的经验与小脚漫步的摸索，是完全不可能了。强大的理论、先进的手段和具备爆发力的国家人才队伍成为三大要害因子，在我国农业领域是急需要加强和提升的。再次，一个系统性强、运行灵活、具有远见眼光的管理操作体系，成为事业成功的动力放大器。这一系统，要将国家农业从宏观到微观、由省部到农户统一地调配起来，高速运行起来，以市场需求为目标，以发展经济为目的，实施全面的商品化农业，生产符合市场要求的农产品，成为当前要务。

从农产品市场化的角度看，我国农业活动及其结果，仍然处于没有明确预测与规划的市场跟风阶段。农产品生产的跟风性，常常自发的出现，今年某农产品价格高了，明年就会出现滞销。这显然是生产过剩的反映，更是宏观调控的不畅。其结果，往往致农产品市场价格波动，摇摆不定，使少数人赚钱，多靠运气，多数人扑空，浪费了资本。同时，搅乱市场的情形时有发生，"萝卜快了不洗泥"和"打底苦面"的市场不轨行为仍然多见，进而失去了本不容易建造成体的信誉体系，成为农产品优质无价的重要影响因子。这些情形，越落后的农村地区，表现得越突出。

2. 我国农产品的优质优价

农产品的质和优，是质量档次的差别。优质指的是农产品中的高质量层面上的产品，是与一般质量相区别的，也就是说，是质量水平处在高端部分的农产品。农产品的质和优，是由内在的质和外在质组成的。在市场经济下，外在质的部分，又分为商品性质下的形体质和服务质两类。农产品内在的质，主要指农产品营养成分多少与成分搭配合理与否、对人体健康的贡献水平、有害物含量的低水平程度和使用符合性（如作为食物时的适口性，作为用料时的感适性）等；农产品的外在形体质，包括了农产品表面及其包装的形、色与状态等，如果实形状、表面红度、光洁度、包装规格、样式等；农产品外在服务质，指的是销售过程的符合性质量和消费者的认可水平，即围绕着农产品销售所产生的一系列服务构成体的质量序列。

我国农产品的优质问题，在市场机制下，就表现出明显的不足了。以商品性的质来衡量，相差甚远，主要表现有，包装落后，分级不精，打底苫面，诚信度差。问题的根源在于，观念没有转变为以市场需要为生产目标的根本意识方面来，也没有长远发展的打算和持续经营的成熟做法，只在低水平上循环，机会主义甚至投机思想严重。例如，作为商品性质的农产品，在包装上先是随意性大，粗糙包裹，后是为追求华丽却过分包装，往往形成了"四不像"。对于农产品的分等分级，总是不能细致归类，还有自己的"充分理由"，造成采购者与提供者之间的诉求不对等的窘态（难以沟通），当达到协议并要求按照采购标准装货时，却常常出现打底苫面、不守诚信的欺瞒行为，使经营过程不能建立在顺畅的诚信平台上推进，导致产品即使有再好的质量，也不能让经营环节上的每个人放心消费。至于农产品内部的质，更是消费者担忧而又十分想知内情的一个消费指标。优质的农产品，如何能够体现出让人放心的优性指标呢？以有机、绿色、无公害农产品为例，三个类型的公信力有多大，消费者都有不同看法，使一个好端端的农产品质量等级硬性标准在实际消费时大打折扣。在农产品经营的服务质量方面，更是一个万花筒，总体水平较差。因此，再好的农产品，也不能提升到真正的优质价格档次上去。总之，我国农产品优质问题基本上是一个系统问题，而问题的根本在于生产的分散、混乱，以及从事生产的人群的素质低下和市场经验不足等方面。

3. 农产品优质优价的实现

实现农产品的优质优价，是农业市场化过程必须解决的首要问题。根据我国农业发展历史及其现状，解决农产品优质优价，一时难以在大面积上实现，并且面对复杂的农业过程，只能应用市场经济的运行机制，以点带面发展，通过试验示范解决。优质优价的农产品试点，就结合农业标准化试点展开，特别是农业综合标准化试点示范。政府提供相关政策，整合有关资源，利用项目资助，分门别类引导，建立完整的诚信体系，固定有经营模式，逐步扩展放大，逐渐推向市场的诚信与监督体系，进而使优质优价进入自运行行列。具体可以考虑以下方面。

（1）优质优价的试点单位 管理严密、集约化生产的农场、公司、合作社和种养殖大户。

（2）提出试点参与的标准 根据农产品优质优价试点的目标与方向，应当提前研究和提出一整套约束标准，包括对参与单位的制度约束、所有人员的制度约束、诚信问题的惩罚约束、期限诚信的检查约束等，作为事先管理方面的良好标准体系颁布。

（3）登记注册和人员培训 根据标准要求，登记审查参与试点示范单位的资格，签署相关管理协约，建立试点单位的管理档案，并构成公示平台展现，提交社会监督评判。另一方面，以标准化手段培训试点单位所有人员的职业意识、职业行为和职业责任，明确这些人员的守则结果与违规结果，实施完整记录条件下的管理和个人工作行为。

（4）落实农业行为标准化 依据生产计划，结合生态特点，围绕发展目标，研制关键标准，全面落实在农业行为的一切过程中，实现农产品的优质目标，通过信息媒体展示生产管理过程的优质保障，完成农产品商品性最后标准工序，向社会推出自己放心、社会放心的农产品。

（5）建立服务质量信息通道　分析策划市场需要，对应农产品质量等级，以过硬服务的质量推出产品，获取消费的同声反映并对反映做出及时的处理响应，从中获取相关方面的信息并加以深度利用，反馈以修正农业过程，准备或者立即提高下一轮过程的质量，向消费者做出实际做到的承诺并加以公开。

（6）实现标准化过程的升级　对于试点示范的每一个农业过程的循环，在其结束一个周期时，必须反思检查，追求完美，及时整理记录，分析关键，肯定优势，发现问题，提出对策，以利再干。进而对下一个农业过程的计划、提升亮点和将会达到的质量水平进行公开，让消费者参与评论、评价和评审，并进一步提高他们的消费信心。

（7）质量与经营策略的统一　农产品获得优质优价的根本，在于农产品的质量——内部质量、外在形体质量和外在服务质量。优质优价的保障在于持续下的稳定和透明中的消费，并且质量等级是客观实际的，不存在任何瑕疵的，说出的与做出的不存在两样。在这样的标准保重与约束下，建立市场机制下的诚信关系和积极向上的诚信维持办法（标准），并且通过标准强制性质的应用，恒定地坚持下来，农产品在实现优质优价方面就会向上发展，保持前进。

（8）农产品现代优价系统打造　保证了农产品的优质，也有农产品的优价基础，农产品的更大优价空间的产生，就要利用现代手段，信息化平台，走更大、更强的标准约束下的专业化平台了。农产品上市交易，不再是现场验货式的交易，而是通过信息手段完成，即款走银行，货行物流，符号交易，数字链接。进一步实现农产品的预售交易，也就是说，一年后甚至多年后的农产品，可能已经以信息的形式被出售，而生产者再也不管能不能卖出，只专心致志地生产出符合协约要求的农产品的质与量来。这是真正现代农业中的农产品格局。

实质上，农产品的优质优价，是靠全程标准化行为的约束体系来完成的。其他任何体系对优质优价的实现，都是没有持续的动力机制和保持平衡的科学依据的。

三、农产品质量安全

1. 农产品质量安全的定义

对于农产品质量安全的理解，只能从产品质量的安全性方面给予考虑，不能理解为质量与安全问题。在这个范围内定义，能够体现国家层面的基本保障和最大限度的稳定维护。

《中华人民共和国农产品质量安全法》中，对农产品质量安全所给定义是："本法所称农产品质量安全，是指农产品质量符合保障人的健康、安全的要求。"

还有一种定义，即农产品质量安全是指农产品的可靠性、使用性和内在价值，包括在生产、贮存、流通和使用过程中形成、合成留有和残存的营养、危害及外在特征因子，既有等级、规格、品质等特性要求，也有对人、环境的危害等级水平的要求。

以上两个定义，大同小异。前者注重的是质量安全性，重点在于以安全保障质量。

后者则将安全等级和质量等级的信息拉了进来，从宏观角度衡量时则有些啰嗦，从中观或者微观角度看待时则易于理解。

根据我们对质量的理解，是客户感受到的东西，即客户的满意、热情和忠诚。那么，农产品质量安全定义中的质量，似乎与质量本身的定义就有些不同了。细细地琢磨，在农产品质量安全中的质量上，注意了质量的本体，而未强调质量的形体。显然，如果将农产品作为市场成分，以商品性质看待时，就不够全面了，需要我们讨论。但是，从农产品这一特殊商品看，特别是作为食品的那一部分，我们当然首先要关注的是质量的安全问题，其次才是质量的其他成分了。在有些情况下，农产品质量就会脱离客户的感受而成特立独行的商品。例如，在农产品短缺，特别在食品短缺时就与客户的满意和热情几乎无关了。

2. 农产品质量安全的关键

农产品质量安全的关键，就是安全。在质量作为本质的情况下，安全成为向人们提供的基本要求。质量过关的农产品，必然是安全的；农产品质量的级别，一定是在保障了基本安全的前提下进行的。例如，无公害农产品，是质量过关的农产品，是在农业"三品"中，能够保障基本安全水平的农产品（指安全水平的基线），绿色农产品就比有机农产品的质量低。

在安全基线以上，讲农产品的质量，就有明显的质量等级了。这种等级，可以多因素衡量，也可以单因素衡量，并且这些因素往往已经与安全性无关了。例如，口感、色、香、味等指标，以这些因素来达到为质量加码的目的，就需要通过生产者树立产品品牌、全社会评价和消费者认可来决定了。

实际中，安全基线是变化的。例如，要求必须是有机农产品，那么绿色农产品也可能被列入不安全行列。因此，安全与否，往往是由法规性的标准和消费的要求来确认的，也就是安全性要求，如许多食物中的有益元素上下限量，生鲜奶蛋白质含量、油料作物脂肪含量，以及有害重金属元素含量、农兽药残留、致病微生物等的严格限量规定。

3. 农产品质量安全法规

我国农产品质量安全保障，由中华人民共和国第十届全国人民代表大会常务委员会第二十一次会议于2006年4月29日通过颁布了《中华人民共和国农产品质量安全法》来提供保障，以中华人民共和国主席令第49号予以公布，并且从2006年11月1日起施行。

该法共有八章、56条。第一章（总则）就有10条，表明本法的目的是为保障农产品质量安全，维护公众健康，促进农业和农村经济发展；定义了农产品；表明了具体的监管机构是县级以上人民政府农业行政主管部门，并要求县级以上人民政府有关部门按照职责分工，负责农产品质量安全的有关工作；国务院农业行政主管部门应当设立由有关方面专家组成的农产品质量安全风险评估专家委员会，对可能影响农产品质量安全的潜在危害进行风险分析和评估；相应的省市行政主管部门自然参与工作；本法规定，国家引导、推广农产品标准化生产，鼓励和支持生产优质农产品，支持农产品质量安全科学技术研究，推行科学的质量安全管理方法，推广先进安全的生产技术，明确禁止生产、销售不符合国家规定的农产品质量安全标准的农产品。第二章有4项条款，对农产品质量安全标准做了规定,提出由国家建立健全农产品质量安全标准体系,定性了农产品质量安全标准是强制性的技术规范,并且由农业行政主管部门及有关部门组织实施。第三、第四章规定了农产品的产地与生产,共有13条,条款提出,能否生产农产品,要由县级以上地方人民政府农业行政主管部门,按照保障农产品质量安全的要求确认并推动生产,同时保障生产资料、生产环境符合相关安全和卫生标准。对于保障农产品质量安全的生产技术要求和操作规程,要求由国务院农业行政主管部门和省、自治区、直辖市人民政府农业行政主管部门制定颁布和生产指导。对于可能影响农产品质量安全的农/兽药、饲料和饲料添加剂、肥料、兽医器械等,要依照有关法律、行政法规实行许可制度执行并监管。农业科研教育机构和农技推广机构落实生产者的质量安全知识和技能培训并建立完整的记录档案。农产品生产者应当遵守法规,应当自行或者委托检测机构对农产品质量安全状况进行检测,建立农产品质量安全管理制度,健全农产品质量安全控制体系,加强自律管理。禁止在农产品生产过程中使用国家明令禁止使用的农业投入品。法规的第五章用了5项条款对农产品包装和标志做好规定,明确指出,农产品包装物或者标志上应当按照规定标明产品的品名、产地、生产者、生产日期、保质期、产品质量等级等内容;使用添加剂的,还应当按照规定标明添加剂的名称;使用保鲜剂、防腐剂、添加剂等材料的,应当符合国家有关强制性的技术规范;属于农业转基因生物的农产品,应当按照农业转基因生物安全管理的有关规定进行标志;这些具体办法由国务院农业行政主管部门制定。第六章以10项条款规定了监督检查,提出5种情况约束的农产品不得销售;国家有系统性的农产品质量安全监测制度,规定谁来检测,如何检测及检测结果如何报送与管理等具体事项,同时还鼓励单位和个人对农产品质量安全进行社会监督;对进口的农产品,必须按照国家规定的农产品质量安全标准进行检验。第七章是关于法律责任方面的规定,共有13条,先对农产品质量安全监督管理人员进行规约,再是对农产品质量安全检测机构伪造检测结果的处理规定,还对使用添加物、防污染、做标志和生产记录的真实性和管理保存进行了约束,在需要处罚的方面提出了处罚额度。

这是我国农产品质量安全方面的首颁法律,相信将会以此为基础,不断地完善和提升我国农产品质量安全的水平等级。

第三节 农产品质量安全管理

农产品质量安全管理,是保障农产品质量安全的基本条件,也是给社会和消费者一个放心答案的官方出口。通过农产品质量安全管理,对内可以促进质量安全水平的不断提高,对外可在完全证据的基础上对任何团体和个人有一个放心的交代,进而维护声誉,增加信度,扩大农产品的市场竞争力。本节就农产品质量安全的管理问题加以讨论。

一、农产品质量安全管理的基本任务

1. 消费者对农产品质量安全的要求

农产品质量安全,是在农产品供给安全的前提下进行的。农产品的供给安全,也就是要保证农产品供求基本平衡的基础上进行的。一般规律是,农产品供给越丰富,消费

者对农产品质量安全水平的要求就越高。保障农产品质量安全，就是要更好地维护城乡消费者的正当权益、提高农产品市场竞争力、增加农产品生产者的收入为目标而开展。

2. 为消费者提供的产品最低质量要求

农产品质量安全管理，就是要保障农产品对消费者的健康不受安全规定线以下水平的危害，也就是说，提供给消费者的农产品，其质量安全指标必须在规定的安全线以上水平。例如，无公害农产品，无论是其生产过程，还是生产出的结果产品，全程行为必须按照无公害农产品生产的一系列标准要求执行，并且生产出的农产品，在检验平台上的指标显示，也必须符合无公害农产品标准所规定的指标要求，有一项不符合也是不行的。

3. 农产品质量安全管理的基本任务

农产品质量安全管理的基本任务，就是使农产品生产、加工乃至包装运输等环节必须符合相关标准要求，使农产品质量安全水平始终处于事先质量安全规定的等级指标要求的安全范围内，并且要求这种安全范围不断有向高质量水平偏移的能力。根据我国农产品质量安全发展现状，当今仍然需要健全农产品质量安全保障体系，对农产品质量安全实施强有力的监管，努力实现全面的农产品的无公害生产和消费，促进绿色和有机化生产消费发展的不断扩大，重点解决蔬菜、瓜果、茶叶中的农药残留问题和重金属超标问题，重点解决畜禽、水产品用药过量问题，动植物激素滥用问题，解决有害生物管理、防疫及疫病防控问题，坚决依法打击违禁药品使用，创建良好的农产品质量安全社会氛围、意识氛围和心理氛围，全面提升农产品质量安全水平。

二、农产品质量安全管理的基本思路

根据多年来我国农产品质量安全管理的基本经验和事实判断，做好农产品质量安全管理的基本思路，应当是"抓两头，带中间；求持续，常服务。"

1. 农产品质量安全管理的抓两头

农产品质量安全管理，是农业全程的管理问题，也是当前和长远的持续事业。然而，复杂的农业全程和长周期的生产特点，要靠管理，在农业全程进行跟踪，其花费的人力、物力和财力，就完全不合算了，也不符合农业标准化的基本思想。那么，要做好这一事业，形成长期有效的管理机制，就只有从与农产品质量安全有关的人抓起，再抓全程终结的产品，即从管理的手段上实施一推一堵的方式，形成农产品质量安全管理的长效机制，这样就打好了安全管理的基础。在抓好人的这一头，主要工作是教育、说服和教导对标准的执行，是要用严格的标准管理、标准约束和标准应用，来教会所有相关人员的思维、行为和操作的标准化技能，其中包括了明确的奖惩标准落实。在这些刚性标准约束的范围内，进行思想政治工作，教育这些人树立一盘棋思想，学会从整体中获得最大利益的思考，学会在各自岗位上的应有工作责任与正确的工作态度，通过这种管理，弥补标准中的粗糙部分，形成工作和标准的双轨型精准化运行机制。这样，农产品质量安全管理保障的内动力部分——参与其中的全部人员，也可谓其应有的综合素质部分，就有了基本保障。同时，对于农产品的质量安全，进行严格的抽检管理，颁布明确的惩罚标准，并切实应用到实际中去，以客观公正的落实方式进行，形成质量安全的倒逼机制，从而奠定了产品的质量安全保障基础。

2. 农产品质量安全管理的带中间

在完成了抓两头的管理部署、落实和持续有效的前提下，不能放松中间环节。也就是说，不能只抓两头，让中间看着两头自己提升能力。这里的带动，要真正地用实际行动去带动，要通过生产管理过程、保障管理过程和风险预防过程等的相关标准的实施应用和监管，来衔接操作者和产品这两头，提高中间过程的全程能力，实现农产品质量安全在中间过程的环节紧扣，平衡传递，直至产品。具体将采取标准落实、过程监管、记录检查和关键环节的风险评估等管理措施展开，特别注意抓关键环节和关键点，注意有害生物管理和危险检疫性风险的预防与回避，注意操作者与操作对象之间的优化搭配，以及安全保障的效益自放大作用产生。如果从农产品本身看，中间则是农产品质量安全保障的最关键环节，因为只有这一过程的连续平稳运行，才有真正的农产品结果出现。但这里没有将其作为最关键环节拿捏，而将人和产品作为最关键环节，是在农业过程中。围绕着生产的系统，人才是其中真正的操纵者和推动者。解决了人的思想问题、行为问题和心理问题，保障农产品质量安全的绝大部分问题就解决了。这在商品社会中更是如此。

3. 质量安全管理求持续和常服务

相比于前面两种情况，求持续和常服务，就相对简单了。由于农产品质量安全问题是一项不能放松的永久事业，而且在社会发展中，消费者对农产品的质量和安全水平的诉求必然是在不断上升，那么，好不容易建立起来的和保障运行有效的良好农产品质量安全保障体系，绝对要持续下去。否则，其负面的影响作用是无法估量的。

求持续，保长期，还要有不断升级的实际能力，是国家和消费者共同的要求，是一件大事情。问题是，怎样能够有持续性，这不光是对现状的坚持问题，更重要的是要从认识水平上目光长远，拥有战略思维，从决策上需要有未来观点和策划上的持续释放、不断升级的综合准备。

常服务，上档次，是当今世界发展中人们生活水平不断提高过程中越来越重要的组成部分，万不可不学，断不可不升。关于服务的本质，本书在社会化服务一章中已经阐述。然而，纵观世界发展，与发达国家相比较，我国的国民服务意识不能不说是十分落后的。这主要源于几千年的封建统治，将人分等分级的思想，并且通过世袭统治的加固，镶嵌到人的血液与骨髓之中，迄今表现和分布于社会生活的方方面面，真正平等的人际关系仍然需要付出巨大的努力。例如，农民这一个社会阶层，迄今在所有人看来仍然是社会底层的一群守法者，并不是能够被人们发自内心的给予平等的社会地位而认同这一群体为分工不同的社会成员。还有城市中的清洁工，也有类似的心理待遇。在社会发展进程中，平等相处是大趋势，全面服务是每一个人都躲不过的社会责任的一部分，那么，充分地认识服务的作用和意义，真诚地践行服务为他人和自己的生活环境，才是每一个人应有的心理准备和社会行为的正确方向。从国内服务水平的分布看，商品经济发达地区的服务比落后的地区好；距离历史京都所在地越近的地方的服务意识有时被"高高在上"的形象所替代；现代化发展水平越高的地方的服务意识就比低的地方更明显。

常服务，不容易。"做一件好事并不难，难的是一辈子做好事"。坚持服务，虽然平常，但要持久的坚持就不容易了，还要在坚持中思考和提升服务的质量，更不是容易办到的事情。我们的生活缺少坚持，特别是一种主动的坚持精神和探索的坚持精神。因此，常服务，常坚持，常提高，是需要勇气和毅力的。在农产品质量安全的保障中，这种常服务，不是个人行为，而要成为社会行为、国家行为和人人的行为，坚持的难度就更大了，需要我们个人、团体和国家来建立真正有效的一种保障机制和推动机制，这是一项系统工程，需要用相关的农业标准体系与落实的强力有效手段来保障。

三、农产品质量安全管理的基本环节

农产品质量安全管理的基本环节，可以从两类、三个方面开展。两类，指人和物；三个方面，即农产品生产及其管理者、农产品生产过程和农产品加载体。从农业过程的整体看，涉及农产品质量安全的环节，可分为产地环境、农业投入品、生产过程、采收存贮、包装标志和市场准入六大环节的管理。其中，前三个环节为生产过程，后三个环节则为产后过程。从根本上保障农产品的质量安全，需要做好当事人的工作和管理制度的完善。

1. 保障农产品质量安全的人

可以说，在这个世界上，人是一切的主宰，农业领域尤其如此。作为农产品质量安全的重要保障，完全是人的作用。农产品质量安全水平的高低，与参与的人群质量和水平有着直接的关系。因此，要从根子上解决农产品质量安全问题，保证长期有效地提高农产品质量安全水平，就必须在用人和管人两个水平上加强工作。

对人而言，主要关注的是其从事与农产品质量安全有关的工作（应当说，从事农业工作的全部人群均属于此类）前，他们的基本素质与知识水平，如教育水平、工作经验、责任态度、基本经历、性格特点等，在满足农业生产基本需求和农产品质量安全过程标准规定水平基本线的约束下，应当对这些人员，应用农业标准化中的档案管理方法，进行分类管理，分门别类培养，加强平时的"操练"活动，如针对性的培训、岗位比艺等，建立持续性提高这类人员的基本素质和工作责任心的驱动机制，让他们的知、理、责、德不断得到提高，特别要制止那些以愚昧为突出特点的"无知者无畏"的违法违规事件的发生，即明知是违禁，却要再尝试；明知是损人，还要大胆做的败德事件发生。需要通过我们的努力，逐步形成人人都有责任心的社会，诚信力量不断光大的社会。

至于管人这一点，是一个现代问题，也是一个未来问题，更是一个现实问题。从现代观点看，首先管理人，需要被管理的人的基本素质支撑，也是被管理的基础。其次是管理的相关制度，亦即管理标准，这需要建立在内质的平等基础上和形式的层次水平上来进行。接下来的便是对那些少数违规甚至违法的严格约束乃至制裁的标准的落实了。从未来看，管理人，应当更加轻松一些。因为随着全球经济的一体化，人类文明程度的不断提升，个人素质将会得到很大程度的提高，自觉性、责任心和内质的德行将在高层次水平上表达出来，尽管利益相争不会停止，但矛盾的处理将极大限度地受到文明程度和严格法律的精确约束，人群的一切行为，若是重复性质，都会有自己运行轨道的最佳设定，相比较于农产品质量安全这样一个问题可能不再成为突出而重要的位置了。然而，现实的问题是严重的，需要我们更加努力地加强工作，以保障农产品质量安全的真正落实、真正提升和真正持续。当今围绕农产品质量安全的人员管理，需要大量的管理和技术标准的组合并成系统以落地而更严格约束来实现，说教和处罚仍然是必需的。特别在我们还没有完全建立完整的标准约束体系和机制的情况下，以过程监督检查、关键事件处罚为重量手段的管理可能还需要应用多年，在起到震慑作用的同时，应当一方面加强教育培训和知识水平的提高，另一方面加速建设相关标准体系和落实机制，迅速从传统的诺言信誉体制过渡到明确的市场化的法律规范信誉体制中来。

具体地说，能够对农产品质量安全水平产生影响作用的当事人，应当有三个基本人群，即生产者人群、生产组织者人群（也常为产品所有者）和过程监督管理的人群。这里不包括消费者人群，是因为这类人群对农产品的生产可知，也不可知。可知其是对农产品的安全不放心的一种表现，而不可知的，表现在对自己消费的农产品的放心程度。他们只关注的是消费的农产品的安全性和健康程度，他们更希望的是通过政府和社会相关机构的管理，形成对农产品质量安全的放心，来简化自我消费的程序，降低消费中的无效成本。生产者人群，是具体操作农业生产过程的人群，是执行工作标准或者操作标准的人员，他们对农产品质量安全影响，一般不受自身的意识行为作用，主要受到操作行为的影响，关键是操作中的标准执行到位与否所产生的影响，往往没有决定性质的作用。但这一群人的综合素质与标准执行的到位程度却对农产品的质量影响很大，直接关系到安全问题，如用药种类、数量多少直接在他们的手中控制。因此，经常性的教育这些人的工作态度、工作忠诚度和负责精神，经常培训这些人的操作能力和操作执行力，是非常必要的。生产组织者人群，实际上是一群最关键的人群，因为在具体的生产层面上，生产设计、过程推动和生产结果等多在这类人群的手中控制，农产品质量安全水平也因此而直接受控，是否使用违禁药品，是否过量使用合法产品等均由他们控制。因此，教育和帮助这类人群的水平、能力与责任心不断提到提高，是保障农产品质量安全长期有效的关键所在。另一类关键人群也就是过程监督管理的人群了，这也是一群关键人群。因为，在我国农业从长期远离市场的传统分散状态向市场化过渡的过程中，经济利益的交织与凸现，催生了生产组织者人群的复杂心态与眼前利益的联系，他们的组织管理是否合法、合情、合理，自身往往无法持续保持，需要监管系统经常性地"敲打"和提醒，来纠正其偏离甚至不轨行为。所以，过程监督管理人群，在当代农业发展中，对农产品质量安全的保障，成为外部最为有力的保障系统。对这类人群的管理、培训和执行力的有效监督，是成为农产品质量安全保障的中心任务和重中之重，需要我们从职业道德、个人修养、工作责任和法制约束等多方面来进行规范。

2. 农产品生产过程基本环节

在农产品生产过程的产前、产中和产后基本环节中，产前的重点在于管理和监督检查，特别是对农资的质量监管和违禁物资的检查；产中的重点在于农资在生产过程中的达标使用和违禁农资的违规使用及其管理；这两个阶段是三个阶段中的关键段落。产后环节，就是指标检验和过程复检的符合性对照，相比于前两个环节，就不是特别重要的环节了。因为，只要前两个阶段都符合事先的规定要求，产后的农产品质量安全危险只存在于收获及其以后的生物源污染问题,目前在我国农业生产中不是主要的不安全因素。如果进行较细的划分,产地环境、农业投入品和生产过程是农产品生产过程的三大重点环节。

农产品生产的产地环境管理,重点应当放在解决化学合成品对农业土壤的污染问题,保持经常性的生产环境和土壤状态的科学监测,从生产基础源头上保障农产品质量安全。投入农田及其环境的化学合成品,主要有农兽药、激素、肥料、添加剂、农膜及农资包装材料使用残体在环境中的留存。对这些有害物质的管理,是一项复杂的系统工程,需要我们在充分认识的基础上,建立长期不懈的管理思想,进行细致的研究,形成解决的可靠方法,研制相关产地环境标准,通过管理落地使用,逐步形成产地环境良好管理的推动体系。

对于农业投入品的管理,是每一年、每一季都要抓的大事情。因为,每一年都有大量的化肥、农药、兽药、激素、添加剂和农膜投入到农业生产中,虽然这些物资在保障和推动农业生产发展有作用,但对其可能产生的负面影响,在质量、数量和使用方式及是否允许使用等方面的标准控制和管理,是绝对不能少的,这是保障农产品质量安全、保障产生环境安全和保障长期生产安全的重要环节。其方法有:依法办事,主要遵从《农/兽药管理条例》、《饲料和饲料添加剂管理条例》和《农产品质量安全法》;加强农业投入品的市场准入、生产经营的许可登记及使用记录溯源体系,引导农业投入品的流通、使用的结构调整和优化,促进高效低残留品种发展,严厉打击不法行为,建立监管有力的长效安全机制。

在解决了人的质量的情况下,农业生产过程的质量安全管理,重点就在于农业投入品的使用标准化管理。首先,是对违禁产品的流入管理,需要加强监管和检查工作,从区域的源头到生产过程的角落。例如,以县域为单位展开,不能轻易放过,不能手软。一旦查到,就应当一追到底,依法刨根断源。其次,加强培训,对不同生产领域的农资先分门别类,再针对性强地进行使用方法培训,培训必须以相关标准应用为基准,不能随意提供使用方法。同时做好标准化应用的示范工作。再次,进行生产过程的监管工作,做好全方位的服务工作。对于农业投入品使用前、使用中和使用后等过程进行巡查指导,纠正违章,如果发现好的使用方法,应当及时记录,形成档案,提供相关标准修订时使用。

3. 农产品及其过程载体

农业过程的最后阶段,我们确定为,从产后收获开始,到消费者使用评价结束。这一阶段,是农业结果——农产品的真正运动阶段,保障这一阶段的农产品质量安全的管理,与产前和产中的两个阶段均有所不同。其中,在农业投入品的使用方面,肥料(饲料)已经不用了,大量药物和激素也不用了,相比之下,外源的不安全因素就少多了,在安全管理方面的压力也少了一些,甚至,在产前和产中进行了严格的管理、质量关键环节均能够信得过时,这一阶段的质量安全问题几乎就不存在了。欧洲管理模式就是这样,在许多收获后直接上市的农产品质量安全管理方面,注重过程管理,放松结果管理。但是,随着市场要求水平的不断提高,加之农产品在采收、存贮、运输和销售等环节中依然存在着保鲜、防霉变和生物污染等的危险因子的存在,质量安全管理的措施,仍然是不能轻视的,尤其在我国目前发展现状和水平下,人们只顾眼前,一味追求金钱,往往会忽略或者采用极端方法来达到自己一时的目的，反而容易引致不安全事件产生，因此关注是必需的。农产品的收获阶段里，可分三个方面来关注农产品的质量安全，即采收存贮、包装标志和市场准入。

采收存贮，实质是两个方面。采收，是农业生产收获的一个重要内容，是农产品质量安全水平的保持，采收的时间、方法和结果的分配，均与农产品脱离母体后的质量安全保持有直接关系。不同的农产品，在采收时各有自己专门、最佳的程式，需要以标准格式固定。因为采收不是一个人或者某个小团体能够完成的，是农产品自由移动的第一环节。以苹果采收为例，首先要确定果实的成熟度，再根据需求和天气确定采收的日期，之后确定一天之中的最佳采收时段，以及采集工具、集装箱具和运输途径方法等，这是苹果采收的决策管理。而后进入采收的实施阶段，要考虑采收方法、采收时限、人员安排、班组排列、果品分级检验等，在采收进行中的管理、监督和过程优化的调整及最佳控制，均要在管理层面上提出和展示明确的路线图。农产品的存贮，在质量安全管理方面，要比采收更重要。存贮是对农产品质量安全品质的延续，从商业角度称为延长供应期、延长货架期。为了存贮良好，相关的方法可能加入，如保鲜可用激素、某些药物实现，防腐、防霉变可用化学农药，等等，大大降低了存贮的安全系数，需要加强质量安全方面的标准化管理。采收存贮，特别是存贮，是保障农产品质量安全的关键环节之一。减少这方面的不安全因素，相比于农业过程要简单许多，如控制环境温湿度、调控气体成分、光波应用等，均在可控环境中能够有控制性的落实，不受因自然不可控因子的干扰而失控。对采收存贮的人员、环境和过程的管理是重要的。

包装标志，是对农产品的形体打扮和户口确认所做的必需工作，也是对农产品个体（种性、品种乃至组织器官）特性的生物学满足。由于必须进行包装，而且要有标志，那就迫使农产品在这一阶段存在的微环境发生变化，即便我们再满足它们的生物学特性，也要考虑其作为商品的销售和消费属性，显然，为延长有效期和保证质量期，在物理包装煞费苦心的同时，带来的却是大量化学成分干扰，特别是包装材料、包装完成后的微环境干扰，以及包装过程中加入的化学类物质等，均成为农产品质量安全保障中不得不认真对待和检查的重要问题。这又与材料科学、包装艺术、生物特性和消费要求等交织汇流，必须系统进行解决。需要我们从具体农产品的包装经验、历史积累和现代科技支持的角度破解其质量安全保障的问题了。在实际操作上，依照相关标准，做好包装和标志，尤其是标签的标准符合性。包装标志后的农产品上市，后台应当有质量安全的溯源体系支持，特别是对列入农业转基因生物标志管理目录的产品，要严格按照农业转基因生物标志管理规定，进行准确的标志和标注。

市场准入，是一个做起来并不困难的事情，即需要有一群有责任心的人，按照相关法律、法规和操作标准推进就行。然而，简单事情的背后才是真正的复杂。市场准入的目的，一方面是保障上市的农产品的质量安全必须是达标的，另一方面通过市场准入措施，要达到农产品生产过程的质量安全再上一层楼，营造一个全程、全链的质量安全体系，该体系在监管方面是系统的和无机可乘的，告诉一切相关者，对农产品质量安全的认识是不可马虎的。这实际含有完整的倒逼机制作用到农产品的生产过程。如此，对于市场准入的规则研制、执行标准和结果评估，就成为农产品质量安全管理中在市场准入方面的更高一层管理，是需要在长远发展的眼光和联系的水平上进行系统性的研究探索和政策制定。为了做好市场准入的工作，更为了良好服务于农产品生产过程，应当从农业整体过程中的关键阶段或者环节上做检测，做诚实的结果记录，尤其是做好自检工作，从长远发展的眼光上，培养高度的自觉性和责任心，通过一系列的自我约束行为，加上第三方检测检查的评估及公布社会的共同监督，从管理方面建立生产过程或者生产企业的信誉体系，逐步安全保障农产品质量安全的持续稳态。对于那些明知故犯、投机取巧甚至不顾标准约束的危害质量安全的人和事，应当采取强制标准约束甚至法律手段，毫不留情地加以打击，使当事者永不再有此歪念，以起到难以忘却的震慑作用。

四、农产品质量安全管理的保障机制

建立农产品质量安全管理的保障机制，要在农产品质量安全标准研制、检测检疫、质量认证体系建设，以及加强执法监督、溯源、推广应用和市场信息等体系建设的基础上，形成法律、标准、市场和消费者构成的灵活机制的互动关系，其中，核心是以政府或者政府受命下的监管执法机构有执行力。

1. 农产品质量安全执法监督体系

进入 21 世纪，在农产品质量安全执法监管方面，多部委投入了不小的力量推进建设。农业部在财政、计划等部门的支持下，启动了农产品产地环境定点检测、农业投入品监督检查、农产品质量安全抽查等工作；商务部、质检总局出口农产品的质量安全监督检查进行了加强；工商系统也曾经介入到有关农产品质量安全的行列中来；特别是，2010年2月6日，国家成立了国务院食品安全委员会，专门负责分析食品安全形势，研究部署、统筹指导食品安全工作，提出食品安全监管的重大政策措施，督促落实食品安全监管责任。在国家各部委的积极努力下，全国各地也充分地行动，建立了相应的机构，形成相关的管理措施，大家对农业投入品加大执法监管力度的同时，也加强了对农业生态环境和农产品质量安全的监管。特别是，随着消费水平的提高，人们健康意识的深化，对农业中禁用、限用的投入品关注度日益提高，监管部门的监管力度也不断加强，将其作为监管的重点任务来推动。

在这一体系中，重要的是执法队伍的水平与能力，尤其是他们的服务意识和责任心。近些年来，农产品质量安全屡屡爆出丑闻，违法乱纪时有发生，这除了历史遗留的农业分散、从农人员普遍素质不高的大环境外，主要是执法队伍的综合水平、实际能力和服务的责任心问题，这是值得有关部门反思和提升的问题。2014 年 8 月 13 日，在网易新闻上，题为"港媒：中国内地食品追溯体系'形同摆设'"[1]中说道，食品可追溯体系在西方国家早已普及，而我们的却形同摆设。还说，看似质监、卫生和农业等部门都对此负责，其实他们都未负起全责。同时，专家认为，就有机食品认证而言，农场只是摘些样品送检。这种不专业做法已令认证缺乏可信度。很显然，这与具体执行机构及人员不按照法规办事有直接关系。

---

[1] 网易新闻：港媒：中国内地食品追溯体系"形同摆设". http://news.163.com/14/0814/11/A3JS1FBU0001121M.html？ADUIN=2485937617&ADSESSION=1407985056&ADTAG=CLIENT.QQ.5353_.0&ADPUBNO=26381[2014-08-03]

2. 农产品质量安全标准体系

农产品质量安全水平，是由农业全程的优良操作与良好管理的结果一步步积累形成的。那么，过程的优良操作与良好管理靠什么？靠标准，靠的是对这一系统中所有标准的精准落实来完成的，其中包括技术标准、管理标准、工作标准、环境标准及操作标准。对强制性标准的落实是无条件的，如禁止使用的化学药物；对于推荐性标准的使用则根据实际需要、生态环境等条件的综合衡量与评估而采纳。显然，这一过程的前提，是要有标准的，特别是要有针对具体农业过程的实用标准体系。所以，标准的研制和体系形成，是第一位的。在此基础上，从宏观角度看，保障农产品质量安全的标准体系，重点要抓产地环境、土壤基础的生产安全和生产过程诸多标准及其相互间联系的完善配套，特别是农兽药品使用及其残留控制方面的标准的到位执行有效性，要始终围绕着事先确定的生产目标管控生产过程的安全性标准应用。例如，是生产有机农产品，还是生产绿色或者无公害农产品，其过程质量安全控制的有些环节是不相同的。另外，在标准研制及其体系建设中，需要将眼光放远、放大，从长远发展的利益原则出发，积极搜索采用先进标准，包括国际、国内先进标准，应当积极进行最新信息的主动交流，以便获得最新的结果，给农产品质量安全标准体系建设创造一个时时出新的基本开放环境。

3. 农产品质量安全的检验认可体系

本小节主要涉及的是农产品质量安全保障中的官方确认和风险防范问题，包括检验检测、认证认可等体系的构建。这是质量安全监管中的重点内容，容易产生突发性影响的内容，也是对质量安全影响力较明显的一个部分。检验检测，在全国已经建立了庞大的检测中心和认证中心，有些地方的检测中心已经建设到乡镇级。例如，农业部推动的农产品、农业投入品和农业生态环境质检中心，超市和批发市场也有了检测点；技术监督系统的检测机构；多个有机、绿色认证机构的检测平台，等等，已经遍布全国，构成了强大的检验检测刚性体系，开展相关的检验检测活动没有什么困难。目前需要加强的是人员队伍的能力建设、检测仪器的高效使用和抽样检测科学性能的提高。就目前看，检验检测体系在不断优化提升，2014年2月21日，《国务院办公厅转发中央编办质检总局关于整合检验检测认证机构实施意见的通知》（国办发[2014]8号）[1]中明确提出了，由农业部负责，按种植业产品、畜禽产品、水产品、农业机械、转基因安全、农业资源环境、农业投入品等业务门类，整合农业部所属检验检测认证机构，要求2014年6月底前提出方案，2015年底前完成整合。检验检测的方法进步、技术提升也特别重要，如检测仪器的质量提升，检测方法的简化、快速、精良和低成本，是方法学研究的重要内容，是保障农产品质量安全、提升整体标准化能力与国际话语权、建立强劲的壁垒防护的刚性内容部分。同时，还应当注意农产品有毒有害物质降解技术方法及产品，提高解危患能力，减少危害带来的损失。

4. 有害、危险性生物管理与入侵防御体系

这一体系中的内容比较复杂。其特点有四。首先，均是来自农产品之外、对农产品

---

[1] 百度百科：关于整合检验检测认证机构的实施意见. http://baike.baidu.com/link?url=_OsdkPekEJfwl4jAYn48z-29wcuAIq9nFxMras5yMUdVi3Vt4pyDAv8uKNTBIZYEIvvOKeIw09AOwTwuqUfi1q[2014-10-02]

质量安全产生直接威胁和损伤作用的另类生物。其次，有些属于本土存在，伺机破坏；有些则为外来，入侵为害，属于危险性生物。再次，其发生为害时均有自身规律，不以人的意志为转移，但相互交织，此起彼伏，还具备突发的特点，使预防甚至控制困难。最后，在管理策略上，相对复杂，既要针对性，又要综合性，有疏导型、堵截型、杜绝型、观测型和保持型等，在严重发生的情况下，采取的措施可能有时会不惜代价。因此，往往在结果上，会对农产品质量安全产生副作用，如残留问题、违禁品使用问题等。建立和强化这一防御体系是极其重要的。

我国长期以来在农产品质量安全方面，就此领域的保障由两大系统、四大体系来实现。两大系统是检疫系统和动植物病虫害管理系统，四大体系为内检、外检、植物保护、动物病虫害管理体系。首先，依靠法律，建立检疫系统，起到预防和封锁危险性生物的传播或者漫延，用外检体系保障外来有害的或者危险生物不能进入我国，在所有海关实施检疫工作；其次，以国内行政辖区和检疫性生物分布的区域为界，实施对内检疫和防止扩散工作，保证已有疫区至少不能扩大，保护区要确保不再被传入。农业部实施的动物无规定疫病区建设和动植物保护工程项目就是一个例子。动植物病虫害管理工作，是农产品生产过程中经常需要进行的工作，特别是以植物为生产对象的农业过程中，病虫管理工作比其他工作都要多样和复杂，而且在生产过程中要持续关注、测报和预防；动物养殖方面的病虫管理关键在于预防和疫病的控制。动植物病虫害管理的烦琐和多杂，往往以各种药物为主要控制管理手段，使农产品质量安全的不安全因素由此多发，是注意的重点。解决这一问题，保障质量安全，关键就在于对这些有害生物的存在时空、发生规律及影响条件弄清楚，而后进行连续监测分析和控制。同时，在管理控制过程中采取多方法综合，以前期管理为上，将使用化学药剂的方法尽量后移，不到必用时，不要使用。

5. 农产品溯源与市场信息体系

建立溯源体系，无论对农产品生产者、管理者还是质量安全监管者和消费者，都有好处。一方面有了学习的过程基础，另一方面有了问题追溯的记录依据，再就是利于农产品销售中建立互信的基础，形成牢固的消费与生产互动促进链。这一点非常重要，需要企业重视，政府关注。在农产品质量安全溯源体系方面，我们再不能犯像港媒报道的那样：中国内地食品追溯体系"形同摆设"，这是严重影响我们的行业竞争力的。之所以出现这样的问题，关键在于对这种体系建设的主体单位和监管单位没有摆正位置，企业应当是建设溯源体系的主体，政府只提供溯源网络化体系的节点平台并全面监管这些节点联系的安全性与质量保障落实的主体，而不是政府建设一切，过头服务企业。同时，有了政府提供的溯源网络总平台和良好的网络化监管运行体系，那么通过这一网络体系，再加上其他相关网络信息平台，可随时推出或者提供市场、社会、政府、企业的发展相关信息，帮助企业在寻找相关信息时可简化、快速和有效地筛选。提供的信息种类，是相当丰富的，不可能全部列举，但主要的农产品生产信息、市场需求信息、过程管理的技术信息、标准信息、品牌信息、知识信息等都应当首先提供。溯源和市场信息体系的便捷有效提供，可从宏观上大大减少生产成本、提高生产销售效率和取得明显的经济效益。

通过上述五大体系的建立和系统良好的运行管理，形成从政策、方法、资金到监管的有效管理体系推动，自然会形成良好的运行管理机制，农产品质量安全保障的持续机制必然生产和有效运行。

五、农产品质量安全管理的主要措施

按照农产品质量安全管理的运行机制架构，落实农产品质量安全管理的主要措施，面向全国农业发展实际，应当说以下方面是值得重视的。

1. 常抓试点与示范引领

由于我国是农业大国，长期以来，大量的各类人员产生于农业领域，即使当代与农业没有直接联系的人群，其父辈、祖辈也是农民出身，这样，绝大多数人的思考和认识问题的依据及基础出发点总是与农业习惯和农耕文化有着直接的关系，农业的长期分散和从农队伍结构的多面复杂性特征总是能够体现在各类人群之中的。这样，无论是农业领域还是其他领域，在推行一个新事物或者新方法时，要一步到位、全面铺开是几乎不能的事情，而从小点开始，做示范，树样板，抓先进，反而使工作发生连锁效应，推展较快。所以，这种方法一直是农业推广、传播新法、扩大影响的最佳选择。我们在农产品质量安全领域的工作，要想在广大范围落实达效，也可采取这一方法进行，不但是现在应用十分有效的方法，在今后也不会失其利而影响推广的效果。

抓试点，做示范，要目标明确。选择民众关心的、具有代表性、前瞻性和利益性的内容进行试点示范。为了体现示范的真正效果和实际带动效果，对示范内容及示范开展的具体程序应当进行周密的规划安排，必须做到，一旦示范开始，就要步步取得成效，实现由小到大的加速拓展能力，使示范带动工作实现最终目标。全国农业标准化示范工作就起到了这种效果。对于农业标准化问题，在2000年前后没有多少人真正认识，并且全国绝大多数人的认识是：农业根本不可能标准化！然而，从未来发展和实际需要，农业必须走标准化道路。为迅速解决人们的认识问题，再迅速扩展到实际行动中去，以国家标准化管理委员会、农业部等单位率先掀起农业标准化示范的热潮，以此来快速地告诉人们，农业要标准化，而且能够标准化。同时，通过示范，让人们看到了标准化效果。从此，农业标准化方法深入人心，认识问题迎刃而解。

2. 加强与完善组织管理

组织管理，是一项多人做事成功能否的决定性工作，是一项事业能不能成功和扩大其效果影响的重要组成部分。在农产品质量安全保障管理的前期因素全部到位，需要形成整体推动时，组织管理成为一项关键性的工作，是对要素加以集成、强化落实放大的极重要手段。组织相关资源成为整体，通过管理释放作用效应，就成为农产品质量安全管理上的组织管理达标与优良的根本任务。只有良好的组织管理工作到位，才能对事业的策划、决策与执行方案有效落地，才能使事先确定的目标得以实现。系统而有力的组织管理，是复杂系统良好运行、实现农产品质量安全持续的关键所在，是实施层面的核心动力。通过组织管理，要将管理标准、技术标准、工作标准和环境标准，以及操作标准成为有机活化系统应用起来，要对所有参与人员进行事先定位与任务分工的同时进行过程灵活高效的调配监管，要对全部过程进行风险规避、关键检测、纠偏匡正和绩效评价等有利于农产品质量安全保障的一切措施与方法的约束和记录，形成组织管理方面的完整体系和推动机制，实现保障农产品质量安全管理的真正目的。组织管理，关键在于认识人才、识别人才的能力特性、安排不同人才到适合发挥自己能力岗位，其次是对人才队伍的推动管理，通过树立样板、平衡有度、淘汰末尾和功过分明的痕迹化管理，以证据说话，用绩效评奖，使绝大多数工作人员感到服气，管理工作就能够基本实现自有的目的。

由于农业的复杂性与复合性，其过程及其产品渗透到几乎各个领域，导致了在农产品质量安全管理方面的主体多头现象。例如，按照职能分工，我国农产品质量安全管理机构主要有农业部门、质检部门、工商部门、卫生部门、食品药品监督管理部门、发展规划部门、商务部门、环保部门、轻工部门、公安部门、法制部门、教育部门、认证部门、标准化部门等十几个，每一个部门都是监管主体[1]。多主体监管部门很容易造成真正的监管主体缺失而形成"多头管理，无人负责"的尴尬局面。要解决这个问题，就需要深入研究农业系统的自然、社会和市场属性关系，以及商品化过程与消费者的社会关系结构，进而提出良好管理框架与体系机制。

3. 推进安全管理与升级

农产品质量安全保障管理工作显然是一项长期的工作。这是因为，农产品是永久存在的事物，其质量安全是无限要求的部分。一方面，需要基本的质量安全保障及其管理，也因农产品的永久性存在而永久存在。另一方面，人类的生活向往也是永久性攀高的，这必然导致农产品的质量安全水平要不断地提高，显然在保障管理方面也是持续的。为了国家稳定、政府的主动和民众凝聚，我们应当时刻注意农产品质量安全保障管理的主动性，将预测和预防放在首位，而不是跟着质量安全事件，充当灭火队员。这就要求对农产品质量安全管理进行事先的探索和架构，决策出有较强主动性的推动和保持方法，在技术层面上进行不断的提升和应用层面上不断的更新，以适应大众日益增长的质量安全要求。实现这种持续和升级，关键在于建立能够持续推动的机制。这种机制，只有建立在透明、公开、公正的真正基础上。而这种基础的根本依据就是相关的标准与监督标准的正确落实。诚然，相关的落实队伍成为根本，即地方政府监管队伍、第三方认可的监管队伍的工作能力十分重要，还有社会舆论与消费者评判的媒体在线，同时有上一级政府职能部门的高级监管和各方保障的管理协调，并且形成持续的运行机制和遵从标准要求的痕迹追踪，就能够使农产品质量安全管理工作持续运行，使社会和消费者真正放心。

4. 提高监管队伍管理能力

常言道，打铁先本身硬，用在农产品质量安全监管方面，这个比喻是恰当的。农产品质量安全问题，无论是生产过程的落实，还是生产外部的贯穿，几乎完全属于监管问题。那么执行监管任务的队伍，如果不懂监管，不懂自己监管的对象之内外关键特征和需要监管的关键目标时，监管必然会出现这样那样的问题，甚至有时候是意想不到的怪问题。多年来的经验和事实表明，我国农产品质量安全方面出现的许多问题，均与监管

---

[1] 王汉君. 我国农产品质量安全政策影响因素分析. 农业经济, 2013, (4): 41-42

不力有着直接联系。回头剖析,是不是真的是监管队伍收受贿赂、肆意放行?不是的。主要原因是,作为监管,要抓关键,但这个关键在哪里?成为问题的症结。在农产品质量安全中,监管工作面对着大量复杂的生物性农产品,有无数不同品种,同品种中又分不同的组织部分,同一组织部分在不同时间下的关键点可能不同,它们连续乘积,所形成的产品群体是多么得复杂多样,其监管的核心关键点又可能有变,更何况许多需要监管的因素事先未知,或者即使知道又无法手触、眼观和鼻闻,等等,这就需要事先知晓和熟悉且灵活地掌握关键点的量与度,非常熟练地应用相关仪器和设备以最短时间获知结果。这是摆在监管队伍中每一个人员面前的重大技术难题。要做好监管,就要从管理学和技术学、方法学的综合应用上,考虑如何应用农标准化的原理方法,以快速、简便之风进行良好的管理处理了。这确实是一件不容易的事情。遗憾的是,迄今为止,我国人才培养模式,仍然使用的是西方所谓"科学"的传统分类方式,以单科细分为主线,以培养所谓全专业为目的的人才知识体系,如知农学不懂植保,做园艺不管肥料,跨度再大一点几乎无所知晓。这样的知识结构,在农产品质量安全监管要求中,根本无法容身,不能胜任工作。即使有点经验,勉强上阵,也必然会顾此失彼,产生笑话。

因此,面对当今发展快速、人们要求迅速提升、农产品质量安全管理愈加困难的情况下,解决队伍自身的工作能力,提高自我技术潜力和素质综合能力,是改变工作被动、长期有效与争取主动出击的最好方法。解决的途径,在短期培训、竞赛练兵和定向培养过程中,加强平时管理,应用标准化方法,分析过程记录,评估工作绩效,不断交流经验,甚至大跨度地交流经验(不同地域和不同单位间)来提高监管人员的素质与能力。当然,比较好的是,国内有些大学已经充分地认识到了有关问题,开始着手这方面的系统性工作。例如,西北农林科技大学已经酝酿建设农业标准化学院的工作,成为打破传统学科分类和人才培养禁锢体系的一家,相信在一批先导者的领导下,会形成好的人才培养体系。

5. 培植责任意识与法律行为

农产品质量安全管理,不仅是管理问题,而且是相关各方的共同责任意识与行为结果的负责体现。这里主要与两大方面的群体关系紧密,一是农产品生产者与包装运输销售者群体,二是对这一主体过程实施监管的队伍群体。其中,在后者中,还有消费者群体的反映和意见参与。

从农产品产出路线看,有生产者,有包装存贮运输者(包括进行初级加工者),还有销售者。这些人群,无一不能有弄虚作假的意识与行为,应当将眼光盯在长远发展壮大的目标上,时刻以提高农产品的质为先导,策划和推动生产、经营过程,从而获得无意识中的"不断壮大"之内动力,再与自身的严格生产及相关标准的约束相结合,必然会在经营事业发展的道路上越走越高。然而,在我中国人群之中,由于长期远离市场的背景,在大人口圈内,有着虚假存在的一定环境,也从来没有因弄虚作假而得到惩罚,甚至被惩罚到倾家荡产的地步,给农产品质量保障的内在保证层上留下了缝隙,造成了机会,使生产假、包装假、销售假等的假货出现有了一定市场,久而久之,遵循规则、依据法律的概念与行为就变得乏力了。在大市场格局中,经济一体化背景下,无论是企业,还是农户,要想取得根本性的经营胜利,就必须遵从标准,依照法规,实施诚实的经营方法,持续不断提高经营实力。否则,市场首先淘汰这些人出局。实质上,农产品的优质不优价的重要原因也在于此。因为消费者在多次欺哄下,不会有"大方出手"的基本心态了,消费的行为上形成了"无可奈何"的将就消费。

另外,进行农产品监管的专业人员和使用农产品的消费者队伍所构成的监管群体,其素质也需要急速提高。这一人群,主要有三类,一是政府机构监管人员,二是政府认可的社会第三方监管机构人员,三是消费者群体。前两类当属于专业人群,对他们来说,角度不同,心态不同,其行为过程与结果也明显不同。政府机构监管人员,总有一种自我高大、不可一世之气势,常常忘记了自己的责任与服务职能,显示出某种"统治"的姿态来;被政策主管部门认可的社会第三方监管机构,那种政府机构监管人员的架势会弱一些,仍然不时要显示自己的"统治"地位,与被监管群体间存在着至少是心理上的悖逆距离;对于消费者监管效果,主要反映在消费者是否再采用的层面上(这实质是生产持续的根本原因),其次是在某些"过分"情况下,消费者可以通过媒体甚至消费维权方式来评判产品。但有一个明显同一的特征,就是发自于内心的责任意识和服务意识,与发达国家相比,相差甚远,是需要教育和提高的第一关键。

无论是哪类人群,为着农产品质量安全的提高和农业发展的不断进步,只能从严格标准、遵从法规并加以切实执行的角度强化教育,夯实信誉体系的基本支架。一个非常有意思的现象是,越是发达国家的人越不造假。虽然日本农业与中国极为相似,而且其农民队伍老化现象比中国更厉害(2015 年 2 月的调研,农民年龄普遍在 60 岁以上),但没有人有造假的想法,并且在被问及是否愿意造假而牟取利益时,他们都会对这一问题产生出奇怪感觉来。问及学者对农民可能造假的可能处理时,他们说不能造假,如果有,一旦被发现,就会被罚得倾家荡产的。实质上,造假谋利是人们心中的某种欲望,但管理体制的严格性和人们对消费品的零容忍,使社会状态处于高度关联协调的严格标准化约束之中,一旦有假出现时,溯源体系明了,追击处理迅速,不给其存在的机会,假冒也就消失,社会信誉自然彰显。这实质上就是培植责任意识与法律行为的过程。

第四节 溯源体系与建设

经济社会,科技时代,发展速度可谓日新月异,从消费的物质品类上看,其内容和形式花样繁多,让人目不暇接;从消费的时空布局看,整个地球真的成了一个村,特别是近些年来的互联网,将整个世界完全改变,只要是消费想要的,都能够在网上找到,只要能够找到的,都能够通过网络购买。显然,这样一个社会,这么复杂的消费,专业化越来越强,背靠背做起来的事情越来越多;生产与消费之间,存在着一系列利益的分配和相互的博弈,那么利益双方总是会出现矛盾,又希望公平合理地解决问题。要解决这些问题与矛盾,就得刨根问底,寻源翻因,澄清责任。试想,如果没有对过程进行的标准要求下的详尽记录,没有形成溯源体系,很难想象这么丰富多彩的生活世界能够建立起强大有序的社会。所以,追溯体系是保障现代社会在标准化规约下能够将复杂环境变得简单和生活快乐的重要环节。本节就农产品的追溯体系加以论述。

一、基本概念

事物总是处在矛盾之中,矛盾也总要得到解决,这是社会不断进步的动力之一。在规则化（即标准化）社会中，矛盾的解决路线往往是清晰的和简单的。那是因为，为了防止矛盾的产生或者扩大化，对矛盾产生的可能性做过事先预防性的规定。最简单的过程就是将引起矛盾的事先过程进行记录规定，以便于当矛盾发生时理清思路，追根求源，溯其最初过程与出现过程。这就产生了溯源一词。在农业标准化时代里，还有另一词语，即追溯。那么它们的区别与联系是什么，需要首先搞清楚。

1. 溯源

溯源的意思是，到上游寻找发源地。比喻探寻事物的根本、源头，发现本质而内在的真正原因。

该词用于标准化序列，应当是在1997年，欧盟为应对"疯牛病"问题而逐步建立并完善起来的食品安全管理制度。这套制度，由政府推动建设，内容覆盖了食品生产基地、食品加工企业、食品终端销售等整个食品产业链条的全程（上下游），应用了类似银行取款机系统的专用硬件设备，进行食品生产全程的信息共享，即时服务于最终消费者。这一系统十分管用，一旦食品质量在消费者手中出现了问题，便可以通过食品标签上的溯源码，联网查询，即刻能够查出该食品的生产企业、食品的产地、具体的农户等全部的流通信息，从而明确事故方相应的法律责任。这项制度对食品安全与食品行业的自我约束，具有相当大的作用。目前这种方法已经得到广泛的应用，凡能够成为商品者，或者具有专业系统性的管理与服务行业，其内部或者对外都应用这一方法，对简化操作、明确责任和解决矛盾均产生重要意义。

2. 追溯

追溯一词，其意重在于逆水而行。表示分析追踪事情发生的来龙去脉，找到事发的根源，有顺藤摸瓜、步步深入的意喻，也可理解为回首往事、探寻渊源的意思。

其与溯源一词相比，差异性达不到显著水平，倒是十分相近。溯源偏向于求得初源的嗜好，将过程作为铺垫；而追溯则重在于一步一步地探寻，对过程有所看重。两词总体上都有寻找事物的根本和源头之意，在不精确要求的情况下，两词可以通用。从农业标准学理论与标准化目标来看，应用"追溯"比"溯源"似乎更加贴题一些。

3. 追溯体系

这里也可以理解为追溯系统（关于体系和系统的区别在本书中已经有解释），同时将溯源体系一并归入。

追溯体系，是指能够开展并完成追溯目的的专门支持系统。

追溯体系，是今后商品化农产品的生产、加工、存贮、运输、销售等一切环节不可少的支持系统，其将通过信息网络平台加以无界、无距离的显示。

二、溯源的功能与作用

追溯体系所构成的追溯功能，是现代社会消费过程中，对消费者的简化交代和放心展示的最好窗口，更是企业信誉加分的续航站点。

(一) 溯源的主要功能

溯源,是对农产品生产和消费全程中的几乎所有信息在时间和空间上发生过的记录所进行的排查过程。要使这种排查能够快速安全地实现,就需要利用信息手段及其平台加管理才能够直达目的。实现了这一目的,追溯自然就具有多方面的功能用途了,主要有以下三个方面。

1. 用于内部的系统管理

现代化生产,标准化应用,效率和总体效益成为人们追求的核心目标,专业化分工越来越细,又是现代化大生产、大运动和大消费中的特点之一,那么,以系统组织和专业化运作特征充满于产业总程之中,如何清晰地看到过程的每一个环节的数量和质量流程进度及水平高低呢?那只有通过所有关键环节与关键点的即时记录所构成的追溯资料,在追溯系统中出现,在总控管理的机构和人员中看到,并以此为据,能够很快做出判定与总体反应,进而指挥产业系统良好运行。这是一个强大的宏观自动化的表现,实质是标准化的高度应用。试想,如果没有追溯体系平台和相应的要求贯穿,是无法进行这样的复杂体系调度与控制的。追溯体系具有对过程的实时状况及时报告的功能,实时采集作业人员、机器、设备、物料和工具等资源的使用状态的实时信息,通过文档管理和标准控制功能,以及产品跟踪和清单管理功能键的使用,会立即将情况反映给管理部门,帮助做出相应的管理决策的总体调度。并在此基础上,对以往大量数据的进一步挖掘分析,对提高产业效率、提升整体管理水平具有更大的帮助作用。

2. 向外部展示良好状态

任何企业、经济团体都有自己的产品需要向社会和市场抛售。问题在于,能不能抛得出去,抛得顺畅,并获取本想得到的全部利益呢?这就要看消费者对该产品的认可、接受及持续需求的保持了。这也是这些企业及其产品的生命力所在。追溯能够刺激消费者对产品的探知欲和好奇感,可以激发他们不妨一试的热情。良好的溯源作用,能够促进企业与用户之间越来越紧密的依赖关系,给消费者以放心和信任。一个企业的良好溯源及多次使用该企业产品的实践,使消费者证明了该企业的溯源与产品的一致性,其结果就会变成企业的社会正向口碑与企业增值的无形资产,由此企业良好形象就自然树立,成为更多消费者关注的对象。

3. 提高集团的社会信度

追溯的诚意、追溯内容的真实和追溯给消费者带来的放心,会形成消费者群体中不由分说的良好印象,也会成为更能够促使消费者选择产品的重要根据。因此,企业、集团或者团体的社会信誉度就不言而喻,向上发展了。

(二) 溯源的依据与作用

溯源的依据,应当有三个方面,一是农产品生产、收获、包装加工、存贮运输、销售消费等所有环节均有事先的标准规制;二是生产、销售和消费的全程中有根据标准要求的操作及操作的实况记录；三是对过程的实时、立体化记录结果进行目的性统计分析，能够提供多种可供再利用的过程信息。

溯源的作用，主要表现在四个方面。

1. 增进放心消费

追溯体系的建立，首先是对消费者和社会的一个正确的对称信息的交代，使消费者有一个消费信任的寄托，能够以备其用，安心消费。即消费者无论在任何时候，对其消费的产品有疑问，或者有兴趣了解产品的来源过程，就可随时随地通过网上系统到达目标追溯体系进行访问了解，从而满足自己的需求，增加对产品乃至生产企业的信任度。

2. 利于责任落实

矛盾总是要发生的，解决矛盾也是相伴而生的。作为商品的产品，随着生产和运输等的过程专业化和复杂化程度的增加，其质量、安全及使用的方法问题等几乎与生产的全程每个环节都有着关系。那么，如果不建立全程的溯源体系，没有可追溯的源头保障能力，出现的矛盾就成为无源果，无人担当的死疙瘩，简单生活、高速发展等现代的理念与行为也就成为完全的空谈了。只有良好的溯源及其体系的常态运行，才能使生活变得简化和美好，即使有矛盾出现，追究责任的方法也就十分简单，责任的主体也是一目了然的。在矛盾面前，责任明确，处理也会了然公正，处理的快速和准确也必然成为现实。

3. 提高产品信任度

企业的真实追溯体系，能够给消费者一个正确的姿态和诚意的表达，从而换取消费者一个信任，增加了企业的无形资产存量，取得更大的市场份额。溯源体系的建立，有了责任的过程记录，为社会提供了监管的更多渠道。除了第三方监督，还有社会更多的监督机会。例如，本不是该产品的消费者，也可能处于某种好奇而访问你的溯源体系，从一个观察者的角度，往往会产生"无意问题"而暴露农产品的缺陷，等等，这些因素，都将促成农产品生产过程的任何环节上的操作者的警惕性和认真态度的增加。

4. 溯源提高农产品安全

近些年来，农产品安全事件频发，不断向人警示和考验着我们的生活。2005年的"苏丹红一号"，2008年的"三聚氰胺"和"毒芹菜"，2009年的"OMP"（造骨牛奶蛋白，osteoblasts milk protein 的缩写），2010年"毒豇豆"、"毒韭菜"和"毒节瓜"，2011年的"瘦肉精"、"牛肉膏"、"染色馒头"，2012年的"毒胶囊"和"毒奶粉"，2013年的"毒豆芽"等频繁发生，不断威胁着老百姓的日常生活和身体健康。如何有效地对农产品进行跟踪和追溯，已经迫在眉睫。早在2010年年初，国务院就成立了农产品安全委员会，统筹指导、部署全国的农产品安全工作，重点督促落实农产品安全监管机制。当年2月又成立了食品安全委员会。同年12月，商务部和财政部研究制定了肉类蔬菜流通追溯体系建设的总体方案，从城市意愿、流通基础设施、运行维护费用保障等多方面考虑，开展试点工作。中央财政专门安排资金用于支持追溯体系建设。

真正严格而透明的溯源体系建立，会给被溯源管理的产业链上的每一位操作管理者一个提醒：你的过程正在被永久地记录在案，你的不认真的态度和行为将可能成为不合格产品的责任承担者。因此,每一位参与者,只能以认真的态度和严格的操作完成自己的工作任务。谁都不愿意将自己的不合格行为被溯源体系记录和展示。这样一来,农产品质量安全的保障就会增加更多的升级成分。

三、农产品溯源体系

农产品质量安全溯源,是一项系统工程,涉及生产、检验、监管和消费等各个环节,并通过信息平台的支持来展示出来,让消费者能够及时明确地了解到产品的生产和流通过程的卫生符合情况。

1. 农产品溯源体系架构

其所形成的实质是一个信息管理系统,如图 9-1 所示,可通过多种信息查询终端进行访问,如智能手机、电脑终端,从而提高消费者的放心度。这个系统需要提供"从农田到餐桌"的可追溯程式,展示产前准备、生产、加工、流通、消费等供应链环节消费者关心的关键点,提供公共可追溯的要素,并在后台成型农产品安全信息的数据库。

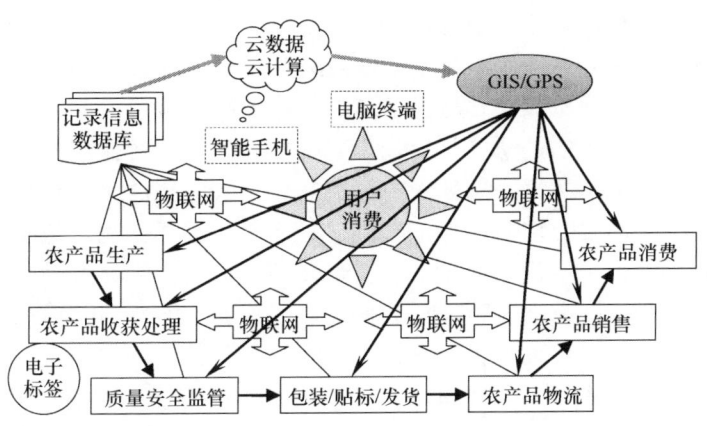

图 9-1 农产品溯源体系信息网络示意图

由图 9-1 看出,农产品溯源体系架构的信息流大体分为两个层次,即上层数据中心和下层运营管理层次。上层数据中心,主要是由第三方监督管理部门,是政府职能部门与社会第三方共同操作。通过构建溯源信息查询系统,对每一个过程的流通做到来源可溯、去向可查、责任明确、问题出来可到人,从而就满足了社会期望的那种农产品监管,即对农产品流通各个环节实施完全地链式监管,并在监管的基础上,将农产品生产、流通各环节的重要数据进行统计分析,将结果与关键数据提供相关部门用以挖掘和再决策。下层运营管理,主要包括生产环节、流通环节和销售环节,也包括物流环节。每一个环节都要做到信息的共享与数据查询服务,包括相关的农产品流通中的档案资料,可以随时调用,统计分析,全程关键,全部记录在案,溯源方便,证据充足。

有了这样的系统,即使偶然发生农产品的质量安全问题,也能够立即溯源,分析疑点,快速找到关键疑点处,有目标地加以控制,并对已经放出的产品实施召回措施,从而在系统水平上追溯到源头,高效率地保护消费者的利益,保障其合法权益。

2. 溯源系统的技术构成

能够实现溯源的技术构成，有前端数据采集系统、信息处理与网络化传输系统、终端信息提取应用系统及信息反馈系统。实际中，工业标准化使 IT 系统的高度集成，目标明确的整体系统不断推出，可以一体化实现上述技术构成的多个方面。能够应用于农产品质量安全溯源平台的 IT 应用系统，目前主要有以下方面。

（1）RFID 信息技术采集　RFID（radio frequency identification）技术，是一种无线射频识别的通信技术，可通过无线电讯号来识别特定目标并读写相关数据，无需识别系统与特定目标之间建立机械或光学的接触。其内容多为微波，波长在 1~100GHz，适用于短距离识别通信。农产品追溯管理系统可利用 RFID 技术并依托网络技术及数据库技术，实现信息融合、查询、监控，为每一个生产阶段及分销到最终消费领域的过程中提供针对每件货品安全性、农产品成分来源及库存控制情况的合理决策，并能够落实农产品的安全预警机制。由于其采集数据的方便性，RFID 技术可贯穿于农产品安全始终，能够建立一个完整的产业链的农产品安全控制体系，形成农产品企业生产销售的闭环生产和全过程严格控制，确保供应链的高质量数据交流，彻底实现农产品的源头追踪及在农产品供应链中提供完全透明度的能力。

（2）WSN 物联网技术　WSN（wireless sensor network）即无线传感器网络，是由部署在监测区域内大量的廉价微型传感器节点组成，通过无线通信方式，形成一个多跳的自组织的网络系统，其目的是协作化感知、采集和处理网络覆盖区域中被感知对象的信息，并发送给观察者。传感器、感知对象和观察者三者间构成了无线传感器网络的三个要素。而构成 WSN 网络的重要技术，Zigbee 技术（一种近距离、低复杂度、低功耗、低速率、低成本的双向无线通讯技术）以其低复杂度、自组织、低功耗、低数据速率、低成本的优势，逐渐被市场所接受。该技术可从近距离的链接，达到远距离的传输目的，在农产品溯源体系中，可实现对相关数据的传输与信息交互。

（3）EPC 全球产品电子代码体系　EPC（electronic product code）即产品电子代码，它的载体是 RFID 电子标，借助于互联网实现信息的传递。EPC 旨在为无意见单品建立全球的、开放的标志标准，实现全球范围内对单件产品的跟踪与追溯，从而有效提高供应链管理水平、降低物流成本。EPC 是一个完整的、复杂的综合系统。农产品溯源系统可结合 EPC 技术，把所有的流通环节（包括生产、运输、零售）统一起来，组成一个开放的、可查询的 EPC 物联网，从而大大提高对农产品的追溯效率。

（4）物流跟踪定位技术（GIS/GPS）　GIS（地理信息系统）和 GPS（全球卫星定位系统）的运用，可解决物流运输过程中的准确跟踪和实时定位的难题，给农产品运输管理与溯源带来极大方便。GIS 是以地理空间数据为基础，采用地理模型分析方法，适时提供多种空间和动态的地理信息，是一种过去仅为地理研究和地理决策服务的计算机技术系统，现在以 GIS 更强大的地理信息空间分析功能，在 GPS 及路径优化中发挥作用的同时，实时进行计算当前目标装置（接收装置）的经纬度坐标，以实现定位功能的系统，运输车辆的运行状况、时空位置可随时查询。农产品溯源系统通过组建一张运输定位系统，可以有效地对农产品进行监控与定位。

此外，在数据采集方面，还有 PDA（personal digital assistant；又称掌上电脑，可在移动中工作，常见的有条码扫描器、RFID 读写器、POS 机等）、LED 生产看板（用于管理过程有关信息显示的、由 LED 小灯组成的电子板）、PLC（programmable logic controller；可编程逻辑控制器）、传感器、I/O（input/output；通常指数据在内部存储器和外部存储器或其他周边设备之间的输入和输出）、DCS（distributed control system；分布式控制系统或者集散控制系统，一个由过程控制级和过程监控级组成的以通信网络为纽带的多级计算机系统）、PC（personal computer）等这些硬件的应用。

3. 溯源的表现与类型

由于农产品溯源体系能够拉近产品与消费者的距离，提高购买信任度，进而对企业良好形象的树立有显著作用，使企业越来越多的认识和看好，并开始追求这种溯源性，期望建立或者加入这种行列之中。当然，企业并不直接为了消费者的利益，而是更加关注对产品管理中的可追溯性和质量的控制，以提高更多的利润。

基于条码——RFID 技术，通过实施的产品质量追溯系统，在农产品生产过程中进行关键数据的收集，编制信息源，通过一个唯一的产品系列号或唯一的条码，能追溯到每个产品生产过程的所有关键信息，其中包括了农资使用的种类、批次、生产商、供应商、销售户、使用者、使用地点、使用过程采取的关键措施、栽培/养殖管理的关键方法、农耕农设备/机械的全部信息、作业时间和当时的天气情况，以及不良处理过程的发生与原因等，最后达到全部获得这些信息的目的，并以此来即时分析农业生产过程优劣、农产品质量有无缺陷等问题及存在问题的原因，从而决定这些农产品的质量档次和后期处理方向，包括已经发货、销售后的处理，如快速召回或者降级处理，追究原因并弄清责任，从而能够对改进生产、提高产品品质有直接的参考和帮助作用。顺次，企业的竞争力自然提到提升。

溯源，虽然属于事后控制，却也是下一次生产的事先探索。通过事后的反馈和过程原因分析，可找出农产品质量升降的症结所在，为改进生产、提高农业过程素质和农产品质量打下一个坚实的铺垫。

溯源可分为正向追溯和反向追溯。正向追溯，是指从农产品系列号开始，由上而下进行的追溯，追溯其构成及生产过程信息。反向追溯，则是农产品生产过程中所用生产资料、方法或措施因批次不同、人员不同而发生的可能问题，以便在规模生产中查检和搜索小范围出现的问题，从而缩小问题范围。

溯源还分为横向追溯和纵向追溯。横向追溯，说的是从农产品结构构成进行追溯，主要追溯其个体差异与造成的原因。纵向追溯，是指从农产品生产过程进行追溯，主要追溯生产过程经过哪些操作、管理和检查部门或者人员，受到了哪些因素的影响等。

4. 农产品溯源记录的实现

记录，是我们做任何事情的一个重要环节。中国人普遍缺乏这种行为，需要在标准化的社会中很好地推动和建立并形成无意识的行为习惯才好。无公害农产品生产，包括所有农业生产与活动，必须强调和做好记录，这对于溯源体系建设、处理技术问题与管理矛盾和提升农产品长期经营中的市场与社会地位、实现优质优价具有重要意义。如何记录，也有标准要求，由相应标准规定，再由相关单位根据实际需要，制定和颁布记录标准,甚至在企业内一开始,就应当作为强制质量控制标准对待和落实。

5. 现代溯源的实现

通过以下两个具体案例,阐述农产品溯源体系的实现。

1) 农产品溯源系统

良好农业规范(good agricultural practice,GAP)是近年国内外发展最快的认证体系,其最吸引人注意的是对于农业操作的全程进行规范运作。GAP 的原理与方法成熟有效,运作的本身,能够使人产生完全放心的感觉,只需要我们用信息手段将其过程实现无距离传输与共享。从事这一标准化体系的贯穿,从生产过程的记录信息收集与管理看,可基于智能手机,使参与这一生产系统的所有人员,无论在田间、路途还是在加工厂,均可轻松地输入关于农事操作、投入、运输等的具体记录。事先已经搭建好的质量安全可追溯系统,包括条码、电子标签、定位系统等,把信息流和实物流联系起来,实现从农田到餐桌的全程信息传递和存贮,形成强大的数据载体流。目前流行的是,使用二维码来载荷数据,一般溯源流程如图 9-2 所示。

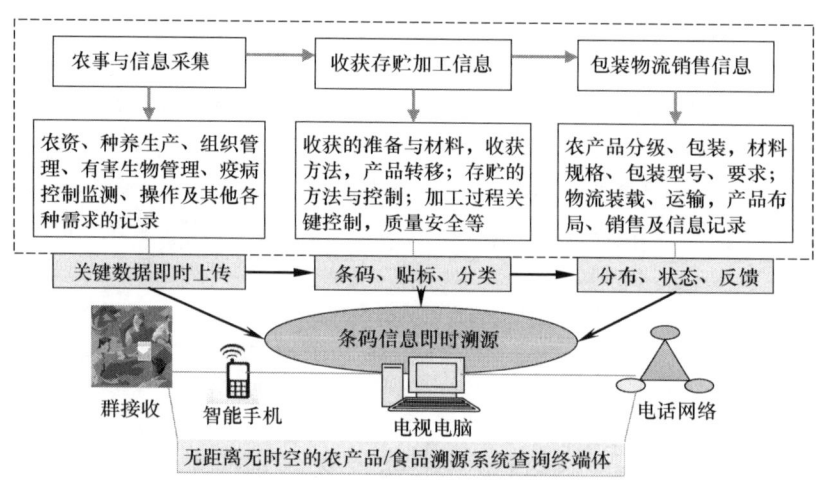

图 9-2 农产品溯源系统整体架构示意图

从溯源系统的技术架构看,移动二维码技术,在国际上是一项成熟的防伪技术,在确保源信息准确的前提下,二维码可以帮助消费者快速、准确地了解到自己需要产品信息。当今智能手机就可以帮助个体消费者实现这个过程。具体做法是,将二维码制成标签,贴在农产品包装上,消费者在购买产品时,只需要用手机扫码或发短信,就可查询到目标产品的源信息及其进行过的质量认证等信息。同时还可以举报虚假、错误的信息,十分方便。图 9-3 是对这种溯源系统方式的直观示意。

农产品溯源系统由生产履历中心、溯源码管理子系统、溯源信息识别子系统和信息查询平台子系统构成,四个子系统无缝接轨,共同完成溯源任务。

农产品生产履历中心,是整体系统的初源信息采集与处理平台,是农产品溯源系统的基础和核心。该中心需要对农产品的生产单位工作中所有的生产履历信息进行收集、整理、存贮等统一管理的处理工作。从子系统责任角度要求,履历中心记录产品的基础

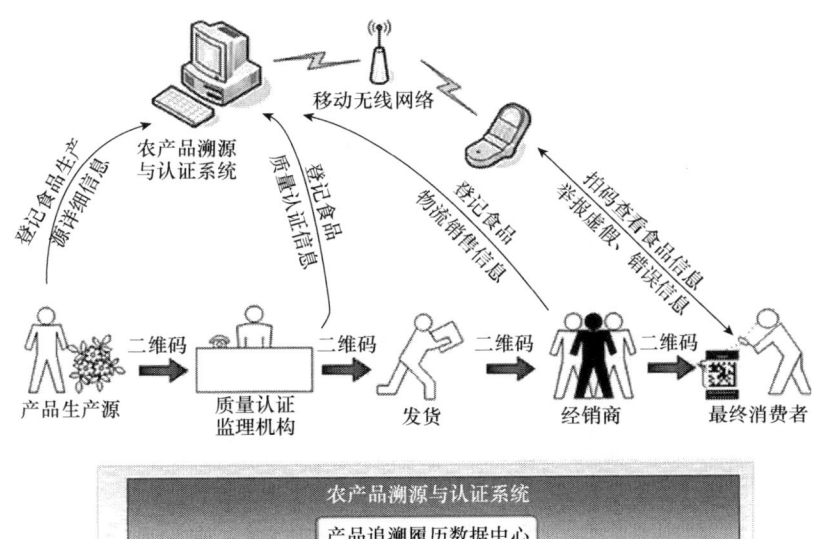

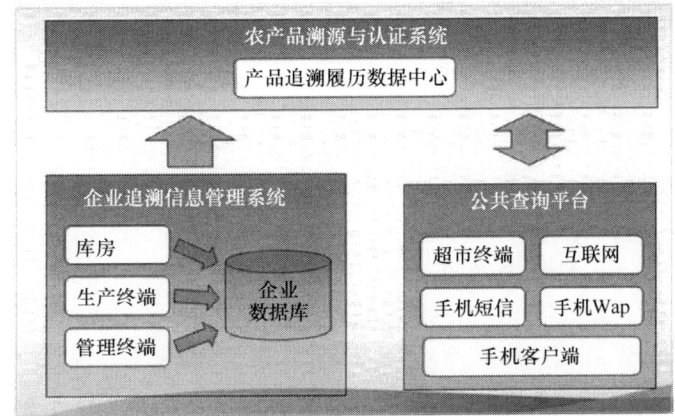

图 9-3 农业生产与消费体系中的溯源信息传递与应用[1]

信息、生产过程信息、农业资料来源和使用信息、栽培及水肥管理信息、有害生物管理信息、收获与包装信息、物流与销售信息等，从而构成溯源管理的基础数据库。同时通过履历中心，人们可以查阅到与农产品有关的生产、收获、存贮、运输、加工、销售、检测等各方面所需要的信息，实现对产品全链条体系的关键点追溯。

溯源码管理子系统，是对农产品进行严格标准约定下的溯源码编制定位的子系统。根据农产品产出过程信息，编制产品信息并构成唯一的二维编码单，并无误加贴至对应的农产品包装面上。该编码能够数字化加密，一个包装条码标签对应唯一的一个产品追溯码。通过使用该编码方式承载信息，可关联农产品、生产者、生产时空及状态等各类信息，并伴随农产品的流通，加载新的相关信息，使观测和追踪回溯变得十分便利。该种数据编码有相当的可控性，可以按量发放、注册生效、到期失效，同时有很强的防仿制和防伪性能，对数据编码进行加密处理，则无法仿制。

溯源信息识别子系统，主要是执行溯源码信息的识别。能够进行终端识别的设备，目前主要有手机、手持专用设备、专用读码设备。需求者只要通过这些设备扫描二维码，就可获得相关信息。用设备读取条码信息的过程实质是进行解码的过程。

信息查询平台子系统，是以生产履历中心建立的数据库为基础的。消费者可以通过

---

[1] 本图采自于小蜜蜂软件. http://www.shensoft.com.cn/jjfn/ncpsy/[2015-06-18]

互联网、手机电话和手机短信等方式进行查询。通过查询平台，可对农产品的产地信息、生产信息、生产企业信息、产品检测信息、交易信息等进行查询，直截了当。这就实现了前期生产与最终消费之间的全程对接与信息溯源。

2）条码下的质量追溯

从上述案例明显看出，条码是溯源体系建设和运行中的核心关键之一，具有强大的保真性能。应用条码技术，建立质量溯源体系，是一个放心的保证体系，所以在这里不能不介绍一下条码应用的基本方法。我们从对条码的认识开始，到如何应用，如何解读条码及发展趋势加以讨论。

（1）条码技术基本知识　条码就是我们能够看见的、具有严格规则约定的一种图像，按照空间维将其分为一维码和二维码。一维码是由一组平行的、黑白相间的线条组成，每条组成一个单元。许多商品包装上迄今随处可见，超市购物，散取物品经过营业员简易包装后会在表面贴上一个一维条码小纸片，用于结账扫描；机场安检与登机前的信息读取，就是一维码。一维码中，黑条能够吸光，白条则能反光。数据按照一定的编码规则，由不同的条宽或条高来表示，使用发光扫描仪扫其表面，就可读得数据。二维码，是一个正方形的黑白花斑，中间往往有一个小图案。许多网站、电视屏幕下方常常出现，需要时可用智能手机扫描。从这个正方形花斑的细微组成看，二维码可分为两类，即线性堆叠式和矩阵式。线性堆叠式的二维码，是由数行宽度各异的条码纵向堆叠而成。每一行条高一致，与一维码类似。矩阵式的二维码，是由小正方形、圆形或多边形等数据散点组成。显然，矩阵式二维码与一维码及堆叠式二维码有明显不同，故激光扫描仪无法解读矩阵式二维码，只能使用图像阅读器来读取信息。这有点像数码相机，如智能手机可通过照相机功能扫描读取。

可见，只要条码的背后，在农产品履历中心的信息采集、处理做到完全真实有效，并按照标准要求，连接到条码，给单体农产品标定的"ID"，那么，面向公众的条码扫描所获得的一切信息，就能够满足需要，启动更进一步的行为实施。条码的应用，通过信息产品支持，将生产者与消费者在貌似极为简单的平台上，就实现农产品的溯源和进一步的使用了。

（2）条码阅读器的工作原理　有了条码信息显示，没有条码阅读器是无法将信息数据显现化的。因此，我们需要了解一些条码阅读器的工作原理。激光扫描，是一维码的常用解读方法。利用激光，是因为激光点的高速度，在移动扫描中不会丢失信息，激光点扫过黑白条码元素，光感器随即测量各元素反射的光量，并将光能转为电能，再通过信号处理，将模拟信号转换为数字信号，根据不同码制对数字信号进行解码，解码后的数据信息即可显示出来，或者使用条码阅读器执行逻辑任务。一维码阅读器工作原理与激光扫描仪是相似的，但它们无法解读二维码图像。因为这些设备只能进行横向扫描的记数。用一维码阅读器解读条码时，激光的视区必须垂直对准条码的黑白条，并保持规定的移动方向。

二维码的读取，需要使用矩阵阅读器，即通过灰度化像素的阵列或矩阵识别符号来辨识图像，其光源是嵌入式矩阵发光二极管（LED），不是单个激光二极管或单列发光二极管。其原理是，电荷耦合器（CCD）或互补性金属氧化物半导体（CMOS）获取扫描物反射回来的光能,半导体将光能转为模拟信号,再转为数字灰度数值。使用矩阵阅读器处理二维码,读取符号的方式是快照式整体读取,不是逐条扫描,因此不怕遇到对比度差或者符号残损而读不出的问题,故这种方式更具有吸引力。同时,图像式阅读器在物理部件、使用耐力及使用的方便性等方面也优于激光扫描仪,其视区宽广、外形小巧,微型百万像素二维码阅读器拥有优越的扫描和机械特性,可以更灵活、更方便地装入各类仪器。

当然,百万像素阅读器的不足之处,是要求扫描相对静止的状态,移动中的扫描难度大。因此,在有些时候,如动态流水式鉴别扫描,激光扫描的效率也许会更高。

第十章 认证认可

社会发展越来越快，人们接触的信息与物品越来越多。大社会的物质需求和丰富多样化的品类出现，自然给人们的生活带来极大的鉴识负担和挑选压力。但是，人们并不想承接那种为生活的常规性需求在不断费力地学习和选择那些总是变化中的商品而使自己处于叠加式的复杂状态下。恰恰相反，人们追求的是更轻松、更简单的生活方式。那么，如何实现生活方式上的简单？只能是在整体系统运作与具体分工相结合下的简化，这是系统供应的标准化问题。认证认可，就是解决这一复杂问题简单化的最好途径。因为，通过人们公认的认证认可机构，对物品和过程进行"贴标"认可，就大大省略了使用者或者消费者对这种物品的内在探索和多方知识的了解，而产生只就其功能与需求的结合实现"傻瓜"化使用便可。认证认可是农业标准化乃至标准化中的一个重要环节，是对农产品质量安全以符号表示的直接方法，更是农业标准化原理在实际操作中深入浅出的直观简化表达。本节就认证认可的知识加以介绍。

第一节 认证认可及其作用

认证来源于市场经济的贸易活动和政府法规的要求，随着市场经济的逐步成熟，以及标准化水平的提高，现代认证已经发展成为市场经济体制中的一个有机组成部分和复杂的技术经济体系。农产品认证是一类具体的认证活动，建立在认证的整体框架之上，遵循认证的客观规律和要求[1]。认证认可，符合农业标准化中的简化和优化原则，是对消费者、生产者之间联系的简化肯定，是对市场的一个直接的告知。认证认可，能够直接推动农产品交易的快速化和责任分工明确化。

一、认证认可的概念

1. 认证

认证，是由认证机构证明产品、服务、管理体系符合相关技术规范的强制性要求或者标准的合格评定活动。认证，是一种信用保证形式，是对其认证范围要求、经过合格评定确认后、向社会展示结果以放心用之的简化手段。其之所以能够起到信用保证，是因为从事认证的机构是由国家认可的或者有信用保障的，自然也代表了公民的放心，是客观、公正的真实执行者。

认证一般分为两大类，即体系认证和产品认证。前者是对动态系统而言的，如ISO9000质量体系认证、ISO14000环境管理体系认证等，此类认证以单位（如部门、企业等）进行，是一种让客户对自己的单位（企业或部门）放心的认证。后者就比较广泛

---

[1] 王晓霞. 我国农产品认证制度及有机认证产品的发展趋势. 农产品加工·学刊，2005，(5): 61-64，67

了，因为产品类型很多，特性又有差别。但一些内容成为强制性认证，尤其是涉及安全性的问题，如农产品质量安全认证和工业产品中的 CCC 国家强制性认证及 CE 欧盟安全认证。还有，同一类产品，做不同的产品认证，其价格也就不相同了。例如，农产品出口，就要做出口国的相关认证，产品价格也就不同了。当然，能够互认时，对同一产品，手续就更为简便，价格由双方协商。

认证，是由属于第三方性质的认证机构来证明产品、服务和管理体系是否符合相关技术规范及其强制性要求的合格评定活动，它包括了六点要素，有认证的主体（必须是认证机构，且该机构具独立的法人资格、经过国家认证认可监督管理委员会批准、从事批准范围内的合格评定活动的单位）、对象（是产品、服务或提供产品或服务的管理体系，对具体的操作过程不涉及，只要求达到管理体系的标准要求）、依据（以标准、技术法规和规范为据）、方法（有产品质量的抽样检验和对企业质量管理体系的检查和评定）、目的（保证产品、服务或管理体系符合特定的要求）和认证合格的表现方式为颁发认证证书和授权使用认证标志。

我国目前农产品认证体系的主要内容，是无公害、绿色和有机农产品（食品）。这三类农产品，有各自不同的执行标准，对生产过程要求和最终农产品要求的目标也不同，从而使认证机构不同，对应的求证企业也就有明显的区别了。在农产品质量安全管理体系认证方面，应用较广的有危害分析关键控制点（hazard analyze and critical control point，HACCP），从风险分析与危害性预防的角度把握过程管理；良好农业规范（good aquaculture practices，GAP），是应用系统科学原理与方法，全面考虑和管理农业生产过程，使其整体处于良好状态之中；良好加工制作规范（good manufacturing practice，GMP），与 GAP 性质相同，应用于农产品（食品）加工过程的良好状态控制与管理中。

2. 认可

认可，是指由认可机构对认证机构、检查机构、实验室及从事评审、审核等认证活动人员的能力和执业资格，予以承认的合格评定活动；也是对从业者和从业单位专业性的肯定[1]。

认可是对合格评定机构满足所规定要求的一种证实。这种证实，大大增强了政府、监管者、公众、用户和消费者对合格评定机构的信任，对经过认可的合格评定机构所评定的产品、过程、体系、人员的信任。这种证实，在市场，特别是国际贸易及政府监管中，起到了简化管理、快速运行等相当重要的作用。

一般情况下，我们按照认可对象分类，就有认证机构的认可、实验室及相关机构认可和检查机构认可、从业人员认可等方面。

3. 认证认可

认证认可是现代市场经济的一项基础性制度安排，对于规范经济秩序、保障市场体制有效运转、简化生活程序、提高经济发展质量、维护社会稳定起着十分重要的作用。认证认可也是各类组织提高管理和服务水平、保证产品和服务质量、提高竞争力的重要

---

[1]《中华人民共和国认证认可条例》第二条. 2003 年 11 月 1 日

途径，是消费者识别产品和服务质量、保护自身利益的有效工具，是国家从源头上规范市场行为、确保农产品质量安全、引导消费、推动产业技术升级和产业结构调整、促进对外贸易、保护生态环境、保护人民生命健康的重要手段。

很显然，认证认可属于合格评定的范畴[1]。

二、认证认可的作用

前已述及，认证认可，是通过对政府公信力的放大坚持，来简化复杂的事务过程而提高效率的，具体表现在以下方面。

1. 可促进市场经济体制的有效运行

市场经济的本质，就是交易双方能够自由缔结契约。市场经济有效运作的基本前提是交易双方都具有比较充分完备的信息，且对复杂的信息能够以简洁明快的方式展示和表达，同时尽量克服信息不对称所带来的信誉损伤和后置问题。认证认可制度，正是适应交易的快捷明了、解决交易中的信息不对称、降低交易费用、增进市场机制的良好制度安排。有效的认证认可活动，能够保障有效的市场竞争，推动现代市场体制的完善。否则，不仅交易难以进行，也难以通过竞争性选择实现优胜劣汰。再加上交易中的信息不对称，可能导致各种蒙骗的行为产生，严重影响交易的正常秩序，影响市场配置资源的有效利用。

特别是农产品的自然质量隐蔽性特点，除生产者外的消费者和社会其他群体对其了解程度常常十分有限，这就给生产者、销售者和消费者之间在经营过程中的信息对称留下了严重隐患，成为农产品销售中的假冒和欺诈产生的基本根源。随着社会的发展和科技的进步，一方面使我们消费所用的商品与文化在不断地复杂化和多样化，另一方面，我们总想生活在一个既舒心又简单的健康生态中，必然导致的需求欲望是，简单采购和简单使用。显然，要使复杂多样的农产品及其质量隐蔽的特征，以简单、方便的形式表现出来，就只有通过社会公认的、自身信誉度很高的、具备专业化能力的认证认可机构，通过认证，变成标签，进行标识销售。只有这样，农产品的市场秩序和经济体制就会在良好氛围中前进。

2. 提升农产品质量安全及生产机构的管理水平

作为一种由具较强专业能力的机构依据相关法规、标准或技术规范所进行的符合性评定活动，认证认可为涉农企业及其他组织机构提高管理水平、改善农产品和服务质量提供了一条重要途径。对涉农企业来说，认证认可能够促使企业农产品及服务和管理方式更加符合标准和技术规范的要求，从根本上保证农产品的质量安全，提高管理水平，改善经营管理，加强风险防范，提高市场竞争力，促进涉农企业流畅地融入国际市场。一些非企业组织，如政府机构、政党社团组织等，为了提高其管理的规范化水平，并借助于外部力量保持其管理的持续规范化，不仅引入质量管理的理念，也需要引入第三方认证。

---

[1] 茅庆潭. 认证认可工作的作用和意义. 交通标准化，2009，（16）：1

3. 简化市场交易并降低交易成本

有效的认证认可，十分有助于需求方和社会公众建立对农产品及服务的质量安全、管理水平、机构和人员能力的了解与信任，从而有利于涉农企业开拓市场，扩大销路。这在国际贸易中显得尤为重要。有效的国际互认，能够帮助涉农企业消除农产品销售过程中遇到的贸易壁垒，并使企业的产品能够在较短的时间内获得国际市场的认可，从而为扩大国际贸易创造条件。认证认可制度的有效实施和作用发挥，也能够在很大程度上降低涉农企业乃至整个社会的交易成本，包括管理费用、宣传费用、谈判费用、合同费用等，不仅有利于提升涉农企业的竞争力，也有利于节约社会资源，增强国民经济整体的竞争力。对于消费者来说，由于事先的认证认可，在自己采购时，只需要查看其认证认可的标识，而不用再去费尽心思地考评产品的内质含量和外在质量，甚至担心上当受骗，从而使交易变得十分简单和快速。

4. 提高政府管理经济社会的能力与效率

出于克服信息不对称和负外部性的目的，政府需要对经济活动加以规制，应用有关法律、强制性标准等要求涉农企业必须予以遵守。否则必然受到制裁，如"中国开出反垄断最大罚单 12家日企被罚12.35亿元"[1]就是一例。在现代市场经济条件下，从维护公共利益与安全、保护生态环境、促进社会和谐、引导和促进经济健康发展的角度出发，需要政府制定关于农产品质量安全、农田生态与环保等方面的强制性标准，并要求涉农企业切实贯彻执行到位，是十分必要的。显然，这种强制性要求是政府的作用，不是认证的作用，但它是认证认可的基础部分，可以通过强制性的认证方式，实现政府要求，达到管理的目的。当然，也可以不采取强制性认证的方式，依靠行政手段推动企业落实，达到政府的要求。但这带有很大的责任风险，并且耗费大量的行政成本，还与规范的和法制的市场经济范式存在着某些相悖之处，是完全不划算的。因此，积极发展认证认可，逐步替代一些行政管理功能，是转变政府职能、提高行政效率和培育市场动力的重要途径。

5. 维护消费者利益并利于可持续发展

认证认可有助于保护消费者权益。通过认证认可，揭示并由第三方保证农产品（包括服务）质量和安全等方面的信息，简化消费者甄别和选择更为合适农产品的过程。当认证认可的农产品或者服务出现质量问题时，消费者能够方便地选择更多的维权方式，因为专业化服务，有人专门负责过问。通过合格评定机构认可、环境和职业健康安全管理体系认证及企业社会责任认证等，有利于促进涉农企业更好地履行劳动保护、环境保护等方面的社会责任，保护农工健康和安全利益，促进节能降耗减排，保护生态环境，维护人与自然、经济与社会的和谐，促进经济社会的可持续发展。认证认可的实施，会使相关利益方对认证标志的信任和依赖逐步强化，进而促进社会诚信和诚信文化的良好形成。

---

[1] 中国新闻网：中国开出反垄断最大罚单 12家日企被罚12.35亿元. http://www.chinanews.com/gn/2014/08-20/6510696.shtml[2014-08-20]

三、认证认可与经济发展

1. 经济发展水平越高 认证认可越加重要

认证认可,实质是在供销双方加入了一个促进供销简单化和快速反应的公认因素,这样就会实现消费者用得放心,生产者提供得轻松。但是,这种双方愿意加入的认证认可,与经济发展水平和市场化程度有很大的关系,即经济发展水平和市场程度越高,供销双方所需要的认证认可欲望就越高。

2. 认证认可促进社会分工及专业化更加清晰

当今社会进入高速发展时期,以信息化为联系平台,无论是生产者、消费者还是服务者,在开展多种多样的工作之中,专业化分工越来越强烈,专业间的联系也越来越多,而要求这些联系的快速和简化是发展中的新愿望,如何实现这些联系的简化?只有专业化的分工后所形成的社会模块化、集成与高度集成的接口统一化,才能实现复杂联系的专业化简单与运行。在这些接口中认证认可,成为双方简化确认的必需和根本。由此,认证认可的真正经济价值、社会价值甚至政治价值也就淋漓尽致地表达了出来。

3. 认证认可使人们生活的高消费更简化舒心

认证认可与经济发展水平之间的关系,存在着直接的对应趋势,这是与认证认可的替代性简化有着直接关系。一方面,人们的工作在快节奏中进行,自己的需求又是多方面的,那么对于自己的多需求期望在最短时间内选择完成,达到满意,以便做其他事情。无论在采购还是应用等方面,均需要快捷、傻瓜化的操作,那么认证的结果就会满足这种要求的潜在需要和行为,因为认证认可本身的公信力已经为他们解决了事先选择上的过程烦琐。另一方面,生产者和供应者也希望以最短时间完成供应与信息反馈,以便占取更多利润。所以,认证认可与经济发展水平、生活节奏的加快呈线性比例关系。

经济发展水平越高,认证认可的社会需求就越大。

第二节 认证认可的职能与实现方法

明确了认证认可的含义与作用,就需要分析认证认可的基本职能,以及认证认可的实现方法,从而推动认证认可对社会的贡献作用了。

一、认证的职能[1]

根据认证对象的职业与结果性质对社会关系中的安全影响程度,将认证分为自愿性认证和强制性认证,在这种要求下,按认证的对象,又分为体系认证和产品认证。

---

[1] 百度百科:认证. http://baike.baidu.com/view/24399.htm?fr=aladdin[2014-10-06]

1. 强制性认证

我国强制性认证，有强制性产品认证（China compulsory certification，CCC）和官方认证两个类型。

强制性产品认证，简称 3C 认证，是中国国家强制要求的、对在中国大陆市场销售的产品实行的一种认证制度及标识，即无论国内生产的还是国外进口的产品，凡列入 CCC 目录内且在国内销售的产品均要获得 CCC 认证，有些特殊用途的产品除外，也就是说，符合免于 CCC 认证的产品例外。CCC 认证是由国家认可的认证机构实施的产品认证。

官方认证，也就是市场准入性的行政许可，是国家行政机关依法对列入行政许可目录的项目所实施的许可管理。凡是需经官方认证的项目，必须获得行政许可方可准予生产、经营、仓储和销售。行政许可针对的是产品，但考核的是管理体系。行政许可包括了内销产品（国内生产国内销售和国外进口国内销售）和外销产品（国内生产出口产品）两大类。食品生产许可（QS）认证和药品生产质量管理规范（GMP）认证，均属于官方的强制性认证。

2. 自愿性认证

自愿性认证是组织根据其自身或其顾客、相关方的要求而自愿申请的认证。自愿性认证多为管理体系认证，也包括了企业对未列入 CCC 认证目录的产品所申请的认证。我国自愿性管理体系中与农业有关的认证有以下 6 个方面。

（1）质量管理体系认证　依据 GB/T 19001—2008（等同于 ISO9001：2008）要求实施的认证。

（2）环境管理体系认证　依据 GB/T 24001—2004（等同于 ISO14001：2004）进行的认证。

（3）职业健康安全管理体系认证（occupational health and safety assessment series，OHSAS）　依据 GB/T 28001—2011（相当于 OHSAS18001：2007）实施的认证。

（4）HACCP 认证　依据国家认监委（Certification and Accreditation Administration of the People's Republic of China，CNCA）2002 年第 3 号文件《食品生产企业危害分析和关键控制点（HACCP）管理体系认证管理规定》（相当于国际食品法典委员会（Codex Alimentarius Commission，CAC）《危害分析和关键控制点（HACCP）体系及其应用准则》）。

（5）食品安全管理体系认证　依据 GB/T 22000—2006（等同于 ISO22000：2005）的认证实施。

（6）农业"三品"认证　有机农产品认证、绿色农产品认证和无公害农产品认证、无公害农产品产地认证、农产品地理标志认证等，均遵从相关的国家标准规范体系。

二、认可的职能[1]

认可，主要是对从业者和从业单位的专业性能力的肯定，为社会和客户提供一个使

---

[1] 百度百科：认可. http://baike.baidu.com/link?url=UTDcm_Dxu34mKl8j9TfEczPrln5_5BScByjYCOznlfWurwRAlos4-Kiv witeouzoJ[2014-10-06]

用或者消费选择的便利信息。认可工作主要做以下 3 个方面。

1. 对认证机构的认可

认证机构认可，是指国家认可机构依据法律法规，基于 GB/T 27011—2005 的要求，进行以下几项认可活动。

（1）以国家标准 GB/T 27021《合格评定 管理体系审核认证机构的要求》（等同采用国际标准 ISO/IEC17021）为准则，对管理体系认证机构进行评审，确认其是否具备开展管理体系认证活动的能力。

（2）以国家标准 GB/T 27065—2004《产品认证机构通用要求》（等同采用国际标准 ISO/IEC 指南 65）为准则，对产品认证机构进行评审，确认其是否具备了开展产品认证活动的能力。

（3）以国家标准 GB/T 27024—2014《合格评定 人员认证机构通用要求》（等同采用国际标准 ISO/IEC17024）为准则，对人员认证机构进行评审，确认其是否具备了开展人员认证活动的能力。

2. 对实验室及相关机构的认可

实验室认可包括了以下 3 类。

（1）对检测或校准实验室的认可 国家认可机构依据法律法规且基于 GB/T 27011—2005 的要求，分别以国家标准 GB/T 27025—2008《检测和校准实验室能力的通用要求》（等同采用国际标准 ISO/IEC17025）为准则，对检测或校准实验室进行评审，证实其确实具备了开展检测或校准活动的能力，则加以认可。

（2）对医学实验室的认可 国家认可机构以国家标准 GB/T 22576—2008《医学实验室 质量和能力的专用要求》（等同采用国际标准 ISO 15189）为准则，对医学实验室进行评审，证实其已经具备开展医学检测活动的能力。

（3）对病原微生物实验室的认可 国家认可机构以国家标准 GB 19489—2008《实验室 生物安全通用要求》为准则，对病原微生物实验室进行评审，证实该实验室的生物安全防护水平达到了相应等级。

此外，还有能力与标样的认可。

（4）对能力验证计划提供者的认可 以国际实验室认可合作组织（International Laboratory Accreditation Cooperation，ILAC）的文件 ILAC G13《能力验证计划提供者的能力要求指南》为准则，对能力验证计划提供者进行评审，证实计划提供者是否具备了提供能力验证的能力。

（5）标准物质/标准样品生产者能力的认可 遵从国家标准 GB/T 15000.7—2012（等同采用 ISO 指南 34《标准物质/标准样品生产者能力的通用要求》）的准则要求，对标准物质生产者进行评审，证实其是否具备标准物质生产能力。

3. 对检查机构的认可

认可检查机构，是国家认可机构依据法律法规，基于 GB/T 27011—2005 的要求，并以国家标准 GB/T 18346—2001《各类检查机构能力的通用要求》（等同采用国际标准 ISO/IEC 17020）为准则，对检查机构按照标准要求进行评审，证实其是否具备了开展检查活动的能力。

三、认证认可的实现方法

实施认证认可，是由国家认证认可机构统一管理执行，通过认证认可的相关强制标准约束，对根据需要和具备标准要求的机构先认可、再管理的持续监督方式，使这些具备了认证认可资质的机构，作为第三方职能进行社会认证认可的具体工作。

1. 国家执行机构

执行认证认可工作的最高国家机构，是中国国家认证认可监督管理委员会（中华人民共和国国家认证认可监督管理局）。该机构是国务院组建并授权、履行行政管理职能的主管机构，其职能是统一管理、监督和综合协调全国认证认可工作。

该机构的工作职能有 9 个方面。

（1）研究起草并贯彻执行国家认证认可、安全质量许可、卫生注册和合格评定方面的法律、法规和规章，制定、发布并组织实施认证认可和合格评定的监督管理制度、规定。

（2）研究提出并组织实施国家认证认可和合格评定工作的方针政策、制度和工作规则，协调并指导全国认证认可工作。监督管理相关的认可机构和人员注册机构。

（3）研究拟定国家实施强制性认证与安全质量许可制度的产品目录，制定并发布认证标志（标识）、合格评定程序和技术规则，组织实施强制性认证与安全质量许可工作。

（4）负责进出口食品和化妆品生产、加工单位卫生注册登记的评审和注册等工作，办理注册通报和向国外推荐事宜。

（5）依法监督和规范认证市场，监督管理自愿性认证、认证咨询与培训等中介服务和技术评价行为；根据有关规定，负责认证、认证咨询、培训机构和从事认证业务的检验机构（包括中外合资、合作机构和外商独资机构）的资质审批和监督；依法监督管理外国（地区）相关机构在境内的活动；受理有关认证认可的投诉和申诉，并组织查处；依法规范和监督市场认证行为，指导和推动认证中介服务组织的改革。

（6）管理相关校准、检测、检验实验室技术能力的评审和资格认定工作，组织实施对出入境检验检疫实验室和产品质量监督检验实验室的评审、计量认证、注册和资格认定工作；负责对承担强制性认证和安全质量许可的认证机构和承担相关认证检测业务的实验室、检验机构的审批；负责对从事相关校准、检测、检定、检查、检验检疫和鉴定等机构（包括中外合资、合作机构和外商独资机构）技术能力的资质审核。

（7）管理和协调以政府名义参加的认证认可和合格评定的国际合作活动，代表国家参加国际认可论坛（IAF）、太平洋认可合作组织（PAC）、国际人员认证协会（IPC）、国际实验室认可合作组织（ILAC）、亚太实验室认可合作组织（APLAC）等国际或区域性组织，以及国际标准化组织（ISO）和国际电工委员会（IEC）的合格评定活动，签署与合格评定有关的协议、协定和议定书；归口协调和监督以非政府组织名义参加的国际或区域性合格评定组织的活动；负责 ISO 和 IEC 中国国家委员会的合格评定工作。负责认证认可、合格评定等国际活动的外事审批。

(8) 负责与认证认可有关的国际准则、指南和标准的研究和宣传贯彻工作；管理认证认可与相关的合格评定的信息统计，承办世界贸易组织/技术性贸易壁垒协定、实施卫生与植物卫生措施协定中有关认证认可的通报和咨询工作。

(9) 配合国家有关主管部门，研究拟订认证认可收费办法并对收费办法的执行情况进行监督检查。

2. 行业认证机构

有中国合格评定国家认可委员会、农业部所属的和其他系统的认证机构。简单介绍如下。

(1) 中国合格评定国家认可委员会 简称认可委员会，英文简写 CNAS（China National Accreditation Service for Conformity Assessment）。该机构是由中国国家认证认可监督管理委员会批准设立并授权的国家认可机构，成立于 2007 年 2 月 7 日，统一负责对认证机构、实验室和检查机构等相关机构的认可工作。它是在原中国认证机构国家认可委员会（CNAB）和中国实验室国家认可委员会（CNAL）基础上合并重组而成的，形成了我国认证认可在实际操作层面上的最高阶层的认证认可机构。该机构的工作宗旨是，推进合格评定机构按照相关的标准和规范等要求加强建设，促进合格评定机构以公正的行为、科学的手段、准确的结果为社会提供有效服务。工作任务有 9 个方面：①按照我国有关法律法规、国际和国家标准、规范等，建立并运行合格评定机构的国家认可体系，制定并发布认可工作的规则、准则、指南等规范性文件；②对境内外提出申请的合格评定机构开展能力评价，做出认可决定，并对获得认可的合格评定机构进行认可监督管理；③负责对认可委员会徽标和认可标识的使用进行指导和监督管理；④组织开展与认可相关的人员培训工作，对评审人员进行资格评定和聘用管理；⑤为合格评定机构提供相关服务，为社会各界提供获得认可的合格评定机构的公开信息；⑥参加与合格评定及认可相关的国际活动，与有关认可及相关机构和国际合作组织签署双边或多边认可合作协议；⑦处理与认可有关的申诉和投诉工作；⑧承担政府有关部门委托的工作；⑨开展与认可相关的其他活动。

认证认可的方法是，由中国国家认证认可监督管理委员会监管，中国合格评定国家认可委员会实施认证认可，按照既定的认证认可程序规定，针对性地开展机构的资格认定。对认证认可达标、满足要求的机构便予以正式承认，颁发认可证书，以证明该机构具备实施特定认证、合格评定及检查活动的技术和管理能力。这些机构便可开展认证认可要求下的相关活动，将国家的认证认可意图和效果传播开来，实现全国范围乃至国际有效范围的认证认可目标的推动。

(2) 农业部所属的认证机构 主要有以下 3 个：①农业部农产品质量安全中心[1]。该中心负责无公害农产品及产地认证（地理标志认证）工作。申请认证无公害农产品认证与产地认证可通过网址索取程序（http://www.aqsc.agri.gov.cn/wghncp/rzcx/201410/t20141011_132314.htm）。②农业部优质农产品开发服务中心。该中心负责良好农业规范（GAP）认证工作，其网址是 http://www.ynzx.moa.gov.cn/zlbzhun/rz/；联系 Email 为 yncfc@yahoo.com.cn。

---

[1] 农业部农产品质量安全中心的网站是 http://www.aqsc.agri.gov.cn/wghncp/cpcx/

③中国绿色食品发展中心[1]。该中心是负责全国绿色食品开发和管理工作的专门机构，与农业部绿色食品管理办公室合署办公。其工作方式也依托农业行政系统的绿色食品办公室进行。中心有认证审核处，可进行认证推动工作。

（3）其他系统认证机构　我国农产品质量安全管理机构，按照职能分工，主要涉及农业部门、质检部门、工商部门、卫生部门、食品药品监督管理部门、发展规划部门、商务部门、环保部门、轻工部门、公安部门、法制部门、教育部门、认证部门、标准化部门等十几个，目前为止，上述部门几乎都是监管主体部门，都有不同方面的认证机构。这一情况充分表现出了农业的复杂性与农产品的多样性。进而反映出新时期农业与他业之间的复杂关系需要研究梳理和重新归纳处理，以便使管理简单明细，责任明确。否则，多主体必然造成"无主体"的结果，不利于农产品质量安全的有序保障。

2003年，国家认证认可监督管理委员会等九部委联合下发《关于建立农产品认证认可工作体系实施意见》，提出我国将建立统一、规范的农产品认证认可体系的总体构想。实行统一的农产品认证机构、认证咨询机构和认证培训机构的国家认可制度。同时，对从事农产品认证、认证咨询和认证培训等业务的机构要办理审批和登记注册，对农产品认证人员实施注册、备案制度。这是一个非常利好的基本条件。

特别是，2015年3月，国务院印发的《深化标准化工作改革方案》，要建立由国务院领导同志为召集人、各有关部门负责同志组成的国务院标准化协调推进机制，统筹标准化重大改革，研究标准化重大政策，对跨部门跨领域、存在重大争议标准的制定和实施进行协调。国务院标准化协调推进机制日常工作由国务院标准化主管部门承担[2]。这一决定无疑对我国农业标准化工作及农产品质量安全的认证工作是一个巨大的有序化推动。

3. 第三方认证业务

第三方认证业务，在食品农产品中已经达10多种，主要包括有机、绿色、无公害食品农产品，良好农业规范，乳制品良好生产规范，食品安全管理体系，绿色市场，食品质量认证等，基本覆盖了"从地头到餐桌"的食品农产品生产加工全过程。这些认证机构，是经国家执行机构认证认可并已经颁证授权的机构，代表官方行使具体的认证认可工作。其中与农业有关的一般的认证业务多达17种，下面分别给出简介。

（1）GAP认证　是应用现代农业知识，科学规范农业生产的各个环节，在保证农产品质量安全的同时，促进环境、经济和社会可持续发展。该认证主要针对初级农产品生产的种植业和养殖业的一种操作规范，关注动物福利、环境保护、农工的健康、安全和福利，保证初级农产品生产者生产出安全健康的产品。GAP体系是以危害分析与关键控制点（HACCP）、良好卫生规范、可持续发展农业和持续改良农场体系为基础，避免在农产品生产过程中受到外来物质的严重污染和农事过程不当操作带来的产品危害。GAP的关注点有：食品安全（以食品安全标准为基础，起源于HACCP基本原理的应用）；环境保护（包括良好农业规范的环境保护方面，为了使农业生产对环境带来的负面影响降到最低而设计）；职业健康、安全和福利（旨在农业范围内建立国际水平的职业健康、安

---

[1] 中国绿色食品发展中心的网站是 http://www.greenfood.moa.gov.cn/
[2] 环球网财经版："中国标准"改革　国务院领衔. http://finance.huanqiu.com/roll/2015-03/6018323.html[2015-03-26]

全标准和社会相关方面的责任和意识,但其不能取代对于组织社会责任的进一步审核);动物福利(旨在农牧业范围内建立国际水平的动物福利标准,主要体现安全、质量、环保和社会责任这四个方面)。

(2)有机认证　遵照一定的有机农业生产标准,在生产中不采用基因工程获得的生物及其产物,不使用化学合成的农药、化肥、生长调节剂、饲料添加剂等物质,遵循自然规律和生态学原理,协调种植业和养殖业的平衡,采用一系列可持续发展的农业技术以维持持续稳定的农业生产体系的一种农业生产方式。生产、加工、销售过程符合标准要求的供人类消费和动物食用的产品称为有机产品;供人类食用的有机产品又称有机食品。有机产品的特点有:原料来源于有机农业生产体系或有机方式所得野生天然产品;整个生产过程严格按照有机产品国家标准要求;在生产和流通过程中,有完善的有机保障体系、跟踪体系和完整的生产销售记录;必须通过合法的,独立的第三方有机产品认证机构的认证。

(3)HACCP/ISO22000认证　HACCP是食品安全控制统,源于企业内部;ISO9000是适用于所有工业整体质量控制体系,是企业质量保证体系。

(4)绿色认证　有绿色食品认证和绿色农产品认证两类,均属于农业部的行业认证内容。

a. 绿色食品认证。依据农业部发布的推荐性农业行业标准(NY/T),即绿色食品生产企业必须遵照执行的标准。绿色食品标准以全程质量控制为核心,由以下6个部分构成:环境质量标准,生产技术标准,产品标准,包装标签标准,贮藏运输标准,其他相关标准。绿色食品标准分为两个技术等级,即AA级绿色食品标准和A级绿色食品标准。AA级绿色食品标准要求:生产地的环境质量符合《绿色食品产地环境质量标准》,生产过程中不使用化学合成的农药、肥料、食品添加剂、饲料添加剂、兽药及有害于环境和人体健康的生产资料,而是通过使用有机肥、种植绿肥、作物轮作、生物或物理方法等技术,培肥土壤、控制病虫草害、保护或提高产品品质,从而保证产品质量符合绿色食品产品标准要求。A级绿色食品标准要求:生产地的环境质量符合《绿色食品产地环境质量标准》,生产过程中严格按绿色食品生产资料使用准则和生产操作规程要求,限量使用限定的化学合成生产资料,并积极采用生物学技术和物理方法,保证产品质量符合绿色食品产品标准要求。

b. 绿色农产品认证。我国绿色农产品分为A级和AA级。A级为初级标准,即允许在生长过程中限时、限量、限品种使用安全性较高的化肥和农药。AA级为高级绿色农产品,可等同于有机农产品。

(5)无公害认证　与绿色认证相同,都是农业部认证认可的行业产品。无公害农产品认证分为产地认定和产品认证,产地认定工作由省级农业行政主管部门根据《无公害农产品管理办法》的规定组织实施,产品认证在各有关方面的支持、配合下,由农业部农产品质量安全中心具体负责组织实施。其认证的依据,是农业部颁布的无公害农产品标准,要求产地环境符合无公害农产品的生态环境质量,生产过程必须符合规定的农产品质量标准和规范,有毒有害物质残留量控制在安全质量允许范围内,安全质量指标符合《无公害农产品(食品)标准》的农、牧、渔产品(食用类,不包括深加工的食品),经专门机构认定,许可使用无公害农产品标识的产品。

(6)绿色市场认证　绿色市场是指符合 GB/T 19220—2003 农副产品绿色批发市场及 GB/T 19221—2003 农副产品绿色零售市场标准的批发市场或零售市场。绿色市场认证是由认监委、商务部于 2004 年共同推出的一项新的国家认证制度。获得绿色市场认证的组织可以使用国家统一的绿色市场认证标志及标牌。

(7)IP 认证　非转基因身份保持（non-GM identity preservation，IP）认证是中国检验认证（集团）有限公司[China Certification & Inspection (Group) Co., Ltd., 缩写 CCIC] 为适应国内企业发展需要，从国外引进的新兴认证项目。2003 年，CCIC 与全球最大的转基因检测专业机构，欧盟转基因食品、饲料管理法规制定的主要顾问之一的德国的基因时代公司合作，制定了《非转基因身份保持认证规范》，成为国内第一家，也是目前唯一一家经国家认证认可监督管理委员会批准，可以从事非转基因身份保持（IP）认证的机构。CCIC 拥有完善的转基因检测实验室，专业的技术人员，采用国外先进技术，可为国内广大食品、饲料企业提供 IP 认证服务。IP 认证体系是为防止在食品、饮料生产中潜在的转基因成分的污染，从非转基因作物种子及其田间种植到产品收获、运输（出口）、加工及进入市场的整个生产供应链进行严格的控制、转基因检测、可追溯信息建立等措施，确保非转基因产品的纯粹性，并能提高产品价值的生产和质量保证体系。

(8)ISO9001 质量管理体系认证　由于实施 ISO9000 族标准是完善一个组织的质量管理的最佳工具，能对组织的产品或服务质量实施有效的控制，能对产品或服务质量进行持续的改善，以适应顾客的需求和取得顾客的信任，从而扩大市场占有率，促进组织效益增长和发展。质量体系对各项活动的范围和目的、做什么、谁来做、何时做、何地做、如何做、采用什么设备和材料，如何对活动进行控制和记录等都做出详细的规定，做到工作有章可循，有章必循，违章必纠。实现从"人治"到"法制"的转变。

(9)ISO14001 环境管理体系认证　是在当今人类社会面临严重的环境问题（如温室效应、臭氧层破坏、生物多样性的破坏、生态环境恶化、海洋污染等）的背景下产生的，是工业发达国家环境管理经验的结晶，其基本思想是引导组织按照 PDCA 模式（也称管理循环模式，由计划 Plan、实施 Do、查检 Check、处理 Action 四个阶段组成）建立环境管理的自我约束机制，从最高领导到每个职工都以主动、自觉的精神处理好自身发展与环境保护的关系，不断改善环境绩效，进行有效的污染预防，最终实现组织的良性发展。该标准适用于任何类型与规模的组织，并适用于各种地理、文化和社会环境。

(10)OHSAS18001 职业健康安全管理体系认证　该体系是国际性安全及卫生管理系统验证标准，主要认证内容有八个方面：守法证明（环保局、安监局）；污染物排放/作业环境尘毒噪监测报告；环评批复/安评批复/职业病危害预评价批复或备案表（法规有要求时）；"三同时"验收报告（环境、安全）及批复（法规有要求时）；消防验收报告、安全生产许可证（法律法规有要求时）；租赁场地的，需要提供租赁协议；涉及多场所的，还要提供多场所清单；建设施工项目需要有在建项目，以及其他如重要环境因素/重大（不可接受）风险清单、环境/职业健康安全目标、指标和管理方案等运行记录和文件。

(11)IQNET 认证　由国际认证联盟（IQNet Association-The International Certification Network，缩写 IQNet）进行，主要由欧洲的认证机构组成，总部设在瑞士，当时称为欧洲质量体系审核认证网（EQNet），是世界一流认证机构的联盟组织，目前拥有来自 33 个国家和地区的 37 个正式成员和副成员。IQNet 是许多国际组织的成员代表和观察员。

（12）CCC 认证　国际认证（CE、CB、PSE、SASO 等）。中国强制性产品认证简称 CCC 认证或 3C 认证。是一种法定的强制性安全认证制度，也是国际上广泛采用的保护消费者权益、维护消费者人身财产安全的基本做法。列入《实施强制性产品认证的产品目录》中的产品包括家用电器、汽车、安全玻璃、医疗器械、电线电缆、玩具等产品，其中 CQC（中国质量认证中心）被指定承担 CCC 目录范围内 18 大类 146 种产品的 3C 认证工作。

（13）ISO/IEC 27001 信息安全管理体系认证　为防止信息系统瘫痪、黑客入侵、病毒感染、网页改写、客户资料的流失及公司内部资料的泄露等信息安全问题也纷纷出现，给组织的经营管理、生存甚至国家安全都带来严重的影响。为此，国际标准化组织（ISO）和国际电工委员会（IEC）于 2005 年 10 月 15 日联合发布了国际标准 ISO/IEC 27001《信息技术-安全技术-信息安全管理体系-要求》，旨在为所有类型的组织，包括政府、银行、电信、研究机构、外包服务企业、软件服务企业等，在建立、实施、运行、监视、评审、保持和改进信息安全管理体系时提供模型，并规定了为适应不同组织或其部门的需要而制定安全控制措施的实施要求。ISO/IEC 27001 标准涉及了最广泛意义上的信息安全，为组织实施、维护和管理信息安全提供了最好的商业操作指南和原则，并可以用作第三方认证的依据。2008 年 6 月 19 日，我国等同采用发布了 GB/T 22080—2008 标准。

（14）CЄ 认证　CЄ 是法语"Communate Europpene"缩写，欧洲共同体的意思，其后来演变成欧洲联盟，简称欧盟。"CЄ"标志是一种安全认证标志，属强制性认证标志，被视为制造商打开并进入欧洲市场的护照。凡是贴有"CЄ"标志的产品就可在欧各成员国内销售，无需符合每个成员国的要求，从而实现了商品在欧盟成员国范围内的自由流通。不论是欧盟内部企业生产的产品，还是其他国家生产的产品，要想在欧盟市场上自由流通，就必须加贴"CЄ"标志，以表明产品符合欧盟《技术协调与标准化新方法》指令的基本要求。这是欧盟法律对产品提出的一种强制性要求。CЄ 认证是欧测国际认证检验集团主营业务之一。

（15）能源管理体系认证　基于 GB/T 23331—2009《能源管理体系要求》。"能源管理体系"能够帮助我们将原来节能规划、节能技术改造、统计、计量、能源岗位人员培训等众多的能源管理工作有机地结合为一体，形成一个完整的系统，从而更好地实现节能的目标。同时该标准还引入了基准标杆管理的理念，对设计、生产、外部信息获取、统计计量、奖惩等诸多方面提出了非常具体的要求，会对我们的能源管理工作提供专业的支持。

（16）供应商评审　是一个综合评审工作，对应商的供应原料、成品、配件的供应商的管理体系、生产状况、生产进度、生产场所、人员、卫生条件、技术水平等进行评审。包括了以下五个方面的评审内容：供应商的质量体系和实施程度；环保、健康安全及社会责任；产品的质量水平和稳定性；供应商的生产线工序能力，包括关键工艺参数、设备、工装能力是否达到要求；从设计、采购、生产、检验、包装仓储到出货的全过程或部分过程审核；供应商执行客户方工程技术和管理要求的程度。

（17）农产品地理标志认证　指标示农产品来源于特定地域，产品品质和相关特征主要取决于自然生态环境和历史人文因素，并以地域名称冠名的特有农产品标志。《农产品地理标志管理办法》规定，县级以上人民政府农业行政主管部门应当将农产品地理标志管理经费编入本部门年度预算。所称农产品是指来源于农业的初级产品，即在农业活动中获得的植物、动物、微生物及其产品。申请农产品地理标志登记保护应当符合下列 5 个条件：①称谓由地理区域名称和农产品通用名称构成；②产品有独特的品质特性或者特定的生产方式；③产品品质和特色主要取决于独特的自然生态环境和人文历史因素；④产品有限定的生产区域范围；⑤产地环境、产品质量符合国家强制性技术规范要求。

4. 认证认可机构的自律

按照国家《认证认可条例》及《认证证书和认证标志管理办法》要求，获得认证的组织或者机构，不得以任何方式误导消费者，包括在农产品第一包装上加施管理体系认证标志以误导消费者认为其获得产品认证也是坚决不能允许的。获得管理体系认证，只能说明一个组织或者机构已经按照某个认证标准或规范通过了认证机构的最低评价和认可，这并不表示该组织或者机构的管理体系是优秀模式，也不表示该组织或者机构所生产和销售的产品具有优良的品质。

各类组织或者机构，在决策需要认证时，选择具有品牌、有价值的认证机构十分重要。在认证认可发展初期，更是如此。这需要注意和分析比较认证认可机构，事先了解其业绩、责任及社会信誉度，择优接洽。

我国认证认可行业门户网站，经国家认证认可监督管理委员会授权的主要有两个，即中国合格评定国家认可委员会网（http://www.cnas.org.cn/wyhxx/index.shtml）和中国认证认可信息网（简称中认网，http://www.cait.cn/）。由国家认证认可监督管理委员会信息中心主办的认证认可行业门户网站，可作为认证认可的事先信息收集与选择性联系的首要通道。农业部管辖的绿色认证网（http://www.greenfood.org.cn/sites/MainSite/）和中国农产品质量安全网（http://www.aqsc.gov.cn/）也是需要关注的经常性渠道。

第三节 认证认可的程序

这里将认证认可分为产品认证、过程认证、品牌认证和地理标志认证四种情况，分述认证认可的基本程序。

一、产品认证

我国农产品认证，有三个主要类型，即有机、绿色和无公害。为突出农业标准化的推动，引导人们生产真正放心的农产品，在农业系统经常称为"三品一标"，也就是在上述三类农产品基础上强调了农业标准化。实际上，我们应当晓得，生产能提供足够证据让消费者真正放心的农产品，其过程必然是通过严格标准规制的、能够溯源和重新回放的标准化生产管理过程，也就是说，在面向市场、面向持续培养消费忠诚度的前提下，任何农产品的生产过程都必须是标准化的过程。这里主要介绍认证的主要程序，从中体味这种程序是对产生过程的良好规制，是对市场和消费者展示的放心简化。

（一）绿色农产品认证程序[1]

以绿色食品认证程序为例阐述。该程序依据《绿色食品标志管理办法》制定，只适应于国内绿色食品生产企业申请。基本程序如下。

1 认证申请

1.1 申请人向中国绿色食品发展中心（以下简称中心）及其所在省（自治区、直辖市）绿色食品办公室、绿色食品发展中心（以下简称省绿办）领取《绿色食品标志使用申请书》、《企业及生产情况调查表》及有关资料，或从中心网站（网址：www.greenfood.org.cn）下载。

1.2 申请人填写并向所在省绿办递交《绿色食品标志使用申请书》、《企业及生产情况调查表》及以下材料：

（1）保证执行绿色食品标准和规范的声明

（2）生产操作规程（种植规程、养殖规程、加工规程）

（3）公司对"基地+农户"的质量控制体系（包括合同、基地图、基地和农户清单、管理制度）

（4）产品执行标准

（5）产品注册商标文本（复印件）

（6）企业营业执照（复印件）

（7）企业质量管理手册

（8）要求提供的其他材料（通过体系认证的，附证书复印件）

2 受理及文审

2.1 省绿办收到上述申请材料后，进行登记、编号，5个工作日内完成对申请认证材料的审查工作，并向申请人发出《文审意见通知单》，同时抄送中心认证处。

2.2 申请认证材料不齐全的，要求申请人收到《文审意见通知单》后10个工作日提交补充材料。

2.3 申请认证材料不合格的，通知申请人本生长周期不再受理其申请。

2.4 申请认证材料合格的，执行第3条。

3 现场检查、产品抽样

3.1 省绿办应在《文审意见通知单》中明确现场检查计划，并在计划得到申请人确认后委派2名或2名以上检查员进行现场检查。

3.2 检查员根据《绿色食品 检查员工作手册》（试行）和《绿色食品 产地环境质量现状调查技术规范》（试行）中规定的有关项目进行逐项检查。每位检查员单独填写现场检查表和检查意见。现场检查和环境质量现状调查工作在5个工作日内完成，完成后5个工作日内向省绿办递交现场检查评估报告和环境质量现状调查报告及有关调查资料。

---

[1] 中国绿色食品网：绿色认证程序. http://www.greenfood.org.cn/Html/2006_12_12/2_1979_2006_12_12_2107.html [2014-10-06]

3.3 现场检查合格，可以安排产品抽样。凡申请人提供了近一年内绿色食品定点产品监测机构出具的产品质量检测报告，并经检查员确认，符合绿色食品产品检测项目和质量要求的，免产品抽样检测。

3.4 现场检查合格，需要抽样检测的产品安排产品抽样。

3.4.1 当时可以抽到适抽产品的，检查员依据《绿色食品产品抽样技术规范》进行产品抽样，并填写《绿色食品产品抽样单》，同时将抽样单抄送中心认证处。特殊产品（如动物性产品等）另行规定。

3.4.2 当时无适抽产品的，检查员与申请人当场确定抽样计划，同时将抽样计划抄送中心认证处。

3.4.3 申请人将样品、产品执行标准、《绿色食品产品抽样单》和检测费寄送绿色食品定点产品监测机构。

3.5 现场检查不合格，不安排产品抽样。

4 环境监测

4.1 绿色食品产地环境质量现状调查由检查员在现场检查时同步完成。

4.2 经调查确认，产地环境质量符合《绿色食品 产地环境质量现状调查技术规范》规定的免测条件，免做环境监测。

4.3 根据《绿色食品 产地环境质量现状调查技术规范》的有关规定，经调查确认，有必要进行环境监测的，省绿办自收到调查报告2个工作日内以书面形式通知绿色食品定点环境监测机构进行环境监测，同时将通知单抄送中心认证处。

4.4 定点环境监测机构收到通知单后，40个工作日内出具环境监测报告，连同填写的《绿色食品环境监测情况表》，直接报送中心认证处，同时抄送省绿办。

5 产品检测

绿色食品定点产品监测机构自收到样品、产品执行标准、《绿色食品产品抽样单》、检测费后，20个工作日内完成检测工作，出具产品检测报告，连同填写的《绿色食品产品检测情况表》，报送中心认证处，同时抄送省绿办。

6 认证审核

6.1 省绿办收到检查员现场检查评估报告和环境质量现状调查报告后，3个工作日内签署审查意见，并将认证申请材料、检查员现场检查评估报告、环境质量现状调查报告及《省绿办绿色食品认证情况表》等材料报送中心认证处。

6.2 中心认证处收到省绿办报送材料、环境监测报告、产品检测报告及申请人直接寄送的《申请绿色食品认证基本情况调查表》后，进行登记、编号，在确认收到最后一份材料后2个工作日内下发受理通知书，书面通知申请人，并抄送省绿办。

6.3 中心认证处组织审查人员及有关专家对上述材料进行审核，20个工作日内做出审核结论。

6.4 审核结论为"有疑问，需现场检查"的，中心认证处在2个工作日内完成现场检查计划，书面通知申请人，并抄送省绿办。得到申请人确认后，5个工作日内派检查员再次进行现场检查。

6.5 审核结论为"材料不完整或需要补充说明"的，中心认证处向申请人发送《绿色食品认证审核通知单》，同时抄送省绿办。申请人需在20个工作日内将补充材料报送中心认证处，并抄送省绿办。

6.6 审核结论为"合格"或"不合格"的，中心认证处将认证材料、认证审核意见报送绿色食品评审委员会。

7 认证评审

7.1 绿色食品评审委员会自收到认证材料、认证处审核意见后10个工作日内进行全面评审，并做出认证终审结论。

7.2 认证终审结论分为两种情况：
（1）认证合格
（2）认证不合格

7.3 结论为"认证合格"，执行第8条。

7.4 结论为"认证不合格"，评审委员会秘书处在做出终审结论2个工作日内，将《认证结论通知单》发送申请人，并抄送省绿办。本生产周期不再受理其申请。

8 颁证

8.1 中心在5个工作日内将办证的有关文件寄送"认证合格"申请人，并抄送省绿办。申请人在60个工作日内与中心签订《绿色食品标志商标使用许可合同》。

8.2 中心主任签发证书。

（二）有机农产品认证程序[1]

有机农产品认证程序，略有些变化。这里主要引述中国质量认证中心（CQC）的做法。有机农产品的认证标志如图10-1所示。

图10-1 我国有机标志

1 认证申请

1.1 认证委托人应具备以下条件：
（1）取得国家工商行政管理部门或有关机构注册登记的法人资格；
（2）已取得相关法规规定的行政许可（适用时）；
（3）生产加工的产品符合中华人民共和国相关法律、法规、安全卫生标准和有关规范的要求；
（4）建立和实施了标准化的有机产品管理体系，并有效运行3个月以上；

---

[1] 百度文库：企业有机农产品认证程序. http://wenku.baidu.com/link?url=QuVhzsn2YWM0LJXfIrj2q9nfi3QzE1P92uWNox4YXwo-gJtu6eDMGJUL7KV2f1teJTxQcThEGCg3ckm-4Ov7EIwbLgmFfq9_hJ7Ova3RKgm[2014-03-25]

（5）申请认证的产品种类应在国家认监委公布的《有机产品认证目录》内；
（6）在五年内未因14中（1）至（4）的原因，被认证机构撤销认证证书；
（7）在一年内，未因14中（5）至（10）的原因，被认证机构撤销认证证书。

1.2 认证委托人应提交的文件和资料：
（1）认证委托人的合法经营资质文件复印件，如营业执照副本、组织机构代码证、土地使用权证明及合同等。
（2）认证委托人及其有机生产、加工、经营的基本情况：
  a. 认证委托人名称、地址、联系方式；
  b. 当认证委托人不是产品的直接生产、加工者时，生产、加工者的名称、地址、联系方式；
  c. 生产单元或加工场所概况；
  d. 申请认证产品名称、品种及其生产规模包括面积、产量、数量、加工量等；
  e. 同一生产单元内非申请认证产品和非有机方式生产的产品的基本信息；
  f. 过去三年间的生产历史，如植物生产的病虫草害防治、投入物使用及收获等农事活动描述；
  g. 野生植物采集情况的描述；动物、水产养殖的饲养方法、疾病防治、投入物使用、动物运输和屠宰等情况的描述；
  h. 申请和获得其他认证的情况。
（3）产地（基地）区域范围描述，包括地理位置、地块分布、缓冲带及产地周围临近地块的使用情况等；加工场所周边环境描述、厂区平面图、工艺流程图等。
（4）有机产品生产、加工规划，包括对生产、加工环境适宜性的评价，对生产方式、加工工艺和流程的说明及证明材料，农药、肥料、食品添加剂等投入物质的管理制度及质量保证、标识与追溯体系建立、有机生产加工风险控制措施等。
（5）本年度有机产品生产、加工计划，上一年度销售量、销售额和主要销售市场等。
（6）承诺守法诚信，接受行政监管部门及认证机构监督和检查，保证提供材料真实、执行有机产品标准、技术规范的声明。
（7）有机生产、加工的管理体系标准文件。
（8）有机转换计划（适用时）。
（9）当认证委托人不是有机产品的直接生产、加工者时，认证委托人与有机产品生产、加工者签订的书面合同复印件。
（10）其他相关材料。

2 认证受理认证机构应至少公开以下信息

2.1 认证资质范围及有效期；
2.2 认证程序和认证要求；
2.3 认证依据；
2.4 认证收费标准；
2.5 认证机构和认证委托人的权利与义务；
2.6 认证机构处理申诉、投诉和争议的程序；

2.7 批准、注销、变更、暂停、恢复和撤销认证证书的规定与程序；
2.8 获证组织使用中国有机产品认证标志、认证证书和认证机构标识或名称的要求；
2.9 获证组织正确宣传的要求。

3 申请评审

对符合项目1要求的认证委托人，认证机构应根据有机产品认证依据、程序等要求，在10个工作日内对提交的申请文件和资料进行评审并保存评审记录，以确保：

(1) 认证要求规定明确、形成文件并得到理解；
(2) 认证机构和认证委托人之间在理解上的差异得到解决；
(3) 对于申请的认证范围，认证委托人的工作场所和任何特殊要求，认证机构均有能力开展认证服务。

4 评审结果处理

申请材料齐全、符合要求的，予以受理认证申请。

对不予受理的，应当书面通知认证委托人，并说明理由。

5 现场检查准备与实施

根据所申请产品的对应的认证范围，认证机构应委派具有相应资质和能力的检查员组成检查组。每个检查组应至少有一名相应认证范围注册资质的专业检查员。对同一认证委托人的同一生产单元不能连续3年以上（含3年）委派同一检查员实施检查。

6 检查任务

认证机构在现场检查前应向检查组下达检查任务书，内容包括但不限于：

(1) 认证委托人的联系方式、地址等；
(2) 检查依据，包括认证标准、认证实施规则和其他规范性文件；
(3) 检查范围，包括检查的产品种类、生产加工过程和生产加工基地等；
(4) 检查组成员，检查的时间要求；
(5) 检查要点，包括管理体系、追踪体系、投入物的使用和包装标识等；
(6) 上年度认证机构提出的不符合项（适用时）。

7 文件评审

在现场检查前，应对认证委托人的管理体系文件进行评审，确定其适宜性、充分性及与认证要求的符合性，并保存评审记录。

7.1 检查计划包括：

(1) 检查组应制定检查计划，并在现场检查前得到认证委托人的确认。认证监管部门对认证机构检查方案、计划有异议的，应至少在现场检查前2天提出。认证机构应当及时与该部门进行沟通，协调一致后方可实施现场检查。
(2) 现场检查时间应当安排在申请认证产品的生产、加工的高风险阶段。因生产季等原因，初次现场检查不能覆盖所有申请认证产品的，应当在认证证书有效期内实施现场补充检查。
(3) 应对生产单元的全部生产活动范围逐一进行现场检查；多个农户负责生产（如农业合作社或公司+农户）的组织应检查全部农户。对所有加工场所实施检查。

需在非生产、加工场所进行二次分装/分割的，也应对二次分装/分割的场所进行现场检查，以保证认证产品的完整性。

7.2 现场检查还应考虑以下因素：
  （1）有机与非有机产品间的价格差异；
  （2）组织内农户间生产体系和种植、养殖品种的相似程度；
  （3）往年检查中发现的不符合项；
  （4）组织内部控制体系的有效性；
  （5）再次加工分装分割对认证产品完整性的影响（适用时）。

8 检查实施

根据认证依据的要求对认证委托人的管理体系进行评审，核实生产、加工过程与认证委托人按照 1.2 条款所提交的文件的一致性，确认生产、加工过程与认证依据的符合性。检查过程至少应包括：

（1）对生产、加工过程和场所的检查，如生产单元存在非有机生产或加工时，也应对其非有机部分进行检查；
（2）对生产、加工管理人员、内部检查员、操作者的访谈；
（3）对 GB/T 19630.4 所规定的管理体系文件与记录进行审核；
（4）对认证产品的产量与销售量的汇总核算；
（5）对产品和认证标志追溯体系、包装标识情况的评价和验证；
（6）对内部检查和持续改进的评估；
（7）对产地和生产加工环境质量状况的确认，并评估对有机生产、加工的潜在污染风险；
（8）样品采集；
（9）对上一年度提出的不符合项采取的纠正和/或纠正措施进行验证（适用时）。

检查组在结束检查前，应对检查情况进行总结，向受检查方及认证委托人明确并确认存在的不符合项，对存在的问题进行说明。

9 样品检测

9.1 应对申请认证的所有产品进行检测，并在风险评估基础上确定检测项目。认证证书发放前无法采集样品的，应在证书有效期内进行检测。

9.2 认证机构应委托具备法定资质的检测机构对样品进行检测。

9.3 有机生产或加工中允许使用物质的残留量应符合相关法规、标准的规定。有机生产和加工中禁止使用的物质不得检出。

9.4 产地环境质量状况

认证委托人应出具有资质的监（检）测机构对产地环境质量进行的监（检）测报告以证明其产地的环境质量状况符合 GB/T 19630《有机产品》规定的要求。土壤和水的检测报告委托方应为认证委托人。

10 有机转换要求

10.1 未能保持有机认证的生产单元，需重新经过有机转换才能再次获得有机认证。

10.2 有机转换计划须获得认证机构批准，并且在开始实施转换计划后每年须经认证机构核实、确认。未按转换计划完成转换的生产单元不能获得认证。

11 投入品

11.1 有机生产或加工过程中允许使用 GB/T 19630.1 附录 A、附录 B 及 GB/T 19630.2 附录 A、附录 B 列出的物质。

11.2 对未列入 GB/T 19630.1 附录 A、附录 B 或 GB/T 19630.2 附录 A、附录 B 的投入品，认证委托人应在使用前向认证机构提交申请，详细说明使用的必要性和申请使用投入品的组分、组分来源、使用方法、使用条件、使用量及该物质的分析测试报告（必要时），认证机构应根据 GB/T 19630.1 附录 C 或 GB/T 19630.2 附录 C 的要求对其进行评估。经评估符合要求的，由认证机构报国家认监委批准后方可使用。

11.3 国家认监委可在专家评估的基础上，公布有机生产、加工投入品临时补充列表。

12 检查报告

12.1 认证机构应规定检查报告的格式。

12.2 应通过检查记录、检查报告等书面文件，提供充分的信息使认证机构能做出客观的认证决定。

12.3 检查报告应包括检查组通过风险评估对认证委托人的生产、加工活动与认证要求符合性的判断，对其管理体系运行有效性的评价，对检查过程中收集的信息及对符合与不符合认证要求的说明，对其产品质量安全状况的判定等内容。

12.4 检查组应对认证委托人执行标准的总体情况做出评价，但不应对认证委托人是否通过认证做出书面结论。

13 认证决定

13.1 认证机构应基于对产地环境质量在现场检查和产品检测评估的基础上做出认证决定。认证决定同时应考虑的因素还应包括：产品生产、加工特点，企业管理体系稳定性，当地农兽药管理和社会整体诚信水平等。

对于符合认证要求的认证委托人，认证机构应颁发认证证书。对于不符合认证要求的认证委托人，认证机构应以书面的形式明示其不能通过认证的原因。

13.2 认证委托人符合下列条件之一，予以批准认证；

13.3 生产加工活动、管理体系及其他审核证据符合本规则和认证标准的要求；

13.4 生产加工活动、管理体系及其他审核证据虽不完全符合本规则和认证依据标准的要求，但认证委托人已经在规定的期限内完成了不符合项纠正或（和）纠正措施，并通过认证机构验证。

14 审批终止

认证委托人的生产加工活动存在以下情况之一，不予批准认证：

（1）提供虚假信息，不诚信的；

（2）未建立管理体系或建立的管理体系未有效实施的；

（3）生产加工过程使用了禁用物质或者受到禁用物质污染的；

（4）产品检测发现存在禁用物质的；

(5)申请认证的产品质量不符合国家相关法规和（或）标准强制要求的；
(6)存在认证现场检查场所外进行再次加工、分装、分割情况的；
(7)一年内出现重大产品质量安全问题或因产品质量安全问题被撤销有机产品认证证书的；
(8)未在规定的期限完成不符合项纠正或者（和）纠正措施，或者提交的纠正或者（和）纠正措施未满足认证要求的；
(9)经监（检）测产地环境受到污染的；
(10)其他不符合本规则和（或）有机标准要求，且无法纠正的。

15 申诉 认证委托人如对认证决定结果有异议，可在 10 个工作日内向认证机构申诉，认证机构自收到申诉之日起，应在 30 个工作日内进行处理，并将处理结果书面通知认证委托人

认证委托人如认为认证机构的行为严重侵害了自身合法权益，可以直接向认证监管部门申诉。

（三）无公害农产品认证程序[1]

无公害农产品认证的基本程序，主要是针对农产品生产企业、合作社的，其过程相对简单一些，遵从以下规定即可。

1. 县级工作机构自收到申请之日起 10 个工作日内，负责完成对申请人申请材料的形式审查。符合要求的，报送地市级工作机构审查。
2. 地市级工作机构自收到申请材料、县级工作机构推荐意见之日起 15 个工作日内（直辖市和计划单列市的地级工作合并到县级一并完成），对全套材料（申请材料和工作机构意见，下同）进行符合性审查。符合要求的，报送省级工作机构。
3. 省级工作机构自收到申请材料及推荐、审查意见之日起 20 个工作日内，完成材料的初审工作，并组织或者委托地县两级有资质的检查员进行现场检查。通过初审的，报请省级农业行政主管部门颁发《无公害农产品产地认定证书》，同时将全套材料报送农业部农产品质量安全中心各专业分中心复审。
4. 各专业分中心自收到申请材料及推荐、审查、初审意见之日起 20 个工作日内，完成认证申请的复审工作，必要时可实施现场核查。通过复审的，将全套材料报送农业部农产品质量安全中心审核处。
5. 农业部农产品质量安全中心自收到申请材料及推荐、审查、初审、复审意见之日起 20 个工作日内，对全套材料进行形式审查，提出形式审查意见并组织无公害农产品认证专家进行终审。终审通过符合颁证条件的，由农业部农产品质量安全中心颁发《无公害农产品证书》。

我国无公害农产品认证的市场标识如图 10-2 所示。

---

[1] 中国农产品质量安全网：无公害农产品认证程序. http://www.aqsc.agri.gov.cn/wghncp/rzcx/201108/t20110819_81518.htm [2014-10-06]

图 10-2　我国农产品无公害认证标识（彩图请扫描封底二维码获取）

二、过程认证

过程认证，目前主要有良好农业规范（GAP）和良好加工制作规范（GMP）。这里主要介绍 GAP，其是用来评估农业生产中可能存在的生物性、化学性、物理性的危害，并为降低这些危害对消费者造成的风险所提供的帮助，它具有系统性，以农民、农场为基础，实施全面的标准化规定，落实之必然提高农业综合生产能力，实现农业可持续发展。其最早出现在欧洲，21 世纪初引入我国。2006 年，根据《中华人民共和国认证认可条例》的有关规定，制定和颁布了我国《良好农业规范认证实施规则（试行）》（国家认证认可监督管理委员会 2006 年第 4 号公告）。该规则适用于认证机构开展作物、水果、蔬菜、肉牛、肉羊、奶牛、生猪、家禽生产及水产品、花卉等的良好农业规范认证活动，认证的对象是农业生产经营者及这些组织。

（一）良好农业规范认证依据

GAP 认证的基本依据是以下 10 项标准规定。
GB/T 20014.1　良好农业规范　第 1 部分　术语
GB/T 20014.2　良好农业规范　第 2 部分　农场基础控制点与符合性规范
GB/T 20014.3　良好农业规范　第 3 部分　作物基础控制点与符合性规范
GB/T 20014.4　良好农业规范　第 4 部分　大田作物控制点与符合性规范
GB/T 20014.5　良好农业规范　第 5 部分　水果和蔬菜控制点与符合性规范
GB/T 20014.6　良好农业规范　第 6 部分　畜禽基础控制点与符合性规范
GB/T 20014.7　良好农业规范　第 7 部分　牛羊控制点与符合性规范
GB/T 20014.8　良好农业规范　第 8 部分　奶牛控制点与符合性规范
GB/T 20014.9　良好农业规范　第 9 部分　生猪控制点与符合性规范
GB/T 20014.10　良好农业规范　第 10 部分　家禽控制点与符合性规范
凡经过该认证的农产品，销往欧洲大陆便不再有当地的认证阻碍。

（二）GAP 认证的基本标识

经过良好农业规范认证，就会产生认证的标准标识，简单称为认证标识，以便消费者直截了当地认知和确定。我国 GAP 认证的标识，从形态和颜色方面是做了标准规定的，具体如图 10-3 所示。认证还分为一级和二级的区别，具体可从以下程序中看到不同。

（三）取得 GAP 认证的程序

这里简单介绍 GAP 认证申请的基本过程。

图 10-3　我国 GAP 认证标识（彩图请扫描封底二维码获取）

1　申请

1.1　申请文件应包括以下内容：

（1）申请认证选项分别为 1 或 2，即申请级别分为一级和二级（在《良好农业规范认证实施规则（试行）》中可以看到）；

（2）申请认证的模块/产品；

（3）身份（申请人名称、资质证明文件）；

（4）申请人的详细地址、联系人、电话、传真号码、电子邮件、网址；

（5）场所（包括农场位置、存栏数量、认证模块/产品的生产场所）；

（6）商标（申请人在贸易中使用的产品商标）；

（7）原注册号码（如有）；

（8）政府或其他官方行政许可文件（如有）；

（9）申请人同意公开的与认证有关的信息；

（10）对果蔬类，如果申请人声明不进行农产品处理时，则果蔬良好农业规范相关技术规范中农产品处理条款规定的控制点可不适用；

（11）对果蔬类，应声明申请认证的每种产品都按照要求进行监管；如果申请人声明进行处理的，应声名已处理的农产品是认证的还是非认证的（除非该处理作业不在认证范围之内）；

（12）产品可能销售或出口的消费国家/地区的声明；

（13）产品符合产品出口的消费国家/地区的相关法律法规要求的声明和产品出口的消费国家/地区适用的法律法规（包括申请认证产品相适用的最大农药残留量 MRL 法规）。

1.2　合同

申请人向认证机构申请认证后，应与认证机构签署认证合同。认证合同由认证机构制定，至少应涵盖以下内容：

（1）合同签订双方的名称；

（2）认证依据、认证选项、认证级别、认证模块/产品范围；

（3）实施检查时间及检查细则；

（4）证书和认证标志的使用；

（5）双方的权利和义务；

（6）保密原则；

（7）合同有效期。

1.3 注册号

申请人与认证机构签署合同后,认证机构应授予申请人一个认证申请的注册号码。

注册号编码规则:China GAP+空格+认证机构名称的字母缩写+空格+申请人的流水号码。

2 检查和审核程序

2.1 对于选项1、选项2的认证检查/审核在5.1(农业生产经营者认证)、5.2(农业生产经营者组织认证)中已经分别有详细介绍。

2.2 现场确认:作为审核活动的一部分,必须检查农场及其模块的生产场所。

2.3 检查和审核时间安排。

2.3.1 作物类检查:检查时至少有一种当季作物,使得认证机构确信任何认证的非当季作物的管理都能够符合良好农业规范相关技术规范的要求(当季作物是指仍处在田间生长阶段、在田间尚未收获阶段或者收获后在贮藏阶段的作物)。

2.3.2 果蔬类检查

第一次检查:要有采收日期之前三个月的记录。

第二次和其后的检查:现场必须至少有一种申请认证范围内的果蔬产品(指在田间、果园、仓库中,或是田间或果园里的农作物上还未采收的农产品)能使认证机构相信,任何其他当时未在种植的申请果蔬产品也符合良好农业规范相关技术规范要求。

2.3.3 畜禽检查:在检查时申请认证模块的畜禽必须在饲养状态。在24个月期间内检查时间的确定,应考虑冬季和夏季的因素,在检查期间应对室内和室外生产进行一次核实。

2.3.4 在12个月的认证有效期内,认证机构可以选择在任何时间进行检查。

2.3.5 如果申请人仅仅认证了肉牛和肉羊及奶牛模块,可每隔18个月周期检查一次;如果申请人还申请了其他模块,则检查的频率必须每12个月一次。

3 认证的批准

3.1 认证的批准:认证的批准是指签发认证证书。

3.2 认证的批准条件,即申请人必须满足本规则所有适用条款的要求。

3.3 认证证书由认证机构颁发,有效期为1年。

3.4 认证机构和申请人的认证合同期限最长为3年,到期后可续签或延长3年。

3.5 关于认证标志及认证证书内容和使用要求,见第5条款。

3.6 当颁发或再次颁发认证证书时,证书上的颁证日期是认证机构审核农场时确定没有发现不符合项的审核日期;如果发现不符合项超过规定要求,则证书上的颁证日期是认证机构确定不符合项关闭达到规定要求的日期。

4 批准范围

4.1 产品范围

4.1.1 发放给获证申请人的证书内容包括获证的农场和声明的产品(见附件7:产品认证范围)。

4.1.2 对于选项2,农业生产经营者组织成员可以从农业生产经营者组织获取认证确认函,但是未经农业生产经营者组织同意不得使用农业生产经营者组织的认证证书。

4.2 场所范围

在获证农场中注册产品的所有种植/养殖区域及模块场所都必须符合良好农业规范

的规定。
4.3 生产范围
4.3.1 不论产品在离开农场前所有权是否发生变化，生产范围应涵盖认证模块所有的生产过程，对作物至少覆盖到收获，对畜禽至少覆盖到运输装载点。
4.3.2 对果蔬类，农业生产经营者或农业生产经营者组织已声明不进行下列收获后行为时（不包括那些为加工产品进行的活动），针对该农产品处置部分不再适用，认证范围可缩小。
收获后行为是指：存贮、化学处理、整理、清洗，或任何其他行为。
4.3.3 加工产品不在认证范围内。

5 信息公开

5.1 获证农业生产经营者或农业生产经营者组织的有关信息应当向社会公开。认证证书持有人应同意将以下信息向社会公开：
（1）注册号
（2）组织形式（农业生产经营者或农业生产经营者组织）
（3）认证技术规范名称及版本
（4）认证选项
（5）生产国家、地区
（6）认证范围；产品
（7）认证机构名称
（8）认证机构最近一次检查的日期
（9）证书有效期

5.2 认证证书持有人应以书面形式承诺认证机构可以将以下信息提交给国家认证认可监督管理委员会，由国家认证认可监督管理委员会发布。

5.2.1 基本信息发布：
（1）农业生产经营者或农业生产经营者组织的名称、地址、商号和电子邮箱。
（2）证书状态，如部分或全部暂停、撤销。
（3）当产品监管声明适用时，覆盖所有注册产品。

5.2.2 其他自愿发布的信息：
（1）EAN UCC 全球区域代码；政府或其他官方的农场注册信息。
（2）符合消费国家/地区法律法规声明。
（3）对果蔬类：最后一次认证机构外部审核时符合 GB/T 20014.2 中 4.4.4.1，4.4.4.2 和 4.4.4.3 的控制点的状态。

5.3 农业生产经营者或农业生产经营者组织向国家认证认可监督管理委员会提供的保密信息。

为便于对认证情况进行统计和监管，证书持有人应同意认证机构将下列信息报送给国家认证认可监督管理委员会，国家认证认可监督管理委员会应对该信息保密：
（1）农业生产经营者和农业生产经营者组织范围内的每种作物的生产面积。
（2）检查员/审核员名字。

6 分包方的控制

6.1 对于与其工作相适用的控制点，分包方必须接受同样的内部和外部检查。
6.2 申请人应使分包方了解并符合良好农业规范相关技术规范的要求。
6.3 申请人对分包的工作负责。

三、品牌认证

1. 品牌认证的资产性

品牌认证是某些权威机构或者大型组织为企业或者品牌代理商提供的一项服务，是对某个企业或者产品品牌价值的一种认可，拥有正规营业执照的企业或品牌代理受权书的代理商，均可提交品牌认证申请。中国品牌认证协会，可能是最大的一个国内品牌认证机构。品牌认证的意义和作用有三点，一是提高产品卖点。权威的品牌认证一定程度上验证的产品的性能，起到擦亮产品亮点的作用。二是吸引消费者眼球。权威的品牌认证书将会迅捷赢得消费者对品牌的信任，起到引导消费的作用。三是增强企业信心。权威的品牌认证一定程度上肯定了企业的付出与努力，促进企业稳健发展。认证后的品牌，更具有宣传信心和劲头，会在宣传方面占据一定的优势。

2. 品牌认证的标志性

品牌就是一个标志，其真正的内涵则在于消费者对产品的认可程度。具有市场认可度高的产品，对其品牌加以认可，会对产品的销售增加有更有力的推动作用。反之，质量不怎么样的产品，认证品牌反而会打击经营甚至牵连到一大批相关的组织或者人员，直接起到相反的作用。把握好时机和尺度，进行品牌认证，会使得企业产生意想不到的效果。当然，一个想真正长期发展的企业，在认证品牌后，也会产生另一种动力，即品牌动力，并通过奋发努力，做好与品牌实际相符的产业发展工作。

3. 品牌认证的程序

以中国著名品牌认证为例，其申报的程序有以下 5 个步骤[1]。
a. 企业向活动办公室咨询并提出申请。
b. 企业如实填写申报表，并提交相关企业材料：企业简介、营业执照、商标注册证、企业生产许可证、产品质量检验合格报告、曾获荣誉证书复印件。
c. 活动办公室对申报企业进行初核，审核通过，及时提交评审委员会进行复审。
d. 对审核通过的企业颁发相应证书，并在权威媒体给予公告宣传。
e. 为审核通过的企业建档备案，并通报政府相关机构给予重点保护和扶持。

四、产地认证

产地认证，是农产品地理标志登记审核程序的落实[2]。产地认证是对特色资源的有力保护，是发展经济中必不可少的组成部分。

---

[1] 中国著名品牌防伪认证中心网：中国著名品牌申报的程序. http://www.chinafw.org/pinpairenzheng/[2014-07-16]
[2] 中国农产品质量安全网：农产品地理标志登记程序. http://www.aqsc.agri.gov.cn/ncpdlbz/djcx/201203/t20120319_89099.htm[2014-07-16]

1. 产地认证的意义

进行原产地认证，是按照相关体系标准进行的，认证合格后，颁发有产品的产地证书。原产地认证有两个方面的基本意义，一是农产品的内在质量与其产地的土壤、水质及气候条件密切相关，不同产生，相同品种，生产出来的产品风味乃至形态是不相同的。这就意味着产品在市场上的价格地位有所不同。二是在关税贸易方面作用突出，涉及许多细节，主要的作用表现有以下四个方面。

（1）确定产品关税待遇　这是提高市场竞争力的重要工具。世界上大多数国家，对从不同国家进口的商品（包括农产品），均使用不同的进口税率，关税方面的差别待遇，是根据货物的原产地决定的，一般原产地则是各国海关据以征收关税和实施差别待遇的有效凭证。例如，在进口国与出口国的政府之间，是有关税协定的，用条约的形式规定了协定税率（agreed customs rate），或两国之间条约上规定了最惠国条款（most favored nation clause），买方往往要求卖方提供有效的产地证明书，来证明进口货物的原产地确系缔约国，才能获得相应的税率待遇。

（2）证明产品内在品质或结汇的依据　在国际贸易中，一般原产地还起到证明商品内在品质、提高商品竞争力的作用。例如，在国际市场上，持有中国原产地证的丝绸，比持有其他不产丝绸国家产地证的丝绸更能卖好价。此外，产地证有时还是贸易双方进行交接、结汇的必备单据。假如买方在申请开信用证（L/C）时，常常要求提供一般原产地证明，以确保其自身利益，银行也常以产地证明作为信用证（L/C）是否解付的重要凭证。

（3）产地证明作为贸易统计的依据　各国海关都承担对进出口货物进行统计的职责，原产地证则是海关藉以对进口货物进行统计的重要依据。20世纪90年代之后，国际贸易保护主义抬头，非关税壁垒形势日益严重，数量设限、反倾销等贸易摩擦不断出现，做好一般原产地证的签发工作，对维护我国农产品在国际贸易中的利益，缓解我国与有关国家的贸易摩擦具有重要作用。

（4）进口国可作为贸易管理工具实行有差别的数量控制　世界各国根据其贸易政策，为保护本国生产和国际贸易竞争的需要，对某些货物实行限制，制定一些进口货物数量控制措施，如进口配额、许可证制度、反倾销、反补贴制度等。为实行这些控制制度，首先需确定进口的货物是来自哪个国家，然后确定这批货物是否受到进口数量限制，是否需持有进口许可证，是否要冲销配额及征收反倾销、反补贴税等，产地证也就成为实施这些制度的重要工具。

2. 产地认证的部门与证书

我国农产品地理标志保护和发展的产地认证有三个部委同时推动，即国家质量监督检验检疫总局（简称国家质检总局）、农业部和工商总局。三个部委依托三部法规开展工作。

2005年6月，国家质检总局以局长令的形式颁布实施《地理标志产品保护规定》；2007年12月6日，农业部也以部长令形式颁布实施《农产品地理标志管理办法》；2001年10月，商务部第2次修订的《商标法》中，包含了农产品地理标志认定的内容，是目前我国唯一的一部与农产品地理标志直接有关的法律。另外，还有一个是负责产品出口的产地认证机构，即中国国际贸易促进委员会。环境保护部环境认证中心也有这种功能。

原产地证书，根据签发者的不同，一般可分为以下3类。

（1）商检机构出具的原产地证书。这是由中华人民共和国检验检疫局（CIQ）出具的普惠制产地证格式 A（GSP FORM A）；一般原产地证书（CERTIFICATE OF ORIGIN）。

（2）商会出具的产地证书。是中国国际贸易促进委员会（China Council of the Promotion of International Trade，CCPIT）出具的一般原产地证书，简称贸促会产地证书（CCPIT CEERTIFICATE OF ORIGIN）。

（3）制造商或出口商出具的产地证书。在国际贸易实务中，应该提供哪种产地证明书，主要依据合同或信用证的要求。一般对于实行普惠制国家出口货物，都要求出具普惠制产地证明书。如果信用证并未明确规定产地证书的出具者，那么银行应该接受任何一种产地证明书。

3. 产地认证程序

1）国家质检总局

国家质检总局对地理标志产品的保护认证，是以地理特色为前提，包括了农产品在内的全部认证。该认证的基本程序有申请受理、审核批准及保护和监督三个方面。具体要求有以下几个方面。

（1）申请受理。在《地理标志产品保护规定》中，对这一部分用了 5 条 9 款 14 项做出了申请和受理两个方面的程序规定。指出，地理标志产品保护申请，应由当地县级以上人民政府指定的地理标志产品保护申请机构或人民政府认定的协会和企业（以下简称申请人）提出，并征求相关部门意见。如果申请保护涉及跨区问题，则由高一级人民政府提出建议。对于申请的要求，在申请人提交的资料上做出四方面的规定，一是地方政府关于划定地理标志产品产地范围的建议；二是地方政府成立申请机构或认定协会、企业作为申请人的文件；三是地理标志产品的证明材料，其中包括一个申请书（地理标志产品保护）、三个说明（产品名称与类别及产地范围与地理特征说明，产品的理化与感官等质量特色及其与产地的自然因素和人文因素之间关系的说明，产品的知名度及生产、销售情况和历史渊源说明）和产品生产技术规范（如加工工艺、安全卫生要求、加工设备的技术要求等）；四是拟申请的地理标志产品的技术标准。在申请受理方面，由本辖区内出入境检验检疫部门或者当地质量技术监督部门承担。而后由省级质量技术监督局和直属出入境检验检疫局，按照分工，分别负责对拟申报的地理标志产品的保护申请提出初审意见，并将相关文件、资料上报国家质检总局，申请受理阶段即完成。

（2）审核批准。国家质检总局负责形式审查收到的申请。审查合格者，在国家质检总局公报、政府网站等媒体上向社会发布受理公告，并有 2 个月的异议反馈期；再由国家质检总局组织专家审查委员会负责地理标志产品保护申请的技术审查工作。之后，国家质检总局发布批准该产品获得地理标志产品保护的公告。不合格的会向申请人书面告知。这里进行强调的是，地理标志产品，根据实际情况，必须有相应的国家标准、地方标准或管理规范。同时指出，地理标志保护产品的质量检验，是由省级质量技术监督部门、直属出入境检验检疫部门指定的检验机构承担的。

（3）保护和监督。地理标志产品有专用标志。标志的获得，是向当地质量技术监督局或出入境检验检疫局提出申请，内容包括了专用标志使用申请书、由当地政府主管部门出具的产品产自特定地域的证明和产品质量检验机构出具的检验报告。经省级质量技术监督局或直属出入境检验检疫局审核、国家质检总局审查合格注册登记并发布公告后，生产者才可使用地理标志产品专用标志，获得地理标志产品保护。保护的落实者，是各地质检机构，依法对地理标志保护产品实施保护。

2）农业部

根据《中华人民共和国农产品质量安全法》、《农产品地理标志管理办法》（以下简称《办法》）等规定，制定的我国农产品地理标志登记程序（农业部），在这里给出，可方便学习，同时这种认证也有特定的标识，如图10-4所示。

图10-4　我国地理标志保护产品标识（彩图请扫描封底二维码获取）

《农产品地理标志管理办法》内容有15条21款，指出农产品地理标志登记申请人应由县级以上地方人民政府择优确定并出具相应的资格确认文件；申请登记的农产品生产区域在县域范围内的，由申请人提供县级人民政府出具的资格确认文件，跨县域的，由申请人提供地市级以上地方人民政府出具的资格确认文件。办法还对具体农产品生产地的要求和范围做了规定，产地环境和品质鉴定，由农业部考核合格的农产品质量安全检测机构负责；对申请申报的材料，包括七个方面的要求，并由省级农业行政主管部门限期受理农产品地理标志登记申请和现场核查，合格者及时上报农业部农产品质量安全中心，专家评审；通过者在媒体公示10日；还规定了异议的处理程序和登记证书持有人的变更程序。农产品地理标志登记证书长期有效。

3）国家工商行政管理总局

《商标法》第四条规定了地理标志作为商标进行注册，可以依照商标法相关条例的规定，作为证明商标或者集体商标申请注册，但没有在本局下进行地理标志的认证体系。具体要求是，以地理标志作为证明商标注册的，其商品符合使用该地理标志条件的自然人、法人或者其他组织可以要求使用该证明商标，控制该证明商标的组织应当允许。以地理标志作为集体商标注册的，其商品符合使用该地理标志条件的自然人、法人或者其他组织，可以要求参加以该地理标志作为集体商标注册的团体、协会或者其他组织，该团体、协会或者其他组织应当依据其章程接纳为会员；不要求参加以该地理标志作为集体商标注册的团体、协会或者其他组织的，也可以正当使用该地理标志，该团体、协会或者其他组织无权禁止。

4）其他产地证书办理机构

主要有两个机构，分别简要介绍。

（1）中国国际贸易促进委员会（CCPIT），该机构简称"中国贸促会"，负责产品出口方面的地产认证事务管理与办证。其所依据的法律文件为《中国国际贸易促进委员会签发出口货物原产地证书管理办法（试行）》。凡在中国贸易促进委员会办理注册的企业，都可以申请办理中国原产地证。现在也可以通过 www.co.ccpit.org 申请办理中国原产地证。不同的国家，对产品原产地证件提供的要求不同，需要有办理时注意其针对性。

（2）环境保护部环境认证中心，该中心又称为中环联合（北京）认证中心有限公司（国家环保总局环境认证中心），是整合环境标志、有机食品、环境管理体系、质量管理体系和职业安全健康体系等领域认证资源，实施产品与体系一体化认证的认证机构。网址为 http://www.mepcec-shenyang.com/。其标志有两个型，如图 10-5 所示。

环境标志　　　二型环境标志

图 10-5　环境保护部环境标志图（彩图请扫描封底二维码获取）

4. 各认证的优劣比较

认证认可，主要目的是给消费者一个放心的交代和简化消费，也给生产者一个放心的生产和销售的名分，使农产品销售更为方便，使农产品优质优价的本质体现并持续下去。认证认可，把复杂的农业过程和人们普遍担心的事件，用一个简单的标志展示给消费者并提供给人们一种放心的接受，是一个不简单的过程。可见，这个认证认可，重大的责任承担者是承认和发牌的认证认可机构，是消费者最为希望成真的放心机构。显然，公信力强的认证认可机构，不但对自身发展承载着历史性的责任与义务，而且对消费者的消费信念也担负着直接的责任。

从上述情况看，认证认可，是一种长期的社会责任，是政府公信程度的体现窗口，是社会和经济发展走向更能够使人民幸福的关键环节。那么，进行认证认可，就应当从国家利益、社会利益和长期利益角度，形成一个国家的整体体系，统一共识和有效机制。当前看来，我们的认证认可体系还是有些混乱，多头现象严重，不乏有人为了部门甚至个人利益的思想掺杂于认证认可过程之中，导致认证认可的不一致性混乱。另一个更为重要的原因是，社会意识形态领域几千年来对农业蔑视和农业过程长期处于粗糙操作和低水平运行，误导了人们认为农业是一个弱智产业，低档次领域，从而在心理中排斥和行为上躲避，使我国农业失去了历史性的深层领略与研究记载的连续性机会均等，产生了在现代需要时的历史景观的不连续与深层问题体现得不彻底，促使了短期行为与眼前利益的膨胀，影响认证认可的行业健康发展和公信力度。

要比较现存各认证认可的优势与劣势是困难的，但多头认证认可一定是会导致销售与消费混乱的。特别是认证认可过程的监督能力跟不上时，认证认可的结果往往是很容易落空的，认证认可结果的社会公信度也会大打折扣的。这需要我们很好地注意、研究和改进。

第十一章 政府、企业与农户标准化

农业标准化落地,是传统农业向现代农业转变、小农经济向市场化发展的大事情,能够促进农业标准化走向农业一线、实现农民的操作掌握、产生真正意义上的效益价值的最佳力量和持续机制,是农业标准化对农业发展产生持续推进的动力源泉。另外,农业标准化是应农业的市场化、国际化的要求提出和大力推进的,因此,农业标准化在我国政府、企业和农户中推进时,其功能与角度就要与市场紧密结合,符合国有发展基本战略要求。在这一新常态下,农业与农业标准化的一个显著变化,就是面向市场、服务国家、推进农业标准化,产生前所未有的农业综合效益。很显然,这就要使市场在资源配置中起决定作用,同时需要更好地发挥政府的作用。本章根据我国实际,对政府、企业(包括合作专业组织)和农户的标准化推动加以阐述。

第一节 市场化发展与政府作用

要知道政府、企业和农户怎样推动农业标准化,就先要明白市场和政府的基本作用。农业标准化是农业现代化的骨骼与神经系统,农业标准化促进农业市场化发展,也促进农业为国家利益发挥更大作用;用农业标准化理论与方法深入农业,是国家农业发展与农业经济可持续提升的唯一道路。那么,推动农业标准化,市场、政府和社会所扮演的角色及发挥的作用,是需要明确的重要问题。首先应当明确市场和政府对农业发展的作用发挥及二者间如何平衡用力,以达最大效应。

一、我国农业市场化水平与需求

我国迄今是一个以农业为主的国家,农业发育历史长达一万多年。自从国家化管理以来,我国农业延脉五千多年,却一直是在"重农抑商"的大背景下行进的。因此,历史中的中国农业,其市场化水平可想而知,剩余交换和它因出售,成为农业历史中与市场交往的主要特征。我国农业市场化起步与发展,是在改革开放后,即 20 世纪 80 年代开始推动和前进的,小农经济的成分仍然占据着主要地位,农产品的商品化能力和水平仍然十分低下,赢得市场的认可和提质增效,仍然是农业发展中的突出问题。

1. 农业市场化概念

农业市场化,就是农业过程中的生产管理与操作、农资、农产品甚至包括土地短期性的折价交换等,通过市场方式与机制进行,让价值规律在农业生产各环节发挥基础性作用的过程。从微观上看,农业市场化也是农产品市场化、农业生产要素市场化的过程;而从宏观的和制度的角度看,农业市场化是农业管理方式、管理手段和管理体制市场化。所以,对农业市场化还可以这么认为:即农业资源配置方式由以政府分配为主向以市场配置为主转化的同时，让价值规律在农业的产、供、销等环节发挥基础性作用的过程[1]。

农业市场化，一方面是农业生产方式由传统的自给自足型转向面向市场组织的开展，实行更加适应市场经济的专业化、商品化生产；另一方面，农业市场化包括了农业经济体制由传统指令式的计划经济向市场经济转变，具体包括农业生产行为的市场化和农产品的市场化，也就是说，使农业经济行为适应市场的程度和农业劳动成果的市场转化程度或者市场的接受率。促使农业市场化的关键之一，就是转变农业的体系结构。农业体系结构一般包括农业生产结构和农业产品结构，这些结构的转变根本是从事农业过程的人力资本组织结构，其中包括国家农业政策成分。这三者之间的密切协调与关系，是作用农业和农村经济发展的根本因素。

世所公认，农业发展的根本出路首先在于市场化。因为农业发展的源动力在于市场。市场引发的内在机制在于生产者对货币的追求。因为货币可以代表社会一般财富，对货币的拥有，意味着可选择和消费其他商品，并且其拥有量与享受丰富商品及各种现代文明成果的能力呈正比。对农民来说，货币可不断诱使其将自给性生产转化为商品性生产，不但可促使其不断地追求商品生产效益，而且可使其在过程中观测市场变化，调整自己的生产方式与领域。农民提高效益的基本途径之一，就是选择经营最具比较优势的产品，从独立分散状态逐渐起身专业分工，形成规模效应，从中享受交换的商品化与专业化所带来的边际效益、规模效益和分工利益。农业商品化发展，必然促使大量只生产少数项目乃至单一产品，又具有较高效益的专业农场产生。

同时，农业市场化需要政府积极作为，政府和社会各界需要认清农业市场化的重要性，积极培育和完善农业市场化制度。市场化农业，不能唯市场作为发展动力，必须以市场资源配置为主要作用，与政府作用的资源配置辩证结合，实现农业发展的国家战略需要、消费者消费舒畅、生产者劲头十足和发展的可持续有力。

2. 农业市场化水平测度

测量中国农业市场化程度，是不容易精确的问题，但还是十分必要的。这里在戴晓春于2004年建立的农业市场化测评方法基础上，加进了农业标准化指数、土地资本化指数和农业人力资本市场化指数（原有农产品价格市场化指数、农产品市场化指数、农业劳动力市场化指数、农业资金市场化指数、农业技术市场化指数和农业生产资料市场化指数），共计有九个市场化指数变量需要纳入测度的计算，再通过加权平均方法来估计农业综合市场化指数。计算公式如下。

$$M_t = \sum_{i=1}^{n} a_i \cdot M_{it} \quad (11\text{-}1)$$

式中，a_i满足关系：

$$\sum_{i=1}^{n} a_i = 1, \quad i=1, 2, \cdots, 9 \quad (11\text{-}2)$$

式中，a_i为第 i 个变量的评估系数，a_i的确定采用特斐尔专家咨询法[2]；M_{it}为第 i 个变

---

[1] 戴晓春. 我国农业市场化的特征分析. 中国农村经济, 2004, (4): 58-62
[2] 冯文权. 经济预测与决策技术. 4版. 武汉：武汉大学出版社, 2002: 12

量第 t 年的市场化指数；M_t 为第 t 年的农业市场化指数。

M_i 的含义如下。

M_1——农产品价格市场化指数。由农产品收购价格中那些不属于政府定价的品种的比例来确定。

M_2——农产品市场化指数，即农产品的商品率。由农产品的社会收购总额占农业总产值的比例来表示。

M_3——农业劳动力市场化指数。由农村社会总产值中不属于种植业、林业、牧业和渔业的产值所占的比例来确定。

M_4——农村资金市场化指数。由农民和私人投资占农业总投资的比例表示。

M_5——农业技术市场化指数。由通过技术市场转让技术获得的收入与农业科研总投资的比值来表示。

M_6——农业生产资料市场化指数。通过使用农业生产资料的总量值比总量值减国家补贴值来表示。其中，对于国家定价和指定销售的资料，根据市场机制提取因定价而实行暗补（如补向企业或者市民）或者是保护性补贴的那部分，根据向量性质，可计入国家补贴中。

M_7——农业标准化指数。用惯性、传统式的农业行为过程与明确标准应用的系统性、专业化农业过程比值来表示。

M_8——土地市场化指数。土地总量平均资本值与实际市场化的资本量比值。

M_9——农业人力资本市场化指数。农业人力资本总值与市场化的资本总值之比。

各项市场化指数的权重，可采用特斐尔法（式11-2）来确定。

特斐尔法分配权重值的确定，按照以下4个步骤完成。

（1）设计意见征询表　表中"很重要"、"重要"、"一般"、"不重要"等信息，需要明确说明在何种情况下才能算得上很重要，在何种情况下才算是重要等，以免误解造成误判；其次是事先对这些重要性等级赋值，方便计算。

（2）选择专家并填写问卷表　要求专家无记名地对某一指标或某些指标重要性程度进行填表，专家具有权威性和有代表性，专家来源应涉及和要咨询问题有关的各个方面，最好以书面的形式按规范和要求填表。

（3）整理和反馈专家意见　整理专家意见，求出某一项指标或某些指标的权重值平均数及偏差，反馈给专家平均数，进行第二轮征询，获得对均数的同意程度而修正。

（4）统计方法

a. 每一指标的权重均数由该公式完成：

$$M(W_i) = \frac{1}{n}\sum W_{ij} \qquad (11\text{-}3)$$

式中，M 为权重值的平均数，i 为第 i 项指标，W_i 为第 i 项指标的权重值，$M(W_i)$ 为第 i 项指标权重值的平均数，W_{ij} 为第 j 位专家对第 i 条指标给出的权重植。

b. 每位专家给出的权重值与权重值平均数的偏差 Δ_{ij}：

$$\Delta_{ij} = W_{ij} - M(W_i) \qquad (11\text{-}4)$$

（5）反复整理和反馈专家意见　重复将权重值平均数反馈给各专家并给出某些专家不同意这个平均数的理由，让各位专家在得知少数人不同意该均数理由后再一次做出反应。重复，直至观点集中程度或认识统一程度不能增加多少时停止。此时，组织者便可得到较可靠的权重值分配结果。

3. 我国农业市场化水平

新中国成立后，我国一直实行的是计划经济，往往以农业的过多牺牲，如工业、农业产品价格的剪刀差、交农业税、交农村"三提五统"费等政策来支持工业的发展。改革开放使国家经济实力迅速增强，平衡发展日显突出，农业负债才逐渐减轻。就从这方面看，虽然真正的市场经济从20世纪80年代开始，但由计划经济到市场经济的转变，初期不可能快速。从国家市场化发展速度看，整体仍然转变很快。权威《中国市场经济发展报告》指出，2003年我国市场化程度已经达到69%。这是个了不起的变化。很明显，这种变化，工业方面占绝对优势，农业市场化水平仍然十分低下。因为工业发展速度快，经济效益高，市场交换的需求力度更强，市场化成为其发展的核心动力。再加上，发达国家的发展经验可供我们借鉴，更有大量实证可供直接学习，市场化水平是明显的。由于发达国家的市场经济已经比较成熟，进行测算的市场化程度为80%～90%。用这个尺度来衡量我国经济发展的市场化水平，表明2003年时我国市场化水平已经达到欠发达市场经济阶段。2005年，中国经济市场化程度73.8%，比2003年增长了4.8个百分点，说明我国经济市场化发展的速度确实很快。到2015年，我国市场化的水平在总体上是否达到了发达国家水平，虽然还没有权威性数据出台，但综合分析，仍然属于欠发达国家行列。

我国农业市场化，模糊测度，应当或者已经处在欠发达市场经济的临界线之上。对农业市场化程度的测度，2005年有60%左右的测定结果（戴春晓）。这与实际相比，考虑东西部发展的不平衡，总体上认为还是比较高的。经过十多年发展，按照这种测算规律粗略估计，到2015年，从全国农产品市场化、农业劳动市场化、农资市场化及农村资金市场化的模糊数量水平判断，我国农业市场化程度最多在65%。因为，农业市场化的提升，制约因素太多，不可能像工业市场化那样发展，加之在总人口比例中，农业人口仍然是绝大多数。当然，衡量农业市场化的质量，应当还在起步阶段，需要大力培植与发展。

我国农业市场化，应当说是从20世纪90年代初逐步开始的。我国农业虽有上万年的漫长经历，在市场化方面的发展微乎其微，重农抑商的政策与思想几乎贯穿了农史全程。传统观念及二元化经济体制的作用，导致农业发展的先天性不足。主要表现为生产要素的投入不足，农业科技水平低下，农业管理落后，缺乏竞争意识。这对于农业的市场化是极为不利的。由于这种行为的长期存在，已经在意识、文化层面筑就了强大的堡垒，想破除这种堡垒并重新建立农业市场化的新秩序，需要时间和精力。因此，整体看，我国农业亟待提质发展，增强自身市场化发展实力，提升融入全球农业市场的过程实力。

近30多年来，随着改革开放与市场化发展，在我国农业领域，有几个大的关键转变时间点，就是支持和判断自身农业市场化进程与质量发展的主要依据。1979年，我国农村推行家庭联产承包责任制，开始以市场化为导向，改革农村基本经营制度，对发展非农产业放松管制，并大幅度地提高农产品的收购价格，从而逐步启动和推行了农业市场化；2006年，国家取消了一切农业收费，并开始反哺农业，用政府财政给予了大量的农业补贴，刺激农业进步，使农业市场化速度和水平迅速提高；自2014年以来，对以土地为基本资源的农业资源配置放宽了政策，允许土地流转甚至形成资本交流，特别是2015年土地确权，为农业资源配置的大量流动与优化组合奠定了雄厚基础，将又一次促进农业市场化发展。很显然，我国农业市场化发展的加速度，将来自市场和政府作用的两个方面，这正体现了社会主义市场经济下的农业市场化发展特色。

然而，农业市场化水平提升的过程还没有达到真正质和量的协调统一。可以说，从1979年农业市场化以来，发展的主要表现是数量市场化。自从加入WTO后，特别是2006年之后，农产品的质量和安全问题被提到突出的地位，市场化中不但数量在迅速增长，伴随着对质量和安全水平的要求，使农业市场化的质量水平提到了社会层面，受到人人关注。所以，我国农业市场化的当前发展时期，应当是在市场化数量继续增长的同时，向着市场化质量提升发展方面迅速转变时期。

二、农业的市场化与标准化

1. 农业市场化的主要作用

世界经济发展进入了全球化时期，中国已经是其中重要的成员了。我国改革开放40多年，核心任务就是发展经济，2001年加入了WTO，迄今也有15年历史了，完全标志着我国经济彻底地融入到了全球一体化中。在这种大背景下，我国农业不可能置身于外，反而要加快速度发展，更好地融入这种情势。另外，从领域经济发展的平衡性看，我国农业在整个经济发展中是最落后的一个领域，亟待发展。要迅速发展我国农业，就要迅速提升农业市场化的能力和水平，连接经济发展的动力源，注入经济发展的总动力，以跨越发展的魄力和必须落实的决心，提升农业发展水平，实现与发达国家的农业市场化及农业全球化能力同步发展。

我国农业市场化，对农业具有明确的提升优势。原因在于：首先，农业市场化可直接引入市场经济动力，并成为农业可持续发展的动力续航支柱。其次，农业市场化可通过市场活力和机制，以增加农民收益，进而提高农民投身农业、投入农业生产的积极性，保证农产品产出和供应，促进国民经济平稳发展。再次，农业市场化，因市场的多样性需求，可促使农产品差异性增加，再倒逼农业的专业化生产，依据实际需求产生农业资源的优化配置。然后，农业与市场融合，使农民通过市场开阔眼界、丰富信息、刺激收入欲望，思考和组织新的效益生产等活动，又对农业生产技术水平的提高、降低农业生产成本、农产品的产量与质量，以及提高自身生产能力等方面产生正向促进作用。最后，农业市场化，走向国际化，意味着农业行为必须符合市场要求，尊重农业全球运行规则，严格执行相关标准。这就要求我们对全球农业规则（标准）要有一个完整的理解和顺畅而自如地应用。这是一门全新的课题，也是我们面临的一大难题。因为几千年的远离市场和小农经济行为理念，只知道分散操作，按照经验需求生产务农，在严格规则与标准约束的大市场面前，无论是意识、思维、眼光还是设计、管理和操作等方面，均属于全新规制，需要我们以另类思维和眼光来学习、相适应并应用于新思维、行为与理念中。

2. 农业市场化与标准化关系

我国从改革开放开始，就定位于市场化机制的建立与强化。从此，农业不再是"重农抑商"的牺牲品，而要市场化了。农业不但要市场化，而且必须要步入全球市场化的总规则中。因为农业市场化的发展首先表现为农业市场规则的全球化和统一化。经济的全球市场化，是在完全的标准约规中推进的，这足以看出标准和标准化在市场化中的地位和作用。

农业市场化水平越高，对农业标准化的需求就越多，也越高。市场化，本身就是一个强规则（标准）制约的大系统。为了从市场中获取各自所需的一切利益，任何利益集团，无论是国家还是企业，都希望提高效益，降低成本，长期性地维护自身发展的利益。这正是农业标准化的本质、作用和目标所在。显然，各利益集团，就必须得遵守和执行相关标准要求，对内要想方设法提高科技水平、降低成本，对外则尽量以壁垒护身，拆建并举，且团结更多力量以取得边际效应中的利好。否则，无论是双方间还是任何一方，均会面临着成本增加、交易难以长期维持的失利局面，这是任何人都不想干的事情。

因此，农业市场化与标准化的关系，是一种唇齿关系，互为相依。农业市场化表述的是一种形体、状态和总貌，也就是对交换的宏观表达，实现价值的一种体态；而农业标准化则是农业市场化，包括农业生产过程的内容和核心支撑，是农业市场化的真正骨骼与神经系统，可谓是市场化的神。所以，农业市场化与农业标准化在实质上是一种形神结合的真正有机体。只要农业市场化，就必须有大量公开的或者不公开的标准与体系作支撑，而且其中的标准化水平，往往成为市场化水平高低的硬性测度，标准化水平在适应市场需求的前提下，越符合、越超前时，就会牵引着市场，运行便会越有序、越有劲头。农业标准化是农业市场化水平发展的内在支撑与本质表现，农业标准化与农业市场化在农业市场的推进中，以互为依赖、共勉发展时，真正的正反馈机制和动力增效也就发生了，农业市场化与市场发展的能力提升就越发有了基础和后劲。

农业的市场化水平是决定农业发展在市场和政府作用中选择何为主体的关键。在我国，农业的市场化水平越低，政府的介入和导向能力就越强；农业的市场化水平越高时，政府的作用在其中的发挥又渐于强化。只有在农业的市场化水平处于中等水平时，政府的介入和作用就会弱化一些。这与农业领域的特殊性质有很大关系。但无论是哪个水平，农业标准化始终起着绝对的支撑作用。

以邓小平为核心的中共第二代领导集体，在改革开放的实践中逐步认识到：我国的社会主义建立在生产力发展水平较低的基础之上，这就决定了我国当前正处于而且将在一个相当长的时期内处于社会主义初级阶段。这种现实国情决定了公有制为主体、多种所有制经济共同发展是我国社会主义初级阶段的一项基本经济制度。其中，非公有制经济的存在及社会分工的存在决定了必须要实行商品经济。商品经济条件下价值规律必然发挥作用，即市场在资源配置中起决定性作用。市场在资源配置中能够迅速对市场需求做出反应，而且能够激发生产的活力等，能避免政府计划手段在调节经济中容易出现的滞后性，能够灵活、及时、有效地调节供给和需求，实现供求均衡[1]。

我国从传统农业文明向现代工业文明和服务业文明的演进中，现代农业的发展道路就是走市场化道路，该道路发展的本质，是要以明确的标准化为支撑。因为，没有农业

---

[1] 刘学梅，李明，丁堡骏. 对社会主义国家资源配置理论的再认识——习近平系列重要讲话中政治经济学思想研究. 毛泽东邓小平理论研究，2015，（1）：35-41

标准化,就没有农业现代化。明确而清晰的标准化支撑农业发展,是农业真正市场化的基础和保证。没有农业的标准化,就不会有农业良好秩序产生,也不会有农业的低投入、简过程、高收获、强壁垒的存在,进而,最大利益保障和持续发展动力也就成为无源之水了。所以,加速推进我国农业的市场化,积极落实农业标准化,是我国农业面向全球、竞争发展的唯一出路。

3. 农业市场化、标准化与社会制度

农业市场化离不开国家经济市场化总要求。

不同社会制度决定不同的市场与政府对市场运行的调控关系。对市场化经济运行的理解和制度建立,有两类不同的看法和理论,即资本主义和社会主义。西方经济学理论体系基本上有两种思潮:经济自由论和国家干预主义,他们推崇的是自由贸易的经济法则,要求政府减少对经济的直接干预,依赖市场资源配置的功能发挥,以市场引导经济的发展。所以,在资本主义社会里,没有整个国民经济战略目标的制定,由自发的市场主体的竞争去决定,政府在经济发展上只起辅助性的作用,其任务是弥补市场失灵、创建正常的市场竞争环境,以保证各个私人市场主体盈利目标的实现[1]。在中国特色社会主义制度下,政府不再是资产阶级的统治工具,为资本家企业主追逐利润服务,社会主义国家的中央政府是共产党领导下的全体社会成员整体利益的代表,它一切活动的出发点和落脚点只能是以人为本、最大限度地满足全体社会成员不断增长的物质文化需要和他们的全面发展,是为了满足其所必需的国民经济的全面高速可持续的发展。

当然,从经济运行角度看,政府对市场的作用也有共同的方面,譬如通过宏观调控保持经济总量平衡、加强市场监管、创造公平竞争环境、实现经济的持续发展等;但从本质上看,生产资料公有制决定了社会主义国家的中央政府具有资本主义国家的政府所没有的、由社会主义制度所赋予的更多方面的特有的作用和职能,这主要包括制定国家经济的长期发展目标和规划,并通过各种手段引导市场实现政府的发展战略目标。在社会主义制度下,市场在资源配置中起决定性作用的主要是在微观经济领域。

事实上,在整个国民经济中,微观经济和宏观经济既是相对确定、有一定区别的,也是相互联系、有机统一的。市场和政府在资源配置中的作用都应该是覆盖全社会的。市场在资源配置中起决定性作用,既应理解为市场上的价格和竞争机制是企业和个人消费者适应市场形势做出自己的经营和消费选择,也应理解为政府的宏观经济调控要尊重工资、价格和利润等具体市场机制的变化,在此基础上才能有效地干预和改善经济运行的状况,以便使全社会的经济利益得到保证和实现。只有这样,市场决定作用的盲目性才能够得到克服。更好发挥政府作用,既应理解为政府的宏观货币政策、宏观财政政策、宏观收入分配政策,以及宏观战略规划要对企业和居民的经济行为发生重要的影响,同时也应理解为国民经济的重要领域和重大项目要有政府直接领导的国有企业或者由政府直接投资兴办国有企业,以便坚持社会主义市场经济的社会主义方向。政府的作用既有微观层面,也有宏观层面,例如,中央提出的立项基本设施建设、"一路一带",以及投资大型国企经营活动等,就既包括微观层面也包括宏观经济层面。

---

[1] 胡钧. 正确认识政府作用和市场作用的关系. 政治经济学评论, 2014, 5(3): 3-15

社会制度的本质区别,决定了政府性质和市场主体构成的差别,决定着不同社会中政府与市场二者的地位和关系的不同。社会主义市场经济不能任由市场作为唯一的调节者,而必须要发挥市场和计划两个调节者的作用。

社会主义市场下对资源配置的驾驭是市场与政府的辩证共责。市场经济的根本特征就是市场在资源配置中起决定性作用,中国深化改革应采取何种资源配置方式,党的十八届三中全会通过的《决定》对市场和政府在资源配置中的作用进行了表述。"市场决定资源配置是市场经济的一般规律,健全的社会主义市场经济体制必须遵循这条规律"(习近平《关于〈中共中央关于全面深化改革若干重大问题的决定〉的说明》)。而市场经济的一般规律是在生产资料私有制基础上产生和发挥作用的,且只有在资本主义生产的基础上,商品生产才表现为标准的、占统治地位的性质,因而市场机制才成为整个国民经济的资源配置方式。所以,市场经济一般本身自然地带有资本主义私有制关系的烙印。"我国实行的是社会主义市场经济体制,我们仍要坚持发挥我国社会主义制度的优越性,发挥党和政府的积极作用。市场在资源配置中起决定作用,并不是起全部作用[1]。"我们必须在坚持社会主义道路的前提下发挥市场经济一般规律的作用。这是社会主义市场经济体制不同于资本主义市场经济的一个根本性的特征,这是由社会主义制度与资本主义制度的根本区别决定的。同时,"坚持党的领导,发挥党总揽全局、协调各方的领导核心作用,是我国社会主义市场经济体制的一个重要特征。在我国,党的坚强有力领导是政府发挥作用的根本保证。在全面深化改革过程中,我们要坚持和发展我们的政治优势,以我们的政治优势来引领和推进改革,调动各方面的积极性,推动社会主义市场经济体制不断完善、社会主义市场经济更好发展[2]。"

对政府与市场二者作用的科学定位,有利于在全党全社会树立关于政府和市场关系的正确观念,可以进一步解放思想,更充分地发挥市场机制的正面作用,调动市场主体的主动性,进一步增强经济活力,更大范围更深程度上调动全社会的积极性,推动经济的快速发展。

发展我国农业市场化、标准化与社会主义制度相匹配的健全体系,是中国社会主义特色在农业经济发展中的直接表现。我国农业现代化,就要逐步越向市场化,由市场决定资源配置,政府调控宏观经济,进而促进农业市场经济的健康发展。显然,农业标准化成为支撑的核心和作用的基础。因为现代农业的内核作用架构就是农业的标准化。

第二节 农业标准化之政府驱动

在人类社会不同发展阶段,由于生产方式的不同,社会按比例分配劳动的规律的作用形式也就不同。我国农业生产方式迄今还不能是先进的状态,例如,明确的标准化方式在思想和行为中的自觉应用和体现,也还处于初级阶段,农产品的商品化程度还没有完全实现,市场化水平亟待提高。在这种情况下,相当大程度上农业经营驱动,无论是宏观层面还是面向基层农业第一线,都将通过政府调节和市场背景下的价值规律、剩余

---

[1] 习近平. 关于《中共中央关于全面深化改革若干重大问题的决定》的说明. http://news.xinhuanet.com/politics/2013—11/15/c_118164294.htm[2014-09-15]
[2] 新华社:正确发挥市场作用和政府作用 推动经济社会持续健康发展. 人民日报,2014-05-28

价值规律，以及平均利润率和生产价格规律等具体的作用形式来实现。特别在国家层面上，需要政府作用，实施国家计划。这是社会主义制度下，用市场配置资源、发展经济和政府调节共同作用的一个优势。社会主义社会只有采用宏观计划和调控的形式取代资本主义社会生产的无政府状态，才能驾驭日益发展着的生产力。本节讨论政府对农业标准化的推动作用。

一、政府的职能

市场经济应是有效市场和有为政府的恰当结合，农业标准化是农业市场化中的核心内容，只有政府提供稳定的交易手段、公平的交易规则和良好的交易秩序，才会有良好的落实基础。要想知道政府对农业标准化的推动能力与地位，首先要理解政府的职能，并知道经营农业的主体有哪些，政府在农业领域的着力点应当有哪些方面。

1. 农业的经营主体

我国农业总格局是，从经历几千年的小农经济、户为基础的远离市场状态向市场化和国际化的迅速转变发育中。特别是，经过近40年改革开放洗礼，这种转变特征明显，效果令世人关注，同时也引起了经营主体的结构大调整。

随着农业市场化的发展，我国农业经营主体呈现出多样化格局来。主要有以下方面的表现。从经营方式看，以家庭小农场为主，企业方式经营的大农场为辅；从经营属性看，以纯农场为主，兼业经营农场为辅；从投资来源看，以农民经营的农场为主，非农部门投资经营的农场为辅，其中还将有一定量的外商投资农场等[1]。当然，迄今数量最大的还是农户传统经营方式的存在。

农业经营主体多样化有其客观必然性。首先是由人多地少的基本国情所决定。目前，我国农村人均耕地仅 $0.1hm^2$ 左右，即使劳动力转移一部分，人均耕地仍然很少，这就决定了我国农业商品化主要靠专业化小农场的广泛发展，而不是大规模的土地集中。然而，在众多小农场发展的同时，我国也将因工商企业投资等原因而出现一些规模较大的农场。大农场规模大、投资多，采用先进的生产技术和经营管理手段，有成本优势，市场反应也更敏感，对分散经营的小农场有良好的牵引示范作用，在农业市场化进程中具有十分重要的意义。其次，是由农业劳动力转移特点决定的。随着经济城市化发展，大量农民将向城镇和非农产业转移，于此过程中将产生一些兼业农民或兼业农场。人们的非农职业最初并不稳定，兼营农业有职业与收入保障作用。老的兼业户实现了完全转业，又不断产生新的兼业户。日本兼业农户比例较高，欧美各国兼业农场也有一定比例。在我国劳动力转移过程中，也存在一定兼业农户的必然性。再次，是由农业不断强化的平均利润要求决定的。传统体制下，农民被禁锢在土地上，产品只能低价交给国家，农业经营不可能拥有获得平均利润的权利。随着农业市场化发展，农民有了更多的迁徙自由和职业选择权，在市场机制作用下，农业平均利润要求也将逐步得到实现，农业将不再是无利可图的产业。一些城市工商企业乃至外国资本将直接投资于农业项目。20世纪90年代以来，我国已有相当数量工商企业投资建立了农业基地。随着市场经济发展，非农部

---

[1] 李泽华. 中国农业市场化发展的内涵与趋势. 中国软科学, 2000, (10): 22-25

门与外商经营农业将呈增加趋势。

2. 政府对农业的职能

政府的职能，是以人为本，为最大限度满足全体社会成员的物质、文化需要而采取的有效措施与方法。主要有：保持宏观经济的稳定，加强和优化公共服务，保障公平竞争，加强市场监管，维护市场秩序，促进共同富裕，推动可持续发展。这些是市场自发竞争所必然具有的缺陷，政府则通过自身的职能来遏制这些缺陷的破坏性，从而发挥市场正能量，以维持社会再生产得以正常地进行。政府首要关注的是宏观经济问题，是国民经济整体发展的方向、生产各个领域重大比例关系、重大经济结构安排和调整，以及劳动者的就业和人民生活水平的提高，而不是微观的经济问题。其次是决定经济发展的方向和长期战略目标，主要通过党和政府制定国民经济发展规划、产业政策及其他的实施，使政府发挥对整体资源配置的引导作用。

2014年5月26日，中共中央政治局就使市场在资源配置中起决定作用和更好发挥政府作用进行了第十五次集体学习。习近平同志在主持会议讲话中强调"在市场作用和政府作用的问题上，要讲辩证法、两点论，'看不见的手'和'看得见的手'都要用好，努力形成市场作用和政府作用有机统一、相互补充、相互协调、相互促进的格局，推动经济社会持续健康发展"。2014年5月28日的人民日报以"正确发挥市场作用和政府作用、推动经济社会持续健康发展"为题，指出"使市场在资源配置中起决定性作用和更好发挥政府作用，二者是有机统一的，不是相互否定的，不能把二者割裂开来、对立起来，既不能用市场在资源配置中的决定性作用取代甚至否定政府作用，也不能用政府作用取代甚至否定市场在资源配置中起的决定性作用。"

中国特色社会主义国家政府的职能，既包括斯密提到的"守夜人"[1]的职能，还包括西方国家干预主义提到的调控宏观经济的职能。此外还应包括中国作为社会主义国家所特有的职能，即制定国民经济发展规划，政府直接投资国有企业，通过国有企业引导整个国民经济沿着社会主义轨道向前发展的职能。这才是完整意义上的中国特色社会主义国家政府的作用。

习近平在《关于〈中共中央关于全面深化改革若干重大问题的决定〉的说明》中进一步指出："政府要加强发展战略、规划、政策、标准等制定和实施，加强市场活动监管，加强各类公共服务提供。加强中央政府宏观调控职责和能力。""健全以国家发展战略和规划为导向、以财政政策和货币政策为主要手段的宏观调控体系，推进宏观调控目标制定。"这些特殊的政府的职责和作用鲜明地展示出社会主义市场经济体制的本质特征，阐明了党和政府在宏观领域资源配置中的重要作用。

我国农业标准化是在与WTO谈判过程并成为其成员国之后，才充分地认识和发展的。而WTO平台实质上是反映和代表了商品化在国际经济大舞台上的一个市场发展的集约与水平表现。另外，我国农业领域的历史性对农业标准化的无知和不认可，导致了一无完整理论指导、二无积极主动的心理接受条件，便造成了多重不利于农业标准推进

---

[1] 在《国富论》中，"守夜人"承担三个义务："第一，保护社会，使其不受其他独立社会的侵犯。第二，尽可能保护社会上各个人，使其不受社会上任何其他人的侵害或压迫，这就是说，要设立严正的司法机关。第三，建设并维持某些公共事业及某些公共设施（其建设与维持绝不是为着任何个人或任何少数人的利益）

的知识与社会因素。在这种情形下，没有政府的出面和积极主动地推动，农业标准化对农业现代推动又不知要推迟多少年。

3. 政府对农业标准化的推动

中国农业标准化，必须由政府来推动，尤其是前期工作，如果没有政府的推动，就无法统一全民认识，也无法产生实际行动。因为，国人对农业进行标准化这一行为，是不认可、从内心无法接受的。

在我国经济发展中，政府推动，是最常见且有效的一种方式，且具有很长的历史积淀。自秦皇汉武以来，我国政治历史的发展，一直属于中央集权制统治，一切政令的发布，对国民来说都是无条件执行的。久而久之，人们就养成了一种自然的习惯，即听从政府的领导，服从政府的指挥，完成政府的任务，政府让干什么就干什么。这样一来，政府组织就成为人们生活的依靠，政府人员就成为人们行动的榜样和楷模，政府指令就成为人们行动的准则。政府体系，由各级政府机构组成；政府管理，也由这一体系网罗全国；政府指令，可迅速通过这一系统到达每个角落。基于这种格局，政府的管理导向就十分突出了，各项政策、指令均通过政府的组织机构体系向下传达和贯穿，令行禁止，不折不扣。

新中国成立后，共产党领导，为劳苦大众谋福祉，属于社会主义性质，但在计划经济时期乃至改革开放的前 30 年中，仍然沿用的是这种机制，一切均在政府的计划之中。进入 21 世纪之后，这种情况慢慢地解冻，从微观经济领域放开了思维，腾出了空间，回缩了政府的控制功能，注入了市场作用，放开了农户的自我设计，使基层可以根据自身的实际，规划和设计经济发展的蓝图。政府的功能大有转变，围绕为人民谋福祉的总目标，由统治到管理，再逐渐转向服务，以微观放活、宏观管理的大格局为广大劳动人民创造生活的好条件。

在农业标准化领域，政府的推动作用是显著的，并且起着相当大的决定作用。因为，农业标准化在我国是一个新领域、新学科和新方法，又是农业现代化的唯一抓手。虽然，农业标准化自新中国成立以来都有活动，但在计划经济时期，农业标准化的主要活动是围绕着计划经济、方便农产品收购而进行的，突出在农产品收购标准的制定和颁布，且实施的范围只在收购部门，如粮站、供销合作社，广大的农民对此了解是十分有限的。这些标准的出台，实质是基于工业标准化中的思想与方法的，并没有独立的农业标准化理论与思维。改革开放以后，以农产品标准为基础的农业标准研究和制定相对拓展，数量增加，之后，尽管国家颁布了《中华人民共和国标准化法》（1988 年），但对农业标准化的作用仍然有限，具体执行还是在少数部门，如标准化管理部门的具体职责单位；从落实层面上看，以"内部"动作居多，产品标准制定为上，对农业标准化的社会推动和产业影响力并没有产生多少作用。这主要归罪于人们对农业标准化意识不接受，认为农业领域不可能实施标准化。1995 年，当时的国家标准化主管部门开始了农业标准化示范活动，力主我国农业走向标准化道路，但是推动的实际情形十分困难。我国加入 WTO，包括加入前的谈判过程，对我国农业标准化产生了强大的外力助推，形成了一种明确的倒逼机制，在国家层面上更加充分地认识到，农业只有走标准化道路，才能适应国际发展需要。所以，进入 21 世纪，情况发生了天翻地覆的变化。2001 年，我国成为 WTO 正式成员国，同年11月就成立了"国家标准化管理委员会"，成为国家推动标准化的直接责任机构，注定了国家标准化，特别是农业标准化的正式开始和全面开花。该委员会专设"农业食品标准部"，把农业标准化推动作为自己的责任使命来完成。尽管如此，社会层面上和民间心态仍然对农业标准化难以认可和接受。2007年4月23日，中央政治局第41次学习会，专门就农业标准化知识进行了学习和讨论后，发出了"没有农业标准化就没有农业现代化，就没有食品安全保障"的号令。至此，全国人民对农业能不能标准化的问题才有了明确而肯定的答案，我国农业标准化推行也由此浮现在全民面前，不使人们在思想和行为上产生拒斥了。一直到2009年，全国从事农业标准化工作全体管理人员才发出了一个相同的声音："到底该怎么做才算是农业标准化？"这是一个巨大的思想转变，说明了人们已经把注意力集中到如何进行农业标准化，而不是以前那样"农业能不能标准化"的怀疑中。此后，我国农业标准化才开始在大规模、大范围内的人群中进行了实践和示范工作，这是政府作用的结果。如果没有政府的推动，要让国人经过市场过程和亲身体验来产生当今这样气势的农业标准化效果，不知道还需要多少年的努力和耗时。

我国政府的推动，往往会产生巨大的力量释放，是一种能够进行大规模调集资源、大范围进行推动的组织体系。这对于新技术、新方法的推广和集中力量办大事是最为有效的方式，对全民思想观念需要在短期内发生巨大变化的经济需求和社会需要是一个极为有效的管理方法。当然，农业标准化的实现和推动，正是与传统思想、意识理念和社会需求的快速适应交织在一起的复杂提升，只能是我国这种体制与政府作用来实现。所以，我们应当积极努力，探索建立"政府引导、市场主体"的农业标准化双轮驱动发展机制。

二、政府农业标准化的基本行为

农业标准化，在中国来说，由于历史的原因，属于全新的领域和事业，即完全的一个新生事物。虽然，从20世纪80年代起，虽有推动的行为和主体，但到21世纪初期，即使已经在WTO的各种标准约束下从事经济行为，农业标准化还是不能被国人普遍承认。回头看来，如果没有政府的推动，农业标准化在中国恐怕还要落后不知多少年。政府驱动农业标准化，在基本做法上是十分明确的。主要表现有如下几方面。

1. 颁布政策法令，建立制度安排

由于我国体制的特殊性，领导核心明确，步调上下统一，政策相当于命令，贯彻执行，迅速到位。那么，推行农业标准化，政策颁布就成为政府工作的首要内容。1999年农业部和财政部开始启动"农业行业标准制定和修订专项计划"，在当时对我国农业标准化工作起到了良好推动作用，从实施层面上提出和应用了标准化的理念和管理来规范农业生产和经营。"十五"期间，无公害食品行动计划的实施使我国农业标准化又进入了一个较快的发展阶段，取得了一定的成绩。国家标准化管理委员会于2007年颁布了《国家农业标准化示范区管理办法（试行）》（国标委农[2007]81号），从试验示范角度对农业标准化实施工作给予了更加明确的量化指导与规范推动；2013年开始，国家标准化管理委员会对农业标准化示范工作进行了升级，开展了农业综合标准化示范，形成了更符合农业自身特点与现代理念结合的标准化实施示范工作。2015年3月，国务院又出台了《深化标准化工作改革方案》，标志着我国农业标准化进入到又一个历史性的高潮期。这些政策法令，都成为我国农业标准化从进入21世纪多数人还没有的概念，到2007年全民知晓农业要现代化，必须走标准化道路，就是政令颁布推动的结果。农业部计划在2015年抓紧研究制定农村集体产权制度改革指导性文件，研究出台有关财政、税收、金融、土地等多方面扶持产权制度改革和发展集体经济的政策。这将从政策层面上对农民和农业生产工作产生积极的影响。

2. 财政预算支持，行业示范推动

有政府出面推动，就会动力十足。一是政府通过政策扶持，可无形调动多方资源为推广开路与服务；二是政府列入示范计划，有资金配套支持，激发推广兴趣；三是政府推动的示范推广，政令落实迅速有效。这与政府工作的性质有关，往往与各级相关领导的政绩挂钩，成为各级相关官员的工作组成部分，不得不进行推广。在明确的政策指引下，围绕设定的目标，很快会组织起相关专家，讨论和设计推广方案，以示范引领、培训学习和全面铺开的程式实现目标。落实的方法就自然地由相关智者设计，落实的过程则与部门系统结合，通过推广网络进行，如农业推广网络，大专院校场站，技术监督系统，供销合作社工商管理主要以政策推动和项目实施的方式进行标准化的推广普及和标准的实施示范。主要的做法包括：一是政府制定规划，相关部门根据国家政策和各地优势及市场环境，选择1~2个或2~3个农产品品种作为主导产品，在一定的范围内有目的地培育主导产业。二是政策导向，一方面出台具有战略意义的导向性政策约束标准化的行业推动速度与方向，另一方面出台鼓励性政策，再结合或者配套一定量的资金奖励，促进农业标准化发展。三是科学选定标准，可根据国家政策方向进行相关的标准、标准体系及管理体系的调整和提高。例如，2015年3月出台的《深化标准化工作改革方案》中，就将过去的6类标准整合精简为4类，强制性标准不再出现在行业标准中。四是可调配国家资源，广泛进行培训和宣传。政府可发动大面积、大规模的应急性或者短期培训，培养大批能够现学现用的人才队伍，可进行全国性的宣传，也可进行重点领域的宣传，等等。五是积极创办样板，可集中资源进行强化，使样板内标准化示范做得更好，从而形成以点带面的气势和效应，如"政府+示范园（基地）+农户"、"政府+企业+农户（示范）"，等等。这种基地示范型明确该定义比较适合由政府部门牵头实施的商品粮、棉、油基地建设，优势农产品产业带开发，无公害农产品生产基地建设。农业部、国家标准化管理委员会和地方农业部门所创建的标准化生产示范区（基地），大多属于这种类型。

3. 服务基础平台，促进公平制衡

在市场对资源配置起决定性作用的同时，发挥政府在战略发展、规划、政策、标准等制定和实施方面的调控能力，加强政府对市场活动的监管，加强政府对各类公共服务的提供。那么，对于农业服务的基础平台，政府就有直接责任与义务进行建设、维护和服务其正常运行。政府可通过项目形式进行资源的调配，利用财政资金，形成项目包装和管理，刺激有关单位和人员，组成团队，做成星火示范。例如，调动高校、科研单位、社会团体、基层推广部门、企业及专业合作组织的积极性，以专门团队形式走向实际，试验示范，设点辐射，引导落实，进而形成带动之势，产生点片效应，扩展连接，达到全面推广的目的。这种做法，在理论、方法与模式成熟的情况下，往往对实施层面的农业标准化推动和能力提升有很大的促进作用。政府可通过计划项目，支持和推动农业标准化人才培养、农业标准化理论与模式研究，形成稳固而具有长远意义的农业标准化落实基础；对于局部农业发展的不平衡甚至不公平竞争等现象，政府可通过资源的适当调配进行制衡，以便发展处于相对良好状态。

总之，基于政府职能的要求，在农业标准化的基础平台建设、公平公正发展和农业持续动力等方面，政府都有调整和制衡的重要作用。

三、政府驱动的动力分析

1. 国家模式有效性的历史证明

中国农业标准化大规模实施，政府推动是最基本、最重要的方式，在前期工作中尤其重要。这是由国家文化与发展的历史沉淀等综合因素所决定的。众所周知，在中国发展的几千年里，农业是基础，农户是根本；远离市场、小农经济的格局一直占据着整个农村，各自为政、个人为主的劳动模式，培养出显著而顽强的个体化生活方式。从管理角度看，由于历史中的政治与生产的双重需要，封建阶级几千年来一直将土地与个人紧紧地捆绑在一起，并且力求分散生产与分散生活，使其"日出而作、日落而息"的生活方式成为固定范式。久而久之，就形成了一种时空固定的、祖辈共守的劳动与生活模式。显然，一个没有文化、没有眼光、没有思想的庞大农民群体必然产生，一种以体力劳动为主、像机器一样的工作者自然地被培养出来。新中国成立，农民当家做主，身份比旧中国有了很大改变，但生活方式仍旧恪守习俗。改革开放以来，国家以经济发展为主线，农民致富为目标，想方设法改思想、搞建设、推发展，是因为国家知道全球经济一体化、加入WTO后的总趋势是必须要迎合的。农业市场化、农民闯市场、建设靠经济、农业标准化等这些词语与方法，对这个几千年来远离市场、分散经营的大国人群来说，不可能一下子变成驾驭市场的弄潮儿，而需要从意识理念、基本知识、行为规范、改变习惯及倒逼至文化层面上的深刻改造，甚至颠覆性的变化，才能够成型和一体化。所以，当改革开放、面向经济建设全面发展时期到来时，市场化的因素越来越加强烈，发展的速度日新月异，这种个体化的习惯和方式就与发展的要求格格不入了。

纵观历史的演替过程，总体上看，国人是被领导习惯了。要显示出个体的思维宏观化和知道走向市场道路的团结和一体化，还需要一个过程，还需要政府领导的一个时期。从当今宏观经济看，社会主义国家，在摆正市场作用与政府作用的前提下，必须通过领导，才能实现宏观上的或者是整体的目标。由于历史的原因，在农业、农村和农民结构中，没有太多长远眼光与思考的氛围体系，也就没有自成体系的长远发展机制。在农业面向市场、满足战略发展的形势要求下，推动农业标准化，实现农业现代化，就必须要强有力的领导力量进行推进，这就是政府力量，也就是国家模式。

2. 宏观推动的规模效应

在农业领域，实现宏观推动的规模效应与边际效应，必须要明确几个基本要素。其一，区域内自然生态优势的历史、现状和未来，区域外周边相关优势的互补与互动；其二，区域内外经济发展的优势与新的生长点；其三，科技与管理的自我优势与不足。对这些因素的依据、分析及结果的给出，只能靠拥有这些资源的机构来实现，显然只有政府机构拥有其各方面的强大优势，且有不可比拟的动力资源。这里借鉴一下社会发展内在机制应力，无非仍是经济基础问题。西方经济学理论还在争论经济自由论和国家干预论，而我国应当十分明确地是管大放小，经济自由与国家干预相结合。因为，只有这样，推动农业标准化，无论在哪个层面上，都会出现宏观推动的规模效应是最大的，推动的速度也是最快的。

标准本来就具有公共用品的属性，农业标准也不例外。因为标准在使用方面没有竞争性，也没有排他性，其重要作用就是营造一个强大的、公开的和组织完善的基础平台，借助这种平台，提升其他投入要素，如劳动力、资本等的生产率，从而叠加性地促进经济增长。标准普及得越快、越广泛，就对社会经济增长的影响越强大。政府的作用在于提供和维护这种经济基础设施，组织标准，散放标准，促进应用效应的提升。标准既能促进竞争，又能阻碍竞争。政府的作用又在于通过干预标准化，保证公平的竞争环境[1]。

政府进行公共投资，对专科与成果保护，建立公共信誉平台，干预并管理机构串谋、不忠诚等现象。

3. 政府推行的动力机制

农业占据着我国的基础地位，作为当今发展的核心领域，必须面对全球市场的竞争而进一步巩固和加强。这种农业的现实格局，不论是一个集团还是一个组织，其再大也无法包揽农业（因农业的特殊性所决定），只有在国家层面上才能安排与推动。政府推动农业标准化工作，优势几乎是天然产物，可以调配资源，利用财政资金，通过行政手段，在一定程序评审的基础上，确立一定的区域，按照一定要求，直接推动和实施农业标准化。例如，各级政府先后开展的"农业标准化示范区"（以企业为主体的专项生产加工型农业标准化示范，距今已经20年的示范历史了）、"农业标准化示范县"的实施示范（行政区域内的综合农业标准化示范）、标准化示范园、标准化示范场、还有GAP、HACCP等通过"948"项目引进与示范等，都是政府进行项目推动农业标准化直接案例。政府推动的动力机制，在于政府的强大行政权力被应用于该领域，从而得到政府财力和意识形态工具的优先支持，给工作的开展大大减少了启动上的困难，使得过程能够有利实施，被实施者可得到许多物质、政策上的优惠，这些优惠集腋成裘，最后转变为在社会影响方面的收获。

所以，我国农业标准化落实，政府必须充当"药引子，推动子"，特别是在初期，显得非常重要。为了完成国家战略，政府必须推动农业标准化的实施。这个实施，绝不是一种简单的经济手段和政策推动，而要从实质上，根据国内不同区域情况，寻找和切入最佳实施点，起到事半功倍的作用。那么，政府牵头，多点示范，充分调动和发挥当

---

[1] 于冷. 对政府推进实施农业标准化的分析. 农业经济问题，2007，(9)：29-34

地政府的组织、推动作用,就与实际情况很自然地接轨了。政府推动的全程表现,主要体现在对安全性的保护与稳定。由于农业市场化,参与多元化,经济成分在内部始终起着强劲的杠杆作用,利益团体之间的争夺成为必然。那么,在利益争夺影响到某个重要局部甚至整体时,如造成某些市场的不稳定甚至混乱时,政府就需要出面调解,促使平衡产生。

4. 政府驱动的辩证分析

农业标准化,是推动农业发展、增强农业竞争力和提高农业收益的现代手段,对我国进入世界经济发展洪流中的一致性和国际性的农业发展是唯一道路。推进农业标准化,实质上是推进农业经济发展。那么,基于经济的发展,在农业方面,动力主要来自于市场,更有政府的保护与推动。

政府推动具有明显稳定的资金保障,人力充足,铺展迅速,运行规模大等优点。相应的政策、制度可随实际变化而调整,贯穿迅速,范围大。这在东部欠发达地区、中部和西部表现尤为突出。例如,河南省经济发展处于中等水平,农业标准化在全省范围实施得轰轰烈烈的整体原因是政府推动。其一,省政府将其列入全省五大重点工程之一。其二,仅省技术监督局标准化处,就有10人之众,其中一位副处长直接分管农业标准化工作,因而使得地、县各级在分管人力方面得到充分保障。其三,省政府每年有上百万元的财政资金支持农业标准化的实施。其四,从政策方面为农业标准化的实施开放了绿灯,也做了保障,如逐级把推动农业标准化与管理干部的绩效挂钩。另一个例子是江苏省兴化市的脱水蔬菜加工标准化。该市是泰兴市行政下属的一个县级市,仅具有外向经营能力的脱水蔬菜加工企业就有80多家,产品基本针对日本、韩国和我国港澳台等地。其中具有代表性的企业为江苏信友食品有限公司(简称信友食品)。信友食品是兴化市爱尔信蔬菜厂与韩国信友农水产艺园创办的合资企业,注册资金215万美元,投资额3200万元。公司产品90%以上外销,除上述地区外还销往美国和欧洲一些国家,脱水蔬菜企业具有较强的发展后劲。但是调查发现,这些企业基本上各自为政,单打独斗,往往出现在外商采购中的压价竞争,其结果往往使收购商家得利。为此问题,几个公司的管理层试图出面整合,形成一个公司协会(商会)来共保利益,却因种种原因不能统一。这种形势,在中国体制特色下,如果政府出面干预,就会很快达成一致。相反,若让企业自身解决这一问题,则企业间的僵持和恶性竞争可能还要持续下去,何时能够解决就很难预期了,随之带来的肯定是区域整体经济总量的严重损失。

其实,政府对农业标准化的规制和推动,有几个方面的原因。一是远离市场的农业向市场化转变过程的推动,也就是真正的农业标准化进入农业活动的起步阶段。这一时期,是基于政府具有高瞻远瞩的眼光,事先已经预测到农业发展的今后目标与方向,决策出农业必须依托农业标准化的发展,才能适应和跻身于今后农业的全球化水平之林,从而不得不采取政府行为与手段,推进农业标准化发展。二是基于市场调控失灵情况下的,即市场提供太多或者太少乃至错误的标准化信息。但市场失灵的存在是政府干预标准化的必要条件,而非充分条件。三是持续农业发展过程中的标准化基础条件的保障。这属于政府保障行为的组成部分,但往往因政府做事不同于市场过程,经常出现滞后现象,甚至某些政府职能官员的自傲和个人意识作用,不能使这种保障良好运行。政府干预也会出现失灵,如官方颁布的标准在已经落后的情况下,不能适用于现实需要和发展。政府驱动的农业标准化模式的局限还表现在由于推动的目标是市场化,政府在属性上不具备市场经营的能力,不可能在面向市场的持续经营过程中扮演主角,只能在初期的推动和实施过程中发挥宏观协调作用,以达到整体水平的提升。另外,由于缺乏必要的理论体系与具体实施科学方案支持,使农业标准化过程无法有序、深入开展下去。但在造势和心理推动及冲击传统理念方面的力度极大,效果甚佳。再者,由于对农业标准化的内涵、标准化对农业现代化的作用机制等方面的认识还不够系统、深入,主抓食品安全而忽视标准化促进市场流通的作用,注重形式而忽视标准化的基层落实,从而导致农业标准化定位不明确,农业标准化的作用没有充分发挥。

第三节 企业带动型农业标准化

由于农业的市场化,又加之我国农业来之远离市场的几千年背景中,企业带动将在一个时期内成为越来越重要的农业发展形式。这里的企业带动,是指两种情况,即真正的企业性团体和农民专业合作组织。

一、企业带动农业标准化的特征

1. 企业的特征

企业是一个独立的经济组织,其谋求的是最大利益。为此,任何企业都是在千方百计地寻找发展空间,策划发展方案,谋求发展利益,提高发展能力。所以,从企业的特征看,就十分明显了。企业的组织性,使其有发展纲领、规章制度和契约约束,从而成为一种开放的社会经济组织。在其经济性方面,是直接从事经济活动的实体单位,以经济活动为核心,实施全面的经济核算,追求并致力于不断提高经济效益。企业必须以商品作为其经济活动的依托,成为商品的生产者、经营者,成为市场的主体成员。这种商品,表现在多个方面,如企业自身也是商品,企业又是生产商品的商品。企业的营利性也是十分明确的,企业作为商品经济组织,是市场经济的基本单位,是单个的职能资本的运作实体,以赢利为直接、基本目的,追求资本增值和利润的最大化。企业还是一个在法律和经济上独立的组织,没有行政级别、行政隶属关系,具有完全的经济行为能力和独立的经济利益,拥有独立的、边界清晰的产权,实行自我约束、自我激励、自我改造、自我积累和自我发展,实行独立的经济核算,能够自决、自治、自律与自立,依法独立享有民事权利,独立承担民事义务和民事责任,与其他自然人、法人在法律地位上完全平等。显然,企业是一个独立的经济组织,要发展且具备强势劲头,就需要在技术上追求先进,管理上符合实际,即需要做到标准化、社会化和人性化。

2. 农业企业的特点

农业企业,从严格意义上讲,与涉农企业是不同的。农业企业是完全以农业经营为企业的组织经营和发展的主要目标的,不涉及农业以外的经营,如农场、畜牧养殖场等这些公司;涉农企业则是指企业经营涉及或者包括农业经营部分内容或全部内容,如农资生产经营公司和那些原本经营与农业无关，现在扩大经营至农业领域的那些企业。

农业企业除了具有企业所具备的特征外，更具有其产品的异质性和复杂性差别。农业企业经营的商品多为有机物甚至是活的生命体，如果菜、粮食、动物、肉食等，受到环境条件的严格限制，如自然生态条件、人为生态条件、水气热等综合条件，这些产品的生产加工、运输销售等，必须与适宜的环境条件相结合。农业企业所经营的商品往往要求严格的时间条件与卫生条件，主要表现在产品的生命性与保质性方面。另外，由于商品自身的有机性与生命性，其在任何情况下的存贮要求、内在保质和外围保障变得更加复杂化，与一般的无生命产品有着无法比拟的特殊要求。这就无意中增加了农业企业发展的自身风险，形成了企业经营的特殊性一面。也基于这些问题，农业企业在经营之路上的成本很高，技术要求很多，与一般其他企业的区别是非常显著的。

涉农企业则以自身的核心利益为中心，根据所涉及的农产品类型与性质，体现能够满足要求的特征，从事农业过程的部分经营。

3. 企业带动的特征与机制

农业企业与工业企业不同之处在于，农业企业的发展与农业、农村和农民有千丝万缕的联系。要么原材料的培育来自农业，要么直接的生产者就是农民，要么公司的生产车间就是一大片田地、一大群棚室、一大片池塘。农业企业的发展享受着与农业紧密相关的政策和项目扶持。农业企业也有严格的生产管理过程，在生产组织、工艺、流程与质量检验方面，都是有标准规定的，这是农业企业区别于农业传统生产的关键所在，与工业生产过程控制是相通的。农业企业在收购农产品时，其收购、存贮、包装等均有标准尺度，以标准衡量全程，因为企业标准与企业的利益紧密相关。工业企业车间可以是可控的封闭场所，而农业企业的车间就必须受到自然与生态条件的控制与支持，只能在这种条件的基础上进行人工的操作与控制。所以，农业企业与农民之间通过不同的方式，形成了一种独特的联动。

农业企业带动农业标准化实施的特征是农产品加工、流通龙头企业，利用资金和品牌，通过标准化手段，将企业的加工、贸易行为和周边的散户农民生产有机地结合起来，通过合约的方式，形成生产、技术、品牌、资金相融的利益共同体。企业带动型适合于商品化、产业化程度比较高的地区和行业，特别适合于出口基地、菜篮子产品生产基地。

农业企业带动的机制，是明确的。因为，作为企业，追求利益最大化是其核心目标，在企业与农产品商品之间，企业照样会采取一切手段，降低成本，提高效率，培育市场，减少矛盾，照样会集成一切有利于自身发展的资源应用和边际效益的放大，照样会寻找能够实现自身目的的方式方法加以过程和手段的改造、利用和提高。从这些方面，无一可离开标准化理念和方法，就会给其带来理想结果的，因此，农业标准化的方法在其认知的前提下，必然会首先采用。另外，基于市场需求的多元化，也基于农产品生产的复杂性，还有农产品生产的环境依赖性，加之企业发展在农业领域还没有多长的历史积淀，那么，团结和发动更多的人来参与生产，企业只把过程管理和产品收购作为其重点，实现生产者与企业的既分割又联合的方式（分段责任制），对各方都是有利的。显然，企业为调动和保持生产者（如农户、专业合作社等企业的生产下手）的积极性和忠诚度，也利于自身最大利益的持续实现，就不得不给农户传递标准知识、方法和手段，在生产者获利，提供给企业生产正品，最终双方都有利的情况下协调经营。标准化能使双方目标利益都得到实现，企业乐意，生产者满意，农业标准化方法也就被企业带动而发展了。

二、企业带动的动力分析

由于企业发展的市场需要和企业利润的根本利益，企业的行为必须满足和顺应市场的需要与发展，同时为增加企业自身在市场上的生命力和竞争砝码，企业不得不以强的自律行为和产品质量来提高市场信誉。在这些要求下，企业的生产必须遵循严格的标准化或标准体系（无论是企业对标准化有明确认识的还是没有明确认识而只在经营经验层面上的）这一客观条件。企业一方面要对市场的方方面面加以掌握，另一方面对原料的质量及其产生过程要加以照顾，其中最有益的手段就是促进标准化的实施。只有这样，过程及产品原料的附加成本才最低，企业最终获利才最大。在具体的生产方面，企业的技术人员是有限的，对农户的操作指导不可能达到个性化水平。所以，企业把生产操作以标准化的形式进行培训和展示，既是为了贯彻技术本身的要求，更是为了达到一个合理的效果水平，也是为了减少培训指导的成本。具体来说，农产品加工型企业为了能够获得稳定的、质量达标的原料或农产品，向农民提供一体化的技术服务，并按照一定的操作规程对农户进行技术指导，标准要求的精度有弹性。对于贸易型企业来说，他们的产品必须满足相应商品及进口国的要求，依据只有标准，标准成为交易过程中的必然要素，必须反馈到生产、加工、检验过程中。对从事原材料生产的农民，企业必须把从事相对专一化的农民生产组织起来，通过技术引进、开发、试验示范和培训，使产品达到贸易需要的标准。对于农业生产资料生产型企业来说，企业为了推销生产资料，为农民提供使用技术服务，实际上就是使用标准服务。例如，饲料生产企业为养殖户提供养殖技术指导、防病防疫指导等服务。

从长远来看，企业带动的机制是一种链式利益分配的机制，甚至有时会涉及某个环节的生存问题，既是一种强竞争性过程，又是一个非常灵活追求高标准、高档次的过程，还是一个特别具有生命力的过程。企业对于市场需求的反应及时就可以帮助企业有利可赚，这就必须教会农民按照市场要求生产，农业标准化的实施就显得尤为重要。

三、企业带动式农业标准化实施优缺点分析

1. 企业带动的优点分析

企业带动式农业标准化实施的优点如下。

（1）相对政府、农户和科研单位来说，企业具有较好的市场把握能力，对于市场的变化感觉敏锐，能及时将市场的标准要求反映在生产和管理中，有较高的规避风险能力。

（2）企业对于技术的要求有一定的标准，技术服务一般较为统一规范，对于改变农民松散、自由的生产习惯有积极的促进作用，对于普及标准化知识有积极的推动作用。

（3）龙头企业有自己的研发团队，有一定资金保障，能围绕企业生产和市场要求，对本领域的标准进行自主研发。一个强大的龙头企业，本身研发的标准对于市场有引领作用，对于产业的提升有强大的推动作用。

（4）企业自主实施标准化战略，比起政府组织更加直接高效，减少了标准化实施过程中的管理内耗。

2. 企业带动的不足分析

农业企业带动式农业标准化实施的局限和不足主要表现如下。

（1）企业以追逐自身利益为准则，其发展的主要目标与服务农民相悖，服务意识不强，可能导致服务不能满足农民的要求。容易转嫁风险，使农民利益受到损害。

（2）企业带动农民的合同约束力不强，影响双方的交易过程，对合作关系有负面的效应。

（3）企业在合作中掌握着外部市场开拓和内部管理，占主导地位，拥有较强的话语权和管理权，可能会制定有利于自己的利润分配方案，容易造成企业全面把持的局面，不利于民主管理与制度规范，很容易造成企业剥削农民的现象。

当前对于企业带动农民实施农业标准化发展模式，有一些质疑值得重视。首先，企业带动农民发展模式中，龙头企业以其带动面广、效益显著而受到政府的重视和扶持，部分龙头企业对政府资金具有高度的依赖性，使得有些企业的注意力从开拓市场转向依赖政府以寻求补贴，导致企业经营效率受到影响，效益不佳，投资需求成为一个无底洞。另外，这种带动模式容易造成单边控制的合作局面，以合作服务的名义套取国家支农资金，使国家旨在补贴农民的财政资助落入企业的手中，而农民真正从中获益较少。其次，企业带动模式中，企业的逐利性促使企业选择生产附加值高的农产品，从而导致标准化措施集中于单一农产品化，这不仅会限制农民选择的自由，还会在一定程度上影响农业的多样化发展。

四、企业带动的策略与措施

工业生产中，标准的应用尤为重要且非常普遍，生产技术、工艺及流程都有规程、规则或指标在控制。农业企业也有类似的属性。例如，果业企业对于水果的收购、存贮、包装等有标准，企业标准与企业的利益紧密相关。工业企业车间可以是可控的封闭场所，但农业企业的"车间"不比工业企业车间，可能是一个大田、一个大棚、一片池塘等，虽然生产过程中人的操作可以控制，但受自然环境因素影响大。农业企业，尤其是农业龙头企业在市场与农户之间起着桥梁和纽带的作用。它利用自身的优势资源，如资金、技术、服务、信息及组织资源等，通过协议购销、合同保护价收购、股份合作等形式，与农户结成利益关系，把农民与市场连接起来，在自身发展的同时，也把农业推向了市场，把市场的要求（规范和标准）及时带入产业发展中，加快了农业的发展步伐，提升了农业标准化的水平。农业企业由于涉及的农业产业链的不同环节和投资方式的差别，企业带动式农业标准化实施的策略和措施所有不同。一般有以下几种类型。

1. 公司与农户订单型

企业与农户签订单合同契约（双方认可的标准），农户按照企业的标准要求进行生产，企业按订单内容与标准规定收购。通过合同双方形成利益联结体。双方在自愿、平等、互利的原则下签订合同，明确规定各自的权利和义务，成为共同遵守的标准规约。

这是一种短期供销行为，只在单一的产品方面适用，时效性强，季节性明显。这种利益联结，是一种不稳定的、半紧密型联结，龙头企业和农户很难结成利益共同体，根源在于一方面双方的根本利益是冲突的，另一方面二者的综合水平不在同一量级。龙头企业在合同的制定、谈判能力、利益分配等方面都处于强势，各分散农户的谈判地位处于劣势，在利益分配上处于被动接受的地位，农户利益很难得到保证，农民交易费用仍然很高，风险共担、利益共享的经营机制很难形成，机会主义行为、违约现象普遍。

2. 公司基地与农户连接型

公司以租赁的方式取得农民土地并连片，形成规模化种植或养殖，进行统一规划和管理，使广大的农村变成一个个基本具备规模化、集约化的经营基地，农民可以通过企业允许，在自己的资源（如土地）中打工，获得企业提供的就业机会，甚至成为企业的员工。这种推进方式，实质上是按照工业化管理理念实施农业标准化措施。这种连接方式既可以使农民保持拥有土地的情节，又可以为农民学习先进种植或养殖技术和标准提供直接参与的机会，好的理念和先进技术得以广泛推广，农民这种集体学习实践过程就是农业标准化渐进的实现过程。

但这种合作机制中，决策还是公司，农民只是通过劳动过程获得学习的机会，可能会被企业进行工作的分工和实际专业化训练而易于提高自身的能力与扩大视觉范围。一旦土地出租，农民对于自己土地的使用灵活性就会失去。

3. 公司+经济合作组织型

通过协会、合作社、经纪人等中介组织，把分散的农户组织起来，再与企业连接，是生产与服务、产品与资本的有机结合。农户以合作经济组织为载体，自我组织能力增强，谈判地位提高，与龙头企业共享市场收益，市场风险降低。企业通过这种合作关系获得了稳定的原料供应，大大降低了直接与农户连接的交易成本，同时把技术、管理要素通过合作经济组织延伸进入分散农户，提高了农户的种养水平，确保了农产品达到企业要求的标准。在他们的合作之间和内部运行中，连接的关键是各种各样的标准。

4. 资源股份化合作带动型

农户对市场有一定的认知度，通过一定程序，可将自己的资金、土地、设备、人力资本等生产要素折价入股，成为企业的股东，产权作为纽带与企业形成风险共担、利益共享的利益共同体，从而享受以资本为基础、股份为依托的市场资源调配型的农业经营过程。这种合作，完全利用了股份化管理的现成标准化机制，在内部管理严格标准的前提下，可完全感受市场作用机制的经济发展方式。在股份合作式利益联结模式中，入股农户拥有企业赋予的管理和监督权，企业对农户在技术、资金、运销等方面承担一定的义务。双方之间不仅有严格的经济约束，还是共同的出资方，从而组建成新的企业主体。企业和农户的这种机制，赋予了农户参与管理、决策和监督，对发挥农民积极性，提升农业产业化经营水平有着明显作用。股份合作连接机制使不同利益方向利益共同体转变，农户既可以获得出售农产品的收入，又能分享联合体的利润，而且可以参与共同体的重大决策。这种利益一体化的转变过程，也是农民扎实学习知识、应用技术标准和获取信息的过程，企业的推广服务就是在利益的分享中完成的。

第四节　合作社与家庭农场标准化

农民专业合作组织（合作社、协会）是对分散农户根据市场需要和自身实际的综合判断组织起来的新型经济应对组合体，是对我国农户几千年来分散而脆弱的农业经营的一个强有力的提质改革，目前我们有《中华人民共和国农民专业合作社法》作保障。家庭农场更是我国农业在一定阶段上的有力结构形式，他们更需要标准化的支撑，尽快与市场产生实质性的对接。

一、合作社农业标准化内容与方法

农民专业合作社是在农村家庭承包经营基础上，同类农产品的生产经营者或者同类农业生产经营服务的提供者、利用者，自愿联合、民主管理的互助性经济组织，对农业现代化和标准化落实有积极的提升作用。

1. 农民专业合作社基本特征

农民专业合作社的基本特征可总结为以下 4 个方面。

（1）在组织构成上　专业合作社以农民作为经济主体，主要由进行同类农产品生产、销售等环节的公民、企业、事业单位联合而成，农民至少占成员总人数的 80%，从而构建了新的组织形式。

（2）在所有制结构上　农民专业合作社在不改变家庭承包经营的基础上，实现了劳动和资本的联合，从而形成了新的所有制结构。

（3）在收益分配上　农民专业合作社对内部成员不以营利为目的，将利润返还给成员，从而形成了新的收益分配制度。

（4）在管理机制上　农民专业合作社实行入社自愿，退社自由，民主选举，民主决策等原则，建构了新的经营管理体制。

2. 合作社标准化内容

农民专业合作社，实施农业标准化的内容丰富。大体来说，有以下几个方面。

（1）在事务管理方面的标准化，就有多种情况。其中包括了合作社内部的事务管理标准条规使用，如合作社章程，机构组成和各机构的责任义务条款，考核奖罚条例，等等；合作社对社员管理的各种标准条规，如农户入社要求，社员守则，奖罚规则，红利决算与分配方法，等等；合作社发展业务的管理标准，如合作社人员外出业务联系守则，合作社与公司对接要求；合作社市场产品推销基本要求，社内物资管理规定，等等。

（2）对社员的业务操作方面的标准要求。包括了社员业务能力提高方面的培训要求，生产操作要求，记录要求，承包责任制要求，激励比拼规则，劳动检查制度，过程监管方式，风险防范要求，小组业务能力搭配要求，等等。

（3）合作社发展与矛盾处理方面的标准。例如，合作社发展规划，主导产业发展目标与实现阶段的划分，矛盾与风险处理规定，调解程序与要求，等等。

(4) 合作社产品的标准化要求。合作社的操作管理结果，是要出产品，变商品，获得经济效益。所以，在合作社的生产过程、产品收获、包装、加工、存贮、运输到销售的全程之中，要根据自身质量档次、市场消费要求和基本财力水平，研究标准，制定规则，将产品质量和形式用标准的规定，包装成现成的商品，并用产品标准率先销售自己的产品，即标准化的销售。

(5) 合作社标准一般多为采纳标准。合作社的大量标准，可采纳团体标准、地方标准和行业标准，可将这些标准用来根据自己的实际情况加以修订，形成合作社内部使用的类企业标准。合作社一般情况下比较难研制标准，因为这会使内部运行成本明显增高。合作社发展到合作总社、具备了较大规模时，可由合作总社研制标准，共同使用。

总之，围绕合作社提升发展这一总的要求，面向市场化发展，合作社应当尽早应用农业标准化方法规约到各个方面。凡是需要双方约定、出现重复操作的方面，均需要相应的严格标准进行约束和检查，使得合作社在运行和管理方面有规所依，分工行事。

3. 合作社的标准化方法

国内外实践证明，发展农民专业合作组织是提高农民组织化程度，实现农业标准化的重要途径，是农民与市场之间、农民与龙头企业之间、农民与各级政府之间的桥梁和纽带，起着组织和协调作用，可以解决"政府部门包不了，龙头企业办不了，农民个体干不了"的许多问题。在当前农业标准化实施过程中，农民专业合作社主要以两种方式来推动农业标准化措施。

(1) 农民专业合作社依托主导产业　围绕主导产业，农民专业合作组织带领农户按统一标准进行农产品的生产资料供应、产品收购、运输、贮存和食品加工等一系列产前、产中及产后的一体化经营。该模式适合于资源禀赋独特，能大量生产名优特农产品的地区。这里说的主导产业，是对于农民收入有显著影响的产业，一般占农民收入60%左右。在这种情况下，农民专业合作组织在标准化推广中具有引领地位，成为了农户自己的"龙头企业"，由农民专业合作组织直接面向外部市场交易，而所获利润按照农户自己约定的规则返还农户（图11-1）。

图 11-1　主导产业带动农业标准化实施示意

(2) 农民专业合作社依托龙头企业　在主导产业区龙头企业与农民专业合作社建立了产销合作关系，农户在农民专业合作组织的统一部署和协调下开展生产经营活动，龙头企业负责农产品的营销、贮运、加工及必要的生产技术指导，农民专业合作组织在农户和企业之间起到桥梁作用。公司的签约对象不再是众多、分散、弱小的农户，而是一个市场主体地位相对提高后的组织机构。合作经济组织作为农民利益的代表，一方面组织农民按公司的要求生产和销售合格的农产品，另一方面负责在与公司的交易中确保农户利益的实现。因此，合作组织的参与有助于实现龙头企业与农户的潜在共同经济利益。企业的标准和规范通过农民专业合作组织的协调和组织，传递、培训给农民（图11-2）。

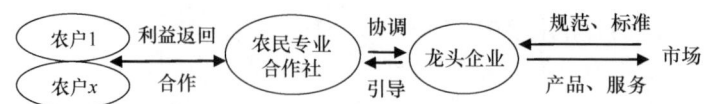

图 11-2 农民专业合作组织依托龙头企业带动实施农业标准化示意

二、合作社实施标准化的动力分析

农民专业合作社的内在持续动力在于市场占领和农户的生产诚信这两个方面。农民专业合作社虽然是农民自己的经济实体，农民若不能从中获利则合作社就沦为空谈；合作社能够为农民社员带来利好的实质又是自身的经济实力要强；说到底，合作社必须从市场要动力，从农户要支持，无论是哪个方面，都要在经济杠杆为先的条件下从事经营活动，而这些方面的平稳、有效和具备吸引力的关键则是通过严格标准化的约规，维持公平、合理与合法的分工、分红与持续。所以，合作社实施农业标准化效果的好坏，取决于农户对专业合作社的依存强弱。依存性越大，农业标准化推动实施的效果就越好。

有一点是明确的，农民要加入农民专业合作社，必须使他们相信加入这个组织对他们来说是有利、值得的。给农民提供专业化、规范化指导和服务是吸引农民入会的重要保证。农民组建并经营合作组织的动力源泉是追求组织化潜在收益。如果组织化收益空间过小，即便在外部力量的推动下，组织能够勉强形成，也难以发挥真正作用和持续发展，农业标准化的实施也是空的。

中国农业科学院农业经济与发展研究所的一项研究表明：农产品的价格波动程度、户主文化程度、户主年龄、家庭主要农产品商品化程度、主要农产品销售半径对农户参与农民专业合作组织意愿的影响显著。一般在农民专业合作社担任领导的农民也大多是农村的能人，能人的职能发挥也是影响合作组织能否健康、有序发展的重要因素。西方的研究表明，代表农民专业合作组织的农民负责人往往是受教育程度相对高和经济相对富裕的农民，他们往往缺乏理解贫困农户或教育程度低农户面临的问题，在规范化指导和技术服务过程，对于贫困户或教育程度低的农户考虑不周全，不能保证这些技术规范能落实。这是农业标准化可促进农民抱团成社的另一个角度的事实和依据反映。

三、合作社农业标准化的优劣剖析

改革开放以来，各种形式的农民专业合作社迅速发展发展起来。现代农业标准化的思想、方法开始通过各种项目的实施，进入农民的生产实践中，取得了一定的效果。农民专业合作社作为农民自己的组织，发挥着其独特的优势，已经成为农业标准化推进的一个重要渠道，这种渠道效果的好坏对农民的影响深远。然而，从农民专业合作社的组织性质和运作方式看，农民专业合作社在推进农业标准化实施进程中也存在一些局限。

1. 合作社农业标准化的优势

农民单家独户，实力十分单薄，只有团结起来，风险才会大大下降。面对农业市场化加快，农民在经验和教训中不断成长，逐渐认识到合作社会为自家的经济发展带来团体效应和优势。所以，加入农业专业合作社，就有以下好处。

（1）农民内部信任感强，有利于规程和标准的快速传播。合作社内部依靠社区的信任关系对社员提供必要的市场信息、资金和技术支持，满足社员对技术服务的需求。

（2）通过农民组织可以把分散的农户需求集中起来，风险公担，利益共享，节约了农业标准化推进实施中对农民进行培训的成本、信息收集和反馈成本。

（3）农民专业合作组织是农民自己的组织，对于自己需求和根本利益的了解比任何一个组织都清楚。所以，由合作社组织推进农业标准化工作更能反映农民的决策权和民主权。

（4）利益分配方面，实行盈余返还制度，给农民带来实惠，为实施一些技术标准带来了动力。

（5）组织管理上，实行自愿结合、入退自由、民主监督和管理，有利于农民表达自己的诉求。

2. 合作社农业标准化的不足

当然，在目前农业市场化很不发达、国家与国际经济发展又十分迅速的大背景下，小农意识的浓厚和对市场认知的不深刻，合作社成长毕竟还十分年幼，无论是其内部的策划管理水平，还是入社的群体能力，都很薄弱，在推动农业标准化方面显然存在着一些不足，主要表现在以下方面。

（1）覆盖面偏低，合作紧密性不强，功能和作用有限　在市场需求及国家政策激励下，农民专业合作社得到迅速发展。但从全国范围来看，参加专业合作社农户数量相对较少、覆盖面低、规模不大、入社农户占乡村总户数的比例小。在《中华人民共和国农民专业合作社法》颁布以前，截至2006年年底，农民专业合作社的成员数3486万人，占农户的13.18%。截至2011年年底，工商部门登记注册的合作社共有52.17万家，实有成员4100万户，约占全国农户的16.4%。2012年年底，全国农民专业合作社已超过68.9万家，实有成员超过5300万户。然而比较有规模和符合中国优势农产品发展规划需要的跨地区、全行业性的专业合作经济组织缺乏，与中国农业市场经济的发展、农业现代化发展的需要和应对国际竞争的需要差距还很大。

（2）市场竞争力不强，带动能力弱　一是目前各地的农民专业合作社以松散型为主的多，以产生产权关系结成真正意义上的专业合作社少；二是处于合作组建初始阶段，完全可持续发展的成熟阶段的少，从而有能力带动农户实施农业标准化措施，抵御市场风险的能力不足；三是在合作内容上局限于技术、信息等服务方面的多，功能不足；四是依靠龙头企业、发展大户的比较多，依赖政府支持较多，能自己创建品牌、市场上产品占有率高、影响度大的少；五是真正能够在主导产业、优势产业具有很强带动作用的大型专业合作社少。

（3）规范发展不足，制度和内部治理不健全　主要表现在：一是在社员的管理上松散，缺乏规范化程序；二是在产权的划分上，权属模糊，关系不明，归属界定不清晰；三是在民主管理上，虽然都拟定了章程，成立了监事会、理事会等内部组织机构，但运作和事务管理上随意性较大。合作社内诸事民主少，而且遇事爱听命于上级部门，合作社开展的活动也不受农民欢迎；四是在财务管理上，一些账目没有公开，有些合作社根本就没有财务账目；五是在利益分配机制上，农民专业合作社与社员的利益关系不够紧密；六是在内部控制上，有些合作社受各种外部力量控制干预较多（如大户、公司或政府组织），使农民专业合作社失去了"农民自己的组织"。农民专业合作社如果在乡（镇）村级干部中产生，农民参与性就会大打折扣，难形成一个利益共同体。再加上，这些官员的身份是多重的，他们往往将合作组织作为实现多重目标的工具，从而在农民中造成不好的印象。近几年的研究也表明：我国农民专业合作社发起人为乡镇政府或村干部的组织占69%，这些组织为社员提供的服务比农户自己发起的组织要少，而且大多空壳组织都是由乡镇领导或村委倡导成立的。

3. 合作社与家庭农场标准化比较

1）家庭农场基本概念

"家庭农场"的概念在2013年中央一号文件中首次出现。文件明确提出，要坚持依法自愿有偿的原则，引导农村土地承包经营权有序流转，鼓励和支持承包土地向专业大户、家庭农场、农民合作社流转，发展多种形式的适度规模经营。家庭农场源自于美国并以大中型家庭农场为主。20世纪以来，美国家庭农场在数量上达到89%，拥有81%的耕地面积、83%的谷物收获量、77%的农场销售额。由于许多合伙农场和公司农场也以家庭农场为依托，因此美国的农场几乎都是家庭农场。据农业部统计截至2012年年底，我国有家庭农场87.7万个[1]。

2014年2月出台的《农业部关于促进家庭农场发展的指导意见》界定了家庭农场，认为现阶段家庭农场经营者主要是农民或其他长期从事农业生产的人员，主要依靠家庭成员而不是依靠雇工从事生产经营活动。家庭农场专门从事农业，主要进行种养业专业化生产，经营者大都接受过农业教育或技能培训，经营管理水平较高，示范带动能力较强，具有商品农产品生产能力。家庭农场经营规模适度，种养规模与家庭成员的劳动生产能力和经营管理能力相适应，符合当地确定的规模经营标准，收入水平能与当地城镇居民相当，实现较高的土地产出率、劳动生产率和资源利用率[2]。

2）我国家庭农场发展现状

我国每个家庭农场中，平均家庭成员4.33人，长期雇工1.68人，经营土地200.2亩，以种养业为主。其中，从事种植业者有40.95万个（占46.7%），养殖业者39.93万个（占45.5%），种养结合者5.26万个（占6%），其他行业者1.56万个（1.8%）。关于家庭农场资格的认定目前还存在一些不同的看法，主要表现在三个方面[3]：一是农场主身份，二是经营规模与范围，三是从业人员。作者认为，经营规模是关键，需要根据不同情况研究分类出基本的模式来。

3）家庭农场的标准化发展

家庭农场作为新型的农业经营主体，是我国传统小户经营的农业格局面向现代市

---

[1] 岳正华，杨建利. 我国发展家庭农场的现状和问题及政策建议. 农业现代化研究，2013，7（4）：422-424
[2] 高强，周振，孔祥智. 家庭农场的实践界定、资格条件与登记管理——基于政策分析的视角. 农业经济问题，2014，35（9）：11-18
[3] 王建华，李俏. 我国家庭农场发育的动力与困境及其可持续发展机制构建. 农业现代化研究，2013，9（5）：552-555

化农业转换的主要承载形式,以农业标准化基本理论为指导,推动中国特色家庭农场的建设与发展,就具有重要的实践意义。对于家庭农场建设的关键控制环节进行规范和管理,是家庭农场效益最大化的关键。从现阶段家庭农场的发展看,以下五个环节应当是家庭农场建设和发展的关键控制点。一是家庭农场认定标准需要尽快出台。二是家庭农场在市场化理念规范下的建设流程。三是政策和补贴的标准化落实。四是经营模式方面符合我国生态与社会发展格局的适宜性给出。从农业标准化理论与方法角度看待家庭农场,以农业综合标准化的思想与方法更加适合家庭农场发展总模式。五是政策标准宣贯。要让家庭农场建设发展一路健康运行,从一开始就应该把政策和标准宣贯作为重要的工作落实,增进工作的透明,减少沟通误解,从而保证家庭农场建设规范、协调、高效发展。

四、农民专业合作社推动实施农业标准化的策略和措施

农民专业合作组织的服务定位不同,实施农业标准化的策略和措施就有所不同,而且不同的国家,表现出的特点不一样。例如,在丹麦,农民专业合作组织的主要作用是给农民提供生产技术的咨询服务,而在荷兰,农民专业合作组织更注重帮助农户怎么把农场作为遗产分配。当然现在荷兰的农民专业合作组织已经发展成相互竞争的咨询服务公司,这些咨询公司给农民提供技术和经济方面的咨询服务。我国目前农业专业合作在实施农业标准化过程中,采取的基本策略和措施可以从5个方面来说明。

（1）为农民统一提供生产资料　合作社提供的生产资料种类繁多,有良种、种畜、燃料、肥料、饲料、农药、兽药、机械等。其中良种、肥料、饲料、农药和兽药较为普遍。合作社为社员采购生产资料通常价格都比单个农户从市场所能得到的要优惠。有研究显示,50%的合作社为社员提供的生产资料比市场价格低15%以上;50%的合作社对社员的生产资料供应率在80%以上。

（2）负责推广新技术和专业技术培训　聘请专业技术人员作为专业合作社的常年技术顾问,举办学习培训会。合作社提供技术服务的成员覆盖率平均为91.69%。培训和服务大多数是免费,主要集中在动植物疫病防治技术和生产技术。随着现代农业技术的推广,农业标准化的思想开始通过农民专业合作社推广。农民专业合作社的技术培训中都涉及了无公害、绿色、有机农业的技术。

（3）统一组织销售农产品,降低农户市场风险　收购和销售是农民专业合作社的中心环节,也是农民参与合作社的最初动力。因此,能否建立稳固的购销关系是专业合作社能否成功的关键。合作社为社员提供销售服务,占专业合作社总数80.71%。合作社通过保价收购,降低了农户的市场风险。保价收购通过两种方式进行:一是订单收购,即农民专业合作社与农户签订购销订单,订单中规定最低价格;二是设立风险基金,当市场价格下滑幅度较大时,利用风险基金确定最低收购价格。

（4）提供市场信息及咨询服务　提供市场信息和咨询服务是农民专业合作社最基本的功能之一。例如,供求信息、产品市场价格和新技术等方面的信息。有些合作社也提供产品市场走势、生产资料价格及行业和产业政策等方面的信息。信息来源有以下几种途径:行业产业政策和新技术通常从政府机构或社团获得;生产资料的价格从生产资料供应商那里获得;产品市场走势、供求信息和产品市场价格主要从产品买方获得。这些

信息服务和咨询通常是免费提供的。

（5）提供信贷支持，解决社员资金紧缺问题　一些农民专业合作社给社员提供信贷服务，改善了农户资金紧缺问题。贷款服务有两种方式：一是合作组织直接给成员贷款；二是为合作组织成员担保，从外部机构（如信用社、银行等）取得贷款，而且，担保一般不收取费用。

当然，每一个农民专业合作社带动农民的模式不是单一的，往往是几种模式或功能统一在一起。在农民专业合作社的不同阶段，其发挥的功能模式也有不同。一个成熟的专业合作社，其功能模式是多样化的。邓衡山等于2010年对7个省农民专业合作社的抽样调查显示：提供信息和技术标准服务是农民专业合作组织最为普遍的服务，有92.5%的组织提供了该项服务，59.4%的合作社提供统一农资购买服务，60.6%的组织提供统一农产品销售服务，在提供资金借贷服务方面仅有3.1%的组织提供，功能还非常薄弱。

第十二章　农业标准化效果评价

效果评价，是农业标准化实施的重要环节，承担着承前启后、促使升级的动力角色。农业标准化效果评价，也是对农业标准化落实的水平度量，对提高管理水平有很大的帮助作用，对社会关注和实施者、管理者也有强大的激励作用。据一些国家的调查和估算，目前世界各国标准化活动的投入产出比约为 1∶10，即在某标准化活动中，若标准化活动所产生的支出为 100 元，产出则达 1000 元。有人研究认为，我国农业标准化实施对产出增长的贡献率在 30%左右，这在标准化实施的初期是可能的。要客观评价标准化效果，就要对影响标准化经济效果的主要因素有一个全面的了解。如何评价，怎样得出客观、公正的结果，是个方法问题，也是探索的热点之一。本章就农业标准化效果评价方法进行探讨。

第一节　效果评价基本理论

效果评价，有时与绩效评价等同，都是对计划项目、一定阶段或者一定范围的工作情况进行综合评审，在管理方面很重要。其目的在于对项目计划的价值或者行为结果做出科学的判断，测定实施活动所达到的预定目标和指标的实现程度。与其方向不同的评价还有风险评估，恰好是对计划项目、一定阶段或者一定范围事件中可能出现的风险（不安全因素）进行概率估测，也为管理决策提供重大保险依据。本节先对效果评价的基本理论给予交代。

一、基本概念

1. 效果与绩效

（1）效果（effective）是指由某种动因或原因所产生的结果或后果。也包括人实践的客观后果。效果是衡量规划、项目、服务机构经过实施活动所达到的预定目标和指标的实现程度。

（2）绩效（performance）是指组织或个人为了达到某种目标而采取的各种行为的结果。从管理学的角度看，是组织期望的结果，是组织为实现其目标而展现在不同层面上的有效输出，它包括个人绩效和组织绩效两个方面。组织绩效实现应在个人绩效实现的基础上，但是个人绩效的实现并不一定保证组织是有绩效的。如果组织的绩效按一定的逻辑关系被层层分解到每一个工作岗位及每一个人的时候，只要每一个人达成了组织的要求，组织的绩效就实现了。

（3）效果与绩效的区别　由上述定义明显看出，效果与绩效在本质上是有差别的。前者关注的重点是结果或后果，后者则将过程与结果一体化，通盘考虑。因此在评价方法上就有一定的区别了。本章不想在这两个概念的差别上纠结，更何况在农业标准化领域的评价应用仍在发展中，故文中叙述不再细分。

2. 关于评价

（1）评价（evaluate）本意是评估价值，衡量结果；通常是指对项目、一件事或人物进行判断、分析后的结论。

（2）效果评价（effectiveness evaluation）就是评价效果，主要是分析目标和指标的实现程度。效果评价的目的在于对项目计划的价值做出科学的判断。

（3）绩效评价（performance evaluation）是指按照一定的评价标准（评价程序、评价方法和量化指标），对评价对象的工作能力、工作业绩进行定期和不定期的考核和评价，测定为实现其职能所确定的绩效目标的实现程度，以及为实现这一目标所安排预算的执行结果所进行的综合性评价。

二、效果评价的目的

进行绩效/效果评价，会引导组织（政府、企业、社会团体及个人等）看清自身的工作成效，理出不足，有助于组织用来判断做出何种努力或改进方面的决策，有利于凝聚人心，统一目标方向。绩效评价的基本目的可表现在如下几方面。

1. 明确被评价对象的贡献能力

在国家计划安排中，各项事业都需要发展，有些是已经或者正在安排支持的，有些则可能需要讨论和探索。在理论上证明可行或者还在实践探索过程中的新生事物，决定其是否再发展，或者是否继续给予支持，都需要对其历史、过程和结果进行一番评价。其中，一个能够用于决策和向社会告知以供大众判断的重要指标，就是其贡献率，即很有说服力的量化证据。例如，农业标准化，在我国属于新生领域，是刚刚起步的学科事业，是农业现代化的核心，但当面向农业推动和落实时，就受到来自认识、理念和行为等各方面的不同待遇。智者的眼光认为必须推进，因为没有农业标准化，就没有农业现代化。但在多数人看来，特别是执行者层面，先是怀疑和抵触，再是落实难以到位，从而影响事业的快速发展。为了能够尽快说服和教育，除了加强宣传，一个有力的证据就是经济贡献率，在团体机构中的总体贡献率及在个人层面上的落实有利性等的效果评价结果的产出。这些评价数据会让人们直接感受这一新生事业的好处与优势，从而很快转换角度，支持发展，参与实践。

2. 明确机构推动事业的意义

进行效果评价，是对计划安排、过程历史和结果意义进行的综合挖掘，是对有效性进行的进一步展示，也是对下一步要做什么、怎么做和做多少等的指导和点化。效果评价的结果，会对今后发展给出一定的趋势预测，从而展示出推动、执行这一计划、任务或事业的历史意义、现实意义和未来作用，让人们了解和明确组织推动这一事业的真正目的用意，形成意识和行为的支持参与的主动性，产生推动发展的基本动力机制。

效果评价，所涉及的范围，有大有小。大到可以对某一项事业从全球发展的视角进行评价，小到可以在一个企业、家庭中对某一个人的能力和工作效果进行评价。我们一般考虑的是本国或者某一区域。所以，效果评价，是根据实际需要规定规模与范围的。一般地，以国家、政府部门、企业等不同的管理机构对自身或者相关事业和工作进行评价，可划分领域、范围、阶段、项目等来实现评价。

3. 实现决策、管理与鼓励

通过效果评价，可以为决策提供依据，如被评价事情的再发展问题决策，行业、领域或者人员的比例调配和薪酬决策，等等；可以对工作计划、预算评估和人力资源规划提供信息；可以对人员的晋升、降职、调职和离职提供依据。显而易见，效果评价给管理带来极大的方便。详尽的效果评价结果，对每一个机构、组织和人员，都有良好的鼓励作用，可以提高部门间的比拼竞争力，帮助进行新发展或者职场规划，筹划弥补已有系统的某些不足，如员工和团队的培训、教育。良好的效果评价过程，可为组织机构的管理者及其下属人员提供一个使大家能够坐下来、平等交流、互相审查的沟通机会，从而起到一个肯定优点、指出不足、以利团结奋斗的正能量培养作用。

三、效果评价的内容

效果评价的内容，是根据事先的目标设定，对评价项目在结构联系的分析基础上，确定一系列相关的评价指标，并通过一定的方法，如安排、调查、观测和度量，获得衡量数据，经过运算处理得到。农业标准化效果不像实物产品那样看得见、摸得着，需要通过指标集群约定和统计调研计算才能得出。有的是在实施后经过较长时间才能显现的，有些甚至难以用定量指标来评定。怎样对其进行科学、客观的综合评价一直是个难题，也是一个需要探索和搭建有关架构体系的学问。在正确评价原则指导下，确定农业标准化效果评价内容指标，进行测定处理。农业标准化为我们发展带来的效果，应当表现在四个方面，即经济效果、社会效果、生态效果和智力提升效果。但社会采用的往往是前三者而忽略了后者。

经济效果是指经济活动中劳动耗费同劳动成果之间的对比，反映社会再生产各个环节对人力、物力、财力的利用效果。农业标准化的经济效果，主要表现为对生产消耗的节约和产品质量的提高等方面。

社会效果的内容包括：推动社会进步，促进科学技术发展，提高群众的素质和科学文化水平，促进精神文明建设，增加社会就业率，改革农业生产方式，改善劳动生产条件，提高人民生活水平，提高大众的健康水平。

生态效果则是指不破坏和污染自然环境，稳定生物的生理特性和生活特性，保障生物安全和生态安全，保持生态平衡，实现资源的可持续利用和农业的可持续发展。表现为系统多种功能的改善，如水土流失率减少、水源涵养力提高、绿色覆盖率增加、生物多样性增加、农业灾害度下降、病虫害发生频率减少等。生态效果评价的主要指标有环境综合利用的情况、水资源的利用情况、防止有害物质排放情况、土壤肥力变化情况、水体和土壤污染治理情况、森林覆盖率变化情况等。

智力提升效果，主要是指通过农业标准化实施、培养出的人才质量与数量、观念意识与现代要求的接近度、专业化队伍建设的结构与功能适应、队伍整体实力程度等,也就是说,参与人员的个人与集体的人力资本增量多少。这一点在持续发展中是极为重要的,其表现于人才综合知识与应用的实效性上。

以上四方面中,经济效果常常容易受到高度关注,是当下能够吸引注意力的核心部分,因而似乎更为重要,也是评价的重点。从长效性和整体效应性看,农业标准化的四种效果是一个辩证统一的整体,具有不可分离性。但经济效果可直接反映,社会效果、生态效果和智力提升效果反映则具有明显的隐蔽性和滞后性,且很难量化。从价值实现的角度来看,生态效益和智力提升效益实质上是一种潜在的经济效益,是现实经济效益的依存之体。从评价实践看,生态效果和社会效果显著,直接经济效益必然显著。智力提升效益此时也易于表现,但不一定。因为一个阶段的经济效益显著,并不能代表当时所做的过程是与长效性的智力水平引导具备同向和同速性。宏观的经济效果是社会效果中最主要的部分,也是反映这种经济行为是否与发展方向相匹配的。对经济效果的评价能从侧面反映生态效果和社会效果。从经济学的角度看,要对农业标准化的成本和效果进行客观的评价,就必须在这些方面加以研究,析出关键,弄清联系,确定指标,量化提取,客观统计,形成数据,加以数学运算来说明。

四、效果评价的方法

效果评价方法,从数学角度,可分为定性评价法和定量评价法两类。根据发展趋势,定量评价法是人们所推崇的方法,因为有些定性指标也可以通过分级权重成为量化指标。目前看来,在复杂系统的评价上,两者的结合可能更为客观一些。

1. 定性评价方法

定性评价方法主要有以下五种方法。

(1)关键事件法 关注评价范围,研究过程记录,择取过程关键环节、关键点上最有利和最不利方面的行为记录,以此为据,延伸推敲,全程评价,得出结论。管理者在平时关注那些对达到目标的效益产生无论是积极还是消极的重大影响时的行为并记录下来,可称为是关键事件,在考核评价时,评价者运用这些记录和其他资料对相关人员业绩进行评价。该方法的优点是,过程关键点抓在过程中,会对全程关键一目了然,考核评价也贯穿在整个过程。不足在于,对记录的关键点梳理、比较可能有困难,并可能产生不同评价者之间对关键控制的理解不均衡而产生误差。

(2)叙述法 由评价者通过记述业绩进行的评价,或者从评价对象的自评报告中(重点是从受到最多或最少关注的当中)进行选择,或者确定指标序列打分并对其给予权重后评价。这种评价方法与评价者的综合判断能力及写作能力关系较大,需要对选择评价者的综合素质及公正性方面给出较高的考验。

(3)同比法 评价者将每个被评价项目的业绩由优到劣排队,或者与小组中的其他被评价项目进行比较,获得有利的对比结果最多的就被排列在最高的位置。

(4)作业标准法 用预先确定的标准或期望的产出水平来评比每个项目的业绩。这是依照事先确定的任务目标或者既定标准尺度,对实际完成的结果进行的度量。

（5）硬性分布法 基于正态分布的假设，分解评价小组成员到被评价体系中的有限数量的类型中去，以正态分布提取正态分布的代表结果。例如，被评价体系中有优劣分布是正态的，评价者可将其事先以某种条件分为优、良、中、及格和差五个档次，而后按照 10、20、40、20、10 的比例，将评价者插入相应类型中去。该方法应用一般有难度，因为是基于一个有争议的假设。如果一个目标上全部是优秀的，这样的安排就不科学了。

上述方法对评价者的综合素质与评价能力要求较高，是评价前筛选和应用的关键。否则可能影响评价的公正性和真实性。

2. 定量评价方法

根据评价要求，探索被评价的体系关系，通过网络关系中内在联系、因果关系或者指标测定的量化处理，运用相应的数学工具计算挖掘，给出结果的效果评价方法。这类计算方法很多，如模糊评判法，因子分析法，线性代数法，主成分分析法，百分率法，等等，均不是很困难。这类评价方法的关键在于评价指标体系的建立是否客观，采用的数学工具是否能够评判内容结构，符合于挖掘这些数据与规律，以及往往在给予权重的时候对权重确定的客观和公正。因此，这里主要对定量评价的基础数据获得方法加以叙述。

（1）指标体系的构建 往往采用逻辑框架法（logic framework approach）来构建评价的指标体系。即根据评价内容的内在结构联系，以其逻辑关系，在网络型结构中确定关键链接，从而依据事先规定的精度水平，确定逻辑关系上的指标层次体系。对全国农业标准化示范的考核评价，就应用这一基本思想。在实际中一般多取三级结构（三个层次）的指标，如目标、产出与结果、投入与活动即可代表整体关系。也可以采用一定的数学模型（或者算法），如加权平均法、均数方差法、功效系数法、最小三乘法等，量化单个指标值或者将多个指标值合成为一个整体综合评价值。以上述三个层次为例，可对"目标"、"产出与结果"这两个层次采用加权求和法评分，对"投入与活动"采用功效系数法评分。其可称为综合评分法。也可以在考虑了全面性和客观性、可行性和可操作性、灵活性和目标导向性的原则基础上，结合专家经验与智慧，讨论确定指标体系。最后，根据各指标内容与代表性，对定性量值加以量化，能够量化的数据进行测定，最终使所有指标均以量化数值出现，进入相关运算处理。

（2）指标权重的确定 常常采用德尔菲法（Delphi technique）或者层次分析法（the analytic hierarchy process）来确定指标的权重。总之，权重的确定总想尽量代表客观，那么必然要求在指标权重确定前的一切工作是在认真扎实、符合数理统计要求的前提下产生的。

五、效果评价的一般指标[1]

1. 直接效果表达比率

（1）农业标准覆盖率 是指现行农业一定范围内已研制颁布的标准与所需用标准的

---

[1] 部分算法来自作者承担农业部"农业标准化示范项目绩效评价研究"（2009）和"农业标准化实施效果评价理论建立与指标体系研究"（2011）课题成果

比率。其有两个表达公式。

a. 农业标准潜在覆盖率 NB_{lc} 算法：

$$NB_{lc} = \frac{特定范围内实际研制颁布的标准数}{特定范围农业标准需求总数} \times 100\%$$

b. 标准应用覆盖率。在农产品生产的主要环节中，标准应用覆盖率 NB_c 的算法：

$$NB_c = \left(\frac{评价范围内标准总数}{214} + \frac{标准有效应用数}{评价范围内总数}\right) \times 50\%$$

指标数值越高，说明已具有相应标准的能力越高，农业标准的完善程度越高，亦即农业标准化的建设水平越高。以此原理类推，可计算特定范围内质量标准、产品标准、工艺标准等的覆盖率。

（2）农业标准化生产普及率测算方法　计算农业标准化生产普及率之前，首先要根据《农业标准化生产判定准则》和《农业标准化生产基本术语》两项标准的内容对统计范围内的农业生产进行判定，确定其是否属于农业标准化生产。而后用如下方法计算农业标准化生产普及率（W）[1]：

$$W = \begin{cases} \dfrac{P}{S} \times 100\% & \text{(a)} \\ \dfrac{1}{(m \times n)} \sum\limits_{j=1}^{m} \sum\limits_{i=1}^{n} (q_{ij}) \times 100\% & \text{(b)} \\ \dfrac{1}{N}\left[\dfrac{P}{S} + \sum\limits_{j=1}^{m} \sum\limits_{i=1}^{n} \left(q_{ij} \times \dfrac{1}{n}\right)\right] \times 100\% & \text{(c)} \end{cases}$$

式中，P 为农业标准化生产的实际规模量；S 为农业生产总规模量（种植业以用地面积计算，单位：亩；畜牧业以年牲畜出栏量/头或只计算，渔业以养殖面积/亩，或者养殖体积/立方米计算）。当经过《农业标准化生产判定准则》的判定，农业标准化统计范围内所有的农业生产都属于农业标准化生产时，使用公式（a）计算农业标准化生产普及率。

在公式（b）中，m 为统计范围内不属于农业标准化生产的农业生产个数；n 为判定后不属于农业标准化生产的农业生产在生产中从事的农业标准化生产活动的项数；q 为单项农业标准化生产活动的量化值。当经上述标准判定后，统计范围内的农业生产均不属于农业标准化生产，但进行生产时又从事了少量农业标准化生产活动时，使用公式（b）计算普及率。

在公式（c）中，N 为统计范围内的农业生产总个数，其余变量与公式（a）、（b）中相同。当经上述标准判定后，统计范围内的农业生产既有农业标准化生产，又有非农业标准化生产时，使用公式（c）计算。q 的具体计算方法见表12-1。

（3）农业标准的采标率　该指标是衡量在特定范围内，以特定区域的地方或者企业标准应用为基础，应用中采用的外来标准（包括采用行标、国标、国外标准等）数量。该指标可为特定区域农业标准的先进程度提供参考。计算公式为

---

[1] 作者主持农业部"农业标准化普及率方法和标准统计试点"项目研究结果，2014

表 12-1 单项农业标准化生产活动 q 的计算方法

农业标准化生产活动	q 计算方法
农业标准化操作人员比例	按农业标准化操作的人员数/总人员数
农业标准实施比例	实施的农业标准数/农业企业标准体系总数
农业标准化经费投入比例	农业标准化经费投入总额/农业生产投入总额
农业投入品管理档案覆盖率	$\dfrac{已经建档的农业投入品各类数 - 建档不全的农业投入数 \times 40\%}{农业投入品各总类数}$
农业生产与经营档案覆盖率	$\dfrac{执行工作记录人员数 - 工作记录不完善人员数 \times 40\%}{总工作人员数}$
备注	本表只列出部分常用企业农业标准化生产统计项目,其他属于农业标准化生产的项目在计算时应纳入计算范围

$$农业标准采用率 = \frac{采用的相应农业标准数量}{农业标准总数} \times 100\%$$

(4) 农业标准入户率 $B_{入户率}$ 计算:

$$B_{入户率} = \frac{\sum_{i=1}^{p} n_i}{N^2} \times 100\% \quad (n = 1, 2, 3, \cdots, p)$$

式中,N 为宣贯的标准总项;n 为宣贯标准项到达农户的数量;p 为农户总数。基于成本考量,计算时可将 p 限定一数量范围,如 30 户,进行代表性抽样即可。

(5) 经营档案覆盖率 农业生产中所用投入品的经营档案覆盖率 R_c 的算法:

$$R_c = \frac{定点供货商档案记录等级 + 使用者记录等级}{4} \times 50\%$$

式中,"等级"表示:0 为无记录;1 为单方有记录;2 为双方有记录;3 为两方有且记录规范;4 为记录时序和质量良好。等级中包含了记录信度,由评估专家从参与标准化评价范围的所有农户/农工/操作者人群中随机抽取 10 户,调出投入品使用档案,追溯提供商档案并查其对应性;定点供应商档案直接检查,并抽样追溯 10 户使用者档案。

(6) 生产与经营档案覆盖率 农业生产过程与农产品营销记录档案覆盖率 P_c 的算法:

$$P_c = \frac{农业生产过程记录等级 + 农产品营销记录等级}{4} \times 50\%$$

式中,"等级"同(5)中的公式。

(7) 产销率指标 在一定时间内已销售出去的农产品与已生产的农产品数量之比。

(8) 平均产销绝对偏差指标 在一定时间内农产品供应链总体库存水平的指标反映。其值越大说明供应链成品库存量越大,库存费用也就越高。

2. 农业标准化专业队伍建设情况

(1) 农业标准化人才比重 农业标准化专业人员具有专业的标准化知识,能够指导农民按标准要求进行生产,是推广、实施农业标准化工作的重要基础力量。因此,这一比例的高低在一定程度上反映了农业标准化基础工作的水平。该指标的计算公式为

$$农业标准化专业人员比例 = \frac{农业标准化专业人员数}{农业劳动力总数} \times 100\%$$

（2）农业标准化人才水平　一般来说，农业标准化专业人员平均受教育年限越高，说明其专业技术素质越高，实施农业标准化的基础条件越好，能够表达其能力水平。所以

$$农业标准人才水平 = \frac{\sum 受教育年数 \times 农业标准化专业人员数}{农业标准化专业人员总数}$$

3. 农业标准化实施的经济效益指标

前已述及，效益指标有经济、社会、生态和智力提升四个方面。鉴于经济效益备受关注，在此先予列出。经济效果是指农业标准化实施活动中劳动耗费同劳动成果之间的对比，反映社会再生产各个环节对人力、物力、财力的利用效果。农业标准化的经济效果，主要表现为对生产消耗的种种节约和产品质量的提高方面，用以下指标衡量。

（1）农业标准化投资效益　用投资净效益和投资收益率表示。

a. 农业标准化投资净效益，是指制定与贯彻标准所获得的有用效果与所付出的劳动耗费（标准化投资）之差。表达式为

农业标准化总效益 = 农业标准化有用效果 - 农业标准化劳动消耗费用（标准化投资）

上式表明：标准化投资净效益是个绝对差值。只有当标准化有用效果的数值大于标准化劳动耗费（标准化投资）的数值时，才可获得标准化经济效益，即标准化活动具有经济效益。

b. 农业标准化投资收益率，是制定与贯彻标准所获得的有用效果与所付出的劳动耗费之比。表达式为

$$农业标准化投资收益率 = \frac{农业标准化效果}{农业标准化劳动费用}$$

上式表明，农业标准化活动的目的是以尽可能少的标准化劳动耗费，取得尽可能多的标准化有用效果，从而实现较大的标准化经济效果。农业标准化投资收益率是一个相对比值。即当这项比值大于 1 时，农业标准化活动才有经济效果。

上述两个指标，前者是农业标准化活动的净收入，后者是表现了农业标准化活动的效率。

（2）效率提高所带来的经济效益

a. 劳动生产率提高带来的经济效益计算：

$$T = (X_1 - X_0) \times L$$

式中，T——由于劳动生产率的提高所带来的产出增量；X_1、X_0——项目期和基期的劳动生产率；L——项目期的劳动力。

不过，在种植业采用计算单位面积产出增加带来的效益，更为方便。

b. 产品质量提高带来的经济效益计算：

$$Q = (p_1 - p_0) \times N$$

式中，Q——由于产品质量的提高带来的销售收入；p_1、p_0——项目期和基期的产品单价；N——项目期的产量。

c. 原材料节约带来的经济效益计算：

$$M = (m_1 - m_0) \times p_0 \times G$$

式中，M——由于节约原材料而节省下来的原材料费用；m_1、m_0——项目期和基期的单耗；G——项目期产量；p_0——基期的价格。

对于种植业，G 以种植面积代替产量较为合理。

d. 全部劳动效率（元/人）计算：

$$W = \frac{Y}{uk+L}, u = \frac{\beta \overline{L}}{\partial \overline{K}}$$

式中，W——全部劳动效率；Y——总产值；k、L——资金和劳力投入量；∂、β——资金和劳力产出弹性；$\overline{K}$、$\overline{L}$——在某一时期内的平均值。

e. 耕地生产力指数计算公式：

$$I = \frac{B_1 - B_0}{H}$$

式中，I——耕地生产力指数；B_1–B_0——项目前后某种作物的单位面积产量；H——相应作物全国或全省平均单位面积产量。

（3）农业标准化实施的新增效益　有5项指标衡量。

a. 单位规模新增效益算法：

单位规模新增效益 = 标准化后单位规模所得效益 – 实施前的单位规模效益

实施农业标准化后单位规模是指面积或者头数等，所达到的效益也可是生产水平。

b. 新增总效益算法：

新增总效益 = 农业标准化后所得总效益 – 实施前的总效益

c. 产业化增值率算法：

反映实施农业标准化对农业产业链延伸的作用程度。公式算法：

产业化增值率（%）= 实施标准化后 – 实施前各产业环节总效益

d. 农民人均增收水平算法：

人均增收水平 = 标准化用户人均收入 – 示范标准化前（或未标准化）户人均收入

e. 辐射带动效益算法：通过农业标准化示范区（项目）的建设与发展，对非农业标准示范区（相毗邻区域）产生的带动作用。这种作用难于准确统计，可利用以下指标衡量：①毗邻地区农户参与数量；②实施农业标准化的产品产出水平和效益（产值或收入）；③农民人均增收水平。

（4）综合经济效益计算方法　上述（3）中的5类指标虽可表达，但在具体实践中可能会出现各项指标此高彼低的情况，很难对不同地区（如甲地与乙地）、不同类型（如种植业与养殖业）的农业标准化区域进行比较分析和考核管理。因此，采取综合评价，分项打分，计算总分值后再进行比较为好。综合评分法是对某一农业标准化活动的多项指标进行综合评价的数据量化的方法，这种方法是将各个评价项目的具体指标数值综合加权给分，用以表示农业标准化的状况，从而可以整体概括评价各农业推广项目的状况。具体算法：

$$K = \sum P_i W_i$$

式中，K——某一农业标准化实施目标完成后的总分值；P_i——各分项指标的实际分值，取值 0～100。评分标准：优秀 90～100；良好 76～89；合格 60～75 分；不合格 60 分以下。W_i——各项评价指标的权重,即各分项指标对实现农业标准化实施目标的影响程度,各分项指标的选取以主要或关键的指标为主。

第二节 农业标准化效果评价

农业标准化效果评价就是用定性、定量指标,评定所实施的农业标准化工程在不同阶段或结束时所实现的效果或者产生效应。这个过程必须是有科学、系统的方法用于搜集证据资料,确立科学的指标体系来评定农业标准化实施过程和实施结果的作用和价值。目前评价农业标准化效果的方法比较多,最基本的方法是通过计算农业标准化活动所产生的各种消耗与节约的比率来评价标准化活动的经济效果。

一、农业标准化效果表现特性与评价原则

由于农业标准化涉及农业过程总体,评价农业标准化效果,只能从这一整体中,根据不同目标和目的,主要在亚系统水平上进行操作。整体水平的评价,一般可考虑一个省区或者国家层面。农业标准化效果评价,不仅有技术标准的实施,而且有管理标准和操作标准的贯彻。所以,在系统结构理论指导下,按照事先确定的目标,进行评价边界的明确划分,再进行评价的基本准备和约束。

1. 农业标准化效果的表现特性

1）农业标准化效果表达

推动农业标准化,其本意无非对农业中大量重复的过程进行标准约定,从而达到使农业投入成本最少、过程最简、效果最好的目的,延伸到市场时能够使农产品销售最快、成本最少、获利最大和保护性壁垒建设最为坚实的结果,进而产生当前和长远利益上的商业性农业利好与安全。为达到这些目的,牵涉到的农业标准化过程关键,就必须是高质量和连贯无缝的统一整体,也就是说,标准质量、标准体系质量、落实标准的组织体制与机制、实施过程的队伍合作能力及标准化结果产物的标准符合性及其与市场对接的良好性,这些关键结点的总结合与各结合点的对应连接,都应当在系统协调的要求下各自就位,各显其能,协同表达一个整体性和各自运行良好性的总态势,从而在无形中表达出系统效应的"自溢"与持续。可见。农业标准化效果表现,首先是高质量的农业标准及其体系,其次是农业标准的自觉应用,也就是个人或者组织的认知度与自觉应用能力,再次是应用的效果性,包括了应用对自身和教育作用、应用过程的简化收益、应用后的收效程度及对下一个重复的正向促进作用。当然,最具有吸引力的效果就是当前的经济收益和持续的经济增益。这应当是农业标准化效果评价的关键所在。

2）农业标准化效果表现特点

与单一的技术措施或管理措施甚至工业标准化效果相比,农业标准化效果的表现,具有一定的独特性,主要表现如下特点。

（1）农业标准化效果的不可分离性（高度综合性）。农业标准化实施的理论背景是系

统科学，农业的任何部分都是复杂而又多方联系的体系，应用农业标准化方法推动农业，使农业标准化的效果产生，往往和提高生产率的其他因素混合在一起，如主观因素和客观因素的交织，农业标准化效果与农业科技的贡献效果及其他方面所形成的效果既具有传递性，又具有直接的依赖性。多个效果的高度依赖性和隐显连贯性及高度综合复杂性，往往不能明确地给予区分，不但具有不可分离性的特点，有时也表现出因果关系性，使评价只能从目标整体系统中的关键点与系统的关键衡量来进行。

（2）农业标准化效果的难以量化性。由于农业的高度复杂性和推动农业发展的标准化多样性，农业标准化效果表现的有机综合性（还存在着隐性效果），构成农业标准化效果的因素与其支持因素的关系疏理存在极大困难，在很多情况下，从总体水平上量化农业标准化的绩效，就相当困难，只能通过其他方面的效果直接或者间接地加以反映，用数量表达难度很大，尤其是社会、生态和智力提升效果。社会效果中人们生产素质改善及生态效果中的土壤、水和空气的改善等都不可能完全量化，参与者的认知水平和人力资本增量考评，更是一个难题，不但表现在群体水平上，更容易出现在个体水平上。选取的指标也只是经济、生态、社会效果和知识增量中的一部分，或者以经济效益来反映其他三方面的效益。

（3）农业标准化效果表现的滞后性。农业标准化的投入是一个有开始的过程，农业标准化效果的产生，可能存在持效性，效果表现可能有阶段性，或者更多地表现滞后性，这与生物特点及体系复杂性有直接关系。简单看，经济、社会、生态和智力提升四大效益的表现不可能在一个时间点上同时显现。可见，在一个时间点来评价农业标准化的效果，很可能出现不全面的情况，即使我们抓住周期性的特点，情况也是如此。例如，现在实施的林业工程，生态效益随着时间的推移会越来越显著，这也就是人们常说的"功在当代，利在千秋"，但经济效益当下几乎无法显示。因此，评价往往在一个阶段上，对某个有代表性的重点进行评价的同时，关注过程的其他因素效果的长效表达，会更为全面一些。

2. 农业标准化效果的评价原则

农业标准化效果评价指标体系的设立，必须以农业标准化的内涵和作用原理为基础，结合农业标准化建设与发展的目标，以实际需要与可能为出发点，力图达到经济、社会、生态与智力提升效益评价的统一，并有较强的可操作性。因此，在具体的评价内容及指标选择上，应遵循以下四项原则。

（1）局部效果与整体效果相结合　即评价和计算农业标准化效果必须从农业经济全局和各方利益出发，充分考虑各种因素进行综合评价。

（2）当前效果与长远效果相结合　即在评价农业标准化效果时，应有长远观点，不能因为短期内农业效果不理想而放弃。

（3）直接效果与间接效果相结合　即评价农业标准化效果应全面，既要看项目的直接收益，更要看其示范带动的间接效益。

（4）定性评价与定量评价相结合　在评价指标确定后，有些能够量化，则做量化处理；有些不能量化，则做定性评价。提倡深入研究定性指标以做量化处理。要将定量评价与定性评价两者有机地结合起来，做到评价的科学合理。

正确处理标准化的宏观管理与微观实施、标准的制定与实施的质与量的关系，准确把握指标间的内在联系性和相互统一性，科学地反映农业标准化活动及各项投入和有效成果之间的内在关系。同时，还应结合评价的具体对象与目的，有针对性地合理选择评价内容和评价指标，综合运用多种评价方法，对农业标准化效果做出全面、客观、系统的评价和结论，切实发挥效果评价的导向作用。

二、农业标准化效果评价的指标体系

由于我国农业标准化工作起步晚，目前正处于标准化服务体系建设与标准化示范推广相结合阶段，农业标准化的整体发展水平不高，考虑到符合实际的评价设计和量化应用，重点选择从农业标准体系成形能力与应用的推动能力、研制标准与标准化服务网络的建设绩效，以及农业标准化的实施效果三个方面来进行评价，较为符合我国的发展重点和现实需求。

1. 农业标准体系成形能力与应用的推动能力

基于国家制度和农业发展实际，农业标准化的推进，必须有政府的直接参与及推动和农业标准及其体系的存在。在这两方面，在发展初期，应当成为农业标准化事业的基础和原动力。因此，评价指标应当有以下方面。

（1）区域农业标准化的认知水平　这是一个需要从历史角度和目前区域经济发展水平的宏观角度、在区域整体水平上对农业标准化认识和应用主动能力做出评判的问题。这在农业标准化发展的初期，是一个十分重要的指标，趋近于软性硬化的指标考量范畴。该指标可以单列研究，因为该指标暗含大量的社会学、经济学和认识观等理论问题。农业标准化的认知水平研究，内部又分为不同层次的社会群体，群体总体认知表现，群体所表达的个体状态，等等。将其置于此处，虽然不想作为本研究的重点，但这是不可轻视的一个方面。因为，这一因素有时可以成为（在很大程度上是）农业标准化推动启动的制约因子，或者是农业标准化能否成功的前提因素。

（2）区域农业标准化推动机构/机制　我国农业几千年来所形成的小农格局、远离市场与政府推动的习惯，以及政府一直在经济发展中起着主导作用特点（2014年起进入市场主导、政府宏观调控的转型期），实施农业标准化，首先是政府的组织机构的完整性与有效性，并配套相关政策，形成有效推动机制，甚至需要政府一把手任组长、带头抓；以示范促全局，要求其他非政府机制相关的单位均要有专门的机构与专职人员才行。考核评价这些机构、机制与体系的健全性和可行性也很重要。

（3）区域农业标准化的记录档案及其管理　实施农业标准化，可以从另一个方面描述为对标准的科学应用及其过程的实时记载，也称为痕迹化管理。农业标准化，实时记录十分重要。有了标准的应用和记录，不但会在农业周期内产生明晰的轨迹，而且为农业产业的升级和标准质量的提高奠定坚实的事实依据。所以，农业标准化的任何过程，按照农业标准化学科的要求，是要进行必要记录的。那么，记录的即时性和有效性，以及对记录的管理与应用，就能够直接表达出农业标准化落地的真实性和有效性。因此，这一环节的考核纳入，是必不可少的。

2. 农业标准化体系效果评价指标体系

农业标准的研制与应用及推行的网络化体系建设，是农业标准化健康发展的基础和重要保障，直接决定着标准化工作能否顺利推进和标准化实施效益的高低，也是考核政府主管部门工作绩效的重要标志。主要从以下几方面来设置指标。

（1）农业标准化专业队伍建设情况　可从农业标准化专业人员比例和农业标准化专业人员平均受教育水平两个方面进行考核，分别有相应的考核算法。

（2）农业标准及其体系的完善程度　标准体系与相关标准是农业标准化的技术基础，其数量和质量的科学性、适用性和实用性直接影响着农业标准化落地的质量。因此，区域有限范围的农业标准及其体系的完整性和符合性成为农业标准化推进及其质量保障的内部关键，成为农业标准化绩效考核的技术出发点和最后效果表达的基本尺度。在这一点上，主要质量因素有：标准及其满足要求的数量；标准质量；标准体系及其质量；标准及其体系的符合性要求满足程度。还有农业标准覆盖率、农业标准的采标率也作为考虑内容。

（3）农业标准化信息服务平台的建设数量　以国家、省、市为单元，通过以标准信息服务、标准生产技术服务、安全农产品评价服务、安全农产品流通服务网络、技术培训服务等服务平台为内容的食品（农产品）质量安全服务平台的建设规模（数量），来反映整合标准化信息资源的整合及其功能的发挥。

3. 农业标准化效果评价指标体系

农业标准化实施效果是通过一定的农业标准化活动，在一定投入的前提下产生的一种综合效果，农业标准化效果的评价是通过收集一定的证据资料，用一定指标评定农业标准化实施后所实现的四大效果。根据当前农业标准化的发展状况和国内关于农业标准化实施效果评价指标体系的研究成果，如下指标可参考使用。

（1）农业标准化实施的经济效益指标　主要表现为对生产消耗的种种节约和产品质量的提高，还有营销前后的品牌与信誉体系建设等方面。在评价和计算标准化经济效果时，可用农业标准化投资效益和农业标准化实施的新增效益简单表达。这些表达均有公式算法，已经列于本章第一节中，可在具体使用时灵活处理。

（2）农业标准化实施的生态效益指标　农业标准化的生态效益是指实施农业标准化对生态环境质量所产生的直接或间接的有益影响。有些生态效益是无法准确计量的，只能通过定性评议来认识。可从农业生态环境条件的变化和农业生态系统结构和功能的变化两个方面来评估，或者从测算光能利用、土壤服务增长和肥料利用水平来评估。

农业生态环境条件的变化：可选用自然植被覆盖率变化率、水土流失量变化率、各类生态恶化面积变化率、环境质量综合指标、水质改善效果和有害物质排放量变化率指标进行计算，比较标准化前后数据。

农业生态系统结构和功能的变化：农业系统是一个由生态、技术、经济、社会等子系统综合而成的复杂的大系统，农业生产离不开生态环境条件，当实施一项农业标准化活动后，必然要引起其有关农业生态系统结构和功能的连锁反应。主要体现在生态系统能源消耗结构、食物链比例结构、生物多样性、可再生资源利用系数、光能利用率、生物能多层次利用效率、系统生态循环比、土壤肥力的变化、资源利用率等评价指标上。以下给出几个算法公式。

a. 光能利用率计算：

$$E = 100 \times 15^2 \times 4.19 YF \times 100\% \times \sum Q$$

式中，E——光能利用率；Y——生物学产量（kg/hm²）；F——燃烧 1kg 干物质释放的能量（kJ/kg）；$\sum Q$——太阳辐射能总量。

或者：

$$E = \frac{1000YF}{666.7} \times 100\% \times \sum Q$$

式中，Y——生物学产量（kg/亩）；F——燃烧 1g 干物质释放的能量（kcal/g）；$\sum Q$——太阳辐射能总量。

如以 E_0、E_1 分别表示项目前后的光能利用率，则光能利用的提高率为

$$E = \frac{E_1 - E_0}{E_0} \times 100\%$$

b. 土壤肥力增长率的计算：

$$U = (m\sqrt{n_1/n_0} - 1) \times 100\%$$

式中，U——土壤有机质含量平均增长率；n_1/n_0——推行农业标准化前后土壤的有机质含量；m——间隔年度。

c. 肥料（农药）利用提高率的计算：

$$b = \frac{B_1 - B_0}{B_0} \times 100\%$$

式中，b——肥料（农药）利用提高率；B_1-B_0——推行农业标准化前后肥料（农药）的利用率。

生态效果评价具有客观性、效果间接性、多目标性、超长期性和行业特征多样性等特点，许多农业标准化实施的生态效果很难被量化。因此，评价时定量和定性相结合，不宜苛求定量评价。

（3）农业标准化实施的社会效益指标　这是对农业标准化项目的实施与现代农业发展、宏观社会经济环境等方面相互作用、相互影响的诸因素的识别、计量、综合、分析和论证。社会效果评价与生态效果有相似性，分析的内容有：促进和提高群众的素质、科学文化水平发展，增加社会就业率，促进农业生产条件改善，提高大众的健康水平等。农业标准化社会效果定量分析主要应考虑以下几个方面的内容。

a. 引起农业产业结构与农民就业结构的变化。项目实施对产业结构的影响，可用各产业在产业结构中所占比例的变化值来表示；就业结构的变化，可用各产业就业劳动力占劳动力总比例的变化值来表示。其中，每个劳动者供养的人数也是一个重要指标：

$$平均每劳动力供养的人数 = \frac{一定时期内每个劳动力生产的主要农产品数}{一定时期内农产品人均消费量}$$

b. 对农民科技素质的影响。项目对当地农民科技水平的影响，表现在对当地群众生产观念的影响等，项目对科技水平的影响，表现在采用、推广和运用新技术的情况，农民对项目实施的态度、提高学习科学技术的认识、学习的积极性和主动性、提高生产技

能和解决实际问题的能力等。农民素质提高程度的算法为

$$劳动者素质提高程度 = \frac{项目后专业技术人员增加数}{项目前专业技术人员数} \times 100\%$$

c. 对社会事业发展的影响。主要表现在农业标准化的实施对农业生产基础设施和生产环境的影响，项目实施对人们的卫生保健的影响，项目区群众对项目的参与、态度与支持情况等方面。其中农产品商品化程度也是一个重要量值：

$$农产品商品化程度 = \frac{一定时期内提供的商品农产品数量}{一定时期内的农产品总产量} \times 100\%$$

三、农业标准化效果评价的数据获得

评价的过程是一个对评价对象的判断过程，是一个综合计算、观察和咨询等方法的复合分析过程。Bloom 将评价作为人类思考和认知过程的等级结构模型中最基本的因素，他认为，评价就是对一定的想法（idea）、方法（method）和材料（material）等做出的价值判断的过程。它是一个运用标准（criteria）对事物的准确性、实效性、经济性及满意度等方面进行评估的过程。Patton 认为评价必须包括以下三个要素：系统地收集信息；具体的部门或人采用；目的是为了提高执行项目或计划的效果。这对效果评价的数据获得途径和方法给予了一定的指导。为了准确判断确定范围农业标准化绩效大小，就必须首先拥有支持评价的完整基础数据信息。这些数据的获取，一般通过以下三个方面进行。

1. 调查研究法

这是最为常用的数据获取方法，也是经济科学研究中普遍采用的方法。调研可直接判断而定性评价，也可通过调研获取数据，成为定量分析的基础，用统计及其他方法进行分析和计算，做出比较正确的评价结论。调查研究的关键，是调查研究者的调研素质和基本能力要够格，事先的设计要正确、准确。也就是说，对调查研究者的要求比较高，不是随便什么人都能做的。调查研究，先调查，再研究。因此，调查研究的一般工作步骤如下。

（1）调查与观察　分3个步骤进行。

a. 明确调查的目的、确定调查的内容。明确为什么要做调查，通过调查应当搞清楚什么问题，搜集哪些数据资料。同时，根据调查的目的，列出需要调查的项目及有关因素和事项。调查的项目要尽量详细具体，突出重点。

b. 规定调查方法、对象和范围。根据调查的目的和内容，拟订调查提纲，制定调查表格。

c. 开展调查访谈。采取查阅资料、现场观察、座谈访问、问卷填写、个别询问等多种方式，完成提纲任务，填写调查表格。

（2）研究与分析　整理调查资料，分类处理量化；结合内容联系，理清信息因果；通过讨论商榷，选择处理工具；挖掘数据内容，提取有用信息。特别重要的是透过现象看本质，应用系统科学原理与农业标准化理论知识，剖析农业标准化整个体系中的优点

与不足。

（3）结论与建议　通过统计、分析和整体推导，进行全面剖析，从定性与定量、局部和整体、近期及长远等不同角度，进行全面分析总结，最终给出结论，并对今后工作提出发展建议，指出努力方向。

2. 档案分析法

农业标准化的一个最基础性工作，就是严格的过程记录并由此所形成的档案管理。由于严格过程的痕迹化管理——记录的存在，使档案对任何过程的标准化工作就有了记录保存，而且这种记录形成了痕迹系统，对此后的大量评估工作提供了直接证据，给予了极大的方便。农业标准化效果评价的档案分析法，就是基于这一事实进行的。

档案分析法，是农业标准化效果评价的数据获得最便捷的方法，也是较为可靠有效的数据采集方法之一。这种方法的数据获得，证据直接，还可在关键数据上进行横向和纵向比较，甚至统计，可靠性高，能够反映客观实际，数据整理和数据挖掘基本都能够进入数学方法，容易形成量化结果。

档案分析法的前提是档案的完整性和真实性。按说，作为档案，是不能怀疑其真实性的。但在农业过程中，由于历史性的无记录习惯和远离市场的档案建设内动力缺失，形成了人们进行记录和档案建立的不良行为和不良结果，往往使档案前端工作——记录的真实性和完整性不能达标，对记录的整理分析和归档水平也不能高估。所以，这方面的工作更应当从标准化方面加以提高。

3. 过程参与法

进行农业标准化过程的具体参与，特别是对过程关键点的直接参与、现场体验和观测，就能够对某些定性数据直接量化。这种获取评估前的数据结果，具有完全的真实性和直接性，特别对大量的定性数据，可以在当时就能够给出量化结果，对整体评估的准确性和精度水平产生极大的正作用。当然，其不足在于，进行阶段性外评估的专家组，是没有时间进入过程参与，持续观测关键数据的。其优势在于内评估时应用性极好，因为内评估的人员至少有几个人是经历了实施过程的。

四、农业标准化效果评价方法

在农业标准化活动中，研制颁布标准是为了谋求效益，实施标准是为了取得效益，修订标准是为了增进效益，废止标准也是为促进效益。那么农业标准化效益评价自然成为重要环节。目前应用评价方法，主要有以下几种。

1. 预测评价法

依据现有提供的资料、条件和技术，预测农业标准化可能达到的目的和效果，包括宏观方面对农业标准化活动有直接影响但不可控制的外界因素发展趋势进行预测，微观方面是对农业标准化活动内部可以控制因素的发展状况进行预测。主要有两种。

（1）定性预测评价法　比较常用的是专家调查法，即向熟悉农业标准化效果评价的专家，通过通信的方式了解意见。主要步骤：制表，提出问题；寄发专家填写；收集意见，把整理结果重新寄发专家，请专家重新考虑，再寄回。经过若干次重复，直到得到比较一致的、令人满意的结果为止。

（2）定量预测评价法　大体分为两大类，第一类是根据事物过去发展的状况来推测它未来发展的趋势，常用的有现状分析法、平均增长速度法、指数平滑法等。第二类是根据与事件有密切关系的外部因素变化来推测事物未来发展的趋势，称因果预测。常用的有回归分析法、投入产出模型法、实验区模式法。

2. 对比实验法

在区域农业标准化实施过程中，可以从示范区与非示范区进行时序上的系统比较，标准化应用的农户与非标准化农户的比较，等等，进行效果和整体效果的比较评价。对比实验法在农业标准化效果评价中是获得经济数据最重要和最可靠的方法。农业生产的对象是有生命的动植物，整个过程是在可控制性较小的广阔的空间进行的，自然再生产和经济再生产交织在一起，自然条件和生物对结果有较大影响，而且这种影响是不确定的，要知道实际结果如何，只有经过对比实验才能准确地得知。对比实验法应用不像调查研究法和预测评价法那么普遍和广泛，仅适用于农业标准化活动与其对照之间的比较评价，不适用于较大范围或宏观方面的经济效果评价。但是，对比实验法可以为宏观经济效果评价提供典型资料。

对比实验法能否获得可靠的结果，在很大程度上取决于实验方法的科学性、实验对象与对照的可比性和实验条件的代表性。对比实验要进行精密设计，包括实验的目的、方式和内容等，还要把握客观性，排除随意性。要把实验设计搁置在具有代表性的典型统一单位上，采取合理的排列方式，并对实验使用标准统一的比较指标，运用科学的数据处理方法和计算方法。

3. 平行指标比较法

原理与对比试验法相似。采用这种比较法，是以新农业标准化活动与它所取代的对照（原用标准或旧的标准）相比较，通过平等指标的直接横向比较，考虑前者的效果比对有无增加或增加多少。采用平行指标比较法，对新农业标准化活动与它所取代的对照进行单一因素的比较，以其他因素不变或等速变化，对比结果没有影响力为前提，并且遵循可比性原则，不能拿不可比的对象和指标相互比较。

4. 调查研究法和综合评分法

这两种方法也能应用于效果评价的方法。调查研究法，可参考"农业标准化效果评价的数据获得"中第 1 部分，此不赘述。综合评分法的具体操作，可应用前述的综合经济效益计算方法进行测算，具体的评价步骤和方法。

（1）正确选定评分指标　一般应选择对整个项目影响较大的指标参加评分，每项内容都要选定一个能说明问题的指标体系参加综合评分。

（2）确定各评价指标的权重　应根据各项指标在整个方案中所占的地位和重要性，以及当地具体条件合理确定各项指标的权重，一般用百分数表示。

（3）确定各项指标的评分标准　一般可采用 5 级记分法，即 5 分为优，1 分为差。至于各个标准化项目的指标如何定级，一般可根据历史资料或典型试验材料，结合当前条件和要求加以确定。

（4）编制综合评分分析表，累加各个方案的总分，比较优劣 综合评分法以总分的高低来评价农业标准化活动的优劣，而正确地确定各项目分数和权重是综合评分法的关键。

农业标准化是通过"简化、统一、协调、选优"，调整生态经济系统内的生态结构、技术结构，促使生态经济系统内的能流、物流、价值流的有效运转，实现自然扩大再生产与经济扩大再生产的同步增长，将生态效果、经济效果、社会效果有机融合在一起，达到和谐统一。只有认真分析农业标准化效果，确定适当的评价内容，采用科学的评价方法，才能客观评价、动态跟踪、综合考核农业标准化活动。

我国农业标准化推行不久，其效果评价方法还在探索之中。国内外学者对评价各种不同目标的效果已经提出了许多方法，但没有系统性，距离农业标准化综合效果评价的科学、客观要求，还有一段路要走。农业标准化效果评价是一个系统工程，其评价方法灵活多样，应根据具体情况和实际需要正确使用。借鉴农业效果评价方法，会对农业标准化效果评价有很大的启发作用，但照搬显然是不行的。

以标准化手段确立农业生产实践活动准则，使农业生产有序化、规范化；将生产实践经验和科学技术转化为现实的社会生产力；减少重复的劳动耗费，提高资源利用率，降低农产品生产成本；提高农产品质量和农产品市场竞争力；规范竞争环境条件，推进市场经济健康发展。进行农业标准化效果评价不仅能够以量化的形式反映出农业标准化的效果，而且应用评价的结果事实，再次说服、引导和激励更多的人认识和应用农业标准，增强发展后劲，迅速发展农业经济。农业标准化效果评价的本身还有其他更多的积极作用，如检验农业标准化成效的有效方法，预测标准制定实施的手段，编制标准化规划、计划的依据，标准化与生产经营活动相结合的成果，是反映现代农业标准化水平的标志；奖励优秀标准和标准化工作者等工作人员的依据。

第三节 农业标准化效果评价案例

从实际应用看，我国农业标准化效果评价，目前只出现在宏观层面，如农业标准化示范区效果评价，农业标准化贡献率的初步推算等。对于前者，采用分级指标权重法相对较为可靠，对于贡献率的测算，就不能确定了。这里列举三个主要案例。

一、我国农业标准化示范区效果评价

农业标准化示范区建设是我国农业标准化推进的典型，先后有国家标准化管理委员会和农业部推进。国家标准化管理委员会推进农业标准化示范整整20年，在全国建立了2000多个示范区，并且从第七批示范开始，升级到了农业综合标准化示范区。现将两个系统的效果评价指标案例列出。

1. 农业标准化示范区效果评价

表12-2是国家标准化管理委员会于2006年针对于全国农业标准化示范区管理的需

要研究提出的效果评价体系表[1]。表中考核内容分为两级考核指标和一类考核点。其中，一级考核指标共计 6+1 项，即考核一级指标数+创新考核项；二级考核指标数为 18 项，考核点共计 42 个。整个考核基础为考核点。每考核点要求按 100 分制打分。考核依据为 A、C 两项说明，实际定位为 A、B、C、D 四级。考核设计为百分制，最终得分以"实得分+创新分"格式表达。前 3 栏各指标后数字为各自权重值。创新点属于附加项，由评估组根据整体考核，与同类示范区横向比较，确有突出创新时才给分，并填写打分理由。最终得分将由电子表统计自动显现。总分保持小数后 2 位。表中只对 A 和 C 等级说明，介于 A、C 之间为 B，低于 C 者为 D。分值确定区为：A 取值 90 以上，C 取值 60～75。鉴于发展的不平衡性，最终结果的整体定位将分不同经济区比较，各省、市、区亦根据各自实情区别对待。该表于 2007 年应用于全国农业标准化示范区考核评价的具体工作中。

2. 农业标准化示范县实施示范效果评价

全国农业标准化示范县（区）效果评价体系如表 12-3 所示[2]。效果评价包括了评价准则、一级指标、二级指标、评分依据和评分等级。每个评价准则下设若干个一级指标和二级指标；评价指标的开发主要依据《2006 年农业标准化实施示范项目指标》和《农业标准化实施示范项目资金管理暂行办法》（农财发[2006]2 号）。框架中评分依据是指用来对指标进行评分的证据，包括数据、事实和利益相关者的观点。评分等级给出了每个指标打分的标准。

整个评价框架共包括 4 个评价准则、13 个一级评价指标和 33 个二级评价指标。其中，"组织管理"包括组织架构、制度建设、实施方案、资金使用 4 个一级指标和 11 个二级评价指标；"实施"包括标准与标准体系、标准实施的培训与宣传、生产记录 3 个一级指标和 7 个二级评价指标；"效果"包括直接效果、社会效果 2 个一级指标和 9 个二级评价指标"可持续性"包括机构可持续性、政策可持续性、资金可持续性、市场化能力 4 个一级指标和 6 个二级评价指标。

二、我国农村人居环境改善标准化试点效果评价

农村人居环境改善项目是在全面推行科学发展观、贯彻党的十八大和十八届二中、三中全会精神的背景下，为了深入推进新农村建设、落实党中央和国务院的各项决策部署、全面改善农村生产生活条件的重大举措。国标委、财政部及国务院农村综合改革办联合下发了《国家标准化管理委员会财政部关于开展农村综合改革标准化试点工作的通知》（国标委农联[2013]79 号）、《国务院农村综合改革工作小组关于 2013 年扩大农村综合改革示范点的通知》（国农改[3013]15 号）等系列文件，在全国实施了农村人居环境改善标准化试点项目。项目按照全面建成小康社会和建设社会主义新农村的总体要求，以保障农民基本生活条件为底线，以村庄环境整治为重点，建设宜居村庄，稳步落实农村

---

[1] 李鑫主持"全国农业标准化示范区考核评价体系研究"项目（2006），国家标准化管理委员会
[2] 李鑫主持的农业部"农业标准化实施示范项目绩效评价研究"项目，2009 年

表 12-2 全国农业标准化示范区效果评价体系表（种植管理类）

一级指标	二级指标	考核点	打分	打分档级细则 A	打分档级细则 C	说明
1.标准制定与实施（0.25）	标准制（修）订与采标（0.2）	标准制（修）订人员（0.3）		标准制（修）订人员结构合理，具备良好资质	人员结构基本合理，具备一定资质	人员结构是否符合农业标准制定中的人员组成要求；参加人员应具备相应资质
		标准体系建设（0.4）		四类标准配套齐全；各项标准采用现行有效	有相关标准，有配套雏形	审查技术标准、工作标准、管理标准和操作标准的配套情况；各项标准现行版本是否有效，如果全部采标，给满分
		标准的实用性（0.3）		应用满意率≥85%	应用满意率在50%~70%	随机调查使用标准的人员，统计其满意程度；走访对标准在生产适用性和市场适用性方面的评价
	宣传标准化工作（0.3）	公众媒体利用（0.3）		年省级以上媒体利用1次以上	年县级媒体利用3次以上	有可见的记录，发表文章，广播录音带，以及电视录像带等
		直接的宣传活动（0.7）		年现场宣传组织活动3次以上，效果优良，相关材料齐备	年现场宣传组织活动1次，宣传材料齐备	在示范区现场开展的宣传活动，如与标准化有关的娱乐节目、知识竞赛、专题报道、墙体标语、自制传单、自制VCD等
	标准化培训（0.3）	培训师资（0.2）		有培训教师资源调查表；有受聘文件相关证明文件；培训师队伍结构合理	有培训教师资源调查表；有受聘教师和身份证号	培训教师资源调查表包括教师的姓名、性别、年龄、任职单位、联系方法和身份证号；培训师资队伍结构根据示范区培训信息的符合程度判断
		培训资料（0.3）		培训材料内容紧密围绕示范区标准；材料齐备、适用性强	培训材料能反映相关标准；材料基本配套，有适用性	培训教材内容与相关标准内容的符合程度，对标准的解读水平，教师所讲内容与的的符合程度判断
		培训实施情况（0.5）		有完整培训计划并按期实施；平均培训90%以上；有完整培训记录，平均满意度80%以上	有培训计划并能够执行；被培训人数占总人数的60%~70%	培训率指被培训人数占总人数的百分率；满意度指每一次培训中，对本次培训感到满意的人数占参加总人数的百分率；培训记录主要记载培训效果，教师的培训水平和存在不足，一次一记
	过程控制（0.2）	关键控制点的监管（0.3）		过程关键控制点明晰、完整；有系统的监控方案和措施，有详细的关键控制点的监控制度监管记录	关键控制点确定比较完整，监督方案和措施	关键控制点的确定及科学性评价，由示范区提交确定过程关键控制点的支撑材料。通过考核监督过程观察，掌握操作层对标准的熟悉程度
		监督主体与实施主体（0.4）		监督与实施主体分离；监督主体资质具备，有明确的工作职责和相关制度	有监督主体，具备一定的资质	评价监督主体的独立性、责任制和工作能力
		过程监督机制（0.3）		监督制度完善，人员自律性高，被监督人员对监管的反映良好	有可操作性的监管制度，实施监管	检查过程监管的制度及其适用有效性，相应机构/人员配备和素质情况；调查农民/农工对监管的有效性评价

续表

一级指标	二级指标	考核点	打分档级细则 A	打分档级细则 C	说 明
2. 组织管理（0.1）	组织结构（0.5）	组织机构与人员结构（0.5）	成立组织机构，设立办公室，有专职人员，人员结构合理；有明确分工	有组织机构，有办公室，有兼职工作人员	人员结构按照国家农业标准化示范区管理办法中规定衡量
		技术机构与人员结构（0.5）	设立技术机构，人员结构符合要求，有技术总负责人，技术运行能力强	有技术机构，人员结构欠完备，机构有一定技术驾驭能力	人员结构与该农业标准化示范区要求的技术体系符合程度；人员结构所体现的梯队结构合理性；机构人员的资质和阅历
	管理工作（0.5）	计划、实施与控制（0.5）	实施方案和年度计划科学合理，便于实施控制；有工作总结，有完善的过程控制和持续改进方案	实施方案和年度计划较科学合理，能按照实施	考查管理计划的完整性、落实的可靠性和控制的有效性，包括管理实施方案、年度计划、进度方案和管理工作记录
		部门分工协作（0.2）	部门分工明确，沟通协调机制健全，沟通协调结果效果良好	部门分工较明确，有较好沟通协调	沟通调度、活动（例会、联席会等）、部门的反映判断（国务院）97-03文件示范区整体发展能力判断；部门参照实施的结果反映态度
		工作机制（0.3）	有明确的激励制度，能及时的反映兑现激励结果，农工对激励反应积极	有激励机制，基本按照制度实施	考查激励体系制度、实施者的反应态度
3. 保障与服务体系（0.1）	市场监管力度（0.4）	生产投入品监管（0.4）	有年度监管文件，工作计划和实施监管记录文件，无违法文件	有年度生产投入品专项监管文件和实施监管记录	对农药、肥料、种（苗）等的监管文件和依法监管记录（禁用品、打假、使用者的反映情况）
		服务体系（0.6）	建立了能够实施规模化服务的专门体系，形成"统、分"结合的服务机制，组织化程度高，统一服务率达80%以上	建立了能必要情况下，形成"统、分"结合的专业服务机制，组织化程度较高，统一服务率50%~65%	考查示范区内的服务体系在必要的情况下，一防治情况，对农药、等的统一管理供应能力和迅速、病虫害等的统一预防反应能力；统"分"结合的分析和整体感受得出具体多个事例的反映
	政策保障（0.2）	示范区建设的相关政策（1.0）	出台了相关政策，支持力度大，作用显著	有相关政策保障	了解营造和实施的政策是否具备，政策贯彻机制是否健全，对示范区推动的影响力。注意对农和/农工的影响
	资金保障（0.4）	专款专用情况（0.4）	严格做到专款专用，资金使用效率高，导向作用显著	能够做到专款专用，资金使用效率较好，有导向作用	了解使用情况，有无违规行为，在标准推行、宣传和实施方面使用合理性、技术、管理层对资金使用反应反映
		配套资金情况（0.3）	地方资金足额实际配套，效果明显	有地方资金配套落实，资金使用有促进效果	查看要求配套的资金实际到位情况的符合率
		与其他项目结合情况（0.3）	与当地争取的其他多个项目结合，综合效果显著	与其他项目结合有结合	考察在标准化示范区是否有其他项目的联动密切和效益支撑情况（需要支撑材料）

续表

一级指标	二级指标	考核点	打分档级细则 A	打分档级细则 C	说明
4. 长效机制的建立（0.15）	企业发展状况（0.4）	发展规模（0.5）	有多家企业，有明显龙头企业，并带动形成了当地的支柱产业；产业基本形成，经济增长显著	有龙头企业，有一定的规模，有发展势头	企业的数量、规模、级别，总产值，类型的产业是否集群；龙头企业及其带动作用；同类型的产业是否发展势头
		产品加工水平能力（0.5）	形成产业链并可完全"消化"区内原产品，或短链产业在国内形成了较大市场规模	具有一定的初加工能力并能够加工销售2/3以上产品	原产品、粗加工、深加工水平；产业链延伸情况；短链产品是否形成较大规模。从判断其发展趋势和潜力及相关数字说明
	品牌与认证（0.2）	品牌的创建（0.4）	独有国家级商标1个以上	有自己的注册品牌商标	品牌商标的数量、影响力、级别
		认证情况（0.6）	1个以上产品通过认定，至少符合绿色产品要求	有明确主导产品并可证明已经取得地方初步认证	有完整的认证证实材料
	农民组织化程度（0.4）	专业化协会（0.6）	形成了行业协会和专业化服务组织，组织运行机制较好，容纳农户规模达示范区总农户数90%以上	有专业化协会组织，容纳农户数占示范区总农户数40%~60%	促进行业协会的提升情况，行业协会的规模、发展情况及其日常活动，看材料（章程、记录）、看情况（培训、宣传），协会开拓市场的举措和效果
		协会的外部联系（0.4）	协会与企业有直接供销关系或产品；与相关协会协议好	能积极参与企业联系；同其他部门有书面协议合作	与企业之间有无协议（培训/收购/农资供应等）；协会直接面对市场的能力；与技术、教育、金融、政府等部门的合作活动或条约（要有支撑材料）
5. 生产档案记录（0.15）	投入品记录（0.3）	生产投入品的记录（1.0）	记录完备，票证齐全	有记录，但较零散	查看购置凭证、记录（采购人、时间、地点、数量、证明
	产中过程记录（0.4）	生产操作过程的记录（1.0）	记录完整，真实、清晰，关键控制点	有记录，但不连续；部分体现关键控制点	指生产过程的完整情况，病虫害发生情况，不可抗拒的灾害对应、操作记录的系统性和有效性
	产后加工记录（0.3）	产品初加工的记录（0.5）	记录顺序明确，过程完整	有记录，但不完整	总量、分级、包装过程记录的认真、清晰程度；记录的真实性
		质量检测记录（0.3）	定期检验计划与检验结束记录齐全，并有相关检验报告	有记录且有检验报告，但不够完整	质量安全检验报告的有效性、有效期、检验范围、委托单位等是否合有关规定
		产品去向记录（0.2）	产品的贮运、加工与销售去向记录明了，过程中的转换记录清晰	有产品移动过程记录，去向不十分明确	贮运等记录的批次数量、直接提供企业、超市/出口等是否清楚

续表

一级指标	二级指标	考核点	打分	打分档级细则 A	打分档级细则 C	说明
6.示范效果（0.25）	社会效果（0.3）	农业标准化意识（0.2）		农民标准化意识明显提高；区内标准化意识已经形成，有农业标准化推动的成功经验	农民的标准化意识有提高；示范区内标准化氛围基本形成	用随机调查法，对领导层、管理层、技术层和农民/农工在农业标准化程度意识方面进行调查，获得资质人数，各层面涌现的农业标准化人才数量、专业人数，而后综合分析评价
		农业标准化人才队伍（0.4）		形成了一支有效的农业标准化人才队伍，出现了热衷农业标准化事业、熟悉工作的人才	基本形成一支农业标准化人才队伍，并能够胜任工作	培训农业标准化人才数量、专业人数
		农产品安全性（0.4）		安全性有保障，社会声誉良好，无不安全事件	安全性提高，有一定的社会声誉	质量安全的认证计划和落实情况，查看相关检测是否是按期进行，检测报告的合格率；通过对材料、汇报和个人感受评价社会反映
	经济效果（0.4）	农民增收（0.4）		较上年增收15%以上	较上年增收5%～9%	农民户均增收情况（近3～5年的收入变化情况）（当年收入－上年平均收入）/上年平均收入＝农民收入增长率
		市场效益（0.3）		产品商品化率100%，企业带动显著，主导产品品种优化，规模扩张明显	产品商品化率在50%～70%，有企业带动，主导产品/品种能随市场变化调整	产业结构调整（主导产业的面积变化、优良品种替代）情况，产品的上市率和主导产品、高档产品的占有比率
		产量增长（0.3）		三年示范区平均单产增长大于10%	三年示范区平均单产增长5%以内	根据示范区分年统计的单产报表结合实地考察
	生态效益（0.3）	农药年用量减少幅度（0.6）		能够严格执行有关规定，杜绝禁用药品流入；年农药用量较三年前平均下降30%以上	能够执行有关规定，杜绝禁用药品流入，年农药用量较三年前平均下降10%	根据国家和地方有关农药管理规定考查示范区用药的科学性和总量变化。主要通过生产记录、管理记录和生产资料的出入记录得出
		对生态环境改善作用（0.4）		有建设前和验收报告，比较结果明显，检测结果明显向良性化发展	有其他证明本示范区环境质量能看出改善	用前后两个或多个时期的环境质量检测报告进行比较说明
*创新点（0.1）		特别突出的创新性点（1.0）		创新显著，特点明显，效果突出（非必打分）	打分理由：	

注：1. 本表设计为百分制，最终得分以"支得分＋创新分"格式表达。前3栏括弧内数字为各自权重值。*创新点属于附加项，由评估组根据整体考核，与同类示范区横向比较，确实有创新点再打分，并填写打分理由。最终得分将小数保持2位。2. 整个考核基础和考核点，每考核点要求按100分制打分。考核依据为A、C两项说明，实际定为A、B、C、D四级。本表只对A和C等级说明，介于A、C之间为B，低于C者为D。分值确定区为：A取值90以上，C取值60～75。鉴于发展的不平衡性，最终结果的整体定位将各等级分别对待，各省、市、区亦根据各自实情在不同经济区比较。3. 许多调查可在不同层面同一次性完成。表中为了叙述明白，使用了单列。4. 在使用本表前，使用人员需进行统一培训

表12-3 农业标准化实施示范项目绩效评价指标框架

评价准则	一级指标	二级指标	评分依据	评分等级
1.组织管理（30分）	1. 组织架构（4分）	建立领导机构（2分）	地方政府关于成立领导机构的文件	2分：成立领导小组，并由当地政府主管农业的领导负责。1分：成立领导小组，未由当地政府主管农业的领导负责。0分：未成立领导小组
		成立办事机构和实施机构（2分）	组织机构健全；相关制度文件齐备有序；决策管理科学合理、有效；调研了解	2分：成立了办事机构和实施机构，有专门的工作办公室及下属实施机构，专门的管理和实施人员队伍职责明确，实施机构和人员结构科学合理，有固定可靠的技术支持机构（质量安全检测）。1分：只成立了办事机构和实施机构。0分：未成立办事机构和实施机构
	2. 制度建设（19分）	投入品监督管理制度（3分）	制度文件	3分：示范区有完善的投入品监管制度，且规范可行。1.5分：示范区有投入品监管制度，但欠规范。0分：示范区没有投入品监管制度
		投入品定点采购制度（3分）	制度文件	3分：核心示范区有完善的投入品定点采购制度。1.5分：核心区有投入品定点采购制度，但欠规范。0分：核心区没有投入品定点采购制度
		投入品经营记录制度（3分）	制度文件	3分：示范区有完善的投入品经营记录制度。1.5分：示范区有投入品经营记录制度，但欠规范。0分：示范区没有投入品经营记录制度
		生产经营档案制度（3分）	制度文件	3分：示范品种生产、加工、运输、贮藏及市场营销等各个环节都有生产经营档案记录。1.5分：上述环节有生产经营档案记录，但欠规范，操作性不强。0分：上述环节欠缺生产经营档案记录
		质量安全追溯制度（4分）	质量安全档案记录 农产品标志	4分：示范品种生产、加工、包装、贮藏、运输、包装、运输，可追溯。2分：上述各个环节有质量安全档案记录，但不完整，农产品标志不明确，无法追溯。0分：上述环节欠缺质量安全档案记录，或农产品没有标志
		质量控制制度（3分）	调研质量安全检测机构；例行监督检测管理制度文本	3分：建立了质量安全检测机构且运行良好，建立了切实可行的内部监督管理制度和例行监测制度。1.5分：建立了质量安全检测机构，建立了内部监督管理制度，但检测机构的运行存在问题，或制度欠缺内部监督检测制度。0分：没有建立质量安全检测机构，或没有建立内部监督管理制度和例行监测制度
	3. 实施方案（3分）	制定工作计划及实施方案（3分）	实施方案和各年度工作计划	3分：制定详细可行的工作计划及实施方案并落实到位。1.5分：制定工作计划及实施方案但没有落实到位。0分：没有制定工作计划及实施方案
	4. 资金使用（4分）	配套资金到位率（2分）	账队信息；银行资信情况	2分：配套资金按时到位足额到位。1分：配套资金按时到位或足额到位。0分：没有按规定提供配套资金
		资金使用情况（2分）	审计报告；财务会计资料；座谈了解实际情况	2分：有审计单位或主管财政单位出具的国家项目资金审计或使用报告，做到专款专用，资金使用合理。1分：有审计单位或主管财政单位出具的国家项目资金审计或使用报告，存在部分问题，或资金使用不合理。0分：没有审计单位或主管财政单位出具的国家项目资金审计或资金使用报告，或发现挪用项目资金

续表

评价准则	一级指标	二级指标	评分依据	评分等级
2.实施（20分）	1.标准与标准体系（6分）	标准的采集、修订与制定（3分）	各环节标准文本；专家调研了解收集情况和完善情况	3分：采集了相关的国内外、行业、地方标准，并根据本地情况修订和补充制定了相关标准，生产、加工、行业、贮运、包装、销售各环节的技术、管理和工作标准相应完善。1.5分：采集了相关的国内外、行业、地方标准，并根据本地情况修订和补充制定了相关标准，但示范品种生产、加工、行业、贮运、包装、销售各环节的技术、管理和工作标准不够完善。0分：没有采集相关的国内外、行业、地方标准，也没有根据本地情况修订和制定相应标准
		标准的转化（3分）	简明手册；明白卡；其他转化后材料	3分：将标准转化为通俗易懂的简明手册或明白卡等。1.5分：制作了简明手册或明白卡等，质量一般。0分：未制作简明手册或明白卡等
	2.标准实施的培训与宣传（5分）	标准的培训（2.5分）	培训教材；培训档案；培训名单；调研了解培训效果	2.5分：每年培训管理和技术干部1次以上，农民2次以上，培训档案完整。1.5分：对管理和技术干部进行培训，或对农民的培训少于2次，或培训档案不完整。0分：没有对管理和技术人员开展培训或没有培训档案
		标准实施的宣传（2.5分）	宣传手册；宣传计划；宣传片；宣传版牌；其他宣传材料	3分：开展了多种形式的宣传活动，效果非常好。1.5分：开展的宣传活动较少，效果一般。0分：没有开展宣传活动
	3.生产记录（9分）	投入品记录（3分）	查阅相关记录；肥/饲料、兽药、农用塑膜塑料制品的采购源、量及存放、载无误	3分：投入品记录详尽完整。1.5分：投入品记录详尽不完整。0分：没有投入品记录
		生产过程记录（3分）	投入品的使用记录（定植/引种、用水、栽培/畜喂、环境卫生等）；生境变化信息记录	3分：生产过程记录详尽完整。1.5分：生产过程记录详尽不完整。0分：没有生产过程记录
		产品记录（3分）	收获与批处理记录；去向记录	3分：产品记录详尽完整。1.5分：产品记录详尽不完整。0分：没有产品记录

续表

评价准则	一级指标	二级指标	评分依据	评分等级
3. 效果（35分）	1. 直接效果（20分）	农产品生产主要环节标准应用覆盖率（3分）	参考相关文件中的计算方法：根据文件记载和调研获得数据进行计算	3分：核心区达到100%，非核心区达到90%~99%。2分：核心区达到90%~99%，非核心区达到80%。1分：核心区达到80%，非核心区达到60%~69%。0分：核心区达到70%~79%，非核心区未达到60%
		投入品经营档案覆盖率（3分）	参考相关文件中的计算方法：根据文件记载和调研获得数据进行计算	3分：核心区达到100%，非核心区达到90%~99%。2分：核心区达到90%~99%，非核心区达到80%~89%。1分：核心区达到80%~89%，非核心区低于90%。0分：核心区达到70%~79%，非核心区低于70%
		农业生产与经营档案覆盖率（3分）	参考相关文件中的计算方法：根据文件记载和调研获得数据进行计算	3分：核心区达到100%，非核心区达到90%~99%。2分：核心区达到90%~99%，非核心区达到80%~89%。1分：核心区达到80%~89%，非核心区低于90%。0分：核心区达到70%~89%，非核心区低于70%
		简明手册入户率（3分）	参考相关文件中的计算方法：根据文件记载和调研获得数据进行计算	3分：核心区高于90%，非核心区达到80%~89%。2分：核心区达到90%，非核心区达到70%~89%。1分：核心区低于90%，非核心区达到70%~89%。0分：核心区低于90%，非核心区低于70%
		产品品牌认证情况（3分）	通过文件和调研了解商标注册情况	3分：获得三品（无公害农产品、绿色产品、有机产品）认证或地理标志产品认证。2分：产品实现出口。1分：注册了产品商标。0分：未注册产品商标
		质量抽检合格率（5分）	参考相关文件中的计算方法：根据文件记载和调研获得数据进行计算	5分：示范区农产品质量安全抽检合格率大于98%以上。3分：示范区农产品质量安全抽检合格率96%~97%。1分：示范区农产品质量安全抽检合格率95%~95%。0分：示范区农产品质量安全抽检合格率小于95%。发生国家重大质量安全事故，生产假冒伪劣产品或在国际贸易中遭质量投诉者绩效评价等级评为不合格
	2. 社会效果（15分）	经济效益（5分）	统计数据；调研了解相关情况	5分：项目区与非项目区农民年均收入增长率比较（或养殖同一禽畜鱼类）的农民年均收入增长率比较。3分：项目区与非项目区种植同一作物（或养殖同一禽畜鱼类）的农民年均收入增长率比较，项目区较非项目区农民增长率低
		环境效益（5分）	参考最近一期和上一期的环境报告	5分：对环境可持续发展有很大的促进作用，且变化显著。3分：对环境可持续发展有一定的促进作用，比值为中性，变化不明显。0分：对环境可持续发展有限，比值为负。-3分：对环境如何负向。一份报告时以差值为基准值比较，用不同期报告上可比照的实测指标与标准差值确定对环境贡献度。先后两份时以差值的正负值叠加比较，并乘以0.8
		示范和扩散效益（5分）	参观学习的次数和规模；调研扩散程度	5分：项目经验向外省市扩散。3分：项目经验从省内示范区向非示范区扩散。1分：项目经验从核心区向非核心区扩散。0分：没有扩散

续表

评价准则	一级指标	二级指标	评分依据	评分等级
4.可持续性（15分）	1.机构可持续性（2分）	机构可持续性（2分）	调研了解机构持续运行状况，从机构的人员、业务等方面判断	2分：领导机构、农业综合执法机构、农业标准化管理机构、农产品认证管理机构、质量安全检测机构等所有相关机构均能持续运行或相应的职能可以持续得到履行。1.5分：上述机构大部分能够持续运行或大部分职能能够持续得到履行。1分：上述机构中仅少数能持续运行或少数职能得到履行，停止履行所有职能。0分：上述所有机构都无法持续运行
	2.政策可持续性（2分）	政策支持（2分）	地方政策文件；与地方政府座谈	2分：当地政府能够落实国家的农业标准化相关政策，为农业标准化长效机制的建立提供支持。1分：当地政府对农业标准化政策的支持力度一般
	3.资金可持续性（5分）	政府资金投入（2.5分）	调研资金投入状况	2.5分：项目结束后次年，当地政府对农业标准化的资金投入比上一年增加。1.5分：当地政府对农业标准化投入的资金投入与上一年持平。1分：当地政府对农业标准化用于标准化生产投设有后续投入
		企业/农户资金投入（2.5分）	调研了解企业/农户的投入状况	2.5分：企业/农户投入资金足以维持标准化生产经营。1.5分：企业/农户投入资金不足以维持标准化生产经营。0分：企业/农户没有取得资金投入
	4.市场化能力（6分）	龙头企业带动能力（3分）	龙头企业包括公司和合作社；示范区产品由龙头企业经营的比率；示范区散户归入龙头、企业管理的比例	3分：区内企业/合作社对本区农产品销售总量≥70%且≥10%属于高端销售（超市；绿色有机类销售；直接出口）。2分：区内企业/合作社对本区农产品销售总量≥50%。1分：区内企业/合作社对本区内农产品几乎无销售
		产品市场认可度（3分）	项目区与非项目区比较；调研产品价格比较	3分：项目区单位产品价格高于非项目区。1.5分：项目区单位产品价格与非项目区相同。0分：项目区单位产品价格低于非项目区

说明：1.评价时，直接对二级指标打分，二级指标分数加和得到对应的一级指标分数，一级指标分数加和得到项目绩效评价总分。2.增长率计算以2005年人均收入为基线，计算三年的平均增长率；人均收入的计算选取项目区和非项目区的代表性农户若干户，进行平均计算

基础设施建设和城乡基本公共服务的战略。作者有幸承担了这一试点项目的执行效果考核评价体系的研究，于 2013 年开始工作，到 2015 年上半年产出成果，已经形成报批稿，拟投入实际应用。

本研究形成了两个层次的考核评价结果表，表 12-4 是将三个试点分离考核的效果评价体系表，考核项目分为"通用项"和"分类项"，再以考核的类别和考核指标给出了评价的具体指标；后经讨论认为有两点需要调整，一是指标要求有些严格，不能一开始就要求太高，二是考核有些复杂。为此，在修改基础上，形成了简化并突出了管理成分的考核体系，如表 12-5 所示。本考核表最终确定为考核验收农村综合改革标准化试点项目的指标体系表，现已形成报批稿，被采纳应用于项目的实际考核评价验收。

三、我国农业标准化效果评价案例——建模

开展我国农业标准化实施效果的考核，本身就带有相当大的复杂性。为切实履行农业标准化主管部门的监督检查职能，不断研究和探索农业标准化实施效果的考核评价方法，为管理提供量化称量工具，就有必要建立适应不同评价需要的数学模型。

大体上，可以分为短期专业性和长期综合性两大类评价模型。

1. 短期评价模型的建立

短期专业性评价模型，是按照农业标准化不同的监管需要，从静态和动态两个方面考虑建立模型，从而使用于不同的需要。前者适用于短期效果评价，如当年效果；后者则适用于中长期效果评价，如 5 年以上的实施效果。建立专业评价模型的基本思路，以农产品的质量安全为核心，向前评价其产地准出时的符合性，如有机、绿色、无公害的认证及是否达到要求水平，向后则看市场准入环节的达标要求，结合检验检测，说明质量安全水平。

1）产地准出时的评价模型

依据专业模型评价核心要求，无论是哪个级别的认证，对产地环境、投入品使用和生产过程控制的标准化水平首先要做出分项评价，再对农产品的生产标准化程度做出综合判断。

设：某类农产品的生产标准化水平为 X，产地环境标准化水平为 A，弹性系数为 α；农业投入品使用标准化水平为 B，弹性系数为 β；生产过程标准化水平为 C，弹性系数为 γ，则：

$$X=\alpha A+\beta B+\gamma C$$

式中，弹性系数项需要通过进一步的研究计算。有时表示该项的重要程度。

由于不同农产品的产地环境、投入品使用和生产过程控制各不相同，在具体评价时要根据不同农产品的具体要求分别列出相关数据项，从而形成分项评价表。再在分项评价的基础上，做出综合判断。本步骤的目的，试图对农产品的生产是否达到"高产、优质、高效、生态、安全"的要求做出综合评价。

表 12-4　国家农村人居环境改善标准化试点项目考核评价指标体系表（最初研究）

项目	类别	考核指标	美丽乡村建设 合格	美丽乡村建设 不合格	考评	村级公共服务 合格	村级公共服务 不合格	考评	农业社会化服务 合格	农业社会化服务 不合格	考评
通用考评项	试点的发展规划 A	科学性 A1	规划展示了①内部水、电、网、路、排污、防洪等管线等设施项目科学；②设计考虑到地域经济、文化、社会因素的一致性；③论证资料齐全	美丽乡村建设规划缺少前述要求其一		规划中①明确现有公共设施位置考虑规模评面图；②明确了公共服务发展原则，目标方向任务；③规划可行，体现乡统筹建设政策，资料齐全	规划缺少前述项中的部分内容		规划①反映出试点有农业社会化服务体系内容特色关键领域关键项；②反映了现状和方法；③体现新型社会化服务特点和趋势，论证资料齐全	规划不能体现新型社会化服务特点和趋势，论证资料不齐全	
		透明性 A2	规划充分征求利益相关者意见和建议，产生和背景过程及结果村民均知晓，记录完整	规划缺乏广泛群众意见		规划无分征求利益相关者意见和建议，村民知晓没有遵守表态	规划缺乏征求相关者意见和建议，没有表态签字		规划在广泛调研了解，科学预测并广泛征求利益相关者意见和建议后产生（证据全）	规划缺乏征求利益相关者意见要	
		符合性 A3	美丽乡村①实际协调性和保持一致，即使有改变也规划按照标准程序进行了事先补充；②村落没有"阴阳面"朴	美丽乡村实际风貌与规划不一致		规划①与实际一致，实施的也按照规划落实；②公共设置置相匹配	不能满足前述两个条件		规划①与现相符并有推动提升作用；②目前服务突出良好	现状及趋势不能满足前述要求	
	试点的标准体系 B	完整性 B1	①标准体系完整和系统性；②体系突出了"美丽"及涉及相关领域标准；③推动农村人居环境改善作用明显	缺少前述各项之一		①标准明确已经颁布实施；②关键也有力量显示；③与规划前瞻性	缺少其中某一项		①标准体系架构完整，主要领域推进的时间表明确；②目前正在落实的领域完善，关键特征明显，队伍有形	缺乏前述内容之一	
		可靠性 B2	①标准体系符合验证效果良好；②关键标准表达了关键领域的关键性	不符合其中之一		①标准体系符合实际需要；②关键标准齐全目表现了关键合力关键性	不符合其中之一		①代表性验证效性目表达了领域专业的关键	不符合其中之一	
		实用标准率 B3	用于协调管理和建设方面的标准体系包含的标准总量比值大于60%，实有标准应用率均大于80%	不符合良好条件		实际建设方面的标准与标准体系包含的标准比值大于50%，实有标准应用率均大于70%	不符合良好条件		用于协调管理、各专业服务队伍的标准体系包含的标准总量比值大于40%，实有标准应用率大于60%	不符合良好条件	

·378· 农业标准化导论

续表

项目	类别	考核指标	美丽乡村建设 合格	不合格	考评	村级公共服务 合格	不合格	考评	农业社会化服务 合格	不合格	考评
通用考评项	关键标准应用 C	关键标准研制 C1	标准化过程关键点把握良好，关键标准已研制颁布	标准化过程关键点把握差		标准约束行为过程关键点把握良好，关键标准齐全切实用	标准化关键点把握差		重点领域关键点确定把握良好，关键标准已明确颁布齐全	达不到前述要求	
		落实有效率 C2	关键标准落实有效好，应用率100%	关键标准应用少于100%		关键标准落实有效好，应用率≥90%	关键标准少于90%		关键标准落实有效好，应用率≥80%	关键标准落实低于80%	
	试点标准化组织 D	组织机构 D1	试点省决策层、管理层和指导层及县乡三级组织机构健全当有创新，责任到人	组织机构不健全，形同虚设		试点省决策、管理和指导层及村级组织机构健全，村级结构齐全，落实到位，责任到人	组织机构不健全，结构同虚设建设		决策、管理和指导层及领域组织机构健全，制度化，责任到人	组织机构不健全	
		推动能力 D2	标准宣贯活动制度化，方式方法选择恰当有创新	标准宣贯活动制度化差，方式方法选择不恰当		村级公共服务宣贯制度化，落实与监督常态化	服务标准宣贯制度化		农业社会化服务宣贯制度化，方式方法选择恰当	宣贯制度化不够，方式方法选择不恰当	
	试点试验实施效果 E	项目区、站、点建设 E1	村容村貌符合标准要求	村容村貌不符合标准要求		村级公共服务站、点正常运行	服务站、点运行不正常		社会化服务机构、站、点运行正常	服务机构站点运行不正常	
		群众满意度 E2	对村容村貌及建设过程，村民满意度80%以上	村容村貌、建设过程，村民满意度80%以下		村级公共服务建设、服务、村民满意度80%以上	村级公共服务村民满意度80%以下		服务对象（村民）对专业化行政服务持续保障健全的满意度80%以上	服务对象满意度80%以下	
		持续发展机制 E3	美丽乡村建设持续发展机制健全可行，有明确的拟将解决的问题和可行的措施方案	美丽乡村建设试点项目推动机制缺乏持续发展机制，仍陷于项目执行的传统		村级公共服务保障机制健全可行，有发展提高的设想，村民知晓并参与	村级公共服务保障机制缺乏或不可行		农业社会化服务持续保障机制实可行，监管指导体系可行	农业社会化服务持续保障机制建设有或不可行	
		创新点 E4	美丽乡村建设标准体系关键标准应用效果；实际表现形态一致，纵向比较有创新特色，标准化工作创新缺乏	美丽乡村建设标准体系关键表现无前述总结效果，标准化工作创新缺乏		村级公共服务规划建设，村标准化创新，标准应用效果表现一致，服务实现形态积极设想，标准化高，极有配合创新者极少，积极性不高	村级公共服务标准化创新建设缺乏，服务者极少配合性，积极性不高		主要服务领域标准体系关键标准应用效果；实现表现形态一致，标准化试点体系建设有创新	传统服务，领域标准化不明确，标准化试点建设工作创新缺乏	

第十二章 农业标准化效果评价

续表

项目	类别	考核指标	美丽乡村建设 合格	美丽乡村建设 不合格	考评	村级公共服务 合格	村级公共服务 不合格	考评	农业社会化服务 合格	农业社会化服务 不合格	考评
分类考评项	美丽乡村建设试点 F	村容村貌 F1	距村200米的正背侧三面观基本相同	只有正观面整洁有新貌		/	/		/	/	
		地下设施与道路 F2	村内供排水系统流畅实用，图纸与实际相符；硬化道路等符合相关标准规定	不符合合格要求		/	/		/	/	
		村民关心的问题 F3	有解决问题的程序标准；村民问题解决有记录且记录有当事人签字；村民认可对村干部解决了小问题不出村，中问题不出乡，大问题不出县	农民并不满意，农民曾有问题反映，并判断为应当解决的问题，但未解决		/	/		/	/	
	村级公共服务标准化试点 G	关键服务 G1	/	/		多项标准：服务管理（制度）、服务队伍、队伍待遇、公共设施维护、卫生保洁，服务监督，危害服务的惩罚标准等用性强	在服务落实、服务队伍、公共设施、卫生、监督等方面的标准不全或不实用		/	/	
		服务队伍组织 G2	/	/		有固定的公共器材护理、村级保洁、服务保持监督等人员	缺一或者没有固定人员的基本工资		/	/	
		服务效果评价 G3	/	/		80%以上农户满意并有积极参与意识	农民20%以上不满意，缺乏参与意识		/	/	
		公共设施维护与记录 G4	/	/		有专人负责的设施维护详细记录；设施现状与记录相符；设施位置基本位于村落中心，符合村民活动的要求	有记录但不齐全		/	/	

续表

项目	类别	考核指标	美丽乡村建设			村级公共服务			农业社会化服务		
			合格	不合格	考评	合格	不合格	考评	合格	不合格	考评
分类考评项	社会化服务标准化试点H	服务队伍与标准 H1	/	/		/	/		专业化服务队伍明确，有结合本试点区主导产业的服务标准与体系，关键标准颁布并应用	不符合前述要求	
		服务队伍及理解应用标准 H2	/	/		/	/		专业化服务队伍应用标准规范行为：从相关标准使用中产生了意识行为与经济直接利益	服务应用标准少或者仍然是传统服务方式	
		服务监督效果 H3	/	/		/	/		由试点产生服务监管标准目标落实到位，围绕农产品质量安全的检验检测程序及标准符合标准要求	缺乏服务监督的有效程序及记录，不符合前述要求	
		农民对服务的评价与诉求 H4	/	/		/	/		主体服务项中的80%以上农户对服务的结果满意，对服务需求有明确所指；农户对每次服务有评价结果	试点区农户没有太多专业化服务诉求，不需要太多服务或者对服务评价在良好以下	
考核总分											

注：1.本考核体系由通用考核项5类和3个体系考核分项共8类组成；2.通用考核指标共计14个，三个体系中考核点合计11个，三个体系分别是：美丽乡村建设标准化试点考核点17个，村级公共服务标准化试点考核点18个，3.本体系用于试点考核，只分考核"合格"（≥60分）和"不合格"（<60分）项，各项均以100分为满分计，权重在后台合出现；4.考核最终成绩80分以上为合格，60~79分及格，60分以下为不合格

第十二章 农业标准化效果评价

表 12-5 农村综合改革标准化试点项目目标考核表（报批稿）

项目	考核点	内容要求	分值	评分标准	得分	备注
一、标准化试点基础工作（20分）	1. 试点目标和规划	围绕各自试点实施方案，设定了试点建设目标和具体工作规划	5	1. 目标明确，分阶段落实有效，2分 2. 规划合理，符合以人为本、因地制宜、量力而行、持续推进的基本原则，示范村的村庄规划经村民大会审定通过，3分		
	2. 组织机构建设	建立标准化试点领导机构和工作机构	4	1. 机构成立，运行规范，文件齐全，2分 2. 机构分工有序，人员职责明确，2分		
	3. 组织管理工作	制定并落实实施方案，加强监督管理和各部门协调配合	4	1. 实施方案清晰，明确标准化试点内容和要求，工作步骤，2分 2. 试点单位出台内各部门组织有序，分工协调配合，1分 3. 建立明确的监督检查制度，1分		
	4. 保障措施	试点政策制度健全，资金有保障	7	1. 试点工作纳入本地区总体规划或政府工作重点，3分 2. 试点地区出台了相关政策，支持力度大，作用显著，2分 3. 工作经费纳入本地区财政预算，提供必要经费保障，落实试点，2分		
二、标准化试点的实施（50分）	1. 试点的标准体系	建立了完善的标准体系，内容清楚，体现了试点的特色	15	1. 构建标准体系结构图，3分 2. 制定标准明细表及相应编制说明，6分 3. 标准体系体现试点区域特点，3分 4. 标准体系表结构精准，逻辑清楚，层次分明，指导性强，3分		
	2. 试点标准研制与修订	围绕美丽乡村建设标准化、村级公共服务标准化和农业社会化服务标准化要求，开展标准研制与修订工作，满足了试点实际标准需求	15	1. 针对试点，有相应明细表中的标准制修订任务需求分析，3分 2. 考核标准明细表中的标准制修订任务完成情况：完成100%得7分，≥90%得6分，≥80%得5分，≥70%得4分，≥60%得3分，<60%不得分 3. 制修订的标准符合当地实际，标准水平高，5分		
	3. 标准化宣贯	考核试点范围的标准化得到实施效果，实际效果显著	10	1. 各类公众媒体报道，省部级及以上报道2次，2分 2. 组织多形式的标准宣传，材料、记录齐备，2分 3. 开展重要标准培训，资料齐全，4分 4. 试点指导记录真实、齐全，整理有序，2分	计划，通知，过程记录，现场照片，小结等
	4. 试点标准化的实施	试点单位应确保纳入标准体系表的所有标准得到全面有效实施，并对标准实施情况进行检查，及时修改完善实施中遇到的问题，不断修订完善标准	10	1. 标准明细表中的标准准得到实施，4分 2. 关键标准应用效果显著，3分 3. 标准实施记录完整（包括但不限于标准的评价与改进记录），3分		

续表

项目	考核点	内容要求	分值	评分标准	得分	备注
三、标准化试点的效果（30分）	1. 农民满意度测评	分别从三类标准化试点建设的角度，考核农民对试点运行过程、结果的感受与看法	10	开展村民满意度测评工作，按照村民对试点建设的总体评价进行考核：优秀7分，良好5分，一般3分，不满意0分。无与试点项目建设相关的投诉，3分		
	2. 工作模式总结	每个试点应根据项目目标与实际相结合要求总结和提炼有特色的工作模式	6	1. 总结试点工作所取得的经验、成果和做法，3分 2. 创新标准化工作模式，凝练总结特色并推广，3分		
	3. 长效机制建立	通过项目，提高本地区相关人员标准化意识，建立标准化长效机制	5	1. 试点地区标准化意识提高，标准化氛围基本形成，3分 2. 建立标准化长效保障和推进机制，2分		
	4. 试点综合效果	标准化试点前后经济、社会、文化、生态效益对比	9	1. 有数据和资料证明标准化试点实施前后效果对比明显，3分 2. 农村生态环境治理或政府公共服务水平或农业社会管理能力得到提高，3分 3. 试点带来的经济、社会、文化、生态综合效益明显提升，3分		以总结报告、原始记录、计算依据、过程和结果支撑
四、亮点加分项（20分）		从试点工作的模式创新，获得奖励；牵头或参与标准化，村级公共服务运行服务标准化和农业社会化服务标准化三类试点，以及试点的某个方面有特色，效果突出，可酌情加分	20	1. 标准化试点工作有创新，试点效果突出，4分 2. 每牵头制修订国家标准一项得4分，参与一项得2分；每牵头制修订行业或地方标准一项得2分，参与一项得1分；最高8分 3. 试点工作省部级以上奖励得4分，地级以上奖励得2分，最高4分 4. 人民日报、新华社、中央电视台等国家级媒体报道试点工作，每次2分，最多4分（同一事项不重复计分）		所有加分项必须有相应支撑材料，否则无效

注：1. 满分为120分，其中亮点加分20分。总分≥70分为合格，<70分不合格，≥100分为优秀
2. 针对美丽乡村建设标准化、村级公共服务运行维护标准化和农业社会化服务标准化三类试点，分别基于各自主题和试点内容开展考核

2）市场准入时的评价模型

在市场准入环节，评价农产品的质量安全性。结合检验检测，对该农产品是否符合质量安全标准做出判断。

设：某类农产品质量安全标准化水平为 Y，产品检验检测合格样本数为 E，产品检验检测总样本数为 D，则：

$$Y = \frac{E}{D} \times 100\%$$

这是对某类农产品的质量安全性检验检测结果（检验合格率）是否符合有关强制性技术规范要求做出的专项评价。该评价在一定程度上能够反映社会效益。

3）标准化效果的综合评价模型

在上述两项评价的基础上，可得出某一区域（如示范区）某类农产品生产的标准化整体水平。

设：某区域农业标准化实施效果为 Z，某类农产品的生产标准化程度为 X，弹性系数为 a，其质量安全标准化程度为 Y，弹性系数为 b，则：

$$Z = aX + bY$$

式中，a、b 反映了两个子项的重要程度。

上述三步的模型，适用于区域生产某单一品种的农业标准化短期评价。数据来源于当年发生的情况。

2. 长期评价模型的构建

长期评价模型也称为动态评价模型，适用于某类农产品农业标准化实施效果的中长期，如 5 年以上的评价。某区域的农业标准化 5 年以上的实施效果 Z 就成为

$$Z = \left(a\sum_{i=1}^{j} X_i + b\sum_{i=1}^{j} Y_i\right) \Big/ j$$

式中，$i=1, 2, 3, 4, 5, \cdots, j \geq 5$。

此乃简化的建模思路，若考虑 5 年中相关农业标准的制定、修订和发布实施的因素，在设计相关评价表的时候，应予以补充和完善。

3. 综合性评价模型的建立

为适应行政区域多种农产品生产标准化实施效果的评价，也就是对相关的标准化复杂因素的综合考虑，如同一区域生产多品种，产地环境、投入品和生产过程也相当复杂，标准化生产与非标准化生产并存，采用综合建模以评价农业标准化效果。

综合建模，不妨借用农业科技进步贡献率的思路方式进行。农业科技与农业标准之间的关系是直接的和互为因果关系的，农业标准的"研制—落实—修订"过程，正是农业科技成果、经验从技术层面上的"创新—普及—再创新"的过程。由于有了农业标准化这个平台，农业科技创新才有了立足点和突破的基础[1]。

我国农业科技进步率的计算公式为

---

[1] 李鑫，李晓媛，崔野韩，等. 农业科学、农业技术、农业标准及其关系. 西北农林科技大学学报（社会科学版），2012，12（6）：20-25，43

$$\delta = \frac{\Delta Y}{Y} - \left(\alpha \frac{\Delta K}{K} + \beta \frac{\Delta L}{L} + \gamma \frac{\Delta M}{M}\right)$$

式中，δ——农业科技进步贡献率；$\Delta Y/Y$——农业总产值增长率；$\Delta K/K$——物质费用增长率；$\Delta L/L$——劳动力增长率；$\Delta M/M$——耕地增长率；α——物质费用投入产出弹性系数，"九五"期间 $\alpha=0.55$；β——劳动力投入产出弹性系数，"九五"期间 $\beta=0.20$；γ——耕地投入产出弹性系数，"九五"期间 $\gamma=0.25$。

有人提出，从农业科技进步贡献率中分离出农业创新贡献率的方法，得出农业标准化贡献率。例如，按照这个公式计算的"十一五"期间全国农业科技进步贡献率平均为51%。如果农业科技创新贡献率为10%，则剩余的41%即为农业标准化部分的贡献率。实质上，这种算法是不能够真实地表达农业标准化贡献，值得探讨。因为农业标准化是对农业重复部分的约定进行简约和优化而不断地努力提升的实际行为的规定，农业进步的最终落点和结果产出实质全部是农业标准化的结果。那么农业技术进步也好，科技创新贡献也好，都是以隐性的贡献效果表达的，其贡献从创新的角度衡量时，占有的比例是很小的。

农业标准化贡献，来自于标准质量增长率（包括了科技贡献增长率，即应用新的技术与方法量）、标准应用的系统提升水平增长率（标准体系形成的边际效应）、有害物质应用下降增长率、农业总产值增长率、物质费用增长率和劳动能力提升增长率这五个主要指标产生。则农业标准化贡献率 δ_b 应当是：

$$\delta_b = \frac{\Delta N}{N} - \left(\frac{\Delta B}{B} + \frac{\Delta Z}{Z} + \frac{\Delta H}{H} + \frac{\Delta K}{K} + \frac{\Delta L}{L}\right)$$

$$\frac{\Delta N}{N} = \frac{\Delta Y}{Y} + \frac{\Delta S}{S}$$

式中，$\Delta N/N$——农业总效益增长率；$\Delta S/S$——区域生态良好性增长率；$\Delta B/B$——标准质量增长率；$\Delta Z/Z$——标准应用的系统提升水平增长率；$\Delta H/H$——有害物质应用下降增长率。

动态评价模型更加复杂，是因为不但评价对象复杂，时间也较长。研究农业标准化绩效问题，提出客观的贡献率计算方法，还需要努力研究。我国目前对农业科技创新的投入研究，主要考核农业科技投入中研发经费支出的增长率、农业科技人员中研发人员工资支出的增长率和农业用地中新品种用地的增长率这三个指标，在农业标准化普及中可以参考应用。

从某种意义上说，实施农业标准化是在帮助农民逐步从传统的农业生产习惯向规范化生产转变的过程，而要让广大农民认可标准化的理念，看得见的经济效益就显得尤其重要。没有经济效果的农业标准化是不可能对农民有足够吸引力的。农业标准化活动的目的是为了在保证农产品及其加工品优质安全的前提下，通过有序控制其生产经营费用和交易成本，来满足市场需求，同时取得最佳社会经济秩序。在当前我国农业生产技术效率低下的情况下，农业标准化产出效果必然会有显著提升。有研究表明，我国农业标准化对经济增长的贡献有着举足轻重的作用，标准化实施对产出增长30%左右的贡献率足以说明在现阶段农业增长手段和方式的变化，即从技术进步到技术效率的提升，从数量的变化到质量的提升。

所以，农业标准化实施最终的目的之一就是实现经济效益。农民增收、产业增效是企业带动农民、政府推动实施的动力所在,也是农民能依托企业、政府部门或农民专业合作组织的联接点。无论是政府还是企业或农民自己的组织,通过评价过程,能感受到农业标准化实施的效益,这就是农业标准化的魅力和意义。而评价体系的科学、客观、公正、明晰就显得重要。

四、农业标准化经济效益评价指标体系

农业标准化的经济效果主要表现为对生产消耗的种种节约和产品质量的提高方面在评价和计算标准化经济效果时,应考虑的主要因素有:①标准化节约,如原材料费的节约,设计(工艺)费用的节约,燃料、劳动费用的节约,提高产品质量的节约,生产制造费用的节约,生产周期的缩短,流动资金和固定资金占用的节约;②标准化费用,如标准制定费用,标准贯彻费用。

1. 市场占有率提高程度

市场占有率提高程度反映实施农业标准化的市场效果,是提高农业经济效益的重要前提和保证。其计算公式为

市场占有率提高程度=[(实施农业标准化后某种农产品市场销售额−实施标准化前该种农产品市场销售额)/市场上同种农产品的销售总额]×100%

2. 出口创汇率提高程度

该指标是指农业标准化实施前后出口创汇率之差,用以衡量实施农业标准化后其产品参与国际竞争的能力提高程度,这是农业标准化经济效益的重要体现。其计算公式为

出口创汇率提高程度=[(实施农业标准化后某农产品出口额−农业标准化实施之前该产品出口额)/同类农产品出口总额]×100%=实施农业标准化后某农产品出口创汇率−实施标准化前该产品出口创汇率

3. 农业标准化经济收益

农业标准化经济收益是指制定与贯彻农业标准所取得有用效果与所付出的劳动耗费之差,可分为总收益 X_z 和年收益 X_n,具体可按以下公式计算:

$$X_z = \sum_{i=1}^{1} J_i - K$$

$$X_n = J_i - aK$$

式中,J_i——实施农业标准化的某项有用效果(包括收入增加额和费用节约额);K——农业标准化总投资;a——农业标准化投资年费用系数,$a = \frac{1}{T}$ [T 为农业标准有效期(年)],在计算年经济效益时,可采用标准化投资的"分摊法",目前一般按 5 年平均分摊,即 $a = 0.2$。

农业标准化经济收益指标反映了实施农业标准化所实现的总收益,从总量上表现了所实现经济效果的水平。

4. 农业标准化边际成本收益率

该指标是指实施农业标准化后新增加的产值与新增加的成本之间的比率。若该边际成本收益率小于1，说明农业标准化的实施并未提高农业的经济效益；若大于1则说明农业标准化的实施提高了农业的经济效益。该指标的计算公式为

边际成本收益率=新增的总产值/新增的总成本=（标准化后总产值−标准化前总产值）/（标准化后总成本−标准化前总成本）

五、农业标准化经济效益评价方法

如何评价科技进步在经济增长中的作用？如何测算农业标准化的经济效益和社会效益？围绕科技进步经济评价已有了不少研究，也得出了很多可用的方法。但对农业标准化的经济评价却研究得不多，可以说还是个新领域，由于农业标准化实际上是科技进步的一种体现，科技进步经济评价的一般方法很自然地可以用到农业标准化的经济评价上来。科技进步在经济增长中的作用的评价包括两方面：一是评价科技进步的水平，即在特定时空下科技进步所达到的水平及变化率；二是评价科技进步对经济增长所作贡献的大小，即科技进步率在经济增长率中所占比重。农业标准化的经济社会效益评价应该包括两个方面，一是评价农业标准化的水平，即在特定环境下农业标准化的科技含量及适应程度；二是评价农业标准化经济增长对农业所作贡献大小，即农业标准化的水平提高后能带来的经济效益和社会效益的多少，以及各种生产要素在生产过程中所起作用的大小。通过农业标准化的经济社会效益评价，我们可以将标准化工作纳入现代农业管理，使农业标准化更好地为农业生产服务，还可以更好地掌握农业经济发展进程、预测农业经济发展趋势，为主管部门制定农业经济发展规划提供科学依据。

1. 农业标准化增加效益

（1）单位规模新增效益计算如下。

单位规模新增效益=实施农业标准化后单位规模所达到的效益−实施标准化前单位规模所达到的效益

（2）新增总效益计算如下。

新增总效益=实施农业标准化后所产生的总效益−实施农业标准化前所产生的总效益

2. 产业化增值率

$$产业化增值（\%）=\frac{实施农业标准化后某项产业（产品）经营系统的增加值}{实施标准化前某项产业（产品）经营系统的增加值}$$

该指标反映实施农业标准化对农业产业链延伸的作用程度。

3. 投资收益率

$$投资收益率（\%）=\frac{实施农业标准化后的新增效益}{实施农业标准化的总投资}$$

式中，新增效益=实施农业标准化后所产生的效益（目标效益）−实施农业标准化前

的实际效益。

总投资包括实施农业标准化过程中所进行的农民技术培训费、必要的工程设施建设投资、生产资料补贴、管理费用等各项支出费用的总和，其他一些正常的生产经营费用支出不应计入其中。

4. 农民人均增收水平

农民人均增收水平=参与农业标准化的农户人均收入水平-实施农业标准化前（或未实施农业标准化）的农户人均收入水平。

第四节 综合效果评价

一、生态效果评价

生态效果就是通过实施农业标准化，达到不破坏和污染自然环境、稳定生物的生理特性和生活特性、保障生物安全和生态安全、保持生态平衡、实现资源的持续利用和农业的可持续发展的效果。表现为系统多种功能的提高，如水土流失率减少、水源涵养力提高、绿色覆盖率增加、生物多样性增加、农业灾害度下降、农业残留减少等。

生态效果评价是分析实施农业标准化对改善生态因子、维持生态平衡方面的作用，尽可能地用定量的数据来说明。主要指标有环境综合利用状况、水资源利用情况、有害物质排放情况、土壤肥力变化情况、水体和土壤污染治理情况、森林覆盖率变化情况等。应把短期效果和长期效果结合起来，分析实施农业标准化后对保护生态环境，维护生态平衡，创造一个高产、优质、低耗、安全的农业生产系统和一个合理、高效、投入产出平衡的生态系统的作用效果。根据其所追求的具体目标，农业标准化生态效果评价分为宏观效果评价和微观效果评价。宏观效果评价主要从总体上考察一定时期内农业标准化活动对改善农业生态环境实现可持续发展作用的大小，如根据某个时期全国或某个地区农业投入产出统计资料和农业标准化投资数据等，运用适当的分析和计算，测算出农业标准化活动的宏观经济效果，搞清楚此地区农业增产总量，社会和生态环境改善中有多大比例应归功于农业标准化的作用；微观效果评价则是从个体层面上评价农业标准化活动对某个企业、某些农户或一小块区域在一定期限和一定范围内做出贡献的大小。

1. 指标体系

农业标准化生态效果指标体系可分为 3 个部分：农业基础设施与生产条件的变化、农业生态环境条件的变化和农业生态系统结构及功能的变化。

（1）农业基础设施与生产条件的变化 农业标准化活动往往带来农业基础设施的增加，表现在对水、电等生产条件的改善和抗灾能力的增强等方面。具体可用灌溉面积增加率、涝灾面积减少率、受灾面积减少率、抗逆力等指标表示。

（2）农业生态环境条件的变化 生态环境的变化主要体现在植被覆盖面积变化、水质和水供应效果变化等方面。根据农业标准化活动的特点，可分别选用以下计算指标：

自然植被覆盖变化率、水流失量变化率、各类生态恶化面积变化率、环境质量综合指标、水质改善效果、有害物质排放量变化率。

（3）农业生态系统结构和功能的变化　农业系统是一个由生态、技术、经济、社会等子系统综合而成的、复杂的大系统，农业生产离不开生态环境条件，当实施一项农业标准化活动后，必然要引起其有关农业生态系统结构和功能的连锁反应。主要体现在生态系统能源消耗结构、食物链比例结构、生物多样性（植物多样性、动物多样性）、可再生资源利用系数、光能利用率、生物能多层次利用效率、系统生态循环比、土壤肥力的变化、资源利用率等评价指标上。

此外，生态效果评价具有客观性、间接效果、多目标性、超长期性和行业特征多样性等特点，部分农业标准化生态效果很难被量化，如农业生态系统的稳定性和持续能力、农业产业和资源量相一致性关系、生态环境的脆弱度变化情况等方面。因此，评价时必须注意定量评价和定性评价相结合，不苛求定量评价，这样才能使农业标准化效果评价做到科学、合理。

2. 农业标准化生态效果评价的方法

农业标准化生态效果评价方法选择的科学与否，对于能否客观评价、动态跟踪、综合考核农业标准化活动具有重要意义。综合评价的方法有多种选择，主要有以下3种。

（1）多指标直接比较分析法　多指标直接比较分析法是根据建立的农业标准化评价指标体系，将通过调查、统计或试验研究所搜集到的有关数据资料加以整理计算，按照可比性原则逐项指标进行直接对比分析的方法。这种方法较为直观，易于掌握，评价工作量比较小，适用于对比较简单的评价对象、问题进行粗略的评价分析。

（2）综合评分法　综合评分法是根据建立的农业标准化评价指标体系，根据各项指标在整个方案中所占的地位和重要性，根据当地具体条件合理确定各个评价项目的具体指标的权重；然后确定各项指标的评分标准，根据历史资料或典型试验材料，结合当前条件和要求加以确定评分标准，一般可采用5级记分法，即5分为优，1分为差；最后选择合适的专家，根据相关资料、经验，给出各项指标的评价分数，归纳整理，做出综合评价。

这种方法简单、易行，能将一些定性因素相对量化，还能把定量的评价和定性的评价综合成一个总分，综合评分法以总分的高低来评价农业标准化活动的优劣，而正确地确定各项目分数和权重是综合评分法的关键，专家的选择对评价结果至关重要。

（3）模糊评判法　所谓模糊评判法是利用模糊集理论对受多种因素所影响的事物或现象，根据所给的条件（评价标准和实测值），经过模糊变换后，对每个对象赋予一个非负实数——评语结果，再据此排序择优的一种方法。

应用此法进行方案评价的主要步骤如下。

a. 运用层次分析法，确定各项指标的权重。通过系统分析将复杂的问题分成若干有序的层次，对每层次相关因素进行比较判断，将各因素的相对重要性给予定量化，再利用数学方法确定全部因素重要性的次序，并辅之一致性检验，确定各指标的权重。

b. 单层次模糊评价。对于定性指标，可以采取模糊统计方法确定该指标的隶属度。让参与评价的专家按划定的评价等级给各评价指标确定等级，统计后得到各指标的隶属度。对于定量指标，制定统一的评价标准，这些标准可以转化模糊分布，这样可以与定性指标一起进行综合分析。

c. 多层次模糊评价。有了权重和单层次模糊评价的结果，就可以根据隶属度的大小对农业标准化生态效果进行综合评价。

模糊评判法以相应的数学、统计学原理为依据，弱化了主观因素的影响，具有更强的科学性，尤其适合多目标评价的统计思想，但评价的方法比较复杂，需要计算机处理和熟悉这种方法的专业人员。

3. 农业标准化生态效果评价的步骤

（1）选择指标　不同内容的农业标准化活动，其生产对象、环境存在很大差异，对生态效果评价时，应根据评价的具体内容和实际情况，选择确定评价的指标。评价指标的选择确定是否合理，直接影响到生态效果评价的实际效果。

（2）确定参照标准　参照标准的确定必须综合考虑农业的实际发展水平，以及农业标准化活动的自然、经济和社会背景。同时，随着生产能力的提高和农村经济的增长，农业标准化生态效果评价指标体系的参照标准不是一成不变的，它的使用具有很强的时间性，隔一段时间后，必须对它进行重新修订，使之适应条件和环境变化的需要，使评价具有真实的参考价值。

（3）确定评价指标权重　由于农业标准化的主体和内容的不同，其评价的侧重点也不同，因此合理地确定各项指标评价权重才能使评价的作用充分发挥。

（4）资料收集、整理和分析　按照评价中所列的资料来源和收集资料的方法来获取必需的资料。对收集到的数据资料，可按一般的数理统计方法进行分析，求出算术平均值（X）、极差（R）、方差（S^2）、标准差（S）及变异系数 Cv（$Cv = S/X$），对带有随机性的数据，需研究其变化的规律，判断它们遵从什么样的统计分布。分别认真分析标准化前后变化的原因，哪些变化是由标准化因素引起，哪些变化是由于采取其他技术和管理措施引起的，以及它们各自影响的程度，以便合理分摊或确定加权系数。

（5）做出评价报告　报告要求简明扼要，数值可靠，结论正确，措施可行，内容包括：对促进农业发展的作用，对社会、生态的影响及实施措施意见等。

二、社会效果评价

社会效果，简单地说就是由财政开支共同物质条件而互相联系起来的整体所获得的效果。社会效果评价是对项目与农业社会生产、宏观社会经济环境等方面相互作用、相互影响的诸因素的识别、计量、综合、分析和论证。它是最高层次的评价，更具有包容性，是对低层次评价的一种综合。

社会效果定性分析的内容包括：推动社会进步；促进科学技术发展；有利于提高大众的素质和科学文化水平；有利于精神文明建设；有利于增加社会就业率，提高人民生活水平；有利于农业生产，改善劳动生产条件，提高大众的健康水平。凡是能采用定量方法说明的，均需有具体数字。农业标准化社会效果定量分析应考虑以下几个方面的内容。

1. 项目实施引起农民收入水平

生活水平与生活条件的变化，如农民从中所取得经济纯收入、项目实施期间及实施后向国家和地方上交的税利、农业人均分配收入率、就业效果、生产力效果、生活水平的提高、劳动条件的改进、直接受益范围、耕地使用效益等。

2. 项目实施引起农业产业结构与农民就业结构的变化

第一、第二产业的发展及其在农村产业结构中所占比例的提高，以及劳动生产率的提高使越来越多的劳动力转移至第一、第二产业就业，标志着农村社会的进步和发展。项目实施对产业结构的影响可用各产业在产业结构中所占比重的变化值来表示，就业结构的变化可用各产业就业劳动力占劳动力总比重的变化值来表示。

3. 项目实施对农民文化教育水平和科技水平的影响

项目实施对当地农民文化教育水平的影响，表现在项目对当地人民文化观念的影响、对当地普及义务教育的影响、对当地农民文化生活的影响等。项目实施对科技水平的影响表现在，项目采用新技术推广和运用的情况，对农民科技水平的影响，农民对项目实施的态度、对学习科学技术的认识、对学习的积极性相主动性、对提高生产技能和解决实际问题的能力等。

4. 项目对社会事业发展的影响

主要表现在农业标准化实施对农业生产基础设施和生产环境的影响，项目实施对人口的影响，对人民卫生保健的影响，项目区群众对项目的参与态度与支持情况，对当地风俗习惯、宗教信仰、民族团结的影响等方面。

三、综合效果评价

农业标准化的效果是高度综合的，具有不可分裂性，且社会效果和生态效果很难量化，只有通过经济效果的间接反映，才能使评价更加全面、准确。从价值实现的角度来看，生态效果实质上是一种潜在的经济效果，是现实经济效果实现的依存体。从评价实践看，生态效果和社会效果显著，直接经济效果必然显著。宏观的经济效果是社会效果中最主要的部分，对经济效果的评价能从侧面反映生态效果和社会效果。从经济学的角度看，要对农业标准化的成本和效果进行科学的、客观的评价，只有用数据来说明，才具有说服力。综合效果是从政府管理角度考虑，在推进和提升农业标准化能力的过程中形成的《国家农业标准化示范区效果评价体系》及《国家农业标准化示范区管理办法》，就是农业标准化示范区效果的一种度量，而且是一种综合性度量。

第十三章 "三品"及品牌建设

农产品有自己的质量等级,以提供人们在生产、存贮和使用时的正确设计与归位。在商品经济中,农产品作为商品,进入流通和交易,必须对其质量等做出明确规定。没有对农产品内在的质量水平和品牌表现加以标准的规制与认定,就没有办法实现快速、广泛销售,没有办法满足不同级别的消费要求了。本章重点论述农产品的不同级别,特别是官方认定的"三品"级别,还有农产品的不同品牌的建设问题,以便于清楚地认识和利用我国农产品的"三品"实质,有目的地打造农产品品牌,促进农业市场经济的发展。

第一节 农业的"三品"

世界农业,按其生产模式,可分为三种类型:一是可使用农药、化肥和激素等人工合成物质,以追求产量为主要目标,生产出的农产品/食品未经认证,传统消费使用,凭个人经验判断。二是生产环境、过程及产品经过认证,有明确标志和系列的标准规定,生产环境及生产过程不可随意改变,作为商品,有自己产品的品牌,如无公害、绿色农产品/食品属于此类,这是我国农业中产生的称谓。三是强调回归自然,保护生态,在其生产操作和加工的全过程中不允许使用任何人工合成物的加入,必须经过严格的认证和监管。这种农业称有机农业,也有的称为生态农业(芬兰、瑞典)、自然农业(日本)、生物农业(德国),其产品即为有机农产品/食品,不允许有任何污染,是所有人所期望的农产品/食品,但生产规模上不去。说到"三品",绝大多数人比较熟悉,因为常常在火车站或者汽车站都会看到"严禁携带'三品'上车"的警示,即"危险品、易燃易爆品和毒害品"。本章所谈到的"三品",恰好性质相反,是农产品的生产和认证级别,即有机、绿色和无公害农产品/食品,是农产品质量安全的档次象征,简称为农业"三品"。农业三品是在严格标准约束下进行的,也就是说,有机、绿色和无公害农产品的产生、生产和产品及成为商品的全程,均有不同的、严格标准体系的约束的,并且必须进行认证、获得认可证书、向全民公开的标准化生产过程,而不是概念中的农业过程。下面分别介绍农业三品的异同。

一、有机农产品

有机农产品,是国际各个国家消费者追求的最高级农产品,其生产的环境尽量保持了自然法则,生产的产品没有任何有害物质的侵染,生产过程是按照有机农产品生产的标准体系,在严格管理条件下进行的。联合国食品法典委员会的《有机农产品生产、加工、销售指南》对有机农产品生产做了明确规定,国际有机农业运动联盟(International Federation of Organic Agriculture Movement,IFOAM)也有相应要求,欧盟也有有机农产品的法案,等等。有机农产品的生产已经成为全球性的农业运动。

1. 基本概念

有机农产品，是农产品的一种状态表现，也是对生产过程的实质性肯定，是被公认机构认证的农产品。这种产品的生产环境、生产过程和产品处理，都有相应的标准规制，是最高级的放心安全农产品，也是每一个人都希望得到的农产品，接近自然生产模式。由于其具有回归自然愿望的生产行为和方式，在当代工业化水平很高、影响农业经营很深的情况下，有机农产品的生产，就相对复杂许多了，因此，围绕着这一概念，也就牵涉到了多一点的名词概念，主要有以下几个。

（1）有机农产品　是指生产该农产品的农业环境、生产过程和产品包装存贮等过程环节完全符合有机农产品标准要求的农产品。

通俗地说，在符合有机农产品生产的标准环境中生产农产品，其过程不使用任何化学合成品（包括化学肥料、农/兽药、激素）及不符合有机生产要求（被污染）的有机肥料。

还可以说，有机农产品是根据有机农业原则和有机农产品生产的标准方式，生产、加工出来并通过认证的农产品。

（2）有机农业原则　有机农业的原则，是在农业能量的封闭循环状态下，生产农产品的全部过程都利用农业资源来影响和改变其能量循环，而不是利用农业以外的能源如化肥、农药、生产调节剂和添加剂等。

有机农业的原则有四项，即健康、生态、公平和谨慎原则。健康原则指的是，有机农业应当将土壤、植物、动物、人类和整个地球健康，作为一个不可分割的整体，加以维护和发展。生态原则强调的是，以有生命的生态系统和生态循环为基础，在合作、协调的前提下，形成良好的复合持续生存之环境。公平原则突出了有机农业过程应当建立能够确保公平共享公共环境和生存机遇的各种关系，不要人为出现排挤甚至灭除某一方的非公平状态。谨慎原则说的是，有机农业运作需要采取预警的和负责任的态度，以保护环境与长远的人类健康与福祉。这是因为，有机农业是一个有生命与动态的系统，对内外的需求及条件皆需加以回应。从事有机农业能增强效率并提高生产力，但不应在可能危害健康及福祉的情况下进行。因此，新科技必须经过评估，现有的方法也应重新检验和审视。考量到目前对生态系统及农业在认知上的不足，必须以谨慎的态度来对待。

这些原则是有机农业得以成长和发展的基础，表达出有机农业能够为人类发展做出更多的贡献，对所有类型的农业都有改善促进的良好愿景，开拓了如何改进全球农业的视野，对全方位推动有机运动起到了引领作用。实际中，这些原则应当作为一个整体运用，它们是遵循一种用以激励相关行为的伦理原则而显现在统一之中的。

（3）有机农业生产方式　指的是，利用动物、植物、微生物和土壤（水域）4 种生产因素的有效循环，建立可再生的农业生产体系，保持土壤的长期生产力，按照自然规律从事农业生产，不打破生物循环链的生产方式。

（4）有机农业　国际有机农业运动联盟的定义："能够维持土壤、生态系统和人类这三个方面的持续健康的农业生产系统。这种系统依赖生态过程、生物多样性和适应本土条件的循环，而不是依赖于有副作用的外来物品投入。"

GB/T 19630.1—2011 中的定义："遵照特定的农业生产原则，在生产中不采用基因工程获得的生物及其产物，不使用化学合成的农药、化肥、生长调节剂、饲料添加剂等物质，遵循自然规律和生态学原理，协调种植业和养殖业的平衡，采用一系列可持续的农业技术以维持持续稳定的农业生产体系的一种农业生产方式。"

2. 有机农产品的生产

有机农产品的生产，是要在符合有机农业要求标准的环境中，完成农业生产过程。那么从有机农业的定义明显可以看出，应用人类的智力、自然力、生产力及市场经济作用下的经济力的高度综合，并且在弄清农业系统的内源关系与节点作用的基础上，才能进行有机农产品的实际生产。这是一个复杂而必须有耐心的光明事业，需要用真正先进的手段研制和应用一系列标准，在持续发展中推进这一事业。具体有以下几个关键环节。

（1）生产环境的有机保证　实际中的农业生产，均以常规方式开展，化学合成品使用是普遍存在的，要想变成有机生产方式，就必须进行生产环境的有机符合性转换，即经过一个转换期，使这些不符合有机要求的物质降解、衰减到符合有机生产的要求，从而保障生产的基本环境达到有机农产品生产要求。转换期后的生产环境重要指标，经测定应当分别符合以下国标要求：GB 3095—2012 环境空气质量标准，GB 5084—2005 农田灌溉水质标准，GB 5749—2006 生活饮用水卫生标准，GB 9137 保护农作物的大气污染物最高允许浓度，GB 11607—1989 渔业水质标准，GB 15618—2008 土壤环境质量标准，GB 18596—2001 畜禽养殖业污染物排放标准。

（2）生产过程的有机保证　生产过程的有机保证，主要是不能造成在达标的有机生产环境中产生不符合有机生产要求的"二次污染"。这主要发生在投入品的使用和生产者的操作行为方面。

有机生产，必须遵守有机生产的投入品使用。生产者应选择并实施栽培和/或养殖管理措施，以维持或改善土壤理化和生物性状，减少土壤侵蚀，保护植物和养殖动物的健康。在栽培和/或养殖管理措施不足以维持土壤肥力和保证植物和养殖动物健康，需要使用有机生产体系外投入品时，可以按照表 13-1 和表 13-2 列出的投入品，但应按照规定的条件使用。

在表 13-1 和表 13-2 涉及有机农业中用于土壤培肥和改良、植物保护、动物养殖的物质不能满足要求的情况下，可以参照 GB/T 19630.1 中的附录 C，对除表 13-1 和表 13-2 以外的其他投入品进行是否符合有机农业过程进行评估。

（3）生产环节的风险回避　有机生产单元的边界应清晰，所有权和经营权应明确，并且已按照 GB/T 19630.4 的要求建立并实施了有机生产管理体系。特别是，作为保护、防除类的投入品，如农药、兽药等，不能使用具有致癌、致畸、致突变性和神经毒性的物质作为助剂；杜绝化学合成品的使用，包括城市污水污泥。认证的产品中不得检出有机生产中禁用物质。

有机生产过程对化学合成品的使用是严禁的，追溯到这些物质的使用必要与否时，我们就不难发现，依赖性最强的是药品类，即农业药、兽药和激素类。解读这些药品的需要，则与保护对象的健康及持续健康成长有着直接的关系。那么，为了有机农业的真正实现，为了防止有机生产过程使用有机农业规定的投入品控制失效，就得事先从健康种植、健康养殖着手，取得好的生长基础条件，产生好的健康状态，避免出现不可控制的灾害性有害情况。要做到有良好的生长基础，实现健康种养，就需要在种植和养殖的

表 13-1 土壤培肥、改良物质和允许使用的植物保护产品

类别	名称和组分	使用条件
Ⅰ.植物和动物来源	植物材料（秸秆、绿肥等）	经过堆制并充分腐熟
	畜禽粪便及其堆肥（包括圈肥）	
	畜禽粪便和植物材料的厌氧发酵产品（沼肥）	
	海草或海草产品	直接获得途径：①物理过程，包括脱水、冷冻和研磨；②用水或酸和/或碱溶液提取；③发酵
	木料、树皮、锯屑、刨花、木灰、木炭及腐殖酸类物质	来自采伐后未经化学处理的木材，地面覆盖或过堆制
	动物源副产品（血粉、肉粉、骨粉、蹄粉、角粉、皮毛、羽毛和毛发粉、鱼粉、牛奶及奶制品等）	未添加禁用物质，经过堆制或发酵处理
	蘑菇培养废料和蚯蚓培养基质	培养基的初始原料限于本表中的产品，经过堆制
	食品工业副产品	经过堆制或发酵处理
	草木灰	作为薪柴燃烧后的产品
	泥炭	不含合成添加剂。不应用于土壤改良；只允许作为盆栽基质使用
	饼粕	不能使用经化学方法加工的
Ⅱ.矿物来源	磷矿石（为天然来源）	镉含量小于等于 90mg/kg 五氧化二磷
	钾矿粉（为天然来源）	未通过化学方法浓缩。氯含量少于 60%
	硼砂、微量元素、镁矿粉、硫磺、氯化钠、石灰石、石膏、白垩、黏土（如珍珠岩、蛭石等）、碳酸钙镁。以上全为天然来源	未经化学处理、未添加化学合成物质
	石灰	仅用于茶园土壤 pH 调节
	窑灰	未经化学处理、未添加化学合成物质
	泻盐类	未经化学处理、未添加化学合成物质
Ⅲ.微生物来源	可生物降解的微生物加工副产品，如酿酒和蒸馏酒行业的加工副产品	未添加化学合成物质
	天然存在的微生物提取物	未添加化学合成物质
Ⅳ.植保中的植物和动物性农药	楝素（苦楝、印楝等提取物）	杀虫剂
	天然除虫菊素（除虫菊科植物提取液）	
	苦参碱及氧化苦参碱（苦参等提取物）	
	鱼藤酮类（如毛鱼藤）	
	明胶	
	蛇床子素（蛇床子提取物）	杀虫、杀菌剂
	小檗碱（黄连、黄柏等提取物）	杀菌剂
	大黄素甲醚（大黄、虎杖等提取物）	
	天然酸（如食醋、木醋和竹醋）	
	菇类蛋白多糖（蘑菇提取物）	
	牛奶；蜂胶	
	卵磷脂	杀真菌剂
	植物油（如薄荷油、松树油、香菜油）	杀虫、杀螨、杀真菌剂，发芽抑制剂
	寡聚糖（甲壳素）	杀菌剂、植物生长调节剂
	天然诱集和杀线虫剂（如万寿菊、孔雀草、芥子油）	杀线虫剂
	水解蛋白质	引诱剂，只在批准使用的条件下，并与本表的适当产品结合使用
	蜂蜡	用于嫁接和修剪

续表

类别	名称和组分	使用条件
Ⅳ. 植保中的植物和动物性农药	具有驱避作用的植物提取物（大蒜、薄荷、辣椒、花椒、薰衣草、柴胡、艾草的提取物）	驱避剂
	昆虫天敌（如赤眼蜂、瓢虫、草蛉等）	控制虫害
Ⅴ. 植保中的矿物源农药	铜盐（如硫酸铜、氢氧化铜、氯氧化铜、辛酸铜等）	杀真菌剂，防止过量施用而引起铜的污染
	石硫合剂	杀真菌剂、杀虫剂、杀螨剂
	波尔多液	杀真菌剂，每年每公顷铜的最大使用量不能超过6kg
	氢氧化钙（石灰水）	杀真菌剂、杀虫剂
	硫磺	杀真菌剂、杀螨剂、驱避剂
	高锰酸钾	杀真菌剂、杀细菌剂；仅用于果树
	碳酸氢钾	杀真菌剂
	轻矿物油	杀虫剂、杀真菌剂；仅用于果树和热带作物（如香蕉）
	氯化钙	用于治疗缺钙症
	硅藻土；软皂（钾肥皂）	杀虫剂
	黏土（如斑脱土、珍珠岩、蛭石、沸石等）	
	硅酸盐（硅酸钠、石英）	
	硫酸铁（三价铁离子）	杀软体动物剂
Ⅵ. 植保中的微生物来源农药	真菌及真菌提取物剂（如白僵菌、轮枝菌、木霉菌等）	杀虫、杀菌、除草剂
	细菌及细菌提取物（如苏云金芽孢杆菌、枯草芽孢杆菌、蜡质芽孢杆菌、地衣芽孢杆菌、荧光假单胞杆菌等）	
	病毒及病毒提取物（如核型多角体病毒、颗粒体病毒等）	驱避剂
Ⅶ. 植保中的其他农药	二氧化碳	杀虫剂，用于贮存设施
	乙醇；明矾	杀菌剂
	海盐和盐水	杀菌剂，仅用于种子处理，尤其是稻谷种子
	乙烯	香蕉、猕猴桃、柿子催熟，菠萝调花，抑制马铃薯和洋葱萌发
	石英砂	杀真菌剂、杀螨剂、驱避剂
	昆虫性外激素	仅用于诱捕器和散发皿内
	磷酸氢二铵	引诱剂，只限于诱捕器中使用
Ⅷ. 诱捕器、屏障	物理措施（如色彩诱捕器、机械诱捕器）	
	覆盖物（网）	
Ⅸ. 设备清洁剂	乙酸（非合成的）；醋	
	过氧化氢	仅限食品级的过氧化氢，设备清洁剂
	肥皂	仅限可生物降解的。允许用于设备清洁
Ⅹ. 设备消毒剂	乙醇；异丙醇；碳酸钠、碳酸氢钠、碳酸钾、碳酸氢钾、过乙酸、臭氧；氢氧化钙；氢氧化钠；柠檬酸；高锰酸钾	
	漂白剂（包括次氯酸钙、二氧化氯或次氯酸钠）	用于消毒和清洁食品接触面。直接接触植物产品的冲洗水中余氯含量应符合GB 5749—2006的要求
	皂基杀藻剂/除雾剂	杀藻、消毒剂和杀菌剂，用于清洁灌溉系统，不含禁用物质

表 13-2 动物饲料添加剂、营养物质及养殖场所清洁消毒与疾病控制用品

项目	名称	说明	INS
I.饲料添加剂	铁	一水硫酸亚铁、七水硫酸亚铁、碳酸亚铁	1
	碘	无水碘酸钙、六水碘酸钙、碘化钠	2
	钴	一水硫酸钴、七水硫酸钴	3
	铜	五水硫酸铜	4
	锰	碳酸锰、一氧化锰、三氧化二锰、一水硫酸锰、四水硫酸锰	5
	锌	氧化锌、碳酸锌、一水硫酸锌、七水硫酸锌	6
	钼	钼酸钠	7
	硒	亚硒酸钠	8
	钠	氯化钠、硫酸钠	
	钙	碳酸钙（石粉、贝壳粉）、乳酸钙	
	磷	磷酸氢钙、磷酸二氢钙、磷酸三钙	
	镁	氧化镁、氯化镁、硫酸镁	
	硫	硫酸钠	
II.青贮饲料添加剂	海盐、粗石盐；乳清、糖、甜菜渣、谷物粉		
	酵母	不是转基因/基因工程生物或产品	
	酶	也有畜牧技术用途，不是转基因/基因工程生物或产品	
III.营养类添加剂	维生素	来源于天然生长的饲料源的维生素。在饲喂单胃动物时可使用与天然维生素结构相同的合成维生素。若反刍动物无法获得天然来源的维生素，可使用与天然维生素一样的合成的维生素 A、D 和 E	
	微生物	畜牧技术用途，不是转基因/基因工程生物或产品	
	酿酒酵母	用于动物营养	
IV.防腐添加类	甲酸	防腐剂和青贮饲料添加剂，只可在天气条件不能满足充分发酵的情况下使用	236
	乙酸	防腐剂和青贮饲料添加剂，只可在天气条件不能满足充分发酵的情况下使用	260
	乳酸	防腐剂和青贮饲料添加剂，只可在天气条件不能满足充分发酵的情况下使用	270
	丙酸	防腐剂和青贮饲料添加剂，只允许在天气条件不能满足充分发酵的情况下使用	280
V.其他类	柠檬酸	防腐剂，只可在天气条件不能满足充分发酵的情况下使用	330
	山梨酸	防腐剂	200
	硬脂酸钙	天然来源，黏合剂和抗结块剂	470
	二氧化硅	黏结剂和抗结块剂	551b
VI.清洁消毒剂	钾皂和钠皂；水和蒸汽；石灰水（氢氧化钙溶液）；石灰（氧化钙）；生石灰（氢氧化钙）；氢氧化钠；氢氧化钾；植物源制剂；柠檬酸；过乙酸；蚁酸；乳酸；草酸；异丙醇；乙酸；碳酸钠		
	次氯酸钠；次氯酸钙；二氧化氯		设备消毒
	高锰酸钾		0.1%溶液
	过氧化氢	仅限食品级，用作外部消毒剂。可作为消毒剂添加到家畜的饮水中	
	乙醇		消毒杀菌
	碘（如碘酒）	作为清洁剂，应用热水冲洗；仅限非元素碘，体积百分含量不超过 5%	

续表

项目	名称	说明	INS
Ⅵ.清洁消毒剂	硝酸	用于牛奶设备清洁，不应与有机管理的畜禽或者土地接触	
	磷酸	用于牛奶设备清洁，不应与有机管理的畜禽或者土地接触	
	甲醛	用于消毒设施和设备	
	用于乳头清洁和消毒的产品，必须符合相关国家标准		
Ⅶ.蜜蜂养殖疾病控制类用品	甲酸（蚁酸）	在该季最后一次蜂蜜收获之后并且在添加贮蜜继箱之前30天停止使用	控制寄生螨
	苏云金杆菌	非转基因	
	薄荷醇	控制蜜蜂呼吸道寄生螨	
	硫磺	仅限于蜂箱和巢脾的消毒	
	琼脂	仅限水提取的	
	蒸汽和火焰		蜂箱消毒
	杀鼠剂（维生素D）	以对蜜蜂和蜂产品安全的方式使用	控制鼠害
	天然香精油（麝香草酚、桉油精或樟脑）		驱避剂
	氢氧化钾、氯化钠、草木灰、氢氧化钙		控制病害
	乳酸、乙酸、草酸		控制病虫害
	漂白剂（次氯酸钙、二氧化氯或次氯酸钠）		工具消毒

过程中从营养调配、环境管理、预防有害性入侵，以及本地有害生物滋生发展等方面进行。同时，对不可预防的有害因素，需要进行事先的风险评估，通过相关信息的分析和数据挖掘，提出风险级别和预防措施，从而会在相当大的程度上生产避免发生的或者一旦发生的应对措施，降低风险。对于有害生物管理的用药方面，事先的预测预报是十分重要的，并且将控制措施必须前移到可能发生的条件具备的阶段上，如某种病害的管理，按照往年经验，在其发生的前期，一方面加强营养配置，提高内部抗病有潜在能力，另一方面必须关注气候与微环境已经具备了该发生的外部条件时，就进入严密细致的观测诊断和预测，了解发展情况，随时准备发现和处理病源，将危险控制在发生的初期。只有这样，才能获得最大限度的主动性，有机生产所规定的那些投入品才能发挥出巨大的控制作用。

在操作行为中，所有进入生产单元范围内的人员，必须按照有机生产要求规范自己的行为，包括大、小便必须在指定场所进行。

（4）产出结果的有机保障　经过转换期后播种或收获的植物产品或经过转换期后的动物产品才可作为有机产品销售。生产者在转换期间应完全符合有机生产要求。

然而，在收获中，如果不严格执行有机收获的标准要求，即使生产过程再有机，也可能变成为非有机的产品。例如，收获时的存贮工具、收获过程中的生物污染、运输过程的环境污染，以及成为产品后的必需药剂处理等，都可能造成非有机状态而使有机生产前功尽弃。

3. 有机农产品的认定

有机农产品的认定，需要按照中国国家认证认可监督管理委员会发布的《有机产品认证实施规则》开展认定工作。关键环节有：认证机构、认证人员和认证程序。

（1）认证机构资格　从事有机产品认证活动的认证机构，应当具备《中华人民共和国认证认可条例》规定的条件和从事有机产品认证的技术能力，并获得国家认监委的批准。

认证机构应在获得国家认监委批准后的 12 个月内，向国家认监委提交其实施有机产品认证活动符合本规则和 GB/T 27065—2004《产品认证机构通用要求》的证明文件。

认证机构在未提交相关证明文件前，每个批准认证范围，所颁发的认证证书，在数量上不得超过 5 张。

（2）认证人员资质　从事认证活动的人员，应当具备必要的个人素质，具有相关专业教育和工作经历，接受过有机产品生产、加工、经营、食品安全及认证技术等方面的专门培训，具备相应的知识和技能。有机产品认证检查员应取得中国认证认可协会的执业注册资质。

认证机构应对本机构的认证检查员的能力做出评价，以满足实施相应认证范围的有机产品认证活动的需要。

（3）有机认证程序　有机认证的程序，主要包括了认证的申请、认证的受理、现场检查准备与实施，以及认证的决定。

认证的申请，首先对认证委托人提出要求，如法人资格，行政许可，符合一切法规要求，建立和实施了文件化的有机产品管理体系并有效运行 3 个月以上，申请认证的产品种类应在国家认监委公布的《有机产品认证目录》内，等等。需要提交的文件与材料，主要有企业相关文件，经营情况，联系方式，生产单元或加工场所概况，产地（基地）区域范围描述，有机产品生产、加工规划，本年度有机产品生产、加工计划，上一年度销售量、销售额和主要销售市场等材料。

认证的受理有申请评审，评审结果处理，且需要进行以下信息公开：认证资质范围及有效期；认证程序和认证要求；认证依据；认证收费标准；认证机构和认证委托人的权利与义务；认证机构处理申诉、投诉和争议的程序；批准、注销、变更、暂停、恢复和撤销认证证书的规定与程序；获证组织使用中国有机产品认证标志、认证证书和认证机构标识或名称的要求；获证组织正确宣传的要求。

现场检查准备与实施，主要是根据所申请产品的对应的认证范围，认证机构应委派具有相应资质和能力的检查员组成检查组。每个检查组应至少有一名相应认证范围注册资质的专业检查员。对同一认证委托人的同一生产单元不能连续 3 年以上（含 3 年）委派同一检查员实施检查。检查的任务主要有：认证委托人的联系方式、地址等；检查依据，包括认证标准、认证实施规则和其他规范性文件；检查范围，包括检查的产品种类、生产加工过程和生产加工基地等；检查组成员，检查的时间要求；检查要点，包括管理体系、追踪体系、投入物的使用和包装标志等；上年度认证机构提出的不符合项。

认证的决定，认证机构应基于对产地环境质量在现场检查和产品检测评估的基础上做出认证决定。认证决定同时应考虑的因素还应包括：产品生产、加工特点，企业管理体系稳定性，当地农兽药管理和社会整体诚信水平等。对于符合认证要求的认证委托人，认证机构应颁发认证证书，如样式 1 和样式 2。

样式1：

有机产品认证证书基本格式

证书编号：*************

有机产品认证证书

认证委托人（证书持有人）名称 **************************

地址 **************************

生产（加工）企业名称 **************************

地址 **************************

有机产品认证的类别：*生产/加工（生产类注明植物生产、野生植物采集、畜禽养殖、水产养殖具体类别）*

产品标准　　GB/T 19630.1 有机产品：生产

　　　　　　　（GB/T 19630.2 有机产品：加工）

　　　　　　　GB/T 19630.3 有机产品：标识与销售

　　　　　　　GB/T 19630.4 有机产品：管理体系

序号	基地(加工厂)名称	基地(加工厂)地址	基地面积	产品名称	产品描述	生产规模	产量

（可设附件描述，附件与本证书同等效力）

以上产品及其生产（加工）过程符合有机产品认证实施规则的要求，特发此证。

初次发证日期：　　年　　月　　日

本次发证日期：　　年　　月　　日

证书有效期至：　　年　　月　　日

负责人签字：_____　　　　　　　盖章

认证机构名称

认证机构地址

联系电话

（认证机构标识）　　　　　　（认可标志）

样式 2：

有机转换产品认证证书基本格式

证书编号：*************

有机转换产品认证证书

认证委托人（证书持有人）名称　*********************
地址　*********************
生产（加工）企业名称　*********************
地址　*********************
有机产品认证的类别：*生产/加工（生产类注明植物生产、野生植物采集、畜禽养殖、水产养殖具体类别）*

产品标准　　GB/T 19630.1 有机产品：生产
　　　　　　（GB/T 19630.2 有机产品：加工）
　　　　　　GB/T 19630.3 有机产品：标识与销售
　　　　　　GB/T 19630.4 有机产品：管理体系

序号	基地（加工厂）名称	基地（加工厂）地址	基地面积	产品名称	产品描述	生产规模	产量

（可设附件描述，附件与本证书同等效力）

以上产品及其生产（加工）过程符合有机产品认证实施规则的要求，特发此证。

初次发证日期：　年　月　日
本次发证日期：　年　月　日
证书有效期至：　年　月　日
负责人签字：_____　　　　　盖章
认证机构名称
认证机构地址
联系电话
（认证机构标识）　　　　　　（认可标志）

（4）认证后的管理　认证机构需要每年对获证组织至少实施一次现场检查。认证机构要根据申请认证产品种类和风险、生产企业管理体系的稳定性、当地诚信水平总体情况等，合理确定现场检查频次。同一认证的品种在证书有效期内如有多个生产季的，则每个生产季均需进行现场检查。此外，认证机构还应在风险评估的基础上每年至少对5%的获证组织实施一次不通知的现场检查。

认证机构要及时获得获证组织变更信息，对获证组织有效管理，以保证其持续符合认证的要求。

另外，获证组织应至少在认证证书有效期结束前3个月向认证机构提出再认证申请。获证组织的有机产品管理体系和生产、加工过程未发生变更时，可适当简化申请评审和文件评审程序。

总之，有机认证的过程程序，必须按照国家《有机产品认证实施规则》中的要求规则严格执行。在这些规则的背后，是用大量具体的技术标准、管理标准、环境标准和工作标准所构成的系统约束来具体地落实认证程序中的一系列规则的，每一步的结果符合认证程序要求，则进行下一步。否则，再次改进提高或者停止认证过程。这样，一个名副其实的有机产品生产和结果认证就顺利产生了。同时，获得认证的产品绝不是一劳永役的，而要在认证后的每年进行复检、再认证，以保证产品的真正有机性，给生产者一个引导提升，给消费者一个使用放心。

4. 有机农业的起源与发展

石油农业（也称化学农业、无机农业或工业式农业，是在使用廉价的生产因素如石油、机械、农药、化肥、技术等以替代昂贵的生产因素如人力、畜力和土地等而进行农业大生产的大型农业模式。这是世界经济发达国家以廉价石油为基础，农业发展建立在以石油、煤和天然气等能源和原料为基础，以高投资、高能耗方式经营的高度工业化的农业总称）所产生的副作用日益突显，土地板结，农产品质量下降，甚至有害成分危及人的健康，不得不使人们重新考虑和定位农业，提出来可持续发展、尽量避免化学危害的农业发展理念。为了使农业生产能够持续发展，1972年，联合国在斯德哥尔摩召开了"人类环境大会"，会上首次提出了"生态农业"的概念。随后生态农业在许多国家兴起。这种概念提倡在食品原料生产、加工等各个环节中树立"食品安全"的思想。此后，多个国家接受并推行这种农业发展，并且在不同国家有了不叫法，英国称有机农业，芬兰、瑞典等称生态农业，德国称生物农业，日本称自然农业，等等。可见，生态农业与有机农业是同义词。中国的绿色农业AA级，按照目前的标准看，实质就是有机农业。

为促进有机农业的发展，由多个国家有机农业组织发起，于1972年，在欧洲成立了"有机农业运动国际联盟"（IFOAM），并相继成立该组织的欧洲、亚洲、非洲、拉丁美洲区域协调联络机构。其业务范围包括信息交流、标准制定、委托授权、培训及召开科技会议、贸易会议和博览会等。目前该组织已成为世界最大和最有影响的有机农业运动的民间机构，也是世界有机农业的推广中心与信息服务中心。同时，由于有机农业的发展，人心所向，在多个国家已经成为法律约束的政府体系。从20世纪80年代起，先后由德国、美国、日本、丹麦、澳大利亚等国设立了政府管理机构，制定了有关生产、加工标准、管理条例，或进行立法。欧盟也于1991年制定了"有机农业条例"，联合国食品法典委员会（CAC）制定了《有机农产品生产、加工、销售指南》。至此，有机农业便形成了由政府协调各协会、认证机构，并通过政府制定标准条例、法规，将有机农业和有机食品的认证、管理纳入政府管理渠道，使有机农业得以迅猛发展，并形成全球性运动。中国绿色食品发展中心已加盟成为该组织的成员，并在中国推行了有机农业。

二、绿色农产品

农业发展总是向着人们期望的生态良好、营养齐全、放心安全的方向推进。站在全球角度，石油农业的兴起，使大量化学合成投入品进入农业，导致了链式损害，危及人类健康，以发达国家为首，自1972年起，生态农业、有机农业在国际上掀起浪潮，有机农业运动国际联盟（IFOAM）产生。我国也因此不得不关注农业的未来，但又不能一下子进入这一高度，在化肥和农药的大量使用中，必须考虑发展的出路。1989年，农业部在研究制定农业企业经济和社会发展"八五"规划与2000年设想时，提出发展绿色产品。党中央国务院将绿色食品作为优先项目，列入《中国21世纪议程》白皮书，从而在国家战略方向上给予了确定。从此，绿色农产品在国内就发展起来，绿色的概念也更进一步地拓展开来了。

1. 绿色农产品的概念

绿色农产品是绿色农业的产物，是一种无污染、安全、优质农产品（食品），绿色农产品的生产和消费融入了保护环境、崇尚自然、促进人类社会可持续发展的理念。

所以，绿色农产品，是指遵循可持续发展原则，按照特定生产方式生产，经专门机构认定，许可使用绿色食品标志，无污染的安全、优质、营养农产品。

可持续发展原则，指的是，生产的投入量和产出量保持平衡，既要满足当代人的需要，又要满足后代人同等发展的需要。

绿色农产品在生产方式上对农业以外的能源采取适当的限制，以更多地发挥生态功能的作用。

2. 绿色食品

绿色食品是绿色农业中生产出来的可食用的农产品部分，以及按照绿色加工标准要求生产出来的加工食品。

绿色食品的特征主要有三个，一是生产加工过程突出了生态学原理，强调产品出自于良好的生态环境；二是对产品实行"从土地到餐桌"全程质量控制，严格执行相关标准而成型；三是认证介入，责任明确，对产品依法实行标志管理。

绿色食品的标志（图13-1）由三部分构成，太阳、绿叶和蓓蕾构成一个圆，寓意为对生命的保护。上方的太阳、下方的叶片和中心的蓓蕾，描绘了一幅明媚阳光下的和谐生机，告诉人们绿色食品正是出自纯净、良好的生态环境的安全无污染食品，能给人们带来蓬勃的生命力。

图 13-1　绿色食品标志
（彩图请扫封底二维码获取）

3. 绿色农产品的分级

以食品为例，我国将绿色食品分为两级：A 级和 AA 级。

A 级绿色食品，是指生产地的环境质量要符合绿色食品产地环境技术条件的标准要求，生产过程中严格按照绿色食品生产资料使用准则和生产操作规程执行，限量使用化学合成的投入品，如肥料、农药、兽药、饲料添加剂、食品添加剂，生产的产品质量要符合绿色食品的产品标准，并经专门机构的认定，才允许使用 A 级绿色食品标志的产品。

AA 级绿色食品，是指生产地环境质量符合绿色食品生产的产地环境技术条件标准，生产过程中不使用化学合成品和其他有害于环境和身体健康的物质，按照有机生产方式组织和进行生产，产品质量符合绿色食品产品标准，经专门机构认定、许可使用 AA 级绿色食品标志的产品。

A 级和 AA 级绿色食品的分级标准，主要差别在于使用化学合成品和程度要求。AA 级绿色食品生产中禁止使用任何化学合成产品，而在 A 级绿色食品生产中限量允许使用一定的化学合成产品。所以，从产品包装标志上可看得出来。A 级绿色食品产品包装上以绿底印白色标志，防伪标签的底色也为绿色；AA 级绿色食品则以白底印绿色标志，防伪标签的底色为蓝色。

显然，这里出现了一个问题，即绿色 AA 与有机食品有很多相似之处，又存在着不同。这就在认证方面增加了应用者的麻烦和消费者的混乱，从本质上讲不符合农业标准化的基本思想。另外，从更细微处找区别，有机食品与绿色食品之间存在着以下三个差异：一是绿色食品对基因工程和辐射技术的使用未作规定，这在有机食品生产中是禁止、不能使用的；二是绿色食品生产没有起始的转换期，要进行有机食品生产，前期是从生产其他食品环境中转换，则生产转型就需要 2~3 年的时间；三是有机食品认证的要求是，要确定地块、定产量，绿色和无公害食品则没有这种要求。显然，有机食品的生产要求与认证比绿色食品更好。考虑生产和消费的简化需求，便于认证和消费识别，既然我们承认和应用了有机认证体系，就完全可以考虑将绿色 AA 级取缔，从而构成明显的食品安全层级。这样，既迎合不同消费水平的需要，又能够进行食品安全性认证的整体层次性明确区分，使食品定级的认证简化，使食品质量级别的层次明晰，从高到低，分为有机、绿色和无公害就更为便捷。

4. 绿色农产品生产条件

绿色农产品的生产基地，应选择在无污染和生态条件良好的区域，具备可持续的生产能力，周围应远离工矿区和公路铁路干线，避开工业城市污染源的影响。绿色农产品生产所用的投入品，如农药、肥料、兽药、食品添加剂等生产资料的使用，必须符合对应的《绿色食品 A 级　农药使用准则》、《绿色食品　肥料使用准则》、《绿色食品　食品添加剂使用准则》和《绿色食品　兽药使用准则》等标准要求。

在这些要求之中，农药、兽药、激素、添加剂是使绿色生产能否达到要求的主要因素。为了保证这些物质使用的安全，首先需要严格执行绿色生产中的相关标准规定，属于强制性标准规定范围的，如上述几个准则中的相关部分，就没有可选择的任何余地，是无条件执行的；属于推荐性标准落实的，如相关的国家（GB/T）、地方性（DB/T）标准，也要不折不扣落实。其次，在实际生产中，使用这些物质时，其操作管理的行为，必须符合绿色生产的要求，严格执行相关的技术标准、操作标准和管理标准。

例如，某种杀虫剂，属于低毒性质，杀虫效果良好，但残效期很长（可能是 30 天），在实际使用时要做到这些因素不对绿色生产造成危害，则要从以下方面进行实际的约束与标准执行。

（1）品种的选择　农药、兽药、激素、添加剂，是四大类不同物质，每类之中又有不同的品种，每个品种又有不同特性（因其化学成分、化学结构及杂质的种类与含量的不同，所造成的最终影响、产生的作用必然不相同），将它们用于农业生产或农产品收获、存贮、运输及加工的过程时，对最终用于消费的产品或者相关的环境所产生的影响和所带来的作用结果也是不相同的。因此，进行绿色农产品生产，不但要遵从绿色认证所给予的强制性使用规定中的品种选择，更重要的是在应用的全过程中，始终保持着与绿色级别要求相符合的标准化观念，保持着严格标准约束的选择尺度。例如，农药，对其中毒性高的或者是残效期长的品种，应当始终保持着"尽量不予选择"的态度为好。

（2）使用的频次与用量　任何事物，包括人们犯错，无意中的一两次不可怕，危险的是持续出小错而发生积累性的错误。农药、兽药、激素、添加剂，无一是对我们用于消费的农产品（包括食品）有正面的健康增效作用的。然而，如果不用，就可能没有一定水平的质量，没有产量甚至产出，现代生产尤其是这样的。所以，在这种情形下，使用的适量化，就成为解决问题的根本。这主要体现在，单个品种和多个品种在一个生产周期中的使用次数与剂量把握上。如果当事者具备了基本的知识能力，有明确的标准化的理念与执行的负责心，能够严格遵守标准，按照事先的标准规制操作和管理，则使用频次与用量应当不存在问题。反之，则危险。即使具备了应当具备的知识和能力，从长远发展和不断提升的高度约束，也应当是"尽可能地减少次数，尽可能地降低剂量"。这需要技术的进步与应用的优化两个方面均达到良好状态。在实际中，常常出现农药、兽药使用在随意增加剂量，错误地认为增加剂量防效一定会好。在使用频率方面，也错误地认为增加几次使用会效果更好。多年来，由于这些错误的理解和行为，农产品质量安全问题甚至危及人们的心理了。

（3）安全评估与产品检测　这是绿色农产品生产中的"第三方"监管议题。任何一个经过认证的生产过程，都需要持续的监管、评估和向消费者甚至社会不断公告其生产过程的达标情况，以便于信息的对称和消费的知情，更重要的是对生产者公平有效的督促和质量提高的保障。绿色农产品生产认证是绿色农产品生产监管的开始，也是后续监管的基础。绿色生产过程，尽管完全应用了相关标准，严格执行了相关操作方法，也需要第三方的监管和对消费者、社会一个信任的交代，这样会更有说服力。否则，"王婆卖瓜，自卖自夸"的做法，是得不到社会认可和消费者放心的。在全程监管工作中，有两项重要的做法不可少，那就是安全评估和产品检测。这要动用专家系统和标准设备，需要用计量的办法，以精确的数据显示绿色生产的过程关键。只有这一方法的应用，才能使绿色生产过程在生产者、管理者和第三方监督者的通力合作下完美地实现。专家系统，主要用于安全评估，以 5 名以上的相关专家或者事先开发的平台专家系统，对绿色生产过程进行关键性达标的评估和相关风险预测与预防措施的评判。在专家认为必要时，除了事先绿色认证过程要求的必测项目外，对过程关键点中的某些部分进行品质和杂质的检测与检验，以便于得出确切的数据结果。

（4）安全间隔期正确应用　这是在绿色生产中对农药、兽药和激素使用的终结期的安全规定，是一项重要的降残留、消毒害的标准规定。安全间隔期是指，标准规定的农药、兽药和激素，其使用的最后一次，到使用受体全部或者部分被作为产品收获时的两个时间间隔，常以天来计算。意思是，最后一次使用到收获，其时间间隔大于这个数值，则符合安全要求，否则就可能有残留超标的风险。因此，在绿色生产中，农药兽药使用的安全间隔期一定要遵守。

在我国，农产品的绿色生产将是我们努力的主要方向。从 20 世纪 90 年代起，绿色革命为企业带来了勃勃生机；在生态环境的恶化、绿色消费的兴起、绿色壁垒的设置、绿色法规的完善下，绿色农产品在农产品总需求中所占比重日益提高，绿色产业成为全球未来农业的主流方向，是世界农业发展的必然趋势。绿色农产品已成为 21 世纪人类的主导食品[1]。

三、无公害农产品

1. 无公害农产品的概念

无公害农产品，是指产地环境及生产过程均符合农业部有关无公害农产品（食品）标准，并经专门机构认定，许可使用无公害农产品标识的产品。

从这一定义看，无公害农产品也是认证产品，对生产环境、过程、结果和包装标志等均有明确要求，诚然，相应的和完整的标准及其体系，必然成为这种产品生产过程及其前后的唯一执行和落实的准则。

2. 无公害农产品的发展

无公害，其本意是劝诫那些带着有毒有害的因素进行工业生产的企业，不要将其生产过程有毒有害物质排放而产生公害。随着工业化发展，从 20 世纪 60 年代起，国外曾发生过多起工厂废气、废水等对农业污染而致中毒等危及人畜生命安全的案件，无公害就成为对这些企业严格要求的专用词。我国在发展中也必然走工业化道路，公害问题肯定会迎面而来。吸取别国教训，尽早预防工业"公害"，绝对是件利民好事。因此，国家于 20 世纪 70 年代起就十分重视这一情况。

在这种大背景下，农药的大量制造和使用，必然也存在着严重的"公害"威胁。那么，面对农业生产，如何生产出没有公害的农产品，自然就成为一个关注和创建新名词的议题了。20 世纪 80 年代，就有人提出和试验无公害农产品，先在农药使用量较大的蔬菜上开展了工作。同期，从 1979~1993 年，党中央和国务院先后发出过 3 个相关文件，明确指出："农业部门要加强对农业环境的保护和管理，控制农药、化肥、农膜对环境的污染，推广病虫害的综合治理"。"积极推广生物防治"、"加强绿色食品的生产"。农业部专门下发了"关于加强农药残留监控工作的通知"。2001 年，农业部启动了"无公害食品行动计划"，其以全面提高我国农产品质量安全为核心，以市场准入为切入点，从产地

---

[1] 石磊. 绿色农产品生产存在的问题及发展前景. 现代农业科技, 2011, (14): 375, 377

和市场两个环节入手,对农产品实行"从农田到餐桌"全过程质量安全控制。2002年4月29日,中华人民共和国农业部、国家质量监督检验检疫总局联合发布第12号令,共八章四十二条,对在中华人民共和国境内从事无公害农产品生产、产地认定、产品认证和监督管理等活动做出明确法律规范。2002年7月23日,农业部下发了《全面推进"无公害食品行动计划"的实施意见》。同年11月25日,农业部与国家认证认可监督管理委员会的联合公告(第231号)中,对全国统一无公害农产品标志申请、使用及监督管理做出明确规定,农业部和国家认证认可监督管理委员会对全国统一的无公害农产品标志实行统一监督管理;全国统一无公害农产品标志,标准颜色由绿色和橙色组成。标志图案(图10-2)主要由麦穗、对勾和无公害农产品字样组成,麦穗代表农产品,对勾表示合格,橙色寓意成熟和丰收,绿色象征环保和安全。标志图案直观、简洁、易于识别,涵义通俗易懂。

为了加强对"绿色食品"、"有机食品"生产的管理和监督,国家专门成立"中国绿色食品发展中心"和"中国有机食品发展中心",实施专门管理;各省、市也建立了相应机构,分别制定了技术标准、管理程序及统一标志,同时建立和完善环境质量与食品质量的技术监督网络。

3. 无公害农产品的生产关键点

无公害农产品生产,成为我国农业要求最为普通和基本的标准水平,农业生产水平必须要达到这一基本要求。从我国农业发展的历史和当前实际情况看,由于不是工业大国,工业污染区域极小,整体不能列为全国性的严重问题。农业的总体情况是,农药、肥料、兽药、激素的污染成为首要问题。从生产的基本资料看,除了上述四类外,生产基地要有良好的生态环境条件,那么塑料碎屑也是一个重要问题,虽然这对食物的污染不是直接的和严重的,但对土地结构的影响巨大,间接影响到农产品生产的可靠性。因此,无公害农产品生产的关键点有以下五个方面。

(1)生产基地的环境良好状态要求　大体上讲,无公害农产品的生产,对产地有标准约束的规定和要求。在《农产品安全质量》——产地环境要求(GB/T 18407—2001)(使用时注意查看修改本,以最新修改本为准)已经对蔬菜、水果、畜禽肉和水产品分别以 GB/T 18407.1—2001、GB/T 18407.2—2001、GB/T 18407.3—2001 和 GB/T 18407.4—2001 的单行本标准做出了明确规定,生产前学习这些标准,针对性落实就行。

(2)生产过程的技术规程(规范)应用　从品种(种子种苗)抓起,到育苗、移植、水肥(饲料)管理、栽培(饲喂)管理,以及采收、分装、包装、贮藏、运输等。有标准则用之,无标准则定之,全部过程中又有各自的下层关键点,在每一个关键点上,必须以现成的标准规约来限制,以具体的标准来落实,从而保证生产过程的技术有章可循,有据可依。

(3)生产保障的技术与管理规程应用　产前的环境监督监测,生产过程的环境保障,不可预测的自然威胁补救,市场动态的分析与生产指导,农业全程信息应用与反馈系统应用(溯源包括在内),产品总量、质量与去向的预定位,生产资金、工具与人力的可靠度,生产整体中的管理与运作能力,等等,均需要有具体要求下的刚性标准规定和应用。如果有,则采纳标准加以应用,如果没有,就需要研究和制定相应的地方标准和企业标准，形成标准整体。

（4）有害生物管理与疫情监测标准应用　这一关键环节本应当属于生产保障的技术与管理规程范围，只因为其对农产品能够构成明显的不安全威胁，或者说农产品的质量安全问题主要来自于对这一环节的掌握不良而引起，故将其单独列出。其中有三大关键，一是农/兽药的使用标准严格执行，二是农/兽药的安全保存守则执行，三是疫情的随时监控与预防措施的标准落实。这一关键体系是最关键的安全关键，马虎不得。

（5）收获存贮与加工的技术规程应用　农业生产到后期的收获期，目标是农产品的优质与优价，核心有两个方面，一是生产后的完好收获与良好保存，防止污染与其他不利因素的破坏；二是面向市场需要的分拣与包装。这些均应当有相应的标准规定，执行相应的技术标准和管理标准，做到过程明晰、责任明确、追溯有效、结果可靠。如果没有相应标准的约束，则"过程明晰、责任明确、追溯有效、结果可靠"只能成为空话。需要强调的是，农产品上市，绝不能一味追求所谓华丽的包装，否则会害了质量优良的农产品。

四、三种农产品的区别

从三种农产品（三品）的质量规定由低到高排列，则以无公害、绿色和有机农产品为序。消费者最期望能够得到的是有机农产品。可见三者还是有明显区别的。

1. 三品质量与效果贡献

三品均为通过产品质量认证的农产品，均拥有与自身名称相匹配的特有标志，对农产品生产的环境条件、过程控制和技术要求均有最终产品安全质量的管理标准。但其质量水平和经济效果不在同一个层面上。图13-2可明确解释这种区别。

由图13-2可以明显看出，三品的量与档次，以无公害为底层，有机为最高层次；从对效益的贡献看，三层次组合起来的三角形，是一个直接的倒立状。这说明，有机农产品对效益贡献最大，表现在经济效益好，生态效益佳，社会期待程度也很高，对人们的消费欲望和健康追求产生着正能量的作用力。

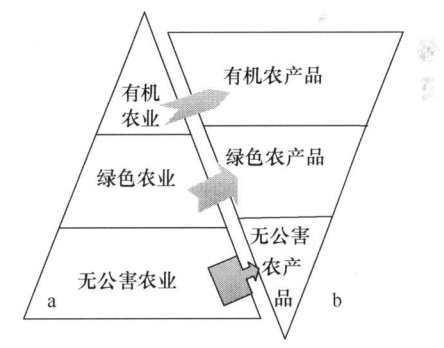

图13-2　农业三品的认证定位与经济效果
a. 农业层次与量；b. 产品对效果贡献

2. 三品认证要素的主要差异

主要表现于三个方面。一是认证的出发点不同。无公害是进行符合消费者健康基本要求的农业生产认证，绿色是利用没有污染的生态环境进行农业生产，而有机则为改造和保护环境，结合生态学原理建立一个多样的种养结合、循环再生的完整体系，尽量减少对外部物质的依赖。二是对生产的要求不同。无公害生产要求不但要按农业标准使用化学品、保证农产品生产的基本安全性及重点突出安全指标，而且要求对生产过程进行控制，注重生产环境和产品的检测结果。绿色生产要求允许使用化学肥料，不拒绝基因工程方法和产品，且允许并限量使用高效低毒的化学农药；绿色食品标准中的安全指标一般为无公害农业标准的 1/4～1/2，同时要求对生产、加工、贮藏和运输过程进行控制，非常注重生产环境和产品的检测结果，还对部分产品的标准中有非安全性质量标准要求。有机生产明显不同，首先是禁止使用农药、化肥和生长调节剂等化学合成物质，没有对非安全性产品质量提出要求，土地需经过 1～3 年的转换才能进行有机生产。再是生产的全过程都要具备有机完整性，强调生产全过程的管理，其理论依据是：有好的过程，必定有好的结果。最后是对产品质量的要求不同，无公害是产品中的农药、兽药等有毒物质残留不超标就可以保证消费者的食用安全；绿色则认为产品中农药、兽药等有毒物质残留低于国家标准，对部分产品有非安全性质量要求，强调绿色食品质量要高于国内普通的同类产品；有机产品的质量要求是，无农药、兽药等有毒物质残留，产品安全性能最高，是最安全的食品，有机产品与常规产品不能进行非安全性质量比较。

另外，无公害农产品认证，是政府质量标志，是政府强制性行为，实行无偿使用；绿色食品是工商注册证明商标，属知识产权范围，实行有偿使用；有机食品是工商注册证明商标，属知识产权范围，实行有偿使用。无公害农产品的颁证有效期为 3 年；绿色食品的颁证有效期为 3 年；有机食品的颁证有效期为 3 年。三者的消费群也不同，从目前我国的消费结构看，无公害农产品主要面向广大的中低消费阶层，绿色食品主要面向较高的消费阶层，有机食品主要面向少数高消费阶层。

3. 三品存在的有效生命力

国家认证认可监督管理委员会（CNCA）等九部委于 2003 年年初就联合下发了《关于建立农产品认证认可工作体系实施意见》，其中提出了"我国将建立统一、规范的农产品认证认可体系的总体构想"。同时提出"在今后一段时间里，我国建立农产品认证认可工作体系的重点，是要建立统一、规范的农产品认证认可体系，借鉴和引入工业产品认证认可的经验与做法，统一认可制度、统一认可机构、统一认可标准和认可程序"。这标志着我国农产品认证认可真正走向全国一盘棋、统一又简化的完全标准化道路。

随着认证统一、简化服务体系思想的提出和社会对农产品质量要求的不断提高，农产品认证定位也出现跟随性的新认识，对于农产品中有毒有害物质超标的最低限制，必然会伴随着更加严格的升级，无公害农产品很自然地会随着我国普通农产品质量的全面提升而冷落，甚至有可能退出历史舞台。因为，随着生产能力的提升和科学技术的进步，特别是农业标准化理论的普及与方法的应用，简化、优化和量的精准应用，使绿色生产很快达到成为直接的可能。那么，绿色产品的价格更高和消费者对更好产品追求，均成为能够实现的事实，无公害产品没有了市场地位，退出就很自然了。

绿色农产品具有鲜明的中国特色。绿色农产品既高于无公害农产品的安全性和质量，又低于国际发达国家农产品的安全质量，易于在我国推广，也得到了社会和市场的广泛认可，具有更长的生命力。当然，其与国际公认的有机农产品有差异，随着我国农业越来越多地走向国际市场，绿色农产品与国际标准不接轨的问题，也已经成为影响其未来发展空间的不确定因素。但是，农产品要完全走向有机化在目前是不可能的，较低档次的农产品必然是存在的。关键在于，我们要明确地研究和提出绿色农产品和有机农产品的关系，以及绿色农产品生产与国际流行的 GAP 之间的产品与生产过程的关系，不能重叠，也不能断层。例如，我们提出的绿色 AA 级同于国际有机农产品，从内部看有些牵强，从外部看我们又在承认有机农产品，这就给自己造成了矛盾。如果承认自己的绿色农产品是 A 和 AA，就不要去认可有机农产品，要承认有机农产品并进行认证，则只搞绿色就行，没有必要再让自己的 AA 去碰国际的有机。这是不符合国际化的标准化原理的。

有机农产品，是人们向往与需求的农产品。国际市场需求又是我国有机农产品发展的主要动力。但是，有机农产品的高价，使很多人为此有些望洋兴叹，购买力限制了生产。更重要的是产地条件的严格限制，使石油农业之后、现代农业高速发展的情况下，能够实现有机生产的区域并不丰厚。综合视之，目前绿色是最有市场力竞争的农产品。

第二节 农产品品牌

随着我国农业的发展，脱离小农、走向大农、农产品市场化经济不断成熟的时期到来，农产品品牌的作用就日显重要了。因为复杂多样的消费，使消费者为了简单选择，不得不靠品牌的识别决定选择的行为，依赖品牌消费的心理也会越来越重，名牌的吸引力也会越来越强。因此，品牌的带动效应和品牌为主的农产品销售，会越来越成为大市场的主力征兆和领衔消费。本节就农产品品牌及其建设略加讨论。

一、品牌概念与价值

1. 品牌的概念

综合各家关于品牌概念的研究结果，这里给出如下定义：品牌是具有实际资产量值的、携带着大量产品信息、通过特定集团设计和认可、能够给消费者打上印记的一种复合集成体，并能够以简约图案表现的符号或标签。

品牌的基础是质量，质量的落实靠标准，标准的发展靠科技，科技的创新靠标准。说到底，标准和标准化是一切品牌行为着陆与发展的实质。

品牌是消费者识别农产品品质的最重要标志，也是农产品市场竞争的有力武器。人们的消费升级，给我国农产品品牌发展带来了前所未有的机遇，这是一个基本规律。2003年，我国的人均 GDP 突破了 1000 美元大关，标志着我国消费结构升级换代、摆脱了短缺时期、真正走向挑选消费、综合满足的时代。这是经济学上一个升级的数字坎儿。特别是，农产品的丰富供给和多样复杂性，在农产品买方市场的情况下，人们对品牌的依赖，就完全地凸显出来了。就总体发展看，如今，农产品的竞争，已经逐渐从价格、质量、服务的竞争，进入了农产品品牌的竞争期了。

2. 品牌的理解

品牌应当理解为两个层面的东西："品"和"牌"，即品在先，牌在后。有品无牌不利于出售，有牌无品则不能长久，这是一个简单而深奥的道理。真正通过塑造"品"而赢得了消费者对牌的认可，才是品牌的内在生命力所在。若把"品"理解为产品的质量、产品的款式、产品的性能等，是体现产品品质的总体的话，就可以把"牌"理解成宣传、推介"品"的方法、策略、技巧了。据此，企业如果不能做好自己的"品"，或者不能让消费者感受到自己的"品"比别人的"品"有特色时，单独做"牌"，是很难成功的[1]。

从形式上看，品牌，是一个名称、名词、符号或设计，或者是它们的组合。品牌是以标签、图案、文图表示的，其目的，是识别某个或者某一群销售者的产品或劳务，并使之与竞争对手的产品或劳务区别开来。因为，认知或者熟悉了某一个品牌，进行使用选择时，就变得方便、快捷和放心了。从实质看，品牌是产品内含的集成反映和交给消费者一个简单的认知，并使消费者产生印记。另外，品牌能够给拥有者带来溢价、产生增值，是一种无形资产，增值的源泉，是来自于在消费者心智中所形成的关于其载体的印象。

3. 农业品牌理解

从农产品远离市场到农产品的市场化，品牌必然成为农业市场化必备的推销简易符。然而，有人却唯品牌而品牌，不管其内涵的作用与生命，促"牌"的工夫没少做，做"品"的用功远不够，缺乏对"品"的深刻理解，缺乏理解消费者对"品"的要求。特别是，由于农产品质的隐蔽性，品牌的农产品被消费者接受一次，发现有问题时，不仅自己不再选择，而且会随处传播自己的体会与人，导致一大片的消费者不予选择。其结果是可想而知的。

如今经济全球化，新贸易壁垒日益严重化的今天，农业品牌包含着大量难以揣摩的竞争因素，如环境因素的介入，动物福利与生态持续的要求，使其内部的成分愈加复杂。恰恰相反，消费的要求却日益简化，最终都将浓缩在品牌的响应中。可见，品牌的威力显示会更加重要。这就要看做得妙不妙，用品牌显示产品独特优化巧不巧了。这种妙和巧，就集成于农业系统的标准化、整体的持续性和管理的高端性上。

品牌的整体功能表现为市场影响力，即知名度和美誉度；品牌功能越强，则表明其市场影响力越大，即成"驰名品牌"，其在所属行业中也就处于领先地位，品牌的价值就越加高昂与金贵。

4. 品牌的价值

在品牌概念中明确给出，品牌具有资产量值，带动简化选择，容易形成印记，从而产生消费和进一步的消费效应。这些在市场活动中都很容易产生过程与符号的增值，也就体现了品牌的价值。

（1）品牌价值的定义　品牌给产品带来超越其使用价值的附加值或利益，并产生持久的和差别化的竞争优势。这些利益和优势，包括了品牌的联想和行为所产生的比没有品牌时所获得更多的销售额或利润、唤起注意者的思考意识而选择的潜在能力，以及对产品有稳定的需求或是会对新产品产生需要并扩张购买行为而具备的潜在竞争力。

（2）品牌价值的来源　品牌价值是企业用于品牌的投资为企业所带来的价值，可以把它理解为能够给顾客和企业带来不同于产品的特别价值或利益，它由成本价值、关系价值和权利价值三部分组成。其中，品牌的成本价值包括企业对品牌投入成本和消费者

---

[1] 张可成. 我国农产品品牌建设：理论与实践. 泰安：山东农业大学博士学位论文，2009：28

用于购买品牌的成本；品牌关系价值是企业对股东和员工及消费者进行关系营销所带来的利益，品牌的权利价值是品牌为企业带来的超额利润和消费者从品牌中获得的精神享受。实质上，品牌价值构成的任何一个部分都有两个来源，即企业来源与消费者或顾客来源。品牌价值的大小，主要取决于品牌的知名度、美誉度、信誉度和忠诚度。从企业营销角度讲，主要有品牌要素选择、营销开发和其他实体利用因素。

农产品品牌是同时以农产品的生产区域、品种、质量等差异为基础，以商标、认证标志、产品包装等为表现形式来综合传递农产品信息，有助于农产品消费者区别竞争产品，从而识别特定的产品，并且形成购买偏好，最终为买卖双方带来价值的核心利益。

（3）品牌价值的考量　品牌价值的真正量值较难估算，因为涉及的因素较多且为动态状态。一般地，消费者行为、企业营销活动和产品的生产过程质量等都会对品牌价值产生影响。如果分类来看，主要有：①广告支出及其份额、市场调研费用、销售队伍、品牌年龄、市场进入时机、产品组合等；②公共关系、品牌标识、包装、广告语等；③服务的保证；④企业形象、原产国、促销活动和品牌名称；⑤企业形象、竞争品牌营销组合、产品线长度、研发能力等企业优势、产品类别、市场规模等。

（4）品牌价值的风险　频繁的价格促销会损害品牌价值。广告投入量、价格、分销密度、零售店的形象则与品牌价值正相关，但要长期获得则必须保证产品质量的稳定。清晰的产品使用界定，对一个品牌未来竞争环境有明确描述，所从事的业务范围、品牌的使命和品牌价值观的品牌愿景确定，是企业品牌价值决定的最重要决策。农产品品牌价值，受到资源禀赋、地理环境、气候条件、物流配送、营销传播及某些人文因素等的互相关联的要素的影响和制约。农产品质量的隐蔽性使得农产品品牌随时都隐存着风险。

研究品牌价值，应该立足于品牌与消费者的关系。离开了消费者对品牌的认可，就没有高价值的品牌。所以，品牌价值是来自于消费者，不是品牌建设企业。

现代消费中，品牌十分重要，承载着产品与消费之间在市场博弈中的认可。这种认可导致简单的选择，并导致一种自动吸引，具有长期作用，使选择的人流越来越多，进而实现实际的资本聚集，其既具有凝聚力，又具有扩散力。当然，构成简单选择的前提，是产品持续的质量保证，即企业的持续诚信了。一旦品牌被消费者认可，选择是迟早的事情；一旦产品被消费者选择，品牌的无形价值就立即变成现实。品牌是一个企业的名声、知名度、实力和发展是否持续的符号和象征。所以，品牌也是品牌标识，代表着信誉和保证，是一种象征和精神，也是一种关系，更是一种有价值的无形资产。

二、品牌区别与商标异同

品牌类型较多，分类多样，主要是因不同的依据与不同的标准而产生的；品牌与商标既有联系，又有区别。下面做以阐述。

1. 品牌分类

（1）知名度品牌　按照品牌的知名度排序，农产品品牌就有：区域性品牌、区域性名牌、国家级名牌、国际名牌等。

（2）市场地位品牌　从市场地位看，农产品品牌可分：领导型品牌、挑战型品牌、跟随型品牌和补缺型品牌。

（3）生命周期品牌　以品牌的生命周期分，农产品品牌可分为：初创阶段品牌、成长阶段品牌、成熟型品牌和衰退阶段品牌四类。

（4）其他分类品牌　按照品牌价值和消费层次的不同，可分品牌为大众品牌和高档品牌；按照品牌属性不同来分，就有产品品牌、企业品牌、行业品牌、组织品牌；按照品牌内涵的不同可分为广义农产品品牌和狭义农产品品牌；还有将品牌全部包括时，按照行业差别分，就有：工业品牌、农业品牌、服务业品牌，等等。

2. 商标与名牌

（1）商标　是一种标记，是将一企业的产品或服务与另一企业的产品或服务相区别开的标记。商标要通过经营者或服务者提出申请，经国家指定政府机构核准注册，用在商品或服务上的标志，具有贴标的性质。

（2）名牌　该词是我国市场经济的产物，20世纪90年代后流行的营销术语，西方世界中没有此词，其意思有"更为知名、品牌之上"的消费认可，与品牌之间的关系，具有赢得市场消费认可度更大的品牌，是品牌升级后的级别关系。若对名牌下个定义的话，可描述为：在同行业中长期占据更大市场影响力（或者具有较高市场占有率）的品牌。可见，真正消费者心中的名牌，是经过长期消费认可的放心品牌，具有使消费者建立品牌名词与产品类别、产品评价和其他独特概念联想的品牌。

3. 品牌、名牌与商标区别

商标作为一种标志或记号，不能代替品牌。因为，品牌包含了大量内质性的信息，包括有形的和无形的成分。品牌概念的本身，就包含了商标，所以商标是品牌识别的基本标记。品牌和商标还有注册与非注册之分，依法注册后的商标和品牌，就受法律保护了。从术语表达看，商标应属法律术语，品牌则是经济术语了。

名牌比品牌更具有影响力，享有较高知名度和市场占有率的品牌，可见，在品牌竞争中的成功者或者出名的品牌，就成为了名牌。但名牌是约定俗成的词汇，不能成为法定保护对象。品牌则是一种实在的无形资产，品牌越出名，其所承载的无形资产量就越大。

商标与品牌在形式上有雷同之处，均以简约图案表现的符号或标签，按照消费者购买心理分析，他们在购置产品时，在关注商标的同时，更加喜欢品牌的选择。

三、品牌命名与特征

1. 品牌命名

起什么样的名字，划什么样的符号，对于品牌生存与发展来说，不可忽视。从长远观点来看，一个品牌，最重要的就是名字。好的名字容易形成印记，可激发品牌联想，产生无形扩增效应。那么怎样才是好？又是一个复杂的问题了。但是，有个总的衡量尺度是不变的，即客户希望的是一目了然，企业期望的是记忆深刻。对消费者来说，一方面痛恨复杂、喜欢简单，另一方面所接受的信息十分有限，没有安全感。因此，当他们认识了一个自己认可的品牌，是不会轻易改变的。还有，由于消费者所获得的信息越来越多的不对称,他们的想法很容易失去焦点而受推介的影响。这是推销上需要注意和抓住的消费热点,需要用自己的信誉从长远角度培养消费的忠诚。

一般而言,品牌的取名或者转产引导的名称变化,命名可考虑这五个方面,一是根据产品本质、用途范围、主流文化及消费者的趋向习惯,进行综合分析筛选,慎重考究取名,使其有特色,易记忆,合身材,自延续,即取个好的名字;二是产品的类别要清楚且容易理解,至少在集团内推出的产品中不能发生混淆;三是定位研究一定要抓住关键点,先复杂,后简化,再精华;四是善于使用公关策略,易形成氛围;五是如果要改变定位,就必须要有适当的推动者,以委婉渐变的方式走向新的领域,不能陡然出新。

由于品牌是一种软实力,要进行深刻理解和塑型是困难的。因此,在打造品牌时,必须全面考虑,采取一切手段做好前期研判,正确而深刻的洞察和分析。当形成清晰的总体看法和顶层认识时,再进行命名的动作,就会有的放矢地产出理想的名称了。

2. 品牌的特征

从品牌的概念、内涵及其价值的表现可以看出,这是一个多学科领域的概念,显然谈及品牌的特征就不能完整归纳了。按照经济社会的主体状态和需要有序管理的实际需要,我们从经济和管理学科方面考究品牌的特征,可表现以下方面。

(1)品牌的信用特征　人们生活用品的多样和生产用品的复杂,不可能使消费者在使用时一一了解清楚。生活的简化本质,就是在购买用品时能够以最简单的方式知晓"这就是我所要的"。那么品牌成为信用的代名词就成为最有吸引力的方面,使选择和购买的复杂变得只看品牌就够了。所以,品牌的本质是体现品牌农产品生产者的信用,使消费者通过品牌联想到品牌农产品的质量、功能、文化等特征。

(2)品牌信息的丰富完整性特征　前已述及,如何使得复杂选择变简单,品牌就是最好的标志。品牌既包括了名称、标志等显性要素,其背后也向消费者传达了包括农产品质量、营销服务、市场声誉等内在的全部信息,代表了品牌建设者的承诺和消费者的体验。

(3)品牌的价值特征　品牌具有知名度,携带着忠诚度,能够降低企业的费用,可以获得较高的价格,还能带来竞争优势,从而产生自我价值,成为一种资产要素。

(4)品牌的系统性特征　品牌的诞生就来自于系统过程,品牌与品牌产品本身、品牌拥有者、供应商、消费者、中间商、竞争者、大众媒体、政府、社会公众等利益相关群体共同构成了一个相互作用、相互影响的生态系统,品牌生态环境的营造,品牌生态系统的管理是品牌理论研究的重要内容。

(5)品牌的阻逆特征　农产品逆选现象在市场上常有,即当产品的卖方对产品质量比买方具有更多的信息时,由于买卖双方对产品质量信息的不对称拥有,会导致低质量的产品把高质量的产品驱逐出市场,从而使市场上出现产品质量持续下降的现象。无品牌经营时,此类现象是十分普遍的。因为,消费者无法用简单方式识别农产品的质量,只能以价格压低来满足心理平衡。品牌能够提供功能性、象征性和体验性利益的一种综合性联想与感受的简化缩影表现,使消费者进行消费选择时,多半会舍弃不太重要的价值来换取更加关键的价值,若为某一品牌产品增加某一特征而对产品其他属性又没有负面的影响时，消费者就可能被吸引，就会有助于实现短期销售的增长，更会引导消费的忠诚而对产品产生依赖的心理。

3. 消费者的认可

消费者关于产品和品牌的经验对其未来决策有着重要的影响。品牌是一个以消费者为中心的概念，没有消费者，就没有品牌，品牌与消费者关系是品牌价值的最好表征。消费者接受一个商品或品牌的过程大致可分为三个阶段：认知阶段、情感阶段、行为阶段。品牌之所以备受重视，与它能降低交易成本有关。品牌的基本功能体现在品牌名称和品牌标志可以帮助消费者解释、加工、整理和存贮有关产品及品牌的信息，简化购买决策；良好的品牌形象有助于降低消费者的购买风险，增强购买信心；个性鲜明、独特的品牌可以使顾客获得超出产品功能之外的社会和心理利益。与无品牌的产品相比，品牌产品可以提供给消费者超出产品实体功能的价值。有观点认为，品牌价值分为五个组成部分，即品牌忠诚度、品牌知名度、品质认知、品牌联想与其他专有的品牌资产，并将它们组成一个五星模型[1]，如图13-3所示。

产品包括3个层次：核心产品、外延产品和附加产品，如图13-4所示。

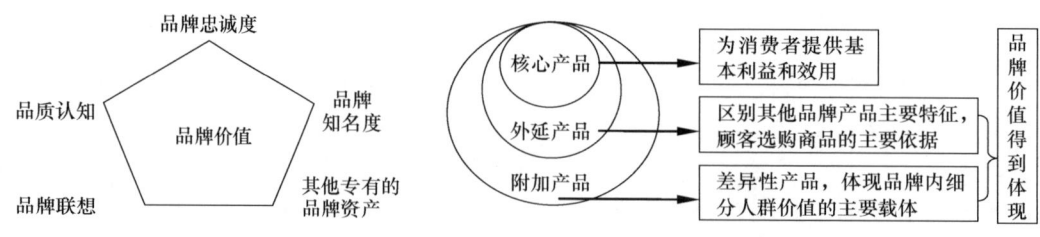

图13-3　品牌价值的五星模型　　　　图13-4　产品整体概念示意图

核心产品，是指产品能给购买者带来的基本利益和效用，即产品的使用价值，不同顾客品牌之间差异不大，仅有的差异在于量的需求。外延产品，它是核心产品借以实现的形式，是不同客户品牌的明显差异所在，在品牌内部有较强的共性；是顾客选购商品的客观依据。附加产品，是指伴随着外延产品提供给购买者的各种附加利益的总和，如安装、维修、保证和使用技术培训等附加服务和附加利益，是品牌内部不同细分人群的主要差异所在。外延产品和附加产品是体现品牌价值的主要载体，附加产品是体现品牌内细分人群价值的主要载体。

四、农产品品牌

1. 农产品品牌的概念

关于农产品品牌，这里定义为具有实际资产量值，以特定符号区别农产品的同质性，利于消费者简单鉴识、记忆与选择并建立消费契约关系、区别竞争者产品或劳务的符号。特定农产品的品牌，也是携带着大量的产品信息与承诺，使消费者放心消费的集成体。

---

[1]（美）阿克·奚卫华. 管理品牌资产. 董春海译. 北京：机械工业出版社，2006：1

农产品品牌主要包括两方面，一是农产品的企业品牌，此即"小品牌"；二是农产品的区域品牌，即"大品牌"。这种大品牌往往是区域公用的。农产品区域公用品牌是指在特定地理位置上和以独特自然资源及悠久的种、养殖方式与加工工艺生产的农产品为基础，经长期的积淀而形成的被消费者所认同、具有较高知名度和影响力的名称与标识。

农产品品牌，是农业生产者或经营者在其农产品或农业服务项目上使用的、用以区别其他同类和类似农产品或农业服务的名称与标志，或者，是用来识别某一区域或某一农业企业的农产品和农业服务以区别与其同类或相似的农产品或农业服务的名称、记号或设计，是农产品或农业服务具较高市场占有率、影响力和声誉的象征，是以农产品的产地、品种、质量等差异为基础，以商标、包装、广告、形象等为表现形式，帮助消费者识别农产品质量并形成购买偏好，传递农产品与竞争产品相区别的核心利益。农产品品牌，要依靠农产品生产、加工、销售、反馈等管理和良好操作的全链系统工作来打造。

2. 农产品品牌特点

农产品与其他产品不同，除了易腐败、质量更隐蔽外，作为商品时的同质化特点，使企业间竞争难度提高。农产品的同质化是天生的，多数情况下的区别只在细微之处。这对作为商品性参与竞争、在期望利益取最大值的买卖双方都是不利的，特别在多个经营者内部的竞争中，更不利于取得最大利润。农产品进入市场，必然是企业化的。那么，随着企业间竞争的日益加剧，农产品的同质化本性，必然迫使企业产生寻找异质的欲望和行为，以便获得理想利润。这时，品牌就成为引导顾客辨识不同企业或销售商的农产品与服务的唯一利器，从而使企业容易实现竞争成功的目的。品牌成为比农产品本身更重要和更长久的无形资产与核心竞争力。随着市场发展，我国农产品的市场竞争，已由价格竞争、质量竞争和服务竞争转向了品牌竞争。

3. 影响农产品品牌的因素

农产品品牌的影响因素和作业环节，可以分为两大类，一类是构成农产品品牌建设的基本活动，另一类是影响农产品品牌建设的支持性活动。农产品品牌建设的基本活动，是指直接构成农产品品牌经营管理的各项活动，包括了农产品生产资料的供应、农产品的生产与加工、农产品流通领域的批发组织与零售业态、农产品市场营销活动，以及农产品销售及售后的相关服务，等等。农产品品牌建设的支持性活动，包括了农业的政策性支持、农业基础设施建设、农产品市场秩序的完善、农产品技术研发的投入，等等。支持性活动的完善，有利于推动农产品品牌建设，它们是农产品品牌建设中不可或缺的环节。

名牌农产品，要具备很高的消费口碑，无污染、利健康、质量持续同一、销售服务达标、全程有严格标准约束与信息尽可能对等条件。

在我国，农产品品牌建设刚刚开始，与市场和生产过程有着直接的和不可分割的联系。要想快速、高质量地建立起中国的农产品品牌体系，就要在研究和建设品牌的道路上，既学习西方的品牌建设模式，又要根据自身的实际扎实努力地从实践到理论去成型。千万不能像西方那样，就品牌而研究品牌，误入自我设置的无源空门来建立自己的农产品品牌。正如货币到资本的发育，是由物物交换到"通币"，再到货币，再到资本那样，是不能跳跃的。我国农业长期远离市场，当下与市场接轨的过程中，必须依中国农业实际和发展规律培育农产品品牌，如果一下子进入了品牌的虚拟运作，无疑是意味着从一开始就给自己设置了毁灭的经济圈套。

第三节 农产品品牌建设

农产品品牌建设，是农产品品质与农业文化的综合提升过程，更是将消费者的关注点浓缩明朗化的过程。其目的最终能够使消费者认可并且表现出忠诚的行为，否则，无论企业对自己建设的品牌如何满意，也不会是高价值。

一、概念与内容

1. 品牌建设概念

品牌建设是指品牌拥有者对品牌付出的设计、宣传、维护之行为与努力。品牌建设的利益表达者和主要组织者，是品牌的拥有者，也称品牌母体。用户渠道、合作伙伴、媒体，甚至竞争者对品牌的建设也做了贡献[1]。

2. 品牌建设的内容

品牌建设，包括了品牌定位、品牌规划、品牌形象、品牌文化的塑造、品牌扩张等，品牌建设所包括的内容，有品牌资产建设、信息化建设、渠道建设、客户拓展、媒介管理、品牌搜索力管理、市场活动管理、口碑管理、品牌虚拟体验管理等。品牌建设，就是在做好"品"的同时，用好的方法准确、及时、全面地将"品"通过"牌"的方式宣传出去的过程。

3. 品牌建设的依据

品牌的建设，要以诚信为基础，以产品质量和产品特色为核心。只有这样，企业的产品才有市场占有率和经济效益。农产品的市场竞争将不再是产品与产品之间的竞争，而是品牌与品牌之间的竞争。农产品品牌化经营不仅关系到农业标准化体系建设，更影响到农产品质量及其市场竞争力的提高。

二、农产品品牌建设

农产品品牌建设是指农产品品牌建设主体对品牌进行的规划、创立、培育、扩张等行为过程。农产品品牌建设是间接或者直接地参与品牌农产品生产经营的政府、企业、农民合作经济组织，以及农户对包括农产品的品质建设、品牌管理、品牌沟通、品牌文化塑造等各个环节进行系统的构建、经营、维护及评估的过程；农产品品牌建设是一项系统工程，需要多要素、多个层次共同构成；农产品品牌建设的各环节之间是一个有机

---

[1] 费建. 农产品品牌建设的市场保障体系研究. 中国农民合作社，2013，(2)：44-46

构成的整体，在这个有机整体中，各要素之间是相互联系、相互作用的。

1. 农产品品牌建设的主体与核心

农产品品牌建设本身涉及的主体较多，既包括基本建设主体——农业企业，也包括参与建设主体——政府、行业组织和农户。客观上要求政府必须利用政策、法律来规范有关主体行为，以保证农产品质量水平和创建农产品品牌建设法制化、制度化。实质上，政府是农产品品牌建设的倡导、服务主体，科技倡导和投入的主体，注册和管理的主体，评价和监督的主体，品牌保护的主体，国家与国际化品牌的主体。

品牌建设的核心，是让品牌的良好形象深深地烙在消费者心中，并通过消费感受与无意间的宣传等，产生出发酵作用和吸引更多消费者的选择和再选择行为来，再提升企业产品的知名度，提升品牌价值。

品牌建设的内涵必须是，根据中国的实际情况，从实现农产品销售入手，逐步建立品牌信用，再以品牌信用进一步推动产品销售，形成良性的递增互进型的稳固商业模式，将农产品品牌渐进树立，同时，实现品牌价值及时变现的利益机制，确保企业随着品牌在这个过程中渐进成长做大做强，实现农产品品牌建设的战略目标。品牌建设的外延有政府、企业、广告宣传、行业联盟、市场营销的助力。

2. 农产品品牌建设的要素

农产品品牌建设过程中必须针对品质的独特性、质量的稳定性、消费的区域性、包装的层次性、技术的创新性、政策的敏感性、认证的必要性、渠道的借力、流通的实效性、传播的整合性等因素，以及农产品的"质量满意度、价格适中度、品牌信誉联想度、品牌知名度"四要素综合设计规划，统筹实施。

农产品的品牌建设，基本有两大重要因素，一是农产品的生产到产品形成及销售的全链中需要严格的高质量标准约束与落实，其中，高科技知识全部包含在标准之中；二是消费者使用并保持着再使用的持续认可与积极性，也就是对品牌的忠诚与持续。品牌作为一种产品信息的识别标志，能够产生消费者的品牌忠诚，约束生产者保持产品质量、维持产品形象，提升产品竞争力。此外，注入地方特色文化，增加农产品品牌的文化底蕴，是品牌特色化和增加文化元素的重要方面。所以，农业标准化是规范农业全程、提高农产品质量、创建农产品品牌的内在动力。

3. 农产品的品牌定位

农产品的品牌定位，是指针对农产品市场和潜在消费者需求，使自己的产品与竞争对手相区隔，在消费者心目中建立起品牌的固定位置，使之成为目标消费者群体的首选品牌。也就是说，通过与目标市场的沟通来最终确立符合目标市场需求的品牌形象的过程。品牌定位不是市场定位，而是品牌在农产品消费者心目中的定位。

品牌定位能够向目标市场的消费者准确地传递产品及品牌的信息，让消费者了解农产品品牌形象的独特性，对提升品牌的市场竞争力有着重大的影响。因此品牌定位是确立品牌特征和品牌发展的基础。

农产品品牌不仅具有一般商品品牌的共性，还有自身的特殊性，主要有：①形象的特殊性。农产品品牌除具有自创性品牌形象以外，还包括国家赋予的认证指标形象。②独特的地域特性。由于生态环境对农产品质量影响明显，农产品生产分布及品牌建设也具有明显的地域特性。③自然依赖属性。由于农产品生产与开发的需要以雨水、土壤、大气、气候等自然条件为基础，自然条件的改变将会导致农产品本身的品质、产量下降等，这些将会直接影响到农产品品牌的形象。以"地域优势"为基础，以"三品一标"为导向，打造农产品品牌独特的形象。

农产品品牌包括农业区域品牌和企业品牌两类，是农业生产者为满足消费者需要、培养消费者忠诚，用于农产品的差异化竞争而区别于其同类或相似的农产品或农业服务的名称、图案、象征或设计，是农产品或农业服务具较高市场占有率、影响力和声誉的象征。

4. 农产品品牌的根基

质量是农产品品牌建设和发展的根基，是品牌竞争的基础，也是品牌赖以生存的首要物化指标。要想建立长期有效的农产品品牌，农产品的本体质量、外延质量（消费者的忠诚）和文化质量是必须同时协调存在的。生产和经营符合品牌质量要求的农产品，是农业企业的基本职能。品牌农产品的质量控制，是农业企业按照有关标准和企业品牌建设目标实施对农产品供产销各环节的质量监控和保障的措施。农业企业的质量控制主要有收购环节质量控制、生产环节质量控制、销售环节质量控制。实践中，由于种植、养殖过程中的质量控制难度大，生产周期长，监管困难等，造成农产品质量安全事故多发，对农产品的品牌建设和推广构成了极大威胁。

三、农产品品牌扩张

1. 什么为农产品品牌扩张

农产品的品牌扩张，也称为品牌延伸，是指在已有相当知名度与市场影响力的品牌基础上，将原有品牌运用到新的农产品或服务的一种营销策略，从而期望减少新农产品进入市场的风险。农产品品牌延伸，具有增加新农产品的可接受性、减少消费行为的风险性、提高促销性开支使用效率以满足消费者多样性需要的功能。因而，近年来在制定广告与品牌营销策略中得到了广泛的应用。

2. 农产品品牌扩张的意义

农产品品牌延伸既是品牌经营的一种策略，也是品牌发展的手段之一。农产品品牌延伸成功与否取决于顾客对新的延伸和母品牌之间适合程度的感知。品牌延伸成功的关键是要使消费者形成并体验到延伸品牌与原品牌之间相似的程度。

3. 农产品品牌扩张时的关注点

农产品品牌扩张，需要注意以下三个问题：即互补性（两种产品在多大程度上为互补产品）、替代性（两种产品在多大程度上可以互相替代）和转移性（消费者对品牌转移的信任程度）。高品质的农产品品牌较品质稍低的农产品品牌延伸幅度更大。高品质农产品品牌可以延伸到不相似的产品领域，后者则不行。并且，延伸可以对母品牌产生反馈作用，可以强化母品牌的品牌联想，也可能由于顾客的不良体验而淡化甚至抵触母品牌的品牌联想[1]。

四、农产品品牌的管理

相对而言，农产品品牌建设，并不是最困难的事情，难就难在建成的品牌能否得以长期维护和扩大使用。因此农产品品牌建成的管理也极其重要。

借鉴发达国家的经验，从战略角度讲，品牌的战略管理可从以下方面考虑。

1. 三层次管理法

日本农产品品牌战略规划大致分三个层次，即国家一级、县一级和农协一级，每一级都有自己的特点。日本从1975年的"一村一品"战略到后来的"地产地销"战略，再到目前的"本场本物"制度，形成农产品品牌管理的国家独有方略。他们对于品牌的理解模式是，商品品牌=品种品牌+产地品牌。

2. 多步管理法

总结品牌发展的经验，打造卓越品牌的关键步骤有如下方法，一是四大关键步骤法，即发掘、战略、传播和管理。这被认为是打造卓越品牌的核心模式；二是五大关键步骤法，认为品牌战略实施，要通过品牌评估、品牌承诺、品牌规划、培育品牌文化和创造品牌优势这五个关键步骤，并认为始终"以顾客为中心"是"创名牌"的真正意义所在。三是十大关键步骤法：①能够影响到文化的品牌更好卖，文化是增长持续的新型催化剂；②品牌如果没有立场就没有意义；③今日的消费者正走在前端，这是有史以来最敏捷的一代；④无论何时何地，尽可能地实行为顾客度身定制化，为顾客度身定制将是明日市场的杀手锏；⑤客户体验非常重要；⑥在交易时将信息传达清楚，注意你的表述方式；⑦注意自身最薄弱的一环，清楚自己哪里最易受攻击；⑧社会责任感不再是仅供选择参考；⑨激情让事情变得不同；⑩创新是董事会会议上的新宠。

3. IBS 标准法

IBS 标准法指的是国际品牌标准系统——IBS10000 标准体系。这是由国际品牌标准工程组织（International Brand Standard Engineering Organization，IBS）研制并颁布，对品牌进行的量化，提出了品牌的基本单位，创造了品牌的模型。该标准通过对企业的品牌战略、品牌设计、品牌定位及品牌实际执行的系统研究与分析，将企业的品牌行为细分为若干个子系统，并对每个子系统用数学和物理的分析与计算方式进行量化，更直观地反映一个企业的品牌发展特点和品牌价值。并通过各子系统的理论分析，总结出企业品牌执行的标准化操作模块，以达到实现企业品牌标准化的目的。IBS 不仅注重理论研究的科学性和前瞻性，更重视理论与实践的对接，具有系统性和可操作性。

---

[1] 李敏. 我国农产品品牌价值及品牌战略管理研究. 武汉：华中农业大学博士学位论文，2008：8

五、农产品品牌类型

随着市场化的加深,农产品品牌类型必然呈现品类繁多、构成复杂的状态。这主要是因为其产地不同,本身的品类很多,质量内含和生产文化也不同,再加上企业为凸显自身的产品差异化等因素所致,当然,消费者需求的多样化能够使其在本质上的多样化得以市场体现。实质上,概括进来,农产品品牌大的类型有以下几个方面。

1."三品"品牌

有机、绿色、无公害,是一切农产品品牌的基础,也可谓是一个总底盘。一切农产品上市前,必须有这三种的其中一种的认证。这样,就可打出相应的农产品品牌,如有机农产品、绿色农产品等。在此基础上,为了区别企业的不同,表现企业产品的差异化,可为品牌加载具体的品牌定位。例如,杨凌示范区有一个企业名叫"本香集团",做生猪产业链的,如果其生产过程进行了有机认证,就可以打出"本香有机猪肉"的品牌来。绿色农产品的生产比有机容易一些,消费者也有相关愿望并有消费能力,做绿色农产品、也为环保作贡献,是多赢的事情,有许多商家愿意从事。

2.原产地品牌

由于农产品的本体质量与产地关系很大,加上携带着一定的区域文化成分,也是历史性的知识产权部分,就有原产地认证的无形资源利用,原产地品牌也就产生了。可见,原产地品牌是地理区域的品牌泛化,是一种基于特殊的传统、资源或者声望,经由品牌化运作而产生的文化经济产物。在现代消费中,原产地品牌具有很大作用,一个原产地品牌可以带动一个地方产业集群的发展,成为产地内众多企业发展的公共资源。可以说,原产地品牌是区域产业集群的最佳代言人,品牌愿景是原产地品牌的灵魂。原产地品牌的魅力,在于顾客接受度高、产品溢价能力强。所以,搭顺风车的企业趋之若鹜,打假防假成为原产地品牌保护的重点工作。

3.拓展品牌

拓展品牌,就以不同目的,利用现有品牌,发展壮大自身实力的品牌打造方式。其中,品牌拓展就是一个例子。还有,有些企业将其产品大批量的卖给中间商,中间商再用自己的品牌将农产品转卖出去。这是利用了中间商品牌或者私人品牌来发展自己。还可以在发展初期与已经占有市场份额的企业达成协议,借助某企业品牌销售农产品而产生互利作用。

农产品品牌建设与一般工业品品牌相比具有难度大、时间长等特点,所以农产品品牌建设需要社会各界的帮助和支持,尤其是政府作为农产品品牌建设环境的影响者和参与主体对农产品品牌建设发挥着重要作用。

第十四章 农业标准化与农产品国际贸易

农业发展的经济动力主要来自于市场,市场又分为国内和国际两大市场体系。农产品进入国内市场的同时,也必须进入国际市场,以便于利用市场竞争与长效发展的内在机制赢得农产品的长期利润空间。农产品进入市场,特别是国际市场的综合竞争力提升,就看是不是科学的标准化过程,产生了低成本、简过程和高产出,这也是农产品综合质量水平是不是达到高水平的重要标志。因此,农业标准化与农产品国际贸易的关系是复杂的,也是直接的,需要我们认识与理解。

第一节 贸易壁垒

由于贸易中的直接利益关系,各方会使出浑身解数来维护自我最大利益甚至边际利润。在农产品买卖中,利益各方总是想尽办法谋取最大利润,一方面进行正常贸易,另一方面利用各种手段建立利益保护体系,同时堵击对方某些利益堡垒或弱点,强化自身的壁垒能力并消解对方的阻碍因素,以达到自身利益最大的目的。标准化的功能之一,是建立强大的壁垒保护,在维护自身经济利益的同时,又能够破除对方贸易壁垒,强化拓展自身贸易半径的能力。这种竞争是无止境的,是在各自总体平衡中对于局部利益的竞争分配中显示各自的综合实力的实际的和持续的表现。本节就贸易壁垒进行阐述。

一、贸易壁垒类型

贸易壁垒(barrier to trade),也称贸易障碍,是一个综合的壁垒障碍现象,表现在许多方面,其中以技术壁垒为多,还表现于管理、方法、空间、时间等方面。其是指对外来商品、劳务在交换中所设置的人为限制。这类限制目的,无非是要达到主动设置方的某个预谋的目的,多数是为维护自己的经济利益,或者从中谋取"私利",有可能也有其他目的。广义上看,凡是阻碍正常贸易、使市场竞争机制作用受到干扰的行为与措施均属于贸易壁垒范畴。

贸易壁垒的类型较多,表现的手段也层出不穷。以贸易壁垒影响的贸易种类为标准,可以把贸易壁垒分为以下五种。

1. 按照影响壁垒的贸易种类分

(1)关税壁垒(tariff barrier) 也称关税措施,妨碍货物贸易。其是指在关税设定、计税方式及关税管理等方面阻碍进口的措施。主要表现以下方面。

a. 关税减让(tariff reduction) 例如,WTO成员没有按照本国减让表承诺的减让水平进行减让而导致的障碍。

b. 关税税则分类(tariff classification) 例如,海关官员在对进口产品进行税则分类时拥有过多的自由裁量权，使得进口商难以预见未来对同一进口产品适用的关税。

c. 关税高峰（tariff peak） 尽管有关税减让表规定的减让水平，仍然在特定产品领域维持高关税。

d. 关税配额（tariff quota） 对一定数量（配额量）内的进口产品适用较低的关税税率，对超过该配额量的进口产品适用较高的税率。实践中，配额量的确定、发放和管理过程中的不适当做法常常成为贸易壁垒。

（2）非关税壁垒（non-tariff barrier） 也是妨碍货物贸易方面，是指除关税以外的一切限制进口措施所形成的贸易障碍。其有直接限制和间接限制两类。滥用以下措施，往往对货物贸易造成壁垒，共有 13 类：进口许可（import licensing）；出口许可（export licensing）；进口配额（import quota）；进口禁令（import prohibition）；技术性贸易壁垒（technical barriers to trade）；出口限制（export restriction）；政府采购（government procurement）；补贴（subsidy）；自愿出口限制（voluntary export restraint）；当地含量要求（domestic content regulation）；国家专控的进出口贸易（the operation of import state trading enterprise）；卫生与动植物检疫措施（sanitary and phytosanitary measure）；反倾销、反补贴、保障措施等贸易救济措施（anti-dumping, countervailing, safeguard and other trade remedy measure）。

（3）妨碍与贸易有关的投资的措施 主要有投资准入范围的限制（access restriction）、税收歧视（tax discrimination）和外国股权的限制（foreign ownership restriction）这三个方面。

（4）妨碍服务贸易的措施 包括了准入限制（access restriction）和外国股权的限制（foreign ownership restriction）两个方面。

（5）妨碍与贸易有关的知识产权的措施 是指对知识产权保护力度不够等。

2. 按照贸易壁垒表现形式分

根据贸易壁垒的表现形式，可以把贸易壁垒分成 4 种。

（1）立法（legislation） 以法律、法规、条例的形式规定贸易壁垒。

（2）行政决定（administrative decision） 以行政决定、行政命令、指令形式规定贸易壁垒。

（3）政策及舆论（policy or consensus） 政府采取或者支持的以政策、舆论宣传来影响本国国民，如使用国货、歧视进口产品等。

（4）做法（practice） 例如，短时间内不适当地频繁使用反倾销措施、地方保护主义、贪污、官僚主义等。

3. 其他贸易壁垒形式

（1）绿色贸易壁垒（green barrier，GB） 属于环境（非关税）壁垒，是国际社会为保护人类、动植物及生态环境的健康和安全所采取的直接或间接限制甚至禁止某些商品进出口的法律、法规与政策措施。其实质，是发达国家依赖其科技人员和环保水平，通过立法手段，制定严格的强制性技术标准，把来自发展中国家的产品拒之门外。

（2）技术性贸易壁垒 非关税壁垒的主要表现形式，是指商品进口国制定的技术法规、标准及合格评定程序对外国进口商品构成了贸易障碍。即通过颁布法律、法规、技术标准、认证制度、检验制度等方式,在技术指标、卫生检疫、商品包装和标签等方面制定苛刻的规定,最终达到限制进口的目的或效果。

(3) 劳工标准壁垒 通过颁布劳工标准来阻碍进口贸易。劳工标准的主要内容,有废除强制劳动,禁止劳改产品出口,严禁使用和剥削童工,非歧视的工资水平、同工同酬,实行最低工资标准、保证劳工的最低工资水平,工人有自由结社和集体议价的权利等。有些发达国家试图把劳工问题同贸易捆在一起,以期削减发展中国家的劳动成本优势。

(4) 服务贸易壁垒 包括的类型主要有:税收歧视、直接补贴、外汇管制、限制准入资格、限制股权比例及限制经营范围等[1]。服务贸易壁垒的特点有三:以国内政策为主;灵活性和隐蔽性强;较多地对法人和自然人采取资格和行为限制。从服务贸易壁垒的特点看,就决定了其难以被准确地观测和度量。那么应用之以建立理想的壁垒架构,就成为展示各利益集团高超"技能"的又一个方面。

贸易壁垒的实质,是利益竞争的机制在手段和方法方面的体现,以集团或者国家利益为边界,会想尽一切办法强化这种壁垒,但不违背相关的贸易法规,而可以打个法规的擦边球,甚至会钻有关法律的空子,来达到自己的利益目的。

二、技术壁垒与绿色壁垒

在所在壁垒之中,技术壁垒与绿色壁垒这两类,特别是前者成为壁垒成型的关键。

1. 技术壁垒

技术壁垒,又称"技术性贸易壁垒"或"技术性贸易措施",其涉及的内容广泛,涵盖科学技术、卫生、检疫、安全、环保、产品质量和认证等诸多技术性指标体系,运用于国际贸易当中,呈现出灵活多变、名目繁多的特点。由于这类壁垒大量的以技术面目出现,因此常常会披上合法外衣,成为当前国际贸易中最为隐蔽、最难对付的非关税壁垒。由于技术壁垒的存在,如产品的规格、质量、技术指标等达不到一定技术标准的不能进口,如农产品的农药残留和有害生物检验不符合目标市场的要求时不准进口,从而阻止低技术产品进口(WTO《技术性贸易壁垒协议》的技术法规、标准中有此含义);或达到某种技术标准的产品不能出口,如运算速度达到每秒多少亿次的计算机不准出口,即限制高科技产品出口,从而在技术方面对进出口贸易构成壁垒。技术性贸易壁垒是目前各国,尤其是发达国家人为设置的贸易壁垒,推行贸易保护主义的最有效手段(图14-1)。

2. 绿色壁垒

又称环境壁垒,已经成为技术性贸易壁垒的重要组成部分。实际上,在国际文献中并没有"绿色壁垒"一词。"绿色壁垒"可以说是我国自己创造的一个新词。在国际上并

---

[1] 夏天然,陈宪. 多部门视角下的服务贸易壁垒度量. 上海交通大学学报(哲学社会科学版),2015,23(2):76-86

图 14-1　我国农产品出口遭遇层层壁垒

没有权威的定义。我国有些学者提出的绿色壁垒概念，大多是从发展中国家的经济利益立场提出的。绿色壁垒是指那些为了保护生态环境而直接或间接采取的限制甚至禁止贸易的措施。通常，绿色壁垒应由进出口国为保护本国生态环境和公众健康而设置的各种环境保护措施、法规标准等，是对进出口贸易产生影响的一种技术性贸易壁垒。

三、技术性贸易壁垒对农产品国际贸易的影响

技术性贸易壁垒是利用技术性细节构筑贸易壁垒。这类壁垒大量地以技术面目出现，披上合法外衣，但这是字面上的、表面上的技术，实际上属于人为的、技巧性的，而不是实质上的、科学意义上的技术。

我国农产品出口面对的技术性贸易壁垒主要有四种表现形式：一是技术性法规和技术标准合格评定程序；二是动植物卫生检验检疫措施；三是苛刻的标签制度与包装要求；四是绿色技术壁垒等。与其他贸易限制措施不同，技术性贸易壁垒最大的特点就是具有隐蔽性，一旦出现，影响巨大，而且损失很难避免。

近些年来，国外对我国农产品出口设置的技术壁垒表现出一些新动向。一是技术壁垒越垒越高。2006 年 1 月 1 日已经开始实施的《欧盟食品与饲料安全管理法》进一步拉长了食品安全控制的链条，除了禁止带有 320 种农药残留的农产品在整个欧盟市场销售外，还要求食品生产与销售的每一个环节，即"从农田到餐桌"的全过程，都要符合新出台的一系列标准，否则欧盟委员会将取消其出口资格，并将相关外国企业列入"黑名单"。二是技术壁垒更加苛刻。例如，日本于 2006 年 5 月 29 日正式实施的"肯定列表制度"最为代表，"肯定列表制度"对所有农业化学品都制定了限量标准，其中"暂定标准"涉及农药、兽药和饲料添加剂 734 种共 51 392 个标准，涉及食品农产品 264 种，分别是过去全部规定的 2.8 倍、5.6 倍和 1.4 倍。三是技术壁垒带有歧视和偏见。为遏制我国出口农产品占领市场的趋势，发达国家往往针对我国产品的特点，量身定做地设计技术壁垒，对我国出口农产品特意制定的一些歧视性标准、法规和检验程序等。例如，日本对我国大米进行的 103 项农残的检测，而对其国内生产流通的大米都不进行如此多项的检测。值得注意的是，随着国际市场竞争加剧，加上出于对本国相关产业的保护，发达

国家根据 WTO 规则设置了一系列的技术性贸易壁垒，内容已涉及生态环境、动物福利、知识产权等多个领域。例如，美国已在试行的 SA8000 认证标准中，把知识产权、劳工利益等非产品本身的质量标准加了进去，欧盟国家则把动物福利纳入进口农产品标准中。如果完全按照欧美这类动物福利性质的要求进行养殖和加工，必然增加生产成本，加大我国农产品出口难度。

技术壁垒给我国农产品贸易带来的直接影响，主要表现在两个方面，一是农产品出口增长缓慢，2001~2006 年我国农产品出口增长率（年均 14%）落后于外贸出口总量的增长率（年均 29.5%），农产品出口占全国外贸出口额的比重也由 2001 年的 6% 降至 2006 年的 3.2%，这种情况与我国作为农业大国的身份很不相称。2013 年我国农产品出口 678.3 亿美元，同比增长 7.2%，比起外贸出口总量增长率低 0.4%。二是削弱了我国农产品出口的竞争力。我国因技术性贸易壁垒而出口受阻的产品已从蔬菜、水果、茶叶、蜂蜜扩展到畜产品和水产品，其中欧盟对我国出口冻虾、水产品、茶叶、禽肉、果汁等产品设限，美国对禽肉、水产品、蜂蜜等产品设限。加入 WTO 后，我国部分农产品的低劳动力成本优势，基本上被规模小、技术差、质量低、不符合国外有关标准的劣势所抵消。而随着日本、欧盟实施食品安全新法规后，我国食品农产品进入欧盟市场的门槛进一步提高，相关企业所需要投入的生产成本和技术成本也相应上升，从而削弱我国农产品出口的竞争力。

第二节　新贸易壁垒

世界经济走向一体化，使信息催动发展的速度越来越快，特别是大数据时代的到来，互联网+成为市场经济竞争发展中的催化剂，利益集团为了自身的发展和赚取更多利润，在贸易壁垒方面变化多端，新招百出。为了解相关动态，掌握壁垒规律，我们不得不做一些变化的阐述[1]。

一、新贸易壁垒特点及其产生的原因

1. 概念

新贸易壁垒，是相对于传统贸易壁垒而言的，指的是，以技术壁垒为核心的，包括绿色壁垒和社会壁垒在内的所有阻碍国际商品自由流动的新型非关税壁垒。

传统贸易壁垒指的是关税壁垒和传统的非关税壁垒，如高关税、配额、许可证、反倾销和反补贴等。

传统贸易壁垒主要是从商品数量和价格上实行限制，更多地体现在商品和商业利益中，所采取的措施也大多为边境措施；新贸易壁垒则往往着眼商品数量和价格等商业利益以外的东西，更多地考虑商品对于人类健康、安全及环境的影响，体现的是社会利益及环境利益，采取的措施不仅是边境措施，还涉及国内政策和法规。

---

[1] 百度百科：新贸易壁垒. http://baike.baidu.com/link?url=EABGWQ9R4h2lGbk_CVCo0FphUqcEtZOKmw Dzh9X19jqe8rABnevHkeBLRSuWdC2cNOtlY45dyLQYqpubU8E2F_[2014-05-07]

2. 新贸易壁垒产生的原因

新贸易壁垒出现并不断强化并非偶然，它是国际经济、社会、科技不断发展的产物。分析新贸易壁垒产生的原因最主要有以下几点。

（1）社会进步及发达国家人民生活水平日益提高，人们安全健康意识空前加强，越来越关心产品对身体健康和安全影响，以致在国际贸易中以健康、安全和卫生为主要内容的新贸易壁垒日益增多。

（2）随着环保意识提高，可持续发展理念深入人心，人们越来越关心赖以生存的地球和社会的可持续发展，因而要求国际贸易中产品本身及其生产加工过程都不要以破坏环境或牺牲环境为代价；同时要求生产这些产品时也不要以牺牲劳动者健康为代价。于是，绿色壁垒和社会壁垒等新贸易壁垒将在国际贸易中不断出现。

（3）新贸易壁垒的日益增多与传统贸易壁垒受到约束关系很大。传统贸易壁垒如关税、许可证和配额等使用不仅会受到国际公约制约及国际舆论谴责，而且也易遭到对等报复。因此，这些传统贸易壁垒措施将来发展空间不是很大，这就为绿色壁垒等新贸易壁垒发展提供了巨大发展空间。

（4）科学技术日新月异为新贸易壁垒的发展提供了条件和手段。技术密集型产品在国际贸易中比例不断提高，特别是信息技术产品，涉及技术问题较为复杂，容易形成新贸易壁垒。同时高灵敏和高技术检测仪器发展使检测精度大大提高，给一些国家设置新贸易壁垒提供技术和物质条件。

（5）主要发达国家因经济增长乏力，贸易保护主义有重新抬头的事态，随着传统贸易壁垒作用弱化纷纷寻求新贸易壁垒，以保护其国内产业。

3. 新贸易壁垒的特点

相对于传统贸易壁垒，新贸易壁垒有如下特点。

（1）双重性　新贸易壁垒往往以保护人类生命及健康及保护生态环境为理由，其中有合理成分，这是无可厚非的，况且世贸组织协议也允许各成员方采取技术措施，必要性和合理性只以其不妨碍正常国际贸易或对其他成员方造成歧视为准。所以新贸易壁垒有其合法和合理一面。然而新贸易壁垒又往往以保护消费者、劳工与环境为名，行贸易保护之实，从而对某些国家产品进行有意刁难或歧视，这又是它不合法和不合理一面。这些负面东西有时以至于混淆是非，给国际贸易带来不必要障碍。可见，新贸易壁垒具有双重性。

（2）隐蔽性　传统贸易壁垒无论是数量限制还是价格规范，相对较为透明，人们比较容易掌握与应对。而新贸易壁垒由于种类繁多，涉及的多是产品标准和产品以外的东西，这些纷繁复杂的措施不断改变，让人防不胜防。

（3）复杂性　新贸易壁垒涉及的多是技术法规和标准及国内政策法规，它比传统贸易壁垒中的关税、许可证及配额复杂得多，涉及的商品非常广泛，评定程序更加复杂。

（4）争议性　新贸易壁垒介于合理及不合理之间，又非常隐蔽和复杂，不同国家及地区间达成一致的标准难度非常大，容易引起争议，并且不容易进行协调，以致成为国际贸易争端的主要内容，所以传统商品贸易大战将被新贸易壁垒大战所取代。

二、新贸易壁垒的主要内容

新贸易壁垒，是以技术壁垒为核心，绿色壁垒和社会壁垒相伴随，组成了更加复杂、更大范围和更多内容的贸易阻碍因素。

1. 技术壁垒的形式与内容

新贸易壁垒中的技术壁垒，主要是技术法规、推荐性标准及合格评定程序。其实质性内容有以下几方面。

（1）安全标准　是指那些以保护人类和国家安全为理由而采取的限制或禁止贸易的措施。主要发达国家都颁布了一系列有关安全的法规，如德国的《防爆器材法》；美国的《冷冻设备安全法》、《联邦烈性毒物法》和《控制放射性物质的健康与安全法》；日本的《劳动安全与健康法》、《氧气瓶生产检验法》；我国的《食品安全法》、《农药管理法》等。

（2）卫生标准　是指以人类健康为理由对进口动植物及相关产品实施苛刻的卫生检验检疫标准，以限制或禁止商品进口的贸易措施。虽然乌拉圭回合通过的《实施卫生与植物卫生措施协议》规定，成员方有权采取措施，保护人类与动植物的健康，但由于各成员方有很大的自由度，为某种目的，往往任意提高标准或增加程序，从而造成贸易障碍。从发展趋势看，发达国家对食品安全卫生指标将持续提高，尤其对农药残留、放射性物质残留及重金属含量的要求日趋严格，从而使很多出口产品达不到其卫生标准而被迫退出市场。

（3）包装标志　主要是通过对包装标志进行强制性规定来达到限制或者禁止进口的目的，它是技术壁垒的重要组成部分。主要发达国家在包装标志制度上都有明确的法规和规定。美国对除新鲜肉类、家禽、鱼类和果菜以外的全部进口食品强制使用新标签，食品中使用的食品添加剂必须在配料标识中如实标明经政府批准使用的专用名称。美国食品与药品监督管理局（FDA）要求销售的强化食品应按规定加附营养标签。营养标签上的信息应包括：食品单位，使用与该食品形态相应的词语（如块、胶囊、包或勺）；每盒份数；膳食成分信息，如日参考摄入量（RDI）或日参考消耗量（DRV）。修改后的法规对强化食品标签的格式、字体大小、线条粗细等都做了明确而具体的规定。

（4）信息技术标准　是指进口国利用信息技术上的优势，对国际贸易信息传递手段提出要求，从而造成贸易上的障碍。例如，电子数据交换（EDI）和电子商务对发展中国家将是一个新贸易壁垒。在EDI和B2B企业电子商务领域，无论在技术上还是在商务应用上，美国等发达国家均处于主导地位，所以需密切关注这一领域的发展对国际贸易的影响。

2. 绿色壁垒的主要内容

绿色壁垒（环境壁垒），在新贸易壁垒下，包括以下内容。

（1）环境技术标准　发达国家的科技水平较高，处于技术垄断地位，它们在保护环境的名义下，通过立法手段，制定严格的强制性技术标准，限制国外商品进口。这些标准均根据发达国家生产和技术水平产生，对于发展中国家要达到这种水平，往往会很困难。例如，1994年，美国环保署规定，在美国9大城市出售的汽油中，硫、苯等有害物质含量必须低于其国家规定标准，并且进口汽油必须在1995年1月1日生效时达到。对此，国产汽油当时就达不到，必然成为其禁止进口的商品。美国为保护汽车工业，出台了《防污染法》，要求所有进口汽车必须装有防污染装置，并制定了近乎苛刻的技术标准。上述内外有别，明显带有歧视性的规定引起了其他国家，尤其是发展中国家的强烈反对。

（2）多边环境协议　目前，国际上已签订的多边环境协议有150多个，其中近20个含有贸易条款。特别是保护臭氧层的有关国际公约，将禁止受控物质及相关产品的国际贸易。这些受控物质大部分是基础化工原料，如制冷剂、烷烯炔化工产品，用途广泛，因此影响面非常大。随着多边环境协议执行力度的增强，其对贸易的影响也将越来越大。

（3）环境标志　这是一种印刷或粘贴在产品或其包装上的图形标志，表明了该产品不但质量符合标准，而且在生产、使用、消费及处理过程中也符合环保要求，对生态环境和人类健康均无损害。1978年，德国率先推出"蓝色天使"计划，以一种画着蓝色天使的标签作为产品达到一定生态环境标准的标志。发达国家纷纷仿效，如加拿大称"环境选择"，日本有"生态标志"。美国于1988年开始实行环境标志制度，有36个州联合立法，在塑料制品、包装袋、容器上使用绿色标志，甚至还率先使用"再生标志"，说明它可重复回收，再生使用。欧共体（现称为欧盟）于1993年7月正式推出欧洲环境标志，凡有此标志者，可在欧共体成员国自由通行，各国可自由申请。

（4）环境管理体系标准　ISO14000是国际标准化组织在汲取发达国家多年环境管理经验的基础上，制定并颁布的环境管理体系标准，得到世界各国政府、企业界的普遍重视和积极响应。现在，国际上采购商在要求有ISO9000质量证书的同时，还要看有无ISO14000环保证书，对于产品质量不相上下的企业，通常会优先挑选那些两证齐全者（因为这表明产品符合国际环保要求），有利于达成国际贸易订单。不言而喻，没有通过ISO14000认证企业的产品将在市场竞争中处于劣势。

（5）绿色补贴　为了保护环境和资源，有必要将环境和资源费用计入成本之内，使环境和资源成本内在化。发达国家将严重污染环境的产业转移到发展中国家，以降低环境成本，发展中国家的环境成本却因此而增加。更为严重的是，发展中国家绝大部分企业本身无力承担治理环境污染的费用，政府有时给予一定的环境补贴。对此，发达国家以违反关贸总协定和世界贸易组织规定为理由，限制发展中国家产品进口。美国常常以环境保护补贴为由，对来自国外如巴西、中国等的商品提出反补贴起诉。这种"绿色补贴"壁垒有日益增加之势。

3. 社会壁垒及发展

社会壁垒是指以劳动者劳动环境和生存权利为借口采取的贸易保护措施。社会壁垒由社会条款而来，社会条款并不是一个单独的法律文件，而是对国际公约中有关社会保障、劳动者待遇、劳工权利、劳动标准等方面规定的总称，它与公民权利和政治权利相辅相成。国际上对此关注由来已久，相关的国际公约有100多个，包括《男女同工同酬公约》、《儿童权利公约》、《经济、社会与文化权利国际公约》等。国际劳工组织（ILO）及其制定的上百个国际公约，也详尽地规定了劳动者权利和劳动标准问题。为削弱发展中国家企业因低廉劳动报酬、简陋工作条件所带来的产品低成本竞争优势，1993年在新德里召开的第十三届世界职业安全卫生大会上,欧盟国家代表德国外长金克尔明确提出把人权、环境保护和劳动条件纳入国际贸易范畴,对违反者予以贸易制裁,促使其改善工人的经济和社会权利。这就是当时颇为轰动的"社会条款"事件。此后在北美和欧洲自由贸易区协议中也规定,只有采用同一劳动安全卫生标准的国家与地区才能参与贸易区的国际贸易活动。

在社会壁垒方面,引人注目的标准是 SA8000。该标准是从 ISO9000 系统演绎而来,用以规范企业员工职业健康管理方面的体系。通过认证的公司,会获得证书,并有权在公司介绍手册和公司信笺抬头处印上 SGS-ICS 认证标志和 CEPAA 标志。此外,认证者还可得到 SA8000 证书的副本,用于促销。欧洲在推行 SA8000 方面一直走在前列,美国紧随其后。欧美地区的采购商对该标准已相当熟悉,纳入采购称量范围。目前全球大的采购集团非常青睐有 SA8000 认证企业的产品,这迫使很多企业投入巨大人力、物力和财力去申请与维护这一认证体系。这显然会大大增加成本,对发展中国家的企业发展加上包袱。劳工成本是发展中国家最大的比较优势,社会壁垒将大大削弱发展中国家在劳动力成本方面的比较优势。可见,落后就要挨打体现在方方面面,不但有明的,更多是暗的。

4. 专利壁垒形式与内容

专利技术是全球经济发展与竞争中的重要领域,因此,专利壁垒也成为一项新兴而重要的国际贸易壁垒。随着我国外贸的转型升级、数量不断增长的情况下,在海外所碰到的专利壁垒的主要形式有以下几种。

(1)专利侵权的诉讼与查扣 由于产品在制造中因不慎或者不注意保护自身的专有利益,商品进入国际市场后,出现了被告专利侵权。就我国而言,相关案例自 21 世纪以来处于不断增多的态势。另外一种情形是展会展台的依法查扣。各国企业为了推销产品、制造更大的市场影响力,参加国际展会是常有的事情。然而,在展会上,出现了以专利侵权为由,被申请执法部门查抄和扣押展台事件。此行为不仅对专利保护,更会对国家形象、产品声誉和对国外市场的占领受到持续性重大影响。还有一种情形是专利诉讼形式,是那些没有实体业务,专门以策动专利诉讼为生计的公司,有人称其为专利蟑螂或专利流氓(patent troll),属于非执业实体(non-practicing entity, NPE)类。近年来,NPE 在全球发动的专利诉讼呈不断上升之势,需要企业对专利使用引起更多的注意。海外专利侵权诉讼,具有高诉讼费和天价赔偿等特点,在发达国家中,已成为其企业打压外国企业的利器。

(2)技术标准型专利壁垒 随着科技发展和技术集成,越来越多的技术标准中纳入了专利,那么技术标准型专利壁垒就自然产生了。专利与技术标准的结合,使二者的贸易壁垒效应得以耦合放大,进一步产生巨大的贸易阻碍效应。由于专利的介入,发展中国家的企业产品要达到技术标准要求的难度明显加大,再与技术标准结合,无形又放大了专利技术的垄断性质。技术标准型专利壁垒的影响,大大超越了单一企业或者单一产品在贸易中的作用,它会给一个国家的相关产业造成毁灭性的打击[1]。

(3)美国"337 条款"调查 美国"337 条款",始见于 1930 年《美国关税法》的第

---

[1] 徐元. 当前我国出口遭遇专利壁垒的挑战与对策. 中国经贸,2014,(5):30-35

337条。此后，经1988年、1995年两次修改，形成《美国乌拉圭回合协议法》，与世贸组织的有关规则相符合。"337条款"主要是用来反对进口贸易中的不公平竞争行为，主要用于保护美国知识产权人的权益不受涉嫌侵权进口产品的侵害。我国经济快速发展，部分产业发展与美国出现了趋同，结果"337条款"在我国企业产品出口方面给予了很多的限制，成为其与我国竞争中保护自己利益的一个很好壁垒。

（4）知识产权海关保护　在激烈的国际市场竞争中，知识产权人为了追求自身的经济利益，利用知识产权海关保护制度，来打击自己的竞争对手。这就对正常商品的进口产生了阻碍。另外，知识产权保护执法机构，为了维护本国企业或个人的利益，也可能滥用法律赋予的执法权利，阻碍非侵权商品的进出口。知识产权海关保护制度的本来目的，是保护知识产权人的利益，维护正常的国际贸易秩序的，但在竞争向复杂的方向发展时，走向目的的反向也是正常的事情。

专利壁垒这一情况的出现，是必然的和持续的。它告诫国人必须在市场经济的大背景下尊重别人的劳动成果，拿出自己赢人的结果。从内部深处强化能力和扎实创新工作，从精益求精的精神中提高科技水平，从尊重人人的劳动成果、实事求是地回归本真，真正调动人们的创造积极性，来强大国家整体实力和竞争能力。专利制度是专利壁垒形成和存在的基础，专利保护水平的提高为发达国家跨国公司构筑专利壁垒创造了良好条件。我国也应当加强相关工作，既可通过国家法律的制定和修改，扩大专利权保护范围，简化专利权获取程序，延长专利权保护期限，加大专利权执法力度，也能够通过体制转移和议题联系等策略，借助于ACTA、TPP和TTIP等诸边或区域贸易协定的制定，来超越TRIPS协定的更为严厉的专利国际保护规则，产生贸易专利保护的更多主动权。

三、与世贸组织的关系及发展趋势

1. 新贸易壁垒与世界贸易组织（WTO）关系

（1）技术壁垒与WTO关系　为了促进贸易自由化，世界贸易组织（WTO）前身关税与贸易总协定（General Agreement on Tariffs and Trade，GATT），从1949年起，已经进行了八轮多边贸易谈判。谈判的中心内容是大幅度削减关税，取消国际贸易中的歧视待遇，消除各种非关税壁垒。但贸易技术壁垒作为非关税的重要组成部分，日益成为国际贸易中的突出问题。东京回合谈判达成的《技术性贸易壁垒协议》（Agreement on Technical Barriers to Trade of the World Trade Organization，TBT）是关贸总协定9个副协议之一（乌拉圭回合谈判做了修改），其作用在于削弱和消除技术法规（强制性标准）、标准和合格评定程序等技术性因素所构成的贸易技术壁垒对国际贸易的阻碍作用。《实施卫生与植物卫生措施协议》、《服务贸易总协定》对技术壁垒的内容也有涉及。

虽然WTO技术壁垒协议的一个基本原则是无论技术法规、标准还是合格评定程序的制定，都应以国际标准化机构制定的相应国际标准、导则或建议为基础；它们的制定、采纳和实施均不给国际贸易造成不必要的障碍，但在涉及国家安全、防止欺诈行为、保护人类健康安全、保护动植物生命健康及保护环境的情况下，可采取例外措施。这些例外措施在实际运用时很难把握分寸，往往被一些成员方利用，进而成为事实上的贸易壁垒。同时，WTO也没有建立一套用来消除技术壁垒的强有力的机制和措施，也没有出台一套切实可行的技术法规、标准及合格评定程序。这使得由于技术壁垒引起的贸易争端成为发生最频繁的国际贸易争端之一。WTO 尽管建立了争端解决机制，但效果和力度仍然有限。世贸组织的裁决只是要求，若某成员方不愿修改其法律、法规来贯彻裁决，那么该成员方的贸易伙伴就可依法在其他领域对它采取报复措施。

同样，贸易技术壁垒委员会在《技术性贸易壁垒协议》生效后的第三年审议中也指出：虽然没有对上述协议的权利与义务进行调整的必要，但该协议在实施和执行中确实存在一些困难或问题，如根据协议第 15 条第 2 款规定："每一成员方应在本协议对有关成员方生效后立即将现有的或为确保本协议的实施和管理而采用的措施通知该委员会"。但实际上只有 1/3 的成员方履行了此项义务。至 1995 年年底，世界上 600 多个标准机构中只有 26 个成员方的 28 个标准化机构通告接受协议附件三《关于标准制定、采纳和实施的良好行为守则》。到 1997 年 7 月，接受上述守则的标准化机构也才 63 个，仅分别来自 46 个成员方，这对于拥有众多成员的世贸组织来说，显然不尽如人意。至于《技术性贸易壁垒协议》所强化的通报义务，实际中也没有得到很好的执行。与此形成对照的是，各成员方在对各协议中"例外条款"的运用热情却非常高。这充分说明，利益是各成员国选择的关键。

尽管世贸组织已为消除贸易壁垒做出了许多努力，但实际运作状况并不理想。同时，在世界经济区域集团化和南北经济发展不平衡加剧的情况下，贸易壁垒已变得愈加复杂，成为 WTO 最难协调的领域之一。

(2) 绿色壁垒与 WTO 关系　WTO 对生态环境保护的一些基本条款也做了规定，并在谈判中增加一些新的内容。例如，关贸总协定第 20 条在 1947 年规定的 10 条"一般情况例外"中就有"（乙）为保障人、动植物的生命或健康所必需的措施"和"（庚）与国内限制与消费的措施相配合，为有效保护可能用竭的天然资源的有关措施"。在东京回合达成的《技术性贸易壁垒协议》和《补贴与反补贴措施协议》中，对环境保护也有涉及。

关贸总协定 1971 年设立的"环境措施与国际贸易小组"于 1991 年重新办公，并于 1992 年世界环发大会上对处理环境与贸易的关系问题达成了一些共识。乌拉圭回合谈判开始，由于发展中国家的强烈反对，环保问题未被纳入谈判议程，作为一种妥协，在 WTO 协议的前言和有关协议中对环境问题做了适当反映，并在乌拉圭回合正式谈判结束的马拉喀什会议（1994 年 4 月 15 日）上，以部长会议决定的方式事实上将环境问题纳入多边贸易体制的谈判，以《贸易与环境的马拉喀什决定》方式，将贸易、环境政策和可持续发展三者的关系作为 WTO 的优先事项，并建立一个开放的贸易与环境委员会，拥有货物、服务和知识产权等各个领域的广泛职能，积极与"贸易与发展委员会"、"可持续发展委员会"合作。乌拉圭回合的一些协议如《建立世界贸易组织协定》前言、《技术性贸易壁垒协议》、《实施卫生与植物卫生措施协议》、《农业协议》和《服务贸易总协定》等均涉及了环境保护问题。在之后 WTO 的谈判议题中，环境问题就被正式列入，逐步达成贸易与环境的多边协议。环境问题对 WTO 许多基本原则和条款提出挑战，如非歧视原则、公平贸易原则、一般禁止数量限制原则及发展中国家特殊待遇原则等。环境问题将对发展中国家贸易产生深远影响，发展中国家环保水平低，要大幅度提高环保要求将会大大削弱发展中国家产品在国际市场上的竞争力，世贸组织在制定相关协议上，必须充分考虑发展中国家的现实和利益，以实现全球可持续发展的目标。

(3）社会壁垒与 WTO 关系　社会壁垒的核心是劳工标准问题。WTO 中有关劳工标准与国际贸易关系的争论由来已久，早在乌拉圭回合谈判中，欧美一些国家代表就提出过劳工标准问题。有代表性的观点是：各国工人工资水平、工作时间、劳动环境和安全卫生状况等条件上的差异，使劳工标准低的国家生产成本低廉，在国际贸易中有相对的价格优势，这势必造成由发展中国家向劳工标准高国家的"社会倾销"。因此提出在国际贸易自由化的同时，应在贸易协议中制定出统一的国际劳工标准，并对达不到国际标准国家的贸易进行限制。发达国家试图将人道和社会问题与国际贸易联系在一起，并列入 WTO 共同准则中，当时就因遭到广大发展中国家成员方的强烈反对而失败。

WTO 首届部长级会议（1996 年 12 月，新加坡）上，经过激烈辩论和讨价还价，通过了新加坡部长会议宣言，"核心劳工标准"作为新议题被明确列入宣言的 23 个内容之中。宣言指出："我们再次承诺，遵守国际承认的核心劳工标准，国际劳工组织是建立和处理这些标准的机构，我们确认我们支持其促进这些标准的工作。我们相信，通过增长和进一步的贸易自由化而促进的经济增长和发展有助于这些标准的改善。我们拒绝劳工标准作为保护主义目的作用，有比较优势的国家，尤其是低工资的发展中国家，绝不会成为这方面的问题。"该宣言实际上意味着发展中国家成员方承认劳工标准是一个"问题"，并承诺应予解决。在这次会议上，发展中国家成员方做出很大让步，也付出了很高代价。WTO 部长级另一个会议（1999 年 12 月，美国西雅图）上，劳工标准问题再次引起激烈争论，由于发展中国家成员方与发达国家成员方的尖锐对立和在自由贸易等一些重大问题上无法达成妥协，谈判破裂，这次会议没有取得任何实质性成果，同时，各成员方都认识到了劳工标准问题在国际贸易关系中的严重性。在联合国贸易与发展会议第十届大会（2000 年 2 月 19 日）上，发展中国家对劳工标准达成了重要共识，拒绝把劳工标准纳入国际贸易制度中，强调发展中国家必须团结协作，共同努力建立"公平、公正、安全"和非歧视的多边贸易体制，而发达国家也在紧密磋商，力求协调立场，统一行动，向发展中国家进一步施加压力。在 WTO 的多边贸易谈判中，往往不可避免地要涉及劳工标准等社会条款问题，劳工标准也必然对未来多边或双边关系产生巨大影响。

总之，新贸易壁垒正在发展中，对国际贸易，当然也对我国对外贸易产生越来越大的影响，我们应当密切注视其发展趋势，并采取积极应对措施，以保证我国对外贸易的顺利发展。

2. 新贸易壁垒的发展趋势

随着新贸易壁垒的出现与发展，贸易壁垒正在发生结构性变化。传统贸易壁垒逐渐地走向分化，其中关税、配额和许可证等壁垒逐渐弱化，而反倾销等传统贸易壁垒则在相当长时间内继续存在并有升级强化的趋势。以绿色壁垒、社会壁垒和技术壁垒为核心的新贸易壁垒将长期存在并不断发展，将逐渐取代传统贸易壁垒成为国际贸易壁垒中的主体。

第三节　防止技术壁垒的有关协定

在贸易壁垒中，技术壁垒仍然是其中重要的组成部分，为了使贸易尽可能做到公平，不能以技术优势来过份欺压发展中国家的经济发展，WTO 经过协商与合作，也出台了相关的条款,用于规范甚至制约贸易中一些不规则行为。下面介绍几个相关协定。

一、技术性贸易壁垒协定（TBT）

1. 基本内容

《技术性贸易壁垒协议》(Agreement on Technical Barriers to Trade),简称 TBT 协议,是世界贸易组织管辖的一项多边贸易协议,是在关贸总协定东京回合同名协议的基础上修改和补充的。它由前言和 15 条及 3 个附件组成。主要条款有:总则、技术法规和标准、符合技术法规和标准、信息和援助、机构、磋商和争端解决、最后条款。协议适用于所有产品,包括工业品和农产品,但涉及卫生与植物卫生措施,由《实施卫生与植物卫生措施协议》进行规范,政府采购实体制定的采购规则不受本协议的约束。

2. 重要规定

协议对成员中央政府机构、地方政府机构、非政府机构在制定、采用和实施技术法规、标准或合格评定程序上分别做出了规定和不同的要求。协议的宗旨是,规范各成员实施技术性贸易法规与措施的行为,指导成员制定、采用和实施合理的技术性贸易措施,鼓励采用国际标准和合格评定程序,保证包括包装、标记和标签在内的各项技术法规、标准和是否符合技术法规及标准的评定程序不会对国际贸易造成不必要的障碍,减少和消除贸易中的技术性贸易壁垒。合法目标主要包括维护国家基本安全,保护人类生命、健康或安全,保护动植物生命或健康,保护环境,保证出口产品质量,防止欺诈行为等。技术性措施是指为实现合法目标而采取的技术法规、标准、合格评定程序等。

《技术性贸易壁垒协议》附件 1 为《本协议下的术语及其定义》,对技术法规、标准、合格评定程序、国际机构或体系、区域机构或体系、中央政府机构、地方政府机构、非政府机构 8 个术语做了定义。附件 2 是《技术专家小组》。附件 3 是《关于制定、采用和实施标准的良好行为规范》,要求世界贸易组织成员的中央政府、地方政府和非政府机构的标准化机构,以及区域性标准化机构接受该《规范》,并使其行为符合该规范。

协议规定设立技术性贸易壁垒委员会负责管理、监督、审议协议的执行。

各成员应做到如下几个方面。

（1）注意到乌拉圭回合多边贸易谈判。

（2）期望促进 GATT1994 目标的实现。

（3）认识到国际标准和合格评定体系可以通过提高生产效率和便利国际贸易的进行而在这方面做出重要贡献。

（4）因此期望鼓励制定此类国际标准和合格评定体系。

（5）但是期望保证技术法规和标准,包括对包装、标志和标签的要求,以及对技术法规和标准的合格评定程序不给国际贸易制造不必要的障碍。

（6）认识到不应阻止任何国家在其认为适当的程度内采取必要措施,保证其出口产品的质量,或保护人类、动物或植物的生命或健康及保护环境,或防止欺诈行为,但是这些措施的实施方式不得构成在情形相同的国家之间进行任意或不合理歧视的手段,或构成对国际贸易的变相限制,并应在其他方面与本协定的规定相一致。

（7）认识到不应阻止任何国家采取必要措施以保护其基本安全利益。

（8）认识到国际标准化在发达国家向发展中国家转让技术方面可以做出的贡献。

（9）认识到发展中国家在制定和实施技术法规、标准及对技术法规和标准的合格评定程序方面可能遇到特殊困难，并期望对它们在这方面所做的努力给予协助。

二、实施卫生与植物卫生措施协定（SPS）

1. 基本内容

《实施卫生与植物卫生措施协定》（Agreement on the Application of Sanitary and Phytosanitary Measures，简称《SPS 协定》）签署于 1994 年 4 月 15 日，是乌拉圭回合多边贸易谈判结果最后文件的一部分，成为构建世贸组织的基本协定之一，随着 1995 年 1 月 1 日世贸组织（WTO）的成立而开始生效。由 SPS 协定生产相关措施。SPS 措施是指各国政府为保护消费者食品安全、动植物生命和健康及生态环境而制定的各种标准（法规、标准、方法和要求），包括加工和生产方法、检测、检验、出证和批准程序、检疫处理、统计、取样和风险评估方法，以及与食品安全直接相关的包装和标签要求等。

各成员应做到如下几个方面。

（1）重申不应阻止各成员为保护人类、动物或植物的生命或健康而采用或实施必需的措施，只要这些措施的实施方式，不得在情形相同的成员之间构成任意或不合理歧视，或对国际贸易构成变相的限制。

（2）期望改善各成员的人类健康、动物健康和植物卫生状况。

（3）注意到动植物检疫措施通常以双边协议或议定书为基础实施。

（4）期望建立规则和纪律的多边框架，以指导动植物检疫措施的制定、采用和实施，从而使其对贸易的消极作用降到最小。

（5）认识到国际标准、指南和建议可以在该领域做出重大贡献。

（6）期望进一步推动各成员使用以有关国际组织制定的国际标准、指南和建议为基础的动植物检疫措施，这些国际组织包括食品法典委员会、国际兽疫局，以及在《国际植物保护公约》框架下运行的有关国际和区域组织，但不要求各成员改变其对人类、动物或植物的生命或健康的水平的适当保护。

（7）认识到发展中国家成员在遵守进口成员的动植物检疫措施方面可能遇到特殊的困难，进而在市场准入及在其制定和实施国内动植物检疫措施方面也会遇到特殊困难，期望在这方面给予全心全意的帮助。

（8）因此期望对如何实施 1994 年关贸总协定中与动植物检疫有关的条款，特别是第二十条（b）款①的实施制定具体协定。

2. 重要规定

《SPS 协定》制定了食品安全和动植物健康相关的基本标准，同时允许成员制定各自的标准。成员自己制定的标准必须有科学依据的支持，必须是为保护人类、动物和植物的健康而采用的必需措施，不得构成对情形相同的成员间的歧视或对国际贸易的变相限制。《SPS 协定》鼓励成员使用国际标准、指南和建议。如果有充分的科学依据或合理的风险评估，成员也可以采用更高的或不同的标准及产品检验方法。成员的标准通常由相关领域的科学家和健康保护方面的政府专家制定，需接受国际社会的监督。

很多发展中国家已将国际标准（包括国际食品法典、世界动物卫生组织和国际植物保护组织公约所制定的标准）作为本国标准的基础，以避免重复工作。由于气候、已存在的病虫害及食品安全状况等方面的差异，相同的卫生与植物卫生措施并不能适用于来自不同国家的食品、动物及植物产品。因此，《SPS 协定》的具体实施根据食品、动物及植物产品的产地而作相应调整。成员并不因为自己的标准与国际标准不一致而违反《SPS 协定》。国际标准通常比很多国家（包括发达国家）的标准更高，但《SPS 协定》明确规定，允许政府采用不同的标准。如果引发贸易争端，成员必须提供科学依据及风险评估。在需要的时候，成员必须公开风险评估中考虑的因素、评估程序及可接受的风险程度。成员政府如果采取了任何可能影响贸易的新措施，必须通报其他成员，并设立咨询点，告知其实施食品安全和动植物健康管理条例的过程。

《SPS 协定》的相关谈判向 124 个参与了乌拉圭回合的成员公开，同时听取相关国际组织（如联合国粮农组织、国际食品法典、世界动物卫生组织）专家的意见。

除与透明度相关的规定外，《SPS 协定》的实施时间在发展中国家推迟到 1997 年，在最不发达国家则推迟到 2000 年。在此期限前，这些国家不需对其采取的卫生与植物卫生相关措施提供科学依据。如果需推迟更长时间（用来提高牲畜行业服务水平或履行协议中的特定义务等），可以申请放宽期限。

《SPS 协定》要求其成员承诺通过相关的国际组织或双边合作为发展中国家提供技术援助。联合国粮农组织、世界动物卫生组织、世界卫生组织也有很多在食品安全、动植物健康等方面援助发展中国家的项目。不少国家和其他成员在这些领域有着广泛的双边合作项目。世贸组织秘书处也与国际食品法典、世界动物卫生组织、国际植物保护组织公约联合开展地区性的研讨会项目，以保证成员政府详细了解这些组织能提供的相关帮助，从而从该协定中受益。这些讨论会也向感兴趣的私人企业和消费者组织开放。世贸组织秘书处也通过国家研讨会及成员政府设在日内瓦的代表向发展中国家提供技术支持。

世贸组织就《SPS 协定》在内部成立了专门委员会（以下称 SPS 委员会），在成员间进行信息沟通和协调。SPS 委员会通过总结《SPS 协定》的实施情况、讨论潜在的贸易影响，与相关技术部门紧密合作并听取专家意见，采取世贸组织解决争端的一般程序解决与该协定相关的贸易争端。和世贸组织的其他委员会一样，SPS 委员会面向世贸组织的所有成员。在世贸组织更高层次组织中（如货物贸易理事会）有观察员地位的成员，都有资格成为 SPS 委员会的观察员。委员会还邀请数个国际跨政府组织的代表作为观察员，包括国际食品法典、世界动物卫生组织、国际植物保护组织公约、世界卫生组织、联合国贸易与发展会议和国际标准组织。成员政府可以委派任何它们认为合适的人员参加委员会的相关会议。它们派遣的通常是与食品安全和动植物健康相关的人员。

SPS 委员会每年召开三次常规会议。此外，SPS 委员会有时还与技术壁垒委员会就通报和透明程序召开联席会议。如有需要，还可能召开非正式或特殊会议。SPS 委员会的工作通常体现在提交给总理事会的年度报告和该委员会的会议总结报告中。

三、关于争端解决规则与程序的谅解（DSU）

1. 基本内容

《关于争端解决规则与程序的谅解》（Understanding on Rules and Procedures Governing the Settlement of Disputes，DSU）是世界贸易组织管辖的一项多边贸易协议。它是在关贸总协定 1979 年通过的《关于通知、磋商、争端解决和监督的谅解》的基础上修改的，有 27 条和 4 个附件。主要条款有：范围和适用，管理，总则，磋商，斡旋，调解和调停，专家组（设立、职权范围、组成、职能、程序），多个起诉方的程序，第三方，寻求信息的权利，机密性，中期审议阶段，专家组报告的通过，上诉机构，争端解决机构决定的时限，对执行建议和裁决的监督，补偿和中止减让，多边体制的加强，涉及最不发达国家成员的特殊程序，仲裁，非违反起诉等条款。

2. 重要规定

关于争端解决规则与程序的谅解规定了以下主要内容。
（1）规定了争端解决的范围、实施及管理。
（2）规定了争端解决的原则精神。
（3）规定了以保证世界贸易组织规则的有效实施为争端解决的优先目标。
（4）规定了解决争端的方法。
（5）规定了严格的争端解决时限。
（6）规定实行"反向协商一致"的决策原则。
（7）规定禁止未经授权的单边报复。
（8）规定允许交叉报复。

《争端解决谅解》的宗旨是为争端寻求积极的解决办法，保障多边贸易体系的可靠性和可预见性。WTO 根据《争端解决谅解》设立了争端解决机构。附件 1 为《由本谅解涉及的各个协议》；附件 2 为《各有关协议中的专门或附加的规则和程序》；附件 3 为专家组解决争端的《工作程序》；附件 4 为《专家审议小组》，规定了专家审议小组的组成、工作规则及程序。

第四节 农产品贸易壁垒中的标准化方法与研究

经济全球一体化的发展趋势使竞争格局由过去企业间的竞争转向产业链、行业间的竞争，农产品贸易技术壁垒涉及的层次和面都逐步加大。要逾越这些技术壁垒就要求企业把目光瞄准生产、仓储和运输等环节，提高行业的组织化水平和标准化程度，提高行业的整体竞争力。所以，实施农业标准化是建立和解除技术壁垒的关键。而农产品贸易中的壁垒水平测算也是一项重要的宏观指标。因此，本节就农产品贸易技术壁垒中的标准化与研究方法进行简要阐述。

一、农产品国际贸易中的标准化

在国际贸易中，农业标准化方法渗透到全部过程，有明的，也有暗的。没有严格的标准化过程与方法，农产品贸易就无法在高效益、坚壁垒和持续性方面加以运行。主要表现在以下方面。

1. 农业标准化以优化农产品品质而提高其国际竞争力

在欧洲、美国、日本等发达国家和地区，农业以高度的标准化为基础组织生产。农产品从新品种选育的区域试验和特性试验，到播种、收获、加工整理、包装上市都有一套严格的标准。在日本，所有农产品进入市场前都要按一定的标准进行严格的筛选和分级，实现了标准高，售价高，市场竞争力也强。我国农业受传统生产模式的影响，农产品在内在品质、分级分等、加工性能、包装保鲜等方面还缺乏规范，难以保证其优质和稳定，农产品的优质优价难于体现，产业优势难以有效发挥。经过农业市场化过程，特别是与国际接轨，步入国际贸易行列时，我们明显地发现，农业增产不增收的根本原因是农产品生产缺乏明确的标准化约束，质量混乱不明确，无法满足高端需求。要使我国农业与农产品适应市场要求，就要充分地认识到推进农业标准化，是适应国际贸易的基础和规则。只有按照国际标准规则，依据国家标准要求组织的农业生产，才能够拿到国际贸易的通行证，抢占国际贸易的制高点。农业标准化的有效实施，对于提升我国农产品品质及市场竞争力，提高农业经济效益、增加农民收入，具有十分重要的作用。

2. 农业标准化可保障食品安全而降低农产品出口风险

加入WTO以来，我国农产品出口遭遇前所未有的技术性贸易壁垒的阻拦。主要原因是，我国农业标准化体系建设相对落后，农产品内在品质没有明确量化的过程指标说服别人，应用经验与无记录的传统方法进行的模糊生产使自己也无法给人们一个明确的交代，还有的在标准化实施方面与国际标准不接轨，特别是有些农产品因农药残留和其他有害物质含量超过国际标准被拒收、退货、索赔等，从而导致了许多传统大宗出口创汇农产品被迫退出国际市场，给我国对外贸易和农产品形象造成巨大损失。实施农业标准化，实现从农田到餐桌全程质量控制，过程记录，对保障食品安全降低农产品出口风险至关重要。农业标准化通过对产地环境控制、农业生产资料投入、农产品生产中间过程和农产品加工、流通、销售等农业产前、产中、产后全过程进行规范化、标准化运作，从而最大限度地保障农产品质量安全，降低因技术壁垒带来的农产品出口风险。

3. 农业标准化可保护生态环境而实现农业可持续发展

我国人均农业资源短缺，生态环境脆弱，农业自然灾害较多，实施农业标准化，不但对微观农业生态过程可进行不断优化，也可对宏观生态保护持续利好，从而在实现农业可持续发展的同时，对解除贸易中非关税壁垒有极大的好处。由于过去农业资源开发利用中没有处理好利用与保护的关系，工业污染失控，农业过多不合理、不规范地使用化肥、农药、激素与抗生素等，造成了土地和农产品污染，影响了人们的身体健康和生活质量的提高，也致使农业生态环境恶化，阻碍了农业的可持续发展，破坏了人与自然的和谐进程。实施农业标准化是合理利用资源，保护生态环境，实现农业可持续发展的需要。随着农业标准化体系的不断完善，农业检测机构将对农产品、农业投入品和农业生态环境实行从农田到餐桌的全程检测管理，确保提供健康、安全、优质的农产品和保持良好的农业生态环境，以达到技术性贸易壁垒对生态环境保护的要求，促进农业可持续发展。

4. 用说得透的农业标准化策略应对技术壁垒

随着发达国家技术壁垒的不断升级，建立我国农产品质量标准体系的任务迫在眉睫。实施全程农业标准化，就有了严格而明确的农业过程证据，以供我们在农产品交易中的任何时空中能够拿出证据和参数表述自己的产品，应对可能发生的意外壁垒。我们需要持续研究和建立一套既符合国情又与国际接轨的标准体系来保护我国农产品的出口。一是整体规划，分类指导，建立各类优势农产品的标准体系，应对不同国家和地区的农产品出口策略，尤其注意应对出口额大、技术壁垒较高的发达国家和地区；二是建立农产品贸易争端预警机制，及时反馈有关信息，向各级政府、经济组织、经营者和消费者准确地公布农产品的最新动态；三是加强农产品认证及国际互认工作，开展与国际贸易有关的非关税壁垒内容的认证，如农产品质量体系和环境管理体系认证，加快种子和绿色食品认证，加快农业 ISO9000 体系培训和认证。只有农产品质量得到保障，才会逐步化解各个国家的贸易壁垒，才能降低出口难度系数、增加出口量。

应对国际农产品争端的最基本对策是：依靠政府的指导和支持，同时发挥行业协会的作用，调动企业应对贸易壁垒的积极性，努力构建"中央政府、地方政府、行业协会、企业"四体联动的贸易争端解决机制。农产品是关系人类、动物和植物生命安全与健康的一类特殊商品。因此，各国在管理农产品国际贸易时，除采用关税、配额、出口补贴和国内支持等传统的贸易措施外，往往还采用卫生和植物检疫（SPS）措施。当前 WTO 反倾销协议和 SPS 协议仍不完善，不能较好地维护发展中国家的权利，建议政府联合其他国家，推动不完善协议的改进，达到利用多边贸易机制来解决双边贸易争端。进一步完善"四体联动"的应对机制，特别是能够充分发挥行业组织的作用，把行业组织推到前台，从物质、政策两方面来支持行业组织发挥作用。企业要迎难而进，积极应对国外的贸易壁垒，为企业自身的发展赢得可发展空间。

二、农产品技术性贸易壁垒研究方法

在农产品贸易壁垒中，技术性贸易壁垒仍然是主要的，其以多种变性状态出现，不胜枚举。这里就其研究方法加以介绍，进行初步的理解。

1. 农产品技术性贸易壁垒的研究方法比较

参考各方文献，得到了对农产品技术性贸易壁垒的研究方法普遍有以下四种，具体整理于表 14-1 中。

表 14-1 农产品技术性贸易壁垒研究方法与比较*

研究方法	采用该方法的学者	优点	局限
调查研究	John 等（2004），Maskus 等（2000），Henson 等（1999）	有较强的针对性，可为计量经济学研究提供信息	不支持统计分析，所提供的数据和结果可能出现偏差
计量经济学研究	Maskus 等（2000），Otsuki 等（2001），Moenius（2006），Anne-Célia 等（2008），Chen 等（2008）	从宏观层面分析技术性贸易壁垒的影响	对技术性贸易壁垒的量化过于简单
局部均衡分析	Roberts 等（1999）和 Maskus 等（2002）	计算简单	往往只作"局部"分析
案例分析	Maskus 等（2000）和 Henson 等（1999）	拓展了研究领域，提升了理论研究的实践价值	需要对结果加以谨慎解释

*杨文丽，李晓钟. 国外农产品技术性贸易壁垒研究现状及展望. 社会科学家，2013，（3）：54-58

在表 14-1 中，调查研究的方法，主要采用受技术性贸易壁垒影响的国家、行业及企业会谈或调查问卷的方式，从而对企业的成本变动等情况进行分析。这种方法可以有针对性地了解技术性贸易壁垒对不同国家和不同行业的影响程度，为政府采取正确的贸易政策和措施提供可靠的信息支持，其数据可为计量经济学研究提供信息。计量经济学研究，是将技术性贸易壁垒量化后作为测算变量，运用引力模型等方法来考察该变量对贸易的影响。其从宏观层面量化了技术性贸易壁垒，找出技术性贸易壁垒与贸易流动的关系，为更深入地分析各变量之间的相互关联提供重要依据。局部均衡分析，是以微观经济学的供需平衡为根据，分析某一特定政策对某一行业、某一商家或某一农产品的均衡价格和数量的影响。该方法分析，只需要利用价格、数量、相符成本信息及生产厂商对市场价格变动的反应，经过简单计算，就可对技术标准或法规对某一产业或某一市场经济活动的贸易影响进行评估。案例分析法，是采用规范严谨的方法探讨每一个案例，力求对国际农产品贸易中的技术壁垒进行准确的认定与分析，从而得出公正的结论。该方法在农产品技术性贸易壁垒的研究中不断深入，既拓展和丰富了理论研究的领域与内容，也强化了理论研究与实践的联系，提升了理论研究的实践价值。

2. 农产品贸易壁垒中的引力模型应用

进行农产品技术性壁垒的量化测度，最为常用的是引力模型。这里做重点介绍。

引力模型是国际贸易研究中应用较为广泛的计量模型。该模型将贸易流量同国民生产总值、距离及其他影响贸易成本的因素联系起来，广泛应用于分析制度因素如关税同盟、文化联系、汇率制度、贸易协定等对贸易流量的影响。贸易成本是指除了农产品的生产成本之外，为获得农产品所必须支付的所有成本。具体有运输成本、政策成本（关税和非关税壁垒）、语言成本、货币成本、信息成本及合同的履行成本等。贸易成本的测度，多用贸易流量法。贸易流量法是基于传统的引力模型，利用贸易成本对贸易流量的影响，事后推算出贸易成本[1]。Novy 于 2011 年给出了如下形式的贸易成本测度指标方法：

$$\tau_{ij} = \left(\frac{x_{ii} x_{jj}}{x_{ij} x_{ji}} \right)^{\frac{1}{2(\sigma-1)}} - 1 \quad (14-1)$$

在式 14-1 中，x_{ii} 代表 i 国的国内贸易成本，x_{jj} 代表 j 国的国内贸易成本，x_{ij} 代表 i

[1] 宋金田，迟艳华. 基于引力模型的中国柑橘贸易成本测度. 统计与决策，2014，（15）：113-115

国向 j 国的出口，x_{ji} 代表 j 国向 i 国的出口，参数 σ 代表产品之间的替代弹性，τ_{ij} 是双边贸易成本相对于国内贸易成本的比值（即关税当量，其经济意义在于：在其他条件不变的情况下，若国与国之间的贸易流量 x_{ij} 和 x_{ji} 相对于国内贸易流量 x_{ii} 和 x_{jj} 增加时，则意味着两国之间的贸易相对于国内贸易会更加容易，两国的贸易成本下降。反之亦然）。

另一种表达方式为[1]

$$M_{ij} = \alpha_0 Y_i^{\alpha_1} Y_j^{\alpha_2} D_{ij}^{\alpha_3} A_{ij}^{\alpha_4} \tag{14-2}$$

在式 14-2 中，M_{ij} 代表某一时期 i 国从 j 国的进口额，Y 为双方 GDP 总量，D 为双国距离，A 为影响两国贸易流动的其他因素如技术壁垒，α 代表系数。为计算方便，通常将式 14-2 经对数转换表述为

$$\ln M_{ij} = \alpha_0 + \alpha_1 \ln Y_i + \alpha_2 \ln Y_j + \alpha_3 \ln D_{ij} + \alpha_4 \ln A_{ij} + \varepsilon_{ij} \tag{14-3}$$

式中，ε_{ij} 为随机误差项。

3. 引力模型的实用变形

根据方程 14-3 的道理，可依实际需要，调整应用方程，以使其更加适应研究目标的数据挖掘。

（1）引入 SPS 措施项，改方程 14-3 得到如下模型[2]：

$$\ln \mathrm{Im}\, p_{ijst} = \alpha_0 + \alpha_1 \ln GNI_{it} + \alpha_2 \ln GNI_{jst} + \alpha_3 \ln D_{ijs} + \sum_{n=1}^{4} \alpha_{n+3} SPS_{ijst,t-n} + \varepsilon_{ijst} \tag{14-4}$$

在式 14-4 中，被解释变量为 $\mathrm{Im}p_{ijst}$，表示 i 国在 t 年从 j 国进口的第 s 章农产品的进口额。解释变量 GNI_{it} 和 GNI_{jst} 分别代表进口国 i 和出口第 s 章农产品的 j 国在 t 年的人均国民收入，作为农产品的需求和供给的代理变量，并预期其系数的符号为正；D_{ijs} 表示进口国 i 和出口第 s 章农产品的 j 国之间的地理距离。一般情况下，贸易双方的距离越远，贸易成本越高，双边贸易额也随之减少，故预期其系数的符号为负。ε_{ijst} 为误差项。解释变量 $SPS_{ijst,t-n}$，表示进口国 i 针对出口国 j 的第 s 章农产品在 t 年设置的 SPS 措施对 n 年后从 j 国进口的第 s 章农产品的影响。选择 SPS 通报数作为各国实施的 SPS 措施的代理变量。考虑到当期的 SPS 通报数和农产品进口之间可能存在内生性，即由于当期进口量过多，冲击到进口国农产品生产或者对进口国的生态环境、动植物和人类健康与生命安全带来较大风险，因而进口国采取的 SPS 措施更加严厉，SPS 通报数量增多；同时，SPS 措施通报后并不立即实施，而是经过 3~6 个月的过渡期才开始正式实施，故在推定 SPS 措施通报后的第二年正式实施。因此，在模型（14-2）中没有采用当期的 SPS 通报数，而是采用滞后期的通报数来分析 SPS 措施对农产品进口产生的影响。考虑到 SPS 措施的作用会在 5 年内（即滞后 4 期）发生改变，在模型中引入滞后 1~4 期的 SPS 通报数来分析 SPS 措施对农产品进口的影响，变量 $SPS_{ijst,t-n}$ 指的是 SPS 滞后 1~4 期的通报数（项），通报数来自世界贸易组织的 SPS 措施通报系统（WTO/IMS）。

---

[1] 康晓玲，牛艳玲. 技术性贸易壁垒定量测量方法研究评述. 商业时代，2014，（2）：47-48
[2] 董银果，李圳. SPS 措施：贸易壁垒还是贸易催化剂——基于发达国家农产品进口数据的经验分析. 浙江大学学报（人文社会科学版），2015，45（2）：34-45

（2）基于 CES 效用函数的引力模型框架[1]如下。

a. 模式假设：①每个国家与其他所有国家交易，各国专门生产出口一种商品，也进口所有商品，商品是不同质的，每种商品的供给固定；②各国消费者具有相同的偏好，消费效用模型用 CES 效用函数表示：

$$U_j = \left(\sum_i \beta^{(1-\sigma)/\sigma} C_{ij}^{(\sigma-1)/\sigma}\right)^{\sigma/(\sigma-1)} \quad (14\text{-}5)$$

则对应的 j 国总收入算法：

$$y_j = \sum_i P_{ij} C_{ij} \quad (14\text{-}6)$$

上式中，σ 是商品间的替代弹性，C_{ij} 代表 j 国对 i 国的商品消费量，U_j 代表 j 国的消费者效用函数。β_i 是正的分布参数，y_j 是 j 国的总收入，P_{ij} 是 i 国的商品在 j 国的价格。

b. 推导所得最终模型：

$$\ln x_{ij} = \alpha_0 \ln y_{jt} + \alpha_1 \ln d_{ij} + \sum_{it} \beta_{it} I_{it} + \sum_j \beta_j I_j + \sum_t \beta_t I_t + \sum \alpha_{ij} D_{ij} + \varepsilon_{ijt} \quad (14\text{-}7)$$

式中，d_{ij} 为两国距离，β 为固定效应系数。

详细的推演方式可查阅相关资料。

三、我国农产品贸易壁垒影响

西方国家以保护环境为名，设置许多贸易壁垒，对我国农产品进口采取了越来越严格的准入机制，极大地限制了我国农产品出口贸易的增长速度。发达国家为了保护本国农业发展，削弱外国商品对于本国市场的冲击，普遍设置绿色贸易壁垒，在非关税领域大挖堵截之壕，以环境和气候等因素设置绿色壁垒，对我国农产品出口贸易产生严重阻碍。例如，2008～2012 年，美国扣留中国出口不合格农产品多达 4876 批次，韩国农林部国立兽医科学检疫院扣留 1938 批次，欧盟食品和饲料委员会召回 1805 批次，日本厚生劳动省扣留 1673 批次，加拿大食品检验署召回 307 批次，总合达 10 599 批次[2]。因品质、农（兽）药残留、标签和食品添加剂不合格而受阻的产品超过了 65%，其次是与注册、材料、包装、动物检疫规定不符合或不符合卫生要求等。

我国农产品出口的贸易壁垒主要包括以下一些形式。

1. 反倾销壁垒

反倾销壁垒是指某国或某区域为了保护本国或本区域的经济、产业或企业的发展，以产品存在倾销现象为理由而采取的限制进口的措施。主要是通过征收高税率限制进口。例如，我国出口美国的大蒜类产品，1994 年被征收高达 376.67% 的反倾销税率。2011 年 9 月 1 日，美国对该案进行了复查，2012 年 4 月复审裁定：继续征收大蒜反倾销税。在高额税率下，我国大蒜出口成本大幅度增加，失去了美国市场的优势，进而严重影响大蒜出口贸易。

---

[1] 夏天然，陈宪. 多部门视角下的服务贸易壁垒度量. 上海交通大学学报（哲学社会科学版），2015，23（2）：76-86
[2] 李响，王守伟，臧明伍，等. 基于中国农产品出口受阻分析与研究. 世界农业，2014，(5)：132-135

2. 反补贴壁垒

反补贴壁垒是指某国或某区域为了保护本国或本区域产品，对本国的农产品有关生产商或者经营者提供政策性现金补贴、税收优惠、价格支持等一定的支持，以提高其国际竞争优势。例如，美国商务部于 2013 年 1 月 18 日发布公告称，应美国海湾虾业联盟（Coalition of Gulf Shrimp Industries）的申请，对于我国冷冻暖水虾进行反补贴立案调查，极大地损坏了我国水产品企业的利益。反补贴调查一般都会伴随着反倾销调查，所涉及的金额都往往巨大，从而影响整个行业的发展。

3. 检验、检疫壁垒

进口国在检验检疫当中发现商品不符合该国的标准时，就可拒绝入海。美国、欧洲、日本等发达国家或地区不断提高检验、检疫的标准和扩大范围，提高入关门槛，主要集中在动物疫病和药物残留的控制两大问题上。例如，韩国于 2011 年扣留了我国食品 290 余批次，多为各种残留超标问题，如药残、重金属、添加剂用量等超标；同年美国因添加剂的不合理添加问题扣我国 14 项农产品；日本于 2012 年 8 月扣留我国 19 项食品，主因是细菌和药物的超标问题。

4. 身份认证/验证壁垒

由规定机构提供证明文件（由第三方给出但经过对方区域审核后给予的证明），也称第三方认证，包括产品认证与体系认证。通过认证过程形成的障碍，对农产品的进入形成了技术性阻碍。例如，日本对大米实行身份认证规定：所有进入日本市场的大米必须严格标注产品的品种、产地和生产者姓名等一系列信息，否则不能进入；美国对蟹肉、传统鱼类等农产品的进口于 2012 年 5 月起实行 DNA 检验程序。对于不符合那些规定的产品，直接起到了阻止进口的作用，同时，即使符合其规定，也因程序等问题而延迟贸易时间，增加贸易成本。这些认证或验证所形成的壁垒是严重的。

5. 标签规则壁垒

美国针对食品类农产品制定了食品标签法，规定所有进口食品都必须清楚标注产品的营养信息，包括蛋白质、维生素、能力等营养成分含量，添加剂也必须按规定标注。2011年，美国因花生中含有多种成分未在标签中明确标注而扣留我国一批产品，影响出口。

6. 绿色壁垒

一些国家或区域利用技术优势，以保护生态环境和人类健康由，钻贸易法规的漏洞，制定相关法规，限制农产品的进入。绿色壁垒已成为农产品贸易壁垒的重要内容。不单农产品本身要求符合绿色标准，不能含有任何有害健康的化学成分和添加剂物质，而且种植过程和加工过程都要符合低碳、生态或绿色的标准要求。绿色贸易壁垒是一种过程性壁垒，导致农产品出口成本增加；部分环保技术不足的企业很难达到要求而无奈退出市场。

7. 动物福利壁垒

在贸易活动中，某国或某地区以保护动物的福利为名，制定一系列保护动物或维护动物福利的一些法规、制定或采取一些措施，以限制其他区域动物类产品的进口，保护本国或本区域的相关产品利益。例如，2005 年中国哈尔滨国际经济贸易洽谈会前，欧盟一家企业原本要在我国黑龙江采购上亿元的活体肉鸡，但 2005 年哈洽会后，欧盟有关商家参观了正大企业后便停止了交易。原因是，正大企业养鸡场不够宽敞，危害了鸡的基本福利。另一个例证，2012 年韩国对产蛋鸡实行《动物福利畜产农场认证制》，此后扩大至猪肉（2013 年）、食用鸡（2014 年）及奶牛（2015 年）。这对作为猪肉、鸡肉生产大国的我国，必然受到这些规定的影响。

我国农产品出口贸易，困难逐渐显示出来。主要不足在于，一是内在质量的稳定性保障困难，涉及生产领域的粗糙、零碎和没有严格标准化；二是过程粗放，受传统思维与行为制约，使符合现代理念的系统标准化行为在生产、管理等过程领域落实贯穿困难，影响了产品的各方性能；三是在新贸易壁垒下，与环境关联的问题较多，给西方在贸易壁垒方面给予口舌；四是标准意识不强，侥幸心理严重，残留、添加、包装等多现表面，内含不足；五是检测手段落后，尤其与整体农业过程的市场化生产过程及国际贸易需要的监管的有机配套难以衔接，使产品的社会信度不能很快提升，给西方人留下了壁垒封堵的大量可乘之机。

我国在对外贸易中实行的是出口导向型政策，农产品出口额在国家出口贸易总额中占据重要的地位。因此，从农业全程和系统标准化角度应当认真推进，提高我们的农产品档次，增强我们的农业生产环境适应力。

第十五章　国际农业标准化组织

国际经济一体化，贸易标准区域化，使那些在农业某些领域的商品质量和市场占领做在前面的国家与组织，有了面向国际制定和颁布标准的资格，相应地，话语权也就到了这些集团的手中。在这里，我们就国际上具有影响力、与农业标准化有关的一些组织做以介绍，使大家对国际农业标准化基本组织情况有所了解。

第一节　国际农业标准化组织

一、国际标准化组织

1. 简介

图 15-1　ISO 标识
（彩图请扫封底二维码获取）

ISO 是国际标准化组织的英语简称，其全称是 International Organization for Standardization 或 International Standard Organized。ISO 一来源于希腊语"ISOS"，即"EQUAL"——平等之意（图 15-1）。国际标准化组织（ISO）是由各国标准化团体（ISO 成员团体）组成的世界性的联合会，目前有 162 个会员国。制定国际标准工作通常由 ISO 的技术委员会完成。ISO 与国际电工委员会（IEC）在电工技术标准化方面保持密切合作的关系。中国是 ISO 的正式成员，代表中国的组织称为中国国家标准化管理委员会（Standardization Administration of China，简称 SAC）。

2. 功能

ISO 的最高权力机构是每年一次的"全体大会"，其日常办事机构是中央秘书处，设在瑞士日内瓦。中央秘书处现有 170 名职员，由秘书长领导。ISO 的宗旨是"在世界上促进标准化及其相关活动的发展，以便于商品和服务的国际交换，在智力、科学、技术和经济领域开展合作。"ISO 通过它的 2856 个技术机构开展技术活动，通过这些机构，ISO 已经发布了 9200 个国际标准，有名的 ISO9000 质量管理系列标准就是其中的标准。

ISO9000 族标准主要是帮助各种类型和规模的组织实施并运行有效的质量管理体系。这些标准包括如下几种。

（1）ISO9000 表述质量管理体系基础知识并规定质量管理体系术语。

（2）ISO9001 规定质量管理体系要求，用于证实组织具有提供满足顾客要求和适用法规要求的产品的能力，目的在于增进顾客满意。

（3）ISO9004 提供考虑质量管理体系的有效性和效率两方面的指南。该标准的目的是组织业绩改进和顾客及其他相关方满意。

（4）ISO9011 提供了审核质量和环境管理体系的指南。

3. ISO22000 族群

ISO22000 即食物安全管理体系（food safety management systems-requirements for any organization in the food chain）。ISO22000 于 2005 年 9 月 1 日正式发布。这是一个新的国际标准，旨在保证全球的安全食品供应。我国于 2006 年 6 月 1 日发布《GB/T 22000—2006 食品安全管理体系 食品链中各类组织的要求》，正式将 ISO22000: 2005 标准转化为中国国家标准。

随着经济全球化的发展，生产、制造、操作和供应食品的组织逐渐认识到，顾客越来越希望这些组织具备和提供足够的证据证明自己有能力控制食品安全危害和那些影响食品安全的因素。然而，由于各国标准不一致，使顾客的要求难以满足，因此，有必要协调各国标准使之上升到国际标准。同时，一个统一的国际性标准和国际间通用的管理体系认证方式，将对突破技术壁垒起到积极作用。

ISO22000: 2005《食物安全管理系统-对整个食品供应链中组织的要求》的出台可以作为技术性标准对企业建立有效的食品安全管理体系进行指导。这一标准可以单独用于认证、内审或合同评审，也可与其他管理体系，如 ISO9001: 2000 组合实施。

二、国际食品法典委员会（CAC）

1. 简介

国际食品法典委员会（CAC），英文全称 Codex Alimentarius Commission，名称源自拉丁文，其中 Codex 意为"表册、簿籍、案卷、法典等"；Alimentarius 意为"卫生者、可供食料者"。由联合国粮农组织（FAO）和世界卫生组织（WHO）共同建立，以保障消费者的健康和确保食品贸易公平为宗旨的一个制定国际食品标准的政府间组织。自 1961 年第 11 届粮农组织大会和 1963 年第 16 届世界卫生大会分别通过了创建 CAC 的决议以来，已有 180 个成员国。

2. 功能和作用

CAC 下设秘书处、执行委员会、6 个地区协调委员会，21 个专业委员会和 1 个政府间特别工作组。所有国际食品法典标准都主要在其各下属委员会中讨论和制定，然后经 CAC 大会审议后通过。CAC 标准都是以科学为基础，并在获得所有成员国的一致同意的基础上制定出来的。CAC 成员国参照和遵循这些标准，既可以避免重复性工作又可以节省大量人力和财力，而且可有效地减少国际食品贸易摩擦，促进贸易的公平和公正。

国际食品法典委员会对保护消费者健康的重要作用已在 1985 年联合国第 39/248 号决议中得到强调，为此国际食品法典委员会指南采纳并加强了消费者保护政策的应用。该指南提醒各国政府应充分考虑所有消费者对食品安全的需要，并尽可能地支持和采纳国际食品法典委员会的标准。公众对食品安全问题的关切往往把法典置于国际辩论的中心。生物技术、农药、食品添加剂和污染物是法典会议讨论的问题中的一部分。法典标准制定依据的是当前掌握的最佳科学知识,由国际独立风险评估机构或联合国粮农组织和世界卫生组织举办的专题磋商提供支撑。

国际食品法典委员会与国际食品贸易关系密切,针对业已增长的全球市场,特别是作为保护消费者而普遍采用的统一食品标准,国际食品法典委员会具有明显的优势。因此,实施卫生与植物卫生措施协定(SPS)和技术性贸易壁垒协定(TBT)均鼓励采用协调一致的国际食品标准。作为乌拉圭回合多边贸易谈判的产物,SPS 协议引用了法典标准、指南及推荐技术标准,以此作为促进国际食品贸易的措施。因此,法典标准已成为在乌拉圭回合协议法律框架内衡量一个国家食品措施和法规是否一致的基准。

3. CAC 的影响

CAC 成员国覆盖全球 99%的人口。国际食品贸易是一个每年价值 2000 亿美元的产业,所生产、销售和运输的食品以数十亿吨计。国际食品法典委员会已成为全球消费者、食品生产和加工者、各国食品管理机构和国际食品贸易重要的基本参照标准。法典对食品生产、加工者的观念及消费者的意识已产生了巨大影响,并对保护公众健康和维护公平食品贸易做出了不可估量的贡献。

(1)成为唯一的国际参考标准 自从 1961 年开始制定国际食品法典以来,负责这一工作的 CAC 在食品质量和安全方面的工作业已得到世界的重视。在过去的 40 多年中,CAC 关注所有与保护消费者健康和维护公平食品贸易有关的工作。FAO 和 WHO 一向支持与食品有关的科学和技术研究与讨论,正因为如此,国际社会对食品安全和相关事宜的认知已提升到了一个史无前例的高度。在相关食品标准制定方面,食品法典也因此成为唯一的、最重要的国际参考标准。

(2)促进国际对食品安全的认同 在全球范围内,广大消费者和大多数政府对食品质量和安全问题的认识在不断提高,同时也充分认识到选择好的食品对健康的重要性。消费者通常会要求其政府采取立法的措施确保只有符合质量标准的安全食品才能销售,并最大限度地降低食源性健康危害风险。CAC 通过制定法典标准和对所有有关问题进行探讨,大大地促使食品问题作为一项实质内容列入各国政府的议事日程。事实上,各国政府十分清楚若不能满足消费者对食品的要求而带来的政治影响。

(3)增强了对消费者的保护 CAC 工作的最基本的准则已得到了社会的广泛支持,那就是人们有权力要求他们所吃的食品是安全优质的。CAC 主办的一些国际会议和专业会议在其中发挥了重要的作用,而这些会议本身也影响着委员会的工作,这些会议包括:联合国大会、FAO 和 WHO 关于食品标准、食品中化学物质残留和食品贸易会议(同关税和贸易总协定合办)、FAO/WHO 关于营养的国际大会、FAO 世界食品高峰会议和 WHO 世界卫生大会。20 多年来,凡参加过这些国际性会议的各国代表已推动或承诺他们的国家采取措施确保食品安全和质量。

三、IPPC

1. 简介

国际植物保护公约(International Plant Protection Convention,IPPC)是 1951 年联合

国粮农组织（FAO）通过的一个有关植物保护的多边国际协议，于 1952 年生效。1979 年和 1997 年，FAO 分别对 IPPC 进行了 2 次修改，1997 年新修订的植物保护公约尚未生效。国际植物保护公约由设在 FAO 植物保护处的 IPPC 秘书处负责执行和管理，中国于 2009 年 7 月 1 日起将严格执行 IPPC 制定的国际植物检疫措施标准。

2. 功能与作用

国际植物保护公约的目的是确保全球农业安全，并采取有效措施防止有害生物随植物和植物产品传播和扩散，促进有害生物控制措施。国际植物保护公约为区域和国家植物保护组织提供了一个国际合作、协调一致和技术交流的框架和论坛。由于认识到 IPPC 在植物卫生方面所起的重要作用，WTO/SPS 协议规定 IPPC 组织为影响贸易的植物卫生国际标准（植物检疫措施国际标准，ISPM）的制定机构，并在植物卫生领域起着重要的协调一致的作用。

区域植物保护组织（the Regional Plant Protection Organization，简称 RPPO）在区域范围内负责协调有关 IPPC 的活动，在新修订的 IPPC 中，区域性植物保护组织的作用扩展到与 IPPC 秘书处一起协调工作。

3. IPPC 标识及含义

木质包装要加盖 IPPC 的专用标识（图 15-2）。

根据我国国家质量监督检验检疫总局 2005 年第 4 号公告通知，从 2005 年 3 月 1 日输往欧盟、加拿大、美国、澳大利亚等国家和地区的带木质包装的货物，其木质包装要加盖 IPPC 的专用标识（胶合板、刨花板、纤维板等除外）。欧盟 25 个成员国是：比利时、丹麦、英国、德国、法国、爱尔兰、意大利、卢森堡、荷兰、希腊、葡萄牙、西班牙、奥地利、芬兰、匈牙利、马耳他、波兰、瑞典、爱沙尼亚、拉脱维亚、立陶宛、斯洛文尼亚、捷克、斯洛伐克、塞浦路斯。东南亚，中东印巴线，非洲都没有要求要木质熏蒸。但运往欧美、澳大利亚和新西兰的货物，其木质包装必须要求熏蒸。值得注意的是：去这三个地方的木质包装一定是要经加工后的木质，一定不能带有树皮之类。

图 15-2　IPPC 的标识
（彩图请扫封底二维码获取）

四、世界动物卫生组织（OIE）

1. 简介

世界动物卫生组织，法语是 Office International Des Epizooties，简称 OIE，是一个旨在促进和保障全球动物卫生和健康工作的政府间国际组织，总部位于巴黎，由 28 个国家于 1924 年根据签署的国际协议产生。到 2011 年，OIE 成员国已经达到 178 个。2003 年，该组织正式更名为世界动物卫生组织（World Organisation for Animal Health）（图 15-3）。目前，OIE 与包括 FAO、WTO、WHO 等 45 个全球及地区性组织保持联系，并在世界每个洲都设有分委员会。

图 15-3　OIE 标识
（彩图请扫封底二维码获取）

2. 功能

OIE 的职能主要包括以下三方面。

（1）向各国政府通告全世界范围内发生的动物疫情及疫情的起因，并通告控制这些疾病的方法。

OIE 最优先的职能就是向各政府通报危害人类和动物健康的动物疫情，以及发生疫情的原因。为此，OIE 建立了通报体系，允许成员国在必要的情况下采取紧急措施。

首先，暴发 A 类疾病的国家或暴发其他对公共健康或动物产品有严重影响疾病的国家应在 24 小时内将情况通报给 OIE 的中央办公署。OIE 中央办公署立即用 E-mail 的形式向其他成员国发布简短的紧急通报，详细的疫情情况每周将刊登在《疫情信息》，并以 E-mail 或邮寄的方式提供给成员国。在这种通报机制之下，OIE 通过搜集、加工和分发有关世界动物卫生状况的资料，向各成员提供对国家控制体系非常重要的信息，以及针对国际贸易制定的动物卫生法规方面的信息等。这些信息通过以下方式定期分发。

a.《OIE 公告》　每两个月对 A 类疾病的病因进行介绍。公告还包括对主要传染病的研究及 OIE 的日常活动。

b.《世界动物卫生状况年度统计》　介绍各成员国的动物卫生状况，以及各成员国采用的相应控制方法。

c. 有关信息也将通过各种形式的出版物对外分发，其中包括高水平的季刊《科技回顾》。

（2）在全球范围内，就动物疾病的监测和控制进行国际研究。

1924 年 1 月 25 日签署成立 OIE 的国际协议中，明确了该组织的第一个目标就是促进和协同研究全球范围内的动物疾病监测和管理。这项工作由专家委员会和工作组承担，并得到合作中心和有关实验室的帮助，还从专家会议和发表的科普文章上得到相关的信息。

（3）协调各成员国在动物和动物产品贸易方面的法规和标准。

世界经济中，要使动物和动物产品的国际贸易不受不必要的影响就必须制定防止危害动物及人类的传染病传播的兽医法规；在上述贸易中要进行必要的协调，避免不合理的贸易壁垒。

世界贸易组织制定的《实施卫生和植物卫生措施协定》明确要求使用由国际兽医总局制定的标准、指南和建议。下列由 OIE 国际委员会批准的标准化著作在 SPS 领域的协调中起着重要的作用。

a. 法典　由国际动物卫生法典委员会制定，为国际贸易制定标准。

b. 手册　由标准委员会制定，提供国际贸易中使用的标准化诊断技术及疫苗管理方法。

c. 水生动物的法典和手册 由鱼类疾病委员会制定。

世界动物卫生组织发布的国际标准有：动物卫生法典（Animal Health Code）——哺乳动物、鸟类及蜜蜂的国际动物卫生法典；诊断与预防接种（Diagnostics & Vaccines）——诊断检验及预防接种标准手册，1996年第三版；水生动物法典（Aquatic Code）——国际水生动物法典；水生动物手册（Aquatic Manual）——水生动物疾病诊断手册；试剂（Reagents）——国际参考标准试剂；国际动物卫生组织动物疾病名单：A类动物疾病（List A）、B类动物疾病（List B）等。

3. 组织结构及国际关系

OIE 是在由各成员国政府委派的常驻代表组成的国际委员会的授权和管理下开展工作的。OIE 的职能由 OIE 中央办公署具体实施，中央办公署的署长由国际委员会任命。中央办公署执行由选举产生的委员会草拟的决议。这些委员会包括：①管理委员会；②区域性委员会；③专家委员会。

OIE 与其他 20 多个国际组织保持长期的工作往来，这些国际组织主要包括：联合国粮食及农业组织（FAO）；世界卫生组织（WHO）；世界贸易组织（WTO）；泛美农业合作协会（IICA）；泛美卫生组织（PAHO）；植物保护和动物卫生区域性国际组织（OIRSA）；太平洋共同体（SPC）。

第二节 国际主要标准化组织和机构情况

一、世界贸易组织（WTO）

1. 简介

于 1994 年 4 月 15 日在摩洛哥的马拉喀什市举行的关贸总协定乌拉圭回合部长会议决定成立更具全球性的世界贸易组织（图 15-4），以取代成立于 1947 年的关贸总协定，即世界贸易组织（简称世贸组织）。世界贸易组织是当代最重要的国际经济组织之一，目前拥有 159 个成员国，成员国贸易总额达到全球的 97%，有"经济联合国"之称。1995年 1 月 1 日正式开始运作，该组织负责管理世界经济和贸易秩序，总部设在瑞士日内瓦莱蒙湖畔。其基本原则是通过实施市场开放、非歧视和公平贸易等原则来实现世界贸易自由化的目标。1996 年 1 月 1 日，它正式取代关贸总协定临时机构。与关贸总协定相比，世贸组织涵盖货物贸易、服务贸易及知识产权贸易，而关贸总协定只适用于商品货物贸易。世贸组织是具有法人地位的国际组织，在调解成员争端方面具有更高的权威性。自 2001年 12 月 11 日开始，中国正式加入 WTO，标志着中国的产业对外开放进入了一个全新的阶段。

图 15-4 世界贸易组织徽标
（彩图请扫封底二维码获取）

部长级会议是世贸组织的最高决策权力机构，由所有成员国主管外经贸的部长、副部长级官员或其全权代表组成，一般两年举行一次会议，讨论和决定涉及世贸组织职能的所有重要问题，并采取行动。在部长级会议休会期间，其职能由总理事会行使，总理事会也由全体成员组成。总理事会可视情况需要随时开会，自行拟订议事规则及议程。同时，总理事会还必须履行其解决贸易争端和审议各成员贸易政策的职责。总理事会下设货物贸易理事会、服务贸易理事会、知识产权理事会。这些理事会可视情况自行拟订议事规则，经总理事会批准后执行。所有成员均可参加各理事会。各专门委员会部长会议下设立专门委员会，以处理特定的贸易及其他有关事宜。已设立贸易与发展委员会，国际收支限制委员会，预算、财务与行政委员会，贸易与环境委员会等 10 多个专门委员会。世界贸易组织秘书处设在瑞士日内瓦，大约有 500 人。秘书处工作人员由总干事指派，并按部长会议通过的规则决定他们的职责和服务条件。

2. 职能与作用

世界贸易组织的基本职能是：制定监督、管理和执行共同构成世贸组织的多边及诸边贸易协定；作为多边贸易谈判的讲坛；世界贸易组织总部寻求解决贸易争端；监督各成员贸易政策，并与其他同制定全球经济政策有关的国际机构进行合作。

世贸组织的目标是建立一个完整的，包括货物、服务、与贸易有关的投资及知识产权等内容的，更具活力、更持久的多边贸易体系，使之可以包括关贸总协定贸易自由化的成果和乌拉圭回合多边贸易谈判的所有成果。要实现这一目标，世贸组织必须履行好以下核心职能。

（1）管理职能　世界贸易组织负责对各成员国的贸易政策和法规进行监督和管理，定期评审，以保证其合法性。

（2）组织职能　为实现各项协定和协议的既定目标，世界贸易组织有权组织实施其管辖的各项贸易协定和协议，并积极采取各种有效措施。

（3）协调职能　世界贸易组织协调其与国际货币基金组织和世界银行等国际组织和机构的关系，以保障全球经济决策的一致性和凝聚力。

（4）调节职能　当成员国之间发生争执和冲突时，世界贸易组织负责解决。

（5）提供职能　世界贸易组织为其成员国提供处理各项协定和协议有关事务的谈判场所，并向发展中国家提供必要的技术援助以帮助其发展。

3. 世界贸易组织工作的基本原则

（1）互惠原则（reciprocity）　也称对等原则，是 WTO 最为重要的原则之一，是指两成员方在国际贸易中相互给予对方贸易上的优惠待遇。它明确了成员方在关税与贸易谈判中必须采取的基本立场和相互之间必须建立一种什么样的贸易关系。

（2）透明度原则（transparency）　是指 WTO 成员方应公布所制定和实施的贸易措施及其变化情况，没有公布的措施不得实施，同时还应将这些贸易措施及其变化情况通知世贸组织。此外，成员方所参加的有关影响国际贸易政策的国际协定，也应及时公布和通知 WTO。透明度原则是世贸组织的重要原则，它体现在世贸组织的主要协定、协议中。

（3）市场准入原则　世界贸易组织市场准入原则（market access）是可见的和不断增

长的,它以要求各国开放市场为目的,有计划、有步骤、分阶段地实现最大限度的贸易自由化。市场准入原则的主要内容包括关税保护与减让,取消数量限制和透明度原则。世贸组织倡导最终取消一切贸易壁垒,包括关税和非关税壁垒,虽然关税壁垒仍然是世界贸易组织所允许的合法的保护手段,但是关税的水平必须是不断下降的。

（4）促进公平竞争原则　世界贸易组织不允许缔约国以不公正的贸易手段进行不公平竞争,特别禁止采取倾销和补贴的形式出口商品,对倾销和补贴都做了明确的规定,制定了具体而详细的实施办法,世界贸易组织主张采取公正的贸易手段进行公平的竞争。

（5）经济发展原则　也称鼓励经济发展与经济改革原则,该原则以帮助和促进发展中国家的经济迅速发展为目的,针对发展中国家和经济接轨国家而制定,是给予这些国家的特殊优惠待遇,如允许发展中国家在一定范围内实施进口数量限制或是提高关税的"政府对经济发展援助"条款,仅要求发达国家单方面承担义务而发展中国家无偿享有某些特定优惠的"贸易和发展条款",以及确立了发达国家给予发展中国家和转型国家更长的过渡期待遇和普惠制待遇的合法性。

（6）非歧视性原则　这一原则包括两个方面,一个是最惠国待遇,另一个是国民待遇。成员一般不能在贸易伙伴之间实行歧视;给予一个成员的优惠,也应同样给予其他成员。这就是最惠国待遇。这个原则非常重要,在管理货物贸易的《关税与贸易总协定》中位居第一条,在《服务贸易总协定》中是第二条,在《与贸易有关的知识产权协议》中是第四条。因此,最惠国待遇适用于世贸组织所有三个贸易领域。国民待遇是指对外国的货物、服务及知识产权应与本地的同等对待。最惠国待遇的根本目的是保证本国以外的其他缔约方能够在本国的市场上与其他国企业在平等的条件下进行公平竞争。非歧视性原则是世界贸易组织的基石,是避免贸易歧视和摩擦的重要手段,是实现各国间平等贸易的重要保证。

二、世界卫生组织（WHO）

1. 简介

世界卫生组织（World Health Organization, WHO）简称"世卫组织",是联合国下属的一个专门机构,只有主权国家才能参加,是国际上最大的政府间卫生组织(图15-5)。它负责对全球卫生事务提供领导,拟定卫生研究议程,制定规范和标准,阐明以证据为基础的政策方案,向各国提供技术支持,以及监测和评估卫生趋势。世界卫生组织的宗旨是使全世界人民获得尽可能高水平的健康。

世界卫生组织是联合国下属的一个专门机构,其前身可以追溯到1907年成立于巴黎的国际公共卫生局和1920年成立于日内瓦的国际联盟卫生组织。第二次世界大战后,经联合国经社理事会决定,64个国家的代表于1946年7月在纽约举行了一次国际卫生会议,签署了《世界卫生组织组织法》。1948年4月7日,该法得到26个联合国会员国批准后生效,世界卫生组织宣告成立。1972年5月10日,世界卫生组织承认中国的合法地位。它目前是国际上最大的政府间卫生组织。截至2009年5月,世卫组织共有193个正式成员。每年的4月7日也就成为全球性的"世界卫生日"。世卫组织的宗旨是使全世界人民获得尽可能高水平的健康。给健康下的定义为:"身体、精神及社会生活中的完美状态"。

2. 世界卫生组织的主要工作

（1）指导和协调国际卫生工作。
（2）根据各国政府的申请，协助加强国家的卫生事业，提供技术援助。
（3）主持国际性流行病学和卫生统计业务。
（4）促进防治和消灭流行病、地方病和其他疾病。
（5）促进防治工伤事故及改善营养、居住、计划生育和精神卫生。
（6）促进从事增进人民健康的科学和职业团体之间的合作。
（7）提出国际卫生公约、规划、协定。
（8）促进并指导生物医学研究工作。
（9）促进医学教育和培训工作。
（10）制定有关疾病、死因及公共卫生实施方面的国际名称。
（11）制定诊断方法的国际规范的标准。
（12）制定不发展食品卫生、生物制品、药品的国际标准。
（13）协助在各国人民中开展卫生宣传教育工作。

三、联合国粮食及农业组织（FAO）

1. 简介

粮食及农业组织（Food and Agriculture Organization，FAO）的成立先于联合国本身。第二次世界大战爆发后，经当时的美国总统罗斯福倡议，45个国家的代表于1943年5月18日至6月3日在美国弗吉尼亚州的温泉城举行了同盟国粮食和农业会议。会议决定建立一个粮食和农业方面的永久性国际组织，并起草了《粮食及农业组织章程》。1945年10月16日，粮食及农业组织第一届大会在加拿大的魁北克城召开，45个国家的代表与会，并确定这天为该组织的成立之日。至当年11月1日第一届大会结束时，45个国家成为创始成员国。1946年12月16日与联合国签署协定，从而正式成为联合国的一个专门机构（图15-6）。联合国粮食及农业组织（简称联合国粮农组织）拥有194个成员国，2个准成员和1个成员组织（欧洲联盟）。中国是该组织的创始成员国之一。1973年，中华人民共和国在该组织的合法席位得到恢复，并从同年召开的第十七届大会起一直为理事国。

图15-5 世界卫生组织会徽
（彩图请扫封底二维码获取）

图15-6 联合国粮食及农业组织图标
（彩图请扫封底二维码获取）

该组织的最高权力机构为大会，每两年召开 1 次。常设机构为理事会，由大会推选产生理事会独立主席和理事国。至 1985 年年底，理事会下已设有计划、财政、章程及法律事务、商品、渔业、林业、农业、世界粮食安全、植物遗传资源 9 个办事机构。该组织的执行机构为秘书处，其行政首脑为总干事。秘书处下设总干事办公室和 7 个经济技术事务部。总部自 1951 年起迁往意大利罗马，此外还在非洲、亚洲和太平洋、拉丁美洲和加勒比、近东和欧洲等 5 个地区设有区域办事处，在北美（美国华盛顿）和联合国（美国纽约和瑞士日内瓦）分别设有联络处。联合国粮食及农业组织其宗旨是提高人民的营养水平和生活标准，改进农产品的生产和分配，改善农村和农民的经济状况，促进世界经济的发展并保证人类免于饥饿。

FAO 的三个主要目标是：消除饥饿、粮食不安全和营养不良；消除贫困，为所有人推动经济和社会进步；为了当代和子孙后代的福祉，可持续地管理和利用自然资源，包括土地、水、空气、气候和遗传资源。实现人人粮食安全是联合国粮农组织的工作核心——确保人们正常获得积极健康生活所需的足够的优质食物。

2. 主要职能和工作重点

联合国粮农组织的主要职能是：①搜集、整理、分析和传播世界粮农生产和贸易信息；②向成员国提供技术援助，动员国际社会进行投资，并执行国际开发和金融机构的农业发展项目；③向成员国提供粮农政策和计划的咨询服务；④讨论国际粮农领域的重大问题，制定有关国际行为准则和法规，谈判制定粮农领域的国际标准和协议，加强成员国之间的磋商和合作。可以说，联合国粮农组织是一个信息中心，是一个开发机构，是一个咨询机构，是一个国际讲坛，还是一个制定粮农国际标准的中心。

联合国粮农组织早期着重粮农生产和贸易的情报信息工作。以后逐渐将工作重点转向帮助发展中国家制定农业发展政策和战略，以及为发展中国家提供技术援助。

（1）加强世界粮食安全　针对 20 世纪 70 年代初期国际市场上粮食供应紧张、价格猛涨的情况，联合国粮农组织在 1973 年的第十七届大会上提出以建立国际粮食储备为中心内容、确保粮食供应的世界粮食安全政策。联合国粮农组织成立了世界粮食安全委员会，每年召开一次会议回顾世界粮食安全状况，并讨论改善世界粮食安全的政策和措施。

（2）促进环境保护与可持续发展　随着人口增长压力的加大，农业的进一步发展和集约化程度的不断提高，以及城市化和工业化的迅速发展，农业资源和环境所受到的压力将越来越大。如何既保护环境又加强粮食安全是一个日益引起各国政府重视的问题。因此，联合国粮农组织把加强资源与环境保护，实现农业可持续发展作为今后的工作重点。

（3）推动农业技术合作　从 1976 年起，联合国粮农组织建立了"技术合作计划"，从其正常预算中拨出 14%，以后要求增至 17%作为技术合作基金，为发展中国家提供小额、急需的技术援助。此外，联合国粮农组织还设立了"发展中国家间技术合作计划"，以重点加强发展中国家间的农业技术交流与合作，推动其农业的进一步发展。

四、国际种子检验协会（ISTA）

1. 简介

国际种子检验协会（International Seed Testing Association，ISTA）是一个由各国官方

种子检验室（站）和种子技术专家组成的世界性的政府间非营利性组织）（图 15-7）。其是于 1924 年在英国剑桥举行的第四次国际种子检验大会上，在欧洲种子检验协会的基础上改名重建而成。目前，已拥有包括来自世界 74 个国家的 210 位个人会员和 162 个实验室成员。

2. 职能和作用

图 15-7　国际种子检验协会会徽
（彩图请扫封底二维码获取）

（1）目标　制定、修订、出版和推行国际种子检验规程。促进在国际种子贸易中广泛采用一致性的标准检验程序。发展种子科学技术的研究和培训工作。

（2）任务　召开世界性种子会议，讨论和修订国际种子检验规程，交流种子科技研究成果；组织与举办种子技术培训班、讨论会和研讨会；加强与其他国际机构的联系和合作；编辑和出版发行 ISTA 刊物；颁发国际种子检验证书。

国际种子检验标准（International Rules for Seed Testing，ISTA），提供种子质量检验的标准化方法与相关定义。在国际种子自由流通贸易中，ISTA 标准为各方出具精确度高的检验结果提供了依据。ISTA 标准由规则与附录两部分组成。

规则（rules）：描述了种子检验对象与原理；种子检验涉及定义，以及所使用的过程与方法。

附录（annexes）：对规则中所描述的过程、方法、定义等做了展开叙述。

当规则中所包含检验的结果被要求出现在 ISTA 国际种子分析证书（International Seed Analysis Certificate）上时，ISTA 标准将被强制性执行。同时，对任何一项标准的解释必须遵照标准相关附录的要求。在美国，ISTA 标准是国家种子质量控制法的技术依据，被要求在尽可能广泛的情况下应用。由于 ISTA 标准已被众多种子生产大国与进出口大国所接受与应用，任何违反或违背 ISTA 标准的行为都可能导致种子在这些国家及其他国家之间的交易受阻。

五、国际羊毛局（IWS）

1. 简介

国际羊毛局（International Wool Secretariat，IWS）成立于 1937 年，是一个非牟利性机构。其宗旨是为各成员国的养羊人士建立羊毛制品在全球的长期需求。它是世界上领先的羊毛纤维纺织品认证机构，它在纺织行业拥有 60 余年的经验，是纺织品创新和毛纺技术领域的权威机构。成员国中最大的羊毛出口国是澳大利亚、新西兰及南半球一些国家，他们出口的原毛占全球年成交量的 80% 左右。国际羊毛局总部设在伦敦，其产品开发和市场服务中心设在伦敦的依其利。国际羊毛局在世界上 34 个最重要的羊毛市场上设有分支机构，组成了一个国际性的服务网。

2. 职能与作用

国际羊毛局本身并不制造和销售羊毛制品，但它在建立羊毛需求的过程中，经常与纺织工业各层次的单位保持密切的联系，包括为零售商和羊毛纺织工业生产单位提供原毛挑选、加工工艺、产品开发、款式设计、品质控制、产品推广等方面的协助和支持，并与他们联合进行宣传活动，如推行世界知名的纯羊毛标志。通过拥有并颁发纯羊毛标志（woolmark）（图 15-8），高比例羊毛混纺标志（woolmark blend）和羊毛混纺（wool blend）的特许权，国际羊毛局提供在全球范围内独一无二的产品质量认证。其品牌和标志的权威性是建立在严格并且大量的质量检测控制基础之上，在全球范围内被公认为是至高无上的质量和性能的象征。如果一种羊毛产品带有这个商标，就意味着它带有 IWS 对其产品质量的保证。

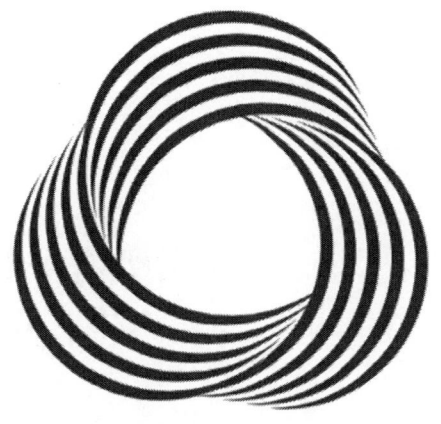

图 15-8　国际羊毛局授权的纯羊毛标志
（彩图请扫封底二维码获取）

国际羊毛局中国分局设在香港九龙，其主要活动是：推广纯羊毛标志，利用电视、杂志等媒介，向消费者宣传纯羊毛标志的意义，利用每季度的《国际羊毛局通讯》传递各种活动情况及其他资料；搜集和分析经济及市场资料，向国内有关单位提供信息和咨询服务；审批纯羊毛标志挂牌工厂，向其提供技术和品质控制的协助，保证挂牌产品的质量；利用培训班、时装表演等形式，提供国际最新的时装和潮流信息，协助有关企业提高产品设计质量水平。

附 录 1

国家级农业标准化示范县（农场）建设操作手册

（第一版）

农业部农产品质量安全监督管理局
二零一三年五月

前言

国家级农业标准化示范县（市、农场。以下均以县代表）建设是农业部农业标准化实施示范项目的主要工作内容。自 2006 年到 2013 年，已在全国创建了 640 个国家级农业标准化示范县，对农业标准应用到实际、提高我国农产品质量安全水平与农产品市场竞争力、增加农业效益与农民收入发挥了极其重要的推动作用。

为进一步提高农业标准化示范县建设的质量水平、管理水平和综合效益，建立示范县持续运行与辐射带动的长效机制，完成县域整体推进的农业标准化构想，特编写《国家级农业标准化示范县（农场）建设操作手册》（以下简称《操作手册》）。

本《操作手册》对与国家级农业标准化示范县建设的工作流程进行梳理和总结，从实际操作的角度，结合一些范例说明，为大家建设国家级农业标准化示范县提供操作指导。

1 农业标准化实施示范项目的申报立项

国家级农业标准化示范县（以下简称"示范县"）建设是农业部农业标准化实施示范项目的特定内容。因此，项目在申报、实施和管理中，必须在农业标准化实施示范项目的各项政策和规定的框架内进行。"农业标准化实施示范项目"的申报立项分为三个阶段：

第一阶段：申报。依据《农业标准化实施示范（农产品质量安全）项目指南》（简称《项目指南》）要求提交项目申报材料；

第二阶段：审批。农业部相关部门组织专家评审、批准；

第三阶段：立项。项目承担单位与农业部签订《全国农业标准化示范县（农场）建设任务书》（简称《任务书》），立项备案。

1.1 农业标准化实施示范项目申报

按照农业部年度《项目指南》的要求，根据农业行政部门的文件规定，按时申报并提交纸质申报材料。

1.2　农业标准化实施示范项目审批

由农业部组织专家评审会，对申报资料进行审核，对符合条件的予以批准并发布批复文件。

1.3　农业标准化实施示范项目立项

项目获批后，项目承担单位到"农业部农业标准化网"（www.agristd.org.cn）网页底部的"示范县管理员登录"，进入"农业标准化实施示范项目"中，填报项目《任务书》并提交纸质盖章件，农业部收到《任务书》，核准后回寄承担单位2份，双方立项备案。

2　示范县建设的启动

农业标准化实施示范项目立项后，项目承担单位应按照《项目指南》和《任务书》的要求成立示范县建设的组织管理机构，确定主要工作和主要任务。

2.1　管理机构与落实体系

示范县建设的组织管理机构，由3个小组、1个办公室组成；落实体系由2个层次、4个成员（专门人员）组成。县域内实行二级管理。

（1）三个小组

即实施示范领导小组、实施示范指导小组和质量安全监管小组。

（2）一个办公室

标准化工作办公室。设在县农业局。

（3）二层次和四成员

①县级标准化指导员和质量安全监管员（兼管核心示范区域）；

②乡镇/基地/企业/合作社级的标准化操作员和安全内检员。

组织管理机构的关系如图1所示。

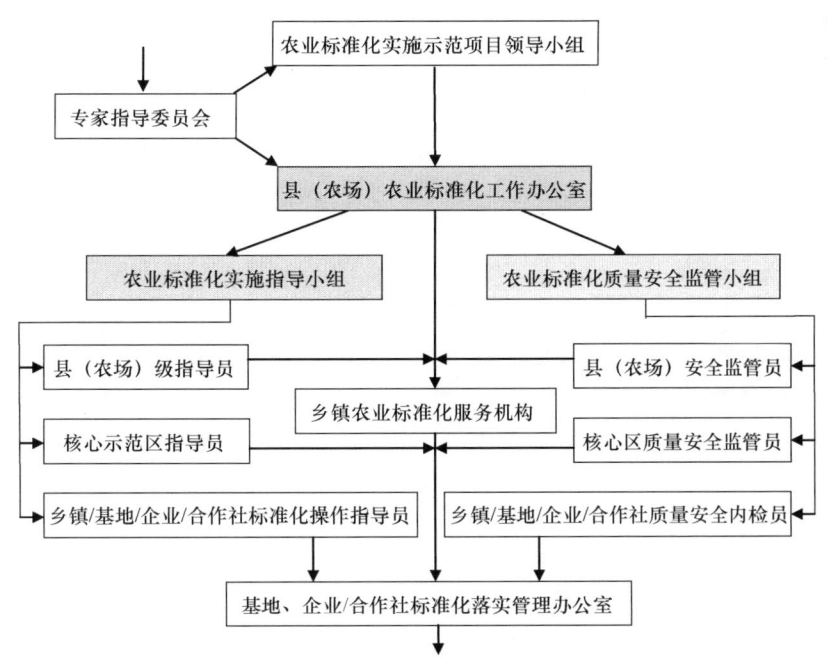

图1　农业标准化示范项目组织管理机构

（4）二级管理

第一级：农业标准化实施示范领导小组。下设农业标准化工作办公室，可调配县级部门资源为农业标准化示范服务。

第二级：农业标准化实施示范指导与监管小组。承担县域内农业标准化工作的专业指导和安全监管任务，推进农业社会化服务标准化；重点指导核心示范区乡镇、企业/合作社农业标准化实施示范的落实，办好核心示范区域的同时推动全县工作。

专家指导委员会，由农业部指导成立，服务全国各县级实施示范工作的指导落实。

2.1.1 农业标准化实施示范领导小组

领导小组人员组成：示范县县长任组长，主管农业的县长任副组长，各相关部门（如农、林、水、电、工商、技术监督等局）的领导及1~2名地市级以上被认可的农业标准化专家为组员。

农业标准化实施示范项目领导小组负责示范县建设的组织、协调、管理和推动工作。

2.1.2 农业标准化工作办公室

农业标准化工作办公室设在县农业局。办公室明确挂牌，专人负责。办公室负责推动农业标准化实施示范项目落实，处理示范县建设的日常事务，直接负责核心示范区的标准化实施示范建设，推动示范县建设工作。

领导小组的工作指令，由农业标准化工作办公室负责落实。

核心示范区域（乡镇/基地/龙头企业/合作社）也设立农业标准化工作办公室，指定专人，负责推动示范项目建设工作。

2.1.3 农业标准化实施示范指导与监管小组

农业标准化实施示范项目的指导机构，由县农技中心（站）牵头组成；农业标准化实施示范项目的监管机构，由县农产品质量安全检测中心（站）牵头组成。两个机构各司其职，携手共进，切实保障实施示范项目的健康发展。小组负责人为相应机构的一把手。

2.1.3.1 指导小组成员及职责

农业标准化实施示范指导小组成员，由农业标准化专家、农业推广人员、企业/合作社等标准化专业人员组成，具体分工，以县农业标准化指导员、乡镇/基地/企业/合作社标准化操作指导员的身份指导工作。

（1）示范县农业标准化指导员

负责县级农业标准化实施示范工作中的业务指导。要求熟悉农业标准化理论知识，能够解读和讲授农业标准及标准体系的内涵与结构功能，能够应用农业标准指导实践，并具备一定的组织管理能力。农业标准化指导员的工作重点是培训农业标准化宣贯员和操作指导员。农业标准化指导员兼管核心示范区内农业标准化实施示范的具体指导工作。

（2）乡镇/基地/企业/合作社标准化操作指导员

负责本区域内标准落实与过程操作的标准应用指导，能够在操作过程中准确应用农业标准，进行现场的标准化操作的到位演示，纠正操作上的非标准性错误。

2.1.3.2 质量安全指导小组成员及职能

农业标准化质量安全指导小组的成员由农业标准化专家、县质量技术监督局、农业行政机构主管干部、农产品质量安全监测中心（站）、环保监测站等指定人员组成。可分为县级质量安全监管员、乡镇/基地/企业/合作社质量安全内检员两类，分别负责所属区域的质量安全保障工作。农业标准化质量安全指导小组成员承担本辖区内农产品质量安全责任。

（1）县级质量安全监管员

负责全县农产品质量安全工作，承担认证前后的程序性工作，组织和审核相关材料并负责上报，对认证产品的生产进行阶段性全程监管与安全关键指导工作。质量安全监管员承担本县安全责任。

县级质量安全监管员承担核心示范区标准化质量安全指导的具体工作。

（2）乡镇/基地/企业/合作社质量安全内检员

负责辖区内生产、包装等全农业过程的农产品质量安全监管工作，对已经取得认证和将要认证的生产基地，进行安全检查与指导。质量安全内检员承担本区域内质量安全事故责任。

2.2 示范县建设的主要任务

示范县建设的重点是农业标准的转化、培训和应用。主要有以下8项任务：

①组织领导机构与制度建设；
②标准制定（修订）及标准体系建设；
③标准落实的培训、推广与效果评价；
④核心示范区建设；
⑤投入品使用、质量安全与过程记录；
⑥产地准出与溯源体系建设；
⑦标准化农产品的认证认定和品牌培育；
⑧农业标准的转化、培训和应用的人才队伍建设。

2.3 主要工作

围绕主要任务开展工作，重点是管理机构建设、人才队伍建设和核心示范区域的示范功能培养。

①围绕示范县建设任务，完善关键标准，建设标准体系，落实标准宣贯与应用指导，加强投入品监管、过程监管和产地准出管理，推进品牌建设，推动标准化示范。
②按照"三品一标"要求，完善相关农业标准体系，保证各环节标准的落实。
③培养和建立有实力的农业标准专业人才队伍。
④做好农业标准化实施示范的全程记录，包括管理、指导、监督、应用和生产操作等过程。
⑤对所有记录实施标准化的记录档案管理。

3 示范县建设的整体推进

3.1 制定示范县建设实施计划并发布相关文件

按照示范项目《任务书》要求，由县农业标准化工作办公室负责，制定示范县建设整体实施计划，并分别以政府文件的形式发布，发放至所有相关单位。

3.1.1 示范县建设的组织机构与人员分工

按照本《操作手册》第2.1项的规定，成立示范县建设组织管理机构，落实具体人员，明确分工，发布正式文件。

3.1.2 示范县建设的管理与激励机制

为实现农业标准化实施示范项目的持续带动作用目的，把专门人才培养工作放在管理与激励机制中，是极其必要的，也是看承担项目县是否真正整体推进的重要尺度。在项目执行期内，必须分期分批培养和建立专门的人才队伍。按照《农业标准化实施示范（农产品质量安全）项目指南》的要求：完成县乡行政人员 30 名、标准化业务人员 150 名和示范农户/社员 1 千名的发证培训。其中，前两类人员单次培训的时长为 1~2 周。培训费由实施示范项目经费中支出。

在实施示范的过程中，围绕实施示范项目任务要求，明确项目的管理制度、奖励办法和持续发展的保障措施，参与相关工作的人员业绩评比等激励措施；肯定和明确建设资金和配套经费的落实与资金保障办法，发布正式文件。

3.1.3 示范县建设的进度安排

由县农业标准化工作办公室制定计划，实施领导小组审批，以政府文件形式发出。内容主要包括：

①示范县建设项目的培训计划和宣传计划；
②农业标准化实施示范专门人才培养计划；
③企业、合作社参与实施的相关政策；
④投入品和产品准入、准出管理计划；
⑤生产过程关键控制要求；
⑥产销衔接与销售政策等。

示范县建设的阶段性目标，要在计划中明确列出。

3.1.4 其他相关文件

根据农业部农业标准化实施示范项目的内容要求，结合本地实际情况，出台其他相关补充文件。

3.2 示范县建设整体推进的实施流程

根据实施示范项目计划，示范县建设的整体推进工作流程如图 2 所示。

3.2.1 关键标准及标准体系建设

由县农业标准化工作办公室负责，成立标准研制专业小组，围绕示范县建设任务及主导产品，开展关键标准制定和标准体系建设。要求通过协商一致、采标、制定关键标准、修订不适用标准等方式完成关键标准制定，建设实用的农业标准体系。

3.2.1.1 建立农业标准体系

（1）工作思路

思路一：预先分解示范县主导产业（目标任务中规定）的具体操作过程，根据需要，采标修订、研制和起草标准，再从农业标准体系建设出发，优化、组合这些标准成为该示范县适用的农业标准体系。

思路二：根据示范县的布局特点和生产目标要求，采取逆推式、层层分解的方法，以关键控制点为核心，制定相关标准，再形成标准体系。

农业标准体系建设的主要思路：由宏观构架开始，逐步细化，或者先由具体的标准结合开始，逐渐协调，形成各标准之间的融合和协调关系，最终形成完整、实用的农业标准体系。

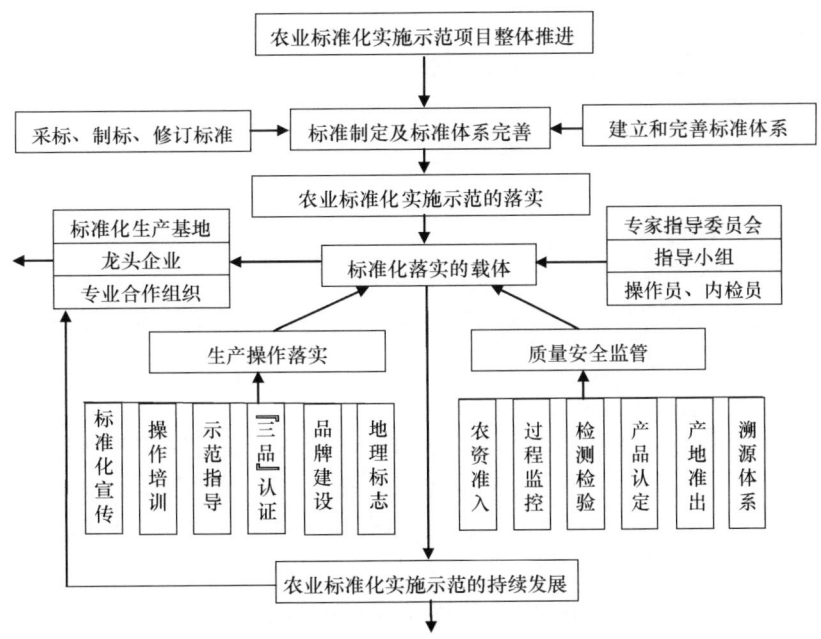

图2 国家级农业标准化实施示范项目整体推进流程

（2）注意事项

①建设农业标准体系，要求标准化专家、专业管理人员和经验丰富的技术人员及农业操作者共同参与，保证标准体系的科学性、适用性和实用性。

②农业标准体系建设是一项复杂的系统性工作，要严肃对待。在构思不很明确、思维体系尚未形成的情况下，不要急于建立农业标准体系，否则会对示范工作造成负面影响。

③严格按照标准体系建设的国家标准要求程序进行。

3.2.1.2 采标、制标与标准修订

（1）具体做法

①依照示范县标准需求计划，落实标准制定任务。

②围绕目标任务，按照标准研制和修订程序，结合项目特点要求，收集国内外、行业、地方等相关资料，开展标准研制/修订工作。

③对于强制性标准，如农/兽药合理使用准则、分等分级标准、参数标准、卫生标准、环境标准等，适宜直接采用。

④研制或修订相关配套标准，包括管理标准、工作标准和操作标准。操作标准，一般是对技术标准的解读，是示范县标准制定之后的标准化工作重点，要求操作者看得懂、学得会。

（2）注意事项

①研制或修订农业标准时，要广泛征求标准应用相关方的意见，特别是龙头企业/合作社和有经验的代表性农民的意见；要重视标准的市场适应性。

②在确定具体标准数量时，先抓最关键的，再抓关键性的；要遵从统一、简化、协调、优化的原则，充分研讨和精选标准条目；要在总结前人经验的基础上，事先对主导

产业过程的关键控制点给予确定,再围绕质量控制关键点制定标准。

③一项标准胜过十成大军。研制标准难度大,是十分严肃的事业,切忌不要随便"写"标准,防止标准成摆设。

④始终鼓励采用国际、国内先进标准。

⑤严格遵从标准研制的基本程序进行。

3.2.2 关键标准与标准体系的落实

落实靠队伍,制度做保障。有了关键标准,有了标准体系,还需要有读得懂、说得出的专业人才队伍,也需要有理解标准、对自己有用、能产生效益的受体接力。因此落实的步骤如下。

3.2.2.1 培养专业人才队伍

根据农业部农业标准化实施示范项目指南中的要求,由专门农业标准化机构对县乡两级的行政和专业人员进行专门培训,要求培训县、乡两级有关行政人员 30 名,标准化指导员、质量安全监管员和标准宣贯员分别颁证培训 30 名。由上述人员再对县内实际指导人员、示范农户/社员等培训至少 1000 名。从而构成了从管理到业务再到落实的农业标准人核心队伍。有了这支队伍,农业标准化实施示范就会产生自动化的内在动力机制,关键标准与标准体系的落实就成为这些人工作的组成部分。

具体做法:联系专门培训机构或者老师,分批分类型,实施至少 1 周的专业培训完成人才队伍建设。

从 2013 年起,根据农业部农业标准化实施示范项目要求,西北农林科技大学农业标准化研究所逐步从专业角度支撑实施示范的推动工作,对农业标准化实施示范项目县的领导干部、标准化专业人员(标准化指导员、宣贯员、质量安全监管员),以及企业老总、合作社长、科技示范户等人员,进行农业标准化实施示范方法的分期、分批的农业标准化实施操作的发证培训。具体安排将在农业部农业标准化网(www.agristd.org.cn)上公布。

3.2.2.2 宣传与氛围营造

宣贯与转变意识的集会式培训相结合,将重点放在政府官员、农业推广人员、农产品质量安全监管人员、企业/合作社全体管理成员身上,并结合各地的民俗习惯,使农民了解和通晓农业标准,建立农业过程的自觉标准化意识行为。

宣传的方法可以多样,印制各种标准宣传资料,如明白纸、解读手册、图解、漫画等,利用墙报、便携手册、宣传画、挂历、文艺节目、知识竞赛等当地人喜闻乐见的形式,借助广播、电视、光盘等媒体宣传农业标准化法规,解读农业各类标准,营造良好的标准化氛围。注意总结开展宣传工作的标准化方法与标准。同时利用信息平台和各种新闻媒体,开辟农业标准化专栏及各种宣传,扩大示范效应。

注意事项如下。

①要注意诚信和承诺制度的宣传,宣传"应当在各个层面上树立用标准定承诺、保信誉、立信用"的理念,以时刻应用标准规则的具体行为,推进农业标准化工作的开展。

②每次宣传,从计划到落实,都要有完整的过程记录,要从宣传目的、内容、方法、过程、地点、培训教师、培训经费及培训效果等方面给予详细的记录和管理。

3.2.2.3 农业标准应用的培训

这是对县域内人员的具体应用培训,由经过专门培训并获得证书的农业标准化专业人员划片承担，分步落实。

（1）具体做法

①依照示范项目任务要求和实际情况，先制定培训计划，再按照培训计划层层落实培训任务。

②每次培训的安排程序是：

有明确的培训主题和要求参加的人员范围与时间地点；

做好培训过程计划：培训通知、主要负责人、培训内容、要达到的目的、主讲人、管理人、服务队伍、结果统计人，等等；

事先制作好签到表、对培训教的评价表、培训效果评价表、培训中提出的问题统计表等；

组织培训，每个人必须亲自签到，指定专门培训记录员，培训现场服务员（负责照相、传递提问话筒、传递提问纸条、调查培训效果等）；

做好培训总结，对培训效果做出评价，整理和装订所有培训材料，形成培训档案。

③培训责任要具体到人。由承担任务的个人提出落实方案，报上一级管理部门审批；培训过程公开，列入监督范围，每次培训活动以标准格式记录并上网公示，接受大家监督（实施网上动态跟踪，由各项目工作办公室随时上传到"农业部农业标准化网"中的培训栏目中）。根据个人培训指导工作的业绩与创新工作成效，将作为农业标准化实施示范项目评定年度农业标准化先进人物的重要依据。

（2）注意事项

①选择合格的培训教师。农业标准的应用培训，要求可操作性很强，选择培训教师就必须要考虑。应当根据培训的层次选取不同师资。培训教师应当是真正懂得农业标准化知识的专业人员，应当对相关标准的技术内涵有充分的理解，对实施操作有一定的经验。在县内可供选择的培训老师有指导员、宣贯员和操作指导员，而这些人员的培训，应当在全省乃至全国范围选聘有实际能力的农业标准化专家进行。

②培训应更多地应集中在专业指导人员通过合作社与农户的衔接方面。要求正确地解读标准，进行农业标准程序具体应用过程的培训。可结合具体的生产过程和标准需要，把讲解、现场观摩和动手操作结合起来。可分不同类型人员举办标准化专题讲座，请标准化操作指导员深入田间地头现场讲解，示范演示，也可利用理论摸底考试等方式巩固培训成果，必要时可开展手把手的培训活动，做到在培训后能够使农民、培训对象比较自如地应用标准进行具体操作。同时要注意研究培训对象的认知方式，要注意遵循"认识→感知→转变理念→改变行为"的基本过程，要注意培训效果的信息收集和反馈，不断总结培训经验，不断提高培训质量。

③培训不要停留在组织一群人、讲一次课的水平上。培训效果源于培训的组织，一方面组织好培训人员，以便借助培训活动探索新的培训方法，达到标准推广的更多目的；另一方面组织培训教师，从总结和提升的角度研讨培训方法。对培训教师也需要进行培训和水平测试，做到突出培训重点，能够流利回答参加培训人员的问题。

④把标准应用培训与"跨世纪青年农民培训工程"及其他科技培训项目紧密结合起来，始终贯穿农业标准化理念；应当实行培训结业证制度，鼓励和调动合作社（农民）参加标准化培训的积极性。

3.2.2.4 生产环节控制

生产环节控制，是在农业标准化指导员的指导下，由企业/合作社内的标准化操作指导员和质量安全内检员负责操作控制，由标准化指导员和质量安全监管员负责外部管理控制。

具体做法如下。

①县域农业标准化指导员负责培训企业/合作社内标准化操作指导员，使其能够熟练应用相关标准，现场传授操作指导。

②通过标准化操作指导员的现场指导，手把手的示范动作，解决生产环节问题，逐渐提高企业/合作社落实标准的行为能力与水平。做好进入生产环节的投入品的质量监管和把关工作，避免因投入品的质量问题影响标准实施的结果；努力做好农/兽药合理使用准则、特别是鲜活类农产品和农/兽药合理使用准则的贯彻；鼓励专业化的农业服务机构为合作社提供服务。

③生产第一线的标准化操作指导员，在指导农工/农民的同时，随时观察和预测生产对象的过程变化趋势及其影响变化的主要因子，并做出应对变化的调控方案，及时告知有关人员，以便修正自己的操作行为。

④观察和寻找生产过程中的不稳定因素及其产生的原因，适时、适当地控制过程变化，及时启动必要标准的加入，直至关注应急预案的使用，确保生产过程的安全。特别要清楚地记录过程不稳定态的变化信息。

⑤在农业生产过程中，根据标准要求，狠抓质量关键控制点的管理，保证每一个步骤、过程对最终结果在质量和安全方面的应有贡献；必须做好操作过程记录，收集出现的新情况和新问题，为标准的应用修订和水平的提升积累资料。

⑥在遇到不可抗拒的自然灾害时，及时反馈信息，协调启动紧急预案，开展减灾和恢复工作，采取多标准有机结合的方法，把损失降到最低。

3.2.3 示范载体建设
3.2.3.1 核心示范区建设

（1）具体做法

①制定核心示范区建设方案和管理措施，明确责任，专人负责。做法上可参照示范县建设相关内容。这里要突出体现"做精、做强"的示范内涵，但不能有"偏吃偏喝"的个别优待。主要从加强管理和精细运作的高效管理水平上来体现。如强化对核心区操作人员的培训，生产季节标准化操作指导员要直接到现场示范指导等。

②农业标准化示范县的核心示范区投入品，要实施"六统一"管理，要对所有农业投入品进行准入把关，要弄清所有投入品的来龙去脉，记录清晰可靠，溯源性强；发挥农业社会化服务机构的作用，做好考察、监管和支持工作，保证生产环节真正达标的标准化质量水平。

③要研究和挖掘生产过程记录的相关信息，凝练出关键参数，整理出可供指导的直接经验。

（2）注意事项

①为了让农民亲眼看到农业标准实施的全过程和标准化效果，激发农户从事农业标准化的积极性，对农业标准化核心示范区的建设务求精细，做实做真，不求量大面广。

②核心示范区的一切实施过程应当保持透明,让农工/农民及社会各方随时能够观察到标准化的真正做法和好处。农业部今后将通过网站加强农业标准化实施示范项目落实的过程透明度。

③示范县行政部门对核心示范区的传统投入必须与其他区域相同,不同点就在于,核心示范区实施了真正的标准化管理,产生了因标准化实施显现出的明显的综合效益。否则,核心示范区就失去了其本来的作用和目的。

④核心示范区建设一定要符合当地的经济条件,使农民切实感受到实施农业标准化的好处,并要求在经济上是可行的,符合农业标准化四项原则。

3.2.3.2 龙头企业/合作社参与

企业、合作社必须成为农业标准化示范县内面向市场的生产组织者和销售链主体,要求他们要在自身范围内打造出一整套的农业标准化体系亮点,包括各类农业标准、标准体系、质量控制体系、具体监管方案及推动人员的完整配套标准体系。

要给龙头企业/合作社的发展提出各不同发展阶段的具体要求、奋斗目标和实现指标,使其在示范基地建设过程中,通过项目参与,自身有明显的升级和发展,真正起到了农业向市场化、集约化、现代化和品牌化道路推进的引领作用。

3.2.4 品牌培育

农业标准化实施示范项目要推动地方"标准化农产品"品牌的培育。该品牌培训应与名牌战略和农产品认证结合。应当积极推进"标准化农产品"在农产品批发市场、超市和配送中心设立专柜,积极开展示范区农产品直销活动,全力打造"标准化农产品"品牌。有条件的地区可以实行地区间的"标准化农产品"互认,在加快农产品在市场中流通的同时,也可保证农产品的质量安全。有机、绿色和无公害农产品(食品)的认证和保持实际就是通过一系列标准的约束进行的,所以,可结合这"三品"的认证和保持,做大做强标准化农产品。

"标准化农产品"品牌的培育要注意创立和管理相结合,切忌乱、烂、散,影响农业标准化示范县的形象。

3.2.5 示范县建设的经费整合

示范县建设资金用于农业标准集成与体系转化、质量安全控制、宣传与培训、品牌培育和质量安全溯源系统建设五个方面,重点是农业标准的转化、培训和应用。

示范县建设的经费必须专款专用,同时要求与其他项目结合,捆绑运行,增强显示度和示范效应。要有中央经费与地方经费支出的明细记录。

示范县建设宜与各类农/林业项目及涉农/林业项目相结合。食用农产品方面的示范项目应与"无公害食品行动计划""食品药品放心工程""菜篮子工程"等食品安全项目结合;出口农产品方面的示范项目应与"农产品出口基地"项目结合;农林技术方面的示范项目应与生态农业、林业工程方面的项目结合。各类项目都可与"科技示范园区""农业产业化""农产品批发市场标准化管理试点"相结合。

示范县建设与其他的项目结合时,要注意实效性,要注意对项目进行筛选,能够做到科学融合与推进,取得双赢的结果。否则,为确保农业标准化实施示范县项目的良好形象,宁缺毋滥。

4 示范县建设的监管

农业部负责农业标准化实施示范项目的组织管理和监督检查。监管的重点在于标准化实施过程是否操作到位,标准应用的实际与要求差异程度,农业标准化培训的范围、质量和实际有效性。关键在于对过程关键点的控制质量监管。各检测机构应配合监管。

示范县建设的监管工作,由农业部会同全国农业标准化专家指导委员会承担,各省市通力配合。县质量安全监管小组负责本辖区项目监管工作,县级质量安全监管员、核心示范区质量安全指导员和乡镇/基地/企业/合作社标准化安全内检员分工协作,分片负责。

4.1 农业投入品监管

示范县需建立健全农药、兽药、饲料及饲料添加剂等农业投入品监管制度,完善标签、标识制度。核心示范区逐步推行农业投入品定点采购,建立档案制度,鼓励发展连锁经营。普及农用化学品安全使用知识,杜绝违禁药物及添加剂的使用。依法规范农业投入品市场秩序,坚决打击制售和使用假冒伪劣农业投入品行为。

通过政策制度,要求相关组织监管。以"农业标准化"和"三品一标"要求为目标,结合本区域实际,保护主要产品生产销售;实施农业投入品监管,具体由农产品质量安全监管员和标准化安全内检员负责,与农业执法等相关机构合作开展投入品监管工作。

(1)具体做法

①建立责任机制。标准化示范县农产品质量安全监管员与各乡镇、各乡镇与各农业合作社签订农产品质量安全协议书,建立目标责任制长效机制,明确责任,落到实处。

②监督检举结合。根据地方政策文件及有关制度,采取措施,杜绝"禁止使用"的农资产品流入,可采取"发现有奖"的检举机制,发动社会成员参与监管。

③加强监督和检查。严格执行已公布的停产、禁用和限用的农业投入品品种、目录和范围,进一步严格农药、兽药、鱼药、饲料和饲料添加剂的监管,集中开展联合监督检查、执法,依照有关法规,查处违法经营和使用国家明令禁用农药、兽药、鱼药、饲料添加剂等农业投入品的行为。

④监管农资销售门店。监管农资销售门店,要求持证上岗,建立完整信息档案,与其签订信用协议,明确守信与违规的奖罚章程,并认真照章办事;对于未签订守信协议的农资销售门店,将其作为抽查监管的重点,并动员加入守信合同行列;对无证经营的农资销售门店,应进行拉网式检查,关、停、罚等措施并举,杜绝不符合标准要求的农业投入品进入示范县内。对农资经营人员每年应当进行至少2次的农业标准化知识培训,进行有关农产品质量安全和相关法规的宣传、教育,明确树立服从农资服务标准的经营理念;对于有销售和使用国家禁止使用的高毒农药、违禁兽药、抗生素、饲料添加剂等违法行为的经营者,坚决取缔其经营权,并追究法律责任;对使用过国家禁用的高毒农药的鲜食品,要严格检测,检测超标者,公开销毁,并上报地区农产品质量安全检测中心进行追溯和处罚。

(2)注意事项

①对于举报销售和使用禁用农药、兽药、鱼药、饲料添加剂的人员,要进行明确的奖励,并做好保密工作,确保举报人信息不外泄。

②根据农业生产实际和季节要求,区分不同生产区域和生产类型,因地制宜地开展

农产品质量安全知识的宣传和培训。

③加强对生产基地的自检和抽检工作，绝不允许不合格农产品上市，对发现的不合格产品要采取现场监督的法办令其做出无害化处理，认真落实"农产品基地准出制度"。

4.2 农产品质量溯源

农业标准化示范县的农产品质量溯源以标准和记录为主要依据，结合网络显示，实施跟踪管理。农业标准化实施示范项目实施过程中的任何行为，都要有关键点的过程记录，实现生产经营的全程档案化管理。示范县要认真做好过程记录的管理，要研制标准的记录表格，提供实施单位实际使用，要以具体实施单位为单元，专门对所有记录进行整理归档，可供上级部门随时调用和检查（企业/合作社记录需要与单位商量）。

（1）记录的内容

①投入品种类、数量、使用区域、播种或养殖日期、防疫防治的日期、方法、药量，最终产量、质量、效果等信息，应当由库管人员和技术指导人员详细记录。

②操作者（农工/农民）生产操作过程的记录。应当使用提前设计好的标准表格，表格中的内容至少包括记录号、操作时间（_月_日_时）、关键操作内容、正常/异常情况、对异常情况的处理意见等。最后由记录人签名。

③根据生产内容和要求，确定具体的时段（如1晌、1天、1周或者10天等），由标准化指导人员或者管理人员进行现场审核并签名，形成正式记录，存档保管。

（2）注意事项

①要注意建立示范县生产档案管理制度，规范记录行为和记录用具（包括表格）。

②要注意养成随时记录的良好习惯，最终形成自觉行为。

③要注意记录的准确性、完整性和连续性，要做到在现场真实记录。

4.3 农业过程的产中监管

示范县农业过程的产中监管，主要体现为一年两次的工作进度检查验收，年中1次，年末1次。对投入品的产中监管，主要看其是否使用了符合既定标准要求的农业投入品。监管要在质量控制关键点上，进行量化指标的检测。

①建设农产品质量安全管理制度。对所有农产品经营企业、农民专业合作组织及从事农产品收购的单位和个人，均要执行农产品质量安全管理制度，要求在集中连片的农业生产区域（如温室大棚、养殖小区）内张贴或悬挂质量安全承诺书。对生产过程关键控制点进行安全检查，对关键指标进行抽样检测。

②做好每一年度的中期检查工作。每一年度的中期，至少开展一次检查工作，方法可以是限期自查、互查或者抽查等，做好检查记录，上传到农业部农业标准化网站"农业标准化实施示范项目管理"网页。对检查中发现的问题，及时整改，并上报整改结果。

各省、自治区、直辖市农口农业标准化行政主管部门可组织检查组对辖区内各示范县农业标准化实施示范工作进行总体抽查，并将抽查结果上传至农业部农业标准化网站。

4.4 农业环境监管

示范县建设环境监管的主要依据是"三品"认证要求。根据要求，示范县必须进行必要的环境检测，发布各项检测指标和相应的改进建议，进而确定示范县产品的可靠性。在示范县建设过程中，应随时收集和记录示范县内及其周边有害于环境质量的信息，随时定性评判，必要时进行针对性定量监测。

结合无公害食品、绿色食品和有机食品的产地认证，示范县对核心农产品产地环境大气、土壤和水质等环境信息要有细致了解，保证产地环境标准的有效实施。产地环境质量不符合示范县特定农产品生产（如食品生产）的环境标准要求的区域，不得作为该农产品的生产基地。

4.5 农业过程产后监管

农业标准化示范县建设的产后监管，主要是对产出品的质量和安全性进行把关。示范县应当把农产品监管与农产品质量例行监测结合起来，与农产品质量安全专项整治行动（如农药及农药残留和有机磷污染专项整治、畜产品兽药及兽药残留和"瘦肉精"污染专项整治、水产品药物残留及氯霉素污染专项整治等）结合起来，与农产品市场准入结合起来，保证农产品的质量安全。

产后监管还应当对农产品的产后分级合理性、包装要求和存放条件进行监管，避免上市前农产品的不必要损失，起到促进分级科学、包装增值和为农民谋取最大利益的作用。产后监管还要对农产品质量安全检测的结果与质量标准的符合程度进行监管，以利于监测工作的公正、真实和可靠。

5 示范县建设的指导

对农业标准化示范县建设的指导，主要是由具备标准化指导能力的或者有资质的专业人员队伍完成。各农业标准化实施示范项目要根据需要，面向全国，从国家、省市农业标准化专家指导委员会选取相关专业人员，与县内标准化指导人员、质量安全监管人员一起，组成示范指导委员会，指导和推动示范县内农业标准化工作，带动标准化指导服务机构。

5.1 农业标准化专家指导委员会及其工作制度

各农业标准化实施示范项目承担县可根据产业结构调整规划和区域特色，区分不同层次，选聘国家或者省级农业标准化专家1～2名，与本县区域内选聘2～3名的专业人员，以及核心示范区、乡镇/企业/合作社专业人员一起，组成示范县农业标准化专家指导委员会。农业标准化专家指导委员会与农业标准化指导小组和质量安全指导小组相结合，构成各示范县的具体任务落实队伍。

农业标准化专家指导委员会实行首席专家负责制，落实业务指导工作。示范县级的农业标准化专家指导委员会负责制定专业指导工作守则与管理文件，配合国家农业标准化人才培训工作，定期对基层农业标准化指导员进行标准化生产和农产品质量安全方面的培训，培养和造就一批既有农业标准化知识、又懂专业技能的农业标准化工作队伍。

5.2 专家指导委员会工作程序

国家级、省级专家指导委员会指导示范县农业标准化实施示范建设，应遵循以下工作程序。

①组成示范县专业指导委员会。县专业指导委员会，一般由国家级专家1人、省级专家1～2人组成，与县内相关人员一起开展指导服务工作。

②开展现场指导。主动或者接受示范县邀请，事先通知对方并安排时间前往指导。指导必须是现场的，在听取汇报与现场观摩后提出改进意见并进行现场说明。

③完成记录档案。记录当前优势和存在的问题，详细记录专家在现场指出的问题与

解决的方法路线，并上传记录、评语到农业部农业标准化网站的指定位置。

④落实改进人员。经过专家委员会检查指导后需要改进的示范县，要根据改进的内容，现场商议指定实施改进工作的具体人员，并将改进负责人的联系方式提供给具体指导员的专家，便于了解进展状态和继续指导。

⑤检查结果上传。标准化示范工作办公室对专家委员会的指导做出评语并上传到农业部农业标准化网站的指定位置。

6 示范县建设的督导检查

农业部根据农业标准化示范县建设推进的具体情况，做出部署和安排，由全国农业标准化专家指导委员会具体落实督导工作。

6.1 督导方式

依据示范项目《任务书》和《操作手册》要求，对示范县工作开展督导检查。督导分自查式和他查式。

他查式分三种：一是由各示范县农业标准化工作办公室督促或者委托专业人员，在项目实施中，按照《任务书》的进度和质量要求，以时间关键点为序进行督查指导；二是省级专家指导委员会，根据项目实施的进展需要，一年进行1～2次的现场督导检查，掌握项目进展情况，解决进程中的关键问题。三是国家级专家指导委员会根据农业部安排，执行相关调研、督导检查和关键点指导，一年1次，也可结合区域性的培训指导进行。

6.2 督导内容

按照《任务书》内容，根据项目整体方案设计和标准应用程序与质量要求，全方位进行督察和指导。从示范项目落实的程序性、效果性和安全性等方面进行综合考察评估。具体有组织领导机构及其有效性，农业标准及其体系的全面性和应用有效性，过程质量控制的有效性，实施力量的有效性和标准化目标的实现有效性等。

7 示范县的示范验收

示范县建设期为 3 年。前两年的验收，由省级农业主管部门组织年度检查考核；3 年期满，由农业部组织验收考核。

7.1 验收前的准备

主要对记录、数据进行整理和效果评价。

按照统一的格式和要求，整理与统计全部资料，分析示范县的综合效益。重点是示范农户的增收、示范区的人均增收和企业的增效，以及由来、示范区的辐射带动作用与能力、示范区产品质量提高水平等情况。要求提出自评结论，提供相关数据依据。

7.2 示范项目验收

农业标准化实施示范项目执行期满3年，由国家组织验收。

7.2.1 验收准备

示范县按照《任务书》和《全国农业标准化示范县（农场）示范效果考核体系表》的要求，准备验收材料。把研制的农业标准及其体系、各项管理制度、激励措施、示范县建设工作的检查、总结、投入品和产出品质量报告、生产管理的过程记录、实施方案和各种计划、曾经产生过的应急预案、效益情况等汇编成册，作为附件。

实施示范项目总结报告包括以下内容：
①前言；
②计划目标任务；
③实际完成情况；
④具体实施过程；
⑤典型事例（可形成单行材料）；
⑥经验教训；
⑦创新点；
⑧打算与建议，等等。
报告要求语言精练，表达透彻，总字数不超过1.5万字。

7.2.2 申请验收

由示范县建设承担单位提出申请（2013年及之后的项目，本度年底到翌年2月底以前），通过网络提交完整材料，并打印出纸质版，盖章后逐级上报至农业部相关部门。

不能按期完成的示范项目，建设单位应提前在网上申明并逐级递交说明延期原因的纸质报告及延期验收的申请。

7.2.3 正式验收

由农业部会同全国农业标准化专家指导委员会，组成项目验收小组（选聘5~7名专业人员），按期到达示范县，对照《全国农业标准化示范县（农场）示范效果考核体系表》的各考核点，进行现场验收，并形成考核验收报告。

验收小组在验收结束时，将验收结果和存在的问题及改进措施向示范县进行通报。

对于验收不合格的示范县，有关部门要追究责任，查找原因，并向农业部报送书面整改意见。

验收结果，将上传至农业部农业标准化网站，公布社会。

7.3 验收标志

对于考核验收合格的农业标准化示范县，分别授予"国家级***（产品）标准化示范县（农场）"称号，颁发证书，制作标牌，并向社会公布。

验收合格的农业标准化示范县所产出的产品的包装、标签及说明书上，可标注"三品一标"中规定的标志，或者标注"标准化示范农产品（示范编号：***）"字样。

农业部对验收合格的示范县，可进一步评选出成效显著的单位和个人，根据成绩大小，予以表彰和奖励。

8 合格示范县的跟踪管理

验收合格的示范县，要求其持续起到示范带动作用。从2013年起，农业部开始对2005年以来审批和实施的农业标准化实施示范项目进行网络化跟踪管理，通过网络平台，宣传取得良好成效的示范单位，公布示范效应差的单位。

8.1 长效机制的建立

通过"农业部农业标准化网站"，在公众的监督下，对农业标准化实施示范项目进行跟踪管理，促使示范县形成一定的特有产品规模，拥有自己的产品品牌，占有一定市场份额。农业部农业标准化网站对其过程进行宣传报道。

龙头企业/合作社持续带动，为示范县的农产品提供顺畅的市场通道，依照市场规律组织生产和发展壮大，使长效机制自然形成。

政府部门有促使示范县长期发展的义务。示范县建设应实行领导责任制和质量安全追究责任制，保证示范县自我机制的正常运行。示范县应设立明显的标牌，标识示范县项目名称、项目目标、示范时间、示范县内具体的承担单位、示范县批准单位、示范基地负责人、示范内容等，向社会表明政府的工作任务。农业部将通过标准化网站平台开展持续管理。

示范县至少一年开展一次回头看活动，不断增强示范县的自我运行能力，总结出示范县的成功经验；农业标准化专家指导委员会按照《全国农业标准化示范县（农场）考核管理办法》，定期、不定期检查已经验收过的示范县的自我运行情况，帮助示范县的龙头企业/基地/合作社解决标准实施中的实际问题，进一步扶持和形成逐渐强大起来的示范县的"自我造血"功能，保持示范县的不断持续提升和示范作用。

通过农业标准化实施示范项目的运行，探索和发展县域农业社会化服务体系，建立相应的服务机制，增强农民的组织发展能力，促进小农向大农的转变，为农业现代化做出应有的贡献；通过创建品牌和产品认证，提高示范县的市场影响力和社会知名度。

通过这些工作，建成示范县产品有规模、市场有销路、企业/合作社有积极性、农民有干劲的向上精神力量氛围，示范县的长效机制就成为一种自然性和必然化，就有了强大的自组织和发展运行的动力。

8.2　标牌认可管理

示范县长效运行的关键是顺应市场发展、以拳头/品牌产品赢得发展基础、用标准化获得最大利益，在此过程中，政府对示范县的管理作用也非常重要，是示范县继续发展的重要推动力量。

对于示范县的称号和标牌管理，要定期进行检查。验收考核合格的示范县，在国家或者省级质量安全例行监测或监督抽查中达不到规定要求的，必须限期整改。整改后仍达不到要求的，将立即取消"国家级***（产品）标准化示范县（农场）"称号，摘除相关标牌；出现重大农产品质量安全事故的，取消其"国家级***（产品）标准化示范县（农场）"称号，并对相关信息及其处理结果进行网上发布。

本手册的具体解释属于农业部。

《操作手册》起草单位：
农业部农产品质量安全监管局
农业部农村社会事业发展中心
西北农林科技大学农业标准化研究所
杨凌现代农业标准化研究所
2013 年 5 月 18 日

附 录 2

农业标准化案例分析

案例一 龙头企业全产业带动标准化模式
——河南众品集团实施农业标准化案例

河南地处中原,是我国重要的商品粮基地和农产品生产大省,具有承东启西、辐射全国的重要区位条件,发展食品工业有着良好的产业基础和产业优势。以双汇、华英、大用、永达、邦杰、众品、汇通等企业为代表的国内外知名品牌,使得河南成为全国最大的肉类生产加工基地,在带动地方经济发展,促进农业增效、农民增收方面做出了重要的贡献。本案例主要分析了河南众品集团以畜产品产业链实施农业标准化过程中的一些做法和经验,旨在借鉴标准化实施过程中的一些要素,提高农业标准化的实效。

一、众品集团基本情况

众品集团位于长葛市,创立于1993年。经过多年的创新与发展,现已成为专业从事农产品加工、食品制造和冷链物流服务于一体的企业集团,下属53家分、子公司。产品形成了生鲜肉食类、低温肉制品类、果蔬类相结合的复合型产品结构,众品商标被认定为中国驰名商标。生鲜肉食类产品年加工生猪能力120万头,年生产生鲜肉能力8万吨,居全国同行业第9位,是河南第二大肉类加工基地。低温肉制品类食品年加工能力3万吨,形成了中西式相结合的复合型产品结构。果蔬类制品:年加工能力3万吨,是河南最大的速冻蔬菜加工出口基地。

众品集团成立以来,经历了三个大的发展阶段。第一阶段从1993年到1998年,为开拓市场阶段。这一阶段的以生猪初加工为主,通过强力开拓市场,生猪加工规模逐步扩大。该阶段的主要特征是单一品种的中小规模初加工。第二阶段从1999年至2002年,为调整结构,整合资源阶段。这一阶段通过调整结构、整合资源、抢抓政策机遇和市场机遇,形成了复合型产品结构,赢得了地销、内销、外销的三维市场格局。第三阶段是从2003年至今,为打造品牌,提升市场阶段。众品食业在美国成功上市;2007年12月,公司转升纳斯达克全球精选板,成为中国食品行业首家纳斯达克主板上市公司。

多年来,众品集团以品质管理夯实品牌基础,以诚信建设丰富品牌内涵,通过建立标准化农产品基地,实施标准化流程管理,构建质量溯源体系,全方位、立体化构建质量诚信体系,打造消费者放心品牌。

二、实施标准化的基本做法和经验

众品集团走专业化经营的道路,率先从原料基地到生产加工基地,再到冷链物流配送、终端销售网络,建立起完整的标准化体系,把放心的肉食送到了千家万户的餐桌上,产生了显著的企业龙头效益,带动了区域经济发展。回顾企业发展的历程,其最重要的思想就是把标准化贯彻于整个产业链条,在理念和措施方面有独到的见解。

(一)以专业化理念和战略化眼光布局市场

众品集团本着"健康人生、回报社会"的理念,积极投入到绿色、健康、环保的食品开发中,为倡导清洁、新鲜、健康、安全的饮食观念做出了不懈的努力。这一理念的具体体现如下。

(1)打造产业链,铸就知名品牌:从原料到市场,做好生产、加工、营销的关键点控制,保证从"畜养—餐桌"的安全放心。以打造完整的产业链为目标,上游产业以标准化的原料基地为依托;中游产业建立初加工、精加工、深加工和综合加工有机结合的梯次开发格局;下游产业依托高端市场,建立完整的物流供应链,将众品品牌塑造为国内著名品牌。

(2)瞄准国内、国际市场,规划好市场格局:通过产业链控制和标准化服务形成了国际市场、国内网络配送、区域终端连锁相结合的市场格局。立足河南,面向全国,众品在以河南为中心的中部地区和华北、东北、华东、西南等地区布局产业基地,先后建设15个标准化食品加工和冷链物流产业基地,形成了"链、群、网"结合的商业模式。综合竞争力跃居中国肉类行业第一集团军。

(二)以标准化理念建原料基地建设,从源头保障食品安全

在狠抓食品安全生产中,众品集团从源头抓起,不让每一个环节出偏差。在上游养殖环节,他们构建农牧产业平台,将饲料、兽药、疫苗生产厂家和养殖场进行整合,以合建种猪场、饲料厂为支撑,以生猪屠宰加工为拉动,通过政府部门支持和金融机构合作,建设标准化养殖场作为示范基地。形成了以诚信为基础,以金融为依托,以利益为纽带,以龙头企业为平台,集"政府引导、金融支持、良种推广、饲料经营、技术服务、订单生产、风险防范"为一体的生猪产业联盟发展新模式。按照"公司+基地+农户(场)"的经营模式和市场经济规律,与加盟农户(场)签订合同,建立双赢的利益联结机制,通过合同规范双方行为。

在对养殖基地管理方面,众品集团按照无公害农产品标准,用工业化、标准化的理念加强原料基地的管理,通过"统一供种、统一供料、统一技术指导、统一防疫、统一回收"的管理模式实现对规模化养殖场的标准化管理(图1)。公司技术人员与联盟成员的饲料厂、种猪场的技术人员共同组成兽医服务体系,对养殖基地进行技术指导,对从业人员进行技术培训,对违禁投入品进行严格监管,对动物疫病及时进行防控,推动了区域养殖业向标准化、规模化、集约化方向发展,从而从源头上保障了食品安全。

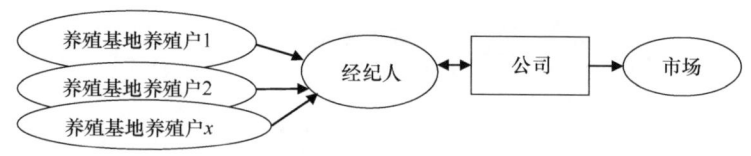

图 1　河南众品公司农业标准化模式示意

（三）实施标准化流程管理，建立全过程食品安全保障体系

众品集团从农产品种植、养殖基地源头到加工过程，从物流配送到终端营销，各个环节严格按照标准化流程进行操作，实现了标准、技术和体系与国际接轨。众品集团三大类产品的设计、研发、销售均通过了 ISO9001 体系认证；所有产品的生产工厂均通过了 HACCP（危害分析与关键点控制）体系认证；生鲜肉和速冻蔬菜等产品通过了无公害农产品认证；所有出口产品通过了美国 FDA 注册。加工厂通过了国家质检总局的出口卫生注册。公司 ISO9001 体系、HACCP 体系、GMP 和 SSOP 规程管理要素分解到供应链各个环节，完善在线检测流程和品质溯源流程，从而有效保证了产品质量安全。

（四）完善供应链管理，构建产品质量溯源体系

众品集团的产品实现了从"源头"到"餐桌"全程食品安全系统管控。通过加工制造系统、物流信息系统、营销信息系统、商业连锁信息系统的无缝对接，建立产品质量溯源体系。

在原料环节，对备案养殖场的饲料采购，兽药管理，猪只从繁育到出栏实行全程监控。运用耳标技术，记录生猪采购信息，从源头上实现了产品安全的可追溯性。在生产加工环节，实现同步检疫，采用条码技术，实时读取在线对应的产品信息，并进入生产管理系统，确保生产过程产品质量安全可追溯。在仓库和物流配送环节，采用自动化货位管理、分拣管理、GPS 及温控技术，实现物流环节的质量追溯。众品集团通过建立产品质量溯源系统，形成了统一、安全、高效、协同的供应链体系，保证了产品安全放心。

（五）依靠技术创新提升核心竞争力

众品集团依靠技术创新，完善标准化内容，促进产业升级，拉长产业链条，提升核心竞争力。众品技术中心是依托国内外高校、院所知名经济技术专家组成的产、学、研结合的平台。技术中心下属食品研究所、中试工厂、中心实验室、技术部，拥有国内外先进的冷鲜肉加工技术、速冻加工技术、低温肉制品加工技术等核心专业技术，并不断运用先进适用技术标准改造传统产业。

三、农业标准化实施效果

（一）产业链式农业标准化实施，探索出了新模式

众品集团以"中国肉类产业链整合商"角色，把养殖、饲料、技术和市场链接起来，整合产业链资源，建立了安全、统一、高效、协同的生鲜供应链。通过区域化布局、产

业化经营、标准化管理、专业化发展、国际化运作，初步探索出了一条"市场连接基地、产业带动区域、工业反哺农业"的发展模式。

（二）标准化实施打造了可靠安全的产品，赢得了市场地位

众品公司通过打拼赢得了市场认可，先后被誉为：中国名牌产品、河南名牌产品、河南著名商标；第一批农业产业化国家重点龙头企业；第一批全国农产品加工业示范企业；全国新农村建设百强示范企业；"万村千乡"工程试点企业；中央储备肉活畜储备代储单位；世界肉类组织成员；中国肉类行业50强企业；北京市政府、上海市政府"肉菜放心工程"实施单位；"中国肉类食品行业强势企业"和"中国肉类食品行业特别贡献企业"。

（三）国内外多层次市场格局形成

公司的市场格局是以低温物流系统为核心，以出口、直销、分销为通道，以商超、连锁专卖、高端企业、外商为终端的网络系统。肉食类出口东欧、我国港澳及东南亚，蔬菜类出口西欧、北美、日本。国内市场：覆盖国内18个省区，主要锁定长三角、珠三角、闽三角、华中、东北、华北及环渤海湾地区，以及外资肉制品企业链接着供应等高端市场。区域连锁：在地域市场，依托280多家连锁店、柜等终端网络，建立了以河南为中心，辐射周边省份8小时经济圈内的中心城市的连锁营销系统。

（四）形成了规模化组织，产业化经营，产业链拉动力度强势

多年来，众品集团充分发挥河南农产品资源优势，在农区建设产业基地，变农民为产业工人，众品由此成为第一批全国农产品加工业示范企业和全国新农村建设百强示范企业。最近五年公司收入和净利润年均增长率为70%~80%。2009年企业纳税1.22亿元。现已成为专业从事农产品加工，食品制造和冷链物流服务的综合性企业集团，形成了总规模达60多亿元的农产品产业链。

众品集团规模化和产业化经营创造了8600多个就业岗位，带动63个农村经济合作组织，6万多个农村劳动力就业，培训了近10万名农村劳动力和农民经纪人。农民人均纯收入由2006年的4635元增加到2010年的7385元。

四、启示与思考

（一）龙头企业"引领"作用，有力推进了标准化实施

在众品企业的标准化调研中，我们有明显的感觉，由龙头企业落实标准化，不但相对容易且有较好的带动作用；长葛市在农业标准化实施和推进过程中，企业发挥着显著的引领和带动作用。

众品集团作为地方和区域龙头企业，在打造产品品牌过程中，始终贯彻标准化理念，推行产业链式农业标准化实施模式，确保产品从土地到餐桌的安全放心。这种超前和卓越的标准化理念在地方起到了引领和牵动作用。作为政府农业标准化实施的部门，无论

是农业局和技术质量监督局努力保驾护航,共同推进农业标准化向深度和广度拓展。调研座谈中,两部门的技术人员和负责人,都有这样一个共识:单纯靠农业部门和质量监督部门的推动,没有龙头企业的带动甚至引领,农业标准化实行的困难很大。只有龙头企业为依托,标准化工作才有可能落实到位。因为只有企业才能把标准化转化为效益,带动的农户才能看见标准化实施给自己带来的效益。

(二)龙头企业可以做好产业"链主",以自身资源撬动了社会资源

一家企业不在于自己拥有多少,而在于能调度多少,企业要善于启动和调度社会资源。今日的众品集团,一个重要的发展战略目标就是"在打造完整产业链的过程中起到牵头作用",做供应链的"链主",带动社会资源的集聚。

2008年,面临生猪价格上涨造成的行业大洗牌的形势,众品联合正大集团建设现代化养殖场。通过这种合作,正大的产业链从饲料向下游延伸,而众品的产业链从屠宰加工向上游延伸。目前,众品已建立了年出栏100万头生猪的多个优质生猪生产基地。众品在省外的生产基地,也一改自我投资建厂、自我经营的传统模式,开始尝试由别人投资建厂,众品租赁经营的模式,如天津众品。这种方式投资少,见效快,不用进行大量的硬件输出,只需要进行高质量的软件输出。

(三)卓越的企业文化理念成就卓越的品牌

众品集团的成功蕴含着一个道理:要形成一个品牌,必须要有良好的思维品质。事实上,众品集团的成功正是得益于其学习、创新、开放和合作的企业文化理念。

"杯子和盘子"的理论是众品集团文化的精髓。盘子的直径很大,但它的底很浅,盛不了多少水;而杯子虽然看起来不大,可它的容积要比盘子大多了。为此,众品集团提出了"立足大中原,做透大中原,整合全国资源"的发展思想,变"追随者"为"先行者";坚持"中心城市论"与"农村包围城市"并举;在全国各地"克隆"建厂,迅速实现规模扩张和产能释放,占领市场制高点。

有趣的是,"众品"二字也很好地阐释了众品企业的文化。众品二字取之于古茶经——"独品得神,对品得趣,众品得慧",寓意众品开放的资源整合理念——不在于拥有多少,而在于能整合多少。

案例二 政府推动下的农业标准化实施模式
——山东寿光蔬菜标准化实施案例分析

一、基本情况

山东寿光经过30多年的发展,取得了蔬菜播种面积80万亩、蔬菜年产量40亿千克、产值40亿元的成效,是我国改革开放30周年18个重大典型之一。首创的"冬暖式蔬菜大棚"全国闻名,其蔬菜种植水平始终居于全国前沿,市场营销范围辐射全国。寿光已是全国最大的蔬菜基地之一,著名的"蔬菜之乡",农民收入的七成来自蔬菜,"寿光蔬

菜"成了享誉全国、世界知名的农业品牌。

下面从农业标准化实施的视角，分析寿光市是怎么打造"寿光蔬菜"品牌、发展蔬菜产业、成为全国闻名蔬菜之乡的。

二、寿光以蔬菜为主导产品实施农业标准化的主要做法与经验

（一）架构总体思路，引领蔬菜标准化

寿光市有着极强的地域特点。南部土质肥沃，宜于粮食、蔬菜、果树、棉花等多种农作物生长。北部地下卤水储量丰富，宜发展盐业；沿海滩涂地发展经济鱼类。所以，寿光市以科学的思想为指导，因地制宜发展农业，初步形成了南部菜、中部粮、北部盐和棉的梯次结构，优质高效的农业得到了迅猛发展。

在蔬菜产业发展阶段，寿光市按照"农业农场化、农民职工化、生产基地化、产品标准化"的思路，大搞农业标准化生产、农业园区建设、农业龙头企业建设，农业效益明显提高，创新推出了寿光冬暖式蔬菜大棚，成为全国农业产业化、标准化、国际化起步较早的地区之一。

（二）健全农业标准化组织领导机构，指导协调农业标准化工作

寿光市成立了由市政府分管市长任组长，由质量技术监督、农业、蔬菜、科技、工商等部门及各乡镇政府主要负责人为成员的"国家无公害蔬菜标准化示范区"工作领导小组，并成立了技术指导小组和日常工作办公室，具体负责示范区建设的组织协调、技术指导和监督检查工作。出台了《"十一五"期间实施农业标准化提高行动的意见》和《寿光市蔬菜质量安全管理责任制及考核奖惩责任追究办法》，同时拿出一定的经费用于农业标准体系和质量检测体系建设。

（三）狠抓标准化生产基地建设，带动辐射标准化生产技术

自2001年农业部在全国开展"无农药残留放心菜"活动以来，寿光就被确定为全国"无公害食品行动"计划试点市。有计划地建设了燎原果菜、化龙胡萝卜、古城西红柿等市场竞争力强的优质蔬菜生产示范基地，对全市的标准化生产起到了带头及辐射作用。目前已经建成了5处国家、省级优质农产品基地，6个国家级农业标准化示范区和500多个农产品示范区，有17处共26万亩优质菜果基地获得了农业部无公害农产品基地认定，5个蔬菜生产基地被农业部和山东省评为"无农药残留放心菜"生产基地。

（四）加强生产标准体系建设，确保生产链条的安全生产

寿光市围绕标准化蔬菜基地建设，先后制定并实施了《蔬菜分级标准》、《无公害蔬菜生产标准》、《无公害蔬菜农药合理使用规范》、《无公害蔬菜农药残毒、有害物质限量标准》、《无公害蔬菜包装标志》等36项农业技术标准。市政府还先后出台了《关于加强蔬菜生产用药管理的意见》、《关于加强剧毒、高毒、高残留农药销售和使用管理工作的通知》等有关文件，制定了无公害蔬菜基地管理办法和百分考核奖惩办法，对蔬菜标准

化生产进行严格考核,严禁在中南部蔬菜产区销售和使用剧毒、高毒、高残留农药,对违反规定的单位或个人进行了严肃查处。

(五)重视产品质量的监督与监测,确保蔬菜从"土地到餐桌"安全、放心

农产品质量的监督与检测是标准化生产中的一个关键环节,寿光市政府投资 1000 多万元建立了农产品质量检测中心,在全国率先建立了市镇村三级蔬菜质量安全检测体系,建设了 21 处蔬菜质量速测室,建成了蔬菜质量安全视频监控平台和农药投入品准入系统,把镇街道、"三品"蔬菜企业、超市、市场检测室全部纳入视频监控和信息采集范围,实现了智能化、数字化监管。

市农产品质量检测中心每月对基地、熟菜市场、超市及加工企业的蔬菜抽检 200 个样品以上,市镇两级每年共检测蔬菜样品 50 000 个以上,检测结果实行通报和追究制度;建立了蔬菜质量安全追溯体系,做到了生产有记录、产品能查询、质量可追溯,实现了蔬菜质量无缝隙检测和全覆盖监管。2011 年,寿光市在农业部组织的 3 次蔬菜质量抽检中,合格率均为 100%。

(六)注重品牌建设,打造寿光与全国蔬菜的"对话"平台

首先,寿光市围绕蔬菜产业发展,大力发展品牌农业,出台了鼓励扶持办法,对获得"中国名牌农产品"、"地理标志产品"和国家有机食品、绿色食品、无公害农产品认证的单位,由市财政分别给予奖励。

其次,寿光市充分利用蔬菜交易大市场建设,树立"寿光蔬菜"的品牌形象。寿光蔬菜交易大市场始建于 1984 年,现已发展成国内最大的集批发、交易、展示和蔬菜集散为一体的多功能市场,是国内第一家农产品电子拍卖中心和物流配送中心,建立了包括收购、包装、标志、电子拍卖、运输等各个环节的蔬菜市场标准规范,用标准化手段规范农产品流通,促进了市场不断优化升级。先后被命名为"农业产业化国家重点龙头企业"、"全国蔬菜批发市场十强"、"农业部首批定点鲜活农副产品中心批发市场"、"农产品大流通双十佳市场"之一,并通过了 ISO9000 质量认证和绿色市场认证。该市场年蔬菜成交 40 亿千克,年交易额达 56 亿元,成为"买全国、卖全国"的全国蔬菜集散中心。

2009 年 12 月新建的中国寿光农产品物流园投入使用,有蔬菜果品交易区、蔬菜电子商务交易区、农资交易区、农产品加工区、物流配送区及配套服务区六大功能区,可实现年蔬菜、水果及农副产品交易量 100 亿千克,成为亚洲最大的综合性农产品物流园。

(七)加强农民组织化建设,提高农民应对市场能力

传统的以单个农户为经营单位的农业生产经营存在规模小、交易成本高、效益低下等现实问题,而新型农业合作组织能弥补分散经营的不足。新型农业合作组织的产生对农业的发展起到了不可磨灭的作用。

(八)依托寿光国际蔬菜科技博览会,丰富标准化内涵,打造蔬菜文化

中国(寿光)国际蔬菜科技博览会是国内唯一的国际性蔬菜产业品牌展会。2000 年以来已经连续成功举办了十一届,每届都以丰硕的经贸成果,独特的展览模式和丰富的文化内涵在国内外农业及相关产业领域产生了巨大影响。寿光国际蔬菜科技博览会成为了寿光与国际市场连接的桥梁，能及时引入国际市场的新理念和新元素，丰富蔬菜标准化实施的内容，打造了"寿光蔬菜文化"品牌，提升了寿光蔬菜产业化的水平，巩固了安全放心的品牌。

三、取得的成效

（一）蔬菜产业发展带动了经济发展，显著地促进了农民增收

寿光 30 多年探索实施农业标准化的历程，带动了地方经济发展，显著增加了农民的收入。2007 年寿光农民人均收入 6619 元，比全国农民人均纯收入多出 2479 元，2010 年寿光农民人均纯收入达到 9495 元。比全国农民人均纯收入（5919 元）多出 3576 元，蔬菜收入已占农民总收入 60%，真正成了农民增收的主渠道（表 1）。

表 1 改革开放 30 年寿光市经济发展对比表

经济指标	1978 年	2007 年	年均增速/%
地区生产总值/万元	42 000	3 329 000	14.6
人均地区生产总值/元	417	32 664	14.1
财政收入/万元	8 050	330 575	13.7
农村居民人均纯收入/元	74	6 619	16.8
城镇居民人均可支配收入/元	351	13 806	13.5
出口总额/万美元	133.5	104 764	25.8

（二）标准化生产打造出安全放心品牌

寿光市以打造"全国最大最安全的蔬菜产销基地"为目标，狠抓蔬菜标准化生产和蔬菜质量监控网络建设，把全市 575 处蔬菜质量检测室纳入监控范围，成功打造了蔬菜质量安全监管"寿光模式"，被评为"全国农业标准化示范区"。有注册农产品商标 130 个，有 412 个农产品获得国家质量认证。"乐义"蔬菜、"燎原"蔬菜、欧亚特菜等 30 多个蔬菜品牌走红市场，畅销全国 200 多个大中城市并出口海外。

（三）蔬菜标准化推进了科技进步

标准是科学、技术和实践经验的结晶，它是通过总结多年积累的经验，并使技术内容科学化、条理化，在综合分析国内外有关的科学技术和实践经验的基础上，经过择优选出的最佳方案，因此蔬菜标准化为农业科技研究和创造经验提供最佳方法及最佳途径。蔬菜标准化是蔬菜科技成果转化的桥梁和纽带。在寿光，科技进步对农业增长贡献率达 70%。

（四）蔬菜标准化生产推进了产业结构调整

蔬菜标准化是农业发展到一定阶段的必然产物，市场调节实现了蔬菜标准化的梯度推进，使得生产地区的产品质量不断提高，以更有优势的品种，更好的质量争取更多的收益。

从而，在进入市场追求效益的过程中提高了产品质量，调整优化了地方的农业结构。

实践中也证明，寿光市蔬菜产业化发展过程，蔬菜从以前占农业种植业不足 1/5，到现在的闻名的蔬菜之乡，历经了调整、发展和提升的过程。其逐步形成了万亩辣椒、万亩韭菜、万亩芹菜等十几个成方连片的蔬菜生产基地，全市涌现出了"中国韭菜第一乡"、"中国胡萝卜第一镇"、"中国香瓜第一镇"等专业镇村 587 个，农业生产基本实现了区域化布局、规模化经营、专业化生产。

（五）蔬菜标准化和产业化加快了寿光与国际化接轨

蔬菜博览会为寿光农产品搭起了走向国际市场的"高速路"，成为了寿光农业接轨世界、与国际资本融合及品牌渗透的桥梁。世界先进的蔬菜培育、种植、园艺等前沿技术在这里越来越集中，瑞士先正达、以色列海泽拉、荷兰瑞克斯旺等 10 多个世界知名种子公司纷纷入驻，在这里建立研发基地，并以此为窗口辐射全国。他们带来的 400 多项新技术、1000 多个新品种先后在寿光落地生根，使得寿光成为农业高新技术角逐的舞台。他们不仅带来了先进的品种、技术，而且让农民直接触摸到现代农业的最新理念，感受到世界农业跳动的强劲脉搏。

（六）近几年寿光推进农业标准化的亮点

近两年来，寿光着力主攻"一园两端"，抢占现代农业发展制高点，提升农业高端化水平。一园，就是按照"集中连片、规模经营、绿色有机"原则，加快推进生态农业园区建设。两端，就是前端和高端。前端，就是加大蔬菜良种研发和推广力度，不断壮大种苗产业。高端，就是加大品牌创建力度，真正让"寿光蔬菜"成为高端农产品的代名词。

寿光农业以市场为导向，以科技为支撑，实现了区域化布局、专业化生产、一体化经营、社会化服务、科学化管理，形成了市场牵龙头、龙头带基地、基地连农户，集种养加、产供销、贸工农、农科教为一体的产业化经营机制，实现了农业生产经营的专业化、集约化和社会化。

四、启示与思考

（一）寿光蔬菜产业化、标准化的历程打破了农业不能富民的定式

寿光发展之初，寿光既无区位优势，也无资源优势，但就是依靠初始的农业比较优势，由农业起步，通过创新农业生产方式，以农业培养工业。经过 30 多年的发展，寿光市经济快速成长，社会全面进步，城乡面貌显著变化，由当初贫穷落后的小县城跃升为山东县域经济的"领头羊"、全国县域经济发展的排头兵及全国综合实力百强县。寿光以标准化推动农业产业化发展、带动经济发展的模式打破了农业不能富民的定式。

（二）政府重视、切实支持

寿光从 20 世纪 80 年代开始进入蔬菜产业化经营，无论从地域优势、交通优势和品

牌优势等方面都是空白。如果没有历届政府持之以恒的重视和支撑，寿光也就没有今天的辉煌。政府的支持不是空头支票，而是表现在明晰的思路、较大的投入及良好政策支持上的"实在"帮助。从改革开放到现在，寿光人经历每个阶段都有明确的概念和发展理念，都有创新的举措。例如，围绕品牌建设，抓标准化建设，建农产品物流中心，搭建蔬菜博览会平台等。

（三）标准化"擦亮"了品牌农业

寿光蔬菜产业化发展的每一步前行都离不开标准化脉搏。2001年8月24日的"无公害蔬菜生产动员大会"，2007年年初有奖举报高毒剧毒农药经营等系列措施，推出了大棚"准建制"、基地档案化管理、实行测土配方施肥、杜绝高毒剧毒农药在蔬菜主产区经营，进一步强化了田间地头的蔬菜质量监管。在标准化生产基础上，寿光在全国率先开发使用蔬菜"新一代身份证"——蔬菜质量安全二维码。在寿光洛城绿色食品基地中心大厅内，只要用有摄像功能的手机对贴有二维码标签的蔬菜进行拍照，所买菜品在生产、加工、质检、销售等环节的各类信息就会一目了然。这里生产出的农产品生产有记录、产品能查询、质量可追溯，助推了标准化生产。所以，标准化生产擦亮了寿光农业品牌，确保了"寿光蔬菜"质量安全水平稳步提升。

（四）蔬菜标准化是实现可持续发展的有效途径。

人均自然资源占有量少，后备资源不足，是我国农业生产所面临的新的挑战。走可持续发展的道路，是我国在未来和21世纪发展的自身需要和必然选择。利用标准化这一科学的管理手段可以有效保护农业资源，并促进其合理利用。当前我国工农业发展所带来的最大的负面影响是城乡环境状况急剧恶化，工业"三废"超标排放及农业生产中化肥、农药滥用，不仅严重影响了人民群众的身体健康，而且影响到空气、水体、土壤，破坏了人类赖以生存发展的生态环境。蔬菜标准化的实施更是可持续发展的内在要求。实施蔬菜标准化，制定和实施蔬菜生态环境保护标准、农药和化肥的合理使用标准及蔬菜产品卫生标准等，就是为了保护生态环境和维护人民身体健康，切实履行可持续发展的理念。

案例三 以农民专业合作社为纽带的农业标准化实施
——临海市洞林果蔬合作社实施标准化案例分析

一、临海市洞林果蔬合作社起源

浙江临海市洞林果蔬合作社是一家专业从事柑橘、蔬菜的种植、加工、销售为一体的农民专业合作社。建有集办公、培训、加工、冷藏、贮运、销售为一体的综合服务场所3900m^2，具备农残检测、产后加工及商品化处理设备等，是浙江省蔬菜瓜果产业协会和省柑橘产业协会会员单位，是临海市最早一家被省政府评为"浙江省示范农村专业合作社"和唯一一家被财政部列为"中央财政支持农民专业合作经济组织"的试点单位。

临海市洞林果蔬合作社的前身是"东洋镇柑橘高品质化栽培示范小组",始创于1997年4月。小组创始者当时已经觉察到市场由量变向质变转化的趋势,以及农民分散的弱点,诞生了联合起来创牌子的思想。小组的十几户人,开始坚持农技学习交流会,结合技术员田间指导和组员间相互指导帮助。当年柑橘出现了空前的全国性"卖难"现象,当家家户户忍痛将无人收购的橘果往路边、地沟中倾倒的时候,"小组"成员的橘子却以每千克高于普通橘果0.8~1.00元的价格在上海卖了个"凯旋而归"。事实给农民上了生动的一课,从此小组不断壮大,成为临海市第一个农民合作经济组织、该镇农产品的第一个商标、临海市第一个获得工商登记的合作社、台州市第一批获得绿色食品认证、浙江省第一个HACCP认证过程中的合作社。

二、洞林果蔬合作社实施农业标准化的做法和措施

(一) 合作社加强制度建设,逐步推进规范化管理

最初以"示范小组"出世后,为了吸引更多农民加入,发起人在对外张贴的通知书上写上了"入组自愿,退组自由,不向组员收费,不搞投资"的组建原则,到2001年合作社成立时,社员人数已增加到240人,分布区域已扩大到14个行政村。庞大而又完全松散型的新生组织,显然不利于管理和发展。于是进一步进行了规范管理,社员大会通过了理事会关于社员自愿上缴"社费"(每社员交50元)和对社员实行二次返利的决定。第二年合作社又出台了"关于社员认购股金的规定",形成了四类社员组成:交费社员和非交费社员,股金认购社员和非股金认购社员。到2004年,根据台州市《农民专业合作社管理办法》和台州市《关于加快农民专业合作社规范化建设试点单位工作进程的通知》等文件精神,临海市洞林果蔬合作社全面开展了合作社的规范化建设,出台了《临海市洞林果蔬合作社章程》,对办社的宗旨、服务的内容、股份配置、享受的权利、社员利益分配、理事会和监事会职责及各方面的事宜等做出了明确的规定。以《章程》为准则,确立社员(代表)大会制度,经过民主过程选举产生社员代表、监事会和理事会。社员(代表)大会为合作社最高权力机构,理事会和监事会为大会的执行及监督机构,在此基础上成立相应的办事机构,实行独立会计核算制度,明晰了产权关系。同时规定理事会、监事会的亲属不可以在财务、仓库等部门工作。对自愿要求加入合作社并认购股金的社员发给社员证,股金和产品相匹配,使社员的股金、产品和利益有效地联结,权、责、利相一致。社务管理、财务管理及盈余分配制度化,职责和任务落实到每个人。

(二) 合作社为社员提供的服务类型

临海市洞林果蔬合作社为社员提供的服务也是在其发展过程中逐步完善,并不是一蹴而就的,目前的服务内容主要集中以下几个方面。

(1) 产前的技术服务　合作社在"示范小组"阶段坚持每月三个夜晚的(农历初八、十八、二十八,也称三八夜晚)农技和信息学习交流会。组内技术员、"土专家"讲解和邀请镇农技站的技术人员讲课结合。随着社员人数的增加和分布区域越来越广,合作社于2001年把培训时间改为每月一个白天,相应增加了培训的投入。逐步形成了专家讲课、

经验交流、专题讨论及课外咨询等。2004 年，合作社在政府部门的支持下，建成了"浙江省农民科技培训（临海）基地"，科技培训和教育工作走上了规范化、规模化的轨道。

（2）信息服务　有专职人员 2 人，收集分析和整理有关市场、社会信息，通过社员代表发送到每个社员。与移动公司建立合作社手机虚拟网，通过短信组发的方式向社员发布有关信息。

（3）产中基地服务　技术人员在田头建课堂，以农田为"标本"，指导社员辨别各种病虫害，学习标准化、优质高效生产技术，眼见为实，收到了很难得到的效果。

（4）农资供应服务　严格按《章程》定点、定时、定量供应，保质量、定品种。还进行流动送货到家、到地。

（5）产后收购服务　按照统筹、分段、到组的次序，先内后外、内外协调、优质优价的方法，进行产品定级验收，并组织到田间地头接收社员的产品，方便了社员。

（6）产后销售服务　发挥自身的加工销售能力，销售社员产品，提高社内产品销售比例。同时发挥中介作用，重视为营销大户和种植大户牵线，把收购能力以外的产品与加工企业和市场挂钩。

（7）互相服务与监督　鼓励社员之间进行知识、技术、信息和生产经验相互交流，相互学习；在劳动力和资金上进行调剂；在制度纪律上共同遵守，形成了自我服务、互相服、互相监督、共同提高的氛围。例如，2004 年的 14 号台风，社员的房产和农田遭受损失，有些社员生产自救的资金不够。在合作社的倡导和担保下，社员互相协作，互相借助。三天时间社员间互相调剂资金就达 21 万元，有效地解决了部分社员抗灾自救的资金问题。

（三）以标准促质量，创品牌，走双赢之路

（1）组织实施标准化生产　编制了柑橘、西兰花、南瓜、花椰菜等《标准化生产操作规程》和《农产品安全生产守则》规章；建立合作社员田间生产管理档案；社员和基地进行分组分片，片组长负责制，推行社员 10 户联保制，并签订农产品安全生产责任书；合作社内技术员不定期到现场进行实地指导和抽查。逐步形成了"管理科学、技术规范、质量体系严密、档案记录完整、安全责任到人"的农业标准化体系。

（2）合作社在成立之初就有较强的品牌意识　2000 年筹备成立了"龙虎山果蔬场"。2001 年 7 月注册"洞林"商标。制订商标使用管理规定和商标管理小组岗位职责。当年的柑橘就以品牌经营的方法在上海引起反响。

（3）加强品牌宣传　合作社非常注重博览会、展示展销会、洽谈会等活动，先后参加有关各类活动 25 次。每年合作社还拿出一定的资金在媒体上进行品牌宣传。"洞林"牌农产品先后获得了"浙江名优农产品"、"中国柑橘博览会金奖"、"台州市著名商标"和"浙江农业博览会金奖"等 10 余项荣誉。合作社借助媒体和社会扩大影响，提高了公众的认知度和品牌的知名度。

三、临海市洞林果蔬合作社农业标准化实施效果

实施标准化生产，使农民的生产成本每亩降低了生产成本 45 元，产品质量显著提高，

全社柑橘平均优果率从11%增加到现在的48%，每亩增收320元；花椰菜、西兰花出口合格率从60%提高到95%，每亩可增收200元，仅此一项全社增收140万元。2005年合作社农产品与同类农产品销售价相比，每千克柑橘增加1.20元，南瓜增加0.23元，西兰花、花椰菜超出0.29元，合作社增加收入175万元，社员户均增加4965元；交易额二次返利63万元，户均得现金1438元，最高的社员达5315元；2007年社员户均收入高达3.12万元，比社外农户平均高45%。

建有设施栽培科技实验园1个，果蔬基地2万亩，其中省级无公害农产品基地1万亩，基地年产"洞林"牌柑橘6000多吨，花椰菜、西兰花8000多吨，南瓜3000多吨，年产值5000余万元；近几年为外贸、加工企业组织出口货源3880吨。

示范小组起初为48人，到1998年年底增至97人，1999年年底为131人，2000年年底为212人，2001年年底为281人，2002年年底430人，2003年年底438人，截至目前，加入社员达450余人。

四、农民专业合作社实施农业标准化的几点启示

通过对临海市洞林果蔬合作社实施农业标准化的历程分析可以看出，农民专业合作社为纽带实施农业标准化有自身的优势，同样可以推进农业标准化的实施和发展。

（1）合作社领导人的理念对合作社发展引领起着关键作用。农业标准化在很大程度上是理念和思想的改变，没有这种转变，标准化的实施无论从质量还是形式上都会出现差错，甚至失误。合作社领导人理念的首先转变，是实施农业标准化的重要基础。

（2）规范化管理之路是合作社壮大的保证，管理标准化是农业标准化实施的有机组成。

（3）提供全面而优质的推广服务是合作社组织的核心。实施农业标准化，需要社会化服务的支撑，发挥合作社的优势，服务于整个产业链是该合作社实施农业标准化的重要特色。

（4）实施农业标准化生产和品牌战略是合作社发展的动力。临海市洞林果蔬合作社就是在具有创新意识的骨干领导引领下，以优质服务和规范管理，带动农民走农业产业化、标准化的道路，创立了品牌，开辟了市场，实现了双赢。

致　　谢

本书思考于 2010 年，出纲于 2012 年，并在 2013 年被科学出版社约稿。然而，书稿脱手则到了 2015 年 8 月下旬，可谓哑然。原因主要是事事忙乱、不会安排，在此必当谢罪友人甚至包括读者。无论怎样，必须牢记朋友的鼓励与相助。

涉足新的学科领域，建树农业标准化理论，耕耘甚难，然新生事物总要成长。在二十多年探索中，仍有智者鼓励与支持，在此深深感谢。李春田，是我国工业标准化的理论泰斗，对农业标准化研究持续关切，曾多次主动询问并鼓励我们为国家强大而奋斗，勇往直前；非常遗憾的是他走得太早，未能亲审此书。原国家标准化管理委员会孙小康副主任在本书的成型给予了间接支持，成为我们能够坚持下来的又一动力；从他主持《农业标准化》编写起，多次的讨论给我们很多启发，使我们认识到农业标准化理论建设是我国农业推进的大事情。西北农林科技大学的一些专家和领导，如李振岐、王力祥、李生秀、吴文君、康振生、张宝文、李静、张志鸿、孙武学、吴普特、赵忠、赵漫、冷畅俭等，是我们在农业标准化领域发展的直接支持者，特别是，两任校党委书记——张光强和梁桂先生，还有国家"千人计划"、国际著名专家刘同先教授，登高望远，对农业标准化学科具有独到敏锐的洞察力，得知本书的编写便知其重要，直接关心并现场办公支持，没齿难忘，不胜感激。还有，国家标准化管理委员会张灵光巡视员、国家标准化管理委员会农业食品标准部徐长兴主任等多位领导不断鼓励；北京市林业科学院的魏清凤、安徽标准化研究院的郑玉艳和洪登华、杨凌现代农业标准化研究所的王小雨等，在书稿成型的后期给予了文字的把关，在此表示感激之情。

恩惠如山，作者铭记在心，将以实际行动，再为我国农业标准化事业做出更大贡献来报答厚爱！

李鑫　刘志哲

2015 年 11 月